U0283262

"十四五"时期国家重点出版物出版专项规划项目

现代数学基础丛书 202

动力系统中的小除数理论及应用

司建国 司 文 著

科学出版社

北 京

内 容 简 介

本书详细介绍动力系统中的一维和多维小除数理论及其应用, 系统收录了作者二十余年的研究成果. 本书内容涉及 Diophantine 数及向量、Brjuno 数及向量、Liouville 数及向量的基本性质; 一维小除数理论在研究解析芽的线性化、平面映射的解析不变曲线、出现在量子力学和组合数论中的泛函微分方程的解析解、广义迭代根问题的诸多方面的应用; 多维小除数理论在研究圆周和环面上的拟周期驱动流的线性化、退化拟周期驱动系统的不变环面的存在性和拟周期分叉、具有拟周期驱动偏微分方程 Liouville 不变环面的保持性以及二维完全共振薛定谔方程拟周期解的构造方面的应用. 本书各章内容自相包含, 理论与应用并重, 便于读者阅读并且使读者尽快地借助小除数理论进入研究动力系统等学科的前沿.

本书可作为大学数学、物理、天文及控制专业的高年级本科生和研究生的教学用书和参考书, 也可供从事相关专业的教师以及科技工作者参考.

图书在版编目 (CIP) 数据

动力系统中的小除数理论及应用/司建国, 司文著. —北京: 科学出版社, 2024.3

(现代数学基础丛书; 202)

ISBN 978-7-03-076897-1

Ⅰ. ①动… Ⅱ. ①司… ②司… Ⅲ. ①动力系统 (数学)-理论 Ⅳ. ①O19

中国国家版本馆 CIP 数据核字 (2023) 第 215477 号

责任编辑: 李静科 贾晓瑞 / 责任校对: 杨聪敏
责任印制: 张 伟 / 封面设计: 陈 敬

科 学 出 版 社 出版

北京东黄城根北街 16 号
邮政编码: 100717
http://www.sciencep.com

北京建宏印刷有限公司印刷
科学出版社发行 各地新华书店经销

*

2024 年 3 月第 一 版 开本: 720 × 1000 1/16
2024 年 3 月第一次印刷 印张: 28 1/4
字数: 553 000
定价: 198.00 元
(如有印装质量问题, 我社负责调换)

"现代数学基础丛书"序

在信息时代，数学是社会发展的一块基石.

由于互联网，现在人们获得数学知识和信息的途径之多和便捷性是以前难以想象的. 另一方面人们通过搜索在互联网获得的数学知识和信息很难做到系统深入，也很难保证在互联网上阅读到的数学知识和信息的质量.

在这样的背景下，高品质的数学书就变得益发重要.

科学出版社组织出版的"现代数学基础丛书"旨在对重要的数学分支和研究方向或专题作系统的介绍，注重基础性和时代性. 丛书的目标读者主要是数学专业的高年级本科生、研究生以及数学教师和科研人员，丛书的部分卷次对其他与数学联系紧密的学科的研究生和学者也是有参考价值的.

本丛书自 1981 年面世以来，已出版 200 卷，介绍的主题广泛，内容精当，在业内享有很高的声誉，深受尊重，对我国的数学人才培养和数学研究发挥了非常重要的作用.

这套丛书已有四十余年的历史，一直得到数学界各方面的大力支持，科学出版社也十分重视，高专业标准编辑丛书的每一卷. 今天，我国的数学水平不论是广度还是深度都已经远远高于四十年前，同时，世界数学的发展也更为迅速，我们对跟上时代步伐的高品质数学书的需求从而更为迫切. 我们诚挚地希望，在大家的支持下，这套丛书能与时俱进，越办越好，为我国数学教育和数学研究的继续发展做出不负期望的重要贡献.

席南华

2024 年 1 月

前　言

　　动力系统理论中的许多稳定性问题都面临所谓"小除数"问题. 一个重要的方向是研究在原点具有中性不动点和无理旋转数的解析映射的线性化条件. 更确切地说, 考虑形如

$$f(z) = e^{2\pi i \alpha} z + \mathcal{O}(z^2)$$

的映射, 并且对每个这种映射寻找保证在原点的某邻域内可线性化的无理旋转数 α 所满足的充分必要条件. 从 Siegel [107] 在 1942 年的工作和 Brjuno [12] 在 1965 年的工作, 我们知道当旋转数是 Diophantine 数或者更一般的 Brjuno 数时, 线性化总是可能的. 直到 1995 年, Yoccoz [125] 彻底解决了一维解析映射的线性化问题, 即他证明了 Brjuno 数具有必要和充分的"有理近似度", 使得这种旋转数总能导致线性化. 简言之, 旋转数为 Brjuno 数是一维解析映射可线性化的充要条件. 关于映射 (一维或高维) 在各种条件下的线性化至今仍然是动力系统理论中的热点问题之一.

　　另一个与"小除数"问题密切相关的方向是 20 世纪五六十年代 Kolmogorov、Arnold 和 Moser 创立的 KAM 理论. 这个理论的原始动机是研究近可积哈密顿 (Hamilton) 系统不变环的保持性. 众所周知, 自然界中的许多现象 (例如 N 体问题、非线性振动问题、海洋水波的运动问题等) 都可以由可积系统来描述. 对可积系统的稳定机制在小扰动下的保持性是一个基本且重要的问题. 尤其是近可积哈密顿系统, 它具有一般动力系统的一切复杂特征, 从而被 Poincaré 称为动力系统的基本问题. 在研究动力系统理论中的各种稳定性时大多会遇到由"小除数"问题引起的共振, 而 KAM 理论是处理"小除数"问题的强有力的工具. 因此, 关于 KAM 理论和应用的研究经久不衰. 经过了几十年的努力, 关于有限维和无穷维 KAM 理论以及应用的研究非常活跃且取得了巨大的进展.

　　在有限维和无穷维动力系统理论的研究中, 研究一个可积系统的动力学行为在小扰动下的保持性问题, 可根据系统是否具有外力的驱动而分为有驱动项和无驱动项的系统两个方向. 由于具有拟周期驱动的系统是非自治的, 在扩展相空间中可把其看作自治系统, 然而这个自治系统的内频一般来说并不是参数空间到它的相空间的同胚, 换言之, 系统具有某种退化性. 因此, 标准的 KAM 定理不能直

接地被应用, 需要克服新的困难, 建立新的 KAM 定理. 另一方面, 当研究带拟周期驱动系统的运动稳定性时将会遭遇 "小除数" 问题. 因此小除数是许多动力系统以及相关数学问题的关键, 也是核心困难. 然而, 不论是经典的 KAM 理论还是 KAM 理论的近期工作, 在控制小除数时都有一个基本的算术性假设, 即假设基频率满足 Diophantine 条件或者 Brjuno 条件. 在基频率超越 Brjuno 条件的 KAM 理论和应用的研究方面尽管取得了一些进展, 但仍然是极具挑战性的课题.

本书旨在向读者阐述涉及 "小除数" 问题的基本理论、典型方法和应用以及最新的研究成果. 本书系统收录了作者在小除数理论和应用以及 KAM 方法的典型应用方面的研究成果.

本书共七章, 下面简要介绍各章内容.

第 1 章, 主要介绍出现小除数问题的三个重要的动力系统模型, 包括柱面映射的不变曲线、解析映射的线性化以及哈密顿系统的不变环. 这些具体模型的阐述说明, 许多重要的动力系统的稳定性问题都会面临着小除数所带来的困难, 而克服这些困难需要处理小除数问题的方法和技巧.

第 2 章, 主要介绍连分数理论和经典的小除数条件. 首先介绍无理数的连分数展开和相关性质, 从而给出无理数的最佳有理逼近. 然后系统地给出一维和高维的各种经典的小除数条件以及小除数集合的测度估计. 给出了研究一维解析映射线性化时处理一维小除数问题的 Siegel 引理和 Davie 引理. 最后给出研究高维解析映射线性化时所用到的高维向量满足的各种 Brjuno 条件.

第 3 章, 主要介绍一维小除数理论在动力系统理论中的几个应用, 内容包括解析同胚芽的线性化问题以及作者在平面映射的解析不变曲线问题、与量子力学中 q-振子代数的研究相关的 Shabat 方程的解析解、出现在组合数论中的迭代微分方程的解析解和广义迭代根问题的解析解的研究成果.

第 4 章, 主要介绍作者在 Brjuno 条件下研究高维环面上的拟周期驱动流的线性化的研究成果, 其次也收集了其他学者在超越 Brjuno 条件的情况下研究圆周上拟周期驱动流的线性化的工作.

第 5 章, 主要介绍作者在退化的驱动离散系统和驱动连续系统的响应解方面的最新研究成果.

第 6 章, 主要介绍作者在不含一次项的驱动波动方程的不变环面、具有非齐次项的驱动薛定谔 (Schrödinger) 方程的不变环面、超越多维 Brjuno 频率的驱动梁方程的 Whiskered 环以及超越 Brjuno 频率的病态 Boussinesq 方程的响应解的研究成果.

第 7 章, 主要介绍作者在具有一般非线性的二维完全共振薛定谔方程拟周期解存在性方面的最新工作.

本书的出版得到了国家自然科学基金 (11971261, 12371172, 12001315)、山东省自然科学基金 (ZR2020MA015) 和山东大学未来计划经费的资助, 在此一并表示感谢.

本书各章节具有相对独立性, 读者可以根据自己的兴趣挑选阅读. 由于作者水平有限, 书中难免有疏漏之处, 敬请读者指正. 希望本书的出版能使更多的读者对迭代泛函方程的解析解和动力系统的 KAM 方法有一个基本的了解, 若能引起读者利用小除数理论解决动力系统理论中的相关问题的研究兴趣, 我们将深感欣慰.

司建国　司　文

2023 年 1 月于济南

目　　录

　　　3.2.2　辅助方程的解析解 ·· 57

　　　3.2.3　解析不变曲线的存在性 ···································· 62

　3.3　Shabat 方程的解析解 ·· 64

　　　3.3.1　问题的提出 ·· 64

　　　3.3.2　方程 (3.3.5) 的解析解 ···································· 67

　3.4　出现在组合数论中的迭代微分方程的解析解 ·············· 76

　　　3.4.1　问题的提出 ·· 76

　　　3.4.2　方程 (3.4.7) 的解析解 ···································· 79

　　　3.4.3　方程 (3.4.6) 的解析解 ···································· 88

　3.5　广义迭代根问题的解析解 ·· 90

第 4 章　圆周和环面上拟周期流的线性化 ···························· 98

　4.1　$\mathbb{T}^m$ 上的拟周期驱动流的线性化 ···························· 100

　　　4.1.1　预备知识 ·· 100

　　　4.1.2　主要结果及证明 ·· 102

　　　4.1.3　主要结果的一个应用 ······································ 120

　　　4.1.4　附录 ·· 122

　4.2　圆周上的拟周期驱动流的线性化 ································ 124

　　　4.2.1　单频 Liouville 频率的情况 ······························ 124

　　　4.2.2　多维 Liouville 频率的情况 ······························ 133

第 5 章　退化驱动系统的不变环面和拟周期分叉 ·················· 149

　5.1　拟周期驱动斜积映射的抛物不变环 ···························· 149

　　　5.1.1　预备知识 ·· 149

　　　5.1.2　法向一维斜积映射的抛物不变环 ························ 152

　　　5.1.3　法向高维斜积映射的抛物不变环 ························ 168

　5.2　退化拟周期驱动系统的响应解和拟周期分叉 ··············· 169

　　　5.2.1　预备知识 ·· 170

　　　5.2.2　一维退化系统的响应解 ··································· 172

　　　5.2.3　高维系统的响应解 ··· 184

　　　5.2.4　一维系统的退化拟周期分叉 ···························· 190

　　　5.2.5　哈密顿系统的退化拟周期分叉 ························· 198

第 6 章　具有拟周期驱动偏微分方程的不变环面 ·················· 212

　6.1　不含一次项的驱动波动方程的不变环面 ····················· 212

　　　6.1.1　主要结果的叙述 ·· 212

　　　6.1.2　一个常微分方程的拟周期解 ···························· 214

　　　6.1.3　波动方程的哈密顿函数设置 ···························· 217

第 1 章 引　言

众所周知, 许多重要的依赖于参数的动力系统都面临困难的小除数问题. 这一章我们以动力系统理论中的三个经典问题为例来阐述小除数问题的普遍性以及寻找处理这种问题方法的重要性.

1.1　柱面映射的不变曲线

设 $\mathcal{C}$ 是被参数化的单位半径的圆柱:

$$\{(\theta, y) \ : \ 0 \leqslant \theta < 2\pi, -\infty < y < +\infty\}.$$

对固定的 $\alpha \in \mathbb{R}$, 定义映射 $f : \mathcal{C} \to \mathcal{C}$:

$$f(\theta, y) = (\theta + 2\pi\alpha(\mathrm{mod}\, 2\pi), y). \tag{1.1.1}$$

显然, f 是旋转圆柱上的点旋转了 $2\pi\alpha$ 角度, 并且圆 $y = C$(常数) 在 f 下是不变的. 一个自然的问题是这些不变曲线是否是稳定的, 即, 映射 (1.1.1) 在轻微的扰动下圆柱体是否仍然被一系列不变闭合曲线所覆盖. 令人惊讶的是, 这取决于数字 α 的算数性质: 如果 α 是 "充分无理的", 则不变曲线仍然存在.

我们扰动映射 (1.1.1) 为

$$f(\theta, y) = (\theta + 2\pi\alpha(\mathrm{mod}\, 2\pi), y + g(\theta)), \tag{1.1.2}$$

其中 $g(\theta)$ 是 C^∞ 函数. 用分部积分法易证一个函数是 C^∞ 的当且仅当它的 Fourier 系数 a_k 收敛于零的速度快于 k 的任何方次. 因此, 如果

$$g(\theta) = \sum_{k \in \mathbb{Z}} a_k e^{\mathrm{i}k\theta}$$

是 $g(\theta)$ 的 Fourier 级数, 则对每个正整数 m, 都存在一个常数 c 使得对 $k \neq 0$, 成立

$$|a_k| \leqslant c|k|^m.$$

假设 $y = y(\theta)$ 是映射 (1.1.2) 的一条不变曲线, 并且假设 $y(\theta)$ 的 Fourier 级数是

$$y(\theta) = \sum_{k \in \mathbb{Z}} b_k e^{\mathrm{i}k\theta}.$$

于是当 $(\theta, y(\theta))$ 在这条曲线上时点 $(\theta + 2\pi\alpha(\mathrm{mod}2\pi), y(\theta) + g(\theta))$ 也在此曲线上. 因此

$$y(\theta + 2\pi\alpha(\mathrm{mod}2\pi)) = y(\theta) + g(\theta)$$

或者

$$\sum_{k\in\mathbb{Z}} b_k e^{\mathrm{i}k(\theta+2\pi\alpha)} = \sum_{k\in\mathbb{Z}} b_k e^{\mathrm{i}k\theta} + \sum_{k\in\mathbb{Z}} a_k e^{\mathrm{i}k\theta}.$$

通过比较系数可得

$$b_k = \begin{cases} 任意, & k = 0, \\ \dfrac{a_k}{e^{2\pi\mathrm{i}k\alpha} - 1}, & k \neq 0. \end{cases}$$

(i) 如果 $\alpha \in \mathbb{Q}$, 有某些分母 $e^{2\pi\mathrm{i}k\alpha} - 1$ 为 0;

(ii) 如果 $\alpha \in \mathbb{R} \setminus \mathbb{Q}$, 分母 $e^{2\pi\mathrm{i}k\alpha} - 1$ 可以任意小.

这些分母称为 "小分母" 或者 "小除数". 只要下列 Fourier 级数

$$y(\theta) = b_0 + \sum_{k\neq 0} \frac{a_k}{e^{2\pi\mathrm{i}k\alpha} - 1} e^{\mathrm{i}k\theta} \tag{1.1.3}$$

收敛到一个连续函数, 它就是映射 (1.1.2) 的不变曲线. 要使 (1.1.3) 收敛, 就必须对 α 施加某些算数性条件 (或者叫小除数条件). 例如, 我们假设存在常数 $\tau > 2$ 和 $\gamma > 0$ 使得

$$|e^{2\pi\mathrm{i}k\alpha} - 1| \geqslant \min_{m\in\mathbb{Z}} |k\alpha - m| = \|k\alpha\| \geqslant \gamma|k|^{1-\tau}, \quad \forall k \neq 0,$$

则对某个常数 c 和每个 m

$$\left| \frac{a_k}{e^{2\pi\mathrm{i}k\alpha} - 1} \right| \leqslant \gamma^{-1} \frac{|a_k|}{|k|^{1-\tau}}$$

$$\leqslant c\gamma^{-1}|k|^{-m-1+\tau}. \tag{1.1.4}$$

因此, 如果 g 是一个 C^∞ 函数并且 α 满足 (1.1.4), 则由 (1.1.3) 给出的 $y(\theta)$ 也是 C^∞ 函数, 这意味着 f 有一个 C^∞ 不变曲线的族.

上面的例子可以推广到更一般的柱面映射, 即众所周知的扭转映射: 定义 $f: \mathcal{C} \to \mathcal{C}$:

$$f(\theta, y) = (\theta + 2\pi\alpha(y)(\mathrm{mod}2\pi), y), \tag{1.1.5}$$

其中角的旋转 α 是 y 的适当光滑的函数. 我们扰动 f 为

$$f(\theta, y) = (\theta + 2\pi\alpha(y) + \varepsilon h(\theta, y)(\mathrm{mod}2\pi), y + \varepsilon g(\theta, y)), \tag{1.1.6}$$

其中 h 和 g 是光滑函数, ε 是小参数. 我们要问映射 f 是否有不变曲线, 这就是著名的 Moser 扭转定理. 粗略地说, 如果 ε 充分小, 映射 (1.1.5) 的不变圆 $y = c$ (这里的 $\alpha(y) = \alpha$) 将变形为 (1.1.6) 的可微闭不变曲线, 前提是对某个常数 $\gamma > 0$ 和所有的 $k \neq 0$, 成立 $\|k\alpha\| \geqslant \gamma |k|^{-3/2}$, 详细可见文献 [69].

1.2 解析映射的线性化

出现小除数问题的另一个例子是解析映射的线性化问题, 也称 Siegel 中心问题. 考虑解析函数 $f(z) = 3z - 4z^3$. 我们要问: 是否有一个定义在 $0 \in \mathbb{C}$ 的某个邻域内的解析函数 h 使得 $h(0) = 0$, $h'(0) = 1$ 并且 $f(h(z)) = h(f'(0)z)$? 对于这个函数 $f(z)$, 答案是肯定的, 因为 $h(z) = \sin z$ 就满足要求. 一般地, 给定一个在原点 $0 \in \mathbb{C}$ 解析的函数 f 满足 $f(0) = 0$, $f'(0) = \lambda \in \mathbb{C}^* = \mathbb{C} \setminus \{0\}$, 一个自然的问题是: 是否存在一个在原点 $0 \in \mathbb{C}$ 解析的函数 h, 使得

$$h(0) = 0, \ h'(0) = 1 \quad \text{并且} \quad f(h(z)) = h(\lambda z)? \tag{1.2.1}$$

在 $|\lambda| \neq 1$ 的情况, 答案是肯定的 [15]. 在 1884 年, G. Koenigs 证明了当 $0 < |\lambda| < 1$ 时, 不动点是吸引的, 而当 $|\lambda| > 1$ 时, 不动点是排斥的 (见 [6] 和 [15]). 在 λ 是一个单位根的情况下, 即 $\lambda = e^{2\pi i p/q}$, $p/q \in \mathbb{Q}$, 答案是不一定. 然而, Ecalle [31] 和 Voronin [118] 做了一个完整的分类, 以保证 h 是否存在.

最有趣也最棘手的情况是 $|\lambda| = 1$ 且 λ 不是单位根, 这种情况有

$$\lambda = e^{2\pi i \alpha}, \quad \alpha \in \mathbb{R} \setminus \mathbb{Q}.$$

考虑 $f(z)$ 的幂级数

$$f(z) = \sum_{n=1}^{\infty} a_n z^n, \quad a_1 = \lambda,$$

并假设 h 的形式幂级数展开为

$$h(z) = \sum_{n=1}^{\infty} h_n z^n, \quad h_1 = 1.$$

将 f 和 h 的幂级数代入 (1.2.1) 并比较系数得

$$h_n = \frac{1}{\lambda^n - \lambda} \sum_{1 \leqslant k \leqslant n, \, (n_j) \in \mathcal{A}^{kn}} a_k h_{n_1} h_{n_2} \cdots h_{n_k}, \quad n \geqslant 1,$$

其中 $\mathcal{A}^{k_n} := \{(n_1, \cdots, n_k) \in \mathbb{Z}^k : n_j > 0, j = 1, \cdots, k, n_1 + \cdots + n_k = n\}$.

在上面关于 h_n 的递推公式的分母中出现了 $\lambda^n - \lambda$, 当 $|\lambda| = 1$ 时这项可以非常小, 称之为 "小除数" 或 "小分母". "小除数" 的出现给证明收敛性带来巨大的困难, 因为 "小除数" 可能导致 h 的发散性. 因此, 如何来控制 "小除数" 使得 $h(z)$ 在原点的邻域内收敛便成了数学家们关注的一个问题. 在 1917 年, Pfeiffer [79] 给出的定理表明对于某些 f 可能使得 h 发散.

第一个重要的结果由 Cremer [23] 给出, 尽管是负面的. 他证明了算数条件

$$\sup_{n \geqslant 0} \frac{\ln q_{n+1}}{q_n} = +\infty$$

导致 h 发散, 其中 $\{p_n/q_n\}$ 是 α 的 n 阶收敛 (见第 2 章).

第一个正面的结果由 Siegel [107] 在一篇具有丰碑性的论文中给出, 他证明了当无理数 α 是 Diophantine 数时, 在原点的邻域内的形式级数解具有正收敛半径, 即 h 在原点的某个邻域上是解析的. 在 Siegel 的原始证明中是对 h 的系数进行直接估计, 后来许多数学家又用不同的方法给出证明, 这些证明可在 [15] 和 [6] 中找到.

在 1965 年, 跟随 Siegel 给出证明的思想, Brjuno [12] 利用连分数的性质改进了算数条件, 他证明了如果 α 是一个 Brjuno 数, 则在原点的邻域内 h 是解析的. 最重要的结果应归功于 Yoccoz [125], 他证明了 α 为 Brjuno 数是一维解析映射在不动点处可线性化的最佳的条件.

1.3 哈密顿系统的不变环

涉及小除数问题的最著名的例子或许是在 20 世纪五六十年代初由三位数学家 Kolmogorov、Arnold 和 Moser 创立的关于近可积哈密顿系统的拟周期解的保持性理论 (简称 KAM 理论 ([2, 50, 68])). 这个理论在力学和天文学中有非常重要的应用, 它是处理小除数的强有力的工具. 现在这个理论已在有限维和无穷维动力系统理论中发挥着强有力的作用.

考虑一个被 $(\theta, I) \in \mathbb{T}^m \times \mathbb{R}^m$ 参数化的 $2m$ 维空间, 哈密顿函数

$$H(\theta, I, \varepsilon) = H_0(I) + \varepsilon H_1(\theta, I, \varepsilon)$$

确定一个保守系统

$$\dot{\theta} = \frac{\partial H}{\partial I}, \quad \dot{I} = -\frac{\partial H}{\partial \theta}. \tag{1.3.1}$$

如果 $\varepsilon = 0$, 则系统 (1.3.1) 有解

$$\theta = \omega(I_0)t + \theta_0, \quad I(t) = I_0,$$

其中, θ_0 和 I_0 都是常向量, $\omega(I_0) = \dfrac{\partial H_0}{\partial I}(I_0)$. 对所有的时间, 这个系统的轨道始终保持在相同的 m 维环面 "$I = I_0$" 上, 即

$$\mathcal{T}_0 = \mathbb{T}^m \times \{I_0\},$$

这样的环面称为不变环面.

知道这些不变环面在系统的小扰动下是否稳定是很重要的. 经过适当的坐标变换 $(\theta, I) \mapsto (\theta', I')$ 后, 扰动哈密顿函数

$$H_0(I) + \varepsilon H_1(\theta, I, \varepsilon)$$

的轨道是否保持在新的不变环面 "$I' = I_0'$(常向量)" 上? 换言之, 原系统的不变环面是轻微变形为新系统的不变环面还是完全被破坏? 著名的 KAM 定理给出了这个问题的答案. 只要频率向量 ω 满足 Diophantine 条件:

$$|\langle k, \omega \rangle| \geqslant \frac{\gamma}{|k|^\tau}, \quad \forall 0 \neq k \in \mathbb{Z}^m, \tag{1.3.2}$$

其中 $\gamma, \tau > 0$ 是常数, 则环面在充分小的扰动下基本上是稳定的.

如果考虑二维情况, 例如 $\omega = (\omega_1, \omega_2)$, $I = (I_1, I_2)$, 小除数条件 (1.3.2) 可用一维小除数来表达. 换言之, 只要频率比 ω_1/ω_2 不能很好地用有理数近似, 环面在充分小的扰动下基本上是稳定的. 更确切地说, 如果对某个 $c > 0$ 和所有的正整数 p 和 q 成立 $|\omega_1/\omega_2 - p/q| \geqslant c/q^\tau$, $\tau > 2$, 则它是稳定的. 实际上, 对几乎所有的频率比 (在 Lebesgue 测度的意义下), 都有在充分小的扰动下稳定的环面.

第 2 章　无理数的连分数展开和经典的小除数条件

连分数理论在现代数学中扮演着重要的角色, 尤其是它成为数论和动力系统理论研究中的一个重要的工具. 在这一章中, 我们只介绍与小除数理论有关的无理数的连分数展开 (无限连分数展开) 的定义和相关的性质, 并且给出经典的小除数条件以及小除数集合的测度估计, 为下面几章的讨论做一些必要的准备.

2.1　连分数展开

2.1.1　无理数的连分数展开

这一节我们主要介绍无理数的连分数展开, 部分内容取自于文献 [49, 66]. 对一个实数 α, 我们分别用 $[\alpha]$ 和 $\{\alpha\} = \alpha - [\alpha]$ 表示它的整数部分和小数部分, 分别用 $\mathbb{R}$ 和 $\mathbb{Q}$ 表示实数集和有理数集. 称由函数

$$G(\alpha) = \frac{1}{\alpha} - \left[\frac{1}{\alpha}\right]$$

定义的映射

$$G : (0, 1] \mapsto [0, 1]$$

为高斯映射. 显然, $G(\alpha)$ 可分段表为

$$G(\alpha) = \alpha^{-1} - n, \quad \alpha \in \left(\frac{1}{n+1}, \frac{1}{n}\right], \quad n \geqslant 1,$$

并且是逐段解析的.

对每个 $\alpha \in \mathbb{R} \setminus \mathbb{Q}$, 我们通过迭代高斯函数 G 来引入无限连分数展开如下: 设

$$\alpha_0 = \alpha - [\alpha], \quad a_0 = [\alpha],$$

显然有 $\alpha = a_0 + \alpha_0$. 对一切 $n \geqslant 0$, 我们定义数列

$$\alpha_{n+1} = G(\alpha_n), \quad a_{n+1} = \left[\frac{1}{\alpha_n}\right] \geqslant 1.$$

因此

$$\alpha_n^{-1} = a_{n+1} + \alpha_{n+1}.$$

于是, 有

$$\alpha = a_0 + \alpha_0 = a_0 + \cfrac{1}{a_1 + \alpha_1} = \cdots = a_0 + \cfrac{1}{a_1 + \cfrac{1}{a_2 + \ddots + \cfrac{1}{a_n + \alpha_n}}},$$

并且记

$$\alpha = [a_0; a_1, \cdots, a_n, \cdots].$$

我们用分数 $\dfrac{p_n}{q_n}$ 表示这个连分数的有限片段 $[a_0; a_1, \cdots, a_n]$, 即

$$\frac{p_n}{q_n} = [a_0; a_1, \cdots, a_n] = a_0 + \cfrac{1}{a_1 + \cfrac{1}{a_2 + \ddots + \cfrac{1}{a_n}}}. \tag{2.1.1}$$

我们称 (2.1.1) 为连分数 α 的 n 阶近似分数 (或 n 阶收敛). 等式 (2.1.1) 的左边的分子 p_n 和分母 q_n 可以通过一个递推公式给出, 即下面的定理.

定理 2.1.1 设

$$p_{-1} = q_{-2} = 1, \quad p_{-2} = q_{-1} = 0,$$

并且对任意的 $n \geqslant 0$, 有

$$\begin{cases} p_n = a_n p_{n-1} + p_{n-2}, \\ q_n = a_n q_{n-1} + q_{n-2}. \end{cases} \tag{2.1.2}$$

证明 当 $n = 2$ 时递推公式 (2.1.2) 的成立可直接验证. 假设 (2.1.2) 对所有的 $n < k$ 成立, 我们考虑连分数 $[a_1; a_2, \cdots, a_k]$ 并且用 p'_r/q'_r 表示它的 r 阶近似分数, 则有

$$\begin{cases} p_k = a_0 p'_{k-1} + p'_{k-1}, \\ q_k = p'_{k-1}. \end{cases}$$

由假设可导出

$$\begin{cases} p'_{k-1} = a_k p'_{k-2} + p'_{k-3}, \\ q'_{k-1} = a_k q'_{k-2} + q'_{k-3}. \end{cases}$$

于是可得

$$p_k = a_0(a_k p'_{k-2} + p'_{k-3}) + (a_k q'_{k-2} + q_{k-3})$$

$$= a_k(a_0 p'_{k-2} + q'_{k-2}) + (a_0 p'_{k-3} + q_{k-3})$$

$$= a_k p_{k-1} + p_{k-2},$$

$$q_k = a_k p'_{k-2} + p'_{k-3} = a_k q_{k-1} + q_{k-2}. \qquad \square$$

定理 2.1.2   对所有的 $n \geqslant 0$, 成立

$$\alpha = \frac{p_n + p_{n-1}\alpha_n}{q_n + q_{n-1}\alpha_n},$$

$$\alpha_n = \frac{q_n \alpha - p_n}{q_{n-1}\alpha - p_{n-1}}, \qquad (2.1.3)$$

$$q_n p_{n-1} - p_n q_{n-1} = (-1)^n.$$

证明   我们只证明最后一个等式. 分别用 q_{n-1} 和 p_{n-1} 乘递推公式 (2.1.2) 的第一式和第二式, 然后将得到的第二式减得到的第一式, 得

$$q_n p_{n-1} - p_n q_{n-1} = -(q_{n-1}p_{n-2} - p_{n-1}q_{n-2}).$$

再注意到 $q_0 p_{-1} - p_0 q_{-1} = 1$ 即得 (2.1.3). $\qquad \square$

推论 2.1.1   对所有的 $n \geqslant 1$, 成立

$$\frac{p_{n-1}}{q_{n-1}} - \frac{p_n}{q_n} = \frac{(-1)^n}{q_n q_{n-1}}.$$

定理 2.1.3   对所有的 $n \geqslant 0$, 成立

$$q_n p_{n-2} - p_n q_{n-2} = (-1)^n a_n.$$

证明   分别用 q_{n-2} 和 p_{n-2} 乘递推公式 (2.1.2) 的第一个式子和第二个式子, 然后第二式减第一式, 再应用定理 2.1.2 得

$$q_n p_{n-2} - p_n q_{n-2} = a_n(q_{n-1}p_{n-2} - p_{n-1}q_{n-2}) = (-1)^{n-1} a_n. \qquad \square$$

推论 2.1.2   对所有的 $n \geqslant 1$, 成立

$$\frac{p_{n-2}}{q_{n-2}} - \frac{p_n}{q_n} = \frac{(-1)^{n-1} a_n}{q_n q_{n-2}}.$$

定理 2.1.4 设 $\alpha = [a_1, a_2, \cdots, a_n, \cdots]$，它的连分数展开式的 n 阶渐近分数是 $\dfrac{p_n}{q_n}(n = 1, 2, \cdots)$. 则

(i) 当 $n \geqslant 3$ 时，$q_n \geqslant q_{n-1} + 1$，所以对任何 n，有 $q_n \geqslant n - 1$;

(ii) $\dfrac{p_{2(n-1)}}{q_{2(n-1)}} > \dfrac{p_{2n}}{q_{2n}}$，$\dfrac{p_{2n-1}}{q_{2n-1}} > \dfrac{p_{2n-3}}{q_{2n-3}}$，$\dfrac{p_{2n}}{q_{2n}} > \dfrac{p_{2n-1}}{q_{2n-1}}$;

(iii) $\dfrac{p_n}{q_n}(n = 1, 2, \cdots)$ 都是既约分数.

证明 (i) 显然 $q_n \geqslant 1$. 由定理 2.1.1，因为 $a_n \geqslant 1(n \geqslant 2)$，所以当 $n \geqslant 3$ 时，有

$$q_n = a_n q_{n-1} + q_{n-2} \geqslant q_{n-1} + 1.$$

又 $q_1 = 1 > 0, q_2 = a_2 \geqslant 2 - 1$，应用归纳法 (i) 得证.

(ii) 由定理 2.1.2 的第三式，得

$$\frac{p_{2n}}{q_{2n}} - \frac{p_{2(n-1)}}{q_{2(n-1)}} = \frac{(-1)^{2n-1}a_{2n}}{q_{2n}q_{2(n-1)}} = \frac{-a_{2n}}{q_{2n}q_{2(n-1)}} < 0,$$

$$\frac{p_{2n-1}}{q_{2n-1}} - \frac{p_{2n-3}}{q_{2n-3}} = \frac{(-1)^{2n-2}a_{2n-1}}{q_{2n-1}q_{2n-3}} > 0,$$

故

$$\frac{p_{2n}}{q_{2n}} < \frac{p_{2(n-1)}}{q_{2(n-1)}}, \quad \frac{p_{2n-1}}{q_{2n-1}} > \frac{p_{2n-3}}{q_{2n-3}},$$

并且

$$\frac{p_{2n}}{q_{2n}} - \frac{p_{2(n-1)}}{q_{2(n-1)}} = \frac{(-1)^{2n}}{q_{2n}q_{2n-1}} > 0.$$

于是

$$\frac{p_{2n}}{q_{2n}} > \frac{p_{2n-1}}{q_{2n-1}}.$$

(iii) 由定理 2.1.2 的第三式立得 $(p_n, q_n) = 1$. $\qquad\square$

2.1.2 无理数的最佳有理逼近

每个连分数

$$[a_0; a_1, a_2, \cdots], \tag{2.1.4}$$

都对应一个数列

$$\frac{p_0}{q_0}, \frac{p_1}{q_1}, \cdots, \frac{p_n}{q_n}, \cdots. \tag{2.1.5}$$

如果数列 (2.1.5) 收敛, 它的唯一的极限 α 作为连分数 (2.1.4) 的值应该是自然的. 我们记

$$\alpha = [a_0; a_1, a_2, \cdots].$$

此时我们称连分数 (2.1.4) 自身是收敛的. 如果数列 (2.1.5) 没有确定的极限, 我们称连分数 (2.1.4) 是发散的.

下面我们讨论无理数用它的连分数展开的近似分数来作有理逼近时所产生的误差, 并证明这种有理逼近是最佳的. 这些基本的定理在一维小除数的研究中扮演着重要的角色.

设

$$\beta_n = \alpha_0 \alpha_1 \cdots \alpha_n = (-1)^n (q_n \alpha - p_n), \quad n \geqslant 0, \quad \beta_{-1} \equiv 1. \tag{2.1.6}$$

则 $\alpha_n = \beta_n \beta_{n-1}^{-1}$ 和 $\beta_{n-2} = a_n \beta_{n-1} + \beta_n$.

定理 2.1.5　对所有的 $n \geqslant 0$, 成立

(i) $\quad \dfrac{1}{q_n(q_n + q_{n+1})} < \left| \alpha - \dfrac{p_n}{q_n} \right| < \dfrac{1}{q_n q_{n+1}};$ $\tag{2.1.7}$

(ii) $\quad \beta_n \leqslant \left(\dfrac{\sqrt{5}-1}{2} \right)^n, \quad q_n \geqslant \dfrac{1}{2} \left(\dfrac{\sqrt{5}+1}{2} \right)^{n-1}.$

证明　由定理 2.1.2 得

$$\begin{aligned}
\alpha - \frac{p_n}{q_n} &= \frac{q_n p_{n-1} - q_{n-1} p_n}{q_n(q_n \alpha_{n+1} + q_{n-1})} \\
&= \frac{(-1)^n}{q_n(q_n \alpha_{n+1} + q_{n-1})}.
\end{aligned} \tag{2.1.8}$$

由于 $a_{n+1} < \alpha_{n+1} < a_{n+1} + 1$, 所以

$$\begin{aligned}
q_{n+1} = a_{n+1} p_n + q_{n-1} &< q_n \alpha_{n+1} + q_{n-1} \\
&< a_{n+1} q_n + q_{n-1} + q_n = q_{n+1} + q_n.
\end{aligned} \tag{2.1.9}$$

由 (2.1.8) 和 (2.1.9) 即得 (2.1.7). 这就证明了 (i).

由 β_n 的定义, 如果对 $k \in \{0, 1, \cdots, n-1\}$ 有 $\alpha_k \geqslant \dfrac{\sqrt{5}-1}{2}$, 则取 $m = \alpha_k^{-1} - \alpha_{k+1} \geqslant 1$, 有

$$\alpha_k \alpha_{k+1} = 1 - m\alpha_k \leqslant 1 - \alpha_k \leqslant 1 - \frac{\sqrt{5}-1}{2} = \left(\frac{\sqrt{5}-1}{2}\right)^2.$$

这就证明了 (ii). □

进一步由定理 2.1.1 可知

$$q_n + q_{n+1} \leqslant q_{n+2}.$$

由此以及 (2.1.7) 式可得, 对 $n \geqslant 0$, 有

$$\left|\alpha - \frac{p_{n+1}}{q_{n+1}}\right| < \frac{1}{q_{n+1}q_{n+2}} \leqslant \frac{1}{q_n(q_n + q_{n+1})} < \left|\alpha - \frac{p_n}{q_n}\right| \tag{2.1.10}$$

及

$$|q_{n+1}\alpha - p_{n+1}| < \frac{1}{q_{n+2}} \leqslant \frac{1}{q_n + q_{n+1}} < |q_n\alpha - p_n|. \tag{2.1.11}$$

上面给出了用连分数展开的渐近分数逼近此无理数时的误差估计. 式 (2.1.10) 和 (2.1.11) 表明渐近分数依次一个比一个更接近 α. 下一个定理指出无理数的这种有理逼近在某种意义下是最佳的.

定理 2.1.6 (最佳逼近定理) 设 $\alpha \in \mathbb{R} \setminus \mathbb{Q}$, 并且 p_n/q_n 是它的 n 阶近似分数. 如果 $0 < q < q_{n+1}$, 则对所有的 $p \in \mathbb{Z}$ 成立

$$|q\alpha - p| \geqslant |q_n\alpha - p_n|, \tag{2.1.12}$$

等号当且仅当 $q = q_n, p = p_n$ 成立.

证明 由等式 $q_n p_{n+1} - q_{n+1} p_n = (-1)^n$, 我们知道线性方程组

$$\begin{cases} xq_n + yq_{n+1} = q, \\ xp_n + yp_{n+1} = p \end{cases}$$

有整数解

$$x = (-1)^n(qp_{n+1} - pq_{n+1}), \quad y = (-1)^n(-qp_n + pq_n),$$

并且
$$\alpha q - p = x(\alpha q_n - p_n) + y(\alpha q_{n+1} - p_{n+1}). \tag{2.1.13}$$

用反证法来证明. 假设
$$|q\alpha - p| < |q_n\alpha - p_n|. \tag{2.1.14}$$

由于 $0 < q < q_{n+1}$, 所以我们可以推出
$$xy < 0. \tag{2.1.15}$$

事实上, 如果 $x = 0$, 我们有 $q = yq_{n+1} \geqslant q_{n+1}$, 这和条件 $0 < q < q_{n+1}$ 矛盾; 如果 $y = 0$, 则 $q = xq_{n+1}, p = xp_n$. 因而有
$$|q\alpha - p| = x|q_n\alpha - p_n|,$$

这和假设 (2.1.14) 矛盾. 这就证明了 $xy \neq 0$. 如果 $xy > 0$, 则有 $q = |x|q_n + |y|q_{n+1} > q_{n+1}$, 这又和条件 $0 < q < q_{n+1}$ 矛盾. 所以, 当 $0 < q < q_{n+1}$ 时必有 (2.1.15) 成立.

此外, 由定理 2.1.4 可知, $\alpha q_n - p_n$ 依次交替改变正负号. 因此, 当 (2.1.15) 成立时, 由 (2.1.13) 可推出
$$|q\alpha - p| = |x||\alpha q_n - p_n| + |y||\alpha q_{n+1} - p_{n+1}|$$
$$> |\alpha q_n - p_n|.$$

这又和假设 (2.1.14) 矛盾, 这就证明了 (2.1.12) 式. 当 $q = q_n, p = p_n$ 等号成立是显然的. □

下面的定理表明一个无理数的所谓 "好的" 有理逼近一定是它的近似分数给出的逼近.

定理 2.1.7　设 $\alpha \in \mathbb{R}/\mathbb{Q}$, 并且 $\left|\alpha - \dfrac{p}{q}\right| < \dfrac{1}{2q^2}$, 则 $\dfrac{p}{q}$ 是 α 的一个近似分数.

证明　由 q_n 的定义, 存在唯一的 n 使得
$$q_n \leqslant q < q_{n+1}.$$

我们可以证明 $q = q_n$. 若不然, 必有
$$q_n < q < q_{n+1},$$

并且 $\dfrac{p}{q}$ 不是近似分数. 因而
$$|p_n/q_n - p/q| \geqslant 1/(qq_n). \tag{2.1.16}$$

由 $q < q_{n+1}$, 再据 (2.1.12) 推出

$$|\alpha q_n - p_n| \leqslant |\alpha q - p|. \tag{2.1.17}$$

于是, 由 (2.1.16), (2.1.17) 以及 $\left|\alpha - \dfrac{p}{q}\right| < \dfrac{1}{2q^2}$, 得到

$$1/(qq_n) \leqslant |p_n/q_n - p/q| \leqslant |\alpha - p_n/q_n| + |\alpha - p/q|$$
$$< 1/(2qq_n) + 1/(1q^2)|.$$

由上式推出 $q < q_n$, 矛盾. 所以, 必有 $q = q_n$. 进一步可得到

$$|p_n/q_n - p/q_n| < 1/q_n^2,$$

即 $|p_n - p| < 1/q_n$, 所以 $p = p_n$. 故有 $p/q = p_n/q_n$ 是 α 的一个近似分数. □

2.2 经典的一维小除数条件

2.2.1 Diophantine 数

我们首先介绍 Liouville 的经典结果.

定理 2.2.1 设 $\alpha \in \mathbb{R}/\mathbb{Q}$ 满足 $P(\alpha) = 0$, 其中 P 是一个 l 次的整系数多项式. 如果 $P'(\alpha) = 0, \cdots, P^{(j)}(\alpha) = 0, P^{(j+1)}(\alpha) \neq 0$, 则对某个 $C > 0$, 成立

$$\left|\alpha - \frac{p}{q}\right| \geqslant Cq^{-l/(j+1)}, \quad \forall p, q \in \mathbb{Z}. \tag{2.2.1}$$

证明 由于多项式的零点是孤立的, 所以当 p/q 充分接近 α 时, 有 $P\left(\dfrac{p}{q}\right) \neq 0$. 再注意到 $p^l P\left(\dfrac{p}{q}\right) \in \mathbb{Z}$, 可推出 $\left|p^l P\left(\dfrac{p}{q}\right)\right| \geqslant 1$. 因此 $\left|P\left(\dfrac{p}{q}\right) - P(\alpha)\right| \geqslant p^{-l}$. 另外, 由 Taylor 定理可得对某个 $C > 0$, 成立

$$\left|P\left(\frac{q}{p}\right) - P(\alpha)\right| \leqslant C\left|\alpha - \frac{p}{q}\right|^{j+1}.$$

于是, 对趋近 α 的分数 $\dfrac{p}{q}$ 定理的结论成立, 对远离 α 的分数 $\dfrac{p}{q}$ 定理的结论显然也是成立的. □

定理 2.2.1 的一个重要的改进由 Roth 给出, 他证明了如果 α 是一个代数无理数, 则对任意的 $\varepsilon > 0$ 成立

$$\left| \alpha - \frac{p}{q} \right| \geqslant C(\varepsilon) q^{-2-\varepsilon}.$$

满足定理 2.2.1 中的不等式 (2.2.1) 的无理数在数论和 KAM 理论中是相当重要的, 它被称为 Diophantine 数. 下面我们给出 (γ, τ)-型 Diophantine 数的定义并证明这种数的集合具有正的 Lebesgue 测度.

定义 2.2.1　设 $\alpha \in \mathbb{R} \setminus \mathbb{Q}$. 如果存在常数 $\gamma > 0, \tau > 0$, 使得对所有的 $\frac{p}{q} \in \mathbb{Q}, q \in \mathbb{Z}_+$ 都有

$$\left| \alpha - \frac{p}{q} \right| \geqslant \frac{\gamma}{q^{\tau+2}}, \tag{2.2.2}$$

我们称 α 是 (γ, τ)-型 Diophantine 数 (或称 α 满足 (γ, τ)-型 Diophantine 条件). 如果 $\tau = 0$, 则满足不等式

$$\left| \alpha - \frac{p}{q} \right| \geqslant \frac{\gamma}{q^2}$$

的无理数 α 称为常数型 Diophantine 数.

所有 (γ, τ)-型 Diophantine 数组成的集合记为 $DC(\gamma, \tau)$, 并且记

$$DC(\tau) := \bigcup_{\gamma > 0} DC(\gamma, \tau), \quad DC := \bigcup_{\tau > 0} DC(\tau).$$

我们叙述下列定理, 它的证明是初等的, 读者可以作为练习自己证之.

定理 2.2.2 ([66])　设 $\alpha \in \mathbb{R}/\mathbb{Q}$. 对 $\tau \geqslant 0$, 则下列叙述是等价的:

(1) $\alpha \in DC(\tau)$;

(2) $q_{n+1} = \mathcal{O}(q_n^{\tau+1})$;

(3) $a_{n+1} = \mathcal{O}(q_n^{\tau})$;

(4) $\alpha_{n+1}^{-1} = \mathcal{O}(\beta_n^{-\tau})$;

(5) $\beta_{n+1}^{-1} = \mathcal{O}(\beta_n^{-\tau-1})$.

用 Meas$A$ 表示集合 A 的 Lebesgue 测度, 我们有

定理 2.2.3 ([66])　对所有的 $\gamma > 0$ 和 $\tau > 0$, 有

$$\mathrm{Meas} DC(\gamma, \tau) \geqslant 1 - 2\gamma \zeta(1 + \tau),$$

其中 $\zeta(t)$ 表示黎曼-ζ 函数.

证明 考虑区间 $[0,1]$ 上满足不等式 $(2.2.2)$ 的 α, 并且记 $DC(\gamma,\tau)$ 在区间 $[0,1]$ 的余集为 $DC(\gamma,\tau)^c$. 则有

$$DC(\gamma,\tau)^c \subseteq \bigcup_{p/q \in \mathbb{Q} \cap [0,1]} \left(\frac{p}{q} - \gamma q^{-2-\tau}, \frac{p}{q} + \gamma q^{-2-\tau} \right),$$

并且

$$\text{Meas}\,DC(\gamma,\tau)^c \leqslant \sum_{q=1}^{\infty} \sum_{p=1}^{q} 2\gamma q^{-2-\tau} \leqslant 2\gamma \sum_{q=1}^{\infty} q^{-1-\tau} = 2\gamma \zeta(1+\tau).$$

所以

$$\text{Meas}\,DC(\gamma,\tau) \geqslant 1 - 2\gamma \zeta(1+\tau). \qquad \square$$

定理 2.2.4 (Liouville 定理) 对每个 n 次代数数 α, 必存在一个常数 $c = c(\alpha) > 0$ 使得对所有的 $p \in \mathbb{Z}$, $q \in \mathbb{Z}_+$, $n > 1$, 成立

$$\left| \alpha - \frac{p}{q} \right| \geqslant \frac{c}{q^n}.$$

Liouville 定理意味着所有的代数数都是 Diophantine 数. 然而, 两个自然的问题是: Diophantine 数是否是代数数? 如何证明存在无理数不是 Diophantine 数?

事实上, 我们有下列定理:

定理 2.2.5 下列结论成立:

(1) 无理数 e 是 Diophantine 数;

(2) 无理数 π 是 Diophantine 数;

(3) 设 $a_0 = 0$, $a_n = 10^{n!}$, $n \geqslant 1$. 考虑 $\alpha = \lim_{n \to \infty} \frac{p_n}{q_n}$, 其中 $\{p_n\}_{n \geqslant 0}$ 和 $\{q_n\}_{n \geqslant 0}$ 由 $(2.1.2)$ 定义, 则 $\alpha \in \mathbb{R} \setminus \mathbb{Q}$ 并且 α 不是 Diophantine 数.

证明 (1) 和 (2) 的证明可在 [13], [44] 中找到. 现在, 我们只给出 (3) 的证明. 由 α 的连分数构造可知

$$q_1 = a_1 < a_1 + 1;$$

$$q_2 = a_2 q_1 + q_0, \text{ 但 } q_0 = 1 < q_1 = a_1 = 10, \text{ 所以 } q_2 < (a_2 + 1)q_1;$$

$$q_3 = a_3 q_2 + q_1 \text{ 但 } q_1 < q_2, \text{ 所以 } q_3 < (a_3 + 1)q_2.$$

用归纳法易证对所有的 $n \geqslant 1$, 有 $q_n < \prod_{k=1}^{n}(a_k + 1)$. 所以, 对所有的 $n \geqslant 1$, 成立

$$q_n < \prod_{k=1}^{n} a_k \left(1 + \frac{1}{10^{k!}} \right).$$

对所有的 $n > 2$, 直接计算得 $\dfrac{1}{10^{n!}} < \dfrac{1}{10^{2^{n-1}}}$, 于是

$$\prod_{i=1}^{n}\left(1 + \frac{1}{10^{i!}}\right) \leqslant \prod_{i=1}^{n}\left(1 + \frac{1}{10^{2^{i-1}}}\right).$$

因此

$$q_n < \left(\frac{1 - \dfrac{1}{10^{2^n}}}{1 - \dfrac{1}{10}}\right) a_1 \cdots a_n < \left(\frac{1}{1 - \dfrac{1}{10}}\right) a_1 \cdots a_n = \frac{10}{9} a_1 \cdots a_n.$$

所以 $q_n < 10 \cdot 10^{1!} \cdot 10^{2!} \cdots 10^{n!}$, 并且因为对所有的 $n \geqslant 1$, 有 $1 + 1! + 2! + \cdots + (n-1)! + n! \leqslant 2n!$, 我们得 $q_n < (10^{n!})^2 = a_n^2$. 由 (2.1.7) 可推出

$$\left|\alpha - \frac{p_n}{q_n}\right| < \frac{1}{a_{n+1}} = \frac{1}{a_n^{n+1}} < \frac{1}{a_n^n} < \frac{1}{q_n^{n/2}}.$$

如果 α 是 Diophantine, 则必存在 $c > 0, \mu > 0$ 使得

$$\left|\alpha - \frac{p}{q}\right| \geqslant \frac{c}{q^\mu}, \quad p \in \mathbb{Z}, \ q \in \mathbb{Z}_+.$$

特别地, 对 $p = p_n$ 和 $q = q_n$, 有

$$\frac{c}{q_n^\mu} \leqslant \left|\alpha - \frac{p_n}{q_n}\right| < \frac{1}{q_n^{n/2}}.$$

所以, 不等式 $\dfrac{c}{q_n^\mu} < \dfrac{1}{q_n^{n/2}}$ 必成立. 于是, 对足够大的 n, 我们有

$$n^{n/1-\mu} < q_n^{n/2-\mu} < \frac{1}{c},$$

这是一个矛盾. 至此定理 2.2.5 的 (3) 被证明. □

因此, 我们可以说定理 2.2.5 回答了定理 2.2.4 末尾提出的两个问题, 因为 e 不是一个代数数, 而这个定理的项 (3) 的数不是 Diophantine 数.

2.2.2　Brjuno 数

设 $\alpha \in \mathbb{R} \setminus \mathbb{Q}$ 并且 $\left\{\dfrac{p_n}{q_n}\right\}_{n \geqslant 0}$ 是 α 的 n 次近似分数数列. 我们定义函数

$$B(\alpha) = \sum_{n \geqslant 0} \frac{\ln q_{n+1}}{q_n},$$

这个函数称为数 α 的 Brjuno 和.

定义 2.2.2 如果

$$B(\alpha) < +\infty,$$

我们称 α 是 Brjuno 数 (或称 α 满足 Brjuno 条件).

用 $\mathfrak{B}$ 表示所有 Brjuno 数组成的集合, 即

$$\mathfrak{B} = \{\alpha \in \mathbb{R}/\mathbb{Q} \mid B(\alpha) < +\infty\}.$$

由于对所有的 Diophantine 数, 都存在某个 $\tau \geqslant 0$ 使得 $q_{n+1} = \mathcal{O}(q_n^{\tau+1})$ 成立, 所以几乎所有的实数都是 Brjuno 数. 我们将要证明 Diophantine 数一定是 Brjuno 数, 即有下列定理.

定理 2.2.6

$$DC(\tau) \subset \mathfrak{B}.$$

证明 设 $\alpha \in DC(\tau)$, 并且 $\left\{\dfrac{p_n}{q_n}\right\}$ 是 α 的 n 阶近似分数数列. 由于对 $n > 5$ 成立 $q_n > 4$, 并且当 $x > 4$ 时成立 $\sqrt{x} > \ln x$, 则我们有

$$\frac{\ln q_n}{q_n} < \frac{\sqrt{q_n}}{q_n} = \frac{1}{\sqrt{q_n}}.$$

另一方面, 由 $q_n > 2^{\frac{n-1}{2}}$ 可推出 $\dfrac{1}{\sqrt{q_n}} < \left(\dfrac{1}{2}\right)^{\frac{n-1}{4}}$. 于是

$$\sum_{n=5}^{\infty} \frac{\ln q_n}{q_n} < \sum_{n=5}^{\infty} \left(\frac{1}{\sqrt[4]{2}}\right)^{n-1} < \infty.$$

这就意味着

$$\sum_{n=0}^{\infty} \frac{\ln q_n}{q_n} = \sum_{n=0}^{4} \frac{\ln q_n}{q_n} + \sum_{n=5}^{\infty} \frac{\ln q_n}{q_n} < \infty.$$

进一步, 由于对所有充分大的 n 和某个 $k \geqslant 2$, 有 $\ln q_{n+1} < k \ln q_n$. 因此对某个 $N > 0$, 有

$$\sum_{n=0}^{\infty} \frac{\ln q_{n+1}}{q_n} < \sum_{n=0}^{N} \frac{\ln q_{n+1}}{q_n} + k \sum_{n=N+1}^{\infty} \frac{\ln q_n}{q_n} < \infty,$$

即 $\alpha \in \mathfrak{B}$. $\qquad\qquad\qquad\qquad\qquad\qquad\qquad\qquad\qquad\square$

这个定理的逆命题不成立. 例如, 如果 $d_{n+1} \leqslant ce^{d_n}, n \geqslant 0$, 其中 $c > 0$ 是一个常数, 则 $\alpha = [d_0; d_1, \cdots, d_n, \cdots]$ 是一个 Brjuno 数但不是 Diophantine 数. 这就说明 Brjuno 条件比 Diophantine 条件要弱.

实际上, 设 $\alpha \in \mathbb{R}/\mathbb{Q}$, $\alpha = [a_1, a_2, \cdots, a_n, \cdots]$ 并且 $\left\{\dfrac{p_n}{q_n}\right\}$ 是 α 的 n 阶近似分数数列, 则我们有下列一般的结论.

定理 2.2.7 ([56])　(1) 如果对某个 $0 < \rho < 1$, 除了有限个 n 数列 a_n 都满足 $a_{n+1} < a_n^{\rho a_n}$, 则 $\alpha \in \mathfrak{B}$;

(2) 如果对某个 $\sigma > 1$, 除了有限个 n 数列 a_n 都满足 $a_{n+1} > a_n^{\sigma a_n}$, 则 $\alpha \neq \mathfrak{B}$.

为了证明这个定理, 我们需要下列几个引理.

引理 2.2.1
$$\ln\left(a_n + \frac{1}{a_{n-1}}\right) < \ln a_n + 1.$$

证明　注意到, 如果 $x > 1/(e-1)$, 则 $\ln(x+1) < \ln(x) + 1$. 由此立得结论. □

引理 2.2.2　对于数列 a_n 的任意选择, 成立
$$q_n \geqslant (\sqrt{2})^{n-1},$$
对 $n \geqslant 2$, 上面的不等式是严格的.

证明　我们只对所有的 $a_n = 1$ 的选择证明引理 2.2.2. 这显然就足够了, 因为如果我们增加任何一个 a_n, 所有后续的 q_n 也会增加. 我们有
$$q_0 = 1 > 1/\sqrt{2}, \quad q_1 = 1, \quad q_2 = 2 > \sqrt{2}.$$
假设对所有的 q_i, $i \leqslant n$ 结论是对的, 则
$$q_{n+1} = a_{n+1}q_n + q_{n-1} > (\sqrt{2})^{n-1} + (\sqrt{2})^{n-2}$$
$$= (\sqrt{2})^{n-2}(\sqrt{2}+1) > (\sqrt{2})^n.$$
由数学归纳法立得结论. □

引理 2.2.3　$\sum_{n \geqslant 0} \dfrac{\ln q_{n+1}}{q_n}$ 收敛当且仅当 $\sum_{n \geqslant 0} \dfrac{\ln a_{n+1}}{q_n}$ 收敛.

证明　由于 $q_n > a_n$, 所以一个方向是平凡的. 我们只证另一个方向. 因为 $q_{n+1} > a_{n+1}q_n$, 所以
$$q_{n+1} = \left(a_{n+1} + \frac{q_{n-1}}{q_n}\right)q_n < \left(a_{n+1} + \frac{1}{a_n}\right)q_n.$$

应用引理 2.2.1, 有

$$\sum_{n \geqslant 0} \frac{\ln q_{n+1}}{q_n} < \sum_{n \geqslant 0} \frac{\ln \left(a_{n+1} + \dfrac{1}{a_n} \right) + \ln q_n}{q_n}$$

$$< \sum_{n \geqslant 0} \left(\frac{\ln a_{n+1}}{q_n} + \frac{1}{q_n} + \frac{\ln q_n}{q_n} \right).$$

由于上面的每一项都是正的, 所以

$$\sum_{n \geqslant 0} \left(\frac{\ln a_{n+1}}{q_n} + \frac{1}{q_n} + \frac{\ln q_n}{q_n} \right) = \sum_{n \geqslant 0} \frac{\ln a_{n+1}}{q_n} + \sum_{n \geqslant 0} \frac{1}{q_n} + \sum_{n \geqslant 0} \frac{\ln q_n}{q_n}.$$

再由引理 2.2.2 并且函数 $\ln x / x$ 对大的 x 是单调递减的, 有

$$\sum_{n \geqslant 0} \frac{1}{q_n} < \sum_{n \geqslant 0} \frac{\ln q_n}{q_n} < \sum_{n \geqslant 0} \frac{(n-1) \ln \sqrt{2}}{(\sqrt{2})^{n-1}} < \infty. \qquad \square$$

现在我们已经证明了: 一个数 $\alpha \in \mathfrak{B}$ 当且仅当

$$\sum_{n \geqslant 0} \frac{\ln a_{n+1}}{q_n} < \infty. \tag{2.2.3}$$

这意味着 (2.2.3) 也可以作为 Brjuno 数的定义. 但从线性化问题的角度来看, 经典的定义更为自然也更有意义.

现在我们可以给出定理 2.2.7 的证明: 首先, 假设对 $\rho < 1$, 除有限个 n 外成立 $a_{n+1} < a_n^{\rho a_n}$. 则有

$$\frac{\ln a_{n+1}}{q_n} \frac{q_{n-1}}{\ln a_n} < \frac{\rho a_n q_{n-1} \ln a_n}{q_n \ln a_n} = \rho a_n \frac{q_{n-1}}{q_n} < \rho < 1. \tag{2.2.4}$$

由于我们的假设 (从而 (2.2.4)) 除了有限种情况都成立, 所以在极限下也成立. 于是, 级数 $\sum_{n \geqslant 0} \dfrac{\ln a_{n+1}}{q_n}$ 收敛, 即 $\alpha \in \mathfrak{B}$.

现在, 假设对 $\sigma > 1$, 除有限个 n 外成立 $a_{n+1} > a_n^{\sigma a_n}$. 则有

$$\frac{\ln a_{n+1}}{q_n} \frac{q_{n-1}}{\ln a_n} > \frac{\sigma a_n q_{n-1} \ln a_n}{q_n \ln a_n} > \sigma a_n \frac{q_{n-1}}{q_n} = \sigma \left(1 - \frac{q_{n-2}}{q_n} \right). \tag{2.2.5}$$

注意到, 显然有 $q_n > a_n a_{n-1} q_{n-2}$. 又因为 a_n 快速地增长, (2.2.5) 的最后一项根据需要趋于 σ, 所以在极限下大于 1. 于是, 级数 $\sum_{n \geqslant 0} \dfrac{\ln a_{n+1}}{q_n}$ 发散, 即 $\alpha \notin \mathfrak{B}$. 这就完成了定理 2.2.7 的证明.

我们也可以证明

定理 2.2.8 ([55])　(1) 如果对充分大的 n, 有 $q_{n+1} < q_n^{\frac{q_n}{q_{n-1}}}$, 则 $\alpha \in \mathfrak{B}$;

(2) 如果对充分大的 n, 有 $q_{n+1} > q_n^{\frac{q_n}{q_{n-1}}}$, 则 $\alpha \notin \mathfrak{B}$.

Brjuno 数的集合 $\mathfrak{B}$ 在模群 $PGL(2, \mathbb{Z})$ 的作用下是不变的, 它可以由有限的 Brjuno 函数组成的集合来刻画 [64,65]. 下面给出 Brjuno 函数的定义.

设 $\alpha \in \mathbb{R} \backslash \mathbb{Q}$, $\left\{\dfrac{p_n}{q_n}\right\}_{n \geqslant 0}$ 是它的近似分数数列并且 $\{\beta_n\}_{n \geqslant -1}$ 和 α_n 由 (2.1.6) 定义, 则我们称函数 $\mathcal{B} : \mathbb{R} \backslash \mathbb{Q} \to (0, +\infty) \cup \{+\infty\}$:

$$\mathcal{B}(\alpha) = \sum_{n=0}^{\infty} \beta_{n-1} \ln \alpha_n^{-1} \tag{2.2.6}$$

为 Brjuno 函数.

在 [125] 中证明了 $\mathcal{B}(\alpha) < +\infty$ 当且仅当 $B(\alpha) < +\infty$. 因此, 条件 $\mathcal{B}(\alpha) < +\infty$ 可作为 α 是一个 Brjuno 数的等价定义.

在 [64] 中证明了下列命题, 它给出了 Brjuno 函数的一些性质.

命题 2.2.1　Brjuno 函数满足下列性质:

(i) $\mathcal{B}(\alpha) = \mathcal{B}(\alpha + 1)$, $\forall \alpha \in \mathbb{R}$;

(ii) $\mathcal{B}(\alpha) = \ln \alpha^{-1} + \alpha \mathcal{B}(\alpha^{-1})$, $\forall \alpha \in (0, 1)$;

(iii) 存在常数 $C > 0$ 使得对所有的 $\alpha \in \mathbb{R} \backslash \mathbb{Q}$, 成立

$$\left| \mathcal{B}(\alpha) - \sum_{n=0}^{\infty} \frac{\ln q_{n+1}}{q_n} \right| \leqslant C.$$

2.2.3　Pérez-Marco 数

在研究具有非 Brjuno 数线性部分解析映射的线性化问题时, Pérez-Marco [73] 引入了非 Brjuno 数集合的一个子集:

$$PM = \left\{ \alpha \in \mathbb{R} \backslash \mathbb{Q} : \sum_{n=0}^{\infty} \frac{\ln \ln q_{n+1}}{q_n} < +\infty \text{ 并且 } \sum_{n=0}^{\infty} \frac{\ln q_{n+1}}{q_n} = +\infty \right\}.$$

从前面各种无理数的讨论我们可知 Diophantine 数可通过数列 $\{q_n\}_{n \geqslant 0}$ 的增长性来表示, 即

$$\alpha \in DC \Leftrightarrow \ln q_{n+1} = \mathcal{O}(\ln q_n),$$

$$\alpha \in \mathfrak{B} \Leftrightarrow \sum_{n \geqslant 0} \frac{\ln q_{n+1}}{q_n} < +\infty,$$

$$\alpha \in PM \Leftrightarrow \sum_{n \geqslant 0} \frac{\ln \ln q_{n+1}}{q_n} < +\infty.$$

条件 $\alpha \in DC$ 是经典的算术性条件, 它出现在 Siegel [107] 和 Arnold [3] 的工作中, Brjuno 条件 $\alpha \in \mathfrak{B}$ 来自于线性化问题 [12,125], 并且 $\alpha \in PM$ 是用于研究没有周期轨的芽的线性化问题. 另一个重要的算术性条件是 Yoccoz [123] 在研究解析圆微分同胚的整体线性化时发现的, 这就是下面的条件 $\mathcal{H}$.

2.2.4 条件 $\mathcal{H}$

设 α_n 由 (2.1.6) 定义. 对 $\alpha \in (0,1)$, $x \in \mathbb{R}$, 我们定义连续函数

$$\sigma_\alpha = \begin{cases} \alpha^{-1}(x - \ln(\alpha^{-1}) + 1), & x > \ln(\alpha^{-1}), \\ e^x, & x \leqslant \ln(\alpha^{-1}). \end{cases}$$

再定义数列 $\{\Delta_n(\alpha)\}_{n \geqslant 0}$:

$$\Delta_0(\alpha) = 10, \quad \Delta_{n+1}(\alpha) = \sigma_\alpha(\Delta_n(\alpha)).$$

现在可以定义集合

$$\mathcal{H}_0 = \{\alpha \in \mathbb{R} \setminus \mathbb{Q} \,:\, \text{存在 } n_0, \forall n \geqslant n_0, \text{有} \Delta_n(\alpha) \geqslant \ln(\alpha^{-1})\}.$$

最后, 定义集合

$$\mathcal{H} = \{\alpha \in \mathbb{R} \setminus \mathbb{Q} \,:\, \forall n \geqslant 0, \alpha_n \in \mathcal{H}_0\}.$$

我们可以证明下列包含关系:

$$DC \subset \mathcal{H} \subset \mathfrak{B} \subset PM \subset \mathbb{R} \setminus \mathbb{Q},$$

而且这些包含关系都是严格的.

在上述这些算术性条件中, Brjuno 条件是最重要的, 它的重要性来自于解析映射的线性化问题. 关于具有一个中性不动点的单复变量解析同胚 $f(z) = \lambda z +$

$\mathbb{O}(z^2)(|\lambda| = 1$ 但不是单位根) 的线性化问题, Brjuno [12] 推广了 Siegel [107] 在 Diophantine 条件下的结果到 Brjuno 条件. 下面我们陈述这方面的一些结果.

假设 $|\lambda| = 1$ 且不是单位根, 我们可以把 λ 写成

$$\lambda = e^{2\pi i\alpha}, \quad \alpha \in \mathbb{R} \setminus \mathbb{Q} \cap (-1/2, 1/2). \tag{2.2.7}$$

2.2.5　Siegel 引理和 Davie 引理

1942 年 Siegel [107] 证明了下列引理.

引理 2.2.4 (Siegel 引理)　假设 λ 由 (2.2.7) 定义. 如果 α 是一个 (γ, τ)-型 Diophantine 数, 则存在 $\delta > 0$ 使得 $|\lambda^n - 1| < (2n)^\delta$, $n = 1, 2, \cdots$. 另外, 若定义数列

$$\begin{cases} d_1 = 1, \\ d_n = |\lambda^{n-1} - 1|^{-1} \max\{d_{k_1}, \cdots, d_{k_l}\}, \quad n = 2, 3, \cdots \end{cases} \tag{2.2.8}$$

(max 是对所有的分拆 $n = k_1 + \cdots + k_l$ 取的, 其中 $0 < k_1 < \cdots < k_l$ 都是整数, 且 $l \geqslant 2$), 则

$$d_n \leqslant N^{n-1} n^{-2\delta}, \quad n = 1, 2, \cdots, \tag{2.2.9}$$

这里 $N = 2^{5\delta+1}$.

证明　这个引理的证明是基于下列几个技术性很强的引理. 设

$$s_n = |\lambda^n - 1|, \quad n = 1, 2, \cdots. \tag{2.2.10}$$

由于 λ 不是单位根, 所以有 $\dfrac{1}{2} < s_n < +\infty$. 对每个正整数 n, 取一个整数 m 使得 $-\dfrac{1}{2} < n\alpha - m < \dfrac{1}{2}$. 则

$$|\lambda^n - 1| = |e^{2n\pi i\alpha} - 1| = |e^{n\pi i\alpha} - e^{-n\pi i\alpha}|$$
$$= 2|\sin n\pi\alpha| = 2\sin(\pi|n\alpha - m|) \geqslant 4|n\alpha - m|.$$

由于 α 是一个 (γ, τ)-型 Diophantine 数, 故存在正数 μ 和 σ 使得

$$|n\alpha - m| < \sigma n^{-\mu}.$$

于是, 可得

$$s_n \leqslant \frac{1}{4}|n\alpha - m|^{-1} < \frac{1}{4\sigma} n^\mu.$$

取一个常数 $\delta \geqslant \mu$ 使得 $1/4\sigma < 2^\delta$, 我们便得估计

$$s_n < (2n)^\delta, \quad n = 1, 2, \cdots. \tag{2.2.11}$$

引理 2.2.5 ([107, 139])　设 x_i 和 y_i 都是正整数使得

$$\sum_{i=1}^{p} x_i + \sum_{j=1}^{q} y_j = n > 1,$$

$$\sum_{j=1}^{q} y_j > \frac{n}{2}, \quad y_j \leqslant \frac{n}{2}, \quad j = 1, 2, \cdots, q, \tag{2.2.12}$$

其中 $p \geqslant 0$[①], 则对于 $t = p + q$, 成立

$$\prod_{i=1}^{p} x_i \cdot \prod_{j=1}^{q} y_j^2 \geqslant \left(\frac{n}{2t-2} \right)^3. \tag{2.2.13}$$

证明　如果 $n \leqslant 2t-2$, 则 (2.2.13) 是平凡的. 因此, 我们假定 $n > 2t-2$. 注意到 (2.2.12) 意味着 $q \geqslant 2$, 即 $t \geqslant p+2 \geqslant 2$, 并且 n 是奇数, 则 $t \geqslant 3$ 并且 $n > 2t-2 \geqslant 4$, 即 $n \geqslant 5$.

我们记 $k = [n/2]$ (这里 $[a]$ 表示不超过 a 的最大整数), 并且 $w = p(y_1 + \cdots + y_q)$. 则

$$2 \leqslant t \leqslant k+1 \leqslant k+p+1 \leqslant w \leqslant n. \tag{2.2.14}$$

另外, 我们可记

$$x_1 + \cdots + x_p = n - w + p, \quad y_1 + \cdots + y_q = w - p, \tag{2.2.15}$$

$$1 \leqslant x_i, \quad 1 \leqslant y_j \leqslant k, \quad i = 1, \cdots, p, \quad j = 1, \cdots, q. \tag{2.2.16}$$

我们保持 w 固定, 并且估计乘积 $x = \prod_{i=1}^{p} x_i$ 和 $y = \prod_{j=1}^{q} y_j$ 的下界. 作为变量 x_i 的函数 x 在由 (2.2.15) 和 (2.2.16) 描述的集合中对所有的 x_i 等于 1 (除去一个等于 $(n-w+p)-p+1 = n-w+1$ 的值) 取到最小值. 因此, 如果 $p \geqslant 1$, 就有

$$x \geqslant n - w + 1, \tag{2.2.17}$$

当 $p = 0$ (于是 $w = n$, $x = 1$), (2.2.17) 显然也是成立的.

类似地, 如果 $w-t+1 \leqslant k$, 则 y (作为变量 y_j 的函数) 在由 (2.2.15) 和 (2.2.16) 描述的集合中对所有的 y_j 等于 1 (除去一个等于 $(w-p)-q+1 = w-t+1$ 的值) 取到最小值. 于是, 对 $w-t+1 \leqslant k$, 成立

$$y \geqslant w - t + 1. \tag{2.2.18}$$

---

① 这里和后面都假定 $\sum_1^0 = 0$, $\prod_1^0 = 1$.

在其他的情况, y 对所有 $y_j = 1$ (除去其中值分别等于 $w - t - k + 1$ 和 k 的两项) 取到最小值. 于是, 对 $w - t + 1 > k$, 成立

$$y \geqslant k(w - t - k + 2). \tag{2.2.19}$$

(2.2.17)—(2.2.19) 就推出下列不等式

$$xy^2 \geqslant \begin{cases} (n - w + 1)(w - t + 1)^2, & w \leqslant k + t - 1, \\ (n - w + 1)(w - t - k + 2)^2 k^2, & w > k + t - 1. \end{cases} \tag{2.2.20}$$

为了得到 (2.2.20) 右边的估计, 我们考虑函数

$$P(z) = (z - a)^v (b - z)^\varrho, \quad v > 0, \varrho > 0, a < b.$$

由于

$$-\frac{d^2}{dz^2} \ln P(z) > 0, \quad z \in (a, b),$$

我们有对任意 $a < z_1 < z_2 < b$, 在 $[z_1, z_2]$ 上成立

$$P(z) \geqslant \min\{P(z_1), P(z_2)\}.$$

现取 $P(z) = (n - z + 1)(z - t + 1)^2$, 并且 $z_1 = k + 1$, $z_2 = k + t - 1$, 在 (2.2.20) 的第一种情况下, 由 (2.2.14) 可得 $t - 1 < k + 1 \leqslant w \leqslant k + t - 1 < n + 1$, 从而

$$(n - w + 1)(w - t + 1)^2 \geqslant \min\{(n - k)(k - t + 2)^2, (n - k - t + 2)k^2\}.$$

但是, 由 $0 \leqslant t - 2 \leqslant k - 1$, 可得

$$\begin{aligned} (n - k - t + 2)k^2 - (n - k)(k - t + 2)^2 &= (t - 2)[(2n - 3k)k - (n - k)(t - 2)] \\ &\geqslant (t - 2)[(2n - 3k)k - (n - k)(k - 1)] \\ &= (t - 2)[k + (n - 2k)(k + 1)] \geqslant t - 2 \\ &\geqslant 0. \end{aligned}$$

因而

$$(n - w + 1)(w - t + 1)^2 \geqslant (n - k)(k - t + 2)^2.$$

类似地, 取 $P(z) = (n - z + 1)(z - t - k + 2)^2$, 并且 $z_1 = k + t - 1$, $z_2 = n$. 在 (2.2.20) 的第二种情况下, 有 $t + k - 2 < t + k - 1 \leqslant w \leqslant n < n + 1$. 这里 $P(z_1) = n - k - t + 2$, $P(z_2) = (n - k - t + 2)^2 \geqslant P(z_1)$, 由此可得

$$(n - w + 1)(w - t - k + 2)^2 k^2 \geqslant (n - k - t + 2)k^2 \geqslant (n - k)(k - t + 2)^2,$$

从而结论得证. 因此, 在两种情况下, 我们得到

$$xy^2 \geqslant (n-k)(k-t+2)^2 = (n-k)(k+1-u)^2, \qquad (2.2.21)$$

其中我们令 $t-1 = u$. 进而, 由 (2.2.14) 得 $1 \leqslant u \leqslant k$, 由此得 $u(k+1-u) \geqslant k$ 以及 $(k+1-u) \geqslant ku^{-1}$. 这样, 如果 n 是偶数 $(n=2k)$, 我们得到

$$(n-k)(k+1-u)^2 = k(k+1-u)^2 \geqslant k^3 u^{-1} = \left(\frac{n}{2}\right)^3 u^{-2} \geqslant \left(\frac{n}{2u}\right)^3 = \left(\frac{n}{2t-2}\right)^3.$$

如果 n 是奇数 $(n=2k+1)$, 则 $t \geqslant 3$, 即 $u \geqslant 2$, $n \geqslant 5$. 这样就证明了开始所指出的. 在这种情况下,

$$\begin{aligned}
(n-k)(k+1-u)^2 &= (k+1)(k+1-u)^2 \geqslant (k+1)k^2 u^{-2} > (k+1/2)k^2 u^{-2} \\
&= \left(\frac{n}{2u}\right)^3 u \left(1-\frac{1}{n}\right)^2 \geqslant \left(\frac{n}{2u}\right)^3 2\left(1-\frac{1}{5}\right)^2 > \left(\frac{n}{2u}\right)^3 \\
&= \left(\frac{n}{2t-2}\right)^3.
\end{aligned}$$

因此, 在两种情况下我们得到不等式

$$(n-k)(k+1-u)^2 \geqslant \left(\frac{n}{2t-2}\right)^3,$$

这个不等式与 (2.2.21) 就给出了要证明的关系式 (2.2.13). $\qquad\square$

引理 2.2.6 ([107, 139]) 设 $0 < m_r < \cdots < m_0$ 都是整数, 则

$$\prod_{i=0}^{r} s_{m_i} < L^{r+1}\left(m_0 \prod_{i=1}^{r}(m_{i-1} - m_i)\right), \qquad (2.2.22)$$

其中 s_n 在 (2.2.10) 中定义, $L = 2^{2\delta+1}$, 并且 δ 是出现在 (2.2.11) 中的常数.

证明 对 $r=0$, 由 (2.2.11) 知 (2.2.21) 成立. 我们假设对 $r-1 \geqslant 0$ 成立. 对任意整数 $p > q > 0$, 有

$$s_{p-q}^{-1} = |s^{p-q} - 1| = |s^p - s^q| = |(s^p - 1) - (s^q - 1)| \leqslant s_p^{-1} + s_q^{-1} \leqslant \frac{2}{\min(s_p, s_q)}.$$

于是, 由 (2.2.11) 知

$$\min(s_p, s_q) \leqslant 2s_{p-q} < 2^{\delta+1}(p-q)^{\delta}. \qquad (2.2.23)$$

设 s_{m_i} $(i = 0, 1, \cdots, r)$ 对 $i = h$ 取到最小值. 规定 $m_{-1} = +\infty$, $m_{r+1} = -\infty$, 由 (2.2.23) 得

$$s_{m_h} < 2^{\delta+1} \min\{(m_{h-1} - m_h)^\delta, (m_h - m_{h+1})^\delta\}. \tag{2.2.24}$$

下面我们必须分三种情况: $0 < h < r$, $h = 0$ 和 $h = r$.

$0 < h < r$. 由归纳假设, 从 (2.2.24) 以及将不等式 $\min(a, b) \leqslant 2ab/(a+b)$ 应用于 $a = m_{h-1} - m_h, b = m_h - m_{h+1}$, 可推出

$$s_{m_h}^{-1} \prod_{i=0}^r s_{m_i} < L^r \left(\frac{m_0(m_{h-1} - m_{h+1})}{(m_{h-1} - m_h)(m_h - m_{h+1})} \prod_{i=1}^r (m_{i-1} - m_i) \right)^\delta$$

和 (2.2.22).

$h = 0$ 与 $h = r$. 由归纳假设分别得到

$$s_{m_0}^{-1} \prod_{i=0}^r s_{m_i} < L^r \left(\frac{m_1}{m_0(m_0 - m_1)} \prod_{i=1}^r (m_{i-1} - m_i) \right)^\delta$$

与

$$s_{m_r}^{-1} \prod_{i=0}^r s_{m_i} < L^r \left(\frac{1}{m_{r-1} - m_r} \prod_{i=1}^r (m_{i-1} - m_i) \right)^\delta.$$

(2.2.22) 可直接从 (2.2.24) 推出, 而后一种情况可从不等式 m_1/m_0 推出.　□

现在我们可以继续 Siegel 引理 (引理 2.2.4) 的证明:

记 $\omega_n = N^{n-1} n^{2\delta}$. 于是, 对任意 m, n 我们有

$$\omega_m \omega_n \omega_{m+n}^{-1} = N^{-1}(m+n)^{2\delta}(mn)^{-2\delta} = N^{-1}(m^{-1} + n^{-1})^{2\delta}$$
$$\leqslant N^{-1} 2^{2\delta} < 1,$$

即

$$\omega_m \omega_n < \omega_{m+n}. \tag{2.2.25}$$

下面用归纳法证明 (2.2.9). 当 $n = 1$ 时, 有 $d_1 = 1 = \omega_1$, 从而 (2.2.9) 成立. 假定 (2.2.9) 对 $1, \cdots, n-1$ 成立, 我们要证明 (2.2.9) 对 n 成立.

由定义 (2.2.8), 存在 l_1 个整数 $k_{11}, \cdots, k_{1l_1}$, $0 < k_{1l_1} \leqslant \cdots \leqslant k_{11}$ 使得

$$d_n = s_{n-1} d_{k_{11}} \cdots d_{k_{1l_1}},$$

$$k_{11} + \cdots + k_{1l_1} = n. \tag{2.2.26}$$

如果发生 $k_{11} > n/2 \geqslant 1$, 再应用 (2.2.8) 到 $d_{k_{11}}$, 我们继续这个过程 (注意到由 (2.2.26) 可推出: 对 $\alpha = 2, \cdots, l_1$ 必有 $k_{1\alpha} \leqslant n/2$), 得存在 l_2 个整数 $k_{21}, \cdots, k_{2l_2}$, $0 < k_{2l_2} \leqslant \cdots \leqslant k_{21}$, 使得

$$d_{k_{11}} = s_{k_{11}-1} d_{k_{21}} \cdots d_{k_{2l_2}},$$

$$k_{21} + \cdots + k_{2l_2} = k_{11}.$$

如果 $k_{21} > n/2$, 我们再继续这个过程. 因为 $k_{11}, k_{21}, \cdots$ 形成一个递减的正整数数列, 所以这个过程进行到有限步后必定结束, 并且得到分拆

$$d_{k_{pp}} = s_{k_{p_1}-1} d_{k_{p+1,1}} \cdots d_{k_{p+1,l_{p+1}}},$$

这里 $0 < k_{p+1,l_{p+1}} \leqslant \cdots \leqslant k_{p+1,1} \leqslant n/2$, 因此 $k_{p+1} > n/2$. 引进记号 $n_i = k_{i1}$, $i = 1, \cdots, p$, $n_0 = n$, 我们可把 d_n 写成形式

$$d_n = \prod_{i=0}^{p} s_{n_i-1} \Delta_{i+1}, \tag{2.2.27}$$

其中 $\Delta_i = d_{k_{i2}} \cdots d_{k_{il_i}}$, $i = 1, \cdots, p$, $\Delta_{p+1} = d_{k_{p+1,1}} \cdots d_{k_{p+1,l_{p+1}}}$. 这里的下标数 $k_{\alpha\beta}$ 中没有一个超过 $n/2$, 并且有

$$k_{i2} + \cdots + k_{il_i} = n_{i-1} - n_i, \quad i = 1, \cdots, p,$$

$$k_{p+1,1} + \cdots + k_{p+1,l_{p+1}} = n_p.$$

鉴于归纳假设和关系式 (2.2.25), 我们可得估计

$$\Delta_i \leqslant \omega_{k_{i2}} \cdots \omega_{k_{il_i}} < \omega_{k_{i2}+\cdots+k_{il_i}} = \omega_{n_{i-1}} - \omega_{n_i}$$
$$= N^{n_{i-1}-n_i-1}(n_{i-1} - n_i)^{-2\delta}, \quad i = 1, \cdots, p. \tag{2.2.28}$$

当记 $l_{p+1} = q$, $k_{p+1,j} = y_j$, 就有

$$\Delta_{p+1} \leqslant \prod_{j=1}^{q} \omega_{y_j} = N^{n_p-q} \prod_{j=1}^{q} y_j^{-2\delta}, \tag{2.2.29}$$

这里 $y_1 + \cdots + y_q = n_p > n/2$, 并且 $y_j \leqslant n/2$, $j = 1, \cdots, q$.

将 (2.2.28) 和 (2.2.29) 代入 (2.2.27) 再应用具有 $m_i = n_i - 1$ 和 $r = p$ 的引理 2.2.6, 可得

$$d_n < L^{p+1} \left(n \prod_{i=1}^{p} (n_{i-1} - n_i) \right)^{\delta} \prod_{i=1}^{p} N^{n_{i-1}-n_i-1} (n_{i-1} - n_i)^{-2\delta} N^{n_p-q} \prod_{j=1}^{q} y_j^{-2\delta}$$

$$= L^{p+1} N^{n-p-q} n^{\delta} \left(\prod_{i=1}^{p} x_i \prod_{j=1}^{q} y_j^2 \right)^{-\delta},$$

其中我们用了 $x_i = n_{i-1} - n_i$, 而数 x_i 和 y_j 满足引理 2.2.6 的条件. 此外, 由于 $L^{p+1} \leqslant L^{t-1}$ 和 $2t - 2 \leqslant 2^{t-1}$, 所以得到

$$d_n < L^{t-1} N^{n-t} n^{\delta} (2^{1-t} n)^{-3\delta} = N^{n-1} n^{-2\delta} = \omega_n.$$

至此引理 2.2.4 证毕. □

实际上, 我们可以证明更一般的结论.

引理 2.2.7　假设 λ 由 (2.2.7) 定义, α 是一个 (γ, τ)-型 Diophantine 数并且 $P_n = P_n(x_1, \cdots, x_{n-1})$ 是一个 $n-1$ 元的函数并且满足:

(i) 如果 $0 \leqslant x_i \leqslant y_i (i = 1, 2, \cdots, n-1)$, 则 $0 \leqslant P_n(x_1, \cdots, x_{n-1}) \leqslant P_n(y_1, \cdots, y_{n-1})$;

(ii) 设数列 $\{d_n\}_{n=1}^{\infty}$ 如下定义: $d = 1$ 和

$$d_n = |\lambda^{n-1} - 1|^{-1} \max\{d_{k_1}, \cdots, d_{k_l}\}, \quad n = 2, 3, \cdots,$$

则

$$P_n(d_1 x_1, \cdots, d_{n-1} x_{n-1}) \leqslant d_n P_n(x_1, \cdots, x_{n-1}).$$

此外, 设 $u = \{u_n\}_{n \in \mathbb{Z}_+}$ 是一个复数列满足: $u_1 = \mu > 0$ 且

$$u_n = |\lambda^{n-1} - 1|^{-1} P_n(u_1, \cdots, u_{n-1}), \quad n \geqslant 2.$$

设 $v = \{v_n\}_{n \in \mathbb{Z}_+}$ 是一个复数列满足: $v_1 = \eta > \mu$ 且

$$v_n = P_n(v_1, \cdots, v_{n-1}), \quad n \geqslant 2.$$

如果存在 $A > 0$ 使得 $v_n \leqslant A^n (n \in \mathbb{Z}_+)$, 则存在 $\delta > 0$ 使得

$$u_n \leqslant A^n (2^{5\delta+1})^{n-1} \cdot n^{-2\delta}, \quad n = 2, 3, \cdots.$$

在研究具有小除数问题的收敛性问题时, 当一个小除数非常小的时候, 在一段时间内所有其他小除数都不能太小. 这种模糊的说法被 Davie[26] 在两个引理中精确地描述, 他推广和改进了 Brjuno[12] 的工作.

设 $x \in \mathbb{R}$, $x \neq 1/2$, 并定义范数 $\|x\|_{\mathbb{Z}} = \min_{p \in \mathbb{Z}} |x - p|$.

引理 2.2.8 设 $\alpha \in \mathbb{R} \setminus \mathbb{Q}$, $\{p_j/q_j\}_{j \geq 0}$ 是 α 的 j 次连分数近似分数数列. 对 $k, n \in \mathbb{Z}_+$, $n \neq 0$, 假设 $\|n\alpha\|_{\mathbb{Z}} \leq 1/(4q_k)$, 则 $n \geq q_k$ 并且 q_k 整除 n 或 $n \geq q_{k+1}/4$.

证明 由定理 2.1.7 可以推出: 如果 r 是一个整数并且 $0 < r < q_k$, 则 $\|r\alpha\|_{\mathbb{Z}} \geq (2q_k)^{-1}$. 因此, $n \geq q_k$. 假设 q_k 不整除 n 并且 $n < q_{k+1}/4$. 则有 $n = mq_k + r$, 其中 $0 < r < q_k$ 并且 $m < q_{k+1}/(4q_k)$. 由于 $\|q_k\alpha\|_{\mathbb{Z}} \leq q_{k+1}^{-1}$, 所以 $\|mq_k\alpha\| \leq mq_{k+1}^{-1} < (4q_k)^{-1}$. 但 $\|r\alpha\|_{\mathbb{Z}} \geq (2q_k)^{-1}$, 因此有 $\|n\alpha\|_{\mathbb{Z}} > (4q_k)^{-1}$. □

命题 2.2.2 假设 q 是一个正整数, $E \in \mathbb{R}$ 使得 $E \geq q$ 并且 A 是一个非负整数组成的集合, 使得 $0 \in A$ 并且当 $j_1, j_2 \in A$ 且 q 不整除 $j_1 - j_2$ 时有 $|j_1 - j_2| \geq E$. 则有一个定义在非负整数集上的非负函数 g, 使得 $g(0) = 0$ 并且

(a) 对所有的 n, 有 $g(n) \leq (1 + \eta)q^{-1}n$, 其中 $\eta = 2q/E$;

(b) 对所有的 n_1 和 n_2, 有 $g(n_1) + g(n_2) \leq g(n_1 + n_2)$;

(c) 如果 $n \in A$ 且 $n > 0$, 则 $g(n) \geq g(n-1) + 1$.

证明 首先定义一个非负整数 j 的集合 A^*, 它使得或者 $j \in A$ 或者对某些 $j_1, j_2 \in A$ 并且 $j_2 - j_1 < E$ 的 j_1 和 j_2, 成立 $j_1 < j < j_2$ 并且 q 整除 $j - j_1$. 由此可推出: 如果 $j, j' \in A^*$, $q < j' - j < E$, 则必有 $j'' \in A^*$, 其中 $j_1 < j'' < j_2$.

现在, 对任意非负整数 n, 我们定义函数

$$l(n) = \max\{(1 + \eta)q^{-1}n - 2, \ (\eta m_n + n)q^{-1} - 1\},$$

其中 $m_n = \max\{j : 0 \leq j \leq n, j \in A^*\}$. 然后定义函数 $h : \mathbb{Z}_+ \to \mathbb{R}_+$ 如下:

$$h(n) = \begin{cases} q^{-1}(m_n + \eta n) - 1, & m_n + q \in A^*, \\ l(n), & m_n + q \notin A^*. \end{cases}$$

我们断定函数 $h(n)$ 具有下列性质:

(1) 对所有的 n, 有 $(1 + \eta)q^{-1}n - 2 \leq h(n) \leq (1 + \eta)q^{-1}n - 1$;

(2) 如果 $n > 0$ 并且 $n \in A^*$, 则 $h(n) \geq h(n-1) + 1$;

(3) 对所有的 $n > 0$, $h(n) \geq h(n-1)$;

(4) 对所有的 n, 有 $h(n+q) \geq h(n) + 1$.

现在我们证明这个断言.

(1) 由于 $m_n \leq n$ 并且在情况 $m_n + q \in A^*$ 下有 $n < m_n + q$, 所以 (1) 显然成立.

(2) 如果 $n \in A^*$, 则 $m_n = n$. 所以 $h(n) = q^{-1}(1+\eta)n+1$. 如果将 $m_n + q \in A^*$ 的情况用于 $n-1$, 则有 $m_{n-1} = n - q$, 所以有

$$h(n-1) = q^{-1}(n - q + \eta(n-1)) - 1 < h(n) - 1.$$

而再将 $m_n + q \notin A^*$ 的情况用于 $n-1$, 则有 $n - m_{n-1} \geqslant E$, 所以有

$$(\eta m_{n-1} + n - 1)q^{-1} - 1 < (1+\eta)nq^{-1} - 1 - E\eta/q < h(n) - 1$$

并且 $(1 + \eta)q^{-1}(n - 1) - 2 \leqslant h(n) - 1$, 因此在每种情况 (2) 都成立.

(3) 如果 $n \in A^*$, 则 (3) 可由 (2) 推出. 如果 $n \notin A^*$, 则 $m_n = m_{n-1}$. 或者将 $m_n + q \in A^*$ 的情况用于 n 以及 $n-1$, 或者将 $m_n + q \notin A^*$ 的情况用于 n 以及 $n-1$, 不论哪种情况都立即推出 (3) 成立.

(4) 如果 $n+1, \cdots, n+q$ 中的任何一个属于 A^*, 则 (4) 可由 (2) 和 (3) 得到. 如果它们的任何一个都不属于 A^*, 则 $m_n = m_{n+q}$ 并且将 $m_n + q \notin A^*$ 的情况用于 n 以及 $n+q$, 所以有 $h(n+q) = l(n+q) \geqslant l(n) + 1 = h(n) + 1$.

这就完成了 (1)—(4) 的证明.

现在我们令 $g(n) = \max\{[n/q], h(n)\}$, 其中方括号表示整数部分. 只需证明 $g(n)$ 满足命题 2.2.2 的 (a)—(c) 即可.

(a) 从上面的 (1) 立即推出 (a).

(b) 如果 $g(n_i) = [n_i/q]$, $i = 1, 2$, 则 (b) 显然. 下面假设 $g(n_1) = h(n_1)$ 和 $g(n_2) = [n_2/q]$ 并记 $s = [n_2/q]$. 应用上面的 (4) 和 (3), 可得

$$g(n_1) + g(n_2) = h(n_1) + s \leqslant h(n_1 + sq) \leqslant h(n_1 + n_2) \leqslant g(n_1 + n_2).$$

最后, 如果 $g(n_i) = h(n_i)$, $i = 1, 2$, 则应用上面的 (1) 可得

$$g(n_1) + g(n_2) \leqslant (1+\eta)q^{-1}(n_1 + n_2) - 2 \leqslant h(n_1 + n_2) \leqslant g(n_1 + n_2).$$

这就证明了 (b).

(c) 假设 $n \in A$ 且 $n > 0$. 如果 $n > E$, 则 $g(n) = h(n)$ 且 $g(n-1)h(n-1)$, 所以从上面的 (2) 可推出结果. 如果 $n \leqslant E$, 则 q 整除 n, 所以有 $[n/q] = [(n-1)/q]+1$, 再应用上面的 (2) 也可推出结果.

至此命题 2.2.2 得证. □

对每一个 k, 在命题 2.2.2 中令 $q = q_k$, $E = \max\{q_k, q_{k+1}/4\}$, $A = A_k = \{n \geqslant 0 : \|n\alpha\| \leqslant (8q_k)/q_{k+1}\}$. 则 $g(k)$ 满足命题 2.2.2 的 (a)—(c).

现在我们可以给出并证明下列 Davie [26] 的引理. 设 $k(n)$ 由条件 $q_{k(n)} \leqslant n < q_{k(n)+1}$ 定义. 显然这样定义的 $k(n)$ 是非递减的.

引理 2.2.9 ([26], Davie 引理) 设

$$K(n) = n \log 2 + \sum_{k=0}^{k(n)} g_k(n) \log(2q_{k+1}). \tag{2.2.30}$$

则 $K(n)$ 满足:

(a) 存在一个普适常数 ρ 使得

$$K(n) \leqslant n \left(\sum_{k=0}^{k(n)} \frac{\log q_{k+1}}{q_k} + \rho \right);$$

(b) 对所有的非负整数 n_1 和 n_2, 有

$$K(n_1) + K(n_2) \leqslant K(n_1 + n_2);$$

(c)

$$-\log|1 - \lambda^n| \leqslant K(n) - K(n-1).$$

证明 (a) 由命题 2.2.2 并注意到 $\eta_k \leqslant 4q_k q_{k+1}^{-1}$, 可推出

$$K(n) \leqslant n \left[\log 2 + \sum_{k=0}^{k(n)} (1 + \eta_k) q_k^{-1} \log(2q_{k+1}) \right]$$

$$\leqslant n \left[\sum_{k=0}^{k(n)} \frac{\log q_{k+1}}{q_k} + \log 2 \sum_{k=0}^{\infty} \left(\frac{1}{q_k} + \frac{4}{q_{k+1}} \right) + 4 \sum_{k=0}^{\infty} \frac{\log q_{k+1}}{q_{k+1}} \right].$$

再注意到级数 $\sum_{k=0}^{\infty} \frac{q_{k+1}}{q_{k+1}}$ 和 $\sum_{k=0}^{\infty} q_k^{-1}$ 的收敛性, 即可证明 (a).

(b) 从命题 2.2.2 的 (b) 立即推出: 对所有的非负整数 n_1 和 n_2, 成立

$$K(n_1) + K(n_2) \leqslant K(n_1 + n_2).$$

(c) 由于 $|\lambda^{n-1} - 1|^2 = |2 \sin n\pi\alpha|^{-2} \leqslant (4\|n\alpha\|)^{-2}$, 对任意 n 我们有 $\|n\alpha\| \geqslant 1/8$, 在这种情况下 $|\lambda^{n-1} - 1| \leqslant 4$. 或者 $(8q_k)^{-1} > \|n\alpha\| \geqslant (8q_{k+1})^{-1}$, 在这种情况下 $n \in A_k$ 并且 $|\lambda^{n-1} - 1| \leqslant (2q_{k+1})^2$. 再结合命题 2.2.2 的 (c) 即可证明对所有的 $n > 0$, 成立

$$-\log|\lambda^{n-1} - 1| \leqslant K(n) - K(n-1). \qquad \square$$

2.2.6　Liouville 数

1844 年法国数学家 Joseph Liouville 证明了超越数的存在性, 他引入了所谓 Liouville 数的集合 $\mathfrak{L}$ 并证明了 Liouville 数是超越的. 他给出的 Liouville 数的定义如下:

定义 2.2.3　设 $\alpha \in \mathbb{R} \setminus \mathbb{Q}$. 如果对任意 $n \geqslant 1$, 存在整数 $p, q(q > 1)$ 使得

$$|\alpha - p/q| < 1/q^n,$$

则称 α 是一个 Liouville 数.

显然一个无理数是 Liouville 数当且仅当它不是 Diophantine 数. 可以证明 Liouville 数的集合有零 Lebesgue 测度并且在 $\mathbb{R}$ 中是一个稠密的 G_δ 集.

由 (2.1.6) 可得到

$$\frac{1}{q_n + q_{n+1}} < \beta_n < \frac{1}{q_{n+1}}, \quad n \geqslant 0.$$

数列 $\{q_n\}$ 和 $\{\beta_n\}$ 的增长性决定了无理数 α 是 Diophantine 数还是 Liouville 数. 事实上, 如果用 τ 表示任意的实数并且我们记

$$\mathfrak{L}(\alpha, \tau) := \{m \in \mathbb{Z}_+ : \beta_m < \beta_{m-1}^\tau\},$$

则有

引理 2.2.10　设 $\alpha \in \mathbb{R} \setminus \mathbb{Q}$, 则

(i) α 是 Liouville 数当且仅当对每一个 $\tau > 1$, 集合 $\mathfrak{L}(\alpha, \tau)$ 有无穷多个元素;

(ii) α 是 Diopgantine 数当且仅当存在常数 $\gamma, \tau > 0$ 使得

$$\beta_n = |q_n \alpha - p_n| > \frac{\gamma}{q_n^{\tau+1}}, \quad \forall n \geqslant 0;$$

并且由估计 (2.2.2) 这等价于

$$\beta_{n+1} > \gamma \beta_n^{\tau+1}, \quad \forall n \geqslant 0.$$

设 $\alpha \in (0, 1)$ 是无理数, $\left\{\dfrac{p_n}{q_n}\right\}$ 是 α 的连分数近似数列, 我们定义

$$\beta(\alpha) = \limsup_{n>0} \frac{\ln q_{n+1}}{q_n}.$$

我们用 $0 \leqslant \beta \leqslant +\infty$ 度量 α 的 Liouville 程度. $\beta(\alpha)$ 还有一个等价的定义:

$$\beta(\alpha) = \limsup_{|k|\to\infty} \frac{1}{|k|} \ln \frac{1}{|e^{2\pi i k\alpha} - 1|}.$$

可以证明条件 $\beta(\alpha) = 0$ 比 Diophantine 条件或 Brjuno 条件要弱. 因此, 如果 $\beta(\alpha) = +\infty$, 我们称 α 是超 Liouville 的; 如果 $0 \leqslant \beta < +\infty$, 我们称 α 是非超 Liouville 的.

假设 α 是非超 Liouville 的. 如果定义

$$\widetilde{U}(\alpha) = \sup_{n>0} \frac{\ln \ln q_{n+1}}{\ln q_n}, \tag{2.2.31}$$

则

$$\widetilde{U}(\alpha) < +\infty. \tag{2.2.32}$$

2.2.7　CD-桥

对任意的 $\alpha \in \mathbb{R}/\mathbb{Q}$, 我们固定 α 的连分数展开的分母数列 $\{q_n\}$ 的一个子数列 $\{q_{n_k}\}_{k \in \mathbb{Z}_+}$, 并且记 $\{Q_k\}_{k \in \mathbb{Z}_+} := \{q_{n_k}\}_{k \in \mathbb{Z}_+}$, $\{\overline{Q}_k\}_{k \in \mathbb{Z}_+} := \{q_{n_k+1}\}_{k \in \mathbb{Z}_+}$.

定义 2.2.4　设 $0 < \mathcal{A} \leqslant \mathcal{B} \leqslant \mathcal{C}$, 如果条件

(i) $q_{i+1} \leqslant q_i^{\mathcal{A}}, \forall i = l, \cdots, n-1$;

(ii) $q_l^{\mathcal{C}} \geqslant q_n \geqslant q_l^{\mathcal{B}}$

成立, 则称 α 的连分数展开的分母组成的对 $(q_l, q_n)(l<n)$ 形成一个 $CD(\mathcal{A}, \mathcal{B}, \mathcal{C})$ 桥.

Avila, Fayad 和 Krikorian 在文献 [5] 中证明了下列引理:

引理 2.2.11　对任意 $\mathcal{A} > 0$, 存在一个子数列 $\{Q_k\}_{k \in \mathbb{Z}_+}$ 使得 $Q_0 = 1$ 并且对每个 $k \geqslant 0$, $Q_{k+1} \leqslant \overline{Q}_k^{\mathcal{A}^4}$. 进一步, 要不 $\overline{Q}_k \geqslant Q_k^{\mathcal{A}}$ 成立, 要不 $(\overline{Q}_{k-1}, Q_k)$ 和 (Q_k, Q_{k+1}) 都是 $CD(\mathcal{A}, \mathcal{A}, \mathcal{A}^3)$ 桥.

证明　用数学归纳法证明这个引理. 假设数列 $\{Q_l\}$ 对于一切小于等于 k 的项已被构造. 现在我们要构造 Q_{k+1}. 根据 $\{q_n\}$ 的增长性, 我们分三种情况.

情况 1. 存在 $q_n > Q_k$ 使得 $q_{n+1} > q_n^{\mathcal{A}}$, 最小的满足 $q_n \leqslant \overline{Q}_k^{\mathcal{A}^4}$. 在这种情况我们设 $Q_{k+1} = q_n$.

情况 2. 存在 $q_n > Q_k$ 使得 $q_{n+1} > q_n^{\mathcal{A}}$, 最小的满足 $q_n > \overline{Q}_k^{\mathcal{A}^4}$. 在这种情况设 $q_{n_0} := \overline{Q}_k$, 我们首先指出 $q_n \neq q_{n_0+1}$, 否则, 我们有 $q_{n_0+1} \geqslant q_{n_0}^{\mathcal{A}^4} > q_{n_0}^{\mathcal{A}}$. 这与 q_n 的选择矛盾 (最小的分母使得 $q_{n+1} > q_n^{\mathcal{A}}$). 所以我们可以找到 $q_{n_0} := \overline{Q}_k, q_{n_1}, q_{n_2}, \cdots, q_{n_j}$ 使得 $j \geqslant 2, q_{n_j} = q_n$, 并且对每个 $0 \leqslant i \leqslant j-1$, 两个对 $(q_{n_i}, q_{n_{i+1}})$ 和 $(q_{n_{i+1}}, q_{n_{i+1}})$ 是 $CD(\mathcal{A}, \mathcal{A}, \mathcal{A}^3)$ 桥. 然后我们设

$$Q_{k+1} := q_{n_1}, Q_{k+2} := q_{n_2}, \cdots, Q_{k+j} := q_{n_j}.$$

如果 $0 \leqslant i \leqslant j-1$, 可以验证 $\{Q_{k+j}\}$ 满足第二个条件; 如果 $i = j, \overline{Q}_{k+j} \geqslant Q_{k+j}^{\mathcal{A}}$, 这是第一个条件.

情况 3. 如果这种 q_n 不存在, 这意指: $\forall q_n > Q_k, q_{n+1} \leqslant q_n^{\mathcal{A}}$, 则设 $q_{n_0} := \overline{Q}_k$, 我们可以找到一个无穷数列 $q_{n_1}, q_{n_2}, \cdots$ 使得对 $(q_{n_i}, q_{n_{i+1}})$ 和 $(q_{n_{i+1}}, q_{n_{i+1}})$ 是 $CD(\mathcal{A}, \mathcal{A}, \mathcal{A}^3)$ 桥. 设 $Q_{k+1} := q_{n_1}, Q_{k+2} := q_{n_2}, \cdots$, 这就完成了构造. $\qquad\square$

推论 2.2.1 ([51])　如果 (2.2.32) 满足, 则有 $Q_n \geqslant Q_{n-1}^{\mathcal{A}}$, $n \geqslant 1$, $\mathcal{A} \geqslant 8$. 此外, 下列不等式成立:

$$\sup_{n>0} \frac{\ln \ln Q_{n+1}}{\ln Q_n} \leqslant U(\alpha),$$

其中 $U(\alpha) := \widetilde{U}(\alpha) + 4\dfrac{\ln \mathcal{A}}{\ln 2} < +\infty$.

证明　对 $n = 1$, 由于 $Q_0 = 1$, 显然成立 $Q_1 \geqslant Q_0^{\mathcal{A}}$. 对 $n \geqslant 2$, 分两种情况讨论. 如果 $\overline{Q}_{n-1} \geqslant Q_{n-1}^{\mathcal{A}}$, 则 $Q_n \geqslant \overline{Q}_{n-1} \geqslant Q_{n-1}^{\mathcal{A}}$. 否则, $(\overline{Q}_{n-2}, \overline{Q}_{n-1})$ 和 (Q_{n-1}, Q_n) 构成一个 $CD(\mathcal{A}, \mathcal{A}, \mathcal{A}^3)$ 桥. 因此, 可得 $Q_n \geqslant Q_{n-1}^{\mathcal{A}}$.

对于第二个结论, 由于对每个 $n \geqslant 0$ 成立 $Q_{n+1} \leqslant \overline{Q}_n^{\mathcal{A}^4}$, 所以

$$\frac{\ln \ln Q_{n+1}}{\ln Q_n} \leqslant \frac{\ln \mathcal{A}^4 + \ln \ln \overline{Q}_n}{\ln Q_n} \leqslant \widetilde{U} + 4\frac{\ln \mathcal{A}}{\ln 2}. \qquad\square$$

CD-桥在研究具有单驱动频率超越 Brjuno 条件的拟周期系统的拟周期运动时发挥着重要作用.

2.3　经典的高维小除数条件

2.3.1　Diophantine 条件

设 $\omega = (\omega_1, \omega_2, \cdots, \omega_n) \in \mathbb{R}^n$, $k = (k_1, k_2, \cdots, k_n) \in \mathbb{Z}^n$ 并且 $l \in \mathbb{Z}$. 在高维情况有两种经典的 Diophantine 条件, 它们都出现的 KAM 理论中. 即对于 $\tau > n$, 有

$$|\langle k, \omega \rangle| \geqslant \frac{C}{|k|^\tau}, \quad \forall k \in \mathbb{Z}^n \setminus \{0\} \tag{2.3.1}$$

和

$$|\langle k, \omega \rangle - l| \geqslant \frac{C}{|k|^\tau}, \quad \forall (k, l) \in \mathbb{Z}^n \setminus \{0\} \times \mathbb{Z}. \tag{2.3.2}$$

当我们考虑关于向量场 (或称为流) 的 KAM 理论时会出现第一个条件 (2.3.1), 当我们考虑关于映射的 KAM 理论时会出现第二个条件 (2.3.2). 正如我们下面将要看到的, 这两种情况非常类似.

这两个 Diophantine 条件之间的一个重要的区别是: 如果向量 ω 乘以一个常数, 则第一个条件 (2.3.1) 保持不变只是有不同的常数. 然而, 第二个却不是. 事实上, 如果将其中一个坐标设置为 1, 对于通过保持其他坐标不设为 1 而得到的更小维数的向量 (2.3.1) 变成 (2.3.2).

引理 2.3.1 ([28]) 设 $\Omega : \mathbb{R} \to \mathbb{R}$ 是一个递增的函数, 满足

$$\sum_{m=1}^{\infty} \frac{m^{n-1}}{\Omega(m)} < \rho(n), \tag{2.3.3}$$

其中 $\rho(n)$ 是维数 n 的显函数, 定义集合

$$\mathcal{D}_\Omega := \left\{ \omega \in \mathbb{R}^n : \inf_{l \in \mathbb{Z}} |\langle k, \omega \rangle - l| \geqslant \frac{1}{\Omega(|k|)}, \ \forall k \in \mathbb{Z}^n \setminus \{0\} \right\}, \tag{2.3.4}$$

则对给定的立方体 $\mathcal{C}$, 有

$$\mathrm{Meas}(\mathcal{C} \cap \mathcal{D}_\Omega) \geqslant 1 - \frac{1}{\rho(n)} \sum_{m=1}^{\infty} \frac{m^{n-1}}{\Omega(m)}.$$

证明 用 η_n 表示只依赖于维数 n 的常数, 并且相同的符号可以用于不同的常数.

对于 $k \in \mathbb{Z}^n \setminus \{0\}$, $l \in \mathbb{Z}$, 考虑集合

$$\mathcal{H}_{k,l} = \{ \omega \in \mathbb{R}^n : |\langle k, \omega \rangle - l| \leqslant \Omega(|k|)^{-1} \}.$$

对于 k, l, 我们期望的集合 (2.3.4) 中的不等式恰好不成立. 集合 $\mathcal{D}_\Omega$ 是这些集合的补的交集.

从几何上看, 集合 $\mathcal{H}_{k,l}$ 是一个距离为 $2\Omega(|k|)^{-1}|k|^{-1}$ 的平行平面所包围的条带. 因此, 给定一个单位立方体 $\mathcal{C} \in \mathbb{R}^n$, 集合 $\mathcal{C} \cap \mathcal{H}_{k,l}$ 的测度不超过 $\eta_n \Omega(|k|)^{-1}|k|^{-1}$.

由于对给定的 $k \in \mathbb{Z}^n \setminus \{0\}$, 只有有限个 l 使得 $\mathcal{C} \cap \mathcal{H}_{k,l} \neq \varnothing$, 并且这样的 l 的个数不超过 $\eta_n |k|$. 因此, 对任意的 $k \in \mathbb{Z}^n \setminus \{0\}$, 有

$$\sum_{l \in \mathbb{Z}} \mathrm{Meas}(\mathcal{C} \cap \mathcal{H}_{k,l}) \leqslant \eta_n \Omega(|k|)^{-1}.$$

于是

$$1 - \mathrm{Meas}(\mathcal{C} \cap \mathcal{D}_\Omega) = \sum_{k \in \mathbb{Z}^n} \sum_{l \in \mathbb{Z} \setminus \{0\}} \mathrm{Meas}(\mathcal{C} \cap \mathcal{H}_{k,l})$$

$$\leqslant \eta_n \sum_{k \in \mathbb{Z} \setminus \{0\}} \Omega(|k|)^{-1}$$

$$\leqslant \eta_n \sum_{m=1}^{\infty} \Omega(m)^{-1} m^{n-1}.$$

在引理的条件下上述不等式右边是小于 1 的, 这就证明了引理的结论成立. □

注意到当 $\Omega(|k|) = C^{-1}|k|^{\tau}$ 时 (2.3.4) 的不等式可化为 (2.2.2). 对于 $\tau > n$ 和 C 充分大, 条件 (2.3.3) 是满足的, 这就证明了 (γ, τ)-型 Diophantine 数的集合有全测度.

2.3.2 Brjuno 条件

在高维情况下有多种不同形式的 Brjuno 条件, 这些 Brjuno 条件是在研究不同的动力系统的稳定性时出现的. 这一小节我们给出几种常用的 Brjuno 条件.

2.3.2.1 s-Brjuno 向量

考虑常向量场 $\omega \in \mathbb{R}^n$ 的共轭类问题取决于它的算术性质和所考虑的拓扑结构. 众所周知, 如果 ω 满足一个 Brjuno 条件 (见 [92]), 则拓扑和实解析共轭类在 ω 的某个邻域内是一致的, 这个性质被称为刚性. 在这个意义下, 拓扑意味着系统的几何结构. 这里我们介绍关于 ω 的一个新的 Brjuno 条件, 在这个条件下可以证明局部刚性也适用于 Grvrey 向量场, 这些内容可见 [30].

定义 2.3.1 对 $s \geqslant 1$, 如果

$$B_1(s) := \sum_{m \geqslant 0} \frac{1}{2^{m/s}} \max_{0 < |k| \leqslant 2^m, k \in \mathbb{Z}^n} \ln \frac{1}{|\langle k, \omega \rangle|} < \infty,$$

则我们称 $\omega \in \mathbb{R}^n$ 是一个 s-Brjuno 向量. 所有 s-Brjuno 向量组成的集合记为 $BC(s)$.

s-Brjuno 向量有下列简单的性质:

- B_1 的收敛性和发散性与所使用的范数无关, 所以我们有

$$BC(s) \subset BC(s'), \quad 如果 \quad s \geqslant s' \geqslant 1.$$

- ω 是 s-Brjuno 向量意味着它的所有分量都非零, 并且对于 $c \neq 0$, ω 是 s-Brjuno 向量当且仅当 $c\omega$ 也是 s-Brjuno 向量.

- s-Brjuno 向量类是 $SL(n, \mathbb{Z})$ 不变的.

- $s = 1$ 的情况就对应着众所周知的 Brjuno 条件, 即下列定义.

定义 2.3.2 ([12,14])　如果

$$\sum_{m \geqslant 0} \frac{1}{2^m} \max_{0 < |k| \leqslant 2^m, k \in \mathbb{Z}^n} \ln \frac{1}{|\langle k, \omega \rangle|} < \infty, \tag{2.3.5}$$

则称向量 $\omega \in \mathbb{R}^n$ 满足 Brjuno 条件 (或称 ω 是一个 Brjuno 向量).

可以证明 Brjuno 向量的集合具有 Lebesgue 全测度. 它包含所有的 Diophantine 向量并且存在 Brjuno 向量不是 Diophantine 向量.

考虑一个具有不动点 $z = 0$ 的 n 维复解析映射 $f(z)$. 在局部全纯动力系统的研究中的一个中心问题是 f 是否可以解析线性化, 即是否存在一个局部解析的坐标变换使得 f 共轭于它的线性部分 Λ. 解决这个问题的一种方式是: 首先寻找一个形式变换 ϕ 满足函数方程

$$f \circ \phi = \phi \circ \Lambda,$$

然后再检查 ϕ 是否收敛. 此外, 由于经线性坐标变换, 我们总可以假设 Λ 是 Jordan 标准形, 即

$$\Lambda = \begin{pmatrix} \lambda_1 & 0 & \cdots & 0 & 0 \\ \varepsilon_2 & \lambda_2 & \cdots & 0 & 0 \\ \vdots & \vdots & & \vdots & \vdots \\ 0 & 0 & \cdots & \varepsilon_n & \lambda_n \end{pmatrix},$$

其中特征值 $\lambda_1, \cdots, \lambda_n \in \mathbb{C}^*(= \mathbb{C} \setminus \{0\})$ 不一定不同, 并且 $\varepsilon_j \in \{0, \varepsilon\}$ 仅当 $\lambda_{j-1} = \lambda_j$ 时可以是非零.

回答上面的线性化问题依赖于 f 在 $z = 0$ 处的 Jacobi 矩阵 (记为 Df_O) 特征值, 通常称为 Df_O 谱. 事实上, 如果用 $\lambda_1, \cdots, \lambda_n \in \mathbb{C}^*$ 表示 Df_O 的特征值, 则可能存在一个多重指标 $Q = (q_1, \cdots, q_n) \in \mathbb{Z}_+^n$, $|Q| \geqslant 2$, 使得

$$\lambda^Q - \lambda_j := \lambda_1^{q_1} \cdots \lambda_n^{q_n} - \lambda_j = 0, \quad 1 \leqslant j \leqslant n,$$

这种关系被称为 f 相对于第 j 个坐标共振, Q 被称为相对于第 j 个坐标的共振多重指标. 令

$$\mathrm{Res}_j(\lambda) := \{Q \in \mathbb{Z}_+^n \mid |Q| \geqslant 2, \lambda^Q = \lambda_j\}.$$

$\mathrm{Res}_j(\lambda) := \bigcup_{j=1}^n \mathrm{Res}_j(\lambda)$ 中的元素简单地称为共振多重指标. 一个共振单项式是一个相对于第 j 个坐标具有共振指标 $Q \in \mathrm{Res}_j(\lambda)$ 的单项式 $z^Q := z_1^{q_1} \cdots z_n^{q_n}$.

不论是否出现共振, 解析映射 f 是否可以线性化都强烈地取决于 Df_O 的谱所满足的算术性条件, 最正面的结果应归功于 Brjuno [12]. 在后来的工作中, 各种 Brjuno 条件扮演着重要的角色.

对 $\lambda_1, \cdots, \lambda_n \in \mathbb{C}$ 和 $m \geqslant 2$, 记

$$\omega_{\lambda_1, \cdots, \lambda_n}(m) = \min \left\{ |\lambda_1^{k_1} \cdots \lambda_n^{k_n} - \lambda_j| \ \Big| \ k_1, \cdots, k_n \in \mathbb{Z}^+, \right.$$

$$\left. 2 \leqslant \sum_{i=1}^n k_i \leqslant m, \ 1 \leqslant j \leqslant n \right\}. \tag{2.3.6}$$

如果 $\lambda_1, \cdots, \lambda_n$ 是 Df_O 的特征值, 我们记 $\omega_{\lambda_1, \cdots, \lambda_n}(m)$ 为 $\omega_f(m)$.

定义 2.3.3　设 $n \geqslant 2$ 并且 $\lambda_1, \cdots, \lambda_n \in \mathbb{C}^*$ 不一定不同. 如果存在一个递增的整数数列 $\{p_\nu\}_{\nu \geqslant 0}$, $p_0 = 1$ 使得

$$\sum_{\nu \geqslant 0} p_\nu^{-1} \ln \omega_{\lambda_1, \cdots, \lambda_n}(p_{\nu+1})^{-1} < \infty, \tag{2.3.7}$$

则我们称 λ 满足 Brjuno 条件.

命题 2.3.1　([14])　设 $\omega : \mathbb{Z}^+ \to (0, +\infty)$ 是一个单调非递增的函数, 则存在一个严格递增的整数数列 $\{p_\nu\}_{\nu \geqslant 0}$, $p_0 = 1$ 使得

$$\sum_{\nu \geqslant 0} p_\nu^{-1} \ln \omega(p_{\nu+1})^{-1} < \infty$$

当且仅当

$$\sum_{\nu \geqslant 0} \frac{1}{2^\nu} \ln \omega(2^{\nu+1})^{-1} < \infty. \tag{2.3.8}$$

证明　首先我们可以断定: 对任意递增数列 $\{p_\nu\}_{\nu \geqslant 0}$, 有

$$\sum_{\nu \geqslant 0} \frac{1}{2^\nu} \ln \omega(2^{\nu+1})^{-1} < 4 \sum_{\nu \geqslant 0} p_\nu^{-1} \ln \omega(p_{\nu+1})^{-1}. \tag{2.3.9}$$

事实上, 对每个 ν, 我们可以找到满足不等式

$$2^k < p_\nu \leqslant 2^{k+1} < \cdots < 2^{k+l} < p_{\nu+1} \leqslant 2^{k+l+1}$$

的 k 和 l. 它意味着

$$\ln \omega(2^{k+1})^{-1} < \cdots < \ln \omega(2^{k+l})^{-1} < \ln \omega(p_{\nu+1})^{-1}.$$

于是, 有

$$\sum_{j=k}^{k+l-1} \frac{1}{2^j} \ln \omega(2^{j+1})^{-1} < \frac{1}{2^k} \ln \omega(p_{\nu+1})^{-1} \sum_{j \geqslant 0} \frac{1}{2^j}$$

$$= 4\frac{1}{2^{k+1}} \ln \omega(p_{\nu+1})^{-1}$$

$$\leqslant 4\frac{1}{p_\nu} \ln \omega(p_{\nu+1})^{-1}.$$

将 (2.3.9) 左边的级数分解为相应的部分, 并对每个部分应用最后的估计即得这个断定. 这就证明了如果 (2.3.7) 对一个严格递增的数列 $\{p_\nu\}_{\nu\geqslant 0}$, $p_0 = 1$ 成立, 则 (2.3.8) 也成立. 而另一个方向是显然的. □

从这个证明中可以清楚地看出, 即使在 (2.3.8) 中用任意大于 1 的自然数替换 2, 我们也能得到相同的断言. 关于 Brjuno 条件和其他类似的算术性条件之间的关系, 请参见 [14].

2.3.2.2 简化的 Brjuno 条件

线性化问题的另一种算术性条件由 Rüssmann 在一份预印本 [91] 中给出, 正式发表见文献 [93]. Rüssmann 引入了下列条件, 它也被称为 Rüssmann 条件.

定义 2.3.4 设 $n \geqslant 2$ 并且 $\lambda_1, \cdots, \lambda_n \in \mathbb{C}^*$ 不一定不同. 如果存在一个函数 $\Omega : \mathbb{Z}^+ \to \mathbb{R}$ 使得

(i) $k \leqslant \Omega(k) \leqslant \Omega(k+1)$, $\forall k \in \mathbb{Z}^+$,

(ii) $\sum_{k \geqslant 1} \frac{1}{k^2} \ln \Omega(k) < +\infty$, 并且

(iii) 对没有给出相对于 j 的共振的每个多重指标 $Q \in \mathbb{Z}^+$, $|Q| \geqslant 2$, 成立

$$|\lambda^Q - \lambda_j| \geqslant \frac{1}{\Omega(|Q|)}, \quad j = 1, \cdots, n,$$

则我们称 $\lambda = (\lambda_1, \cdots, \lambda_n)$ 满足 Rüssmann 条件.

在一维情况下, Rüssmann 证明了他的条件等价于 Brjuno 条件 (见 [93] 中的引理 8.2), 他也证明了下列结论:

引理 2.3.2 ([93]) 设 $\Omega : \mathbb{Z}^+ \to (0, +\infty)$ 是一个单调非递减的函数, 并且数列 $\{s_\nu\}$ 由 $s_\nu := 2^{q+\nu}$, $q \in \mathbb{Z}^+$ 定义. 则有

$$\sum_{\nu \geqslant 0} \frac{1}{s_\nu} \ln \Omega(s_{\nu+1}) \leqslant \sum_{k > 2^{q+1}} \frac{1}{k^2} \ln \Omega(k).$$

证明 对每个整数 a 和 b, $0 < a < b$, 我们有

$$\frac{1}{a} - \frac{1}{b} = \sum_{k=a}^{b-1} \left(\frac{1}{k} - \frac{1}{k+1} \right) = \sum_{k=a}^{b-1} \frac{1}{k(k+1)} \leqslant \sum_{k=a}^{b-1} \frac{1}{k^2}.$$

于是, 对任意 $p \geqslant 0$, 可得

$$\frac{1}{2^{p+1}} = \frac{1}{2^p} - \frac{1}{2^{p+1}} \leqslant \sum_{k=2^p}^{2^{p+1}-1} \frac{1}{k^2}.$$

由于 Ω 是非递减的, 所以

$$\frac{1}{2^{p+1}} \ln \Omega(2^p) \leqslant \sum_{k=2^p}^{2^{p+1}-1} \frac{1}{k^2} \ln \Omega(k).$$

因此, 可得

$$\sum_{\nu \geqslant 0} \frac{1}{2^{q+\nu+1}} \ln \Omega(2^{q+\nu+2}) \leqslant \sum_{\nu \geqslant 0} \sum_{k=2^{q+\nu+1}}^{2^{q+\nu+2}-1} \frac{1}{k^2} \ln \Omega(k) = \sum_{k \geqslant 2^{q+1}} \frac{1}{k^2} \ln \Omega(k). \qquad \square$$

定义 2.3.5　设 $n \geqslant 2$ 并且 $\lambda_1, \cdots, \lambda_n \in \mathbb{C}^*$ 不一定不同. 对 $m \geqslant 2$, 令

$$\widetilde{\omega}_{\lambda_1, \cdots, \lambda_n}(m) = \min_{\substack{2 \leqslant |K| \leqslant m \\ K \notin \operatorname{Res}_j(\lambda)}} \min_{1 \leqslant j \leqslant n} |\lambda^K - \lambda_j|,$$

其中 $\operatorname{Res}_j(\lambda)$ 是多重指标 $K \in \mathbb{Z}^+$, $|K| \geqslant 2$ 的集合, 它给出一个 $\lambda = (\lambda_1, \cdots, \lambda_n)$ 相对于 $1 \leqslant j \leqslant n$ 的共振关系, 即 $\lambda^K - \lambda_j = 0$. 如果 $\lambda_1, \cdots, \lambda_n$ 是 Df_O 的特征值, 我们记 $\widetilde{\omega}_{\lambda_1, \cdots, \lambda_n}(m)$ 为 $\widetilde{\omega}_f(m)$.

定义 2.3.6　设 $n \geqslant 2$ 并且 $\lambda = (\lambda_1, \cdots, \lambda_n) \in (\mathbb{C}^*)^n$. 如果存在一个严格递增的整数数列 $\{p_\nu\}_{\nu \geqslant 0}$, $p_0 = 1$ 使得

$$\sum_{\nu \geqslant 0} p_\nu^{-1} \ln \widetilde{\omega}_{\lambda_1, \cdots, \lambda_n}(p_{\nu+1})^{-1} < \infty,$$

则我们称 λ 满足简化的 Brjuno 条件.

Rüssmann 条件和简化的 Brjuno 条件之间有下列关系:

引理 2.3.3（[93]）　设 $n \geqslant 2$ 并且 $\lambda = (\lambda_1, \cdots, \lambda_n)(\in \mathbb{C}^*)^n$. 如果 λ 满足 Rüssmann 条件, 则它也满足简化的 Brjuno 条件.

证明　对所有的 $m \in \mathbb{Z}^+$, 在定义 2.3.5 中定义的函数 $\widetilde{\omega}_{\lambda_1, \cdots, \lambda_n}(m)$ 满足

$$\widetilde{\omega}_{\lambda_1, \cdots, \lambda_n}(m)^{-1} \leqslant \widetilde{\omega}_{\lambda_1, \cdots, \lambda_n}(m+1)^{-1},$$

并且对 $j = 1, \cdots, n$ 以及对每个没有给出相对于 j 的共振的多重指标 $Q \in \mathbb{Z}^+$, $|Q| \geqslant 2$, 成立

$$|\lambda^Q - \lambda_j| \geqslant \widetilde{\omega}_{\lambda_1, \cdots, \lambda_n}(|Q|).$$

此外, 根据它的定义, 很明显, 任何其他函数 $\Omega : \mathbb{Z}^+ \to \mathbb{R}$ 使得对所有 $k \in \mathbb{Z}^+$, 有 $k \leqslant \Omega(k) \leqslant \Omega(k+1)$, 并且对 $j = 1, \cdots, n$ 以及对每个没有给出相对于 j 的共振的多重指标 $Q \in \mathbb{Z}^+$, $|Q| \geqslant 2$, 成立

$$|\lambda^Q - \lambda_j| \geqslant \Omega(|Q|).$$

由此可得

$$\widetilde{\omega}_{\lambda_1, \cdots, \lambda_n}(m)^{-1} \leqslant \Omega(m), \quad \forall m \in \mathbb{Z}^+.$$

于是, 对任意严格递增的整数数列 $\{p_\nu\}_{\nu \geqslant 0}$, $p_0 = 1$, 成立

$$\sum_{\nu \geqslant 0} p_\nu^{-1} \ln \widetilde{\omega}_{\lambda_1, \cdots, \lambda_n}(p_{\nu+1})^{-1} < \sum_{\nu \geqslant 0} p_\nu^{-1} \ln \Omega(p_{\nu+1}).$$

因为 λ 满足 Rüssmann 条件, 根据引理 2.3.2, 所以存在一个如上定义的函数 Ω 使得

$$\sum_{\nu \geqslant 0} \frac{1}{s_\nu} \ln \Omega(s_{\nu+1}) < \infty,$$

其中 $s_\nu := 2^{q+\nu}$, $q \in \mathbb{Z}^+$. □

在多维情况下, 目前我们还不知道 Rüssmann 条件是否与简化的 Brjuno 条件等价. Rüssmann 能够证明在一维情况下是正确的. 但要做到这一点, 他强烈地使用了通过连分数对这些条件的一维刻画.

下面逼近函数的概念和 Brjuno-Rüssmann 条件是由 Rüssmann [92,95] 在 KAM 理论的研究中引入的, 它是一种积分形式的 Brjuno 条件, 这个条件使得在 KAM 理论中对频率向量施加 Brjuno 型条件成为可能. Brjuno-Rüssmann 条件已经被认为是向量场线性化研究的重要条件 (见文献 [40,85] 和其中的参考文献).

定义 2.3.7 如果函数 $\Delta : [1, \infty) \to [1, \infty)$ 满足:
(1) Δ 是非递减的函数并且 $\Delta(1) = 1$;
(2)

$$\int_1^\infty \frac{\ln \Delta(t)}{t^2} dt < \infty,$$

则称函数 Δ 是一个逼近函数.

利用任何如上定义的逼近函数 Δ 可以定义另一个函数 $\Lambda(t) = t\Delta(t)$.

定义 2.3.8 设 Δ 是在定义 2.3.7 中定义的一个逼近函数, 如果存在一个 $\gamma > 0$, 使得向量 $\omega = (\omega_1, \cdots, \omega_n) \in \mathbb{R}^n$ 满足

$$|\langle k, \omega \rangle| \geqslant \frac{\gamma}{\Delta(|k|)}, \quad 0 \neq k \in \mathbb{Z}^n,$$

则我们称 ω 满足 Brjuno-Rüssmann 条件.

2.3.2.3　部分 Brjuno 条件

Pöschel 在 [82] 中证明了如何修改 (2.3.6) 和 (2.3.7) 以获得沿子流形的部分线性化的结果. 为此, 他引入了下列部分 Brjuno 条件的概念:

定义 2.3.9　设 $n \geqslant 2$ 并且 $\lambda_1, \cdots, \lambda_n \in \mathbb{C}^*$ 不一定不同. 固定 $1 \leqslant s \leqslant n$ 并且设 $\underline{\lambda} = (\lambda_1, \cdots, \lambda_s)$. 对任意 $m \geqslant 2$, 令

$$\omega_s(m) = \min_{2 \leqslant |K| \leqslant m} \min_{1 \leqslant j \leqslant n} |\underline{\lambda}^K - \lambda_j|,$$

其中 $\underline{\lambda}^K = \lambda_1^{k_1} \cdots \lambda_s^{k_s}$. 如果存在一个严格递增的整数数列 $\{p_\nu\}_{\nu \geqslant 0}$, $p_0 = 1$ 使得

$$\sum_{\nu \geqslant 0} p_\nu^{-1} \ln \omega_s(p_{\nu+1})^{-1} < \infty,$$

则我们称 $\lambda = (\lambda_1, \cdots, \lambda_n)$ 满足 s 阶的部分 Brjuno 条件.

我们有下列简单的结论:

● 对于 $s = n$, s 阶的部分 Brjuno 条件就是通常的在 [12,14] 中引入的 Brjuno 条件.

● 对于 $s < n$, s 阶的部分 Brjuno 条件实际上要比 Brjuno 条件弱.

● 一个 n 元组 $\lambda = (\lambda_1, \cdots, \lambda_s, 1, \cdots, 1) \in (\mathbb{C}^*)^n$ 满足 s 阶的部分 Brjuno 条件当且仅当 $(\lambda_1, \cdots, \lambda_s)$ 满足 Brjuno 条件.

2.3.2.4　拟-Brjuno 条件和部分 Brjuno 条件

当共振出现时, 研究复域上的 n 维解析同胚 f 在不动点 O 处的线性化需要限定共振和 Df_O 的特征值满足的算术性条件以保证形式线性化的收敛性. 这一小节主要介绍 [86] 中的结果.

定义 2.3.10　设 $1 \leqslant s \leqslant n$. 如果只存在两种共振:

$$\lambda^k = \lambda_h \Leftrightarrow k \in \tilde{K}_1,$$

其中

$$\tilde{K}_1 = \left\{ k \in \mathbb{Z}^+ : |k| \geqslant 2, \sum_{p=1}^{s} k_p = 1 \text{ 和 } \mu_1^{k_{s+1}} \cdots \mu_1^{k_n} = 1 \right\},$$

并且

$$\lambda^k = \mu_j \Leftrightarrow k \in \tilde{K}_2,$$

其中

$$\tilde{K}_2 = \{k \in \mathbb{Z}^+ : |k| \geqslant 2, k_1 = \cdots = k_s = 0 \text{并且} \exists j \in \{1, \cdots, r\} \text{使得} \mu_1^{k_{s+1}} \cdots \mu_1^{k_n} = \mu_j\},$$

则我们称 $\lambda = (\lambda_1, \cdots, \lambda_s, \mu_1, \cdots, \mu_r) \in (\mathbb{C}^*)^n$ 只有 s-水平的共振.

我们有下列简单的结论:

• 当 $s < n$ 时, 如果 $(\lambda_1, \cdots, \lambda_s)$ 没有共振, 则易证 $\lambda = (\lambda_1, \cdots, \lambda_s, 1, \cdots, 1)$ 只有 s-水平的共振.

• 如果集合 $\tilde{K}_2$ 是空集 (这意味着集合 $\tilde{K}_1$ 也是空集), 则没有共振. 如果 $\tilde{K}_1 \neq \varnothing$, 则只有 s-水平的共振意味着集合 $\{\lambda_1, \cdots, \lambda_s\}$ 和 $\{\mu_1, \cdots, \mu_r\}$ 是不相交的. 如果 $\tilde{K}_1 = \varnothing$, 但 $\tilde{K}_2 \neq \varnothing$, 则集合 $\{\lambda_1, \cdots, \lambda_s\}$ 和 $\{\mu_1, \cdots, \mu_r\}$ 可能只与不涉及共振的元素相交. 即对某个 l 和 m 可以有 $\lambda_l = \mu_m$, 仅当对每个多重指标 $(q_{s+1}, \cdots, q_n)$ 有 $\mu_1^{q_{s+1}} \cdots \mu_r^{q_n} \neq \mu_m$, 并且对任意的共振 $\mu_1^{q_{s+1}} \cdots \mu_r^{q_n} = \mu_j$ $j \neq m$, 有 $q_{s+m} = 0$.

定义 2.3.11 设复域上的 n 维解析同胚 f, 原点 O 是其不动点, 并且 $1 \leqslant s \leqslant n$, $s \in \mathbb{Z}^+$. 设 Df_O 可对角化并且 λ 是它的谱, 如果

(i) λ 只有 s-水平的共振;

(ii) λ 满足简化的 Brjuno 条件,

则我们称原点 O 是一个 s 阶的拟-Brjuno 不动点. 在这种情况下简化的 Brjuno 条件被称为拟-Brjuno 条件.

如果存在 $1 \leqslant s \leqslant n$ 使得原点是一个 s 阶的拟-Brjuno 不动点, 我们也称原点是一个拟-Brjuno 不动点. 下面我们将解释拟-Brjuno 条件和部分 Brjuno 条件之间的关系.

注意到, 虽然总是可以引入简化的 Brjuno 条件, 但部分 Brjuno 条件只有在没有共振多重指标 $Q \in (\mathbb{Z}^+)^n$, $|Q| \geqslant 2$ 并且 $q_{s+1} = \cdots = q_n = 0$ 时才有意义. 无论如何, 当只有 s-水平共振时, 我们可以同时处理这两个条件.

注 2.3.1 如果 λ 只有 s-水平的共振, 则有

$$\tilde{\omega}_{\lambda_1, \cdots, \lambda_n}(m) = \min_{2 \leqslant |Q| \leqslant m} \min \left\{ \min_{\substack{1 \leqslant j \leqslant n \\ q_1 + \cdots + q_s \geqslant 2}} |\lambda^Q - \lambda_j|, \min_{\substack{1 \leqslant j \leqslant n-s \\ q_1 + \cdots + q_s = 1}} |\lambda^Q - \lambda_{s+j}| \right\}.$$

因此

$$\tilde{\omega}_{\lambda_1, \cdots, \lambda_n}(m)$$

$$= \min \left\{ \omega_s(m), \min_{\substack{2 \leqslant |Q| \leqslant m \\ (q_{s+1}, \cdots, q_n) \neq O}} \left\{ \min_{\substack{1 \leqslant j \leqslant n \\ q_1 + \cdots + q_s \geqslant 2}} |\lambda^Q - \lambda_j|, \min_{\substack{1 \leqslant j \leqslant n-s \\ q_1 + \cdots + q_s = 1}} |\lambda^Q - \lambda_{s+j}| \right\} \right\}.$$

因为 $\widetilde{\omega}_{\lambda_1,\cdots,\lambda_n}(m) \leqslant \omega_s(m)$, $m \geqslant 2$, 所以简化的 Brjuno 条件意味着 s 阶的部分 Brjuno 条件.

以下是部分反面:

引理 2.3.4　设 $n \geqslant 2$ 并且 $\lambda_1,\cdots,\lambda_n \in \mathbb{C}^*$. 假设 $1 \leqslant s \leqslant n$ 使得 $\lambda = (\lambda_1,\cdots,\lambda_n)$ 只有 s-水平的共振. 则如果存在一个严格递增的整数数列 $\{p_\nu\}_{\nu \geqslant 0}$, $p_0 = 1$ 使得

$$\sum_{\nu \geqslant 0} p_\nu^{-1} \ln \omega_s(p_{\nu+1})^{-1} < \infty$$

(即 λ 满足 s 阶部分 Brjuno 条件), 并且存在 $k \in \mathbb{Z}^+$ 和 $\alpha \geqslant 1$ 使得

$$p_\nu > k \Rightarrow \widetilde{\omega}_{\lambda_1,\cdots,\lambda_n}(p_\nu - k) \geqslant \omega_s(p_\nu)^\alpha,$$

则 λ 满足简化的 Brjuno 条件.

证明　设 $q_0 = p_0$ 并且 $q_j = p_{\nu_0+j} - k$, $j \geqslant 1$, 其中 ν_0 是满足 $p_\nu > k$, $\nu \geqslant \nu_0$ 的最小指标. 则我们有

$$\begin{aligned}
\sum_{\nu \geqslant 0} q_\nu^{-1} \widetilde{\omega}_{\lambda_1,\cdots,\lambda_n}(q_{\nu+1})^{-1} &\leqslant \alpha \sum_{\nu \geqslant 0} q_\nu^{-1} \ln \omega_s(q_{\nu+1} + k)^{-1} \\
&= \alpha p_0^{-1} \ln \omega_s(p_{\nu_0+1})^{-1} + \alpha \sum_{\nu \geqslant \nu_0+2} \frac{p_\nu}{p_\nu - k} p_\nu^{-1} \ln \omega_s(p_{\nu+1})^{-1} \\
&\leqslant 2\alpha \sum_{\nu \geqslant 0} p_\nu^{-1} \ln \omega_s(p_{\nu+1})^{-1} \\
&< \infty.
\end{aligned}$$
□

注 2.3.2　假设 λ 只有 s-水平的共振. 如果存在 $\gamma, \gamma' > 0$ 使得 $\gamma' m^{-\beta} \geqslant a_m \geqslant \gamma m^{-\beta}$, 则称数列 $\{a_m\}$ 是具有指数 $\tau > 1$ 的 Diophantine 数列 (见 [16, 42, 114]). 如果 $\widetilde{\omega}_{\lambda_1,\cdots,\lambda_n}(m)$ 是具有指数 $\beta > 1$ 的 Diophantine 数列, 并且如果 $\omega_s(m)$ 是指数 $\varepsilon > 1$ 的 Diophantine 数列, 则总存在 $\alpha \geqslant 1$ 和 $\delta > 0$ 使得

$$\widetilde{\omega}_{\lambda_1,\cdots,\lambda_n}(m) \geqslant \gamma m^{-\beta} \geqslant \delta m^{-\varepsilon\alpha} \geqslant \omega_s(m)^\alpha.$$

于是, 具有 $k = 0$ 的引理 2.3.4 的条件被满足.

更一般地说, 如果对某个 $k \in \mathbb{Z}^+$ 和 $\alpha \geqslant 1$, 有

$$\widetilde{\omega}_{\lambda_1,\cdots,\lambda_n}(m - k) \geqslant \omega_s(m)^\alpha, \quad \forall m \geqslant k + 2,$$

则引理 2.3.4 的条件显然满足. 例如, 如果 $\lambda_1, \cdots, \lambda_s \in \mathbb{R}$ 是正的并且 $\lambda_{s+1}, \cdots,$ $\lambda_n \in \{-1, +1\}$, 则容易验证

$$\widetilde{\omega}_{\lambda_1, \cdots, \lambda_n}(m-1) \geqslant \omega_s(m), \quad \forall m \geqslant 3.$$

此外, 如果 $\lambda_{s+1} = \cdots = \lambda_n = 1$, 则 $\widetilde{\omega}_{\lambda_1, \cdots, \lambda_n}(m) = \omega_s(m)$. 所以在这种情况下, s 阶部分 Brjuno 条件与简化的 Brjuno 条件是一致的.

2.3.3 Liouville 向量

在这一小节, 我们考虑一个 n 维向量 $\omega = (\omega_1, \cdots, \omega_n) \in \mathbb{R}^n$, $n \geqslant 2$. 如果 ω 使得级数 (2.3.5) 发散 (即 ω 不是 Brjuno 向量), 则称它是一个 Liouville 向量或称它满足 Liouville 条件.

2.3.3.1　两个包含 Liouville 向量的例子

(1) 我们可以证明: 如果向量 ω 使得

$$\lim_{K \to \infty} \max_{|k| < K, k \in \mathbb{Z}^n} \frac{1}{K} \ln \frac{1}{|\langle k, \omega \rangle|} = 0, \tag{2.3.10}$$

则它可能包含 Liouville 向量.

事实上, 如果 (2.3.10) 满足, 则可找到子列

$$\beta_m = \max_{2^m \leqslant |k| < 2^{m+1}, \, k \in \mathbb{Z}^n} \frac{1}{|k|} \ln \frac{1}{|\langle k, \omega \rangle|}$$

使得

$$\lim_{n \to \infty} \beta_m = 0.$$

于是, 我们可以固定 m_0 足够大: $m_0 \geqslant \max\{3^3, 3|\ln \widetilde{s}^{-1}|(\ln 2)^{-1}\}$, 其中 $\widetilde{s} = \min\{s, 1\}$, 使得

$$\beta_l \leqslant s(4e^4)^{-1}, \quad \forall l \geqslant m_0,$$

其中 s 是一个正数. 我们归纳地固定子列 $\{m_j\}_{j \geqslant 0} \subset \{m\}$ 使得

$$\beta_l \leqslant e^{-4} s(j+2)^{-2}, \quad \forall l \geqslant m_j, \ j \geqslant 0. \tag{2.3.11}$$

对于在 (2.3.11) 中定义的数列 $\{m_j\}_{j \geqslant 0}$, 我们假设

$$2^{m_{j+1}} \leqslant \exp\{2^{m_j} 5\}, \quad \forall j \geqslant 0, \quad m_0 \geqslant \max\{3^3, 3|\ln \widetilde{s}^{-1}|(\ln 2)^{-1}\}. \tag{2.3.12}$$

由 (2.3.12), 我们可以施加下列限制:

$$2^{m_{j+1}} > \exp\{2^{\frac{3}{4}m_j}\} \quad (\Longrightarrow m_{j+1} > 2^{\frac{3}{4}m_j} \geqslant \exp\{2^{-1}m_j\}), \quad j \geqslant 0.$$

上面的不等式与 $m_0 \geqslant 3^3$ 一起可推出

$$m_1 > \exp\{2^{-1}m_0\} > \frac{(2^{-1}m_0)^4}{4!} = m_0^2 \frac{m_0^2}{2^7 3} > 3^6 > 4^3, \quad m_0 \geqslant 3^3,$$

$$m_2 > \exp\{2^{-1}m_1\} > \frac{(2^{-1}m_1)^4}{4!} = m_1^2 \frac{m_1^2}{2^7 3} > m_1^2 > 5^3.$$

我们归纳地假设 $m_{j-1} \geqslant (j+2)^3, \ j \geqslant 1$, 则

$$m_j > \exp\{2^{-1}m_{j-1}\} > \frac{(2^{-1}m_{j-1})^4}{4!} = m_{j-1}^2 \frac{m_{j-1}^2}{2^7 3} > m_{j-1}^2 > (j+3)^3. \quad (2.3.13)$$

即对所有的 $j \geqslant 0$, (2.3.13) 都成立. 此外, 由 (2.3.11) 可知下面的限制是合理的.

$$\beta_l \geqslant e^{-4}s(j+3)^{-2}, \quad j \geqslant 0, \quad m_j \leqslant l \leqslant m_{j+1} - 1$$

(实际上, 最好的情况是 $\beta_l = se^{-4}(j+2)^{-2}, \ m_j \leqslant l \leqslant m_{j+1}-1, \ j \geqslant 0$). 因此

$$\sum_{m \geqslant 0} \frac{1}{2^m} \max_{2^m \leqslant |k| < 2^{m+1}, k \in \mathbb{Z}^n} \ln \frac{1}{|\langle k, \omega \rangle|} \geqslant \sum_{m \geqslant 0} \max_{2^m \leqslant |k| < 2^{m+1}, k \in \mathbb{Z}^n} \frac{1}{|k|} \ln \frac{1}{|\langle k, \omega \rangle|}$$

$$= \sum_{m \geqslant 0} \beta_m \geqslant \sum_{j \geqslant 1} \sum_{l = m_{j-1}}^{m_j - 1} \beta_l \geqslant e^{-4}s \sum_{j \geqslant 1} \sum_{l = m_{j-1}}^{m_j - 1} (j+2)^{-2}$$

$$= e^{-4}s \sum_{j \geqslant 1} (m_j - m_{j-1})(j+2)^{-2} > e^{-4}s \sum_{j \geqslant 1} 2^{-1}m_j(j+2)^{-2}$$

$$> 2^{-1}e^{-4}s \sum_{j \geqslant 1} (j+3)^3(j+2)^{-2} = \infty.$$

即如果 ω 满足具有 (2.3.12) 的条件 (2.3.10), 则它包含某些 Liouville 向量.

　　(2) 我们可以证明: 对 $a \in (0,1]$ 和 $K > 1$, 如果向量 ω 使得

$$\max_{0 < |k| \leqslant K, \ k \in \mathbb{Z}^d} \ln \frac{1}{|\langle k, \omega \rangle|} \leqslant |K|(\ln |K|)^{-a}, \quad (2.3.14)$$

则它可能包含某些 Liouville 向量.

事实上, 如果对 ω 施加下列限制:

$$\max_{K_1 < |k| \leqslant K_2, k \in \mathbb{Z}^n} \ln \frac{1}{|\langle k, \omega \rangle|} \geqslant K_1 (\ln K_1)^{-a}, \quad K_2 > K_1 > 1, \tag{2.3.15}$$

则对任意的正数 m, (2.3.15) 意味着存在 $k \in \mathbb{Z}^n \setminus \{0\}$, 其中 $2^{m-1} \leqslant |k| \leqslant 2^m$ 使得

$$\max_{2^{m-1} < |k| \leqslant 2^m, k \in \mathbb{Z}^n} \ln \frac{1}{|\langle k, \omega \rangle|} \geqslant 2^{m-1} (\ln 2^{m-1})^{-a}, \quad a \in (0, 1].$$

因此

$$\begin{aligned}
\sum_{m \geqslant 0} \frac{1}{2^m} \max_{0 < |k| \leqslant 2^m, k \in \mathbb{Z}^n} \ln \frac{1}{|\langle k, \omega \rangle|} &\geqslant \sum_{m \geqslant 0} \frac{1}{2^m} \max_{2^{m-1} < |k| \leqslant 2^m, k \in \mathbb{Z}^n} \ln \frac{1}{|\langle k, \omega \rangle|} \\
&> \sum_{m \geqslant 0} \frac{1}{2^m} 2^{m-1} (\ln 2^{m-1})^{-a} \\
&= 2^{-1} (\ln 2)^{-a} \sum_{m \geqslant 1} (m-1)^{-a} = \infty.
\end{aligned}$$

这就表明由 (2.3.14) 定义的 ω 包含某些 Liouville 向量.

2.3.3.2 弱 Liouville 向量

在这一小节, 我们介绍在 [48] 中引入的弱 Liouville 向量的概念.

对于 $\tilde{\alpha} \in \mathbb{R} \setminus \mathbb{Q}$, $\alpha' \in \mathbb{T}^{n-1}$, 如果存在 $\gamma, \tau > 0, 0 < \widetilde{U} < \infty$ 使得

$$\widetilde{U} = \widetilde{U}(\tilde{\alpha}) := \sup_{m > 0} \frac{\ln \ln \tilde{q}_{m+1}}{\ln \tilde{q}_m},$$

$$\|k\tilde{\alpha} + \langle l, \alpha' \rangle\|_{\mathbb{R}/\mathbb{Z}} \geqslant \frac{\gamma}{(|k| + |l|)^\tau}, \quad k \in \mathbb{Z}, l \in \mathbb{Z}^{n-1} \setminus \{0\},$$

其中 $\|\langle k, \alpha \rangle\|_{\mathbb{R}/\mathbb{Z}} = \min_{j \in \mathbb{Z}} |\langle k, \alpha \rangle - j|$ 并且 $\frac{\tilde{p}_m}{\tilde{q}_m}$ 是 $\tilde{\alpha}$ 的 m 阶收敛, 则我们称向量 $(\tilde{\alpha}, \alpha')$ 是弱 Liouville 向量.

我们用 $WL(\gamma, \tau, \widetilde{U})$ 表示所有这种向量组成的集合, 并用 WL 表示并集:

$$WL = \bigcup_{\gamma, \tau > 0, 0 < \widetilde{U} < \infty} WL(\gamma, \tau, \widetilde{U}).$$

显然集合 WL 具有 Lebesgue 全测度.

对任意有理无关的 $\alpha \in \mathbb{T}^n$, 我们定义函数

$$\beta(\alpha) := \limsup_{k \in \mathbb{Z}^n} \frac{1}{|k|} \ln \frac{1}{\|\langle k, \alpha \rangle\|_{\mathbb{R}/\mathbb{Z}}}.$$

我们用 $\beta(\alpha)$ 度量向量 α 的 Liouville 程度. 显然 $\beta \in [0, +\infty)$, 并且 β 越大, α 的 Liouville 程度就越高.

可以证明 $WL \cap \{\alpha \in \mathbb{T}^n \mid \beta(\alpha) = +\infty\} = \varnothing$, 并且对任意的 $\beta_* \in [0, +\infty)$ 有

$$WL \cap \{\alpha \in \mathbb{T}^n \mid \beta(\alpha) = \beta_*\} \neq \varnothing.$$

第 3 章　一维小除数理论的几个应用

在这章我们介绍小除数理论在动力系统理论中的几个应用, 有一些是作者研究成果的汇集.

3.1　解析同胚芽的线性化

在这一节, 我们分别介绍一维解析映射线性化的经典工作. 尽管这部分内容是非常重要的, 但囿于篇幅, 有些结果我们只给出结果并指出文献的出处, 而省略了相关的证明.

设 $x_0 \in \mathbb{C}^n$, 在 x_0 处解析的函数所构成的集合记作 $\mathcal{O}_n(x_0)$. 在 $\mathcal{O}_n(x_0)$ 中引进等价关系: 如果存在 x_0 的邻域 U 使得 $f\mid_U = g\mid_U$, 则称 f 与 g 是等价的, 记为 $f \sim g$. 称

$$\widetilde{f} = \{g \in \mathcal{O}_n(x_0) \ : \ g \sim f\}$$

为 f 在 x_0 处的芽.

如果 $f \in \mathcal{O}_n(0)$ 满足 $f(0) = 0$, 则称 f 是 $(\mathbb{C}^n, 0)$ 上的解析芽. 如果 f 是 $(\mathbb{C}^n, 0)$ 上的局部解析同胚, 则称 f 是 $(\mathbb{C}^n, 0)$ 上的解析同胚芽.

定义 3.1.1　设 f 和 g 是 $(\mathbb{C}^n, 0)$ 上的解析芽, 如果存在 $(\mathbb{C}^n, 0)$ 上的解析同胚芽 h 使得 $h^{-1} \circ f \circ h = g$, 则称 f 和 g 是解析共轭的.

定义 3.1.2　设 $f(z)$ 是 $(\mathbb{C}^n, 0)$ 上的解析芽, 并且 $Df(0) \neq 0$. 如果 f 共轭于它的线性部分 $Df(0)z$, 则称 f 是可线性化的.

设 $\mathbb{G}$ 表示 $(\mathbb{C}, 0)$ 中解析同胚芽组成的群, $\hat{\mathbb{G}}$ 表示 $(\mathbb{C}, 0)$ 中解析同胚形式芽组成的群, 即

$$\mathbb{G} = \{f \in z\mathbb{C}\{z\}, \ f'(0) \neq 0\}, \quad \hat{\mathbb{G}} = \{\hat{f} \in z\mathbb{C}[[z]], \ \hat{f}'(0) \neq 0\}.$$

定义映射:

$$\pi(f) = f'(0), \quad \hat{\pi}(\hat{f}) = \hat{f}'(0).$$

我们可得基本关系

$$\pi : \mathbb{G} = \bigcup_{\lambda \in \mathbb{C}^*} \mathbb{G}_\lambda \to \mathbb{C}^*, \quad \hat{\pi} : \hat{\mathbb{G}} = \bigcup_{\lambda \in \mathbb{C}^*} \hat{\mathbb{G}}_\lambda \to \mathbb{C}^*,$$

其中 $\mathbb{C}^* := \mathbb{C} \setminus \{0\}$,

$$\mathbb{G}_\lambda = \left\{ f(z) = \sum_{n=1}^\infty a_n z^n \in \mathbb{C}\{z\},\ a_1 = \lambda \right\},$$

$$\hat{\mathbb{G}}_\lambda = \left\{ \hat{f}(z) = \sum_{n=1}^\infty \hat{a}_n z^n \in \mathbb{C}[[z]],\ \hat{a}_1 = \lambda \right\}.$$

对不动点附近的单复变量解析芽的动力学的研究一直是 20 世纪中的许多重要工作的研究方向. 中心问题是描述在不动点 $z = 0$ 处解析芽组成的群 $\mathbb{G}$ 中的共轭类的结构. 换言之, 在一维情况下我们考虑下列问题:

给定 $f(z) \in \mathbb{G}_\lambda$, 是否存在定义在原点 $z = 0$ 的某邻域内解析的函数 $h(z)$ 满足

$$h(0) = 0, h'(0) = 1 \text{ 并且 } f(h(z)) = h(\lambda z)? \tag{3.1.1}$$

这个问题称为 Siegel 中心问题.

对于 $|\lambda| \neq 1$ 的情况答案是肯定的 [15], 但如果 λ 是单位根答案是不一定的 [118]. 最困难也最有趣的情况是: $|\lambda| = 1$ 并且 λ 不是单位根的情况. 此时 $\lambda = e^{2\pi i \alpha}$, 其中 $\alpha \in \mathbb{R} \setminus \mathbb{Q}$.

下面我们给出 Siegel, Brjuno 和 Yoccoz 的定理.

3.1.1　Siegel 定理

定理 3.1.1 ([107], Siegel 定理)　设 $f(z) = \sum_{n \geqslant 1} a_n z^n$ 是一个在原点 $z = 0$ 解析的函数, $a_1 = \lambda = e^{2\pi i \alpha}$. 如果 α 是一个 (γ, τ)-型 Diophantine 数, 则方程 (3.1.1) 在原点 $z = 0$ 的某邻域内有一个解析解.

证明　由于

$$f(z) = \sum_{n \geqslant 1} a_n z^n \tag{3.1.2}$$

有正的收敛半径, 故必存在正常数 a, 使得

$$|a_n| \leqslant a^{n-1}, \quad n = 2, 3, \cdots.$$

引入新函数 $\tilde{h}(z) = a h(a^{-1} z)$ 和 $\tilde{f}(z) = a f(a^{-1} z)$, 由方程 (3.1.2) 可得方程

$$\tilde{f}(\tilde{h}(z)) = \tilde{h}(\lambda z).$$

这仍然是方程 (3.1.2) 的形式. 这里 $\tilde{f}(z)$ 有形如 (3.1.2) 的展开式, 然而, 其中的系数

$$|a_n| \leqslant 1, \quad n = 2, 3, \cdots. \tag{3.1.3}$$

因此, 我们不妨假设函数 $f(z)$ 满足 (3.1.3).

考虑一个形式幂级数

$$\psi(z) = \sum_{n \geqslant 1} u_n z^n, \tag{3.1.4}$$

其中 u_n 定义如下:

$$u_1 = 1, \quad u_n = \frac{1}{\lambda^n - \lambda} \sum_{1 \leqslant k \leqslant n, \, (n_j) \in \mathcal{A}^{kn}} u_{n_1} u_{n_2} \cdots u_{n_k}, \quad n \geqslant 2,$$

其中 $\mathcal{A}^{kn} := \{(n_1, \cdots, n_k) \in \mathbb{Z}^k : n_j > 0, j = 1, \cdots, k, n_1 + \cdots + n_k = n\}$.

假设方程 (3.1.2) 的形式解

$$h(z) = \sum_{n \geqslant 1} h_n z^n. \tag{3.1.5}$$

通过比较系数可得

$$h_1 = 1, \quad h_n = \frac{1}{\lambda^n - \lambda} \sum_{1 \leqslant k \leqslant n, \, (n_j) \in \mathcal{A}^{kn}} a_k h_{n_1} h_{n_2} \cdots h_{n_k}, \quad n \geqslant 2. \tag{3.1.6}$$

由数学归纳法, 可证

$$|h_n| \leqslant |u_n|, \quad n = 2, 3, \cdots. \tag{3.1.7}$$

现在只要证明级数 (3.1.4) 收敛即可. 为此, 考察由下列方程定义的函数 $\Phi(z)$:

$$\Phi(z) = z + \frac{[\Phi(z)]^2}{1 - \Phi(z)} = z + [\Phi(z)]^2 + [\Phi(z)]^3 + \cdots. \tag{3.1.8}$$

记

$$\Phi(z) = \sum_{n \geqslant 1} v_n z^n, \tag{3.1.9}$$

我们可得关于系数 v_n 的递推公式

$$v_1 = 1, \quad v_n = \sum_{1 \leqslant k \leqslant n, \, (n_j) \in \mathcal{A}^{kn}} v_{n_1} v_{n_2} \cdots v_{n_k}, \quad n \geqslant 2.$$

用数学归纳法容易证明

$$|u_n| \leqslant v_n d_n, \quad n \geqslant 1,$$

其中 d_n 由 (2.2.8) 定义.

由函数方程 (3.1.8) 可推出 $\Phi(z) = \dfrac{1}{4}[1 + z - (1 - 6z + z^2)^{\frac{1}{2}}]$. 所以级数 (3.1.9) 在 $|z| < 3 - 2\sqrt{2}$ 内收敛. 因此, 存在常数 $A > 0$, 使得 $|v_n| \leqslant A^n$, $n \geqslant 1$. 于是, 由 Siegel 引理 2.2.4 可知 $|u_n| \leqslant A^n N^{n-1} n^{-2\delta}$, 这就表明级数 (3.1.4) 至少在 $|z| < (AN)^{-1}$ 内收敛. 再由 (3.1.7) 可得方程 (3.1.2) 至少在 $|z| < (AN)^{-1}$ 内存在解析解 $h(z)$.　　　　　　　　　　　　　　　　　　　　　　　　　□

3.1.2　Brjuno 定理

1965 年, Brjuno 跟随 Siegel 的思想在一个比 Diophantine 条件更弱的算术性条件下推广了 Siegel 定理 3.1.1.

定理 3.1.2 ([12], Brjuno 定理)　设 $f(z) = \sum_{n \geqslant 1} a_n z^n$ 是一个在原点 $z = 0$ 解析的函数, $a_1 = \lambda = e^{2\pi i \alpha}, \alpha \in \mathbb{R} \setminus \mathbb{Q}$. 假设 $\left\{\dfrac{p_n}{q_n}\right\}_{n \geqslant 0}$ 是 α 的 n 阶收敛. 如果 α 是一个 Brjuno 数, 则方程 (3.1.1) 在原点 $z = 0$ 的某邻域内有一个解析解.

证明　由于 $|\lambda| = 1$, 所以存在 $r > 0$ 使得 f 在 $|z| < r$ 上解析. 现在映射 $z \to \dfrac{1}{r} f(rz)$ 在开的单位圆 $\mathbb{D}$ 内有定义且解析, 并且它保持不动点 $z = 0$ 不变, 而且在 $z = 0$ 处的导数仍然是 λ. 所以, 不失一般性, 我们可以假设 f 在开的单位圆 $\mathbb{D}$ 内解析. 我们考虑一个 Koebe 函数:

$$\widetilde{k}(z) = \frac{z}{(1-z)^2} = z + 2z^2 + 3z^3 + 4z^4 + \cdots.$$

显然 $\widetilde{k}(z) = \sum_{n \geqslant 1} n z^n$ 的收敛半径是 1. 定义函数 $L(z, t) = z + \widetilde{k}(t) - 2t$, 易见 $L_t(z, t)\,|_{(0,0)} = -1 \neq 0$. 所以由隐函数定理可知, 存在一个在原点邻域内解析的函数 σ 满足 $L(z, \sigma(z)) = L(0, 0) = 0$ 和 $\sigma(0) = 0$, 并且

$$z + 2[\sigma(z)]^2 + 3[\sigma(z)]^3 + 4[\sigma(z)]^4 + \cdots = \sigma(z) = \sum_{n \geqslant 1} \sigma_n z^n.$$

通过比较系数, 可得

$$\sigma_1 = 1, \quad \sigma_n = \sum_{1 \leqslant k \leqslant n,\ (n_j) \in \mathcal{A}^k n} k \sigma_{n_1} \sigma_{n_2} \cdots \sigma_{n_k}, \quad n \geqslant 2.$$

此外, 由于 σ 是解析的, 所以由 Cauchy 估计可得存在正数 γ_1 和 γ_2 使得

$$|\sigma_n| \leqslant \gamma_1 \gamma_2^n, \quad n \geqslant 1.$$

另一方面, 我们已经知道方程 (3.1.2) 的形式解 (3.1.5) 满足 (3.1.6). 再根据 Bieberbach-De Brange 定理 ([11, 21]), 可知 $|a_n| \leqslant n$, $n \geqslant 1$. 所以

$$|h_n| \leqslant \frac{1}{|\lambda^n - \lambda|} \sum_{1 \leqslant k \leqslant n, \, (n_j) \in \mathcal{A}^{kn}} k|h_{n_1}||h_{n_2}| \cdots |h_{n_k}|, \quad n \geqslant 2. \qquad (3.1.10)$$

现在, 我们用归纳法证明 $|h_n| \leqslant \sigma_n e^{K(n-1)}$, $n \geqslant 1$, 其中 K 由 (2.2.30) 定义. 事实上, 当 $n = 1$ 时, 结论显然. 假设对所有的 $n' < n$ 结论成立. 用 (3.1.10) 和归纳假设, 有

$$|h_n| \leqslant \frac{1}{|\lambda^n - \lambda|} \sum_{1 \leqslant k \leqslant n, \, (n_j) \in \mathcal{A}^{kn}} k\sigma_{n_1} \sigma_{n_2} \cdots \sigma_{n_k} e^{K(n_1-1)} e^{K(n_2-1)} \cdots e^{K(n_k-1)}.$$

再由 Davie 引理 2.2.9, 可得

$$|h_n| \leqslant \frac{1}{|\lambda^n - \lambda|} \sum_{1 \leqslant k \leqslant n, \, (n_j) \in \mathcal{A}^{kn}} k\sigma_{n_1} \sigma_{n_2} \cdots \sigma_{n_k} e^{K(n-1) + \ln|\lambda^n - \lambda|}.$$

于是

$$|h_n| \leqslant e^{K(n-1)} \sum_{1 \leqslant k \leqslant n, \, (n_j) \in \mathcal{A}^{kn}} k\sigma_{n_1} \sigma_{n_2} \cdots \sigma_{n_k}.$$

因此, 我们有 $|h_n| \leqslant e^{K(n-1)} \sigma_n$. 最后, 因为存在正常数 γ_1, γ_2 使得 $|\sigma_n| \leqslant \gamma_1 \gamma_2^n$, 并且因为 $K(n-1) \leqslant K(n)$, 所以

$$\sqrt[n]{|h_n|} \leqslant \sqrt[n]{\gamma_1} \gamma_2 e^{\frac{K(n)}{n}}.$$

由假设, 极限 $M = \lim_{n \to \infty} \sum_{i=0}^{n} \frac{\ln q_{i+1}}{q_i}$ 存在. 再根据 Davie 引理 2.2.9 可得

$$\frac{K(n)}{n} \leqslant M + \gamma_3.$$

因此, $\{\sqrt[n]{|h_n|}\}$ 有界, 于是 $\lim_{n \to \infty} \sup \sqrt[n]{|h_n|} > 0$, 这就证明了 Brjuno 定理. □

3.1.3 Yoccoz 定理

设解析同胚芽 $f : \mathbb{D} \to \mathbb{C}$ 使得 $f(0) = 0$ 并且 f 在 $\mathbb{D}$ 上是单值. 我们总考虑这种芽组成的拓扑空间 $\mathbb{S}$. 用 $\mathbb{S}_\lambda$ 表示使得 $f'(0) = \lambda$ 的 $\mathbb{S}$ 的子空间. 在这一小节, 我们给出 Yoccoz 的线性化的相关结果.

首先, 我们给出 Yoccoz 关于二次多项式的线性化定理以及 Brjuno 定理的 Yoccoz 叙述, 其详细证明可参见 [125].

定理 3.1.3   设 $\lambda = e^{2\pi i \alpha}$ 并且 $\alpha \in \mathbb{R} \setminus \mathbb{Q}$. 如果

$$P_\lambda = \lambda \left(z - \frac{z^2}{2} \right) \tag{3.1.11}$$

是可线性化的, 则 $f \in \mathbb{G}_\lambda$ 也是可线性化的.

这个定理说明二次多项式 P_λ 是对线性部分的最坏的扰动.

对某个确定的 λ, 一旦建立了二次多项式 P_λ 的线性化就意味着 G_λ 是一个共轭类. 下面 Yoccoz 的著名定理表明, 对几乎所有的 $\lambda \in \mathbb{T}$, G_λ 是一个共轭类.

定理 3.1.4   设 $\lambda = e^{2\pi i \alpha}$ 并且 $\alpha \in \mathbb{R} \setminus \mathbb{Q}$. 对几乎所有的 $\lambda \in \mathbb{T}$, 二次多项式 (3.1.11) 是可线性化的.

下一个定理是 Brjuno 定理的 Yoccoz 叙述.

定理 3.1.5 ([125])   设 $f \in \mathbb{S}_\lambda$, 其中 $\lambda = e^{2\pi i \alpha}$ 并且 $\alpha \in (0,1) \setminus \mathbb{Q}$. 如果 $\mathcal{B}(\alpha) < +\infty$, 其中 $\mathcal{B}(\alpha)$ 由 (2.2.6) 定义, 则 f 是可线性化的.

其次, 我们介绍 Yoccoz 线性化定理.

给定 $f \in \mathbb{S}_\lambda$, 假设 $r(f)$ 表示 f 的线性化函数 h_f 的收敛半径. 令

$$r(\alpha) = \inf_{f \in \mathbb{S}_{e^{2\pi i \alpha}}} r(f). \tag{3.1.12}$$

定理 3.1.6

$$\ln r(\alpha) \geqslant -\mathcal{B}(\alpha) - C,$$

其中 $C > 0$ 是一个普适常数 (与 α 无关) 并且 $\mathcal{B}$ 是 Brjuno 函数.

这个定理被称为 Yoccoz 下界定理. 设

$$\mathcal{Y} := \{\alpha \in \mathbb{R} \setminus \mathbb{Q} \mid \alpha \text{ 使得 } \mathbb{G}_{e^{2\pi i \alpha}} \text{ 是一个共轭类}\}.$$

Yoccoz 的主要结果可以简单地叙述为

$$\mathcal{Y} = \{\alpha \in \mathbb{R} \setminus \mathbb{Q} \mid \mathcal{B} < +\infty\} = \mathfrak{B}.$$

但 Yoccoz 证明的结果远不止这些, 例如他还证明了:

定理 3.1.7   (i) 如果 $\mathcal{B} = +\infty$, 则存在非可线性化的芽 $f \in \mathbb{S}_{e^{2\pi i \alpha}}$;

(ii) 如果 $\mathcal{B} < +\infty$, 则 $r(\alpha) > 0$ 并且

$$|\ln r(\alpha) + \mathcal{B}| \leqslant C, \tag{3.1.13}$$

其中 C 是一个普适常数 (即独立于 α);

(iii) 对所有的 $\varepsilon > 0$, 存在 $C_\varepsilon > 0$ 使得对所有的 Brjuno 数 α 成立

$$-\mathcal{B} - C \leqslant \ln r(P_{e^{2\pi i \alpha}}) \leqslant -(1-\varepsilon)\mathcal{B} + C_\varepsilon, \tag{3.1.14}$$

其中 C 是一个普适常数 (即独立于 α 和 ε).

不等式 (3.1.13) 和 (3.1.14) 的显著的结果是 Brjuno 函数不仅能够鉴别 $\mathcal{Y}$, 而且还给出了一个相当精确的 Siegel 圆盘大小的估计. 当 α 不是 Brjuno 数时, $\mathbb{G}_{e^{2\pi i \alpha}}$ 中芽的共轭类的完全分类问题是开问题. 正如 Yoccoz 的下列结果显示, 这个问题是相当困难的.

定理 3.1.8 设 $\alpha \in \mathbb{R} \setminus \mathbb{Q}$, $\mathcal{B} = +\infty$. 存在一个具有 $\mathbb{G}_{e^{2\pi i \alpha}}$ 中芽的共轭类的连续统的幂组成的集合, 它们的每一个都不包含一个整函数.

Yoccoz 定理 3.1.7 的证明使用了由他自己发明的一种方法, 称为几何重整化方法. 详细证明可参见 [124–126].

最后我们指出, 关于高维映射的线性化问题也是近年动力系统理论中的热点问题, 在各种高维 Brjuno 条件下的线性化, 已被 Jasmin Raissy 得到. 限于篇幅, 在此不能介绍了, 请有兴趣的读者参看 Jasmin Raissy 的工作 [87].

3.2 一个平面映射的解析不变曲线问题

3.2.1 问题的提出

这一节介绍作者 [103] 中的工作. 考虑一个具有逐段常数自变量的二阶时滞微分方程

$$\frac{d^2}{dt^2}x(t) + g(x([t])) = 0, \quad t, x \in \mathbb{R}, \tag{3.2.1}$$

其中 $[t]$ 表示不超过 t 的最大整数. 函数 $x(t)$ 称为在区间 I 上的解, 如果它满足条件:

(i) $x(t)$ 是连续可微的;

(ii) $x(t)$ 在 I 上有定义并且在每个区间 $[n, n+1] \subset I$ 满足 (3.2.1).

众所周知, 在方程 (3.2.1) 中, 如果用 t 代替 $[t]$, 则修改后的方程是一个具有哈密顿函数

$$H(x, y) = \frac{1}{2}y^2 + \int_0^x g(t)dt, \quad y = x'$$

的哈密顿系统. 它的轨道在等量面 $\{(x, x') : H(x, x') = C\}$ 上呈现简单的动力学行为. 然而, 具有逐段常数自变量的方程 (3.2.1) 会有更复杂的动力学行为, 这是因为即使一阶方程

$$\frac{d}{dt}x(t) + g(x([t])) = 0, \tag{3.2.2}$$

对适当给定的 g 也会产生混沌行为. 事实上, 对 $n \in \mathbb{Z}$, 令

$$x_n = x(n) = x([t]), \quad t \in [n, n+1),$$

并对 (3.2.2) 在 $[n, n+1)$ 积分, 得

$$x(t) = g(x_n)(t-n) + x_n, \quad t \in [n, n+1).$$

如果取 $g(x) = \mu x^2 + (1-\mu)x$, 并取左极限 $t \to (n+1)^-$, 得

$$x_{n+1} = \mu x_n (1 - x_n). \tag{3.2.3}$$

这是一个 Logistic 映射 (见 [116]), 并且由 Feigenbaun 理论可知当 $\mu > 3.75$ 时映射 (3.2.3) 产生混沌. 因为这些原因, 我们对方程 (3.2.1) 的动力学复杂性感兴趣. 对每个 $n \in \mathbb{Z}$, 定义

$$x_n := x(n) = x([t]), \quad x_{n+1} := x'(n) = x'([t]), \quad t \in [n, n+1),$$

并且对 (3.2.1) 从 n 到 $n+1$ 积分两次, 得

$$x'(t) = -g(x_n)(t-n) + x_n,$$

$$x(t) = -\frac{1}{2}g(x_n)(t-n)^2 + x_n(t-n) + x_n.$$

在上两等式中令 $t \to (n+1)^-$ 便得

$$x_{n+1} = -g(x_n) + x_n \tag{3.2.4}$$

和

$$x_{n+1} = -\frac{1}{2}g(x_n) + x_n + x_n. \tag{3.2.5}$$

由此生成一个平面映射 $F : \mathbb{R}^2 \to \mathbb{R}^2$

$$F(x, y) = \left(-\frac{1}{2}g(x) + x + y, -g(x) + y \right).$$

从另一个角度来看, (3.2.4) 和 (3.2.5) 意味着

$$x_{n+2} = 2x_{n+1} - x_n - \frac{1}{2}(g(x_{n+1}) + g(x_n)).$$

这个差分方程等价于差分系统

$$\begin{cases} x_{n+1} = y_n, \\ y_{n+1} = 2y_n - x_n - \frac{1}{2}(g(y_n) + g(x_n)), \end{cases}$$

它生成另一个平面映射 G : $\mathbb{R}^2 \to \mathbb{R}^2$

$$G(x,y) = \left(y, 2y - x - \frac{1}{2}(g(y) + g(x)) \right).$$

我们要通过映射 F 和 G 的不变曲线来研究方程 (3.2.1) 的动力学行为. 事实上, 如果 G 有一个不变曲线 Γ : $y = f(x)$, 进一步可在 Γ 上化我们的系统为一个一维迭代

$$x_{n+1} = f(x_n).$$

方程 (3.2.1) 的动力学复杂性可以与不变曲线 f 的非线性性关联起来. 由不变性可知, 这个不变曲线是迭代函数方程

$$f(f(x)) = 2f(x) - x - \frac{1}{2}(g(f(x)) + g(x)) \tag{3.2.6}$$

的解.

在 [72] 中已经证明了当 $g(x) = -2x - 2x^2 - 8\sum_{n=1}^{\infty}(-1)^n x^{2^n}$, $x \in (-1,1)$ 时, 函数方程 (3.2.6) 有实解析解 $f(x) = x^2$.

更一般地, 我们在复域上讨论函数方程 (3.2.6), 即

$$f(f(z)) = 2f(z) - z - \frac{1}{2}(g(f(z)) + g(z)), \quad z \in \mathbb{C}, \tag{3.2.7}$$

其中 f 是未知函数, g 是一个已知的满足 $g(0) = 0$ 和 $g'(0) = \xi \neq 0$, 并且在原点的一个邻域 $U_{r_1}(0) = \{z : |z| < r_1\}$ 内解析的函数.

证明方程 (3.2.7) 的解析解的存在性的思想是局部化这个方程到另一个不含未知函数迭代的函数方程

$$\phi(\lambda^2 z) = 2\phi(\lambda z) - \phi(z) - \frac{1}{2}(g(\phi(\lambda z)) + g(\phi(z))), \quad z \in \mathbb{C}, \tag{3.2.8}$$

其中参数 $\lambda \neq 0$ 满足代数方程

$$2\lambda^2 - (4 - \xi)\lambda + 2 + \xi = 0. \tag{3.2.9}$$

这个方程称为 (3.2.7) 的辅助方程, 我们通过构造辅助方程 (3.2.8) 的解析解来得到 (3.2.7) 的解析解.

3.2.2 辅助方程的解析解

引理 3.2.1 设 $0 < |\lambda| \neq 1$, 则对任意的 $\tau \in \mathbb{C}$, 方程 (3.2.8) 在原点的邻域内有一个解析解并且满足 $\phi(0) = 0$ 和 $\phi'(0) = \tau$.

证明   显然, 如果 $\tau = 0$, 方程 (3.2.8) 有一个平凡解 $\phi(z) \equiv 0$. 现在假设 $\tau \neq 0$, 并设

$$g(z) = \sum_{n=1}^{\infty} a_n z^n, \quad a_1 = \xi.$$

不失一般性, 我们可假设

$$|a_n| \leqslant 1, \quad n = 2, 3, \cdots. \tag{3.2.10}$$

由于 g 在原点的邻域内解析, 所以级数

$$\xi + \sum_{n=2}^{\infty} a_n z^n$$

在原点的某邻域内收敛. 这意味着存在一个常数 $\rho > 0$ 使得 $|a_n| \leqslant \rho^{n-1}, n = 2, 3, \cdots$. 在 (3.2.8) 中, 令

$$\tilde{\phi}(z) = \rho\phi(\rho^{-1}z), \quad \tilde{g}(z) = \rho g(\rho^{-1}z),$$

可得

$$\tilde{\phi}(\lambda^2 z) = 2\tilde{\phi}(\lambda z) - \tilde{\phi}(z) - \frac{1}{2}(\tilde{g}(\tilde{\phi}(\lambda z)) + \tilde{g}(\tilde{\phi}(z))), \quad z \in \mathbb{C}.$$

这个方程有与方程 (3.2.8) 相同的形式, 但

$$\tilde{g}(z) = \rho g(\rho^{-1}z) = \xi z + \sum_{n=2}^{\infty} a_n \rho^{n-1} z^n,$$

其中系数显然满足 $|a_n \rho^{n-1}| \leqslant 1$, $n = 2, 3, \cdots$.

设方程 (3.2.8) 的形式解的展开式是

$$\phi(z) = \sum_{n=1}^{\infty} b_n z^n. \tag{3.2.11}$$

代 (3.2.11) 到 (3.2.8) 并比较系数得

$$(\lambda^{2n} - 2\lambda^n + 1)b_n = -\frac{1}{2}(\lambda^n + 1) \sum_{1 \leqslant k \leqslant n, \, (l_j) \in \mathcal{A}^{kn}} a_k b_{l_1} b_{l_2} \cdots b_{l_k}, \quad n = 1, 2, \cdots,$$

$$\tag{3.2.12}$$

由此可得

$$
\begin{cases}
\left(\lambda^2 - 2\lambda + 1 + \dfrac{1}{2}(\lambda+1)\xi\right) b_1 = 0, \\[2mm]
\left(\lambda^{2n} - 2\lambda^n + 1 + \dfrac{1}{2}(\lambda^n+1)\xi\right) b_n \\[2mm]
= -\dfrac{1}{2}(\lambda^n+1) \displaystyle\sum_{2\leqslant k\leqslant n,\,(l_j)\in\mathscr{A}^{kn}} a_k b_{l_1} b_{l_2} \cdots b_{l_k}, \quad n = 2, 3, \cdots.
\end{cases}
\tag{3.2.13}
$$

由 (3.2.13) 的第一式, 并注意到 (3.2.9) 可知 $\xi = -2(\lambda-1)^2/(\lambda+1)$. 所以 (3.2.13) 的第二式可写成

$$
b_n = -\frac{(\lambda+1)(\lambda^n+1)}{2(\lambda^n-\lambda)(\lambda^{n+1}+\lambda^n+\lambda-3)} \sum_{2\leqslant k\leqslant n,\,(l_j)\in\mathscr{A}^{kn}} a_k b_{l_1} b_{l_2} \cdots b_{l_k}.
\tag{3.2.14}
$$

对任意选取的 $b_1 = \tau \neq 0$, 从递推公式 (3.2.14) 可唯一确定数列 $\{b_n\}_{n=2}^{\infty}$. 现在证明级数 (3.2.11) 在原点的邻域内收敛. 由 $0 < |\lambda| \neq 1$, 可得

$$
\lim_{n\to\infty} \frac{(\lambda+1)(\lambda^n+1)}{2(\lambda^n-\lambda)(\lambda^{n+1}+\lambda^n+\lambda-3)} =
\begin{cases}
\dfrac{\lambda+1}{\lambda(3-\lambda)}, & 0 < |\lambda| < 1, \\[2mm]
0, & |\lambda| > 1.
\end{cases}
$$

于是, 存在 $M > 0$ 使得

$$
\left| \frac{(\lambda+1)(\lambda^n+1)}{2(\lambda^n-\lambda)(\lambda^{n+1}+\lambda^n+\lambda-3)} \right| \leqslant M, \quad \forall n \geqslant 2.
$$

从 (3.2.14) 和 (3.2.10), 可得

$$
|b_n| \leqslant M \sum_{2\leqslant k\leqslant n,\,(l_j)\in\mathscr{A}^{kn}} |b_{l_1}||b_{l_2}|\cdots|b_{l_k}|, \quad n = 2, 3, \cdots.
$$

为了构造级数 (3.2.11) 的优级数, 我们考虑函数

$$
W(z) := \frac{1}{2(1+M)}\left\{ 1 + |\tau|z - \sqrt{1 - 2(2M+1)|\tau|z + |\tau|^2 z^2} \right\}.
\tag{3.2.15}
$$

它显然满足

$$
W(z) = |\tau|z + M\frac{(W(z)^2)}{1 - W(z)},
\tag{3.2.16}
$$

并且在邻域 $U_{r_2}(0) = \{z \ : \ |z| < r_2 = |\tau|^{-1}(2M + 1 - 2\sqrt{M^2 + M})\}$ 上解析. 所以它可以在 $U_{r_2}(0)$ 上展开成收敛的幂级数. 设 (3.2.15) 的幂级数展开式为

$$W(z) = \sum_{n=1}^{\infty} B_n z^n,$$

并代入 (3.2.16), 通过比较系数得

$$\begin{cases} B_1 = |\tau|, \\ B_n = M \sum_{2 \leqslant k \leqslant n, \ (l_j) \in \mathcal{A}^{kn}} B_{l_1} B_{l_2} \cdots B_{l_k}, \quad n = 2, 3, \cdots. \end{cases}$$

用归纳法易证

$$|b_n| \leqslant B_n, \quad n = 1, 2, \cdots. \tag{3.2.17}$$

因此, 级数 (3.2.17) 至少在 $U_{r_3}(0) = \{z \ : \ |z| < r_3 := \min\{r_1, r_2\}\}$ 上收敛. 这就证明了此引理. $\qquad\square$

引理 3.2.2　设 $|\lambda| = 1$ 但不是单位根, 并且 λ 是一个 (γ, τ)-型 Diophantine 数, 则对任意的 $\tau \in \mathbb{C}$ 并且 $0 < |\tau| \leqslant 1$, 方程 (3.2.8) 在原点的邻域内有一个解析解并且满足 $\phi(0) = 0$ 和 $\phi'(0) = \tau$.

证明　如引理 3.2.1 的证明, 我们寻找方程 (3.2.8) 的形如 (3.2.11) 的幂级数解. 对 $b_1 = \tau$, 与引理 3.2.1 类似的讨论可由 (3.2.14) 唯一确定数列 $\{b_n\}_{n=2}^{\infty}$. 注意到 $\lambda = e^{2\pi i \alpha}$, $\alpha \in \mathbb{R} \setminus \mathbb{Q}$, 并且 $|\lambda| = 1, \lambda^n \neq 1$, 有

$$|\lambda - 3| = |\cos(2\pi\alpha) + i\sin(2\pi\alpha) - 3| \geqslant 3 - \cos(2\pi\alpha) \geqslant 2,$$

即 $N := |\lambda - 3| - 2 > 0$. 从 (3.2.14) 可得

$$\begin{aligned} |b_n| &\leqslant \frac{(|\lambda| + 1)(|\lambda|^n + 1)}{2|\lambda|(|\lambda^{n-1} - 1|)(|\lambda - 3| - |\lambda|^{n+1} - |\lambda|^n)} \sum_{2 \leqslant k \leqslant n, \ (l_j) \in \mathcal{A}^{kn}} |b_{l_1}||b_{l_2}| \cdots |b_{l_k}| \\ &\leqslant \frac{2}{|\lambda^{n-1} - 1|(|\lambda - 3| - 2)} \sum_{2 \leqslant k \leqslant n, \ (l_j) \in \mathcal{A}^{kn}} |b_{l_1}||b_{l_2}| \cdots |b_{l_k}| \\ &\leqslant \frac{2}{N} |\lambda^{n-1} - 1|^{-1} \sum_{2 \leqslant k \leqslant n, \ (l_j) \in \mathcal{A}^{kn}} |b_{l_1}||b_{l_2}| \cdots |b_{l_k}|, \quad \forall n \geqslant 2. \end{aligned}$$

为了构造 (3.2.11) 的优级数, 我们考虑函数

$$V(z) := \frac{N}{2(2 + N)} \left(1 + z - \sqrt{1 - 2\left(\frac{4}{N} + 1\right)z + z^2} \right).$$

由于 $V(z)$ 是连续的并且 $V(0 = 0)$, 所以在邻域

$$U_{r_4}(0) = \left\{ z \ : \ |z| < r_4 = \frac{4}{N} + 1 - 2\sqrt{\frac{4}{N^2} + \frac{2}{N}} \right\}$$

上可写成

$$V(z) = z + \frac{2}{N} \sum_{n=2}^{\infty} (V(z))^n \tag{3.2.18}$$

并且是解析的.

设其幂级数展开式为

$$V(z) = \sum_{n=1}^{\infty} C_n z^n, \tag{3.2.19}$$

并代它到 (3.2.18), 得到

$$\begin{cases} C_1 = |\tau|, \\ C_n = \dfrac{2}{N} \displaystyle\sum_{2 \leqslant k \leqslant n, \ (l_j) \in \mathcal{A}^{kn}} C_{l_1} C_{l_2} \cdots C_{l_k}, \quad n = 2, 3, \cdots. \end{cases} \tag{3.2.20}$$

类似于 (3.2.17), 用数学归纳法可证明

$$|b_n| \leqslant C_n d_n, \quad n = 1, 2, \cdots,$$

其中 d_n 在引理 2.2.4 中定义. 事实上, $|b_1| = |\tau| \leqslant 1 = C - 1 d_1$. 假设对 $j \leqslant n-1$ 成立 $|b_j| \leqslant C_j d_j$. 由 (3.2.14) 和 (3.2.20) 可推出

$$|b_n| \leqslant \frac{2}{N} |\lambda^{n-1} - 1|^{-1} \sum_{2 \leqslant k \leqslant n, \ (l_j) \in \mathcal{A}^{kn}} C_{l_1} d_{l_1} \cdot C_{l_2} d_{l_2} \cdot \cdots \cdot C_{l_k} d_{l_k}$$

$$\leqslant C_n |\lambda^{n-1} - 1|^{-1} \max_{2 \leqslant k \leqslant n, \ (l_j) \in \mathcal{A}^{kn}} \{ d_{l_1} \cdots d_{l_k} \}$$

$$\leqslant C_n d_n.$$

注意到 (3.2.19) 在 $U_{r_4}(0)$ 上收敛, 于是存在常数 $C > 0$ 使得 $C_n \leqslant Y^n, n = 1, 2, \cdots$. 由引理 2.2.4 可得

$$|b_n| \leqslant T^n (2^{5\delta+1})^{n-1} n^{-2\delta}, \quad n = 1, 2, \cdots,$$

即

$$\limsup_{n\to\infty} (|b_n|)^{1/n} \leqslant \limsup_{n\to\infty} T(2^{5\delta+1})^{(n-1)/n} n^{-2\delta/n} = T2^{5\delta+1}.$$

这意味着级数 (3.2.11) 的收敛半径至少是 $r_5 := (T2^{5\delta+1})^{-1}$. 这就证明了级数 (3.2.11) 对 $|z| \leqslant \min\{r_4, r_5\}$ 是收敛的. 至此引理 3.2.2 得证. □

3.2.3　解析不变曲线的存在性

定理 3.2.1　假设 $0 < |\lambda| \neq 1$ 或 $\lambda = e^{2\pi i\alpha}$ 且 α 是一个 (γ, τ)-型 Diophantine 数. 则方程 (3.2.7) 在原点的某邻域内存在形如 $f(z) = \phi(\lambda\phi^{-1}(z))$ 的解析解, 其中 $\phi(z)$ 是辅助方程 (3.2.8) 的一个解析解.

证明　由引理 3.2.1 和引理 3.2.2, 我们可以找到方程 (3.2.8) 一个形如 (3.2.11) 的解析解 $\phi(z)$ 使得 $\phi(0) = 0$ 和 $\phi'(0) = \tau \neq 0$. 另外, 显然 $\phi^{-1}(z)$ 存在并且在原点的一个邻域内解析. 令

$$f(z) = \phi(\lambda\phi^{-1}(z)), \tag{3.2.21}$$

它在原点的一个邻域内也是解析的. 从 (3.2.8) 可以推出

$$\begin{aligned}
f(f(z)) &= \phi(\lambda\phi^{-1}(\phi(\lambda\phi^{-1}(z)))) = \phi(\lambda^2\phi^{-1}(z)) \\
&= 2\phi(\lambda\phi^{-1}(z)) - \phi(\phi^{-1}(z)) - \frac{1}{2}(g(\phi(\lambda\phi^{-1}(z))) + g(\phi(\phi^{-1}(z)))) \\
&= 2f(z) - z - \frac{1}{2}(g(f(z)) + g(z)).
\end{aligned}$$

即在 (3.2.21) 中定义的函数在原点的一个邻域内也是解析的并且满足方程 (3.2.7). □

下面对一个具体选定的函数

$$g(z) = 2(1 - e^z) = -\sum_{n=1}^{\infty} \frac{2}{n!} z^n, \tag{3.2.22}$$

我们给出一个构造方程 (3.2.7) 的解析解的方法.

首先对应于 (3.2.9) 的代数方程是

$$\lambda^2 = 3\lambda = 0,$$

并且它有一个非零的根 $\lambda = 3$. 由引理 3.2.1 知辅助方程

$$\phi(9z) = 2\phi(3z) - \phi(z) - \frac{1}{2}(g(\phi(3z)) + g(\phi(z)))$$

有形如 (3.2.11) 的解析解, 其中的 $b_1 = \tau \neq 0$ 可任意给定并且 $b_2, b_3, \cdots$ 由递推公式 (3.2.14) 确定, 即

$$b_n = \frac{3^n + 1}{(3^{n-1} - 1)3^{n+1}} \sum_{2 \leqslant k \leqslant n,\ (l_j) \in \mathcal{A}^{kn}} \frac{1}{k!} b_{l_1} b_{l_2} \cdots b_{l_k}. \tag{3.2.23}$$

特别地, 有

$$b_1 = \frac{\phi''(0)}{2!} = \frac{5}{54}\tau^2,$$

$$b_2 = \frac{\phi'''(0)}{3!} = \frac{3^3 + 1}{(3^2 - 1)3^4}\left(b_1 b_2 + \frac{b_1^3}{6}\right) = \frac{7^2}{2 \times 3^7}\tau^3,$$

$$\cdots\cdots$$

由于 $\phi(0) = 0$, $\phi'(0) = \tau \neq 0$, 并且反函数 $\phi^{-1}(z)$ 在原点的邻域解析, 所以可计算

$$(\phi^{-1})'(0) = \frac{1}{\phi'(\phi^{-1}(0))} = \frac{1}{\phi'(0)} = \frac{1}{\tau},$$

$$(\phi^{-1})''(0) = -\frac{\phi''(\phi^{-1}(0))(\phi^{-1})'(0)}{(\phi'(\phi^{-1}(0)))^2} = -\frac{\phi''(0)(\phi^{-1})'(0)}{(\phi'(0))^2} = -\frac{5}{27\tau},$$

$$(\phi^{-1})'''(0) = -\frac{\left(\phi''(\phi^{-1}(0))((\phi^{-1})'(0))^2 + \phi''(\phi^{-1}(0))((\phi^{-1})''(0))\right)(\phi'(\phi^{-1}(0)))^2}{(\phi'(\phi^{-1}(0)))^4}$$

$$+ \frac{\phi''(\phi^{-1}(0))((\phi^{-1})'(0)) \cdot 2\phi'(\phi^{-1}(0))\phi''(\phi^{-1}(0))(\phi^{-1})'(0)}{(\phi'(\phi^{-1}(0)))^4}$$

$$= -\frac{\left(\phi'''(0)\tau^{-2} - \phi''(0) \cdot \dfrac{5}{27\tau}\right)(\phi'(0))^2 - \phi''(0)\tau^{-1} \cdot 2\phi'(0)\phi''(0)\tau^{-1}}{\phi'(0)^4}$$

$$= \frac{26}{3^6\tau},$$

$$\cdots\cdots$$

因此, 我们得到

$$f(0) = \phi(3\phi^{-1}(0)) = \phi(0) = 0,$$

$$f'(0) = \phi'(3\phi^{-1}(0)) \cdot 3(\phi^{-1})'(0) = 3\phi'(0)(\phi^{-1})'(0) = 3\tau\frac{1}{\tau} = 3,$$

$$f''(0) = 9\phi''(3\phi^{-1}(0))((\phi^{-1})'(0))^2 + 3\phi'(3\phi^{-1})'(0)(\phi^{-1})''(0) = \frac{10}{9},$$

$$f'''(0) = 27\phi'''(3\phi^{-1}(0))((\phi^{-1})'(0))^3 + 18\phi''(3\phi^{-1}(0))(\phi^{-1})'(0)(\phi^{-1})''(0)$$

$$+ 3\phi'(3\phi^{-1}(0))(\phi^{-1})'''(0)$$

$$= 27\frac{49\tau^3}{3^6}\frac{1}{\tau^3} - 27\frac{5\tau^2}{27}\frac{1}{\tau}\frac{5}{27\tau} + 3\tau\frac{26}{3^6\tau} = \frac{28}{27},$$

......

于是当已知函数 g 取为 (3.2.22) 时, 方程 (3.2.7) 在原点的邻域内有解析解

$$f(z) = 3z + \frac{5}{9}z^2 + \frac{17}{81}z^3 + \cdots.$$

这里我们需要指出, 如果 $g(z)$ 是一个实解析函数, 即 $g(z) = \sum_{n=1}^{\infty} a_n z^n$ 是一个在原点邻域内解析的具有实系数的函数, 并且 $a_1 = \xi$ 满足

$$\xi < 0 \quad \text{或} \quad \xi \geqslant 16. \tag{3.2.24}$$

则根据定理 3.2.1, 方程 (3.2.7) 有一个实解析解. 事实上, (3.2.24) 能保证 $2\lambda^2 - (4 - \xi)\lambda + 2 + \xi = 0$ 有两个实根 λ_1 和 λ_2. 对于这两个根的其中一个, 再由 (3.2.23) 可以定义一个实数列 $\{b_n\}_{n=2}^{\infty}$ 并且得到 (3.2.8) 的具有实系数的解析解 $\phi(z)$. 另外, 函数 ϕ 和它的反函数限定在实域内都是实值的. 所以函数 $f(z) = \phi(\lambda_j \phi^{-1}(z))$, $j = 1, 2$ 也是实函数并且定理 3.2.1 意味着它的解析性.

3.3　Shabat 方程的解析解

这一节我们介绍作者 [101] 中的工作. 我们考虑所谓 Shabat 方程

$$f'(z) + q^2 f'(qz) + f^2(z) - q^2 f^2(qz) = \mu, \quad z \in \mathbb{C} \tag{3.3.1}$$

的解析解的存在性问题, 其中 μ 和 q 是复参数. 这个方程称为 Riccati 泛函微分方程 [27,98]. 为了构造和分析一类薛定谔方程的精确可解性, 这个方程是所谓修正链的最简自相似化, 它与量子力学中 q-振子代数的研究相关. 这里我们主要是在 Brjuno 条件下, 研究具有 $|q| = 1$ 的 Shabat 方程非平凡解析解的存在性.

3.3.1　问题的提出

方程 (3.3.1) 是 Shabat 在 [27,98] 中作为所谓修正链

$$f_n'(t) + f_{n+1}'(t) + f_n^2(t) - f_{n+1}^2(t) = \mu_n, \quad n = 1, 2, \cdots \tag{3.3.2}$$

的最简自相似化, 其中 f_n 是未知函数并且 $\mu_n, n = 1, 2, \cdots$ 是无穷个参数. 如果方程 (3.3.1) 有一个连续可微解 f, 则修正链 (3.3.2) 有自相似解

$$(f_n(t), \mu_n) = (q^n f(q^n t), q^{2n}\mu).$$

这个等式已经在 [98, 108, 111, 117] 中给出证明, 并且它在构造和分析薛定谔方程

$$-y''(t) + u(t)y(t) = \lambda y(t), \quad t \in \mathbb{R}$$

的解时是非常有用的, 这里 u 是势函数, λ 是一个参数.

方程 (3.3.1) 也与量子力学 q-振子代数 [4, 112]

$$AA^+ - q^2 A^+ A = \mu \tag{3.3.3}$$

的研究相关, 其中 A 和 A^+ 分别是灭绝和创造算子的 q-相似. 满足 (3.3.3) 的一个众所周知的算子对是

$$Ay(t) = \frac{y(t) - y(q^2 t)}{(1 - q^2)t}, \quad A^+ y(t) = \mu t y(t),$$

见 [36]. Spiridonov 在 [111] 中注意到了算子对

$$A = T^{-1}[d/dt + f(t)], \quad A^+ = [d/dt + f(t)]T \tag{3.3.4}$$

也满足 (3.3.3), 只要 f 是方程 (3.3.1) 的一个解并且 T 是一个形如

$$Ty(t) = \sqrt{q}y(qt)$$

的尺度算子.

著名的调和振子对应于 $q = 1$. 我们还注意到了从服从二次泊松对称代数的经典力学的简单模型中导出的方程 [113]

$$\hat{h}[g(t) + e^{\hat{h}\eta} g(e^{\hat{h}\eta} t)]' + g^2(t) - e^{2\hat{h}\eta} g^2(e^{\hat{h}\eta} t) = c(1 - e^{2\hat{h}\eta}).$$

这个方程可以通过令 $g(t) = \hat{h}f(t)$, $q = e^{\hat{h}\eta}$ 和 $\mu = c(1 - e^{2\hat{h}\eta})/\hat{h}^2$ 变为方程 (3.3.1), 这里 $\hat{h}$ 是 Planck 常量, η 和 c 是两个参数.

如果在实数域中讨论, 方程 (3.3.1) 在一些特殊情况下是可解的. 例如, 当 $q = 1$ 时, 可得平凡的方程 $f'(t) = \mu/2$; 当 $q = -1, \mu = 0$ 时易见每个偶连续可微函数都满足方程 (3.3.1); 当 $\mu \neq 0$ 时, 方程 (3.3.1) 有唯一解 $f(t) = \mu t/2$; 当 $q = 0$ 时, 方程 (3.3.1) 是简单的 Riccati 方程

$$f'(t) + f^2(t) = \mu,$$

它的解可以用显式给出; 情况 $q \in (1, \infty) \cup (-\infty, -1)$ 可以变到情况 $q \in (-1, 0) \cup (0, 1)$. 更具体地说, 方程 (3.3.1) 等价于方程

$$g'(t) + p^2 g'(pt) + g^2(t) - p^2 g^2(pt) = -p^2 \mu,$$

其中 $g(t) = -f(t)$, $p = 1/q \in (-1,0) \cup (0,1)$.

下面我们只对情况 $q \in (0,1)$ 和 $q \in (-1,0)$ 讨论方程 (3.3.1). 当 $q \in (0,1)$ 时, 方程 (3.3.1) 是一个具有比例时滞的中立型泛函微分方程. 在后面会看到, 而当 $q \in (-1,0)$ 时, 方程 (3.3.1) 可以变到由两个中立型方程组成的方程组.

如果 $f(t) \in C^1(\mathbb{R})$ 并且对每个 $t \in \mathbb{R}$ 满足方程 (3.3.1), 则称 $f(t)$ 是方程 (3.3.1) 的一个整体解. 在上述方程 (3.3.1) 中使用了所谓的势函数

$$u(t) := f^2(t) - f'(t) - \mu/(1-q^2).$$

根据 Degasperis 和 Shabat [27] 的理论, 知道 $u(t)$ 是否属于 $L_1(\mathbb{R})$ 是重要的, 即使它比条件

$$\int_{\mathbb{R}} (1 + |t|)|u(t)|dt < \infty$$

更弱. 这个条件通常在逆散射理论中被假设. 如果 $u(t) \in L_1(\mathbb{R})$, 我们称方程 (3.3.1) 的一个整体解 $f(t)$ 是可正规化的. 一个有趣的事实是: 如果 $f(t)$ 是方程 (3.3.1) 的一个可正规化解, 则必有

$$\lim_{t \to \pm\infty} f^2(t) = \mu/(1-q^2), \quad \lim_{t \to \pm\infty} f'(t) = 0.$$

于是, 当 $\mu < 0$ 时方程 (3.3.1) 没有正规化解. 实际上, 在 [58] 的第五节中推测, 当 $\mu < 0$ 时方程 (3.3.1) 甚至没有全局解. 当 $\mu > 0$ 时方程 (3.3.1) 有两个平衡解 $f(t) \equiv f^*$ 和 $f(t) \equiv -f^*$, 其中

$$f^* = \sqrt{\mu/1 - q^2}.$$

如果 $\mu = 0$, 方程 (3.3.1) 只有一个平衡解 $f(t) \equiv 0$, 但当 $\mu < 0$ 时方程 (3.3.1) 没有平衡解. 平衡解是可正规化的, 但它们并不是有趣的, 因为它们对应于常数势函数并且在 (3.3.4) 中定义的相应灭绝算子没有物理上可接受的相关的状态 [110].

在情况 $\mu > 0$, 如果函数 $f(t)$ 是方程 (3.3.1) 的一个整体解并且有渐近展开式

$$f(t) = \pm f^* + \mathcal{O}(t^{-2}) \quad \text{和} \quad f'(t) = \mathcal{O}(t^{-3}), \quad t \to \pm\infty,$$

则 Degasperis 和 Shabat [27] 称这样的解 $f(t)$ 是正则的.

顺便指出, 当 $q \in (1,\infty) \cup (-\infty,-1)$ 并且 $\mu < 0$ 时, 方程 (3.3.1) 的一个正则解应该作为满足

$$f(t) = \mp f^* + \mathcal{O}(t^{-2}) \quad \text{和} \quad f'(t) = \mathcal{O}(t^{-3}), \quad t \to \pm\infty$$

的一个整体解来定义.

Liu[58] 详细地研究了方程 (3.3.1) 的一个正则解的存在性, 并且他指出在复数域中研究方程的解也是非常有趣的. 我们将在复数域中研究方程

$$f'(z) + q^2 f'(qz) + f^2(z) - q^2 f^2(qz) = \mu, \quad f(0) = f_0, \quad z \in \mathbb{C} \quad (3.3.5)$$

的解析解的存在性, 其中 q 和 μ 是两个复参数, $f_0 \in \mathbb{C}$ 是一个初值. 我们将分别在下列三个条件下讨论方程 (3.3.5) 的解析解的存在性. 在后面我们会看到在椭圆情况将会遭遇小除数带来的困难. 我们总假设下列条件:

(H1)(双曲情况)$|q| \neq 1$.

(H2)(椭圆情况) $q = e^{2\pi i \alpha}, \alpha \in \mathbb{R} \backslash \mathbb{Q}$, 即 q 在单位圆周上但不是单位根. 另外, α 是一个 Brjuno 数.

(H3)(共振情况) 存在整数 $p, l \in \mathbb{Z} \backslash \{0\}$ 使得 $q = e^{2\pi i l/p}$, 其中 $l = 2m+1$, $p = 2n, m, n \in \mathbb{Z}, p \geqslant 2, (l, p) = 1$. 另外, 对所有的 $1 \leqslant v \leqslant p-2, \xi$ 是一个奇数, v 是一个偶数并且 $(\xi, v) = 1$, 有 $q \neq e^{2\pi i \xi/v}$.

3.3.2 方程 (3.3.5) 的解析解

3.3.2.1 双曲情况下方程 (3.3.5) 的解析解

定理 3.3.1 在条件 (H1) 下, 方程 (3.3.5) 在原点的邻域内存在形如

$$f(x) = f_0 + \gamma z + \sum_{n=2}^{\infty} a_n z^n \quad (3.3.6)$$

的解析解, 其中 $f(0) = f_0$ 是一个常数并且 $\gamma = \dfrac{\mu - (1 - q^2) f_0}{1 + q^2}$.

证明 首先, 我们证明方程 (3.3.5) 有形如 (3.3.6) 的形式解. 事实上,

$$f(x) = \sum_{n=0}^{\infty} a_n z^n. \quad (3.3.7)$$

代 (3.3.7) 到 (3.3.4) 并比较系数得

$$\begin{cases} a_0 = f_0, \\[2mm] (1 + q^2) a_1 + (1 - q^2) a_0^2 = \mu, \\[2mm] a_{n+1} = \dfrac{(q^{n+2} - 1) \sum_{m=0}^{n} a_m a_{n-m}}{(n+1)(1 + q^{n+2})}, \quad n = 2, 3, \cdots, \end{cases} \quad (3.3.8)$$

这就证明了方程 (3.3.5) 有形如 (3.3.6) 的形式幂级数解. 现在需要证明幂级数 (3.3.6) 在原点的邻域内收敛.

由 (H1), 我们有

$$\lim_{n \to \infty} \frac{(q^{n+2} - 1)}{(n+1)(1 + q^{n+2})} = 0.$$

所以存在常数 $M > 0$, 使得

$$\left| \frac{(q^{n+2} - 1)}{(n+1)(1 + q^{n+2})} \right| \leqslant M, \quad \forall n \geqslant 2.$$

于是, 如果定义数列 $\{D_n\}_{n=0}^{\infty}$, $D_0 = |f_0|, D_1 = |a_1| = \gamma$ 和

$$D_{n+1} = M \sum_{m=0}^{n} D_m D_{n-m}, \quad n = 2, 3, \cdots,$$

则由归纳法可推出

$$|a_n| \leqslant D_n, \quad n = 0, 1, 2, \cdots.$$

现在, 如果定义

$$G(z, D_0, \gamma, M) = \sum_{n=0}^{\infty} D_n z^n,$$

则

$$G^2(z, D_0, \gamma, M) = D_0 G(z, D_0, \gamma, M) + \frac{1}{Lz}(G(z) - D_0 - D_1 z) - D_0(G(z) - D_0),$$

即

$$MG^2(z, D_0, \gamma, M)z - G(z, D_0, \gamma, M) + (D_1 - D_0^2 L)z + D_0 = 0. \tag{3.3.9}$$

在 $(0, D_0)$ 的邻域中, 设

$$R(z, \omega, D_0, \gamma, M) = M\omega^2 z - \omega + (D_1 - D_0^2 M)z + D_0. \tag{3.3.10}$$

由于 $R(0, D_0, \gamma, M) = 0, R'_\omega(0, D_0, \gamma, M) = -1 \neq 0$, 则存在唯一的在原点的邻域内解析的函数 $\omega(z, D_0, \gamma, M)$, 使得

$$\omega(0, D_0, \gamma, M) = |f_0|, \quad \omega'_z(0, D_0, \gamma, M) = -\frac{R'_z(0, D_0, \gamma, M)}{R'_\omega(0, D_0, \gamma, M)} = |\gamma|,$$

并且满足 $R(z, \omega(z, D_0, \gamma, M), D_0, \gamma, M) = 0$.

根据 (3.3.9) 和 (3.3.10), 我们有 $G(z, D_0, \gamma, M) = \omega(z, D_0, \gamma, M)$. 从而可知 $G(z, D_0, \gamma, M)$ 在原点的邻域内收敛. 于是幂级数 (3.3.6) 也在原点的邻域内收敛. 至此定理 3.3.1 证毕. □

3.3.2.2 椭圆情况下方程 (3.3.5) 的解析解

首先, 类似于命题 2.3.1, 我们可以证明下列命题:

命题 3.3.1 设 $\{p_n/q_n\}$ 是 α 的 n 阶收敛, 则 α 是一个 Brjuno 数当且仅当

$$\sum_{\nu \geqslant 0} q_\nu^{-1} \log \omega(q_{\nu+1})^{-1} < \infty,$$

其中

$$\omega(m) = \min_{2 \leqslant n \leqslant m} \{|\lambda^{n+1} + 1|, |\lambda^n - 1|\}, \quad m \geqslant 2.$$

定理 3.3.2 设条件 (H2) 满足且 α 是一个 Brjuno 数, 则方程 (3.3.5) 在原点的邻域内存在形如 (3.3.6) 的解析解.

证明 如定理 3.3.1 的证明, 我们寻找方程 (3.3.5) 形如 (3.3.6) 的幂级数解. 令 $a_0 = f_0$ 及 $a_1 = \gamma = \dfrac{\mu - (1 - q^2)f_0}{1 + q^2}$. 然后设 $\varepsilon_n = |1 + q^{n+1}|$ 并且定义

$$b_0 = a_0,$$

$$\varepsilon_1 b_1 = \mu + 2b_0^2,$$

$$(n+1)\varepsilon_{n+1}b_{n+1} = 2\sum_{m=0}^{n} b_m b_{n-m}, \quad n \geqslant 1.$$

容易证明

$$|a_n| \leqslant b_n, \quad n \geqslant 0. \tag{3.3.11}$$

为了估计 b_n, 我们考虑初值问题

$$\sigma'(z) = |\mu| + 2\sigma^2(z), \quad \sigma(0) = |a_0|. \tag{3.3.12}$$

设

$$\sigma(z) = \sum_{n=0}^{\infty} \sigma_n z^n \tag{3.3.13}$$

是 (3.3.12) 的形式幂级数解, 并且代 (3.3.13) 到 (3.3.12) 可得

$$\sigma_0 = |a_0|,$$

$$\sigma_1 = \mu + 2\sigma_0^2,$$

$$(n+1)\sigma_{n+1} = 2\sum_{m=0}^{n} \sigma_m \sigma_{n-m}, \quad n \geqslant 1.$$

此外, 由关于解析微分方程的 Cauchy 存在唯一定理可知, (3.3.13) 在原点的邻域内解析. 于是

$$\sup_n \frac{1}{n} \log \sigma_n < \infty.$$

设 $\delta_0 = 1$ 并且定义

$$\delta_{n+1} = \varepsilon_{n+1}^{-1} \max_{0 \leqslant m \leqslant n} \delta_m \delta_{n-m}, \quad n \geqslant 0.$$

由归纳法可证

$$b_n \leqslant \delta_n \sigma_n, \quad n \geqslant 0. \tag{3.3.14}$$

为了证明 (3.3.6) 的收敛性, 我们需要对 δ_n 有一个好的估计. 为此, 我们做分解 $n = n_1 + \cdots + n_\nu$ 并且得到 δ_n 的表达式中的最大值. 然后我们可以根据 $\varepsilon_{n_j}^{-1}$ 和 $\delta_{n_{j'}}$ $(n_{j'} < n_j)$ 来表示 δ_{n_j}.

如此这样进行, 最后我们得到

$$\delta_n = \varepsilon_{l_0}^{-1} \varepsilon_{l_1}^{-1} \cdots \varepsilon_{l_\eta}^{-1}, \quad n \geqslant 1,$$

其中 $l_0 = n$, $n > l_1, \cdots, l_\eta \geqslant 1$.

用 $N_m(n)$ 表示在 δ_n 中因子 $\varepsilon_{l_j}^{-1} \left(\varepsilon_{l_j} < \frac{1}{2}\omega(m) \right)$ 的个数, 这里

$$\omega(m) = \min_{2 \leqslant n \leqslant m} \{|\lambda^{n+1} + 1|, |\lambda^n - 1|\}, \quad m \geqslant 2.$$

注意到 $\omega(m)$ 关于 m 是非递增的, 并且我们对当 m 趋于无穷时 $\omega(m)$ 趋于零的情况感兴趣. 于是, 我们类似于 [12] 中的证明先给出下面几个引理.

引理 3.3.1 (Brjuno)   对 $m \geqslant 1$, 有

$$N_m(n) = \begin{cases} 0, & n < m, \\ \dfrac{2n}{m} - 1, & n \geqslant m. \end{cases}$$

证明 用归纳法证之. 由于 m 在整个引理中是不变的, 所以我们可记 N_m 为 N. 对 $n \leqslant m$, 可推出

$$\varepsilon_n \geqslant \omega(n) \geqslant \omega(m) > \frac{1}{2}\omega(m).$$

于是 $N(n) = 0$. 所以假设 $n > m$ 并且记

$$\delta_n = \varepsilon_n^{-1}\delta_{n_1}\cdots\delta_{n_\nu}, \qquad n = n_1 + \cdots + n_\nu, \qquad \nu \geqslant 2,$$

其中 $n > n_1 \geqslant \cdots \geqslant n_\nu$. 我们考虑下列不同情况.

情况 1. $\varepsilon_n \geqslant \dfrac{1}{2}\omega(m)$. 我们有

$$N_n = N(n_1) + \cdots + N(n_\nu).$$

由归纳假设, 我们容易得到 $N_n \leqslant \dfrac{2n}{m} - 1$.

情况 2. $\varepsilon_n < \dfrac{1}{2}\omega(m)$. 此时有

$$N_n = 1 + N(n_1) + \cdots + N(n_\nu).$$

此时再分三种情况.

情况 2.1. $n_1 \leqslant m$. 此时有

$$N_n = 1 < \frac{2n}{m} - 1.$$

情况 2.2. $n_1 \geqslant n_2 > m$. 此时可知存在 $2 \leqslant \mu \leqslant \nu$ 使得 $n_\mu > m \geqslant n_{\mu+1}$. 因此

$$N_n = 1 + N(n_1) + \cdots + N(n_\mu) \leqslant 1 + \frac{2n}{m} - \mu \leqslant \frac{2n}{m} - 1.$$

情况 2.3. $n_1 > m \geqslant n_2$. 此时有

$$N_n = 1 + N(n_1).$$

此时又有两种情况.

情况 2.3.1. $n_1 \leqslant n - m$. 此时有

$$N(n) \leqslant 1 + 2\frac{n-m}{m} - 1 < \frac{2n}{m} - 1.$$

情况 2.3.2. $n_1 > n - m$. 此时 $\varepsilon_{n_1}^{-1}$ 对 $N(n_1)$ 并无贡献, 这是 Siegel 引理的内容. $\qquad\square$

引理 3.3.2 (Siegel)　　如果 $n > n_1$ 以及

$$\varepsilon_n < \frac{1}{2}\omega(m) \quad \text{和} \quad \varepsilon_{n_1} < \frac{1}{2}\omega(m),$$

则 $n - n_1 \geqslant m$.

证明　由假设和 ε_n 的定义可推出

$$
\begin{aligned}
\omega(\alpha) &> \varepsilon_n + \varepsilon_{n_1} \\
&= |q^{n+1} + 1| + |q^{n_1+1} + 1| \\
&\geqslant |q^{n+1} - q^{n_1+1}| \\
&= |q^{n-n_1} - 1| \\
&\geqslant \omega(n - n_1 + 1).
\end{aligned}
$$

再由 ω 的单调性可知 $n - n_1 \geqslant m$. 这就证明了 Siegel 引理.

因此将情况 1 用于 δ_{n_1} 并且可得到

$$N(n) = 1 + N(n_{1_1}) + \cdots + N(n_{1_{\nu'}}),$$

其中 $n > n_1 \geqslant \cdots \geqslant n_{1_{\nu'}}$, 以及 $n_1 = n_{1_1} + \cdots + n_{1_{\nu'}}$. 现在我们可以用分析情况 2 的方法来分析上述分解直到分解完毕, 除非回到情况 2.3.2, 但这种分解至多出现 m 次最终回到另一种情况. 这样就完成了归纳, 因此 Brjuno 引理 (引理 3.3.1) 证毕.　　　　　　　　　　　　　　　　　　□

现在再回到定理的证明. 由定理的假设, 存在一个严格递增的数列 $\{q_\nu\}_{\nu\geqslant 0}$, $q_0 = 1$ 使得

$$\sum_{\nu\geqslant 0} q_\nu \log\omega(q_{\nu+1})^{-1} < \infty.$$

我们需要估计

$$\frac{1}{n}\log\delta_n = \sum_{\mu=0}^{\eta} \frac{1}{n}\log\varepsilon_{n_\mu}^{-1}.$$

由引理 3.3.1 可得对 $\nu \geqslant 1$, 有

$$\text{card}\left\{0 \leqslant \mu \leqslant \eta : \frac{1}{2}\omega(q_{\nu+1}) \leqslant \varepsilon_{k_\mu} < \frac{1}{2}\omega(q_\nu)\right\} \leqslant 2\frac{n}{q_\nu}.$$

从 δ_n 的定义可知因子 ε_{l_j} 的个数有上界 $2n - 1$. 于是

$$\frac{1}{n}\log\delta_n \leqslant 2n \sum_{\nu\geqslant 0} \frac{1}{q_\nu}\log 2\omega(q_{\nu+1})^{-1}$$

$$\leqslant 2n \left(\sum_{\nu \geqslant 0} \frac{1}{q_\nu} \log \omega(q_{\nu+1})^{-1} + \log 2 \sum_{\nu \geqslant 0} q_\nu^{-1} \right). \tag{3.3.15}$$

由于当 m 趋于无穷时 $\omega(m)$ 单调趋于零, 我们可以取 $\tilde{m}$ 使得对所有 $m > \tilde{m}$ 满足 $1 > \omega(m)$ 并且可得

$$\sum_{\nu \geqslant \nu_0} q_\nu^{-1} \leqslant \frac{1}{\log \omega(\tilde{m})^{-1}} \sum_{\nu \geqslant \nu_0} q_\nu^{-1} \log \omega(q_{\nu+1})^{-1},$$

其中 ν_0 满足不等式 $q_{\nu_0-1} \leqslant q_{\nu_0}$.

根据 Brjuno 条件, 在 (3.3.15) 中的两个级数都是收敛的. 因此

$$\sup_n \frac{1}{n} \log \delta_n < \infty. \tag{3.3.16}$$

于是, 从 (3.3.11), (3.3.14) 和 (3.3.16) 可推出级数 (3.3.6) 在原点的邻域内收敛, 这就完成了定理的证明. □

3.3.2.3 共振情况下方程 (3.3.5) 的解析解

在条件 (H3) 下, q 不仅在单位圆 $\mathbb{S}^1$ 上而且存在某个 $d \in \mathbb{Z}$ 使得 $q^d = -1$. 事实上, $d = \dfrac{\upsilon p}{2}$, 这里 υ 是一个奇数. 在这种共振情况下, Diophantine 条件和 Brjuno 条件都不满足.

设 $\{D_n\}_{n=0}^\infty$ 如下定义: $D_0 = |f_0|, D_1 = |a_1|$ 并且

$$D_{n+1} = 2\Gamma \sum_{m=0}^n D_m D_{n-m}, \quad n = 1, 2, \cdots, \tag{3.3.17}$$

其中 $\Gamma = \max\left\{ 1, |1+q^i|^{-1}, |1-q^i|^{-1} : i = 1, 2, \cdots, \dfrac{p}{2} - 1 \right\}$.

定理 3.3.3 在条件 (H3) 下, p 是一个偶数并且 $\{a_n\}_{n=0}^\infty$ 定义如下: $a_0 = f_0, a_1 = \gamma$ 以及

$$(1+n)(1+q^{n+2})a_{n+1} = \Theta(n,q), \quad n = 1, 2, \cdots, \tag{3.3.18}$$

其中

$$\Theta(n,q) = (q^{n+2} - 1) \sum_{m=0}^n a_m a_{n-m}.$$

如果对所有的 $\upsilon \in \mathbb{N}$ 成立 $\Theta(\upsilon p - 2, q) = 0$, 则方程 (3.3.5) 在原点的邻域内存在形如

$$f(z) = a_0 + a_1 z + \sum_{n = \frac{\upsilon p}{2} - 2, \upsilon \in M = \{1,3,5,\cdots\}} \varsigma_{n+1} z^{n+1} + \sum_{n \neq \frac{\upsilon p}{2} - 2, \upsilon \in \mathbb{N} = \{1,2,3,\cdots\}} a_{n+1} z^{n+1}$$

的解析解, 其中所有的 ς_{n+1} 都满足 $|\varsigma_{\frac{\upsilon p}{2} - 1}| \leqslant D_{\frac{\upsilon p}{2} - 1}$, 并且数列 $\{D_n\}_{n=0}^{\infty}$ 由 (3.3.17) 定义. 否则, 如果对某个 $\upsilon \in \mathbb{Z}$, 成立 $\Theta\left(\frac{\upsilon p}{2} - 2, q\right) \neq 0$, 则方程 (3.3.5) 在原点的任何邻域内都不存在解析解.

证明　我们要寻找方程 (3.3.5) 的如在定理 3.3.1 证明中的形如 (3.3.6) 的幂级数解, 其中等式 (3.3.8) 或 (3.3.18) 满足. 如果对某个 $\upsilon \in \mathbb{Z}$, $\Theta\left(\frac{\upsilon p}{2} - 2, q\right) \neq 0$ 成立, 则 $\upsilon = 2k + 1$, $k \in \mathbb{Z}$, 否则 $\Theta\left(\frac{\upsilon p}{2} - 2, q\right) = 0$. 由于 $1 + q^{\frac{\upsilon p}{2}} = 0$, 所以对 $n = \frac{\upsilon p}{2} - 2$, 等式 (3.3.18) 不成立. 在这种情况, 方程 (3.3.5) 没有形式解.

如果对所有的 $\upsilon \in \mathbb{Z}$, $\Theta\left(\frac{\upsilon p}{2} - 2, q\right) = 0$ 并且 $\upsilon = 2k + 1$, $k \in \mathbb{Z}$, 则在 (3.3.18) 中对应的 $a_{\frac{\upsilon p}{2} - 1}$ 在 $\mathbb{C}$ 中有无穷多种选择, 即形式级数 (3.3.6) 定义一个具有无穷多个参数的解族. 任取 $a_{\upsilon p - 1} = \varsigma_{\upsilon p - 1}$ 使得

$$|\varsigma_{\frac{\upsilon p}{2} - 1}| \leqslant D_{\frac{\upsilon p}{2} - 1}, \quad \upsilon = 1, 3, 5, \cdots,$$

其中 $D_{\frac{\upsilon p}{2} - 1}$ 由 (3.3.17) 定义. 如果 $\upsilon = 2k$, $k \in \mathbb{Z}$, 则 $a_{\frac{\upsilon p}{2} - 1} = 0$. 现在我们证明形式级数 (3.3.6) 在原点邻域内收敛. 注意到对 $n + 2 \neq \frac{\upsilon p}{2}$, 成立 $|1 + q^{n+2}| \leqslant \Gamma$, 从 (3.3.18) 可推出对 $n + 2 \neq \frac{\upsilon p}{2}, \upsilon = 1, 2, \cdots$, 成立

$$|a_{n+1}| \leqslant 2\Gamma \sum_{m=0}^{n} |a_m||a_{n-m}|.$$

设

$$W(z, D_0, \gamma, 2\Gamma) = \sum_{n=0}^{\infty} D_n z^n, \quad D_0 = |f_0|, \quad D_1 = |a_1| = |\gamma|. \qquad (3.3.19)$$

容易证明 (3.3.19) 满足隐函数方程

$$R(z, \phi, D_0, \gamma, 2\Gamma) = 0,$$

其中 R 由 (3.3.9) 定义. 此外, 类似于定理 3.3.1 的证明, 我们可以证明 $\phi(0, D_0, \gamma, 2\Gamma) = D_0$ 和 $\phi'_z(0, D_0, \gamma, 2\Gamma) = |\gamma|$. 我们也有 $\phi(z, D_0, \gamma, 2\Gamma) = W(z, D_0, \gamma, 2\Gamma)$. 因此 (3.3.19) 在原点的邻域内收敛. 此外, 用归纳法可证

$$|a_n| \leqslant D_n, \quad n = 1, 2, \cdots.$$

所以 (3.3.6) 在原点的邻域内收敛, 至此定理证毕. □

3.3.2.4 方程 (3.3.5) 的 Gevrey-型解

在这一节中, 我们将在比 Brjuno 条件稍弱的条件下讨论方程 (3.3.5) 的所谓 Gevrey-型解. 首先给出下列事实 (见 [17, 64]).

设 $\{M_n\}_{n \geqslant 1}$ 是一个实数数列满足:

(0) $\inf_{n \geqslant 1} M_n^{\frac{1}{n}} > 0$;

(1) 存在 $C_1 > 0$ 使得对所有的 $n \geqslant 1$, 成立 $M_{n+1} \leqslant C_1^{n+1} M_n$;

(2) 数列 $(M_n)_{n \geqslant 1}$ 是对数凸的;

(3) 对所有的 $m, n \geqslant 1$, 成立 $M_n M_m \leqslant M_{n+m-1}$.

定义 3.3.1 设 $\mathbb{C}[[z]]$ 和 $\mathbb{C}\{z\}$ 分别表示形式幂级数环和收敛幂级数环, 并且 $f = \sum_{n \geqslant 1} f_n z^n \in z\mathbb{C}[[z]]$. 如果存在两个常数 c_1 和 c_2 使得对所有的 $n \geqslant 1$, 成立

$$|f_n| \leqslant c_1 c_2^n M_n,$$

则称 f 属于 $z\mathbb{C}[[z]]$ 的子代数 $z\mathbb{C}[[z]]_{(M_n)}$. 此时也称 f 是一个 Gevrey-型级数或称 f 是超可微的 (ultradifferentiable).

定义 3.3.2 (Gevrey-s 型级数) 对于级数 $F(z) = \sum_{n \geqslant 0} f_n z^n$, 如果存在两个正常数 c_1 和 c_2 使得对所有的 $n \geqslant 0$, 成立 $|f_n| \leqslant c_1 c_2^n (n!)^s$, 则称 F 是一个 Gevrey-s 型级数.

注 3.3.1 Gevrey-s 型级数是 $M_n = (n!)^s$ 的特殊 Gevrey-型级数.

注 3.3.2 上述关于数列 $\{M_n\}_{n \geqslant 1}$ 的几个假设的作用解释如下:

(0) 保证 $z\mathbb{C}\{z\} \subset z\mathbb{C}[[z]]$;

(1) 意味着 $z\mathbb{C}[[z]]_{(M_n)}$ 关于求导运算是稳定的;

(2) 意指 $\log M_n$ 是凸的, 即数列 (M_{n+1}/M_n) 是递增的, 它意味着 $z\mathbb{C}[[z]]_{(M_n)_{n \geqslant 1}}$ 是一个代数, 即关于乘法运算是稳定的;

(3) 意味着这个代数关于复合运算是封闭的, 即如果 $f, g \in z\mathbb{C}[[z]]_{(M_n)}$, 则 $f \circ g \in z\mathbb{C}[[z]]_{(M_n)}$.

下面证明如果 α 满足一个新的算术性条件, 则方程 (3.3.5) 存在 Gevrey-型解. 我们有下列定理:

定理 3.3.4　设 $q = e^{2\pi i\alpha}, \alpha \in \mathbb{R} \backslash \mathbb{Q}$ 并且 $\{p_n/q_n\}$ 是 α 的 n 阶收敛, 如果 α 满足

$$\limsup_{n \to +\infty} \left(\frac{n+1}{n} \sum_{k=0}^{k(n+1)} \left(\frac{\log q_{k+1}}{q_k} + \gamma \right) + \frac{1}{n} \log M_n \right) < +\infty, \qquad (3.3.20)$$

其中 $k(n)$ 由条件 $q_{k(n)} \leqslant n < q_{k(n)+1}$ 定义并且数列 $(M_n)_{n \geqslant 1}$ 满足 (0)—(3). 则方程 (3.3.5) 有一个 Gevrey-型解 $f(z) = \sum_{n \geqslant 0} f_n z^n$.

证明　回顾 (3.3.8), 我们有 $a_0 = f_0 = f(0), a_1 = \gamma = \dfrac{\mu - (1 - q^2)f_0}{1 + q^2}$ 并且

$$a_n = \frac{(q^{n+1} - 1) \sum_{m=0}^{n-1} a_m a_{n-m}}{n(1 + q^{n+1})}, \quad n = 1, 2, \cdots.$$

假设 $n_1 < n$, 存在两个常数 c_1, c_2 使得 $|a_{n_1}| \leqslant c_1 c_2^{n_1} M_{n_1}$. 我们可以立即用归纳法检查 a_{n+1}. 由 Davie 引理 2.2.9, 可推出

$$|a_{n+1}| \leqslant 2e^{K(n+2)} d_1^2 d_2^n M_{n+1}^2,$$

其中 b_1, c_1, b_2, c_2 是适当的正常数, 并且 $d_1 = \max\{b_1, c_1\}, d_2 = \max\{b_2, c_2\}$. 所以对某个 $c > 0$, 成立

$$\frac{1}{n+1} \log \frac{|a_{n+1}|}{M_{n+1}} \leqslant c + \frac{1}{n+1} \log M_{n+1} + \frac{n+2}{n+1} \sum_{i=0}^{k(n+2)} \left(\frac{\log q_{i+1}}{q_i} + \gamma \right).$$

至此定理证毕.　　　　　　　　　　　　　　　　　　　　　　　　　　　　　□

注 3.3.3　条件 (3.3.20) 一般来说要比 Brjuno 条件弱, 详细的解释可在 [17] 中找到.

3.4　出现在组合数论中的迭代微分方程的解析解

3.4.1　问题的提出

这一节我们介绍作者 [104] 中的工作. 考虑一个非递减的到上的数列映射 $F : \mathbb{Z}^+ \to \mathbb{Z}^+$. 由量

$$F'(m) := \frac{1}{F^{-1}(F(m))}$$

定义的这个导数可解释为 F 在 m 处的斜率, 其中 $F^{-1}(k)$ 表示集合 $\{l : F(l) = k\}$. 我们称函数 $F' : \mathbb{Z}^+ \to \mathbb{R}$ 为 F 的离散导数. 如果数列 F 是由 $|F^{-1}(k)| = F(k)$ 定义的, 其中 k 出现的次数恰好是 $F(k)$ 次, 则它的离散导数是

$$F'(m) = \frac{1}{F \circ F(m)}.$$

这被称为 Golomb 数列 (见 [41, 78]):

$$\{F(m)\}_{m=1}^{\infty} = \left\{ 1, \underbrace{2, 2}_{2}, \underbrace{3, 3}_{2}, \underbrace{4, 4, 4}_{3}, \underbrace{5, 5, 5}_{3}, \underbrace{6, 6, 6, 6}_{4}, \cdots \right\}.$$

Golomb 在 [41] 中要求得到上述序列的一个渐近公式. Marcus 在 [62] 中建议并且 Fine 在 [34] 中 (也可见 [75]) 证明了当 m 充分大时, 成立

$$F(m) \sim \left(\frac{1 + \sqrt{5}}{2} \right)^{\frac{3 - \sqrt{5}}{2}} \cdot m^{\frac{\sqrt{5} - 1}{2}}.$$

Marcus 的思想是基于 $\{F(m)\}$ 的一个渐近线 $f(z)$ 是泛函微分方程

$$f'(z) = \frac{1}{f \circ f(z)} \tag{3.4.1}$$

的一个解的猜想, 并且在 (3.4.1) 中通过令 $f(z) = \beta z^{\gamma}$ 可得解

$$f(z) = (\omega - 1)^{-\frac{1}{\omega+1}} z^{\omega-1}, \quad \omega = \frac{1 + \sqrt{5}}{2}. \tag{3.4.2}$$

有趣的是, 更早地, Mckiernan 在 [63] 中就已经研究了方程 (3.4.1) 的解析解的存在性, 并且通过经典的优级数方法找到了形如 (3.4.2) 的解. 1998—1999 年, Pétermann 在 [76] 和 [77] 中研究了方程 (3.4.1) 的递增解. 2001 年, Pétermann 等 [78] 考虑了一个 k 出现 $\Gamma_F(k)$ 次的更一般的情况, 即

$$F'(m) = \frac{1}{\Gamma_F(F(m))}, \tag{3.4.3}$$

其中 $\Gamma_F(1)$ 是给定的并且 $\Gamma_F(l+1)$ 可以用 $\{\Gamma_F(i) : i \leqslant l\}$ 来计算. 这本质是考虑作用在恒等函数 $F_0(m)$, $F_1(m) := F(m)$ 以及迭代 $F_k(m) = F(F_{k-1}(m))(k \geqslant 1)$ 上的正整数值算子 $\Gamma_F(m)$. 如果取 $\Gamma_F(k)$ 的形式或者近似的形式 $\Gamma(k, F_1(k), \cdots,$

$F_{n-1}(k))$, 其中 $\Gamma(x_1, x_2, \cdots, x_n)$ 是一个从 $\mathbb{R}_+^n$ 到 $\mathbb{R}_+$ 的函数. 更确切地, 我们考虑满足

$$\Gamma_F(k)(1 + \varepsilon(k)) = \Gamma(k, F(k), \cdots, F_{n-1}(k)) \tag{3.4.4}$$

的正整数值算子 Γ, 其中 $\lim_{k \to \infty} \varepsilon(k) = 0$ 并且 $\Gamma : \mathbb{R}_+^n \to \mathbb{R}_+$ 是一个可微函数. 一般来说, 对于任何正的实函数 $f(t)$, 我们令

$$\Gamma[f](t) := \Gamma(f_1(t), f_2(t), \cdots, f_n(t)).$$

因此, 在 (3.4.4) 中取 $k = F(m)$, 我们得 $\Gamma_F(F(m))(1 + \varepsilon(F(m))) = \Gamma[F](m)$ 并且离散微分方程 (3.4.3) 变为

$$F'(m) = \frac{1 + \varepsilon(F(m))}{\Gamma[F](m)},$$

并且有标准的对应方程

$$f'(t) = \frac{1}{\Gamma[f](t)}, \tag{3.4.5}$$

其中 $\Gamma(x_1, x_2, \cdots, x_n) = K x_1^{a_1} x_2^{a_2} \cdots x_n^{a_n}$, $K > 0$, $a_i \in \mathbb{R}$, $i = 1, 2, \cdots, n$.

Pétermann 在 [78] 中发现了方程 (3.4.5) 的一个特解与数列 F 的渐近性态之间的联系.

下面我们介绍作者 [104] 中的工作. 我们将讨论方程 (3.4.5) 的局部可逆解析解的存在性, 即在复域中考虑方程

$$f'(z) = \frac{1}{K(f_1(z))^{a_1}(f_2(z))^{a_2} \cdots (f_n(z))^{a_n}}. \tag{3.4.6}$$

我们总假设 $K \in \mathbb{C} \setminus \{0\}$, $a_i \in \mathbb{R}$, $i = 1, 2, \cdots, n$, $\rho := a_1 + \cdots + a_n \neq 0$, 并且 $f_i(z)$ 表示 $f(z)$ 的 i 次迭代, 即 $f_0(z) = z$, $f_i(z) = f \circ f_{i-1}(z)$.

实际上, 从时滞微分方程的观点, 方程 (3.4.6) 是一个具有时滞依赖于状态的泛函微分方程

$$f'(z) = \frac{1}{K(f(z))^{a_1}(f(z - \tau_1(z)))^{a_2} \cdots (f(z - \tau_{n-1}(z)))^{a_n}},$$

其中 $\tau_i(z) = z - f_i(z)$, $i = 1, 2, \cdots, n-1$.

这一类微分方程与通常的常微分方程和泛函微分方程有很大的不同, 迭代对解的性质影响很大. 常微分方程和泛函微分方程的标准存在唯一性定理不能应

用. 因此, 给出存在性结果或找到这类方程的一些特殊解是很有意义的. 在后面几段中我们首先给出方程 (3.4.5) 的几个特解, 然后通过所谓的 Schröder 变换 $f(z) = x(\alpha x^{-1}(z))$ 把方程变成一个所谓的辅助方程

$$x'(z) = K\alpha x'(\alpha z)(x(\alpha z))^{a_1}(x(\alpha^2 z))^{a_2} \cdots (x(\alpha^n z))^{a_n}. \qquad (3.4.7)$$

分别在下列条件下讨论辅助方程 (3.4.7) 的可逆解析解, 从而得到方程 (3.4.5) 的解析解.

(C1)(双曲情况)$0 < |\alpha| < 1$;

(C2)(椭圆情况) $\alpha = e^{2\pi i\theta}, \theta \in \mathbb{R} \backslash \mathbb{Q}$, α 是一个 Brjuno 数;

(C3)(共振情况) 存在整数 $p \geqslant 2$ 和 $q \in \mathbb{Z} \setminus \{0\}$, 使得 $\alpha = e^{2\pi iq/p}$. 另外, 对所有的 $1 \leqslant \upsilon \leqslant p - 2$ 和 $\xi \in \mathbb{Z} \setminus \{0\}$, 使得 $\alpha \neq e^{2\pi i\xi/\upsilon}$.

3.4.2 方程 (3.4.7) 的解析解

3.4.2.1 方程 (3.4.7) 的解析特解

在这一子节中, 我们将展示 Marcus[62] 的思想可以应用于方程 (3.4.6), 从而得到幂函数形式的显式解析解. 设 $P(z)$ 是一个形如

$$P(z) = -1 + (1 + a_1)z + a_2 z^2 + \cdots + a_n z^n$$

的多项式, 则我们有下列定理:

定理 3.4.1 如果 γ 是代数方程 $P(z) = 0$ 的一个根, 则方程 (3.4.6) 在区域 $|z - (K\gamma)^{\frac{1}{P(1)}}| < |(K\gamma)^{\frac{1}{P(1)}}|$ 上有解析解

$$f(z) = (K\gamma)^{\frac{\gamma-1}{P(1)}} z^\gamma \qquad (3.4.8)$$

并且

$$f((K\gamma)^{\frac{1}{P(1)}}) = (K\gamma)^{\frac{1}{P(1)}} \quad \text{以及} \quad f'((K\gamma)^{\frac{1}{P(1)}}) = \gamma.$$

此外, 如果 $a_i = 0$, $i = 2, 3, \cdots, n$ 和 $a_1 \neq -1$ 或者 $a_{i_0} \neq 0$, $2 \leqslant i_0 \leqslant n$, $2 \leqslant j \leqslant n$, $j \neq i_0$ 并且当 $a_1 \neq -1$ 时成立 $a_{i_0} \neq \dfrac{1}{1 - i_0} \left(\dfrac{i_0}{(i_0 - 1)(1 + a_1)} \right)^{-i_0}$, 则方程 (3.4.6) 至少有 i_0 个不同的形如 (3.4.8) 的解析解.

证明 我们形式上假设 $f(z) = \beta z^\gamma$, 并代它到 (3.4.6), 得

$$K\gamma\beta^{1 + a_1 + a_2(1+\gamma) + \cdots + a_n(1+\gamma+\cdots+\gamma^{n-1})} z^{\gamma - 1 + a_1\gamma + a_1\gamma^2 + \cdots + a_n\gamma^n} = 1.$$

由于 $P(\gamma) = 0$, 所以

$$K\gamma\beta^{1 + a_1 + a_2(1+\gamma) + \cdots + a_n(1+\gamma+\cdots+\gamma^{n-1})} = 1. \qquad (3.4.9)$$

注意到 $\gamma \neq 0, 1$ 并且当 $\rho = a_1 + a_2 + \cdots + a_n \neq 0$ 时有 $P(1) \neq 0$. 于是可推出

$$1 + a_1 + a_2(1 + \gamma) + \cdots + a_n(1 + \gamma + \cdots + \gamma^{n-1})$$
$$= 1 + \frac{P(1) + \gamma - 1}{1 - \gamma} = \frac{P(1)}{1 - \gamma}.$$

从 (3.4.9), 可得

$$\beta = (K\gamma)^{\frac{\gamma - 1}{P(1)}},$$

即 (3.4.8) 成立. 此外,

$$f(z) = (K\gamma)^{\frac{\gamma - 1}{P(1)}} z^{\gamma} = (K\gamma)^{-\frac{1}{P(1)}} \left(1 + \frac{z - (K\gamma)^{-\frac{1}{P(1)}}}{(K\gamma)^{-\frac{1}{P(1)}}} \right)^{\gamma}$$

$$= (K\gamma)^{-\frac{1}{P(1)}} + \sum_{m=1}^{\infty} \frac{\gamma(\gamma - 1) \cdots (\gamma - m + 1)}{m!(K\gamma)^{-\frac{1}{P(1)}}} (z - (K\gamma)^{-\frac{1}{P(1)}})^m.$$

这就意味着在 (3.4.8) 中定义的函数在区域 $|z - (K\gamma)^{-\frac{1}{P(1)}}| < |(K\gamma)^{-\frac{1}{P(1)}}|$ 上解析, 并且容易检查

$$f((K\gamma)^{\frac{1}{P(1)}}) = (K\gamma)^{\frac{1}{P(1)}} \quad \text{和} \quad f'((K\gamma)^{\frac{1}{P(1)}}) = \gamma.$$

进一步, 如果 $a_i = 0$, $i = 2, 3, \cdots, n$ 并且 $a_1 \neq -1$, 则 $P(z) = -1 + (1 + a_1)z$ 和 $\gamma = \dfrac{1}{1 + a_1}$. 注意到 $P(1) = a_1 = \rho \neq 0$, 就有

$$f(z) = \left(\frac{(1 + a_1)z}{K} \right)^{\frac{1}{1 + a_1}}.$$

如果 $a_{i_0} \neq 0$, $2 \leqslant i_0 \leqslant n$, $a_j = 0$, $2 \leqslant j \leqslant n$, $j \neq i_0$, 则 $P(z) = -1 + (1 + a_1)z + a_{i_0}z^{i_0}$. 我们断定代数方程 $P(z) = 0$ 在 $\mathbb{C}$ 中有 i_0 个不同的根. 事实上, 如果 z_0 是 $P(z) = 0$ 的一个重根, 则有

$$0 = P(z_0) - \frac{z_0}{i_0} P'(z_0) = -1 + \left(1 - \frac{1}{i_0} \right)(1 + a_1)z_0. \tag{3.4.10}$$

如果在 (3.4.10) 中 $a_1 = -1$, 则 (3.4.10) 是一个矛盾. 如果在 (3.4.10) 中 $a_1 \neq -1$, 则当

$$a_{i_0} \neq \frac{1}{1 - i_0} \left(\frac{i_0}{(i_0 - 1)(1 + a_1)} \right)^{-i_0}$$

时可得

$$P\left(\frac{i_0}{(i_0-1)(1+a_1)}\right) = -1 + (1+a_1)\frac{i_0}{(i_0-1)(1+a_1)} + a_{i_0}\left(\frac{i_0}{(i_0-1)(1+a_1)}\right)^{i_0}$$

$$= \frac{1}{i_0-1} + a_{i_0}\left(\frac{i_0}{(i_0-1)(1+a_1)}\right)^{i_0} \neq 0$$

于是, $P(z) = 0$ 在 $\mathbb{C}$ 中有 i_0 个不同的根 $\gamma_1, \cdots, \gamma_{i_0}$ 并且它们的每一个都确定一个形如 (3.4.8) 的解析解. □

3.4.2.2 双曲、椭圆情况下方程 (3.4.7) 的解析解

在这节我们讨论方程 (3.4.7) 满足初始条件

$$x(0) = \mu = (K\alpha)^{-\frac{1}{\rho}}, \quad x'(0) = \eta \neq 0, \quad \eta \in \mathbb{C} \tag{3.4.11}$$

的局部可逆解析解.

定理 3.4.2 如果 (C1) 或 (C2) 满足, 则方程 (3.4.7) 在原点的邻域内有一个形如

$$x(z) = \mu + \eta z + \cdots + a_m z^m + \cdots \tag{3.4.12}$$

的解析解, 其中 μ 和 η 如在 (3.4.11) 中定义.

证明 首先, 我们注意到函数 z^{a_i} 可以在区域 $|z - \mu| < |\mu|$ 中展开成收敛的幂级数

$$z^{a_i} = \sum_{m=0}^{\infty} c_{im}(z-\mu)^m, \quad i = 1, 2, \cdots, n, \tag{3.4.13}$$

其中

$$c_{im} = \frac{\mu^{a_i-m}\langle a_i\rangle_m}{m!}, \quad i = 1, 2, \cdots, n, \quad m = 0, 1, \cdots$$

并且 $\langle\nu\rangle_m := \nu(\nu-1)\cdots(\nu-m+1)$.

假设方程 (3.4.7) 的形式幂级数解为

$$x(z) = \sum_{m=0}^{\infty} b_m z^m, \quad b_0 = \mu, \tag{3.4.14}$$

则

$$(x(\alpha^i z))^{a_i} = \mu^{a_i} + \sum_{m=1}^{\infty}\left(\alpha^{im} \sum_{\substack{l_1+l_2+\cdots+l_t=m \\ t=1,2,\cdots,m}} c_{it} b_{l_1} b_{l_2} \cdots b_{l_t}\right) z^m, \tag{3.4.15}$$

$i = 1, 2, \cdots, n.$

此外, 如果我们记

$$\begin{cases} \omega_{i,0} = \mu^{a_i}, \\ \omega_{i,m} = \alpha^{im} \displaystyle\sum_{\substack{l_1+l_2+\cdots+l_t=m \\ t=1,2,\cdots,m}} c_{it} b_{l_1} b_{l_2} \cdots b_{l_t}, \quad i = 1, 2, \cdots, n, m = 1, 2, \cdots, \end{cases}$$

则

$$x'(\alpha z)(x(\alpha z))^{a_1}(x(\alpha^2 z))^{a_2} \cdots (x(\alpha^n z))^{a_n}$$
$$= \sum_{m=0}^{\infty} \left[\sum_{j=0}^{m} (j+1) b_{j+1} \mathcal{S}^j (\omega_{1,k_{n-1}}, \omega_{2,k_{n-2}}, \cdots, \omega_{n,m-k_{n-1}-k_{n-2}-\cdots-k_1-j}) \right] z^m,$$

其中

$$\mathcal{S}^j (\omega_{1,k_{n-1}}, \omega_{2,k_{n-2}}, \cdots, \omega_{n,m-j-\sum_{i=1}^{n-1} k_i})$$
$$:= \sum_{k_{n-1}=0}^{m-j} \sum_{k_{n-2}=0}^{m-k_{n-1}-j} \sum_{k_{n-3}=0}^{m-k_{n-1}-k_{n-2}-j} \cdots \sum_{k_2=0}^{m-k_{n-1}-k_{n-2}-\cdots-k_3-j} \sum_{k_1=0}^{m-k_{n-1}-k_{n-2}-\cdots-k_2-j}$$
$$\omega_{1,k_{n-1}} \omega_{2,k_{n-2}} \cdots \omega_{n,m-j-\sum_{i=1}^{n-1} k_i}.$$

因此, 代 (3.4.14) 和 (3.4.15) 到 (3.4.7), 得

$$b_1 + \sum_{m=1}^{\infty} (m+1) b_{m+1} z^m$$
$$= K\alpha\mu^\rho b_1 + K \sum_{m=1}^{\infty} \left[\sum_{j=0}^{m} (j+1) b_{j+1} \alpha^j \mathcal{S}^j (\omega_{1,k_{n-1}}, \omega_{2,k_{n-2}}, \cdots, \omega_{n,m-j-\sum_{i=1}^{n-1} k_i}) \right] z^m.$$

比较系数得

$$(1 - K\alpha\mu^\rho) b_1 = 0, \tag{3.4.16}$$

并且对 $m \geqslant 1$, 有

$$(1 - \alpha^m)(m+1) b_{m+1}$$
$$= K \sum_{j=0}^{m-1} (j+1) b_{j+1} \alpha^{j+1} \mathcal{S}^j (\omega_{1,k_{n-1}}, \omega_{2,k_{n-2}}, \cdots, \omega_{n,m-j-\sum_{i=1}^{n-1} k_i}). \tag{3.4.17}$$

由 μ 的定义, 我们知道 $1 - K\alpha\mu^\rho = 0$. 再鉴于 (3.4.16), 我们可任取 $b_1 = \eta \neq 0$, 并且数列 $\{b_m\}_{m=0}^\infty$ 可由 (3.4.17) 唯一确定.

下面我们证明级数 (3.4.12) 在原点的邻域内收敛. 事实上, 由 (3.4.17), 对 $m \geqslant 1$, 有

$$|b_m| \leqslant \frac{|K|}{|1 - \alpha^m|} \sum_{j=0}^{m-1} |b_{j+1}| |\mathcal{S}^j(\omega_{1,k_{n-1}}, \omega_{2,k_{n-2}}, \cdots, \omega_{n,m-j-\sum_{i=1}^{n-1} k_i})|. \quad (3.4.18)$$

注意到函数 z^{a_i} 在区域 $|z - |\mu|| < |\mu|$ 上可展开成收敛的幂级数

$$z^{a_i} = \sum_{m=0}^\infty \tilde{c}_{im}(z - |\mu|)^m, \quad i = 1, 2, \cdots, n,$$

其中

$$\tilde{c}_{im} = \frac{|\mu|^{a_i - m}}{m!} \langle a_i \rangle_m, \quad i = 1, 2, \cdots, n, \ m = 0, 1, \cdots.$$

显然, 函数 $\psi_i(z) := \sum_{m=0}^\infty |\tilde{c}_{im}|(z - |\mu|)^m$ $(i = 1, 2, \cdots, n)$ 也在区域 $|z - |\mu|| < |\mu|$ 上收敛.

如果 $0 < |\alpha| < 1$, 则 $\lim_{n\to\infty} \frac{1}{|1 - \alpha^n|} = 1$. 因此, 存在 $L > 0$ 使得

$$\frac{1}{|1 - \alpha^n|} \leqslant L.$$

为了构造级数 (3.4.12) 的优级数, 我们考虑隐函数方程

$$(1 + \tilde{L}|K||\mu|^\rho)(H(z) - |\mu| - |\eta|z) + \tilde{L}|K||\eta||\mu|^\rho z$$

$$= \tilde{L}|K|(H(z) - |\mu|) \prod_{i=1}^n \psi_i(H(z)), \quad (3.4.19)$$

其中, 如果 (C1) 满足, 则 $\tilde{L} = L$; 如果 (C2) 满足, 则 $\tilde{L} = 1$. 在 $(0, |\mu|)$ 的一个邻域内定义函数

$$\Theta(z, \omega; \eta, \tilde{L}, \mu) = (1 + \tilde{L}|K||\mu|^\rho)(\omega - |\mu| - |\eta|z) + \tilde{L}|K||\eta||\mu|^\rho z$$

$$- \tilde{L}|K|(\omega - |\mu|) \prod_{i=1}^n \psi_i(\omega), \quad (3.4.20)$$

则 $H(z)$ 满足

$$\Theta(z, H(z); \eta, \tilde{L}, K, \mu) = 0. \quad (3.4.21)$$

鉴于 $\Theta(0, |\mu|; \eta, \widetilde{L}, K, \mu) = 0$, $\Theta'_\omega(0, |\mu|; \eta, \widetilde{L}, K, \mu) = 1 \neq 0$ 以及隐函数定理, 存在一个唯一的在原点邻域内解析的函数 $\Phi(z)$, 使得

$$\Phi(0) = |\mu|, \quad \Phi'(0) = -\frac{\Theta'_z(0, |\mu|; \eta, \widetilde{L}, K, \mu)}{\Theta'_\omega(0, |\mu|; \eta, \widetilde{L}, K, \mu)} = |\eta|$$

并且 $\Theta(z, \Phi(z); \eta, \widetilde{L}, K, \mu) = 0$. 根据 (3.4.21), 我们就有 $H(z) = \Phi(z)$. 如果假设 $H(z)$ 的幂级数展开式如下

$$H(z) = \sum_{m=0}^{\infty} C_m z^m, \quad C_0 = |\mu|, \ C_1 = |\eta|, \tag{3.4.22}$$

则对 $i = 1, 2, \cdots, n$, 有

$$\psi_i(H(z)) = |\mu|^{a_i} + \sum_{m=1}^{\infty} \left(\sum_{\substack{l_1+l_2+\cdots+l_t=m \\ t=1,2,\cdots,m}} |\tilde{c}_{it}| C_{l_1} C_{l_2} \cdots C_{l_t} \right) z^m.$$

此外, 如果记

$$\begin{cases} \tilde{\omega}_{i,0} = |\mu|^{a_i}, \\ \tilde{\omega}_{i,m} = \displaystyle\sum_{\substack{l_1+l_2+\cdots+l_t=m \\ t=1,2,\cdots,m}} |c_{it}| C_{l_1} C_{l_2} \cdots C_{l_t}, \quad i = 1, 2, \cdots, n, m = 1, 2, \cdots, \end{cases}$$

并且代 (3.4.22) 到 (3.4.19) 以及比较系数, 得

$$C_{m+1} = \widetilde{L}|K| \sum_{j=0}^{m-1} C_{j+1} \mathcal{S}^j(\tilde{\omega}_{1,k_{n-1}}, \tilde{\omega}_{2,k_{n-2}}, \cdots, \tilde{\omega}_{n,m-j-\sum_{i=1}^{n-1} k_i}), \quad m \geqslant 1.$$

注意到用归纳法易证

$$|\omega_{im}| \leqslant \tilde{\omega}_{im}, \quad i = 1, 2, \cdots, n, \quad m = 0, 1, \cdots. \tag{3.4.23}$$

在条件 (C1) 下, 由 (3.4.18) 和 (3.4.23) 可得

$$|b_{m+1}| \leqslant L|K| \sum_{j=0}^{m-1} |b_{j+1}| \mathcal{S}^j(\tilde{\omega}_{1,k_{n-1}}, \tilde{\omega}_{2,k_{n-2}}, \cdots, \tilde{\omega}_{n,m-j-\sum_{i=1}^{n-1} k_i}), \quad m \geqslant 1.$$

由此用归纳法立得 $|b_m| \leqslant C_m$, $m \geqslant 1$. 所以级数 $\sum_{m=0}^{\infty} b_m z^m$ 在原点的邻域内收敛. 这就证明了幂级数 (3.4.12) 在原点的邻域内收敛.

如果条件 (C2) 满足, 我们可以用归纳法导出 $|b_j| \leqslant C_j e^{K(j-1)}$, $j = 1, 2, \cdots,$ m, 其中 $K : \mathbb{Z}_+ \to \mathbb{R}$ 在引理 2.2.9 中定义. 事实上, $|b_1| = |\eta| = C_1$. 假设对 $j = 1, 2, \cdots, m$, 成立 $|b_j| \leqslant C_j e^{K(j-1)}$.

$$
\begin{aligned}
|\omega_{i,\nu}| &\leqslant \sum_{\substack{l_1 + l_2 + \cdots + l_t = \nu \\ t = 1, 2, \cdots, \nu}} |c_{it}||b_{l_1}||b_{l_2}| \cdots |b_{l_t}| \\
&= e^{K(\nu - t)} \sum_{\substack{l_1 + l_2 + \cdots + l_t = \nu \\ t = 1, 2, \cdots, \nu}} |\tilde{c}_{it}| C_{l_1} C_{l_2} \cdots C_{l_t} \\
&= e^{K(\nu - t)} \tilde{\omega}_{i,\nu}, \quad i = 1, 2, \cdots, n, \ \nu = 1, 2, \cdots, m.
\end{aligned}
$$

于是

$$
|b_{m+1}| \leqslant \frac{|K|}{1 - \alpha^m} \sum_{j=0}^{m-1} |b_{j+1}| \mathcal{S}^j \big(e^{K(k_{n-1}-1)} \tilde{\omega}_{1, k_{n-1}}, e^{K(k_{n-2}-1)} \tilde{\omega}_{2, k_{n-2}}, \cdots,
$$

$$
e^{K(m - k_{n-1} - k_{n-2} - \cdots - k_1 - j - 1)} \tilde{\omega}_{n, m - j - \sum_{i=1}^{n-1} k_i} \big).
$$

注意到

$$
\begin{aligned}
&K(j) + K(k_{n-1} - 1) + k_{n-2} - 1 + \cdots + K(k_1 - 1) \\
&+ k(m - k_{n-1} - k_{n-2} - \cdots - k_1 - j - 1) \\
&\leqslant K(j) + K(m - n - j) \leqslant K(m - n) \leqslant K(m - 1) \\
&\leqslant \log|\alpha^m - 1| + K(m),
\end{aligned}
$$

则

$$
|b_m| \leqslant \frac{|K|}{|1 - \alpha^m|} \sum_{j=0}^{m-1} |e^{K(j) + K(m-n-j)} C_{j+1}| \mathcal{S}^j (\tilde{\omega}_{1, k_{n-1}}, \tilde{\omega}_{2, k_{n-2}}, \cdots, \tilde{\omega}_{n, m-j-\sum_{i=1}^{n-1} k_i})
$$

$$
\leqslant C_{m+1} e^{K(m)}.
$$

由于级数 $\sum_{m=0}^{\infty} C_m z^m$ 在原点的邻域内是收敛的, 所以存在 $\Lambda > 0$ 使得

$$
C_m < \Lambda^m, \quad m \geqslant 1.
$$

此外, 由引理 2.2.9 得 $K(m) \leqslant m(B(\theta) + \rho)$, 其中 ρ 是一个普适常数. 于是

$$
|b_m| \leqslant C_m e^{K(m-1)} \leqslant \Lambda^m e^{(m-1)(B(\theta) + \rho)},
$$

即

$$
\lim_{m \to \infty} \sup (|b_m|)^{\frac{1}{m}} \leqslant \lim_{m \to \infty} \sup (\Lambda^m e^{(m-1)(B(\theta) + \rho)})^{\frac{1}{m}} = \Lambda e^{B(\theta) + \rho}.
$$

这就意味着 (3.4.12) 的收敛半径至少是 $(\Lambda e^{B(\theta) + \rho})^{-1}$, 至此定理证毕.　　　□

3.4.2.3　共振情况下方程 (3.4.7) 的解析解

在这一子节我们致力于共振情况. 这种情况 Diophantine 条件和 Brjuno 条件都不满足. 我们需要定义数列 $\{\tilde{b}_n\}_{n=1}^{\infty}$: $\tilde{b}_0 = |\mu|$, $\tilde{b}_1 = |\eta|$ 并且对 $m \geqslant 1$,

$$\tilde{b}_{m+1} = \mathcal{H}|K| \sum_{j=0}^{m-1} \tilde{b}_{j+1} \mathcal{S}^j(\hat{\omega}_{1,k_{n-1}}, \hat{\omega}_{2,k_{n-2}}, \cdots, \hat{\omega}_{n,m-j-\sum_{i=1}^{n-1} k_i}), \qquad (3.4.24)$$

其中

$$\begin{cases} \hat{\omega}_{i,0} = |\mu|^{a_i}, \\ \hat{\omega}_{i,m} = \sum_{\substack{l_1+l_2+\cdots+l_t=m \\ t=1,2,\cdots,m}} |\tilde{c}_{it}| \tilde{b}_{l_1} \tilde{b}_{l_2} \cdots \tilde{b}_{l_t}, \quad i=1,2,\cdots,n, m=1,2,\cdots, \end{cases}$$

$$\mathcal{H} := \max\left\{1, \frac{1}{|1-\alpha|}, \frac{1}{|1-\alpha^2|}, \cdots, \frac{1}{|1-\alpha^{p-1}|}\right\},$$

并且 $\tilde{c}_{it}$ 和 p 分别在 (3.4.13) 和 (C3) 中定义.

定理 3.4.3　如果 (C3) 满足, 并且数列 $\{b_n\}_{n=0}^{\infty}$ 由如下定义: $b_0 = \mu$, $b_1 = \eta$ 以及对 $m \geqslant 1$,

$$(1-\alpha^m)(m+1)b_{m+1} = \Psi(m,\alpha), \quad m=1,2,\cdots, \qquad (3.4.25)$$

$$\Psi(m,\alpha) = \sum_{j=0}^{m-1}(j+1)b_{j+1}\alpha^{j+1}\mathcal{S}^j(\omega_{1,k_{n-1}}, \omega_{2,k_{n-2}}, \cdots, \omega_{n,m-j-\sum_{i=1}^{n-1}}).$$

如果 $\Psi(lp,\alpha) = 0$, $l = 1,2,\cdots$, 则方程 (3.4.7) 在原点的邻域内有一个形如

$$x(z) = \mu + \eta z + \sum_{m=lp+1, l\in\mathbb{Z}_+} \mu_{lp+1} z^m + \sum_{m\neq lp+1, l\in\mathbb{Z}_+} b_m z^m$$

的解析解, 其中 μ_{lp+1} 是满足 $|\mu_{lp+1}| \leqslant \tilde{b}_{lp+1}$ 的任意常数并且数列 $\{\tilde{b}_m\}_{m=0}^{\infty}$ 如在 (3.4.24) 中定义. 否则, 如果 $\Psi(lp,\alpha) \neq 0$, $l = 1,2,\cdots$, 则方程 (3.4.7) 在原点的邻域内没有任何解析解.

证明　类似于定理 3.4.1 的证明, 设 (3.4.12) 是方程 (3.4.7) 的形式解的展开式, 我们也有 (3.4.17) 或 (3.4.25). 如果对某个自然数 l, 成立 $\Psi(lp,\alpha) \neq 0$, 则由于 $1-\alpha^{lp} = 0$ 可推出等式 (3.4.25) 对 $m = lp$ 不成立. 在这种情况方程 (3.4.7) 没有形式解.

如果对所有的自然数 l 都有 $\Psi(lp,\alpha) = 0$, 则在 (3.4.17) 中的 b_{lp+1} 有无穷多种选择并且形式解形成一个具有无穷多个参数的函数族. 我们可以任意取 $b_{lp+1} = \mu_{lp+1}$ 使得 $|\mu_{lp+1}| \leqslant \tilde{b}_{lp+1}$, $l = 1, 2, \cdots$. 下面证明形式解 (3.4.12) 在原点的邻域内收敛.

首先, 注意到

$$|1 - \alpha^m|^{-1} \leqslant \mathcal{H}.$$

从 (3.4.17) 可推出, 对所有的 $m \neq lp$, $l = 1, 2, \cdots$, 有

$$|b_{m+1}| \leqslant \mathcal{H}|K| \sum_{j=0}^{m-1} |b_{j+1}| \mathcal{S}^j (|\omega_{1,k_{n-1}}|, |\omega_{2,k_{n-2}}|, \cdots, |\omega_{n,m-j-\sum_{i=1}^{n-1}}|).$$

进一步, 可以证明

$$|b_m| \leqslant \tilde{b}_m, \quad m = 1, 2, \cdots. \tag{3.4.26}$$

事实上, 对所有的 $1 \leqslant j \leqslant m$, 我们假设 $|b_j| \leqslant \tilde{b}_j, 1 \leqslant j \leqslant m$. 当 $m = lp$ 时, 有

$$|b_{m+1}| = |\mu_{m+1}| \leqslant \tilde{b}_{m+1}.$$

另一方面, 当 $m \neq lp$ 时, 从 (3.4.26) 可得

$$|b_{m+1}| \leqslant \mathcal{H}|K| \sum_{j=0}^{m-1} |b_{j+1}| \mathcal{S}^j (|\hat{\omega}_{1,k_{n-1}}|, |\hat{\omega}_{2,k_{n-2}}|, \cdots, |\hat{\omega}_{n,m-j-\sum_{i=1}^{n-1}}|)$$

$$= \tilde{b}_{m+1}.$$

令

$$F(z) = \sum_{m=0}^{\infty} \tilde{b}_m z^m. \tag{3.4.27}$$

容易检查 (3.4.26) 满足

$$\Theta(z, F(z); \eta, \mathcal{H}, K, \mu) = 0,$$

其中 Θ 在 (3.4.20) 中定义. 另外, 类似于定理 3.4.2 的证明, 我们可以证明 (3.4.26) 在原点的邻域内有唯一的解析解 $F(z)$ 满足 $F(0) = |\mu|$ 和 $F'(0) = |\eta| \neq 0$. 因此, (3.4.27) 在原点的邻域内收敛, 再注意到 (3.4.26), 即得级数 (3.4.12) 在原点的邻域内收敛. 至此定理证毕. $\qquad\square$

3.4.3　方程 (3.4.6) 的解析解

在这一节, 我们给出方程 (3.4.6) 解析解的存在性定理.

定理 3.4.4　假设定理 3.4.2 或定理 3.4.3 的条件满足, 则方程 (3.4.6) 解析解在 $z = \mu$ 的邻域内有一个可逆的解析解

$$f(z) = x(\alpha x^{-1}(z)),$$

其中 $x(z)$ 是方程 (3.4.7) 的一个满足初始条件 (3.4.11) 的解析解.

证明　鉴于定理 3.4.2 和定理 3.4.3, 我们可以找到辅助方程 (3.4.7) 一个满足 $x(0) = \mu \neq 0$ 和 $x'(0) = \eta \neq 0$ 的形如 (3.4.12) 的解析解. 显然 $x^{-1}(z)$ 存在并且在 $x(0) = \mu$ 的邻域内解析. 定义

$$f(z) := x(\alpha x^{-1}(z)). \tag{3.4.28}$$

则 $f(z)$ 在 $z = \mu$ 邻域内是可逆的并且是解析的. 从 (3.4.28) 和 (3.4.7) 易得

$$f(\mu) = x(\alpha x^{-1}(\mu)) = x(0) = \mu,$$

$$f'(\mu) = \alpha x'(\alpha x^{-1}(\mu))(x^{-1})'(\mu) \frac{\alpha x'(\alpha x^{-1}(\mu))}{x'(x^{-1}(\mu))} = \frac{\alpha x'(0)}{x'(0)} = \alpha \neq 0$$

并且

$$f'(z) = \frac{\alpha x'(\alpha x^{-1}(z))}{x'(x^{-1}(z))}$$

$$= \frac{1}{K(x(\alpha x^{-1}(z)))^{a_1}(x(\alpha^2 x^{-1}(z)))^{a_2} \cdots (x(\alpha^n x^{-1}(z)))^{a_n}}$$

$$= \frac{1}{K(f_1(z))^{a_1}(f_2(z))^{a_2} \cdots (f_n(z))^{a_n}}.$$

即在定义 (3.4.28) 中的函数 $f(z)$ 满足方程 (3.4.6).　　　　　□

如在 [78] 中的叙述, 如果 $\Gamma_F(m) = mF^2(m)F^3(m)$, $m \neq 0$, 则 $\Gamma(x_1, x_2, x_3) = x_1 x_2^2 x_3^3$ 并且离散微分方程 (3.4.3) 是

$$F'(m) = \frac{1}{F(m)F_2^2(m)F_3^3(m)},$$

它的标准的对应方程 (3.4.5) 是

$$f'(z) = \frac{1}{f(z)f_2^2(z)f_3^3(z)}. \tag{3.4.29}$$

下面我们介绍如何构造方程 (3.4.29) 的一个解析解. 根据定理 3.4.2, 辅助方程

$$x'(z) = \alpha x'(\alpha z) x(\alpha z) x^2(\alpha^2 z) x^3(\alpha^3 z)$$

有一个形如 (3.4.12) 的解, 其中 $\alpha = \dfrac{1}{2}$. 给定 $b_0 = \left(1 \times \dfrac{1}{2}\right)^{-\frac{1}{6}}$, 并且任意给定 $b_1 = \eta \neq 0$, $b_2, b_3, \cdots$ 由 (3.4.17) 递推地得到, 即对 $m \geqslant 1$,

$$b_{m+1} = \frac{1}{m+1} \cdot \frac{1}{1 - \dfrac{1}{2^m}} \sum_{j=0}^{m-1} (j+1) b_{j+1} \frac{1}{2^{j+1}} \sum_{k_2=0}^{m-j} \sum_{k_1=0}^{m-j-k_2} \omega_{1,k_2} \omega_{2,k_1} \omega_{3,m-k_2-k_1-j}.$$

特别地

$$b_2 = \frac{x''(0)}{2!} = \frac{11}{16} \cdot 2^{\frac{5}{6}} \eta^2,$$

$$b_3 = \frac{1139}{1152} \cdot 2^{-\frac{1}{3}} \eta^3 + \frac{19}{144} \cdot 2^{-\frac{1}{3}} \eta^2 + \frac{7}{72} \cdot 2^{\frac{2}{3}} \eta^3,$$

$$\cdots\cdots$$

由于 $x(0) = b_0 = 2^{\frac{1}{6}}$, $x'(0) = \eta \neq 0$, 并且 $x^{-1}(z)$ 在 $x(0) = 2^{\frac{1}{6}}$ 附近解析. 我们可以计算

$$(x^{-1})'(2^{\frac{1}{6}}) = \frac{1}{\eta}, \ (x^{-1})''(2^{\frac{1}{6}}) = \frac{11}{8\eta} \cdot 2^{\frac{1}{6}},$$

$$(x^{-1})'''(2^{\frac{1}{6}}) = \frac{\dfrac{307}{32} \cdot 2^{\frac{2}{3}} \eta - \dfrac{19}{24} \cdot 2^{-\frac{1}{3}} - \dfrac{1139}{192} \cdot 2^{-\frac{1}{3}} \eta}{\eta^2},$$

$$\cdots\cdots$$

进一步可算得

$$f(2^{\frac{1}{6}}) = 2^{\frac{1}{6}}, \ f'(2^{\frac{1}{6}}) = \frac{1}{2}, \ f''(2^{\frac{1}{6}}) = \frac{33}{32} \cdot 2^{\frac{5}{6}},$$

$$f'''(2^{\frac{1}{6}}) = \frac{8485}{384} \cdot 2^{\frac{2}{3}} - \frac{17085}{1536} \cdot 2^{-\frac{1}{3}} - \frac{285}{192\eta} \cdot 2^{-\frac{1}{3}},$$

$$\cdots\cdots$$

因此, 在 $z = 2^{\frac{1}{6}}$ 附近有一个解析解

$$f(z) = 2^{\frac{1}{6}} + \frac{1}{2}(z - 2^{\frac{1}{6}}) + \frac{33}{64} \cdot 2^{\frac{5}{6}} (z - 2^{\frac{1}{6}})^2$$

$$+ \left(\frac{8485}{2304} \cdot 2^{\frac{2}{3}} - \frac{17085}{9216} \cdot 2^{-\frac{1}{3}} - \frac{285}{1152\eta} \cdot 2^{-\frac{1}{3}} \right) (z - 2^{\frac{1}{6}})^3$$
$$+ \cdots .$$

注 3.4.1　如果我们限定在实数域中讨论, 由定理 3.4.4 可知方程 (3.4.6) 有一个可逆的实解析解. 我们可以定义一个实数列 $\{b_m\}_{m=0}^{\infty}$ 并且可得一个形如 (3.4.12) 具有实系数的解析解. 将 $x(z)$ 和它的逆函数都取实值, 则函数 $f(z) = x(\alpha x^{-1}(z))$ 也是一个实函数, 并且由定理 3.4.4 可知它的可逆以及解析性.

3.5　广义迭代根问题的解析解

设 $f(x)$ 是定义在集合 $X \subset \mathbb{R}$ 上的子映射. 如果定义 $f^0(x) = x$, $f^{[n]}(x) = f(f^{[n-1]}(x))$, $n = 1, 2, \cdots$, 则我们称 $f^{[n]}$ 为 f 的 n 次迭代.

对给定的函数 $F(x)$, 如果存在函数 $f(x)$ 使得

$$f^{[m]}(x) = F(x),$$

则我们称 f 是 F 的 m 次迭代根. 迭代根问题与嵌入流问题密切相关. 从某种意义上来说, 迭代根问题是连接离散和连续动力系统的一座桥梁, 它在动力系统理论中的重要意义, 可参见文献 [138].

迭代根问题的一个自然的推广就是考虑所谓多项式型迭代函数方程

$$\lambda_1 f(x) + \lambda_2 f^{[2]}(x) + \cdots + \lambda_m f^{[m]}(x) = F(x)$$

解的存在性和唯一性问题, 其中, $\lambda_i \in \mathbb{R}$, $i = 1, 2, \cdots, m$, $f(x)$ 是未知函数, $F(x)$ 是已知函数. 这个问题在各种函数类中的讨论已经有广泛的研究 [61, 132].

这一节, 我们介绍作者 [136] 中的工作. 我们在复数域中讨论上述方程解析解的存在性, 即考虑迭代函数方程

$$\lambda_1 f(z) + \lambda_2 f^{[2]}(z) + \cdots + \lambda_m f^{[m]}(z) = F(z), \tag{3.5.1}$$

其中, $\lambda_i \in \mathbb{C}$, $i = 1, 2, \cdots, m$, $f(z)$ 是未知函数, $F(z)$ 是复的已知函数.

假设 $F(z)$ 在原点的一个邻域内解析, 并且 $F(0) = 0$ 以及 $F'(0) = s \neq 0$. 为了寻找方程 (3.5.1) 的解析解, 我们首先考虑一个 α-差分方程

$$\lambda_1 \varphi(\alpha z) + \lambda_2 \varphi(\alpha^2 z) + \cdots + \lambda_m \varphi(\alpha^m z) = F(\varphi(z)) \tag{3.5.2}$$

的解析解, 其中 α 是代数方程

$$\lambda_1 z + \lambda_2 z^2 + \cdots + \lambda_m z^m - s = 0 \tag{3.5.3}$$

的根.

首先考虑双曲情况, 我们有

引理 3.5.1 设 $0 < |\alpha| \neq 1$, 则对任意的 $\eta \in \mathbb{C}$, 方程 (3.5.2) 在原点的邻域内有一个解析解并且满足 $\varphi(0) = 0$ 和 $\varphi'(0) = \eta$.

证明 固定一个 $\eta \in \mathbb{C}$. 如果 $\eta = 0$, 则 $\varphi(z) = 0$ 即为所求. 所以下面假设 $\eta \neq 0$. 令

$$F(z) = \sum_{n=1}^{\infty} c_n z^n, \quad c_1 = s. \tag{3.5.4}$$

由于 $F(z)$ 在原点的邻域内解析, 所以存在一个正数 β 使得

$$|c_n| \leqslant \beta^{n-1}, \quad n = 2, 3, \cdots. \tag{3.5.5}$$

引入新函数 $\widetilde{\varphi}(z) = \beta\varphi(\beta^{-1}z)$ 和 $\widetilde{F}(z) = \beta F(\beta^{-1}z)$, 从 (3.5.2) 我们得

$$\lambda_1\widetilde{\varphi}(\alpha z) + \lambda_2\widetilde{\varphi}(\alpha^2 z) + \cdots + \lambda_m\widetilde{\varphi}(\alpha^m z) = \widetilde{F}(\varphi(z)),$$

它是一个形如 (3.5.2) 的方程. 由 (3.5.4) 和 $\widetilde{F}(z) = \beta F(\beta^{-1}z)$, 可得

$$\widetilde{F}(z) = \beta F(\beta^{-1}z) = sz + \sum_{n=2}^{\infty} c_n \beta^{1-n} z^n.$$

再由 (3.5.5) 推出

$$\left|\frac{c_n}{\beta^{n-1}}\right| \leqslant 1, \quad n = 2, 3, \cdots.$$

因此, 不失一般性, 可假设

$$|c_n| \leqslant 1, \quad n = 2, 3, \cdots. \tag{3.5.6}$$

设

$$\varphi(z) = \sum_{n=1}^{\infty} b_n z^n \tag{3.5.7}$$

是方程 (3.5.2) 的形式幂级解 $\varphi(z)$. 代 (3.5.4) 和 (3.5.7) 到 (3.5.2), 并比较系数得

$$(\lambda_1\alpha + \lambda_2\alpha^2 + \cdots + \lambda_m\alpha^m - s)b_1 = 0$$

和

$$(\lambda_1 \alpha^n + \lambda_2 \alpha^{2n} + \cdots + \lambda_m \alpha^{mn} - s) b_n$$
$$= \sum_{\substack{n_1+n_2+\cdots+n_t=n \\ t=2,3,\cdots,n}} c_t b_{n_1} b_{n_2} \cdots b_{n_t}, \quad n = 2, 3, \cdots. \tag{3.5.8}$$

注意到 α 是代数方程 (3.5.3) 的根. 于是, 可取 $b_1 = \eta$ 并且根据 (3.5.8) 可得

$$(\alpha^n - \alpha) \left(\lambda_1 + \sum_{i=1}^{m-1} \sum_{k=0}^{i} \lambda_{i+1} \alpha^{n(i-k)+k} \right) b_n$$

$$= \sum_{\substack{n_1+n_2+\cdots+n_t=n \\ t=2,3,\cdots,n}} c_t b_{n_1} b_{n_2} \cdots b_{n_t}, \quad n = 2, 3, \cdots. \tag{3.5.9}$$

现在我们证明级数 (3.5.7) 在原点的一个邻域内收敛. 首先, 由于

$$\lim_{n\to\infty} \frac{1}{(\alpha^n - \alpha) \left(\lambda_1 + \sum_{i=1}^{m-1} \sum_{k=0}^{i} \lambda_{i+1} \alpha^{n(i-k)+k} \right)} = \begin{cases} -\dfrac{1}{s}, & 0 < |\alpha| < 1, \\ 0, & |\alpha| > 1, \end{cases}$$

所以存在一个正数 M, 使得

$$\left| \frac{1}{(\alpha^n - \alpha) \left(\lambda_1 + \sum_{i=1}^{m-1} \sum_{k=0}^{i} \lambda_{i+1} \alpha^{n(i-k)+k} \right)} \right| \leqslant M.$$

定义数列 $\{B_n\}_{n=1}^{\infty}$:

$$B_1 = |\eta|,$$

$$B_n = \sum_{\substack{n_1+n_2+\cdots+n_t=n \\ t=2,3,\cdots,n}} B_{n_1} B_{n_2} \cdots B_{n_t}, \quad n = 2, 3, \cdots.$$

鉴于 (3.5.9) 和不等式 (3.5.6), 有

$$|b_n| \leqslant B_n, \quad n = 1, 2, \cdots.$$

现在令

$$G(z) = \sum_{n=1}^{\infty} B_n z^n.$$

由于 $G(0) = 0$, 存在整数 δ_1 使得对 $|z| < \delta_1$, 成立 $|G(z)| < 1$. 则有

$$G(z) = \sum_{n=1}^{\infty} B_n z^n = |\eta|z + M \frac{(G(z))^2}{1 - G(z)}.$$

于是

$$G(z) = \frac{1}{2(1+M)} \left(1 + |\eta|z \pm \sqrt{1 - 2(1+2M)|\eta|z + |\eta|^2 z^2}\right),$$

但由于 $G(0) = 0$, 所以只有成立

$$G(z) = \frac{1}{2(1+M)} \left(1 + |\eta|z - \sqrt{1 - 2(1+2M)|\eta|z + |\eta|^2 z^2}\right).$$

由此得知级数 $G(z) = \sum_{n=1}^{\infty} B_n z^n$ 在 $|z| < \delta = \min\left\{\delta_1, \frac{1}{|\eta|}(1 + 2M - 2\sqrt{M + M^2})\right\}$

上收敛, 这就意味着级数 (3.5.7) 在原点的一个邻域内也是收敛的. 至此引理证毕.

$\square$

现在考虑椭圆情况. 我们有

引理 3.5.2 设 $|\alpha| = 1$, 但不是单位根, 并且 α 是一个 (γ, τ)-型 Diophantine 数以及

$$|\lambda_1| \neq \sum_{i=1}^{m-1} (i+1)|\lambda_{i+1}|.$$

则方程 (3.5.2) 在原点的邻域内有一个形如 (3.5.7) 的解析解, 并且满足 $\phi(0) = 0$ 和 $\phi'(0) = 1$.

证明 如引理 3.5.1 的证明, 我们寻找方程 (3.5.2) 的形如 (3.5.7) 的幂级数解. 定义 $b_1 = 1$, 递推公式方程 (3.5.9) 仍然成立, 于是有

$$|b_n| = \frac{\left|\sum_{\substack{n_1+n_2+\cdots+n_t=n \\ t=2,3,\cdots,n}} c_t b_{n_1} b_{n_2} \cdots b_{n_t}\right|}{\left|(\alpha^n - \alpha)\left(\lambda_1 + \sum_{i=1}^{m-1}\sum_{k=0}^{i} \lambda_{i+1}\alpha^{n(i-k)+k}\right)\right|}$$

$$\leqslant \frac{\sum_{\substack{n_1+n_2+\cdots+n_t=n \\ t=2,3,\cdots,n}} |c_t||b_{n_1}||b_{n_2}|\cdots|b_{n_t}|}{|\alpha^{n-1} - 1|\left||\lambda_1| - \sum_{i=1}^{m-1}(i+1)|\lambda_{i+1}|\right|}, \quad n = 2, 3, \cdots.$$

为了叙述方便, 记

$$N = \left(|\lambda_1| - \sum_{i=1}^{m-1}(i+1)|\lambda_{i+1}|\right)^{-1}.$$

因此, 注意到 (3.5.6), 上面不等式变为

$$|b_n| \leqslant \frac{N}{|\alpha^{n-1}-1|} \sum_{\substack{n_1+n_2+\cdots+n_t=n \\ t=2,3,\cdots,n}} |c_t||b_{n_1}||b_{n_2}|\cdots|b_{n_t}|, \quad n = 2, 3, \cdots.$$

现在考虑函数

$$G(z) = \frac{1}{2(1+N)} \left(1 + z - \sqrt{1 - 2(1+2N)z + z^2}\right).$$

如果假设它的幂级数展开式是

$$G(z) = z + \sum_{n=2}^{\infty} C_n z^n,$$

它在区域 $|z| < 1 + 2N - 2\sqrt{N + N^2}$ 内收敛.

　　另外, 由于 $G(0) = 0$, 存在正数 σ_1 使得在 $|z| < \sigma_1$ 上成立 $|G(z)| < 1$ 并且

$$G(z) = z + N\frac{(G(z))^2}{1 - G(z)}.$$

通过待定系数的方法, 我们可以得到系数数列 $\{C_n\}_{n=1}^{\infty}$ 满足 $C_1 = 1$ 和

$$C_n = \sum_{\substack{n_1+n_2+\cdots+n_t=n \\ t=2,3,\cdots,n}} C_{n_1} C_{n_2} \cdots C_{n_t}, \quad n = 2, 3, \cdots.$$

　　于是, 容易证明

$$|b_n| \leqslant C_n d_n, \quad n = 1, 2, \cdots,$$

其中 d_n 在引理 2.2.4 中定义. 事实上, $|b_1| = 1 = C_1 d_1$. 假设对 $n = 1, 2, \cdots, l$, 上面不等式成立, 我们来看 $n = l+1$ 的情况:

$$\begin{aligned}
|b_n| &\leqslant \frac{N}{|\alpha^l - 1|} \sum_{\substack{n_1+n_2+\cdots+n_t=l+1 \\ t=2,3,\cdots,n}} |b_{n_1}||b_{n_2}|\cdots|b_{n_t}| \\
&\leqslant \frac{N}{|\alpha^l - 1|} \sum_{\substack{n_1+n_2+\cdots+n_t=l+1 \\ t=2,3,\cdots,n}} C_{n_1} d_{n_1} C_{n_2} d_{n_2} \cdots C_{n_t} d_{n_t} \\
&\leqslant \frac{C_{l+1}}{|\alpha^l - 1|} \max_{2 \leqslant t \leqslant l+1, \, (n_j) \in \mathcal{A}^{t_{l+1}}} \{d_{n_1} \cdots d_{n_t}\}
\end{aligned}$$

$$= C_{l+1} d_{l+1},$$

其中 $\mathcal{A}^{k_n}$ 在 (3.2.12) 中定义.

由于 $G(z)$ 在 $|z| < \sigma = \min\{\sigma_1, 1 + 2N - 2\sqrt{N + N^2}\}$ 上收敛, 存在正数 A 使得

$$C_n \leqslant A^n, \quad n = 1, 2, \cdots.$$

再根据引理 2.2.4, 最后我们得到

$$|b_n| \leqslant A^n (2^{5\delta+1})^{n-1} n^{-2\delta}, \quad n = 1, 2, \cdots.$$

这就表明级数 (3.5.7) 在 $|z| < (A2^{5\delta+1})^{-1}$ 上收敛, 至此引理证毕. □

注 3.5.1 如果把引理 3.5.2 中的 α 是 Diophantine 数减弱为 Brjuno 数, 引理的结论仍然成立, 证明可仿照定理 3.4.2 的情况 (C2) 的证明进行.

现在我们叙述并证明这节的主要定理.

定理 3.5.1 ([136]) 假设引理 3.5.1 或引理 3.5.2 的条件满足, 则方程 (3.5.1) 在原点的一个邻域内有形如

$$f(z) = \varphi(\alpha \varphi^{-1}(z)) \tag{3.5.10}$$

的解析解, 其中 $\varphi(z)$ 是方程 (3.5.2) 的一个可逆的解析解.

证明 鉴于引理 3.5.1 和引理 3.5.2, 我们可以找到一个数列 $\{b_n\}_{n=1}^{\infty}$ 使得形如 (3.5.7) 的函数 $\varphi(z)$ 是方程 (3.5.1) 在原点的一个邻域内的解析解. 由于 $\varphi'(0) = \eta \neq 0$, 函数 $\varphi^{-1}(z)$ 在 $\varphi(0) = 0$ 的一个邻域内解析. 因此

$$\lambda_1 f(z) + \lambda_2 f^{[2]}(z) + \cdots + \lambda_m f^{[m]}(z)$$

$$= \lambda_1 \varphi(\alpha \varphi^{-1}(z)) + \lambda_2 \varphi(\alpha^2 \varphi^{-1}(z)) + \cdots + \lambda_m \varphi(\alpha^m \varphi^{-1}(z))$$

$$= F(\varphi(\varphi^{-1}(z))) = F(z).$$

这就证明了此定理. □

最后, 我们通过一个例子来介绍如何构造方程 (3.5.1) 的解析解. 考虑方程

$$f(f(z)) - f(z) = F(z),$$

其中 $F(z) = e^z - 1 = \sum_{n=1}^{\infty} \dfrac{z^n}{n!}$. 显然, 代数方程

$$z^2 - z - 1 = 0$$

有两个根

$$\alpha_1 = \frac{1 - \sqrt{5}}{2}, \quad \alpha_2 = \frac{1 + \sqrt{5}}{2},$$

并且 $0 < |\alpha_1| < 1$, $|\alpha_2| > 1$. 对于 α_1, 相应的辅助方程是

$$\varphi(\alpha_1^2 z) - \varphi(\alpha_1 z) = F(\varphi(z)). \tag{3.5.11}$$

据引理 3.5.1 知, 方程 (3.5.11) 在原点的一个邻域内有满足 $\varphi(0) = 0$ 和 $\varphi'(0) = \eta \neq 0$ 的解析解

$$\varphi(z) = \sum_{n=1}^{\infty} b_n z^n, \quad b_1 = \eta.$$

代这个级数到方程 (3.5.11) 并比较系数, 得

$$(\alpha_1^n - \alpha_1)(\alpha_1^n + \alpha_1 - 1)b_n$$

$$= \sum_{\substack{n_1 + n_2 + \cdots + n_t = n \\ t = 2, 3, \cdots, n}} \frac{1}{t!} b_{n_1} b_{n_2} \cdots b_{n_t}, \quad n = 2, 3, \cdots. \tag{3.5.12}$$

根据递推公式 (3.5.12) 可逐个计算出

$$b_2 = \frac{\varphi''(0)}{2!} = \frac{\eta^2}{4\alpha_1},$$

$$b_3 = \frac{\varphi'''(0)}{3!} = \frac{(2\alpha_1 + 3)\eta^3}{3! \cdot 6(3\alpha_1 + 2)},$$

$$\cdots\cdots$$

于是, 我们可以算得

$$(\varphi^{-1})'(0) = \frac{1}{\eta}, \ (\varphi^{-1})''(0) = -\frac{1}{2\alpha_1 \eta}, \ (\varphi^{-1})'''(0) = \frac{8\alpha_1 + 5}{12(5\alpha_1 + 3)\eta}, \cdots.$$

下面计算 (3.5.10) 中的 $f(z)$ 在 $z = 0$ 处的各阶导数:

$$f(0) = 0, \ f'(0) = \alpha_1, \ f''(0) = \frac{\alpha_1 - 1}{2}, \ f'''(0) = \frac{5\alpha_1 + 1}{12(3\alpha_1 + 2)}, \quad \cdots.$$

因此, 要求的解是

$$f(z) = \alpha_1 z + \frac{\alpha_1 - 1}{4} z^2 + \frac{5\alpha_1 + 1}{72(3\alpha_1 + 2)} z^3 + \cdots.$$

对 α_2, 类似可得要求的解是

$$f(z) = \alpha_2 z + \frac{\alpha_2 - 1}{4} z^2 + \frac{5\alpha_2 + 1}{72(3\alpha_2 + 2)} z^3 + \cdots.$$

从上面的过程可知, 借助于计算机软件可以精确计算任意阶导数, 从而级数解的任意项都可以得到.

第 4 章　圆周和环面上拟周期流的线性化

设 $\mathbb{T}^d = \mathbb{R}^d/2\pi\mathbb{Z}^d$ ($\hat{\mathbb{T}}^d = \mathbb{C}^d/2\pi\mathbb{Z}^d$) 是一个标准的 d 维环. 考虑定义在 $\mathbb{T}^2$ 上的微分方程

$$\dot{\phi} = f(\phi), \tag{4.0.1}$$

其中 f 是定义在 $\mathbb{T}^2$ 的实解析函数, 它的 Poincaré 映射是一个圆周 $\mathbb{T}^1$ 到自身的同胚 T :

$$T : \theta \to T\theta = \theta + P(\theta).$$

对于这个映射, 我们可以定义它的旋转数 η, 用来测量环绕圆周的轨道的平均旋转速度. Poincaré [80] 证明了所有的轨道的旋转数都是相同的, 即旋转数在映射 T 下是不变的. 这就导致了 Poincaré 的著名的圆周自同胚的动力学分类: 如果旋转数是有理数 $\eta = p/q$, 则 T 有一个周期为 q 的周期轨; 如果旋转数是无理数, 则 f 半共轭于无理旋转 $R_\eta(\theta) = \theta + \eta \,(\mathrm{mod}1)$. 在无理数情况的这个性质最后被 Denjoy [29] 彻底解决, 他证明了如果 T 的旋转数是无理数并且其导数是有界变差的, 则这个半共轭是一个同胚. 映射 T 的性质决定了微分方程的轨道行为的一般特征. Poincaré 和 Denjoy 的结果给后来人们关于环面上微分方程轨道性质的研究带来了很大的启发. 在 1961 年, Bolyai [9] 首先研究了方程 (4.0.1) 可以通过一个适当的拟周期变换被化为 $\dot{\phi} = \eta$, 这里 η 是一个常向量. 在高维环的情况, 一个开创性的工作由 Arnold [1] 给出, 他证明了如果旋转向量 $\eta = (\eta_1, \cdots, \eta_m)$ 满足 Diophantine 条件, 则存在 $\epsilon > 0$ 使得对每个定义在 $\mathbb{T}^m$ 上的实解析向量场 $f(\phi) = (f_1, \cdots, f_m)$, 都存在一个向量 $\lambda(\epsilon)$, 使得方程

$$\dot{\phi} = \eta + \epsilon f(\phi, \epsilon) + \lambda(\epsilon)$$

可以被一个实解析的变量变换 $\phi = \phi^+ + u(\phi^+, \epsilon)$ 变为

$$\dot{\phi} = \eta.$$

上述结果在光滑情况下的推广被 Mitropoliskii 和 Samoilenko [67], Samoilenko [96] 以及 Moser [70] 独立地得到.

众所周知, 动力学系统最基本的目标之一是寻找适当的条件 (算子的谱、非共振、非退化、光滑度等), 并在这些适当的条件下研究数学物理学中的基本现象.

KAM 理论是研究系统动力学现象的一个非常有力的工具. 众所周知, 小除数是 KAM 理论中一个棘手的问题, 在一般情况下需要频率向量满足 Diophantine 条件. 在这一章我们将在较弱的非共振条件下研究圆周和多维环面上的拟周期驱动流的线性化问题. 首先, 我们讨论具有依赖于参数的常旋转向量的系统的扰动, 并且这个扰动也依赖于相同的参数, 即考虑系统

$$\dot{\phi} = \eta(\xi) + f(\phi, \theta, \xi), \quad \dot{\theta} = \omega, \qquad (4.0.2)$$

其中 $\eta(\xi) : \Pi \to \mathbb{R}^m$ 是一个实解析旋转向量, $\Pi \subset \mathbb{R}^m$ 是一个有界的闭连通区域, $\omega = (\omega_1, \cdots, \omega_n) \in \mathbb{R}^n$ 是一个频率向量, 并且 $f : \mathbb{T}^m \times \mathbb{T}^n \times \Pi \to \mathbb{R}^m$ 是实解析的. 在 Brjuno-Rüssmann 非共振条件以及弱非退化条件下, 我们将证明存在一个正测度集 $\Pi_* \subset \Pi$ 和一个拟周期变换 $\phi = \psi + h(\psi, \theta, \xi)$, 其中 $h : \mathbb{T}^m \times \mathbb{T}^n \times \Pi_* \to \mathbb{R}^m$ 是实解析的, 使得方程 (4.0.2) 可以化为拟周期线性流

$$\dot{\psi} = \eta^*(\xi), \quad \dot{\theta} = \omega.$$

另一方面, 即使像 (4.0.2) 这样的系统可化为线性流, 旋转向量通常也不会再次成为 $\eta(\xi)$. 一个基本的问题是: 扰动系统 (4.0.2) 是否共轭于原系统 $\dot{\phi} = \eta(\xi)$, $\dot{\theta} = \omega$? 我们给出这个问题的一个正面的回答: 如果 $\eta(\xi)$ 独立于系统 (4.0.2) 中的参数向量 ξ, 则 (4.0.2) 可变为

$$\dot{\phi} = \eta + f(\phi, \theta, \xi), \quad \dot{\theta} = \omega. \qquad (4.0.3)$$

我们将使用 Herman 方法来论及这个问题, 这个方法可以追溯到 [71]. 我们将试图得到一个 C^∞ 光滑函数 $\lambda(\xi)$ 使得

$$\dot{\phi} = \eta - \lambda(\xi) + f(\phi, \theta, \xi), \quad \dot{\theta} = \omega$$

可通过变换 $\phi = \phi_+ + g(\phi_+, \theta, \eta, \xi, \lambda)$ 变到系统

$$\dot{\phi}_+ = \eta, \quad \dot{\theta} = \omega.$$

如果这个变换能成功实现, 则可通过拓扑度理论找到 $\xi_* \in \Pi$ 使得 $\lambda(\xi_*) = 0$. 然后再回到具有 $\xi = \xi_*$ 的系统 (4.0.3).

另一方面, 我们也介绍当驱动频率超越 Brjuno 条件, 即具有 Liouville 频率的圆周上的拟周期驱动流的线性化的最新成果, 见 [18] 和 [51].

4.1　$\mathbb{T}^m$ 上的拟周期驱动流的线性化

这一节的内容是作者最新的研究成果 [105]. 我们考虑具有常旋转向量依赖于参数的系统的扰动, 即考虑形如

$$\dot{\phi} = \eta(\xi) + f(\phi, \theta, \xi), \quad \dot{\theta} = \omega$$

的系统, 其中 $\eta(\xi) : \Pi \to \mathbb{R}^m$ 是一个实解析旋转向量, $\Pi \subset \mathbb{R}^m$ 是一个有界闭连通区域, $\omega = (\omega_1, \cdots, \omega_n) \in \mathbb{R}^n$ 是一个频率向量并且 $f : \mathbb{T}^m \times \mathbb{T}^n \times \Pi \to \mathbb{R}^m$ 是实解析的函数.

4.1.1　预备知识

用 $\mathbb{Z}$ 和 $\mathbb{Z}^+$ 分别表示整数和非负整数集合. 对 $s > 0$, 我们定义集合

$$\mathcal{U}(s) = \{(\phi, \theta) \in \hat{\mathbb{T}}^m \times \hat{\mathbb{T}}^n : |\mathrm{Im}\phi| \leqslant s, \ |\mathrm{Im}\theta| \leqslant s\}.$$

设 $\Pi \subset \mathbb{R}^m$ 是一个有界连通闭区域. 定义 Π 的复邻域:

$$\Pi_h = \{\xi \in \mathbb{C}^m : \mathrm{dist}(\xi, \Pi) \leqslant h\},$$

并且定义集合

$$\mathcal{D}(s, h) = \mathcal{U}(s) \times \Pi_h.$$

设一个有界实解析函数 $f : \mathcal{D}(s, h) \to \mathbb{C}$ 关于每一个变量 ϕ 和 θ 都是以 2π 为周期的.

把 $f(\phi, \theta, \xi)$ 展开为 Fourier 级数

$$f(\phi, \theta, \xi) = \sum_{(k,l) \in \mathbb{Z}^m \times \mathbb{Z}^n} f_{k,l}(\xi) e^{\mathrm{i}(\langle k, \phi \rangle + \langle l, \theta \rangle)},$$

并定义范数

$$\|f\|_{s,h} = \sum_{(k,l) \in \mathbb{Z}^m \times \mathbb{Z}^n} \|f_{k,l}\|_h e^{(|k|+|l|)s},$$

其中

$$\|f_{k,l}\|_h = \sup_{\xi \in \Pi_h} |f_{k,l}(\xi)|.$$

用 $\mathcal{C}_s^\omega(\mathcal{D}(s, h), \mathbb{C})$ 表示所有有界实解析函数的集合, 并且对 $s > 0$, 用 $\mathcal{C}^\omega(\hat{\mathbb{T}}^m \times \hat{\mathbb{T}}^n, \mathbb{C})$ 表示所有实解析函数的集合, 即 $\mathcal{C}^\omega(\hat{\mathbb{T}}^m \times \hat{\mathbb{T}}^n, \mathbb{C}) = \bigcup_{s>0} \mathcal{C}_s^\omega(\mathcal{D}(s, h), \mathbb{C})$. 如果 $f(\phi, \theta, \xi) = (f_1(\phi, \theta, \xi), \cdots, f_m(\phi, \theta, \xi))$, 我们定义

$$\|f\|_{s,h} = \max_{1 \leqslant j \leqslant m} \|f_j\|_{s,h},$$

并且如果 $f_j \in \mathcal{C}_s^\omega(\mathcal{D}(s,h),\mathbb{C})$, 则我们称 $f \in \mathcal{C}_s^\omega(\mathcal{D}(s,h),\mathbb{C}^m)$.

设 $M \subset \mathbb{C}^m \times \mathbb{C}^m$ 是一个有界集. 实解析函数 $f : \mathcal{U}(s) \times M \to \mathbb{C}$ 关于每个变量 ϕ 和 θ 都是 2π 周期的. 我们定义

$$\|f\|_{s,M} = \sum_{(k,l)\in\mathbb{Z}^m\times\mathbb{Z}^n} \|f_{k,l}\|_M e^{(|k|+|l|)s},$$

其中

$$\|f_{k,l}\|_M = \sup_{(\xi,\lambda)\in M} |f_{k,l}(\xi,\lambda)|.$$

给定 $\epsilon > 0$, 如果一个映射 $f \in \mathcal{C}_s^\omega(\mathcal{D}(s,h),\mathbb{C})$ 并且满足 $\|f\|_{s,h} \leqslant \epsilon$, 则我们记 $f = \mathcal{O}_{s,h}(\epsilon)$. 如果 f 独立于 ϕ 和 θ, 则我们记 $f = \mathcal{O}_h(\epsilon)$. 如果一个映射 $f \in \mathcal{C}_s^\omega(\mathcal{U}(s) \times M,\mathbb{C})$ 并且满足 $\|f\|_{s,M} \leqslant \epsilon$, 则我们记 $f = \mathcal{O}_{s,M}(\epsilon)$. 如果 f 独立于 ϕ 和 θ, 则我们记 $f = \mathcal{O}_M(\epsilon)$.

我们假设下列条件:

(H1) (非共振条件) 对某个 $\gamma > 0$, 频率向量 $\omega = (\omega_1,\cdots,\omega_n) \in \mathbb{R}^n$ 满足 Brjuno-Rüssmann 非共振条件, 即对所有的 $0 \neq k \in \mathbb{Z}^n$, 成立

$$|\langle k,\omega\rangle| \geqslant \frac{\gamma}{\Delta(|k|)}, \tag{4.1.1}$$

其中 Δ 是一个在定义 2.3.7 中定义的逼近函数.

(H2) (非共振条件) 对某个 $\gamma > 0$, 旋转向量 $\eta = (\eta_1,\cdots,\eta_m) \in \mathbb{R}^m$ 关于频率向量 ω 满足 Brjuno-Rüssmann 非共振条件, 即对所有的 $0 \neq (k,l) \in \mathbb{Z}^n \times \mathbb{Z}^m$, 成立

$$|\langle k,\omega\rangle + \langle l,\eta\rangle| \geqslant \frac{\gamma}{\Delta(|k|+|l|)}, \tag{4.1.2}$$

Δ 是一个在定义 2.3.7 中定义的逼近函数.

(H3) (弱非退化条件) 对所有的 $\xi \in \Pi$, 存在充分大的正整数 $\bar{N}$ 使得

$$\mathrm{rank}\left\{ \left. \frac{\partial^\alpha \eta(\xi)}{\partial \xi^\alpha} \right| \forall \alpha \in (\mathbb{Z}^+)^m \setminus \{0\}, |\alpha| \leqslant \bar{N} \right\} = m, \tag{4.1.3}$$

其中 $\eta = (\eta_1,\cdots,\eta_m)$ 并且 $\dfrac{\partial^\alpha \eta}{\partial \xi^\alpha} = \left(\dfrac{\partial^\alpha \eta_1}{\partial \xi^\alpha},\cdots,\dfrac{\partial^\alpha \eta_m}{\partial \xi^\alpha} \right)$.

4.1.2 主要结果及证明

定理 4.1.1 ([105]) *假设条件 (H1) 和 (H3) 满足. 如果选择逼近函数 $\Delta(t)$ 使得*

$$\sum_{(k,l)\in\mathbb{Z}^n\times\mathbb{Z}^m/\{0\}}\left(\frac{1}{|l|\Delta(|k|+|l|)}\right)^{\frac{1}{N}}<\infty,$$

并且如果 $f\in\mathcal{C}_s^\omega(\mathcal{D}(s,h),\mathbb{C}^m)$ 以及存在一个充分小的常数 $\epsilon>0$, 使得

$$\|f(\phi,\theta,\xi)\|_{s,h}<\epsilon,$$

则存在一个非空 Cantor 集 $\Pi_*\subset\Pi$ 和一个实解析变换族 $\Phi^*(\cdot,\cdot;\xi):\mathcal{U}(s_*)\to\mathcal{U}(s)$,

$$\phi=\psi+h_*(\psi,\theta,\xi),\quad\forall\xi\in\Pi_*$$

($s_*>\dfrac{s}{2}$ 是一个正数), 使得方程 (4.0.2) 被化为一个拟周期线性流

$$\dot{\psi}=\eta^*(\xi),\quad\dot{\theta}=\omega,$$

其中 $\|\eta(\xi)-\eta^*(\xi)\|_{\Pi_*}=\mathcal{O}(\epsilon)$. 另外, 我们也有 $\mathrm{meas}(\Pi\backslash\Pi_*)=\mathcal{O}(\gamma^{\frac{1}{N}})$.

证明   我们将使用 Pöschel-Rüssmann KAM 迭代技巧来证明这个定理. 主要思想是构造一个拟周期变换, 它由无穷多个连续的迭代步骤 (称为 KAM 步骤) 组成, 这样在每一步之后, 变换后的系统的新扰动项比前一个系统中的扰动项要小得多, 并且所有的 KAM 步骤都可以归纳地进行, 下面我们就详细地描述 KAM 迭代的整个过程.

1. KAM 步

为了证明定理 4.1.1, 我们首先给出一个 KAM 步引理. 为此, 我们引入一些符号和迭代常数. 设 Δ 是一个由定义 2.3.7 定义的逼近函数. 对 $s,h,\delta,\gamma,\epsilon>0$, 令 $s_0=s,\gamma_0=\gamma,h_0=h,\epsilon_0=\epsilon$. 取 $0<a,b<1$ 使得

$$q:=2(1-a+b)<\delta^{\bar{N}}\leqslant\frac{1}{2^{\bar{N}}}.$$

设 $\Lambda_0\geqslant\Lambda(1)=\Delta(1)$ 和 $\tau_0:=\Lambda^{-1}(\Lambda_0)$ 足够大, 使得

$$\frac{\log(1-a)}{\log(\delta^{-1}\sqrt[\bar{N}]{q})}\int_{\tau_0}^{\infty}\frac{\ln\Lambda(t)}{t^2}dt<\frac{s}{2}. \tag{4.1.4}$$

我们用下列方式定义数列 $(\epsilon_\nu)_{\nu\geqslant 0}, (\Lambda_\nu)_{\nu\geqslant 0}, (\tau_\nu)_{\nu\geqslant 0}, (\gamma_\nu)_{\nu\geqslant 0}, (h_\nu)_{\nu\geqslant 0}, (T_\nu)_{\nu\geqslant 0},$
$(\sigma_\nu)_{\nu\geqslant 0}$ 和 $(s_\nu)_{\nu\geqslant 0}$:

$$
\begin{cases}
\epsilon_\nu = \epsilon_0 q^\nu, \quad \Lambda_\nu = (\delta(\sqrt[\aleph]{q})^{-1})^\nu \Lambda_0, \quad \tau_\nu = \Lambda^{-1}(\Lambda_\nu), \\[2mm]
\gamma_{\nu+1} = \gamma_\nu - a\Lambda(\tau_\nu)\epsilon_\nu, \quad h_\nu = \dfrac{(\delta^{-1}\sqrt[\aleph]{q})^\nu \gamma_\nu}{2\Lambda_0 T_\nu}, \\[3mm]
T_{\nu+1} = T_\nu + \dfrac{a\epsilon_\nu}{(1 - \delta^{-1}\sqrt[\aleph]{q})h_\nu}, \quad 1 - a = e^{-\tau_\nu \sigma_\nu}, \\[3mm]
s_{\nu+1} = s_\nu - \sigma_\nu.
\end{cases}
$$

数列 γ_ν 和 T_ν 可以被正的上下界所控制. 由 γ_ν 的定义, 我们有

$$
\gamma_{\nu+1} = \gamma_\nu - a\Lambda(\tau_\nu)\epsilon_\nu \geqslant \gamma_\nu - a\Lambda_0\epsilon_0\delta^\nu \geqslant \gamma_0 - a\Lambda_0\epsilon_0 \sum_{\nu\geqslant 0}\delta^\nu = \gamma - \frac{a\Lambda_0\epsilon_0}{1-\delta}.
$$

只要 $0 < \epsilon_0 < (1-\delta)\gamma/(2a\Lambda_0)$, 这有

$$
\gamma/2 \leqslant \gamma_\nu \leqslant \gamma, \quad \forall\, \nu \geqslant 0.
$$

由 T_ν 的定义, 我们有

$$
T_{\nu+1} = T_\nu + \frac{a\epsilon_\nu}{(1 - \delta^{-1}\sqrt[\aleph]{q})h_\nu} \leqslant T_\nu\left(1 + \delta^\nu\right) \leqslant T_0 \prod_{\nu\geqslant 0}\left(1 + \delta^\nu\right).
$$

只要 $\epsilon_0 \leqslant \gamma(1 - \delta^{-1}\sqrt[\aleph]{q})/(4a\Lambda_0)$, 就有

$$
T_0 \leqslant T_\nu \leqslant e^{\frac{1}{1-\delta}}T_0, \quad \forall \nu \geqslant 0.
$$

另外, 由 $h_\nu = (\delta^{-1}\sqrt[\aleph]{q})^\nu \gamma_\nu/(2\Lambda_0 T_\nu)$, 可推出

$$
\frac{h_{\nu+1}}{h_\nu} = \frac{\gamma_{\nu+1}}{\gamma_\nu} \cdot \frac{T_\nu}{T_{\nu+1}} \cdot \delta^{-1}\sqrt[\aleph]{q} \leqslant \delta^{-1}\sqrt[\aleph]{q}.
$$

所以

$$
h_{\nu+1} \leqslant \delta^{-1}\sqrt[\aleph]{q}\, h_\nu. \tag{4.1.5}
$$

接下来我们验证当 $\nu \to +\infty$ 时, 数列 s_ν 趋于一个正的极限. 实际上, 设 $t = \Lambda^{-1}(\Lambda_0(\delta^{-1}\sqrt[\aleph]{q})^{-\nu})$, 就有

$$
\sum_{\nu\geqslant 0}\frac{1}{\tau_\nu} \leqslant \int_0^\infty \frac{d\nu}{\Lambda^{-1}(\Lambda_0(\delta^{-1}\sqrt[\aleph]{q})^{-\nu})} = \frac{1}{\log(\delta^{-1}\sqrt[\aleph]{q})^{-1}}\int_{\tau_0}^\infty \frac{d\Lambda(t)}{t\Lambda(t)}.
$$

根据分部积分法以及 $\Lambda(\tau_0) \geqslant (\delta^{-1} \sqrt[\bar{s}]{q})^{-1}$, 就得

$$\sum_{\nu \geqslant 0} \frac{1}{\tau_\nu} \leqslant \frac{1}{\log(\delta^{-1} \sqrt[\bar{s}]{q})^{-1}} \int_{\tau_0}^{\infty} \frac{\log \Lambda(t)}{t^2} dt.$$

由此可推出

$$\sum_{\nu \geqslant 0} \sigma_\nu = \sum_{\nu \geqslant 0} \frac{\log(1-a)^{-1}}{\tau_\nu} \leqslant \frac{\log(1-a)}{\log(\delta^{-1} \sqrt[\bar{s}]{q})} \int_{\tau_0}^{\infty} \frac{\log \Lambda(t)}{t^2} dt.$$

由 (4.1.4), 我们可得 $\sum_{\nu \geqslant 0} \sigma_\nu \leqslant s/2$. 因此 $s_\nu \to s_* \geqslant s/2$.

设 $\Pi_{-1} := \Pi$ 并且用

$$\Pi_{\nu+1} = \left\{ \xi \in \Pi_\nu \ : \ |\langle k, \omega \rangle + \langle l, \eta_{\nu+1}(\xi) \rangle| \geqslant \frac{\gamma_{\nu+1}}{\Delta(|k| + |l|)}, \right.$$

$$\left. \forall 0 < |k| + |l| \leqslant \tau_{\nu+1} \right\} \tag{4.1.6}$$

表示非共振集 Π_ν, 其中 $\eta_{\nu+1}(\xi)$ 的定义可在后面看到. 进一步定义 Π_ν 的一个复邻域:

$$\Pi_{h_\nu} = \{ \xi \in \mathbb{C} \ : \ \text{dist}(\xi, \Pi_\nu) \leqslant h_\nu \}. \tag{4.1.7}$$

在下面我们用 c 和 C 表示两个普适常数, 而不考虑它们的大小.

我们首先证明下列引理.

引理 4.1.1 假设一个微分方程组 $(Eq)_l$ $(l = 0, 1, \cdots, \nu)$, 它在 $\mathcal{U}(s_l) \times \Pi_{h_l}$ 上定义并且有形式

$$\begin{cases} \dot{\phi} = \eta_l(\xi) + f_l(\phi, \theta, \xi), \\ \dot{\theta} = \omega. \end{cases} \tag{$Eq)_l$}$$

假设

$(l.1)$ 函数 $\eta_l : \Pi_{h_l} \to \mathbb{C}$ 是实解析的并且满足下列条件

$(l.1)_1$ 存在 $(\alpha_1, \cdots, \alpha_m)(\alpha_i \in (\mathbb{Z}^+)^m \setminus \{0\})$ 和 $0 < |\alpha_i| \leqslant \bar{N}$, 使得对所有的 $\xi \in \Pi_{h_l}$, 有

$$\det \left(\frac{\partial^{\alpha_1} \eta_l}{\partial \xi^{\alpha_1}}, \cdots, \frac{\partial^{\alpha_m} \eta_l}{\partial \xi^{\alpha_m}} \right) \neq 0;$$

$(l.1)_2$ $\dfrac{\partial \eta_l(\xi)}{\partial \xi} = \mathcal{O}_{h_l}(T_l).$

(l.2) 函数 f_l 在 $\mathcal{U}(s_l) \times \Pi_{h_l}$ 上是实解析的, 并且下列估计成立:

$$f_l = \mathcal{O}_{s_l, h_l}(\epsilon_l),$$

则对充分小的 $\epsilon_0 > 0$ 和任意的 $\xi \in \Pi_{h_{\nu+1}}$, 存在一个变量变换

$$\mathcal{S}_\nu : \mathcal{U}(s_{\nu+1}) \times \Pi_{h_{\nu+1}} \to \mathcal{U}(s_\nu) \times \Pi_{h_\nu},$$

它有形式

$$\phi = \phi_+ + g_\nu(\phi_+, \theta, \xi), \tag{4.1.8}$$

其中 ϕ 是 "老" 变量, ϕ_+ 是 "新" 变量, 并且 g_ν 在 $(\phi_+, \theta, \eta) \in \mathcal{U}(s_{\nu+1}) \times \Pi_{h_{\nu+1}}$ 是实解析的, 它把方程 $(Eq)_\nu$ 变到方程 $(Eq)_{\nu+1}$, 并且用 $\nu + 1$ 代替 ν 以及 ϕ_+ 代替 ϕ 后条件 $(l.1)$ 和 $(l.2)$ 仍满足.

证明 为了书写简单, 在下面的证明中我们没有明显地写出参数 ξ, 这并不至于引起混乱. 这个引理实际上是 KAM 迭代的一步. 我们的目的是在一个较小的区域 $\mathcal{D}(s_{\nu+1}, r_{\nu+1}) \times \Pi_{h_{\nu+1}}$ 中寻找一个变量变换 $\mathcal{S}_\nu$, 使得系统 $(Eq)_\nu$ 被变到 $(Eq)_{\nu+1}$ 并且条件 $(l.1)$ 和 $(l.2)$ 用 $\nu + 1$ 代替 l 仍成立. 为此, 我们分下列两步证明.

A. 变换的截断和构造 设 $f_\nu(\phi, \theta)$ 是关于 $\phi = (\phi_1, \cdots, \phi_m)$ 的每一个分量都是 2π 周期的, $\theta = (\theta_1, \cdots, \theta_n)$ 并且它的 Fourier 展开式是

$$f_\nu = \sum_{(k,l) \in \mathbb{Z}^m \times \mathbb{Z}^n} f_{k,l}^\nu e^{\mathrm{i}(\langle k, \theta \rangle + \langle l, \phi \rangle)}.$$

设 $f_\nu = \hat{f}_\nu + \tilde{f}_\nu$, 其中

$$\hat{f}_\nu = \sum_{|k|+|l| > \tau_\nu} f_{k,l}^\nu e^{\mathrm{i}(\langle k, \theta \rangle + \langle l, \phi \rangle)} + (1 - a) \sum_{|k|+|l| \leqslant \tau_\nu} f_{k,l}^\nu e^{(|k|+|l|)\sigma_\nu} e^{\mathrm{i}(\langle k, \theta \rangle + \langle l, \phi \rangle)}$$

以及

$$\tilde{f}_\nu = \sum_{|k|+|l| \leqslant \tau_\nu} \tilde{f}_{k,l}^\nu e^{\mathrm{i}(\langle k, \theta \rangle + \langle l, \phi \rangle)}, \quad \tilde{f}_{k,l}^\nu = (1 - (1-a)e^{(|k|+|l|)\sigma_\nu}) f_{k,l}^\nu.$$

鉴于 $1 - a = e^{-\tau_\nu \sigma_\nu}$, 我们有

$$\|\hat{f}_\nu\|_{s_\nu - \sigma_\nu, h_\nu} \leqslant (1 - a)\|f_\nu\|_{s_\nu, h_\nu} \leqslant (1 - a)\epsilon_\nu,$$

$$\|\tilde{f}_\nu\|_{s_\nu, h_\nu} = \sum_{0 \leqslant |k|+|l| \leqslant \tau_\nu} (1 - (1-a)e^{(|k|+|l|)\sigma_\nu})|f^\nu_{k,l}|e^{(|k|+|l|)s_\nu}$$

$$\leqslant \sup_{0 \leqslant t \leqslant \tau_\nu} (1 - (1-a)e^{t\sigma_\nu}) \sum_{0 \leqslant |k|+|l| \leqslant \tau_\nu} |f^\nu_{k,l}|e^{(|k|+|l|)s_\nu}$$

$$\leqslant a\|f_\nu\|_{s_\nu, h_\nu} \leqslant a\epsilon_\nu.$$

我们构造形如 (4.1.8) 的变换 $\mathcal{S}_\nu$, 其中

$$g_\nu(\phi_+, \theta) = \sum_{|k|+|l| \leqslant \tau_\nu} g^\nu_{k,l} e^{i(\langle k, \theta \rangle + \langle l, \phi_+ \rangle)}.$$

这个变换由下列同调方程确定

$$\partial_\omega g_\nu + \frac{\partial g_\nu}{\partial \phi_+} \eta_{\nu+1} = \tilde{f}_\nu(\phi_+, \theta) - \mathrm{av}(\tilde{f}_\nu, \phi_+, \theta), \tag{4.1.9}$$

其中, $\mathrm{av}(f)$ 表示 f 关于它的变量的平均. 一旦方程 (4.1.9) 可解, 系统 $(Eq)_\nu$ 可被 (4.1.8) 变为

$$\dot{\phi}_+ = \eta_{\nu+1} + f_{\nu+1}(\phi_+, \theta),$$

其中

$$\eta_{\nu+1} = \eta_\nu + \mathrm{av}(\tilde{f}_\nu, \phi_+, \theta),$$

$$f_{\nu+1} = \left(I_m + \frac{\partial g_\nu}{\partial \phi_+}\right)^{-1} \left(\hat{f}_\nu(\phi_+, \theta) + \int_0^1 (1-s) \frac{\partial f_\nu(\phi_+ + sg_\nu, \theta)}{\partial \phi} g_\nu ds\right). \tag{4.1.10}$$

这里 I_m 表示 $m \times m$ 单位矩阵.

现在我们解同调方程 (4.1.9). 取 $g^0_{0,0} = 0$. 于是, 从 (4.1.9) 得

$$i\left(\langle k, \omega \rangle + \langle l, \eta_{\nu+1} \rangle\right) g^\nu_{k,l} = \tilde{f}^\nu_{k,l}, \quad \forall 0 < |k| + |l| \leqslant \tau_\nu. \tag{4.1.11}$$

为了估计 g_ν, 我们首先估计新的旋转向量 $\eta_{\nu+1}$. 注意到 $\mathrm{av}(\tilde{f}_\nu, \phi_+, \theta)$ 在 $\xi \in \Pi_{h_{\nu+1}}$ 上是实解析的, 由 (4.1.5) 和 Cauchy 估计, 易证

$$\left\|\frac{\partial^{\alpha_i} \mathrm{av}(\tilde{f}_\nu, \phi_+, \theta)}{\partial \xi^{\alpha_i}}\right\|_{h_{\nu+1}} \leqslant \frac{\|\tilde{f}^\nu\|_{s_\nu, h_\nu}}{(1 - \delta^{-1} \sqrt[8]{q})^{|\alpha_i|} h_\nu^{|\alpha_i|}} \leqslant C\delta^\nu \epsilon_0.$$

根据 (4.1.10) 的第一个等式, 我们有

$$\frac{\partial^{\alpha_i} \eta_{\nu+1}}{\partial \xi^{\alpha_i}} = \frac{\partial^{\alpha_i} \eta_0}{\partial \xi^{\alpha_i}} + \sum_{j=0}^\nu \frac{\partial^{\alpha_i} \mathrm{av}(\tilde{f}_j, \phi_+, \theta)}{\partial \xi^{\alpha_i}}.$$

因为

$$\left| \sum_{j=0}^{\nu} \frac{\partial^{\alpha_i} \mathrm{av}(\widetilde{f}_j, \phi_+, \theta)}{\partial \xi^{\alpha_i}} \right| \leqslant C\epsilon_0 \sum_{\nu=0}^{\infty} \delta^{\nu},$$

所以有

$$\frac{\partial^{\alpha_i} \eta_{\nu+1}(\eta)}{\partial \xi^{\alpha_i}} = \frac{\partial^{\alpha_i} \eta_0(\eta)}{\partial \xi^{\alpha_i}} + e(\epsilon_0),$$

其中 $e(\epsilon_0) = \mathcal{O}(\epsilon_0)$. 所以只要 ϵ_0 足够小, 就有

$$\det\left(\frac{\partial^{\alpha_1} \eta_{\nu+1}}{\partial \xi^{\alpha_1}}, \cdots, \frac{\partial^{\alpha_m} \eta_{\nu+1}}{\partial \xi^{\alpha_m}} \right) \neq 0.$$

进一步, 对任意的 $\xi \in \Pi_{h_\nu}$, 有

$$|\eta_{\nu+1}(\xi) - \eta_\nu(\xi)| \leqslant \|\mathrm{av}(\widetilde{f}^\nu, \phi_+, \theta)\|_{h_\nu} \leqslant \|\widetilde{f}^\nu\|_{s_\nu, h_\nu} \leqslant a\epsilon_\nu.$$

由 Cauchy 估计和 (4.1.5), 我们有

$$\left| \frac{\partial(\eta_{\nu+1}(\xi) - \eta_\nu(\xi))}{\partial \xi} \right| \leqslant \frac{a\epsilon_\nu}{(1 - \delta^{-1} \sqrt[\aleph]{q})h_\nu}, \quad \forall \xi \in \Pi_{h_{\nu+1}}.$$

因此, 根据 $T_{\nu+1} = T_\nu + \dfrac{a\kappa_\nu}{(1 - \delta^{-1} \sqrt[\aleph]{q})h_\nu}$, 有

$$\max_{\xi \in \Pi_{h_{\nu+1}}} \left| \frac{\partial \eta_{\nu+1}(\xi)}{\partial \xi} \right| \leqslant \max_{\xi \in \Pi_{h_\nu}} \left| \frac{\partial \eta_\nu(\xi)}{\partial \xi} \right| + \frac{a\epsilon_\nu}{(1 - \delta^{-1} \sqrt[\aleph]{q})h_\nu}$$

$$\leqslant T_\nu + \frac{a\epsilon_\nu}{(1 - \delta^{-1} \sqrt[\aleph]{q})h_\nu} = T_{\nu+1}. \tag{4.1.12}$$

这就证明了条件 $(l.1)_1$ 和 $(l.1)_2$ 对 $l = \nu + 1$ 成立. 另外, 对任意的 $\xi \in \Pi_{h_{\nu+1}}$, 一定存在一个使得 $|\xi - \xi_0| < h_{\nu+1} = \dfrac{(\delta^{-1} \sqrt[\aleph]{q})^{\nu+1} \gamma_{\nu+1}}{2\Lambda_0 T_{\nu+1}}$ 的参数 $\xi_0 \in \Pi_{\nu+1}$. 所以, 由 $\Lambda(\tau_{\nu+1}) = \tau_{\nu+1} \Delta(\tau_{\nu+1})$ 和 (4.1.12), 得

$$|\langle l, (\eta_{\nu+1}(\xi) - \eta_{\nu+1}(\xi_0)) \rangle|$$

$$\leqslant |l||\eta_{\nu+1}(\xi) - \eta_{\nu+1}(\xi_0)|$$

$$\leqslant \tau_{\nu+1} T_{\nu+1} h_{\nu+1} = \frac{(\delta^{-1} \sqrt[\aleph]{q})^{\nu+1} \gamma_{\nu+1} \Lambda(\tau_{\nu+1})}{2\Lambda_0 \Delta(\tau_{\nu+1})}$$

$$\leqslant \frac{(\delta^{-1} \sqrt[\aleph]{q})^{\nu+1} \gamma_{\nu+1} \Lambda_{\nu+1}}{2\Lambda_0 \Delta(\tau_{\nu+1})} \leqslant \frac{\gamma_{\nu+1}}{2\Delta(\tau_{\nu+1})}.$$

如果 $\xi_0 \in \Pi_{\nu+1}$, 则所有的除数都有下界

$$|\mathrm{i}(\langle k, \omega \rangle + \langle l, \eta_{\nu+1}(\xi) \rangle)|$$
$$\geqslant |\langle k, \omega \rangle + \langle l, \eta_{\nu+1}(\xi_0) \rangle| - |l||\eta_{\nu+1}(\xi) - \eta_{\nu+1}(\xi_0)|$$
$$\geqslant \frac{\gamma_{\nu+1}}{\Delta(|k| + |l|)} - \frac{\gamma_{\nu+1}}{2\Delta(\tau_{\nu+1})}$$
$$\geqslant \frac{\gamma_{\nu+1}}{2\Delta(\tau_{\nu+1})}.$$

因此, 在集合 (4.1.6) 中的非共振条件对所有的 $\xi \in \Pi_{h_{\nu+1}}$ 都成立. 从 (4.1.11) 并且用 $a = 1 - e^{-\tau_{\nu+1}\sigma_{\nu+1}} \leqslant \tau_{\nu+1}\sigma_{\nu+1}$, 对 $0 < |k| + |l| \leqslant \tau_\nu$, 我们有

$$\|g_\nu\|_{s_\nu, h_{\nu+1}} \leqslant 2\gamma_{\nu+1}^{-1}\Delta(\tau_{\nu+1})\|\tilde{f}^\nu\|_{s_\nu, h_\nu} \leqslant 2a\epsilon_\nu \gamma_{\nu+1}^{-1}\Delta(\tau_{\nu+1}) \leqslant C\epsilon_0 \delta^{\nu+1}\sigma_\nu. \quad (4.1.13)$$

B. 新扰动项的估计　由 Cauchy 估计和 (4.1.13), 我们有

$$\left\|\frac{\partial g_\nu}{\partial \phi_+}\right\|_{s_{\nu+1}, h_{\nu+1}} \leqslant \frac{1}{\sigma_\nu}\|g_\nu\|_{s_\nu, h_{\nu+1}} \leqslant C\epsilon_0 \delta^{\nu+1}. \quad (4.1.14)$$

最后, 用 (4.1.13) 和 (4.1.14), 只要 ϵ_0 足够小, 我们有下列估计

$$\|f_{\nu+1}\|_{s_{\nu+1}, h_{\nu+1}} \leqslant 2\left((1-a)\epsilon_\nu + \frac{1}{\sigma_\nu - \|g_\nu\|_{s_\nu, h_{\nu+1}}}\|f_\nu\|_{s_\nu, h_\nu}\|g_\nu\|_{s_\nu, h_{\nu+1}}\right)$$
$$\leqslant 2\left((1-a)\epsilon_\nu + C\epsilon_0\epsilon_\nu\right)$$
$$\leqslant 2\left(1 - a + C\epsilon_0\right)\epsilon_\nu \leqslant 2\left(1 - a + b\right)\epsilon_\nu$$
$$= q\epsilon_\nu \leqslant \epsilon_{\nu+1}.$$

这就证明了 $(l.2)$ 对 $l = \nu + 1$ 成立. 于是, 引理 4.1.1 得证. □

　　现在我们继续定理的证明.

2. KAM 迭代的收敛性

　　由于系统 (4.0.2) 满足引理 4.1.1 中用 $l = 0$ 代替 l 的条件 $(l.1)$-$(l.2)$, 用归纳法, 可得对任意 $\nu \geqslant 0$ 都存在一个形如 (4.1.8) 的数列

$$\mathcal{S}_\nu : \mathcal{U}(s_{\nu+1}) \times \Pi_{h_{\nu+1}} \to \mathcal{U}(s_\nu) \times \Pi_{h_\nu}$$

使得

$$(Eq)_\nu \circ \mathcal{S}_\nu = (Eq)_{\nu+1}.$$

设

$$\mathcal{S}^\nu := \mathcal{S}_0 \circ \mathcal{S}_1 \circ \cdots \circ \mathcal{S}_\nu : \mathcal{U}(s_{\nu+1}) \times \Pi_{h_{\nu+1}} \to \mathcal{U}(s_0) \times \Pi_{h_0}.$$

从不等式 (4.1.13) 和 (4.1.14), 可推出

$$\|\mathcal{S}_\nu - id\|_{s_{\nu+1}, h_{\nu+1}} \leqslant \|g_{\nu 0}(\phi_+, \theta, \eta)\|_{s_{\nu+1}, h_{\nu+1}} \leqslant C\epsilon_0 \delta^{\nu+1},$$

$$\|D\mathcal{S}_\nu - Id\|_{s_{\nu+1}, h_{\nu+1}} \leqslant \left\|\frac{\partial g_\nu}{\partial \phi_+}(\phi_+, \theta, \eta)\right\|_{s_{\nu+1}, h_{\nu+1}} \leqslant C\epsilon_0 \delta^{\nu+1},$$

其中 id 表示单位映射, Id 表示单位矩阵, D 表示关于 ϕ_+ 的 Jacobian 矩阵. 这意味着只要 ϵ_0 足够小, 就有

$$\|\mathcal{S}_\nu - id\|_{s_{\nu+1}, h_{\nu+1}} \leqslant \delta^\nu, \quad \|D\mathcal{S}_\nu - Id\|_{s_{\nu+1}, h_{\nu+1}} \leqslant \delta^\nu. \tag{4.1.15}$$

于是, 从 (4.1.15) 的两个不等式可推出

$$\|D\mathcal{S}_j(\mathcal{S}_{j+1} \circ \cdots \circ \mathcal{S}_\nu)\|_{s_{\nu+1}, h_{\nu+1}} \leqslant 1 + \delta^j, \quad j = 0, 1, \cdots, \nu - 1.$$

由此推出

$$\|D\mathcal{S}^{\nu-1}\|_{s_\nu, h_\nu} \leqslant \prod_{\nu \geqslant 1}(1 + \delta^{\nu-1}) \leqslant e^{\frac{1}{1-\delta}}.$$

于是

$$\begin{aligned}
\|\mathcal{S}^\nu - \mathcal{S}^{\nu-1}\|_{s_{\nu+1}, h_{\nu+1}} &= \|\mathcal{S}^{\nu-1}(\mathcal{S}_\nu) - \mathcal{S}^{\nu-1}\|_{s_{\nu+1}, h_{\nu+1}} \\
&\leqslant \|D\mathcal{S}^{\nu-1}\|_{s_\nu, h_\nu} \cdot \|\mathcal{S}_\nu - id\|_{s_{\nu+1}, h_{\nu+1}} \\
&\leqslant e^{\frac{1}{1-\delta}} \delta^\nu.
\end{aligned}$$

如果我们定义 $\mathcal{S}_{-1} := id$, 则对 $\nu = 0$ 相同的不等式成立. 根据当 $\nu \to \infty$ 时有 $s_\nu \to s_* \geqslant s/2, h_\nu \to 0$, 所以映射 $\mathcal{S}^\nu$:

$$\mathcal{S}^\nu = \mathcal{S}^0 + \sum_{i=0}^\nu (\mathcal{S}^i - \mathcal{S}^{i-1}), \quad \mathcal{S}^{-1} := id$$

在

$$\bigcap_{\nu \geqslant 0} \mathcal{U}(s_\nu) \times \bigcap_{\nu \geqslant 0} \Pi_{h_\nu} := \mathcal{U}(s_*) \times \Pi_*$$

上一致收敛于映射 $\mathcal{S}^*$. 这个映射在 $\mathcal{U}(s_*) \times \Pi_*$ 上是实解析的. 由它推出存在 $\mathcal{S}^*$ 的逆映射. 类似地, 鉴于

$$\|\eta_{\nu+1}(\xi) - \eta_\nu(\xi)\|_{h_\nu} \leqslant a\epsilon_\nu,$$

我们可得 η_ν 在 Π_* 上一致收敛, 并且有下列估计

$$\|\eta^*(\xi) - \eta(\xi)\|_{\Pi_*} \leqslant C\epsilon_0.$$

3. 测度估计

在这一段中, 我们要估计集合 $\Pi \backslash \Pi_*$ 的测度. 首先我们注意到 $\Pi_* = \bigcap_{\nu \geqslant 0} \Pi_\nu$, 其中集合 $\Pi \supset \Pi_0 \supset \Pi_1 \supset \cdots$ 是归纳的由 (4.1.6) 定义.

现在我们归纳地重新定义集合

$$\Pi_{\nu+1} = \Pi_\nu \backslash \bigcup_{\tau_\nu < |k|+|l| \leqslant \tau_{\nu+1}} R_{k,l}^{\nu+1}, \tag{4.1.16}$$

其中

$$R_{k,l}^{\nu+1} = \left\{ \xi \in \Pi_\nu : |\langle k, \omega \rangle + \langle l, \eta_{\nu+1}(\xi) \rangle| < \frac{\gamma_{\nu+1}}{\Delta(|k|+|l|)} \right\},$$

这里 $\Pi_{-1} := \Pi$ 以及 $\tau_{-1} = 0$.

如果 $\xi \in \Pi_\nu$ 和 $0 < |k| + |l| \leqslant \tau_\nu$, 则

$$|\langle k, \omega \rangle + \langle l, \eta_{\nu+1}(\xi) \rangle|$$
$$\geqslant |\langle k, \omega \rangle + \langle l, \eta_\nu(\xi) \rangle| - |l||\eta_{\nu+1}(\xi) - \eta_\nu(\xi)|$$
$$\geqslant \frac{\gamma_\nu}{\Delta(|k|+|l|)} - \frac{a\Lambda(\tau_\nu)\epsilon_\nu}{\Delta(\tau_\nu)}$$
$$\geqslant \frac{\gamma_\nu - a\Lambda(\tau_\nu)\epsilon_\nu}{\Delta(|k|+|l|)} = \frac{\gamma_{\nu+1}}{\Delta(|k|+|l|)}.$$

所以

$$\Pi_\nu = \left\{ \xi \in \Pi_\nu : |\langle k, \omega \rangle + \langle l, \eta_{\nu+1}(\xi) \rangle| \geqslant \frac{\gamma_{\nu+1}}{\Delta(|k|+|l|)}, 0 < |k| + |l| \leqslant \tau_\nu \right\}.$$

然后, 有

$$\Pi_{\nu+1} = \Pi_\nu \backslash \bigcup_{\tau_\nu < |k|+|l| \leqslant \tau_{\nu+1}} R_{k,l}^{\nu+1} = \Pi_\nu \cap \left(\bigcap_{\tau_\nu < |k|+|l| \leqslant \tau_{\nu+1}} (R_{k,l}^{\nu+1})^c \right)$$
$$= \left\{ \xi \in \Pi_\nu : |\langle k, \omega \rangle + \langle l, \eta_{\nu+1}(\xi) \rangle| \geqslant \frac{\gamma_{\nu+1}}{\Delta(|k|+|l|)}, 0 < |k| + |l| \leqslant \tau_\nu \right\}$$
$$\cap \left(\bigcap_{\tau_\nu < |k|+|l| \leqslant \tau_{\nu+1}} \left\{ \xi \in \Pi_\nu : |\langle k, \omega \rangle + \langle l, \eta_{\nu+1}(\xi) \rangle| \geqslant \frac{\gamma_{\nu+1}}{\Delta(|k|+|l|)} \right\} \right)$$
$$= \left\{ \xi \in \Pi_\nu : |\langle k, \omega \rangle + \langle l, \eta_{\nu+1}(\xi) \rangle| \geqslant \frac{\gamma_{\nu+1}}{\Delta(|k|+|l|)}, 0 < |k| + |l| \leqslant \tau_{\nu+1} \right\}.$$

因此, 使用 (4.1.6) 的方式定义 Π_ν 与使用 (4.1.16) 的方式是等价的. 用 (4.1.16), 有

$$\Pi \setminus \Pi_* = \bigcup_{\nu=0}^{\infty} \bigcup_{\tau_{\nu-1} < |k|+|l| \leqslant \tau_\nu} R_{k,l}^\nu.$$

下面我们开始估计 $R_{k,l}^\nu$ 的测度. 如果 $l = 0$, 用 Brjuno-Rüssmann 非共振条件 (4.1.1) 可得 $\text{meas} R_{k,l}^\nu = 0$. 如果 $l \neq 0$, 用 (4.1.8), 我们有

$$\text{rank}\left\{ \frac{\partial^\alpha \eta_\nu}{\partial \xi^\alpha} \,\bigg|\, \forall \alpha \in (\mathbb{Z}^+)^m \setminus \{0\}, \; |\alpha| \leqslant \bar{N} \right\} = m.$$

从附录中的引理 4.1.3 可推出

$$\text{meas} R_{k,l}^\nu \leqslant C \left(\frac{\gamma_\nu}{|l| \Delta(|k|+|l|)} \right)^{\frac{1}{N}}.$$

于是, 我们有下列估计

$$\begin{aligned}
\text{meas}(\Pi \setminus \Pi_*) &\leqslant C \sum_{\nu \geqslant 0} \sum_{\tau_{\nu-1} < |k|+|l| \leqslant \tau_\nu} \left(\frac{\gamma_\nu}{|l| \Delta(|k|+|l|)} \right)^{\frac{1}{N}} \\
&\leqslant C \gamma^{\frac{1}{N}} \sum_{(k,l) \in \mathbb{Z}^n \times \mathbb{Z}^m / \{0\}} \left(\frac{1}{|l| \Delta(|k|+|l|)} \right)^{\frac{1}{N}} \\
&\leqslant C \gamma^{\frac{1}{N}}.
\end{aligned}$$

这就完成了定理 4.1.1 的证明. $\qquad\qquad\qquad\qquad\qquad\qquad\qquad \Box$

定理 4.1.2 假设条件 (H2) 满足. 如果 $f \in C_s^\omega(\mathcal{U}(s) \times M, \mathbb{C}^m)$ 并且存在一个充分小的常数 $\epsilon > 0$, 使得

$$\|f(\phi, \theta, \xi)\|_{s,M} < \epsilon,$$

则在 M 中 (它的定义见 (4.1.20)) 存在一个 C^∞ 光滑曲线 $\Gamma := (\xi, \lambda_*(\xi))$, $\xi \in \Pi$, 使得方程

$$\dot{\phi} = \eta - \lambda_*(\xi) + f(\phi, \theta, \xi), \quad \dot{\theta} = \omega$$

可通过一个解析拟周期变换族 $\Phi^*(\cdot, \cdot; \xi, \lambda_*(\xi)) : \mathcal{U}(s_*) \to \mathcal{U}(s)$,

$$\phi = \psi + g_*(\psi, \theta, \xi, \lambda_*(\xi)), \quad \forall \xi \in \Pi$$

$(s_* > \dfrac{s}{2}$ 是一个正常数) 变到一个拟周期线性流

$$\dot{\psi} = \eta, \quad \dot{\theta} = \omega. \tag{4.1.17}$$

此外, 如果对所有的 $\xi \in \partial\Pi$, 函数 $f(\phi, \theta, \xi)$ 满足

$$\langle \mathrm{av}(f, \phi, \theta)(\xi), \xi \rangle \geqslant \epsilon c_f,$$

其中 $c_f > 0$ 并且 $\mathrm{av}(\cdot, \phi, \theta)$ 意指关于 ϕ 和 θ 的平均, 则存在一个 $\xi_* \in \Pi$ 使得 $\lambda_*(\xi_*) = 0$, 即具有 $\xi = \xi_*$ 的系统

$$\dot{\phi} = \eta + f(\phi, \theta, \xi), \quad \dot{\theta} = \omega \tag{4.1.18}$$

可以化为 (4.1.17).

证明　由于在系统 (4.1.18) 中的旋转向量 η 独立于 ξ, 所以 η 关于参数 ξ 是退化的. 因此它在 KAM 迭代中不能很好地控制非共振集的测度. 为了克服这个困难, 我们将使用 Herman 方法证明定理 4.1.2. Herman 方法是一种众所周知的 KAM 技术, 它引入了一个人工的外部参数, 使无扰动系统高度非退化. 换言之, 我们考虑系统

$$\dot{\phi} = -\lambda + \eta + f(\phi, \theta, \xi), \quad \dot{\theta} = \omega, \tag{4.1.19}$$

其中 $\lambda \in \mathbb{R}^m$ 是一个外部参数. 显然, 系统 (4.1.18) 对应于具有 $\lambda = 0$ 的系统 (4.1.19).

定义集合

$$\mathcal{B}(\Gamma, \varrho) = \{\lambda \in \mathbb{C}^m \mid \mathrm{dist}(\lambda, \Gamma) \leqslant \varrho\}.$$

它是复空间 $\mathbb{C}^m$ 中 Γ 的一个复 ϱ 邻域. 设

$$M = \Pi_\varrho \times \mathcal{B}(0, 1), \tag{4.1.20}$$

其中

$$\Pi_\varrho = \{\xi \in \mathbb{C}^m \mid \mathrm{dist}(\xi, \Pi) \leqslant \varrho\}.$$

现在我们详细地给出一个 KAM 步.

1. KAM 步

设 Δ 是一个在定义 2.3.7 中定义的逼近函数. 对 $s, \epsilon > 0$, 我们令 $s_0 = s$, $\varrho_0 = \epsilon_0^{\frac{1}{2}}$ 和 $\epsilon_0 = \epsilon$. 设 $\Lambda_0 \geqslant \Lambda(1) = \Delta(1)$. 取 $1/2 < a < 1$, $0 < b < 1$ 和 $\delta < \dfrac{1}{2}$ 使得

$$q = 2(1 - a + b) \leqslant \min\left\{\delta^2, \frac{c_f}{4C_\Pi}\right\},$$

其中 $C_\Pi = \sup_{\xi \in \partial \Pi} |\xi|$. 然后设 $\Lambda_0 \geqslant \Lambda(1) = \Delta(1)$ 以及 $\tau_0 := \Lambda^{-1}(\Lambda_0)$ 足够大, 使得

$$\frac{\log(1-a)}{\log(\delta^{-1}\sqrt{q})} \int_{\tau_0}^{\infty} \frac{\ln \Lambda(t)}{t^2} dt < \frac{s}{2}.$$

下面我们定义一些参数数列如下:

$$\begin{cases} \epsilon_\nu = \epsilon_0 q^\nu, \quad \Lambda_\nu = \left(\frac{\delta}{\sqrt{q}}\right)^\nu, \quad \tau_\nu = \Lambda^{-1}(\Lambda_\nu), \\ 1 - a = e^{-\tau_\nu \sigma_\nu}, \quad \varrho_{\nu+1} = \varrho_\nu - \frac{d_\nu}{2}, \quad s_{\nu+1} = s_\nu - \sigma_\nu, \\ d_\nu = \epsilon_0^{\frac{3}{4}} q^{\frac{3}{4}\nu}. \end{cases}$$

类似于定理 4.1.1 的证明, s_ν 有一个正的极限并且 $\sum_{\nu \geqslant 0} \sigma_\nu \leqslant s/2$. 假设 ν 步后, 定义在区域 $\mathcal{U}(s_\nu) \times M_\nu$ 上的变换后的系统是下列形式

$$\dot{\phi} = \eta - \lambda + N_\nu(\xi, \lambda) + f_\nu(\phi, \theta, \xi, \lambda), \quad \dot{\theta} = \omega. \qquad (Eq)_\nu$$

我们有下列 KAM 步引理.

引理 4.1.2 考虑定义在区域 $\mathcal{U}(s_\nu) \times M_\nu$ 上的一个实解析系统族 $(Eq)_\nu$. 假设旋转向量 η 满足关于频率向量 ω 的非共振条件 (4.1.2). 此外, 我们假设

$(\nu.1)$ $f_\nu = \mathcal{O}_{s_\nu, M_\nu}(\epsilon_\nu)$;

$(\nu.2)$ 对 $(\xi, \lambda) \in M_\nu, N_\nu(\xi, \lambda)$ 满足

$$\left| \frac{\partial}{\partial \xi} N_\nu(\xi, \lambda) \right| + \left| \frac{\partial}{\partial \lambda} N_\nu(\xi, \lambda) \right| \leqslant \frac{1}{2}, \qquad (4.1.21)$$

并且方程

$(\nu.3)$ $\qquad\qquad\qquad -\lambda + N_\nu(\xi, \lambda) = 0$

定义一个隐解析曲线

$$\Gamma_\nu : \lambda = \lambda_\nu(\xi) : \xi \in \Pi_{\varrho_\nu} \to \lambda_\nu(\xi) \in \mathcal{B}(0, 1),$$

使得 $\Gamma_\nu = \{(\xi, \lambda_\nu(\xi)) \mid \xi \in \Pi_{\varrho_\nu}\} \subset M_\nu$. 我们有

$$\mathcal{V}(\Gamma_\nu, d_\nu) = \{(\xi, \lambda') \in \Pi_{\varrho_\nu} \times \mathbb{C}^m \mid \xi \in \Pi_{\varrho_\nu}, (\xi, \lambda_\nu) \in \Gamma_\nu, |\lambda' - \lambda_\nu| \leqslant d_\nu\} \subset M_\nu.$$

则对充分小的 $\epsilon_0 > 0$, 存在一个集合

$$M_{\nu+1} = \bigg\{ (\xi, \lambda') \in \Pi_{\varrho_{\nu+1}} \times \mathbb{C}^m \mid \xi \in \Pi_{\varrho_{\nu+1}},$$

$$\left. (\xi, \lambda_\nu) \in \Gamma_\nu, \ |\lambda' - \lambda_\nu| \leqslant \frac{d_\nu}{2} \right\} \subset M_\nu \tag{4.1.22}$$

和一个变换

$$\Phi_\nu(\cdot, \cdot; \xi, \lambda) \ : \ \mathcal{U}(s_{\nu+1}) \times M_{\nu+1} \to \mathcal{U}(s_\nu) \times M_\nu,$$

它变系统 $(Eq)_\nu$ 到 $(Eq)_{\nu+1}$:

$$\dot{\phi} = \eta - \lambda + N_{\nu+1}(\xi, \lambda) + f_{\nu+1}(\phi, \theta, \xi, \lambda), \quad \dot{\theta} = \omega,$$

其中 $N_{\nu+1} = N_\nu + \Delta N_\nu$. 另外, 下列结论成立: 对所有的 $(\xi, \lambda) \in M_\nu$,

$(\nu + 1.1)$ $f_{\nu+1} = \mathcal{O}_{s_{\nu+1}, M_{\nu+1}}(\epsilon_{\nu+1})$;

$(\nu + 1.2)$ ΔN_ν 满足

$$|\Delta N_\nu| \leqslant C\epsilon_\nu \tag{4.1.23}$$

并且对所有的 $(\xi, \lambda) \in M_{\nu+1}$,

$$\left| \frac{\partial}{\partial \xi} \Delta N_\nu(\xi, \lambda) \right| + \left| \frac{\partial}{\partial \lambda} \Delta N_\nu(\xi, \lambda) \right| \leqslant C\epsilon_0^{\frac{1}{4}} q^{\frac{1}{4}\nu}. \tag{4.1.24}$$

$(\nu + 1.3)$ 方程

$$N_{\nu+1}(\xi, \lambda) = -\lambda + N_\nu(\xi, \lambda) + \Delta N_\nu(\xi, \lambda) = 0$$

定义一个隐解析曲线

$$\Gamma_{\nu+1} \ : \ \lambda = \lambda_{\nu+1}(\xi) : \xi \in \Pi_{\varrho_{\nu+1}} \to \lambda_{\nu+1}(\xi) \in \mathcal{B}(0, 1)$$

满足

$$\|\lambda_{\nu+1}(\xi) - \lambda_\nu(\xi)\|_{\Pi_{\varrho_{\nu+1}}} \leqslant C\epsilon_\nu \leqslant \frac{d_\nu}{4} \tag{4.1.25}$$

并且

$$\Gamma_{\nu+1} := \{(\xi, \lambda_{\nu+1}(\xi)) \,|\, \xi \in \Pi_{\varrho_{\nu+1}}\} \subset M_{\nu+1}.$$

如果

$$d_{\nu+1} \leqslant \frac{d_\nu}{4}, \tag{4.1.26}$$

则 $\mathcal{V}(\Gamma_{\nu+1}, d_{\nu+1}) \subset M_{\nu+1}$.

证明 为了书写方便, 在下面的讨论中我们不明显地写出参数 ξ 和 λ , 因为这不会引起混淆. 证明分下列几步:

A. 变换的构造和截断 类似于引理 4.1.1 的证明, 我们截断 f_ν 的 Fourier 级数为 $f_\nu = \hat{f}_\nu + \tilde{f}_\nu$, 其中

$$\hat{f}_\nu = \sum_{|k|+|l|>\tau_\nu} f_{k,l}^\nu e^{i(\langle k,\theta\rangle+\langle l,\phi\rangle)} + (1-a)\sum_{|k|+|l|\leqslant\tau_\nu} f_{k,l}^\nu e^{(|k|+|l|)\sigma_\nu} e^{i(\langle k,\theta\rangle+\langle l,\phi\rangle)}$$

和

$$\tilde{f}_\nu = \sum_{|k|+|l|\leqslant\tau_\nu} \tilde{f}_{k,l}^\nu e^{i(\langle k,\theta\rangle+\langle l,\phi\rangle)}, \quad \tilde{f}_{k,l}^\nu = (1-(1-a)e^{(|k|+|l|)\sigma_\nu})f_{k,l}^\nu,$$

这里 $f_{k,l}^\nu$ 是 f_ν 的 Fourier 系数, 并且下列估计成立:

$$\|\hat{f}_\nu\|_{s_\nu-\sigma_\nu,M_\nu} \leqslant (1-a)\|f_\nu\|_{s_\nu,M_\nu} \leqslant (1-a)\epsilon_\nu,$$

$$\|\tilde{f}_\nu\|_{s_\nu,M_\nu} \leqslant a\|f_\nu\|_{s_\nu,M_\nu} \leqslant a\epsilon_\nu.$$

考虑变换 Φ_ν :

$$\phi = \phi_+ + g_\nu(\phi_+,\theta),$$

其中

$$g_\nu(\phi_+,\theta) = \sum_{|k|+|l|\leqslant\tau_\nu} g_{k,l}^\nu e^{i(\langle k,\theta\rangle+\langle l,\phi_+\rangle)},$$

它可由下列同调方程

$$\partial_\omega g_\nu + \frac{\partial g_\nu}{\partial\phi_+}\eta = \tilde{f}_\nu(\phi_+,\theta) - \mathrm{av}(\tilde{f}_\nu,\phi_+,\theta) \tag{4.1.27}$$

确定. 一旦方程 (4.1.27) 可解, 系统 $(Eq)_\nu$ 变为

$$\dot{\phi}_+ = \eta - \lambda + N_{\nu+1} + f_{\nu+1}(\phi_+,\theta),$$

其中

$$N_{\nu+1} = N_\nu + \Delta N_\nu, \quad \Delta N_\nu = \mathrm{av}(\tilde{f}_\nu,\phi_+,\theta),$$

$$f_{\nu+1} = \left(I_m + \frac{\partial g_\nu}{\partial\phi_+}\right)^{-1}\left(-\frac{\partial g_\nu}{\partial\phi_+}(-\lambda+N_{\nu+1}) + \hat{f}_\nu(\phi_+,\theta)\right.$$

$$\left. + \int_0^1 (1-s)\frac{\partial f_\nu(\phi_+ + sg_\nu,\theta)}{\partial\phi}g_\nu ds\right).$$

现在我们解同调方程 (4.1.27). 取 $g_{0,0}^0 = 0$. 于是, 从 (4.1.27) 可得

$$\mathrm{i}\,(\langle k, \omega \rangle + \langle l, \eta \rangle)\, g_{k,l}^\nu = \tilde{f}_{k,l}^\nu, \quad \forall 0 < |k| + |l| \leqslant \tau_\nu.$$

对 $0 < |k| + |l| \leqslant \tau_\nu$, 我们有

$$\|g_\nu\|_{s_\nu, M_\nu} \leqslant 2\gamma^{-1}\Delta(\tau_\nu)\|\tilde{f}^\nu\|_{s_\nu, M_\nu} \leqslant C\epsilon_0 \delta^{\nu+1} q^{\frac{1}{2}\nu}\sigma_\nu. \tag{4.1.28}$$

由 Cauchy 估计和 (4.1.28), 我们有

$$\left\|\frac{\partial g_\nu}{\partial \phi_+}\right\|_{s_{\nu+1}, M_\nu} \leqslant \frac{1}{\sigma_\nu}\|g_\nu\|_{s_\nu, M_\nu} \leqslant C\epsilon_0 \delta^{\nu+1} q^{\frac{1}{2}\nu}. \tag{4.1.29}$$

　　B. **新扰动项的估计**　对任意的 $(\xi, \lambda') \in \mathcal{V}(\Gamma_\nu, d_\nu)$, 存在 $(\xi, \lambda) \in \Gamma_\nu$ 使得 $|\lambda' - \lambda| < d_\nu$. 所以可推出

$$|-\lambda' + N_\nu(\xi, \lambda')| = |-\lambda' + N_\nu(\xi, \lambda') + \lambda - N_\nu(\xi, \lambda)| \leqslant \frac{3}{2}d_\nu.$$

所以, 我们有

$$\left\|\frac{\partial g_\nu}{\partial \phi_+}\cdot(-\lambda + N_{\nu+1})\right\|_{s_{\nu+1}, \mathcal{V}(\Gamma_\nu, d_\nu)}$$

$$\leqslant \left\|\frac{\partial g_\nu}{\partial \phi_+}\cdot(-\lambda + N_\nu)\right\|_{s_{\nu+1}, \mathcal{V}(\Gamma_\nu, d_\nu)} + \left\|\frac{\partial g_\nu}{\partial \phi_+}\cdot\Delta N_\nu\right\|_{s_{\nu+1}, \mathcal{V}(\Gamma_\nu, d_\nu)}$$

$$\leqslant C\epsilon_0^{\frac{7}{4}} q^{\frac{5}{4}\nu}. \tag{4.1.30}$$

　　设 $M_{\nu+1}$ 由 (4.1.22) 定义, 易知 $M_{\nu+1}$ 是闭的. 显然, 有

$$M_{\nu+1} \subset \mathcal{V}(\Gamma_\nu, d_\nu) \subset M_\nu, \quad \mathrm{dist}(M_{\nu+1}, \partial M_\nu) \geqslant \frac{1}{2}d_\nu,$$

其中 ∂M_ν 是 M_ν 的边界. 根据 ΔN_ν 的定义, 易知 (4.1.23) 成立. 应用 Cauchy 估计, 易知 (4.1.24) 也是成立的. 这就意味着结论 $(\nu + 1.2)$ 成立.

　　鉴于 (4.1.24) 和 $N_{\nu+1} = N_\nu + \Delta N_\nu$, 用隐函数定理可知方程

$$-\lambda + N_{\nu+1}(\xi, \lambda) = -\lambda + N_\nu(\xi, \lambda) + \Delta N_\nu(\xi, \lambda) = 0$$

确定一个隐解析曲线

$$\Gamma_{\nu+1} : \lambda = \lambda_{\nu+1}(\xi) : \xi \in \Pi_{\varrho_{\nu+1}} \to \lambda_{\nu+1}(\xi) \in \mathcal{B}(0, 1).$$

因为 $\lambda_{\nu+1}$ 和 λ_{ν} 满足

$$-\lambda_\nu + N_\nu(\xi, \lambda_\nu) = -\lambda_{\nu+1} + N_\nu(\xi, \lambda_{\nu+1}) + \Delta N_\nu(\xi, \lambda_{\nu+1}) = 0,$$

所以由 (4.1.21) 可得

$$|\lambda_{\nu+1} - \lambda_\nu| \leqslant |N_\nu(\xi, \lambda_{\nu+1}) - N_\nu(\xi, \lambda_\nu)| + |\Delta N_\nu(\xi, \lambda_{\nu+1})|$$
$$\leqslant \frac{1}{2}|\lambda_{\nu+1}(\xi) - \lambda_\nu(\xi)| + C\epsilon_\nu.$$

于是结论 (4.1.25) 成立. 注意到 (4.1.26), 对任意的点 $(\xi, \lambda) \in \mathcal{V}(\Gamma_{\nu+1}, d_{\nu+1})$, 有

$$|\lambda - \lambda_\nu| \leqslant |\lambda - \lambda_{\nu+1}| + |\lambda_{\nu+1} - \lambda_\nu| \leqslant d_{\nu+1} + C\epsilon_\nu \leqslant \frac{d_\nu}{2}.$$

它意味着 $\mathcal{V}(\Gamma_{\nu+1}, d_{\nu+1}) \subset M_{\nu+1}$. 这就证明了结论 $(\nu+1.3)$ 成立.

进一步, 根据 $(\nu.3)$ 和 (4.1.30), 只要 ϵ_0 足够小, 我们有

$$\|f_{\nu+1}(\phi, \theta)\|_{s_{\nu+1}, M_{\nu+1}} \leqslant \left\| \left(I_m + \frac{\partial g_\nu}{\partial \phi_+} \right)^{-1} \right\|_{s_{\nu+1}, M_{\nu+1}} \left(\left\| \frac{\partial g_\nu}{\partial \phi_+}(-\lambda + N_{\nu+1}) \right\|_{s_{\nu+1}, M_{\nu+1}} \right.$$
$$+ \|\hat{f}_\nu(\phi_+, \theta)\|_{s_{\nu+1}, M_{\nu+1}}$$
$$\left. + \left\| \int_0^1 (1-s) \frac{\partial f_\nu(\phi_+ + s g_\nu, \theta)}{\partial \phi} g_\nu ds \right\|_{s_{\nu+1}, M_{\nu+1}} \right)$$
$$\leqslant 2(C\epsilon_0^{\frac{3}{4}}\epsilon_\nu + (1-a)\epsilon_\nu + C\epsilon_0\epsilon_\nu)$$
$$\leqslant (1-a+b)\epsilon_\nu = \epsilon_{\nu+1}.$$

至此引理 4.1.2 证毕. $\qquad\qquad\qquad\qquad\qquad\qquad\qquad\qquad\qquad\qquad\qquad\qquad$ $\square$

现在继续定理的证明.

2. KAM 迭代的收敛性

设 $N_0 = 0$, $f_0 = f$ 和 $M_0 = \Pi_{\varrho_0} \times \mathcal{B}(0, 1)$. 所以, 易证系统 (4.1.19) 满足具有 $\nu = 0$ 的引理 4.1.2 的所有条件. 设

$$\Phi^\nu := \Phi_0 \circ \Phi_1 \circ \cdots \circ \Phi_\nu \; : \; \mathcal{U}(s_{\nu+1}) \times M_{\nu+1} \to \mathcal{U}(s_0) \times M_0.$$

从不等式 (4.1.28) 和 (4.1.29) 可推出

$$\|\Phi_\nu - id\|_{s_{\nu+1}, M_{\nu+1}} \leqslant \|g_{\nu 0}(\phi_+, \theta, \eta)\|_{s_{\nu+1}, M_{\nu+1}} \leqslant C\epsilon_0 \delta^{\nu+1},$$
$$\|D\Phi_\nu - Id\|_{s_{\nu+1}, M_{\nu+1}} \leqslant \left\| \frac{\partial g_\nu}{\partial \phi_+}(\phi_+, \theta, \eta) \right\|_{s_{\nu+1}, M_{\nu+1}} \leqslant C\epsilon_0 \delta^{\nu+1}, \qquad (4.1.31)$$

其中 D 表示关于 ϕ_+ 的 Jacobian 矩阵.

对充分小的 $\epsilon_0 > 0$, 由不等式 (4.1.31) 可推出

$$\|D\Phi_j(\Phi_{j+1} \circ \cdots \circ \Phi_\nu)\|_{\Delta_{s_\nu,r_\nu} \times M_\nu} \leqslant 1 + \delta^j, \quad j = 0, 1, \cdots, \nu - 1.$$

我们断定

$$\|D\Phi^{\nu-1}\|_{\Delta_{s_\nu,r_\nu} \times M_\nu} \leqslant \prod_{\nu \geqslant 0}(1 + \delta^\nu) \leqslant e^{\frac{1}{1-\delta}}.$$

于是

$$\begin{aligned}
\|\Phi^\nu - \Phi^{\nu-1}\|_{\Delta_{s_{\nu+1},r_{\nu+1}} \times M_{\nu+1}} &= \|\Phi^{\nu-1}(\Phi_\nu) - \Phi^{\nu-1}\|_{\Delta_{s_{\nu+1},r_{\nu+1}} \times M_{\nu+1}} \\
&\leqslant \|D\Phi^{\nu-1}\|_{\Delta_{s_\nu,r_\nu} \times M_\nu} \cdot \|\Phi_\nu - id\|_{\Delta_{s_{\nu+1},r_{\nu+1}} \times M_{\nu+1}} \\
&\leqslant e^{\frac{1}{1-\delta}}\delta^\nu.
\end{aligned}$$

如果我们定义 $\Phi^{-1} := id$, 则对于 $\nu = 0$ 的相同的不等式成立. 设 $M_* = \bigcap_{\nu \geqslant 0} M_\nu$ 和 $\mathcal{U}(s_*) = \bigcap_{\nu \geqslant 0} \mathcal{U}(s_{\nu+1})$. 鉴于当 $\nu \to \infty$ 时有极限 $s_\nu \to s_* \geqslant s/2$, 则映射 Φ^ν :

$$\Phi^\nu = \Phi^0 + \sum_{i=0}^\nu (\Phi^i - \Phi^{i-1}), \quad \Phi^{-1} := id$$

在 $\mathcal{U}(s_*) \times M_*$ 上一致收敛于映射 Φ^*. 另外, 从 (4.1.23) 可推出 N_ν 在 $\mathcal{U}(s_*) \times M_*$ 是收敛的, 设 $N_* = \lim_{\nu \to \infty} N_\nu$. 进一步, 我们有

$$\left|\frac{\partial}{\partial \xi} N_*(\xi, \lambda)\right| + \left|\frac{\partial}{\partial \lambda} N_*(\xi, \lambda)\right| \leqslant \frac{1}{2}.$$

设

$$\rho_* := \rho_0 - \frac{1}{2}\sum_{j=0}^\infty d_j = \rho_0 - \frac{1}{2}\sum_{j=0}^\infty \epsilon_0^{\frac{3}{4}} q^{\frac{3}{4}\nu} = \rho_0 - \frac{\epsilon_0^{\frac{3}{4}}}{2(1 - q^{\frac{3}{4}})},$$

则只要 ϵ 充分小, 就有 $\rho_* > \frac{1}{3}\rho_0$. 因此 $\Pi_{\rho_*} \subset \bigcap_{\nu \geqslant 0} \Pi_{\rho_\nu}$. 由 (4.1.25) 容易推出 $\{\lambda_\nu(\xi)\}$ 在 Π_{ρ_*} 上收敛. 设

$$\lambda_*(\xi) = \lim_{\nu \to \infty} \lambda_\nu(\xi), \quad \xi \in \Pi_{\rho_*}.$$

因为 $\Gamma_\nu = \{(\xi, \lambda_\nu(\xi)) : \xi \in \Pi_{\rho_\nu}\} \subset M_\nu$ 并且 λ_ν 在 Π_{ρ_*} 上都是解析的, 所以它的极限 $\lambda_*(\xi)$ 也是解析的. 由 (4.1.25), 对 $j > \nu$, 只要 ϵ_0 充分小, 我们有

$$|\lambda_j(\xi) - \lambda_\nu(\xi)| \leqslant \sum_{l=\nu}^{j-1}|\lambda_{l+1}(\xi) - \lambda_l(\xi)| \leqslant \sum_{l=\nu}^{j-1} C\epsilon_l$$

$$\leqslant C\epsilon_0 \sum_{l=\nu}^{\infty} q^l \leqslant C\epsilon_0 \frac{q^\nu}{1-q^\nu} \leqslant \frac{d_\nu}{2}.$$

于是当 $j \to \infty$, 就有

$$|\lambda_*(\xi) - \lambda_\nu(\xi)| \leqslant \frac{d_\nu}{2}.$$

这就意味着 $\Gamma_* = \{(\xi, \lambda_*(\xi)) : \xi \in \Pi_{\rho_*}\} \subset M_\nu$. 所以 $\Gamma_* \subset M_*$.

3. 定理 4.1.2 的证明

从上面的讨论我们知道对所有的 $(\xi, \lambda) \in M_*$, 系统 $(Eq)_0$ 可被 Φ^* 变到

$$(Eq)_0 \circ \Phi^* : \begin{cases} \dot{\theta} = \omega, \\ \dot{\phi} = \eta - \lambda + N_*(\xi, \lambda). \end{cases} \tag{4.1.32}$$

方程 $-\lambda + N_*(\xi, \lambda) = 0$ 确定一个曲线 $\Gamma_* : \{(\xi, \lambda(\xi)) | \xi \in \Pi_{\varrho_*}, \lambda(\xi) = \lambda_*(\xi)\}$. 在这个曲线上, 有

$$-\lambda_*(\xi) + N_*(\xi, \lambda_*(\xi)) = 0.$$

因此, 在曲线 Γ_* 上, 系统 (4.1.32) 成为

$$(Eq)_0 \circ \Phi^*(\cdot, \cdot, \xi, \lambda_*(\xi)) : \begin{cases} \dot{\theta} = \omega, \\ \dot{\phi} = \eta. \end{cases}$$

现在我们要证明如果在 $\partial \Pi$ 上成立

$$\langle \mathrm{av}(f_0, \phi, \theta)(\xi), \xi \rangle \geqslant \epsilon_0 c_f,$$

则存在 $\xi_* \in \Pi$ 使得 $\lambda_*(\xi_*) = 0$ 并且系统 (4.1.19) 可回到具有 $\xi = \xi_*$ 的原系统 (4.1.18). 由 $N_{\nu+1}$ 的定义, 在 Γ_* 上成立

$$-\lambda_*(\xi) + N_*(\xi, \lambda_*(\xi)) = -\lambda_*(\xi) + \mathrm{av}(\tilde{f}_0, \phi, \theta)(\xi) + \sum_{i=1}^{\infty} \Delta N_i(\xi, \lambda_*(\xi)) = 0$$

并且

$$\left\| \sum_{i=1}^{\infty} \Delta N_i(\xi, \lambda_*(\xi)) \right\|_\Pi \leqslant \sum_{i=1}^{\infty} \epsilon_0 q^i \leqslant \epsilon_0 \frac{q}{1-q}.$$

这意味着在 $\partial\Pi$ 上成立

$$\langle\lambda_*(\xi),\xi\rangle \geqslant \langle\mathrm{av}(\tilde{f}_0,\phi,\theta)(\xi),\xi\rangle - \left\|\left\langle\sum_{i=1}^{\infty}\Delta N_i(\xi,\lambda_*(\xi)),\xi\right\rangle\right\|_{\partial\Pi}$$

$$\geqslant \epsilon_0\left(ac_f - \frac{qC_\Pi}{1-q}\right) > 0.$$

设

$$\phi_t(\xi) = (1-t)\xi + t\lambda_*(\xi), \quad \xi\in\Pi,\ 0\leqslant t\leqslant 1,$$

则

$$|\phi_t(\xi)|^2 = \langle\phi_t(\xi),\phi_t(\xi)\rangle = (1-t)^2|\xi|^2 + 2t(1-t)\langle\lambda_*(\xi),\xi\rangle + t^2|\lambda_*(\xi)|^2 > 0, \quad \xi\in\partial\Pi.$$

因此, 对所有的 $t\in[0,1]$, 可推出 $0\notin\phi_t(\partial\Pi)$. 根据拓扑度理论 (见 [59]), 只要 ϵ_0 充分小, 就可得到

$$\deg(\lambda_*,\Pi,0) = \deg(\phi_1,\Pi,0) = \deg(\phi_0,\Pi,0) = \deg(id,\Pi,0) = 1.$$

于是, 存在 $\xi_*\in\Pi$ 使得 $\lambda_*(\xi_*) = 0$. 通过变换 $\Phi^*(\cdot,\cdot,\xi_*,\lambda_*(\xi_*)) = \Phi^*(\cdot,\cdot,\xi_*,0)$, 系统 (4.1.18) 被变成系统

$$(Eq)_0\circ\Phi^*(\cdot,\cdot,\xi_*,0)\ :\ \begin{cases} \dot{\theta} = \omega, \\ \dot{\phi} = \eta. \end{cases}$$

这就证明了定理 4.1.2. $\qquad\qquad\qquad\qquad\qquad\qquad\qquad\qquad\qquad\qquad\qquad\Box$

4.1.3 主要结果的一个应用

在这一子节中, 我们应用定理 4.1.1 和定理 4.1.2 来证明具有一个外参数的一维拟周期薛定谔算子的谱和特征函数的存在性. 考虑一维拟周期薛定谔方程

$$\mathcal{L}_\xi y := -\frac{d^2y}{dt^2} + \epsilon u(\omega t,\xi)y = E(\xi)y, \quad \xi\in\Pi := [a,b],\ 0\notin\Pi, \qquad (4.1.33)$$

其中 $u(\theta,\xi)$ 是一个关于 $(\theta,\xi)\in\mathbb{T}^n\times\Pi$ 解析的函数, $\omega\in\mathbb{R}^n$ 是一个频率向量, 并且 $E(\xi) > 0$ 是一个定义在 Π 上的实解析的谱参数.

寻找薛定谔算子 $\mathcal{L}_\xi$ 的谱和特征值问题早就被广泛研究, 见 [35]. 这个问题等价于解由下列哈密顿函数描述的经典力学的运动方程

$$H(\theta,I,p,q,\xi) = \langle\omega,I\rangle + \frac{p^2}{2} + \frac{q^2}{2}(E(\xi) - \epsilon u(\theta,\xi)), \qquad (4.1.34)$$

其中 $(\theta, I, p, q, \xi) \in \mathbb{T}^n \times \mathbb{R}^n \times \mathbb{R} \times \mathbb{R} \times \Pi$. 我们引入一个典则变换 $\mathcal{C} : (\theta, \widetilde{I}, r, \varphi) \to (\theta, I, p, q)$,

$$\theta = \theta, \quad I = \sqrt{E(\xi)}\widetilde{I}, \quad p = \sqrt{2E(\xi)r}\cos\varphi, \quad q = \sqrt{2r}\sin\varphi$$

使得哈密顿函数 (4.1.34) 变为

$$H(\theta, \widetilde{I}, r, \varphi, \xi) = \langle \omega, \widetilde{I} \rangle + \sqrt{E(\xi)}r - \epsilon \frac{r\sin^2\varphi u(\theta, \xi)}{\sqrt{E(\xi)}}.$$

它的运动方程是

$$\begin{cases} \dot{\theta} = \omega, \\ \dot{\widetilde{I}} = \epsilon \frac{r\sin^2\varphi}{\sqrt{E(\xi)}} \frac{\partial u(\theta, \xi)}{\partial \theta}, \\ \dot{r} = \epsilon \frac{2r\sin\varphi\cos\varphi u(\theta, \xi)}{\sqrt{E(\xi)}}, \\ \dot{\varphi} = \sqrt{E(\xi)} - \epsilon \frac{\sin^2\varphi u(\theta, \xi)}{\sqrt{E(\xi)}}. \end{cases} \tag{4.1.35}$$

从 (4.1.35) 我们看到关于 φ 的方程是封闭的. 因此, 我们只对方程

$$\dot{\varphi} = \sqrt{E(\xi)} - \epsilon \frac{\sin^2\varphi u(\theta, \xi)}{\sqrt{E(\xi)}} \tag{4.1.36}$$

的线性性感兴趣. 求 (4.1.35) 中关于 r 和 $\widetilde{I}$ 的方程的解不会遇到困难. 一旦 φ 是已知的, 则寻找薛定谔算子 $\mathcal{L}_\xi$ 的谱和特征值就等价于解方程 (4.1.36).

现在使用我们的结果到方程 (4.1.36). 由定理 4.1.1, 如果 ω 满足 Brjuno-Rüssmann 非共振条件 (4.1.1), 并且 $\sqrt{E(\xi)}$ 满足弱非退化条件 (4.1.3), 则存在一个非空 Cantor 集合 $\Pi_* \subset \Pi$ 使得对 $\xi \in \Pi_*$ 方程 (4.1.36) 可以被一个拟周期变换化为拟周期线性流

$$\dot{\psi} = E^*(\xi), \quad \dot{\theta} = \omega,$$

其中 $|\sqrt{E(\xi)} - E^*(\xi)|_{\Pi_*} = \mathcal{O}(\epsilon)$. 换言之, 对任意正谱参数 $E(\xi)$, 当 $\sqrt{E(\xi)}$ 满足弱非退化条件 (4.1.3) 时, 我们可以找到一个 Cantor 族 $\Pi_* \in \Pi$ 使得每个算子 $\mathcal{L}_\xi, \xi \in \Pi_*$ 有一个谱点 $\sigma = E(\xi) \in \mathrm{Spec}(\mathcal{L}_\xi)$, 它对应的特征函数是具有频率 $(E^*(\xi), \omega)$ 的拟周期函数. 进一步, 由于在 (4.1.33) 中的谱参数独立于参数向量 ξ, 则 $\sqrt{E}$ 关于频率向量 ω 满足非共振条件 (4.1.2) 并且对一个给定的正数 E, 存在

$c > 0$ 使得

$$\min\left\{\int_0^{2\pi} u(\theta, a)d\theta, \int_0^{2\pi} u(\theta, b)d\theta\right\} > c.$$

再由定理 4.1.2, 我们可以找到一个 $\xi^* \in \Pi$ 使得薛定谔算子 $\mathcal{L}_{\xi_*}$ 有一个谱点 $\sigma = E \in \mathrm{Spec}(\mathcal{L}_{\xi_*})$, 它对应的特征函数是具有频率 $(\sqrt{E}, \omega)$ 的拟周期函数.

另外, 如果方程 (4.1.33) 不依赖于外参数 ξ, 即 (4.1.33) 成为

$$\mathcal{L}y := \frac{d^2y}{dt^2} + \epsilon u(\omega t)y = Ey.$$

E 可以被看作一个属于 Π 的参数, 并且显然 $\sqrt{E}$ 满足弱非退化条件 (4.1.3). 由定理 4.1.1, 如果 ω 满足 Brjuno-Rüssmann 非共振条件 (4.1.1), 则可找到一个 Cantor 集 $\Pi_* \in \Pi$ 使得 $\Pi_* \subset \mathrm{Spec}(\mathcal{L})$. 此外, 对任何正谱点 $E \in \Pi_*$, 相应的特征函数关于满足 $|\sqrt{E} - E^*|_{\Pi_*} = \mathcal{O}(\epsilon)$ 的频率 (E^*, ω) 是拟周期的. 此外, 由定理 4.1.2, 如果存在 $c > 0$ 使得

$$\int_0^{2\pi} u(\theta)d\theta > c,$$

并且对任意正谱参数 $E \in \Pi$ 以及 $\sqrt{E}$ 关于频率 ω 满足非共振条件 (4.1.2), 则我们可以找到一个谱点 $\sigma = E_* \in \mathrm{Spec}(\mathcal{L})$ 使得相应的特征函数是具有频率 $(\sqrt{E_*}, \omega)$ 的拟周期函数.

4.1.4　附录

在这一小节中, 我们首先引入在 [122] 中给出的一个引理. 随后给出一个与测度估计相关的引理, 它在定理 4.1.1 的证明中用到. 尽管下面引理 4.1.4 与在 [122] 的定理 B 是类似的, 然而为了读者的方便和完整性, 我们仍然给出引理 4.1.4 的证明.

引理 4.1.3 ([122])　假设 $g(u)$ 是一个定义在闭包 $\bar{I}$ 上的 C^N 函数, 其中 $I \subset \mathbb{R}$ 是一个区间. 设 $I_h = \{u : |g(u)| \leqslant h\}, h > 0$. 如果对某个常数 $d > 0$, 对 $\forall u \in I$ 成立 $|g^N(u)| \geqslant d$, 则 $\mathrm{meas}I_h \leqslant ch^{\frac{1}{N}}$, 其中 $c = 2(2 + 3 + \cdots + N + d^{-1})$.

引理 4.1.4　假设映射 $\eta : \xi \in \bar{\Pi} \to \eta(\xi) = (\eta_1(\xi), \cdots, \eta_m(\xi))$ 在 $\bar{\Pi}$ 上是解析的, 其中 Π 是 $\mathbb{R}^m$ 中的一个有界连通集并且 $\bar{\Pi}$ 是它的闭包. 设

$$R_l = \left\{\xi : |\langle k, \omega\rangle| + |\langle l, \eta(\xi)\rangle| < \frac{\gamma}{\Delta(|k| + |l|)}\right\}, \quad \forall 0 \neq l \in \mathbb{Z}^m,$$

其中 $l \in \mathbb{Z}^m/\{0\}, k \in \mathbb{Z}^n$. 如果 $\eta(\xi)$ 满足弱非退化条件 (H3), 对任意充分小的 γ, 则有

$$\text{meas}(R_l) \leqslant c(\text{diam}\Pi)^{m-1} \left(\frac{\gamma}{|l|\Delta(|k|+|l|)} \right)^{\frac{1}{N}},$$

其中 c 是独立于 γ 的常数.

证明 设

$$\mathbb{S} = \{v \in \mathbb{R}^m : |v| = 1\}, \quad f(\hat{l}, \xi) = \langle \hat{l}, \eta(\xi) \rangle$$

和

$$G(\hat{l}, \xi) = \langle k, \omega \rangle + f(\hat{l}, \xi).$$

用

$$D_v^r f(\hat{l}, \xi) = \frac{d^r}{dt^r} f(\hat{l}, \xi + tv), \quad \xi \in \Pi, \ v \in \mathbb{R}^m, \hat{l} \in \mathbb{S}$$

表示 $f(\hat{l}, \xi)$ 在 ξ 沿 v 的方向导数.

由弱非退化条件 (4.1.3), 从 [122] 中定理 B 的证明可推出存在整数 N, $1 \leqslant r_1, r_2, \cdots, r_N \leqslant \bar{N}$, 以及 N 个方向 $v_1, v_2, \cdots, v_N \in \mathbb{R}^m$ 使得

$$|D_{v_i}^{r_i} f(\hat{l}, \xi)| = |\langle D_{v_i}^{r_i} \eta(\xi), \hat{l} \rangle| \geqslant \frac{c_1}{2n}, \quad \forall (\hat{l}, \xi) \in \mathbb{S}_i \times \Pi_i,$$

其中 $\mathbb{S}_i \times \Pi_i$ 是 $\mathbb{S} \times \Pi$ 的一个开覆盖, c_1 是一个独立于 v_1 和 $r_i (i = 1, 2, \cdots, N)$ 的正常数.

现在固定 $0 \neq l$ 并且假设 $\frac{l}{|l|} \in \mathbb{S}_i$, 则对 $\xi \in \Pi_i$, 成立

$$|D_v^r G(l, \xi)| = \left| D_v^r f\left(\frac{l}{|l|}, \xi \right) \right| |l| = \left| \left\langle D_{v_i}^{r_i} \eta(\xi), \frac{l}{|l|} \right\rangle \right| |l| \geqslant \frac{|l|c_1}{2n},$$

这里为了方便, 我们记 r_i 和 v_i 为 r 和 v, 并且 $1 \leqslant r \leqslant \bar{N}$. 即

$$\frac{1}{|l|} |D_v^r G(l, \xi)| \geqslant \frac{c_1}{2n}.$$

设

$$R_{l,v}^i = \left\{ t \in \mathbb{R} \,\big|\, |G(l, \xi + tv)| < \frac{\gamma}{\Delta(|k|+|l|)}, \ \xi \in \Pi_i, \ \xi + tv \in \Pi_i \right\}$$

和

$$R_l^i = \left\{ \xi \in \mathbb{R}^m \,\big|\, |G(l, \xi)| < \frac{\gamma}{\Delta(|k|+|l|)}, \ \xi \in \Pi_i \right\}.$$

因为对 $\xi + tv \in \Pi_i$, 有

$$\frac{1}{|l|}\left|\frac{d^r}{dt^r}G(l, \xi + tv)\right| = \frac{1}{|l|}|D_v^r G(l, \xi)| \geqslant \frac{c_1}{2n},$$

所有由引理 4.1.3, 可得

$$\mathrm{meas}R_{l,v}^i \leqslant c_2\left(\frac{\gamma}{|l|(|k| + |l|)}\right)^{\frac{1}{r}}.$$

因此

$$\mathrm{meas}R_l^i \leqslant c_2(\mathrm{diam}\,)^{m-1}\left(\frac{\gamma}{|l|(|k| + |l|)}\right)^{\frac{1}{r}}.$$

由于 $\dfrac{l}{|l|}$ 最多属于 N 个集合 $\mathbb{S}_1, \cdots, \mathbb{S}_N$, 所以

$$\mathrm{meas}R_l \leqslant c_2 N(\mathrm{diam}\,)^{m-1}\left(\frac{\gamma}{|l|(|k| + |l|)}\right)^{\frac{1}{N}}$$

$$= c(\mathrm{diam}\,)^{m-1}\left(\frac{\gamma}{|l|(|k| + |l|)}\right)^{\frac{1}{N}}. \qquad \Box$$

4.2　圆周上的拟周期驱动流的线性化

在这一节中, 我们要在驱动频率超越 Brjuno 条件, 即在包含某些 Liouville 频率的情况下研究圆周上的驱动流的线性化问题. 主要介绍 [51] 和 [18] 中的工作.

4.2.1　单频 Liouville 频率的情况

在这一子节中, 我们假设驱动频率是 $\omega = (1, \alpha)$, 其中 $\alpha \in \mathbb{R} \setminus Q$. 这种频率虽然是二维的, 但只有 α 是变动的, 所以称它是单频的. 假设具有驱动频率 $\omega = (1, \alpha)$ 的拟周期微分同胚 f, 记为 (α, f), 它的旋转数记为 $\rho_f = \rho(\alpha, f)$. 我们考虑向量场

$$\begin{cases} \dot{\theta} = \rho + f(\theta, \varphi), \\ \dot{\varphi} = \omega, \end{cases} \tag{4.2.1}$$

其中 $\rho \in \mathbb{R}$, $f : \mathbb{T}^1 \times \mathbb{T}^2 \to \mathbb{R}$ 是解析的, 并且 (ω, ρ_f) 满足 Diophantine 条件

$$|\langle k, l\rho_f\rangle| \geqslant \frac{\gamma}{(|k| + |l|)^\tau}, \quad \forall(k, l) \in \mathbb{Z}^2 \times \mathbb{Z}, \ |k| + |l| \neq 0, \tag{4.2.2}$$

其中 $\gamma > 0, \tau > 2$.

关于拟周期驱动流 $(\omega, \rho + f)$, 即 (4.2.1) 的解析线性化问题直到目前为止也并不太令人满意. 在这个方向上唯一的结果是 M. Herman 在 [46] 中证明的局部线性化结果: 只要 f 充分小, 拟周期驱动流 (4.2.1) 可 C^ω 线性化.

在 (4.2.2) 中如果 $l = 0$, 则 (4.2.2) 意味着 ω 满足具有指数 τ 和 γ 的 Diophantine 条件, 用 $\omega \in DC(\gamma, \tau)$ 表示. 根据 Yoccoz [126] 的结果, Brjuno 条件是解析圆同胚可局部线性化的最佳条件. 对于其他非线性系统的局部线性化问题, Brjuno 条件是否也是最佳的, 这是一个长期存在的问题. 下面介绍的工作其基本贡献是: 如果 ω 不是 Brjuno, 甚至在某些 Liouville 类中, 我们也确实可以做一些事情.

4.2.1.1 主要结果的叙述和证明梗概

很明显, 具有 Liouville 频率的流 (4.2.1) 的线性化的概念限制太严格, 因为如果 ω 超越 Brjuno, $(\omega, g(\omega))$ 在一般情况下是不可线性化的. 在这方面, 合适的概念是旋转可约性和几乎可约性.

我们称一个拟周期驱动流 $(\omega, f(\theta, \varphi))$ 是 $C^r(r = \infty, \omega)$ 旋转可化的, 如果它是 C^r 共轭于 $(\omega, g(\varphi))$. 我们称 $(\omega, f(\theta, \varphi))$ 是 C^∞ 几乎可化的, 如果存在数列 $\{\rho_n\}_{n \in \mathbb{Z}^+} \in \mathbb{R}^{\mathbb{Z}^+}$, $\{H_n\}_{\mathbb{Z}^+} \in (C^\infty(\mathbb{T} \times \mathbb{T}^2, \mathbb{R} \times \mathbb{R}^2))^{\mathbb{Z}^+}$ 和 $\{f_n\}_{\mathbb{Z}^+} \in (C^\infty(\mathbb{T} \times \mathbb{T}^2, \mathbb{R}))^{\mathbb{Z}^+}$ 使得 f_n 依 C^∞-拓扑趋于零以及 H_n 共轭系统 $(\omega, f(\theta, \omega))$ 到 $(\omega, \rho_n + f_n(\theta, \varphi))$.

设

$$W_{s,r}(\mathbb{T} \times \mathbb{T}^2) = \{(\theta, \varphi) \in (\mathbb{T} \oplus i\mathbb{R} \times \mathbb{T}^2 \oplus i\mathbb{R}^2) : |\mathrm{Im}\theta| < s, |\mathrm{Im}\varphi| < r\}.$$

对于定义在 $W_{s,r}(\mathbb{T} \times \mathbb{T}^2)$ 上的一个有界解析函数 (可能是向量值的)$f : \mathbb{T} \times \mathbb{T}^2 \to \mathbb{R}$, 定义范数

$$\|f\|_{s,r} = \sup_{(\theta, \varphi) \in W_{s,r}} |f(\theta, \varphi)|.$$

我们用 $C^\omega(\mathbb{T} \times \mathbb{T}^2, *)$ 表示所有有界解析函数的集合, 其中 $*$ 通常表示 $\mathbb{R}$ 或者 $\mathbb{R} \times \mathbb{R}^2$. 我们称 $(\omega, f(\theta, \varphi))$ 是 C^ω 几乎可化的, 如果存在 $s > 0, r > 0$, 数列 $\{\rho_n\}_{n \in \mathbb{Z}^+} \in (C^\omega_{s,r}(\mathbb{T} \times \mathbb{T}^2, \mathbb{R} \times \mathbb{R}^2))^{\mathbb{Z}^+}$ 和 $\{f_n\}_{n \in \mathbb{Z}^+} \in (C^\omega_{s,r}(\mathbb{T} \times \mathbb{T}^2, \mathbb{R}))^{\mathbb{Z}^+}$ 使得 $\lim_{n \to \infty} \|f_n\|_{s,r} = 0$, 并且 H_n 共轭系统 $(\omega, f(\theta, \omega))$ 到 $(\omega, \rho_n + f_n(\theta, \omega))$. 我们注意到, 如果不能保证在宽度 $s > 0, r > 0$ 的带型域上 $\{f_n\}_{n \in \mathbb{Z}^+}$ 收敛于零, 而是知道存在序列 $\{s_n\}_{n \in \mathbb{Z}^+}$, $\{r_n\}_{n \in \mathbb{Z}^+}$ 使得对任意的 $p \in \mathbb{Z}^+$, $\|f_n\|_{s_n, r_n} = \mathcal{O}((s_n r_n)^p)$, 则 $(\omega, \rho + f)$ 是 C^∞ 可化的.

我们称一个函数 f 是函数列 $\{f_n\}_{n\in\mathbb{Z}_*}$ 的一个 C^∞-聚集, 如果对于任意的 $j\in\mathbb{Z}^+$, 在 C^j-拓扑下有 $f_n-f\to 0$.

定理 4.2.1 ([51])   设 $\tilde\rho\in\mathbb{R}$, $\gamma>0$, $s>0$, $r>0$, $\tau>2$, $\omega=(1,\alpha)$, $\alpha\in\mathbb{R}\setminus\mathbb{Q}$ 是非超 Liouville 的. 另外, 假设 $\rho(\omega,\tilde\rho+f(\theta,\varphi))=\rho_f\in DC_\omega(\gamma,\tau)$,

$$|\langle k,l\rho_f\rangle|\geqslant\frac{\gamma}{(|k|+|l|)^\tau},\quad\forall(k,l)\in\mathbb{Z}^2\times\mathbb{Z},\ l\neq 0,$$

则存在 $\varepsilon=\varepsilon(\tau,\gamma,s,r,\widetilde{U})>0(\widetilde{U}$ 的定义见 (2.2.31)) 使得如果 $\|f(\theta,\varphi)\|_{s,r}\leqslant\varepsilon$, 则下列结论成立:

(a) 系统 $(\omega,\tilde\rho+f(\theta,\varphi))$ 是 C^∞ 旋转可化的;

(b) $\tilde\rho+f(\theta,\varphi)$ 是 C^ω 函数列 $\{f_n\}_{n\in\mathbb{Z}^+}$ 的一个聚集使得 (ω,f_n) 是可 C^ω 线性化的.

在下面我们将概述证明的主要思想, 并展示这个方法与以前的工作之间的主要区别. 我们首先给出一些符号, 如果 $f\in C^\omega(\mathbb{T}^2,\mathbb{R})$, 我们记

$$\widehat{f}(k)=\int_{\mathbb{T}^2}f(\varphi)e^{-i\langle k,\varphi\rangle}d\varphi.$$

对 $f\in C^\omega(\mathbb{T}\times\mathbb{T}^2,\mathbb{R})$, 我们定义它的 Fourier 系数

$$f_l^k=\int_{\mathbb{T}\times\mathbb{T}^2}f(\theta,\varphi)e^{-il\theta}e^{-i\langle k,\varphi\rangle}d\theta d\varphi.$$

对任意的 $N>0$, 我们用

$$\mathcal{T}_N(f)=\sum_{0<|k|+|l|<N}f_l^k e^{il\theta}e^{i\langle k,\varphi\rangle}\ \ \text{和}\ \ \mathcal{R}_N(f)=\sum_{|k|+|l|\geqslant N}f_l^k e^{il\theta}e^{i\langle k,\varphi\rangle}$$

分别表示截断算子 $\mathcal{T}_N$ 和投影算子 $\mathcal{R}_N$.

证明是基于一个修改的 KAM 格式. 考虑拟周期驱动圆周流 $(\omega,\rho+f(\theta,\varphi))$. 如通常的 KAM 步一样, 如果我们设 $(\theta,\varphi)=(\theta_++h(\theta_+,\varphi)\bmod 2\pi,\varphi)$, 则纤维上的经典同调方程可表示为

$$f(\theta,\varphi)-\partial_\omega h-\rho\frac{\partial h}{\partial\theta}=0.$$

比较系数, 得

$$h_l^k=\frac{f_l^k}{i(\langle k,\omega\rangle)+l\rho}.$$

由于关于 ω 没有 Diophantine 条件, 即没有 $l = 0$ 的非共振条件, 同调方程可能没有解析解. 这是与经典 KAM 理论的一个本质的不同. 这也意味着这些项 $f_0^k e^{i\langle k, \varphi \rangle}$ 根本不能被求解. 所以我们重新记系统为 $(\omega, \rho + g(\varphi) + f(\theta, \varphi))$, 其中 $\int_{\mathbb{T}^2} f(\theta, \varphi) d\varphi = 0$. 在这种情况下, 纤维上的同调方程是

$$\partial_\omega h + (\rho + g(\varphi))\frac{\partial h}{\partial \theta} = f(\theta, \varphi).$$

为了得到要求的结果, 我们分三步进行. 第一步是通过解 $\partial_\omega h(\varphi) = \mathcal{T}_{Q_n} g(\varphi)$ 删掉 $g(\varphi)$ 的低频项. 尽管 $\|h(\varphi)\|$ 可能是非常大的, 我们在这一步中使用了一个小技巧来控制 $\mathrm{Im}\, h(\varphi)$, 但代价是大大减小解析半径来控制新扰动的范数. 第二步是解同调方程

$$\partial_\omega h + (\rho + \widetilde{g}(\varphi))\frac{\partial h}{\partial \theta} = f(\theta, \varphi),$$

其中 $\|\widetilde{g}(\varphi)\| = \mathcal{O}(\|f\|)$. 通过引入对角占优算子, 我们可以求解近似方程

$$\partial_\omega h + \rho\frac{\partial h}{\partial \theta} + \mathcal{T}_K\left(\widetilde{g}(\varphi)\frac{\partial h}{\partial \theta}\right) = \mathcal{T}_K f(\theta, \varphi).$$

然后通过迭代使扰动 $f(\theta, \varphi)$ 越来越小.

应用以上两步我们已经可以证明几乎可约性结果了. 然而, 为了得到旋转可约性结果, 在一个 KAM 步的最后我们需要逆第一步, 然后我们得到的共轭趋于恒等.

在下面我们给出证明定理 4.2.1 要用到的主要命题和引理, 囿于篇幅, 不给出证明, 它们的详细证明可见 [51].

4.2.1.2 归纳步

1. 一个基本命题

在这一子节中主要利用对角占优算子解同调方程

$$\partial_\omega h + (\rho + g(\varphi))\frac{\partial h}{\partial \theta} = f(\theta, \varphi). \tag{4.2.3}$$

我们应该指出, 关于基频率 ω, 无论施加的算术性条件如何命题都是成立的, 这是我们约化的基础.

命题 4.2.1 设 $\gamma > 0, \tau > 0, r > \sigma > 0, s > \delta > 0, \sigma \leqslant \delta/2, \rho \in DC_\omega(\gamma, \tau)$, $g(\varphi) \in C_r^\omega(\mathbb{T}^2, \mathbb{R})$, $f(\theta, \varphi) \in C_{s,r}^\omega(\mathbb{T} \times \mathbb{T}^2, \mathbb{R})$, 其中 $\int_{\mathbb{T}} f(\theta, \varphi) d\theta = 0$. 存在 $0 < \widetilde{\eta} \leqslant$

$\eta \ll 1$, 使得如果 $\|g(\varphi)\|_r \leqslant \eta$, $\|f(\theta,\varphi)\|_{s,r} \leqslant \widetilde{\eta}$ 和

$$K = \left[\frac{1}{\sigma \ln \frac{1}{\widetilde{\eta}}} \right] < \left(\frac{\gamma^2}{\eta} \right)^{\frac{1}{2\tau+2}},$$

则同调方程 (4.2.3) 有一个近似解 $h(\theta,\varphi)$ 具有估计

$$\|h\|_{s-\delta,r-\sigma} \leqslant \frac{2\widetilde{\eta}}{\gamma \sigma^{3+\tau}},$$

并且误差项 $\widetilde{P} = \mathcal{R}_K(-g(\varphi))\dfrac{\partial h}{\partial \theta} + f(\theta,\varphi)$ 满足

$$\|\widetilde{P}\|_{s-\delta,r-\sigma} \leqslant 4K^3 \widetilde{\eta}^2.$$

2. KAM 步

为了简单, 我们引入某些符号. 对任意的 $r,s,\eta,\widetilde{\eta} > 0, \rho_f \in \mathbb{R}$, 定义集合

$$\mathcal{F}_{s,r}(\rho_f, \eta, \widetilde{\eta})$$
$$= \Big\{ \widetilde{\rho} + g(\varphi) + f(\theta,\varphi) \in C_{s,r}^\omega(\mathbb{T} \times \mathbb{T}^2, \mathbb{R}) \mid \rho(\omega, \widetilde{\rho} + g(\varphi) + f(\theta,\varphi)) = \rho_f,$$
$$\|g(\varphi)\|_r \leqslant \eta, \|f(\theta,\varphi)\|_{s,r} \leqslant \widetilde{\eta} \Big\}.$$

设 $\alpha \in \mathbb{R} \setminus \mathbb{Q}$, $U = \widetilde{U}(\alpha) + 12 < \infty$ 并且 $\{Q_n\}_{n \in \mathbb{Z}^+}$ 是在引理 2.2.11 中已经选好的具有 $\mathcal{A} = 8$ 的数列. 设 $r_0, s_0, \gamma > 0, \tau > 2$ 并且 Q_* 是使得

$$\ln Q < \frac{Q^{1/4} r_0}{40 c\tau U}$$

成立的最小的 $Q \in \mathbb{Z}^+$.

假设 ε_0 足够小使得

$$\varepsilon_0 < \min \left\{ \frac{(r_0 s_0 \gamma)^{12(\tau+3)}}{\tau! Q_1^{2c\tau U}}, e^{-2c\tau U}, e^{-40(\ln Q_*)^2 c\tau U} \right\}$$

和

$$\ln \frac{1}{\varepsilon_0} < \left(\frac{1}{\varepsilon_0} \right)^{\frac{1}{12(2\tau+3)}}, \tag{4.2.4}$$

这里 $c > 100(\tau+3)/\tau$ 是一个普适常数. 对任意给定的 r_0, s_0, ε_0, 我们归纳地定义几个依赖于 r_0, s_0, ε_0 的数列: 对 $j \geqslant 1$,

$$
\begin{cases}
\Delta_1 = \dfrac{s_0}{10}, \quad \Delta_j = \dfrac{\Delta_1}{2^{j-1}}, \\[2mm]
r_j = \dfrac{r_0}{4Q_j^3}, \quad s_j = s_{j-1} - \Delta_j, \\[2mm]
\varepsilon_j = \dfrac{\varepsilon_{j-1}}{Q_{j+1}^{2^{j+1}c\tau U}}, \quad \widetilde{\varepsilon}_j = \displaystyle\sum_{m=0}^{j-1} \varepsilon_m, \\[4mm]
K^{(j)} = \left(\dfrac{\gamma^2}{4\varepsilon_j}\right)^{\frac{1}{2\tau+2}}.
\end{cases}
\tag{4.2.5}
$$

由于 $1/Q_j^3$ 趋于 0 的速度比 Δ_j 快得多, 不失一般性, 我们可以假设 $4r_j < \Delta_j$.

1) 低频项的估计

我们称一个函数 g 的低频项指的是在其 Fourier 展开式中 g 的具有低频率的项.

引理 4.2.1 给定拟周期圆周流

$$
\begin{cases}
\dot{\theta} = \rho_f + g(\varphi) + f(\theta, \varphi), \\
\dot{\varphi} = \omega = (1, \alpha),
\end{cases}
\tag{4.2.6}
$$

其中 $\rho_f + g(\varphi) + f(\theta, \varphi) \in \mathcal{F}_{s_{n-1}, r_{n-1}}(\rho_f, 4\widetilde{\varepsilon}_{n-1}, \varepsilon_{n-1})$. 如果记 $\overline{s}_n = s_{n-1} - \dfrac{\Delta_n}{3}, \overline{r}_n = \dfrac{r_0}{Q_n^3}$, 则存在 $h(\varphi)$ 满足 $\|h(\varphi)\|_{\overline{r}_n} \leqslant Q_n^{\frac{7}{4}} \varepsilon_0^{\frac{1}{2}}$, 使得变换 $\theta = \overline{\theta} + h(\varphi)(\mathrm{mod}2\pi)$ 共轭系统 (4.2.6) 到

$$
\begin{cases}
\dot{\overline{\theta}} = \rho_f + \overline{g}(\varphi) + \overline{f}(\overline{\theta}, \varphi), \\
\dot{\varphi} = \omega = (1, \alpha),
\end{cases}
\tag{4.2.7}
$$

其中 $\rho_f + \overline{g}(\varphi) + \overline{f}(\overline{\theta}, \varphi) \in \mathcal{F}_{\overline{s}_n, \overline{r}_n}(\rho_f, \varepsilon_{n-1}^{1/2}, \varepsilon_{n-1})$.

2) 通过对角占优算子进行约化

在这一小节中, 我们将应用命题 4.2.1 使得扰动尽可能小.

引理 4.2.2 在引理 4.2.1 的条件下, 如果假设 $\rho_f \in DC_\omega(\gamma, \tau)$, 则存在 $\overline{H} \in C_{s_{n+}, r_{n+}}(\mathbb{T} \times \mathbb{T}^2, \mathbb{T} \times \mathbb{T}^2)$ 满足估计

$$
\|\overline{H} - id\|_{s_{n+}, r_{n+}} \leqslant 4\varepsilon_{n-1}^{\frac{3}{4}},
$$

$$
\|D(\overline{H} - id)\|_{s_{n+}, r_{n+}} \leqslant 4\varepsilon_{n-1}^{\frac{3}{4}},
$$

使得 $\overline{H}$ 共轭系统 (4.2.7) 到

$$
\begin{cases}
\dot{\overline{\theta}}_+ = \rho_f + \overline{g}_+(\varphi) + \overline{f}_+(\overline{\theta}_+, \varphi), \\
\dot{\varphi} = \omega = (1, \alpha),
\end{cases}
$$

其中 $\rho_f + \overline{g}_+(\varphi) + \overline{f}_+(\overline{\theta}_+, \varphi) \in \mathcal{F}_{\overline{s}_{n+}, \overline{r}_{n+}}(\rho_f, 2\varepsilon_{n-1}^{1/2}, \varepsilon_n)$ 并且 $\|\overline{g}_+ - \overline{g}\|_{r_{n+}} \leqslant 4\varepsilon_{n-1}$, 这里 $r_{n+} = \dfrac{r_0}{2Q_n^3}$, $s_{n+} = \overline{s}_n - \dfrac{\Delta_n}{3}$.

3) 一个 KAM 步的结束

在第一步中, 我们删除了 $g(\varphi)$ 的低频项, 因此我们得到的变换并不接近于恒等. 为了得到系统的旋转可约性, 我们需要将第一步进行求逆, 即通过第一步的变换共轭回去.

引理 4.2.3 在引理 4.2.2 的条件下, 存在 $\widetilde{H} \in C_{s_n, r_n}^\omega(\mathbb{T} \times \mathbb{T}^2, \mathbb{T} \times \mathbb{T}^2)$ 满足估计

$$
\|\widetilde{H} - id\|_{s_n, r_n} \leqslant 4\varepsilon_{n-1}^{\frac{3}{4}},
$$

$$
\|D(\widetilde{H} - id)\|_{s_n, r_n} \leqslant 4\varepsilon_{n-1}^{\frac{3}{4}},
$$

使得 $\widetilde{H}$ 共轭系统 (4.2.6) 到

$$
\begin{cases}
\dot{\overline{\theta}}_+ = \rho_f + \overline{g}_+(\varphi) + \overline{f}_+(\overline{\theta}_+, \varphi), \\
\dot{\varphi} = \omega = (1, \alpha),
\end{cases}
$$

其中 $\rho_f + \overline{g}_+(\varphi) + \overline{f}_+(\overline{\theta}_+, \varphi) \in \mathcal{F}_{\overline{s}_n, \overline{r}_n}(\rho_f, 4\widetilde{\varepsilon}_n, \varepsilon_n)$.

3. 迭代和收敛

综合 KAM 步的结论, 我们有下列迭代引理.

引理 4.2.4 对任意的 $\varepsilon_0, r_0 > 0, s_0 > 0, \gamma > 0, \tau > 0, \omega = (1, \alpha), U = U(\alpha) < \infty$, 并且 $\varepsilon_n, \widetilde{\varepsilon}_n, r_n, s_n$ 如在 (4.2.5) 中定义. 假设 ε_0 足够小使得它满足 (4.2.4), 则对所有的 $n \geqslant 1$, 下列结论成立: 如果系统

$$
\begin{cases}
\dot{\theta} = \rho_f + g_n(\varphi) + f_n(\theta, \varphi), \\
\dot{\varphi} = \omega = (1, \alpha)
\end{cases} \tag{4.2.8}
$$

满足 $\rho_f + g_n(\varphi) + f_n(\theta, \varphi) \in \mathcal{F}_{s_n, r_n}(\rho_f, 4\widetilde{\varepsilon}_n, \varepsilon_n)$, 则存在 $H_n : \mathbb{T} \times \mathbb{T}^2 \to \mathbb{T} \times \mathbb{T}^2$, 具有估计

$$
\|H_n - id\|_{s_{n+1}, r_{n+1}} \leqslant 4\varepsilon_n^{\frac{3}{4}},
$$

$$\|D(H_n - id)\|_{s_{n+1}, r_{n+1}} \leqslant 4\varepsilon_n^{\frac{3}{4}},$$

使得它变换系统 (4.2.8) 到

$$\begin{cases} \dot{\theta} = \rho_f + g_{n+1}(\varphi) + f_{n+1}(\theta, \varphi), \\ \dot{\varphi} = \omega = (1, \alpha), \end{cases}$$

其中 $\rho_f + g_{n+1}(\varphi) + f_{n+1}(\theta, \varphi) \in \mathcal{F}_{s_{n+1}, r_{n+1}}(\rho_f, 4\widetilde{\varepsilon}_{n+1}, \varepsilon_{n+1})$.

通过仔细检查证明, 更准确地说, 如果我们只做前两小节中的前两个步骤, 那么下面的迭代引理就成立了. 它将是证明几乎可约性的基础.

引理 4.2.5 在引理 4.2.4 的条件下, 对所有的 $n \geqslant 1$ 下列结论成立: 如果系统

$$\begin{cases} \dot{\theta} = \rho_f + g_n(\varphi) + f_n(\theta, \varphi), \\ \dot{\varphi} = \omega = (1, \alpha) \end{cases} \tag{4.2.9}$$

满足 $\rho_f + g_n(\varphi) + f_n(\theta, \varphi) \in \mathcal{F}_{s_n, r_n}(\rho_f, 2\varepsilon_{n-1}^{1/2}, \varepsilon_n)$, 则存在 $\widetilde{H}_n : \mathbb{T} \times \mathbb{T}^2 \to \mathbb{T} \times \mathbb{T}^2$, 具有估计

$$\|\widetilde{H}_n - id\|_{s_{n+1}, r_{n+1}} \leqslant Q_{n+1}^2 \varepsilon_0$$

使得它变换系统 (4.2.9) 到

$$\begin{cases} \dot{\theta} = \rho_f + g_{n+1}(\varphi) + f_{n+1}(\theta, \varphi), \\ \dot{\varphi} = \omega = (1, \alpha), \end{cases}$$

其中 $\rho_f + g_{n+1}(\varphi) + f_{n+1}(\theta, \varphi) \in \mathcal{F}_{s_{n+1}, r_{n+1}}(\rho_f, 2\varepsilon_n^{1/2}, \varepsilon_{n+1})$.

4.2.1.3 定理 4.2.1 的证明

在这一小节中, 我们首先利用引理 4.2.4 证明定理 4.2.1中 (a), 然后作为推论, 我们证明了线性化的局部密集性, 即定理 4.2.1中 (b).

1. 定理 4.2.1中 (a) 证明

取 ε_0 满足具有 $r_0 = r, s_0 = s$ 的 (4.2.4). 我们证明如果 $\rho(\omega, \widetilde{\rho} + f(\theta, \varphi)) = \rho_f \in DC_\omega(\gamma, \tau)$ 和 $\|\|_{s,r} \leqslant \varepsilon_0/2$, 则系统 $(\omega, \widetilde{\rho} + f(\theta, \omega))$ 是 C^∞ 旋转可化的.

不失一般性, 我们可以重记系统 $(\omega, \widetilde{\rho} + f(\theta, \omega))$ 为

$$\begin{cases} \dot{\theta} = \rho_f + \widetilde{f}(\theta, \varphi), \\ \dot{\varphi} = \omega = (1, \alpha), \end{cases} \tag{4.2.10}$$

其中 $\rho_f + \widetilde{f}(\theta, \varphi) \in \mathcal{F}_{s,r}(\rho_f, 0, \varepsilon_0)$. 由于 $\rho_f \in DC_\omega(\gamma, \tau)$ 以及 ε_0 满足不等式 (4.2.4), 我们可以用引理 4.2.2 得到 $H_0 \in C^\omega_{s_1,r_1}(\mathbb{T} \times \mathbb{T}^2, \mathbb{T} \times \mathbb{T}^2)$, 它共轭 (4.2.10) 到

$$\begin{cases} \dot{\theta} = \rho_f + g_1(\varphi) + f_1(\theta, \varphi), \\ \dot{\varphi} = \omega = (1, \alpha), \end{cases}$$

其中 $\rho_f + g_1(\varphi) + f_1(\theta, \varphi) \in \mathcal{F}_{s_1,r_1}(\rho_f, 4\widetilde{\varepsilon}_1, \varepsilon_1)$. 然后我们应用引理 4.2.4 并且归纳得到数列 $H_i \in C_{s_{i+1},r_{i+1}}(\mathbb{T} \times \mathbb{T}^2, \mathbb{T} \times \mathbb{T}^2)$, $i = 1, 2, \cdots, n-1$ 使得 $H^{(n)} = H_0 \circ H_1 \circ \cdots \circ H_{n-1}$ 共轭系统 (4.2.1) 到 $(\omega, \rho_f + g_n(\varphi) + f_n(\theta, \varphi))$, 其中 $\rho_f + g_n(\varphi) + f_n(\theta, \varphi) \in \mathcal{F}_{s_n,r_n}(\rho_f, 4\widetilde{\varepsilon}_n, \varepsilon_n)$.

因为

$$\|DH^{(n)}\|_{s_n,r_n} \leqslant \|DH_0\|_{s_1,r_1}\|DH_1\|_{s_2,r_2}\cdots\|DH_{n-1}\|_{s_n,r_n} \leqslant \prod_{i=0}^{n-1}(1 + 4\varepsilon_i^{3/4}) < 2,$$

所以

$$\|H^{(n+1)} - H^{(n)}\|_{s_{n+1},r_{n+1}} \leqslant \|DH^{(n)}\|_{s_n,r_n}\|H_n - id\|_{s_{n+1},r_{n+1}} \leqslant 8\varepsilon_n^{3/4},$$

它意指 $\{H^{(n)}\}_{n\in\mathbb{Z}^+}$ 按 C^0-拓扑是收敛的. 设 $H = \lim_{n\to\infty} H^{(n)}$, $g_\infty = \lim_{n\to\infty} g_n$. 则系统 $(\omega, \widetilde{\rho} + f(\theta, \varphi))$ 被 H 共轭到 $(\omega, \rho_f + g_\infty(\varphi))$. 剩下的要证明变换 H 实际是 C^∞ 的.

由 $\{\varepsilon_n\}_{n\in\mathbb{Z}^+}$ 的定义, 我们知道对任意的 $j \in (\mathbb{Z}^+)^3$, 存在某个 $N \in \mathbb{Z}^+$ 以便对任意 $n \geqslant N$, 我们有 $Q_n^{4|j|} < \varepsilon_{n-1}^{-1/4}$, 即

$$Q_n^{4|j|}\varepsilon_{n-1}^{3/4} < \varepsilon_{n-1}^{1/2}, \quad \forall n \geqslant N.$$

再由 Cauchy 估计, 如果我们表示 $x := (\theta, \varphi) \in \mathbb{T}^3$, 就有对 $n \geqslant N-1$ 成立

$$\left|\frac{\partial^{|j|}}{\partial x^j}(H^{(n+1)} - H^{(n)})\right| \leqslant r_{n+1}^{-|j|}\|H^{(n+1)} - H^{(n)}\|_{s_{n+1},r_{n+1}} \leqslant Q_{n+1}^{4|j|}\varepsilon_n^{3/4} < \varepsilon_n^{1/2}.$$

这就保证了极限 $H = \lim_{n\to\infty} H^{(n)} \in C^\infty$. 因此, 我们有 $g_\infty \in C^\infty(\mathbb{T}^2, \mathbb{R})$.

2. 定理 4.2.1中 (b) 证明

假设 ε_0 满足具有 $r_0 = r, s_0 = s$ 的 (4.2.4), 并且已被取定. 如在 (4.2.5) 定义 ε_n, r_n, s_n. 考虑满足 $\rho(\omega, \widetilde{\rho} + f(\theta, \varphi)) = \rho_f \in DC_\omega(\gamma, \tau)$ 和 $\|f\|_{s,r} < \varepsilon_0/2$ 的系统 $(\omega, \widetilde{\rho} + f(\theta, \varphi))$.

由引理 4.2.5, 对任意的 $n \in \mathbb{Z}^+$, 存在 $H^{(n)} = H_0 \circ H_2 \circ \cdots \circ H_{n-1} \in C^\omega(\mathbb{T} \times \mathbb{T}^2, \mathbb{T} \times \mathbb{T}^2)$ 使得系统 $(\omega, \widetilde{\rho} + f(\theta, \varphi))$ 可以被共轭到 $(\omega, \rho_f + g_n(\varphi) + f_n(\theta, \varphi))$, 其中 $\rho_f + g_n + f_n \in \mathcal{F}_{s_n, r_n}(\rho_f, 8\varepsilon_0, \varepsilon_n)$, 并且

$$\|\pi_1 \circ H^{(n)} - id\|_{s_n, r_n} < \varepsilon_0^{1/2}, \quad \|\pi_1 \circ H^{(n)} - id\|_{s_n, r_n} < \varepsilon_0^{1/2}.$$

重记 $(\omega, \rho_f + g_n(\varphi) + f_n(\theta, \varphi))$ 为 $(\omega, \rho_n + \widetilde{g}_n(\varphi) + \widetilde{f}_n(\theta, \varphi))$, 其中 $\rho_n = \rho_f + \widehat{g}_n(0)$, $\widetilde{g}_n(\varphi) = \mathcal{T}_{Q_{n+1}} g_n(\varphi)$ 并且 $\widetilde{f}_n(\theta, \varphi) = f(\theta, \varphi) + \mathcal{R}_{Q_{n+1}} g_n(\varphi)$. 然后我们有

$$\|\widetilde{f}_n\|_{s_n, r_n/2} \leqslant \|f_n\|_{s_n, r_n} + \|\mathcal{R}_{Q_{n+1}} g_n(\varphi)\|_{s_n, r_n/2} < \varepsilon_n^{1/2}. \tag{4.2.11}$$

现在我们考虑参考系统 $(\omega, \rho_n + \widetilde{g}_n(\varphi))$. 因为 $\widetilde{g}_n(\varphi)$ 是一个三角多项式, 所以它必是 C^ω 可化的. 此外, 如果设 $\partial_\omega h_n(\varphi) = \widetilde{g}_n(\varphi)$, 则 $h_n(\varphi)$ 是解析的.

如果我们用变换 $(H^{(n)})^{-1}$ 共轭两个系统 $(\omega, \rho_n + \widetilde{g}_n(\varphi))$ 和 $(\omega, \rho_n + \widetilde{g}_n(\varphi) + \widetilde{f}_n(\theta, \varphi))$, 则可得 $(\omega, \overline{f}_n(\theta, \varphi))$ 和 $(\omega, \widetilde{\rho} + f(\theta, \varphi))$. 这里 $(\omega, \overline{f}_n(\theta, \varphi))$ 显然是可 C^ω 线性化的, 这是因为线性化是共轭不变的. 由 (4.2.11) 可直接推出

$$\|\widetilde{\rho} + f(\theta, \varphi) - \overline{f}_n(\theta, \varphi)\|_{s_n, r_n} \leqslant \left\| \frac{\partial}{\partial \theta} \pi_1 \circ (H^{(n)})^{-1} \right\|_{s_n, r_n} \cdot \|\widetilde{f}_n\|_{s_n, r_n}$$

$$< 2\|\widetilde{f}_n\|_{s_n, r_n} < 2\varepsilon_n^{1/2} = \mathcal{O}((s_n r_n)^p), \quad \forall p \in \mathbb{Z}^+.$$

即 $\widetilde{\rho} + f(\theta, \varphi)$ 可以是 C^∞, 并且被函数 $\overline{f}_n \in C^\omega(\mathbb{T} \times \mathbb{T}^2, \mathbb{R})$ 聚集, 而 $(\omega, \overline{f}_n(\theta, \varphi))$ 是 C^ω 可线性化的.

4.2.2　多维 Liouville 频率的情况

在这一小节中, 我们介绍 [18] 中关于具有多维 Liouville 频率的驱动圆周流的线性化问题.

1. 主要结果的叙述

在这一小节中, 我们假设驱动频率 $\omega = (\omega_1, \omega_2, \cdots, \omega_n)$, 并且考虑解析拟周期驱动圆周流

$$\begin{cases} \dot{\varphi} = \rho + f(\varphi, \theta), \\ \dot{\theta} = \omega. \end{cases} \tag{4.2.12}$$

它是数学物理中最重要的数学模型之一. 在这一小节中, 我们总假设 $f(\theta, \varphi)$ 满足

$$\|f\|_{r,s} \leqslant \varepsilon, \quad r \geqslant s > 0, \tag{4.2.13}$$

其中范数 $\|\cdot\|_{r,s}$ 在后面定义并且 ε 充分小. 这里为了讨论简单, 我们假设 $r \geqslant s$ (这个假设并不是必要的, 在情况 $s > r$ 下我们用 $\|f\|_{r,r}$ 代替 (4.2.13) 中的 $\|f\|_{s,r}$), 并且驱动频率 $\omega = (\omega_1, \omega_2, \cdots, \omega_n) \in \mathbb{R}^n (n \geqslant 2)$ 满足

$$\max_{2^m \leqslant |k| \leqslant 2^{m+1}} \frac{1}{|k|} \ln \frac{1}{\langle k, \omega \rangle} = \beta_m, \quad \lim_{m \to \infty} \beta_m = 0. \tag{4.2.14}$$

由于 $\lim_{m \to \infty} \beta_m = 0$, 我们固定 m_0 足够大: $m_0 \geqslant \max\{3^3, 3|\ln \widetilde{s}^{-1}|(\ln 2)^{-1}\}$, $\widetilde{s} = \min\{s, 1\}$ 使得

$$\beta_l \leqslant s(4e^4)^{-1}, \quad \forall l \geqslant m_0.$$

我们归纳的定义 $\{m_j\}_{j \geqslant 0} \subset \{m\}$ 使得

$$\beta_l \leqslant e^{-4} s(j+2)^{-2}, \quad \forall l \geqslant m_j, \ j \geqslant 0. \tag{4.2.15}$$

对数列在 (4.2.15) 中定义的 $\{m_j\}_{j \geqslant 0}$, 我们假设

$$2^{m_{j+1}} \leqslant e^{2^{m_j} 5}, \quad \forall j \geqslant 0, \quad m_0 \geqslant \max\{3^3, 3|\ln \widetilde{s}^{-1}|(\ln 2)^{-1}\}. \tag{4.2.16}$$

现在我们叙述这小节的主要结果.

定理 4.2.2 ([18])　假设 $f : \mathbb{T} \times \mathbb{T}^n \to \mathbb{R}(n \geqslant 2)$ 是满足 (4.2.13) 的实解析函数, 并且 ω 满足 (4.2.14). 此外, 假设 $\rho_f = \rho(\omega, \rho + f(\theta, \varphi)) \in DC_\omega(\gamma, \tau), \tau > n$. 则存在 $\epsilon_* > 0$ (依赖于 f, γ, τ, ω) 使得只要 $\varepsilon \leqslant \varepsilon_*$, 系统 (4.2.12) 是解析可化的.

2. 某些符号

对 $s > 0$, 用

$$D(s) = \{\theta \in \mathbb{T}_c^n = \mathbb{C}^n/(2\pi\mathbb{Z})^n : \|\mathrm{Im}\theta\| < s\},$$

其中 $\|\cdot\|$ 是复向量的上确界.

对定义在 $D(s)$ 上的函数 $f(\theta)$, 它的 Fourier 展开式是

$$f(\theta) = \sum_{k \in \mathbb{Z}^n} \widehat{f}(k) e^{i\langle k, \theta \rangle},$$

并且定义它的范数为

$$\|f\|_s = \sum_{k \in \mathbb{Z}^n} |\widehat{f}(k)| e^{|k|s}.$$

对 $s, r > 0$, 我们用

$$D(r, s) = \{(\varphi, \theta) : |\mathrm{Im}\varphi| < r, \|\mathrm{Im}\theta\| < s\} \subset \mathbb{T}_c \times \mathbb{T}_c^n$$

表示 $\mathbb{T} \times \mathbb{T}^n$ 的复邻域.

对定义在 $D(r,s)$ 上的函数 $f(\varphi, \theta)$, 它的 Fourier 展开式为

$$f(\varphi, \theta) = \sum_{l \in \mathbb{Z}} \widehat{f_l}(\theta) e^{il\varphi} = \sum_{l \in \mathbb{Z}, k \in \mathbb{Z}^d} \widehat{f_l}(k) e^{i(l\varphi + \langle k, \theta \rangle)},$$

我们定义范数 $\|f\|_{r,s}$:

$$\|f\|_{r,s} = \sum_{l \in \mathbb{Z}} \|\widehat{f_l}(\theta)\|_s e^{|l|r} = \sum_{l \in \mathbb{Z}, k \in \mathbb{Z}^d} |\widehat{f_l}(k)| e^{|l|r + |k|s}.$$

对任意的 $K \geqslant 1$, 如 4.2.1 节我们分别定义截断算子 $\mathcal{T}_K$ 和投影算子 $\mathcal{R}_K$ 为

$$\mathcal{T}_K f(\varphi, \theta) = \sum_{|k|+|l|<K} \widehat{f_l}(k) e^{i(l\varphi + \langle k, \theta \rangle)}, \quad \mathcal{R}_K f(\varphi, \theta) = \sum_{|k|+|l| \geqslant K} \widehat{f_l}(k) e^{i(l\varphi + \langle k, \theta \rangle)}.$$

用

$$[f(\theta)]_\theta = \frac{1}{(2\pi)^d} \int_{\mathbb{T}^d} f(\theta) d\theta = \widehat{f}(0)$$

表示 $f(\theta)$ 在 $\mathbb{T}^n$ 上的平均.

3. 旋转数

设 $\omega \in \mathbb{R}^n$ 是有理无关的向量, 并且 (ω, f) 是一个拟周期驱动流. 我们定义 (ω, f) 的纤维旋转数 (fibered rotation number) 为

$$\rho(\alpha, f) := \lim_{t \to \infty} \frac{\widehat{\Phi}_\theta^t(\widehat{\varphi})}{t},$$

其中 $\widehat{\Phi}_\theta^t(\widehat{\varphi}): \mathbb{R}_+ \times \mathbb{R} \times \mathbb{T}^d \to \mathbb{R}$, 并且通过 $(t, \widehat{\varphi}, \theta) \to \widehat{\Phi}_\theta^t(\widehat{\varphi})$ 表示流 (ω, f) 关于第一个变量 φ 的提升. 这个极限是存在的并且独立于 $(\widehat{\varphi}, \theta)$, 见 [47]. 因此, 我们有下列众所周知的结果:

引理 4.2.6 ([47])　设 $\omega \in \mathbb{R}^n$ 是有理无关的并且 $\|f(\varphi, \theta)\|_{C^0} \leqslant \varepsilon$, 则

$$|\rho(\alpha, \widetilde{\rho} + f(\varphi, \theta)) - \rho(\alpha, \widetilde{\rho})| \leqslant \varepsilon.$$

引理 4.2.7 ([47])　假设 (ω, f) 是一个拟周期圆周流, 并且 $H \in C^0(\mathbb{T} \times \mathbb{T}^n, \mathbb{T} \times \mathbb{T}^n)$ 是一个同伦于恒等的同胚, 它关于第二个因子投影到恒等. 则 (ω, f) 和 $(\omega, f) \circ H$ 的纤维旋转数是相同的.

4. 归纳步

1) 迭代数列

我们要定义一些迭代数列. 为此, 对在 (4.2.14) 中给定的数列 $\{\beta_m\}_{m \geqslant 1}$, 由于

$\lim_{m\to\infty}\beta_m = 0$, 我们得

$$\beta_* := \max_{m\geqslant 0}\{\beta_m\} < \infty.$$

对 $s_0 > 0$, 我们令

$$\eta_j = (j+2)^{-2}, \quad s_{j+1} = s_j(1-2\eta_j) = s_0\prod_{i=0}^{j}(1-2\eta_i).$$

显然, 对任意的 $j\geqslant 1$,

$$s_j = s_0\prod_{i=0}^{j-1}(1-2\eta_i) \geqslant s_0\prod_{i=0}^{\infty}[1-2(i+2)^{-2}]$$

$$= s_0\exp\left\{\sum_{i=0}^{\infty}\ln[1-2(i+2)^{-2}]\right\} \geqslant s_0\exp\left\{\sum_{i=0}^{\infty}-4(i+2)^{-2}\right\} > s_0 e^{-4}.$$

于是

$$e^{-4}s_0 < s_j \leqslant s_0, \quad \forall j\geqslant 0.$$

对任意给定的 $\tau > n$ 以及由 (4.2.16) 定义的用 s_0 代替 s 的数列 $\{2^{m_j}\}_{j\geqslant 0}$, 我们令

$$\sigma_{j,i} = \eta_j\eta_i, \quad \varepsilon_j = \exp\{-(\beta_* + 40(2\tau+1))2^{m_j}\}, \quad \widetilde{\varepsilon}_{j,i+1} = \widetilde{\varepsilon}_{j,i}^{\frac{5}{4}}(= \widetilde{\varepsilon}_{j,0}^{(\frac{5}{4})^i}),$$

$$\widetilde{T}_{j,i} = (s_j\sigma_{j,i})^{-1}\ln\widetilde{\varepsilon}_{j,i}^{-1}, \quad i = 0,\cdots,\mathcal{N}_j - 1, \tag{4.2.17}$$

其中 $\widetilde{\varepsilon}_{j,0} = \varepsilon_j, i = 0,\cdots,\mathcal{N}_j - 1, j\geqslant 0$, 并且 $\mathcal{N}_j$ 是满足 $\widetilde{\varepsilon}_{j,\mathcal{N}_j} \leqslant \varepsilon_{j+1}$ 的最小整数, 即

$$\widetilde{\varepsilon}_{j,\mathcal{N}_j} \leqslant \varepsilon_{j+1} < \widetilde{\varepsilon}_{j,\mathcal{N}_j-1}.$$

对在 (4.2.17) 中定义的数列, 我们将在下列引理中给出一个重要的不等式, 它在后面许多地方用到.

引理 4.2.8　对由 (4.2.17) 定义的数列, 我们有

$$\widetilde{T}_{j,\mathcal{N}_j-1} \leqslant \varepsilon_j^{\frac{-10}{\beta_* + 40(2\tau+1)}} < \varepsilon_j^{\frac{-1}{4(2\tau+1)}}. \tag{4.2.18}$$

证明 因为 $\widetilde{\varepsilon}_{j,\mathcal{N}_j} \leqslant \varepsilon_{j+1} < \widetilde{\varepsilon}_{j,\mathcal{N}_j-1}$, 所以

$$\varepsilon_j^{-(\frac{5}{4})^{\mathcal{N}_j-1}} < \varepsilon_{j+1}^{-1} \leqslant \varepsilon_j^{-(\frac{5}{4})^{\mathcal{N}_j}},$$

它意味着

$$\left(\frac{5}{4}\right)^{\mathcal{N}_j-1} < \frac{\ln \varepsilon_{j+1}^{-1}}{\ln \varepsilon_j^{-1}} < 2^{m_{j+1}}.$$

注意到 $e^{\frac{1}{5}} < \frac{5}{4}$ 并与上面不等式一起可推出

$$\mathcal{N}_j - 1 < 5\ln 2^{m_{j+1}} < 5m_{j+1}. \tag{4.2.19}$$

因此, 从 (4.2.16) 和 (4.2.19) 可得

$$\begin{aligned}
\widetilde{T}_{j,\mathcal{N}_j-1} &= (s_j\sigma_{j,\mathcal{N}_j-1})^{-1}\ln \widetilde{\varepsilon}_{j,\mathcal{N}_j-1}^{-1} < s_j^{-1}\sigma_{j,\mathcal{N}_j-1}^{-1}\ln \varepsilon_{j+1}^{-1} \\
&< s_j^{-1}(j+2)^2(\mathcal{N}_j+1)^2(\beta_* + 40(2\tau+1))2^{m_{j+1}} \\
&< 36e^4 s_0^{-1}(\beta_* + 40(2\tau+1))(j+2)^2 m_{j+1}^2 2^{m_{j+1}} \\
&< 2^{2m_{j+1}} < \exp\{2^{m_j}10\} = \varepsilon_j^{\frac{-10}{\beta_*+40(2\tau+1)}} < \varepsilon_j^{\frac{-1}{4(2\tau+1)}}. \qquad \square
\end{aligned}$$

2) 同调方程和它的近似解

在这一小节, 我们将证明如何解具有 ω 的变系数同调方程, 其中 ω 由 (4.2.14) 定义并且满足 (4.2.15) 和 (4.2.16).

设 $R(\varphi,\theta)$ 是一个实解析函数, 它的 Fourier 展开式为

$$R(\varphi,\theta) = \sum_{0\neq l\in\mathbb{Z}} \widehat{R}_l(\theta)e^{il\varphi} = \sum_{0\neq l\in\mathbb{Z},\, k\in\mathbb{Z}^n} \widehat{R}_l(k)e^{i(l\varphi+\langle k,\theta\rangle)},$$

它定义在 $D(r,s)$, $r,s > 0$ 上. 我们考虑关于未知函数 F 的同调方程

$$\partial_\alpha F(\varphi,\theta) + (\rho + b(\theta))\frac{\partial F(\varphi,\theta)}{\partial\varphi} = R(\varphi,\theta) \tag{4.2.20}$$

并且有下列命题.

命题 4.2.2 假设 $b(\theta)$ 是一个定义在 $D(s)$ 上的实解析函数, 并且满足 $\|b\|_s \leqslant 3\varepsilon_j$ 和 $\rho \in DC_\omega(\gamma,\tau)$, 则对定义在 $D(r,s)$ 上的实解析函数 R, 同调方程 (4.2.20) 有一个定义在 $D(r,s)$ 上的实解析近似解 F, 并且满足

$$\left\|F(\varphi,\theta)\right\|_{r,s} \leqslant 2\gamma^{-1}\widetilde{T}_{j,i}^\tau \|R(\varphi,\theta)\|_{r,s}, \quad i = 0, \cdots, \mathcal{N}_j - 1.$$

此外, 误差项是

$$P^{(er)}(\varphi, \theta) = \mathcal{R}_{\widetilde{T}_{j,i}} \left(R(\varphi, \theta) - b(\theta) \frac{\partial F(\varphi, \theta)}{\partial \varphi} \right). \tag{4.2.21}$$

证明　由于 (4.2.20) 是变系数并且可能没有解析解, 我们解它的近似方程

$$\mathcal{T}_{\widetilde{T}_{j,i}} \partial_\alpha F(\varphi, \theta) + \mathcal{T}_{\widetilde{T}_{j,i}} \left\{ (\rho + b(\theta)) \frac{\partial F(\varphi, \theta)}{\partial \varphi} \right\} = \mathcal{T}_{\widetilde{T}_{j,i}} R(\varphi, \theta), \tag{4.2.22}$$

其中 $\mathcal{T}_{\widetilde{T}_{j,i}} F(\varphi, \theta) = F(\varphi, \theta)$.

设

$$F(\varphi, \theta) = \sum_{0 < |l| < \widetilde{T}_{j,i}} \widehat{F}_l(\theta) e^{il\varphi} = \sum_{0 < |l| < \widetilde{T}_{j,i},\ |k| + |l| < \widetilde{T}_{j,i}} \widehat{F}_l(k) e^{i(l\varphi + \langle k, \theta \rangle)},$$

并且通过比较 (4.2.22) 的系数, 对每个 $0 < |l| < \widetilde{T}_{j,i}$ 有

$$\partial_\alpha \widehat{F}_l(\theta) + il\rho \widehat{F}_l(\theta) + il\mathcal{T}_{\widetilde{T}_{j,i}} \{ b(\theta) \widehat{F}_l(\theta) \} = \widehat{R}_l(\theta). \tag{4.2.23}$$

重写 (4.2.23) 为一个矩阵方程

$$\left(\widehat{E} + \Phi_{l,s} \widehat{D} \Phi_{l,s}^{-1} \right) \Phi_{l,s} \mathcal{F}_l = \Phi_{l,s} \mathcal{R}_l,$$

其中

$$\widehat{E} = \mathrm{diag}(\cdots, \mathrm{i}(\langle k, \alpha \rangle + l\rho), \cdots)_{|k| < \widetilde{T}_{j,i} - |l|},$$

$$\widehat{D} = (\mathrm{i}l\widehat{b}(k - k_1))_{|k_1|, |k| < \widetilde{T}_{j,i} - |l|}, \quad \Phi_{l,s} = \mathrm{diag}(\cdots, e^{|k|s}, \cdots)_{|k| < \widetilde{T}_{j,i} - |l|},$$

$$\mathcal{F}_l = (\widehat{F}_l(k))^{\mathrm{T}}_{|k| < \widetilde{T}_{j,i} - |l|}, \quad \mathcal{R}_l = (\widehat{R}_l(k))^{\mathrm{T}}_{|k| < \widetilde{T}_{j,i} - |l|},$$

这里我们不明显给出限制 "$l \neq 0$", 这不会引起混淆.

由于 $\rho \in DC_\alpha(\gamma, \tau)$, 并注意到 $|k| + |l| < \widetilde{T}_{j,i}$, 我们得到

$$|\langle k, \alpha \rangle + l\rho| \geqslant \gamma(|k| + |l|)^{-\tau} > \gamma \widetilde{T}_{j,i}^{-\tau},$$

它意味着

$$\|\widehat{E}^{-1}\|_{op(l^1)} < \gamma^{-1} \widetilde{T}_{j,i}^\tau,$$

其中 $op(l^1)$ 表示与 l^1 范数相关的算子范数, 它如下定义: 对向量 $u = (u_l(k))^{\mathrm{T}}_{|k| < \widetilde{T}_{j,i} - |l|}$, $|u|_{l^1} = \sum_{|k| < \widetilde{T}_{j,i} - |l|} |u_l(k)|$. 直接计算表明

$$\|\Phi_{l,s}\widehat{D}\Phi_{l,s}^{-1}\|_{op(l^1)} \leqslant |l|\|b\|_s \leqslant \widetilde{T}_{j,i} 3\varepsilon_j.$$

上面两个不等式可推出

$$\|\widehat{E}^{-1}\Phi_{l,s}\widehat{D}\Phi_{l,s}^{-1}\|_{op(l^1)} \leqslant 3\gamma^{-1}\widetilde{T}_{j,i}^{\tau+1}\varepsilon_j \leqslant 3\gamma^{-1}\widetilde{T}_{j,\mathcal{N}_j-1}^{\tau+1}\varepsilon_j < 3\gamma^{-1}\varepsilon_j^{\frac{-(\tau+1)}{4(2\tau+1)}}\varepsilon_j < \frac{1}{2},$$

其中第三个不等式可由 (4.2.18) 推出. 因此 $\widehat{E} + \Phi_{l,s}\widehat{D}\Phi_{l,s}^{-1}$ 有一个有界的逆并有估计

$$\|(\widehat{E} + \Phi_{l,s}\widehat{D}\Phi_{l,s}^{-1})^{-1}\|_{op(l^1)} \leqslant \|(Id + \widehat{E}^{-1}\Phi_{l,s}\widehat{D}\Phi_{l,s}^{-1})^{-1}\|_{op(l^1)}\|\widehat{E}^{-1}\|_{op(l^1)}$$
$$\leqslant 2\gamma^{-1}\widetilde{T}_{j,i}^{\tau}.$$

于是

$$\|\widehat{F}_l(\theta)\|_s = \sum_{|k| < \widetilde{T}_{j,i} - |l|} |\widehat{F}_l(k)|e^{|k|s} = |\Phi_{l,s}\mathcal{F}_l|$$
$$\leqslant \|(\widehat{E} + \Phi_{l,s}\widehat{D}\Phi_{l,s}^{-1})^{-1}\|_{op(l^1)}|\Phi_{l,s}\mathcal{R}_l|$$
$$= \|(\widehat{E} + \Phi_{l,s}\widehat{D}\Phi_{l,s}^{-1})^{-1}\|_{op(l^1)}\|\widehat{R}_l(\theta)\|_s$$
$$\leqslant 2\gamma^{-1}\widetilde{T}_{j,i}^{\tau}\|\widehat{R}_l(\theta)\|_s.$$

因此

$$\|F(\varphi,\theta)\|_{r,s} \leqslant 2\gamma^{-1}\widetilde{T}_{j,i}^{\tau}\|R(\varphi,\theta)\|_{r,s}.$$

据 (4.2.22), 误差项 $P^{(er)}$ 是由 (4.2.21) 定义的. $\qquad\square$

假设对任意的 $j \in \mathbb{Z}^+$, $B_j(\theta)$ 是一个实解析函数并且可以写成

$$B_j(\theta) = \sum_{l=0}^{\mathcal{N}_j} b_{j,l}(\theta), \quad \forall j \geqslant 0, \tag{4.2.24}$$

其中 $b_{j,l}$ 是满足 $(\widetilde{s}_{j,l} \geqslant s_j(1-\eta_j))$ 的实解析函数.

$$b_{j,l}(\theta) = \sum_{k \in \mathbb{Z}^n, |k| < \widetilde{T}_{j,l-1}} \widehat{b}_{j,l}(k)e^{\mathrm{i}\langle k,\theta\rangle}, \quad \|b_{j,l}\|_{\widetilde{s}_{j,l-1}} \leqslant \widetilde{\varepsilon}_{j,l-1}, \quad l = 1, \cdots, \mathcal{N}_j,$$

$$\tag{4.2.25}$$

并且 $b_{j,0} \in \mathbb{R}$, $|b_{j,0}| \leqslant \widetilde{\varepsilon}_{j,0}$.

对由 (4.2.24) 定义的函数 B_j 和 (4.2.25), 我们考虑关于未知函数 $\mathcal{B}$ 的方程

$$\partial_\alpha \mathcal{B}(\theta) = B_j(\theta) - [B_j(\theta)]_\theta, \tag{4.2.26}$$

并且有下列引理.

引理 4.2.9　假设 $B_j(\theta)$ 由 (4.2.24) 定义并且有估计式 (4.2.25), 则方程 (4.2.26) 有唯一解满足估计

$$\|\mathcal{B}\|_{s_{j+1}} < 4\varepsilon_j^{\frac{40(2\tau+1)}{\beta_* + 40(2\tau+1)}}.$$

证明　对由 (4.2.24) 定义的函数 $b_{j,l}(\theta)$, $l = 1, \cdots, \mathcal{N}_j$, $j \geqslant 0$, 并且有 (4.2.25), 我们区分它为

$$b_{j,l}(\theta) = b_{j,l}^{(1)}(\theta) + b_{j,l}^{(2)}(\theta), \tag{4.2.27}$$

其中

$$b_{j,l}^{(1)}(\theta) = \sum_{2^{m_j} \leqslant |k| < \widetilde{T}_{j,l}} \widehat{b}_{j,l}(k) e^{i\langle k, \theta \rangle}, \quad b_{j,l}^{(2)}(\theta) = \sum_{|k| < 2^{m_j}} \widehat{b}_{j,l}(k) e^{i\langle k, \theta \rangle}. \tag{4.2.28}$$

假设函数 $\mathcal{B}_{j,l}^{(i)}(\theta)$ 是下列方程的解

$$\partial_\omega \mathcal{B}_{j,l}^{(i)}(\theta) = b_{j,l}^{(i)}(\theta) - [b_{j,l}^{(i)}(\theta)]_\theta, \quad i = 1, 2; l = 1, \cdots, \mathcal{N}_j, \tag{4.2.29}$$

则据 (4.2.27) 和 (4.2.28), 函数

$$\mathcal{B}(\theta) = \sum_{i=1,2} \sum_{l=1}^{\mathcal{N}_j} \mathcal{B}_{j,l}^{(i)}(\theta)$$

是方程 (4.2.26) 的解. 注意到 $b_{j,0} \in \mathbb{R}$ 并把它放到 $[B_j(\theta)]_\theta$ 中, 因此 $\mathcal{B}_{j,0}^{(i)}(\theta) = 0, i = 1, 2$. 通过比较 (4.2.29) 的系数, 可得

$$\widehat{\mathcal{B}_{j,l}^{(i)}}(k) = \frac{\widehat{b_{j,l}^{(i)}}(k)}{i\langle k, \alpha \rangle}, \quad \forall 0 \neq k \in \mathbb{Z}^n, \ i = 1, 2, \ l = 1, \cdots, \mathcal{N}_j.$$

情况 1.　$i = 1$. 由假设 (4.2.14) 并注意到 $s_{j+1} = s_j(1 - 2\eta_j)$ 和 $s_j(1 - \eta_j) <$

$\widetilde{s}_{j,l-1}$, 我们得

$$
\begin{aligned}
\|\mathcal{B}_{j,l}^{(1)}\|_{s_{j+1}} &= \sum_{2^{m_j} \leqslant |k| < \widetilde{T}_{j,l}} |\widehat{\mathcal{B}_{j,l}^{(1)}}(k)| e^{|k|s_j(1-2\eta_j)} \\
&= \sum_{i=j}^{(\ln 2)^{-1}\ln \widetilde{T}_{j,l}} \sum_{2^{m_i} \leqslant |k| < 2^{m_{i+1}}} |\widehat{\mathcal{B}_{j,l}^{(1)}}(k)| e^{|k|s_j(1-\eta_j)} e^{-|k|s_j\eta_j} \\
&\leqslant \sum_{i=j}^{(\ln 2)^{-1}\ln \widetilde{T}_{j,l}} \sum_{2^{m_i} \leqslant |k| < 2^{m_{i+1}}} |\widehat{b}_{j,l}(k)| e^{|k|\beta_{m_i}} e^{|k|\widetilde{s}_{j,l-1}} e^{-|k|s_j\eta_j} \\
&\leqslant \sum_{i=j}^{(\ln 2)^{-1}\ln \widetilde{T}_{j,l}} \sum_{2^{m_i} \leqslant |k| < 2^{m_{i+1}}} |\widehat{b}_{j,l}(k)| e^{|k|\widetilde{s}_{j,l-1}} \\
&= \sum_{2^{m_j} \leqslant |k| < \widetilde{T}_{j,l}} |\widehat{b}_{j,l}(k)| e^{|k|\widetilde{s}_{j,l-1}} \leqslant \|b_{j,l}^{(1)}\|_{\widetilde{s}_{j,l-1}} \leqslant \widetilde{\varepsilon}_{j,l-1},
\end{aligned}
$$

在上面的证明中我们用到了

$$
\beta_{n_i} \leqslant e^{-4} s_0 (j+2)^{-2} < s_j \eta_j, \quad \forall n_i \geqslant n_j, \ j \geqslant 0.
$$

情况 2. $i = 2$. 因为 $s_{j+1} = s_j(1-2\eta_j) < \widetilde{s}_{j,l-1}$, 所以易得

$$
\begin{aligned}
\|\mathcal{B}_{j,l}^{(2)}\|_{s_{j+1}} &= \sum_{|k| < 2^{m_j}} |\widehat{\mathcal{B}_{j,l}^{(2)}}(k)| e^{|k|s_{j+1}} \leqslant \sum_{|k| < 2^{m_j}} |\widehat{b}_{j,l}(k)| e^{|k|\widetilde{s}_{j,l-1}} e^{|k|\beta_*} \\
&\leqslant \|b_{j,l}^{(2)}\|_{\widetilde{s}_{j,l-1}} e^{2^{m_j}\beta_*} \leqslant \widetilde{\varepsilon}_{j,l-1} \varepsilon_j^{\frac{-\beta_*}{\beta_*+40(2\tau+1)}} < \widetilde{\varepsilon}_{j,l-1}^{\frac{40(2\tau+1)}{\beta_*+40(2\tau+1)}}.
\end{aligned}
$$

由上面的讨论可知方程 (4.2.26) 的解 $\mathcal{B}(\theta)$ 满足

$$
\begin{aligned}
\|\mathcal{B}\|_{s_{j+1}} &= \sum_{i=1,2} \sum_{l=1}^{\mathcal{N}_j} \|\mathcal{B}_{j,l}^{(i)}\|_{s_{j+1}} \leqslant 2 \sum_{l=1}^{\mathcal{N}_j} \widetilde{\varepsilon}_{j,l-1}^{\frac{40(2\tau+1)}{\beta_*+40(2\tau+1)}} \\
&< 4\widetilde{\varepsilon}_{j,0}^{\frac{40(2\tau+1)}{\beta_*+40(2\tau+1)}} = 4\varepsilon_j^{\frac{40(2\tau+1)}{\beta_*+40(2\tau+1)}}. \qquad \qquad \square
\end{aligned}
$$

3) 迭代引理

除了在 (4.2.17) 中定义的参数以外, 对 $r_0 \geqslant s_0$, 我们还要用 $r_{j+1} = r_j(1-2\eta_j)$

定义迭代数列 $(r_j)_{j \geqslant 0}$. 对任意的 $r, s > 0, \widetilde{\varepsilon}, \varepsilon \geqslant 0$ 和 $\widetilde{\rho} \in \mathbb{R}$, 我们定义

$$\mathcal{F}_{r,s}(\rho_f, \widetilde{\varepsilon}, \varepsilon) = \Big\{ \widetilde{\rho} + g(\theta) + f(\varphi, \theta) \in C_{r,s}^{\omega}(\mathbb{T} \times \mathbb{T}^d, \ \mathbb{R}) \Big| \ \widetilde{\rho} \in \mathbb{R},$$

$$\rho(\widetilde{\rho} + g(\theta) + f(\varphi, \theta)) = \rho_f, \ \|g\|_s \leqslant \widetilde{\varepsilon}, \ \|f\|_{r,s} \leqslant \varepsilon \Big\}.$$

引理 4.2.10 (迭代引理)　考虑拟周期驱动圆周流

$$\begin{cases} \dot{\varphi} = \rho_f + b_j + f_j(\varphi, \theta), \\ \dot{\theta} = \alpha, \end{cases} \tag{4.2.30}$$

其中 $\rho_f + b_j + f_j(\varphi, \theta) \in \mathcal{F}_{r_j, s_j}(\rho_f, \varepsilon_j, \varepsilon_j)$, $b_j \in \mathbb{R}$. 如果 $\rho_f \in DC_{\alpha}(\gamma, \tau)$, 则存在 $H_j \in C_{r_{j+1}, s_{j+1}}^{\omega}(\mathbb{T} \times \mathbb{T}^d, \ \mathbb{T} \times \mathbb{T}^d)$, 且具有估计

$$\|H_j - id\|_{r_{j+1}, s_{j+1}} \leqslant 16\varepsilon_j^a, \tag{4.2.31}$$

$$\|D(H_j - id)\|_{r_{j+1}, s_{j+1}} \leqslant 16\varepsilon_j^a, \tag{4.2.32}$$

其中 $a = \min\left\{ \dfrac{3}{4}, \ \dfrac{10(8\tau + 1)}{\beta_* + 40(2\tau + 1)} \right\}$, 使得 H_j 共轭系统 (4.2.30) 到

$$\begin{cases} \dot{\varphi} = \rho_f + b_{j+1} + f_{j+1}(\varphi, \theta), \\ \dot{\theta} = \alpha, \end{cases} \tag{4.2.33}$$

其中 $\rho_f + b_{j+1} + f_{j+1}(\varphi, \theta) \in \mathcal{F}_{r_{j+1}, s_{j+1}}(\rho_f, \varepsilon_{j+1}, \varepsilon_{j+1})$, $b_{j+1} \in \mathbb{R}$.

4) 引理 4.2.10 的证明

引理 4.2.10 的证明分两步进行. 我们首先共轭系统 (4.2.30) 到一个新的具有更小扰动得到系统. 此外, 有一个像 $\sum_l b_l(\theta)$ 的项被遗留下来, 我们将在第二步中去除这个项.

令

$$\widetilde{r}_{j,0} = r_j, \quad \widetilde{s}_{j,0} = s_j.$$

对 $i \geqslant 0$, 定义下列数列:

$$\widetilde{r}_{j,i+1} = \widetilde{r}_{j,i} - r_j \sigma_{j,i}, \quad \widetilde{s}_{j,i+1} = \widetilde{s}_{j,i} - s_j \sigma_{j,i}, \quad \widetilde{D}_i = D(\widetilde{r}_{j,i}, \widetilde{s}_{j,i}).$$

命题 4.2.3　考虑系统

$$\begin{cases} \dot{\varphi}_i = \rho_f + \displaystyle\sum_{l=0}^{i} b_{j,l}(\theta) + \widetilde{f}_i(\varphi_i, \theta), \\ \dot{\theta} = \alpha, \end{cases} \tag{4.2.34}$$

其中 $b_{j,l}(l=0,\cdots,i)$ 是由 (4.2.25) 定义, 并且 $\rho_f + \sum_{l=0}^{i} b_{j,l}(\theta) + \widetilde{f}_i(\varphi_i,\theta) \in \mathcal{F}_{\widetilde{r}_{j,i},\widetilde{s}_{j,i}}(\rho_f, 3\varepsilon_j, \widetilde{\varepsilon}_{j,i})$. 则存在 $h_i \in \widetilde{D}_i$ 使得变换 $\widetilde{H}_{j,i}: \varphi_i = \varphi_{i+1} + h_i(\varphi_{i+1},\theta)(\mathrm{mod}\,2\pi)$ 共轭系统 (4.2.34) 到

$$\begin{cases} \dot{\varphi}_{i+1} = \rho_f + \sum_{l=0}^{i+1} b_{j,l}(\theta) + \widetilde{f}_{i+1}(\varphi_{i+1},\theta), \\ \dot{\theta} = \alpha, \end{cases}$$

其中 $b_{j,l}(l=0,\cdots,i+1)$ 由 (4.2.25) 定义, 并且 $\rho_f + \sum_{l=0}^{i+1} b_{j,l}(\theta) + \widetilde{f}_{i+1}(\varphi_{i+1},\theta) \in \mathcal{F}_{\widetilde{r}_{j,i+1},\widetilde{s}_{j,i+1}}(\rho_f, \ 3\varepsilon_j, \ \widetilde{\varepsilon}_{j,i+1})$. 此外,

$$\|\widetilde{H}_{j,i} - id\|_{\widetilde{r}_{j,i},\widetilde{s}_{j,i}} \leqslant 2\widetilde{\varepsilon}_{j,i}^{\frac{3}{4}} \tag{4.2.35}$$

和

$$\|D(\widetilde{H}_{j,i} - id)\|_{\widetilde{r}_{j,i},\widetilde{s}_{j,i}} \leqslant 2\widetilde{\varepsilon}_{j,i}^{\frac{3}{4}}. \tag{4.2.36}$$

证明 令 $b_{j,i+1} = \mathcal{T}_{\widetilde{T}_{j,i}} \widetilde{f}_i(0,\theta)$, 则 $b_{j,i+1}$ 是由具有 $l=i+1$ 的 (4.2.25) 定义的. 在变换 $\varphi_i = \varphi_{i+1} + h_i(\varphi_{i+1},\theta)(\mathrm{mod}2\pi)$ 下, 纤维方程变成

$$\begin{aligned} \dot{\varphi}_{i+1}(1 + \partial_1 h_i(\varphi_{i+1},\theta)) = {} & -\partial_\alpha h_i(\varphi_{i+1},\theta) + \rho_f + \sum_{l=0}^{i+1} b_{j,l}(\theta) \\ & + (\widetilde{f}_i(\varphi_{i+1},\theta) - \widetilde{f}_i(0,\theta)) + \mathcal{R}_{\widetilde{T}_{j,i}} \widetilde{f}_i(0,\theta) \\ & + \{\widetilde{f}_i(\varphi_{i+1} + h_i(\varphi_{i+1},\theta),\theta) - \widetilde{f}_i(\varphi_{i+1},\theta)\}. \end{aligned} \tag{4.2.37}$$

假设函数 h_i 满足

$$-\partial_\alpha h_i(\varphi_{i+1},\theta) - \left(\rho_f + \sum_{l=0}^{i+1} b_{j,l}(\theta)\right)\partial_1 h_i(\varphi_{i+1},\theta) + \widetilde{f}_i(\varphi_{i+1},\theta) - \widetilde{f}_i(0,\theta) = 0. \tag{4.2.38}$$

由于 $\|\sum_{l=0}^{i+1} b_{j,l}\|_{s_j} \leqslant 3\varepsilon_j$ 和 $\rho_f \in DC_\alpha(\gamma,\tau)$, 我们知道 (4.2.38) 满足命题 4.2.2 的假设. 因此, 我们知道 (4.2.38) 存在一个近似解 h_i 具有估计

$$\|h_i\|_{\widetilde{r}_{j,i},\widetilde{s}_{j,i}} \leqslant 2\gamma^{-1}\widetilde{T}_{j,i}^\tau \|\widetilde{f}_i\|_{\widetilde{r}_{j,i},\widetilde{s}_{j,i}} \leqslant 2\gamma^{-1}\varepsilon_j^{\frac{-\tau}{4(2\tau+1)}}\widetilde{\varepsilon}_{j,i} < \widetilde{\varepsilon}_{j,i}^{\frac{3}{4}}, \tag{4.2.39}$$

其中第二个不等式由 (4.2.18) 得到.

因为 $h_i = \mathcal{T}_{\widetilde{T}_{j,i}} h_i$, 所以由 (4.2.39) 可得

$$\left\|\partial_\psi h_i\right\|_{\widetilde{r}_{j,i},\widetilde{s}_{j,i}} \leqslant 2\gamma^{-1}\widetilde{T}_{j,i}^{\tau+1}\|\widetilde{f}_i\|_{\widetilde{r}_{j,i},\widetilde{s}_{j,i}} \leqslant 2\gamma^{-1}\varepsilon_j^{\frac{-(\tau+1)}{4(2\tau+1)}}\widetilde{\varepsilon}_{j,i} < \widetilde{\varepsilon}_{j,i}^{\frac{3}{4}}, \quad \psi = \varphi, \theta,$$
$$(4.2.40)$$

即共轭 $\widetilde{H}_{j,i}$ 满足估计 (4.2.35) 和 (4.2.36). 此外, (4.2.38) 的误差项是

$$h_i^{(er)}(\varphi_{i+1},\theta) = \mathcal{R}_{\widetilde{T}_{j,i}}\left(\widetilde{f}_i(\varphi_{i+1},\theta) - \widetilde{f}_i(0,\theta) - \sum_{l=0}^{i+1} b_{j,l}(\theta)\partial_1 h_i(\varphi_{i+1},\theta)\right).$$

根据 (4.2.40) 的第一个不等式以及注意到 $s_j \leqslant r_j$ (因为 $s_0 \leqslant r_0$), 可得

$$\left\|h_i^{(er)}\right\|_{\widetilde{r}_{j,i+1},\widetilde{s}_{j,i+1}} \leqslant e^{-\widetilde{T}_{j,i}\sigma_{j,i}s_j}6\gamma^{-1}\widetilde{T}_{j,i}^{\tau+1}\|\widetilde{f}_i\|_{\widetilde{r}_{j,i},\widetilde{s}_{j,i}}$$
$$\leqslant 6\gamma^{-1}\varepsilon_j^{\frac{-(\tau+1)}{4(2\tau+1)}}\widetilde{\varepsilon}_{j,i}^2 < \widetilde{\varepsilon}_{j,i}^{\frac{7}{4}}. \qquad (4.2.41)$$

显然, (4.2.39) 意味着

$$\sup_{(\varphi_{i+1},\theta)\in\widetilde{D}_{i+1}} |\mathrm{Im}\{\varphi_{i+1} + h_i(\varphi_{i+1},\theta)\}| \leqslant \widetilde{r}_{j,i+1} + \|\widetilde{h}_i\|_{\widetilde{r}_{j,i},\widetilde{s}_{j,i}}$$
$$\leqslant \widetilde{r}_{j,i+1} + \widetilde{\varepsilon}_{j,i}^{\frac{3}{4}} < \widetilde{r}_{j,i}.$$

于是共轭变换 $\widetilde{H}_{j,i}$ 映 $\widetilde{D}_{i+1}$ 到 $\widetilde{D}_i$, 另外, 由(4.2.37) 和 (4.2.38) 我们可得

$$\dot{\varphi}_{i+1} = \rho_f + \sum_{l=0}^{i+1} b_{j,l}(\theta) + \widetilde{f}_{i+1}(\varphi_{i+1},\theta),$$

其中

$$\widetilde{f}_{i+1}(\varphi_{i+1},\theta) = (1 + \partial_1 h_i(\varphi_{i+1},\theta))^{-1}\{\mathcal{R}_{\widetilde{T}_{j,i}}\widetilde{f}_i(0,\theta) + h_i^{(er)}(\varphi_{i+1},\theta)\}$$
$$+ (1 + \partial_1 h_i(\varphi_{i+1},\theta))^{-1}\{\widetilde{f}_i(\varphi_{i+1} + h_i(\varphi_{i+1},\theta),\theta) - \widetilde{f}_i(\varphi_{i+1},\theta)\}.$$

现在我们给出 $\widetilde{f}_{i+1}$ 的估计. 首先, (4.2.40) 意味着

$$\|(1 + \partial_1 h_i)^{-1}\|_{\widetilde{r}_{j,i+1},\widetilde{s}_{j,i+1}} \leqslant 1 + 2\|\partial_1 h_i\|_{\widetilde{r}_{j,i},\widetilde{s}_{j,i}} \leqslant 1 + 2\widetilde{\varepsilon}_{j,i}^{\frac{3}{4}}.$$

此外, 由 Cauchy 估计, (4.2.39) 和 $\|\widetilde{f}_i(\varphi,\theta)\|_{\widetilde{r}_{j,i},\widetilde{s}_{j,i}} \leqslant \widetilde{\varepsilon}_{j,i}$, 我们得到

$$\|\widetilde{f}_i(\varphi_{i+1} + h_i,\theta) - \widetilde{f}_i(\varphi_{i+1},\theta)\|_{\widetilde{r}_{j,i+1},\widetilde{s}_{j,i+1}}$$
$$\leqslant \|\partial_1\widetilde{f}_i(\varphi,\theta)h_i\|_{\widetilde{r}_{j,i+1},\widetilde{s}_{j,i+1}}$$
$$\leqslant e^{-1}(\sigma_{j,i}r_j)^{-1}\|\widetilde{f}_i\|_{\widetilde{r}_{j,i},\widetilde{s}_{j,i}}\|h_i\|_{\widetilde{r}_{j,i},\widetilde{s}_{j,i}}$$

$$\leqslant e^{-1}(\sigma_{j,i}s_j)^{-1}\widetilde{\varepsilon}_{j,i}\widetilde{\varepsilon}_{j,i}^{\frac{3}{4}} < e^{-1}\widetilde{T}_{j,i}\widetilde{\varepsilon}_{j,i}^{\frac{7}{4}} < \widetilde{\varepsilon}_{j,i}^{\frac{3}{2}},$$

上面的证明用到了下面的不等式

$$(\sigma_{j,i}s_j)^{-1} < (\sigma_{j,i}s_j)^{-1}\ln\widetilde{\varepsilon}_{j,i}^{-1} = \widetilde{T}_{j,i} < \widetilde{T}_{j,\mathcal{N}_j-1} < \varepsilon_j^{\frac{-1}{4(2\tau+1)}}$$

(上面最后一个不等式可由 (4.2.18) 推出). 由此可推出

$$\|(1+\partial_1 h_i)^{-1}\{\widetilde{f}_i(\varphi_{i+1}+h_i,\theta) - \widetilde{f}_i(\varphi_{i+1},\theta)\}\|_{\widetilde{r}_{j,i+1},\widetilde{s}_{j,i+1}} < 3^{-1}\widetilde{\varepsilon}_{j,i}^{\frac{5}{4}}.$$

用 (4.2.41) 并且容易计算在 $\widetilde{f}_{i+1}$ 中的其他两项拥有相同的估计, 细节我们省略了. 因此

$$\|\widetilde{f}_{i+1}\|_{\widetilde{r}_{j,i+1},\widetilde{s}_{j,i+1}} \leqslant \widetilde{\varepsilon}_{j,i}^{\frac{5}{4}} = \widetilde{\varepsilon}_{j,i+1}.$$

因为通过 (4.2.35) 和 (4.2.36), 变换 $\widetilde{H}_{j,i}$ 趋于恒等, 因此同伦于恒等, 则由引理 4.2.7, 我们知道 $\rho(\rho_f + \sum_{l=0}^{i+1}b_{j,l}(\theta) + \widetilde{f}_{i+1}(\varphi_{i+1},\theta)) = \rho_f$, 即 $\rho_f + \sum_{l=0}^{i+1}b_{j,l}(\theta) + \widetilde{f}_{i+1}(\varphi_{i+1},\theta) \in \mathcal{F}_{\widetilde{r}_{j,i+1},\widetilde{s}_{j,i+1}}(\rho_f, 3\varepsilon_j, \widetilde{\varepsilon}_{j,i+1})$. $\square$

容易检查 (4.2.30) 满足 $i=0$ 时命题 4.2.3 的假设. 因此, 从拟周期圆周流 (4.2.30) 开始应用命题 4.2.3 $\mathcal{N}_j$ 次, 得到系统

$$\begin{cases} \dot{\varphi}_{\mathcal{N}_j} = \rho_f + B_j(\theta) + \widetilde{f}_{\mathcal{N}_j}(\varphi_{\mathcal{N}_j},\theta), \\ \dot{\theta} = \alpha, \end{cases} \tag{4.2.42}$$

其中 $\rho_f + B_j(\theta) + \widetilde{f}_{\mathcal{N}_j}(\varphi_{\mathcal{N}_j},\theta) \in \mathcal{F}_{\widetilde{r}_{j,\mathcal{N}_j},\widetilde{s}_{j,\mathcal{N}_j}}(\rho_f, 3\varepsilon_j, \widetilde{\varepsilon}_{j,\mathcal{N}_j})$ 和 $B_j(\theta) = \sum_{l=0}^{\mathcal{N}_j}b_{j,l}(\theta)$, 这里

$$b_{j,l}(\theta) = \mathcal{T}_{\widetilde{T}_{j,l-1}}\widetilde{f}_{l-1}(0,\theta), \quad \|b_{j,l}\|_{\widetilde{s}_{j,l-1}} \leqslant \widetilde{\varepsilon}_{j,l-1}, \quad l=1,\cdots,\mathcal{N}_j,$$

以及 $b_{j,0} \in \mathbb{R}$, $|b_{j,0}| \leqslant \varepsilon_j$. 此外, 把 (4.2.30) 共轭到 (4.2.42) 的共轭变换是

$$\widetilde{H}_j = \widetilde{H}_{j,0} \circ \cdots \circ \widetilde{H}_{j,\mathcal{N}_j-1} : D(\widetilde{r}_{j,\mathcal{N}_j},\widetilde{s}_{j,\mathcal{N}_j}) \to D(\widetilde{r}_{j,0},\widetilde{s}_{j,0}).$$

由 (4.2.35) 和 (4.2.36) 我们知道

$$\|\widetilde{H}_j - id\|_{\widetilde{r}_{j,\mathcal{N}_j},\widetilde{s}_{j,\mathcal{N}_j}} \leqslant 4\widetilde{\varepsilon}_{j,0}^{\frac{3}{4}} = 4\varepsilon_j^{\frac{3}{4}}, \tag{4.2.43}$$

和

$$\|D(\widetilde{H}_j - id)\|_{\widetilde{r}_{j,\mathcal{N}_j},\widetilde{s}_{j,\mathcal{N}_j}} \leqslant 4\widetilde{\varepsilon}_{j,0}^{\frac{3}{4}} = 4\varepsilon_j^{\frac{3}{4}}. \tag{4.2.44}$$

现在我们开始第二步以便去除 (4.2.42) 中的项 B_j.

引理 4.2.11　　存在一个共轭 $\overline{H}_j \in C^{\omega}_{r_{j+1}, s_{j+1}}(\mathbb{T} \times \mathbb{T}^d, \mathbb{T} \times \mathbb{T}^d)$，具有如下估计

$$\|\overline{H}_j - id\|_{r_{j+1}, s_{j+1}} \leqslant 8\varepsilon_j^{\frac{40(2\tau+1)}{\beta_* + 40(2\tau+1)}} \tag{4.2.45}$$

和

$$\|D(\overline{H}_j - id)\|_{r_{j+1}, s_{j+1}} \leqslant 8\varepsilon_j^{\frac{10(8\tau+1)}{\beta_* + 40(2\tau+1)}}, \tag{4.2.46}$$

使得 $\overline{H}_j$ 共轭系统 (4.2.42) 到

$$\begin{cases} \dot{\varphi}_{j+1} = \rho_f + b_{j+1} + f_{j+1}(\varphi_{j+1}, \theta), \\ \dot{\theta} = \alpha, \end{cases} \tag{4.2.47}$$

其中 $\rho_f + b_{j+1} + f_{j+1}(\varphi_{j+1}, \theta) \in \mathcal{F}_{r_{j+1}, s_{j+1}}(\rho_f, \varepsilon_{j+1}, \varepsilon_{j+1})$ 并且 $b_{j+1} \in \mathbb{R}$.

　　证明　　假设我们要的共轭 $\overline{H}_j$ 是

$$\varphi_{\mathcal{N}_j} = \varphi_{j+1} + \widetilde{h}_j(\theta)(\mathrm{mod}2\pi),$$

则纤维方程 (4.2.42) 变为

$$\dot{\varphi}_{j+1} = -\partial_\alpha \widetilde{h}_j(\theta) + \rho_f + B_j(\theta) + \widetilde{f}_{\mathcal{N}_j}(\varphi_{j+1} + \widetilde{h}_j(\theta), \theta).$$

假设函数 $\widetilde{h}_j$ 满足同调方程

$$\partial_\alpha \widetilde{h}_j(\theta) = B_j(\theta) - [B_j(\theta)]_\theta,$$

并且我们得到一个新的系统

$$\dot{\varphi}_{j+1} = \rho_f + b_{j+1} + f_{j+1}(\varphi_{j+1}, \theta),$$

其中 $b_{j+1} = [B_j(\theta)]_\theta$ 并且 $f_{j+1}(\varphi_{j+1}, \theta) = \widetilde{f}_{\mathcal{N}_j}(\varphi_{j+1} + \widetilde{h}_j(\theta), \theta)$.

　　由 (4.2.42) 我们知道 B_j 是由具有 (4.2.25) 的 (4.2.24) 定义, 于是由引理 4.2.9 可知存在唯一的解 $\widetilde{h}_j$ 并具有估计 (4.2.45). 注意到 $\widetilde{h}_j = \mathcal{T}_{\widetilde{T}_{j, \mathcal{N}-1}} \widetilde{h}_j$, 则 (4.2.45), (4.2.40) 中的第一个不等式和 (4.2.18) 意味着估计 (4.2.46).

　　因为

$$\sup_{(\varphi_{i+1}, \theta) \in D(r_{j+1}, s_{j+1})} |\mathrm{Im}(\varphi_{i+1} + \widetilde{h}_j(\theta))| \leqslant r_{j+1} + \|\widetilde{h}_j\|_{s_{j+1}}$$

$$\leqslant r_{j+1} + 4\varepsilon_j^{\frac{40(2\tau+1)}{\beta_* + 40(2\tau+1)}} < \widetilde{r}_{j, \mathcal{N}_j},$$

则通过令 $\varphi = \varphi_{i+1} + \widetilde{h}_j(\theta)$，我们得到

$$\|f_{j+1}\|_{r_{j+1},s_{j+1}} = \|\widetilde{f}_{\mathcal{N}_j}(\varphi_{i+1} + \widetilde{h}_j(\theta), \theta)\|_{r_{j+1},s_{j+1}}$$

$$\leqslant \|\widetilde{f}_{\mathcal{N}_j}(\varphi, \theta)\|_{\widetilde{r}_{j,\mathcal{N}_j}, \widetilde{s}_{j,\mathcal{N}_j}} \leqslant \widetilde{\varepsilon}_{j,\mathcal{N}_j} < \varepsilon_{j+1}.$$

(4.2.45) 和 (4.2.46) 意味着变换 $\widetilde{H}_{j,i}$ 趋于恒等, 然后由引理 4.2.7 可推出 $\rho(\rho_f + b_{j+1} + f_{j+1}(\varphi_{j+1}, \theta)) = \rho_f$. 此外, 根据引理 4.2.6, 有

$$|b_{j+1}| \leqslant \|f_{j+1}(\varphi_{j+1}, \theta)\|_{s_{j+1}} \leqslant \varepsilon_{j+1}.$$

因此 $\rho_f + b_{j+1} + f_{j+1}(\varphi_{j+1}, \theta) \in \mathcal{F}_{r_{j+1},s_{j+1}}(\rho_f, \varepsilon_{j+1}, \varepsilon_{j+1})$. □

令

$$H_j = \widetilde{H}_j \circ \overline{H}_j : D(r_{j+1}, s_{j+1}) \to D(r_j, s_j).$$

(4.2.43)—(4.2.46) 意味着 H_j 满足估计 (4.2.31) 和 (4.2.32). 此外, 通过上面的讨论我们知道 H_j 是一个共轭变换, 它共轭 (4.2.30) 到 (4.2.47), 并且根据引理 4.2.11 得 (4.2.47) 是一个我们在引理 4.2.10 中要的新系统 (4.2.33). 即共轭变换 H_j 是一个我们在引理 4.2.10 中要的变换, 它变 (4.2.30) 到 (4.2.33) 并且满足估计 (4.2.31) 和 (4.2.32). 至此引理 4.2.10 证毕.

5. 定理 4.2.2 的证明

令 $r = r_0, s = s_0, r_0 \geqslant s_0$ 和 $\varepsilon = \varepsilon_0 \leqslant \varepsilon_* := \exp\{-(\beta_* + 40(2\tau + 1))2^{n_0}\}$, 其中 n_0 在 (4.2.16) 中给出. 不失一般性, 重写系统 (4.2.12) 为

$$\begin{cases} \dot{\varphi} = \rho_f + b_0 + f_0(\varphi, \theta), \\ \dot{\theta} = \alpha, \end{cases} \tag{4.2.48}$$

其中 $b_0 = \rho - \rho_f$. 因此引理 4.2.6 可推出

$$|b_0| \leqslant \|f_0(\varphi, \theta)\|_{s_0} \leqslant \varepsilon_0.$$

由定理 4.2.2 的假设以及上面的符号, 我们知道 $\rho_f + b_0 + f_0(\varphi, \theta) \in \mathcal{F}_{r_0,s_0}(\rho_f, \varepsilon_0, \varepsilon_0)$, $\rho_f \in DC_\alpha(\gamma, \tau)$. 即系统 (4.2.48) 满足当 $i = 0$ 时的引理 4.2.10.

注意到

$$s_* := e^{-4}s_0 < s_j \leqslant s_0, \quad \forall j \geqslant 0.$$

此外,

$$r_* = e^{-4}r_0 < r_j \leqslant r_0, \quad \forall j \geqslant 0.$$

则我们有一个递减的区域序列

$$D(r_0, s_0) \supset D(r_1, s_1) \supset \cdots \supset D(r_\infty, s_\infty) \supset D(r_*, s_*).$$

令

$$H^j := H_0 \circ H_1 \circ \cdots \circ H_{j-1} : D(s_j, r_j) \longrightarrow D(s_0, r_0),$$

其中 H_l, $l = 0, \cdots, j-1$ 由引理 4.2.10 中构造. 从引理 4.2.10 我们得到 b_j, f_j, H^j 和 DH^j 在 $D(r_*, s_*)$ 上一致收敛. 设极限分别为 $b_*(= 0)$, $f_*(= 0)$, H_* 和 DH_*. 由 (4.2.31) 和 (4.2.32), 我们得到

$$\|H_* - id\|_{r_*, s_*} \leqslant 32\varepsilon_0^a,$$
$$\|D(H_* - id)\|_{r_*, s_*} \leqslant 32\varepsilon_0^a,$$

其中 $a = \min\left\{\dfrac{3}{4}, \dfrac{10(8\tau + 1)}{\beta_* + 40(2\tau + 1)}\right\}$.

应用引理 4.2.10 无穷次, 可得 H_* 变 (4.2.48) 到

$$\begin{cases} \dot{\varphi} = \rho_f, \\ \dot{\theta} = \alpha. \end{cases}$$

第 5 章   退化驱动系统的不变环面和拟周期分叉

5.1   拟周期驱动斜积映射的抛物不变环

考虑拟周期驱动斜积映射 $\widetilde{F} : \mathbb{R}^n \times \mathbb{T}^d \to \mathbb{R}^n \times \mathbb{T}^d$:

$$\widetilde{F} \begin{pmatrix} z \\ \theta \end{pmatrix} = \begin{pmatrix} F(z, \theta, \epsilon) \\ \theta + \omega \end{pmatrix},$$

其中 $\mathbb{T}^d = \mathbb{R}^d / \mathbb{Z}^d$, F 关于 z, θ 和 ϵ 是解析的, 并且 ω 是一个有理无关的频率向量. 在这种情况, 我们称 $\mathbb{R}^n$ 是纤维空间并且 F 是纤维映射. 设 $D_z F(z, \theta, \epsilon)$ 是 F 在 z 的导数 (Jacobian), 如果 $F(0, \theta, 0) = 0$ $(\forall \theta \in \mathbb{T}^d)$, 这里 $D_z F(0, \theta, 0)$ 不依赖于 θ, 并且 $\mathrm{Spec}\,(D_z F(0, \theta, 0)) = \{1\}$, 则未扰映射 $F(z, \theta, 0)$ 的不动点 $z = 0$ 被称为抛物的 (或弱双曲的), 集合

$$\mathcal{T}^d := \{(0, \theta) \in \mathbb{R}^n \times \mathbb{T}^d\}$$

被称为 $\widetilde{F}(z, \theta, 0)$ 的一个抛物 (或弱双曲) 不变环. 映射 $\widetilde{F}\,|_{\mathcal{T}^d} : \theta \mapsto \theta + \omega$ 是一个刚性旋转.

在这一节中, 我们介绍 [43] 中的工作. 考虑一个具体的拟周期驱动斜积映射 $\varphi : \mathbb{R}^n \times \mathbb{T}^d \to \mathbb{R}^n \times \mathbb{T}^d$

$$\varphi \begin{pmatrix} z \\ \theta \end{pmatrix} = \begin{pmatrix} F(z, \theta, \epsilon) \\ \theta + \omega \end{pmatrix}, \tag{5.1.1}$$

其中 $F(z, \theta) = z + \phi(z) + h(z, \theta) + \epsilon f(z, \theta)$, 满足

(i) $l \geqslant 2$ 是一个正数, $\phi : \mathbb{R}^n \to \mathbb{R}^n$ 是一个 l 次的齐次函数;

(ii) f 和 h 都是关于 (z, θ, ϵ) 的解析函数并且 $h = \mathcal{O}(|z|^{l+1})$.

我们讨论映射 (5.1.1) 的未扰映射的抛物不变环 $\mathcal{T}^d$ 的保持性.

5.1.1   预备知识

5.1.1.1   函数空间与范数

对每个 $r, s > 0$, 我们表示

$$D(r, s) = \mathbf{B}_r \times \mathbb{T}_s^d,$$

其中

$$\mathbf{B}_r := \{z = (z_1, z_2, \cdots, z_n) \in \mathbb{C}^n : |z| \leqslant r\}$$

是一个 $\mathbb{C}^n$ 中的中心在原点半径为 r 的球, 并且

$$\mathbb{T}_s^d := \{\theta = (\theta_1, \cdots, \theta_d) \in \mathbb{C}^d/(2\pi\mathbb{Z})^d : |\mathrm{Im}\theta_j| \leqslant s, \ \ j = 1, 2, \cdots, d\}$$

是在 $\mathbb{C}^d$ 的 d 维环 $\mathbb{T}^d = \mathbb{R}^d/(2\pi\mathbb{Z})^d$ 的宽度为 s 的带型区域.

设 B 是 $\mathbb{C}$ 中的一个紧集. 如果一个函数 $f: D(r, s) \times B \to \mathbb{C}$,

$$f(z, \theta, \xi) = \sum_{k \in \mathbb{Z}^d} f_k(z, \xi) e^{2\pi\mathrm{i}\langle k, \theta\rangle}$$

关于 θ, z 解析并且在 $\xi \in B$ 上连续, 则定义范数 $\|\cdot\|_{r,s,B}$:

$$\|f(z, \theta, \xi)\|_{r,s,B} = \sum_{k \in \mathbb{Z}^d} \|f_k(z, \xi)\|_{r,B} e^{s|k|},$$

其中 $\|f_k\|_{r,B} = \sup_{\xi \in B, z \in \mathbf{B}_r} |f_k(z, \xi)|$ 并且 $|k| = \sum_{j=1}^d |k_j|, k = (k_1, \cdots, k_d) \in \mathbb{Z}^d$.
所有这样的函数组成的集合表示为

$$C^\omega(D(s, r) \times B, \mathbb{C}) = \{f(z, \theta, \xi) : \|f(z, \theta, \xi)\|_{r,s,B} < +\infty\}.$$

易证这个集合在范数 $\|\cdot\|_{r,s,B}$ 下是一个 Banach 代数. 如果在上面取 $r = 0$, 对任意关于 θ 解析并且关于 $\xi \in B$ 连续的函数 $f: \mathbb{T}_s^d \times B \to \mathbb{C}$,

$$f(\theta, \xi) = \sum_{k \in \mathbb{Z}^d} f_k(\xi) e^{2\pi\mathrm{i}\langle k, \theta\rangle},$$

我们可以定义范数 $\|\cdot\|_{s,B}$. 所有这样的函数在范数 $\|\cdot\|_{s,B}$ 下是一个 Banach 代数, 它表示为

$$C^\omega(\mathbb{T}_s^d \times B, \mathbb{C}) = \{f(\theta, \xi) : \|f(\theta, \xi)\|_{s,B} < +\infty\}.$$

如果在上面取 $\xi = 0$, 对任意关于 θ 和 z 解析的函数 $f: D(r, s) \to \mathbb{C}$,

$$f(z, \theta) = \sum_{k \in \mathbb{Z}^d} f_k(z) e^{2\pi\mathrm{i}\langle k, \theta\rangle},$$

我们定义范数 $\|\cdot\|_s$. 所有这样的函数组成的集合在范数 $\|\cdot\|_{r,s}$ 和 $\|\cdot\|_s$ 下都是 Banach 代数, 它们分别表示为

$$C^\omega(D(r, s), \mathbb{C}) = \{f(z, \theta) : \|f(z, \theta)\|_{r,s} < +\infty\}$$

和

$$C^\omega(\mathbb{T}_s^d, \mathbb{C}) = \{f(\theta) : \|f(\theta)\|_s < +\infty\}.$$

对于一个矩阵值函数 $P(\theta) = (P_{ij}(\theta))_{n \times m}$, 其中 $P_{ij}(\theta) \in C^\omega(\mathbb{T}_s^d, \mathbb{C})$, 我们定义范数 $|\cdot|_s$:

$$|P|_s = \max_{1 \leqslant i \leqslant n} \sum_{j=1}^m \|P_{ij}\|_s.$$

所有这样的函数组成的集合在范数 $|\cdot|_s$ 下是一个 Banach 代数, 当 $m = n > 1$ 时, 用

$$C^\omega(\mathbb{T}_s^d, gl(n, \mathbb{C})) = \{P(\theta) : |P(\theta)|_s < +\infty\}$$

表示; 当 $m = 0$ 时, 用

$$C^\omega(\mathbb{T}_s^d, \mathbb{C}^n) = \{P(\theta) : |P(\theta)|_s < +\infty\}$$

表示.

对定义在 $D(r, s)$ 上的任意函数 $f(z, \theta)$, 我们定义它关于 θ 的平均为

$$[f(z, \cdot)] = \frac{1}{(2\pi)^d} \int_{\mathbb{T}^d} f(z, \theta) d\theta.$$

5.1.1.2 不变方程

给定一个满足某种好的算术性条件的 $\omega \in \mathbb{R}^d$, 我们要寻找一个满足等式 $F(x(\theta), \theta) = x(\theta + \omega)$ 的嵌入映射 $z = x(\theta) : \mathbb{T}^d \to \mathbb{R}^n$, 上面的等式等价于

$$x(\theta + \omega) - x(\theta) = \phi(x(\theta)) + h(x(\theta), \theta) + \epsilon f(x(\theta), \theta). \tag{5.1.2}$$

这种点的集合

$$\mathcal{T} = \{\mathcal{T}_\theta = (x(\theta), \theta) \mid \theta \in \mathbb{T}^d\}$$

在映射 (5.1.1) 下是不变的. 事实上, $x(\theta)$ 是一个抛物环的参数化, 在它上面的动力学是一个旋转. 我们称 (5.1.2) 是映射 (5.1.1) 的不变方程.

此外, 对 (5.1.2) 中的函数 $f : \mathbb{T}^d \times \mathbb{R}^n \to \mathbb{R}^n$, 记

$$\begin{aligned}
\bar{f}(z) &:= [f(z, \theta)], \\
\tilde{f}(z, \theta) &:= f(z, \theta) - \bar{f}(z), \\
g(z, \theta) &:= f(z, \theta) - f(0, \theta).
\end{aligned} \tag{5.1.3}$$

我们重写 $g(z,\theta)$ 为

$$g(z,\theta) = g_1(\theta)z + g_>(z,\theta),$$

其中 $g(0,\theta) = 0$, $Dg_>(0,\theta) = 0$. 据定义 (5.1.3), 我们记 $\bar{g}_1 = [g_1(\theta)]$, $\tilde{g}_1(\theta) = g_1(\theta) - [g_1(\theta)]$.

5.1.2 法向一维斜积映射的抛物不变环

在这一子节, 我们考虑 $n = 1$ 的情况, 并且在 (5.1.1) 中的映射是 $F(z,\theta) = z + z^l + h(z,\theta) + \epsilon f(z,\theta)$, 其中 $l \geqslant 2$, $h = \mathcal{O}(|z|^{l+1})$, 即

$$\varphi\begin{pmatrix} z \\ \theta \end{pmatrix} = \begin{pmatrix} z + z^l + h(z,\theta) + \epsilon f(z,\theta) \\ \theta + \omega \end{pmatrix}. \tag{5.1.4}$$

由于在情况 $-1 \ll \epsilon < 0$ 的分析与情况 $0 < \epsilon \ll 1$ 的分析类似, 我们只考虑 $0 < \epsilon \ll 1$ 的情况.

5.1.2.1　主要结果的形成

在这一子节中, 我们要得到在一维情况的主要结果.

定理 5.1.1　考虑当 l 是奇数时的 (5.1.4). 对确定的 $r > 0$, $s > 0$, 假设 $f, h \in C^\omega(D(r,s), \mathbb{C})$, 并且频率 ω 满足 Brjuno-Rüssmann 非共振条件

$$|\langle k, \omega \rangle - l| \geqslant \frac{\gamma}{\Delta(|k|)}, \quad \forall k \in \mathbb{Z}^d \backslash \{0\}, \quad l \in \mathbb{Z}, \tag{5.1.5}$$

其中 $\gamma > 0$, Δ 如在定义 2.3.7 中的定义. 则存在一个充分小的正数 ϵ_0, 使得对每个 $\epsilon \in (0, \epsilon_0)$, 映射 (5.1.4) 有一个抛物不变环.

定理 5.1.2　考虑映射 (5.1.4), 其中的 $f, h \in C^\omega(D(r,s), \mathbb{C})$, 并且下列条件成立

(i) 对 $s > 0$, $\tilde{f}(\theta, 0) \in C^\omega(\mathbb{T}_s^d, \mathbb{C})$;

(ii) $\|\tilde{f}(\theta, 0)\|_s$ 充分小;

(iii) $\bar{f}(0) \begin{cases} < 0, & \text{当 } l \text{ 是偶数}, \\ \neq 0, & \text{当 } l \text{ 是奇数}, \end{cases}$

则存在一个充分小的正数 ϵ_0, 使得对每个 $\epsilon \in (0, \epsilon_0)$ 映射 (5.1.4) 有一个抛物不变环.

定理 5.1.3　考虑映射 (5.1.4), 其中的 $f, h \in C^\omega(D(r,s), \mathbb{C})$, 并且下列条件成立

(i) $\bar{f}(0) \begin{cases} < 0, & \text{当 } l \text{ 是偶数}, \\ \neq 0, & \text{当 } l \text{ 是奇数}; \end{cases}$

(ii) 对某个 $0 < \eta < s$, 频率向量 ω 满足

$$|\langle k, \omega \rangle - l| > \frac{\gamma}{\Omega(|k|)}, \quad \forall\, k \in \mathbb{Z}^d \backslash \{0\}, \quad l \in \mathbb{Z}, \tag{5.1.6}$$

其中 $\gamma > 0$ 并且 $\Omega(t) : [1, \infty) \to [1, \infty)$ 是一个满足

$$\sup_{t \geqslant 1} \Omega(t) e^{-\eta t} < \infty$$

的连续正函数, 则存在一个充分小的正数 ϵ_0, 使得对每个 $\epsilon \in (0, \epsilon_0)$ 映射 (5.1.4) 有一个抛物不变环.

定理 5.1.4 考虑映射 (5.1.4), 其中的 $f, h \in C^\omega(D(r, s), \mathbb{C})$, $\bar{f}(0) = 0$, 并且下列条件成立

(i) 对某个 $s > 0$, $\tilde{g}_1(\theta), \tilde{f}(\theta, 0) \in C^\omega(\mathbb{T}_s^d, \mathbb{C})$;

(ii) 如果 $l > 2$, 则 $\bar{g}_1 \neq 0$, $\|\tilde{f}(\theta, 0)\|_{s-\eta} + \|\tilde{g}_1(\theta)\|_{s-\eta}$ 充分小. 如果 $l = 2$, 则 $\|\tilde{f}(\theta, 0)\|_{s-\eta} + \|\tilde{g}_1(\theta)\|_{s-\eta}$ 充分小;

(iii) 对 $0 < \eta < s$, ω 满足非共振条件 (5.1.6),

则存在一个充分小的正数 ϵ_0, 使得对每个 $\epsilon \in (0, \epsilon_0)$ 映射 (5.1.4) 有一个抛物不变环.

注 5.1.1 2018 年, 作者在 [106] 中考虑下列方程

$$\dot{x} = x^l + h(x, t) + \epsilon f(x, t, \epsilon), \quad x \in \mathbb{R}, \tag{5.1.7}$$

其中 $l \geqslant 2$ 是整数, $h = \mathcal{O}(|x|^{l+1})$, f, h 是关于时间 t 的具有频率 $\omega \in \mathbb{R}^d$ 的拟周期函数, f 是一个扰动并且 $[f(0, t, 0)] \neq 0$. 在这篇文章中使用了下列非共振条件:

$$|\langle k, \omega \rangle| > \gamma / \Omega(|k|), \quad \forall\, k \in \mathbb{Z}^d \backslash \{0\}, \tag{5.1.8}$$

其中 $\gamma > 0$ 并且 $\Omega(t) : [1, \infty) \to [1, \infty)$ 是一个满足 $\lim_{t \to \infty} \ln \Omega(t) / t < \infty$ 的连续正函数, 并且证明了方程 (5.1.7) 存在响应解.

随后, Cheng, de la Llave 和 Wang 在 [19] 中用不动点定理改进了 [106] 中的结果. 他们假设 $[f(0, t, 0)] = 0$ 并且 ω 满足一个更弱的非共振条件

$$|\langle k, \omega \rangle| > e^{-\eta|k|}, \quad \forall\, k \in \mathbb{Z}^d \backslash \{0\}, \tag{5.1.9}$$

其中 η 是一个适当的正数.

非共振条件 (5.1.6) 比非共振条件 (5.1.8) 和 (5.1.9) 都要弱, 这是因为如果函数 $\Omega(t)$ 满足 $\lim_{t \to \infty} \ln \Omega(t) / t = 0$, 则 $\lim_{t \to \infty} \Omega(t) e^{-\eta t} = \lim_{t \to \infty} e^{t(\frac{\ln \Omega(t)}{t} - \eta)} = 0$, $\eta > 0$, 它意味着 $\sup_{t \geqslant 1} \Omega(t) e^{-\eta t} < \infty$. 如果 $\Omega(t) = e^{\eta t}$, 则显然有 $\sup_{t \geqslant 1} \Omega(t) e^{-\eta t} < \infty$.

5.1.2.2　定理 5.1.1 的证明

设 $l = 2n_1 + 1$, $n_1 \geqslant 1$, 则斜积映射 (5.1.4) 变为

$$\varphi \begin{pmatrix} z \\ \theta \end{pmatrix} = \begin{pmatrix} z + z^{2n_1+1} + h(z,\theta) + \epsilon f(z,\theta) \\ \theta + \omega \end{pmatrix}. \tag{5.1.10}$$

首先, 引入外参数. 设 $\xi \in \Pi := [-1,1]$. 做变量代换

$$z = y + \epsilon^{\frac{1}{2n_1+2}}\xi, \quad \theta = \theta,$$

映射 (5.1.10) 变为

$$\tilde{\varphi}_\xi \begin{pmatrix} y \\ \theta \end{pmatrix}$$
$$= \begin{pmatrix} y + \epsilon^{\frac{2n_1+1}{2n_1+2}}\xi^{2n_1+1} + (2n_1+1)\epsilon^{\frac{2n_1}{2n_1+2}}\xi^{2n_1}y + h(y + \epsilon^{\frac{1}{2n_1+2}}\xi, \theta) \\ + \epsilon f(y + \epsilon^{\frac{1}{2n_1+2}}\xi, \theta) + \mathcal{O}(|y|^2), \\ \theta + \omega \end{pmatrix}. \tag{5.1.11}$$

用 Taylor 公式, 映射 (5.1.11) 可以重写为

$$\tilde{\varphi}_\xi \begin{pmatrix} y \\ \theta \end{pmatrix}$$
$$= \begin{pmatrix} y + \epsilon^{\frac{2n_1+1}{2n_1+2}}\xi^{2n_1+1} + (2n_1+1)\epsilon^{\frac{2n_1}{2n_1+2}}\xi^{2n_1}y + Q(\theta,\xi,\epsilon)y \\ + F(\theta,\xi,\epsilon) + G(y,\theta,\xi,\epsilon), \\ \theta + \omega \end{pmatrix}, \tag{5.1.12}$$

其中

$$Q(\theta,\xi,\epsilon) = \frac{\partial}{\partial z}h\left(\epsilon^{\frac{1}{2n_1+2}}\xi, \theta\right) + \epsilon\frac{\partial}{\partial z}f\left(\epsilon^{\frac{1}{2n_1+2}}\xi, \theta\right),$$

$$F(\theta,\xi,\epsilon) = h\left(\epsilon^{\frac{1}{2n_1+2}}\xi, \theta\right) + \epsilon f\left(\epsilon^{\frac{1}{2n_1+2}}\xi, \theta\right),$$

$$G(y,\theta,\xi,\epsilon) = \mathcal{O}(|y|^2).$$

用

$$\Pi_\rho = \{\xi \in \mathbb{C} \mid \operatorname{dist}(\xi, \Pi) \leqslant \rho\}$$

表示复空间 $\mathbb{C}$ 中 Π 的复 ρ 邻域, 并且用

$$\mathcal{B}(0,\rho) = \{\lambda \in \mathbb{C} \mid \mathrm{dist}(\lambda, 0) \leqslant \rho\}$$

表示复空间 $\mathbb{C}$ 中 0 的复 ρ 邻域. 显然有

$$\|F\|_{s,\Pi_\rho} \leqslant C\epsilon \quad \text{和} \quad \|Q\|_{s,\Pi_\rho} \leqslant C\epsilon^{\frac{2n_1+1}{2n_1+2}}.$$

现在我们引入一个人为的外参数并且考虑下列斜积映射

$$\Psi_{(\xi,\lambda)} \begin{pmatrix} y \\ \theta \end{pmatrix}$$

$$= \begin{pmatrix} y + N(\xi,\lambda,\epsilon) + A(\xi,\epsilon)y + Q(\theta,\xi,\epsilon)y + F(\theta,\xi,\epsilon) + G(y,\theta,\xi,\epsilon) \\ \\ \theta + \omega \end{pmatrix},$$

$$(5.1.13)$$

其中

$$N(\xi,\lambda,\epsilon) = -\lambda + \epsilon^{\frac{2n_1+1}{2n_1+2}}\xi^{2n_1+1}, \quad A(\xi,\epsilon) = (2n_1+1)\epsilon^{\frac{2n_1}{2n_1+2}}\xi^{2n_1},$$

并且 $\lambda \in \mathbb{C}$ 是一个人为的外参数. 斜积映射 (5.1.12) 对应于具有 $\lambda = 0$ 的斜积映射 (5.1.13). 设

$$\beta = \max_{(\xi,\zeta)\in\Pi} |N(\xi,0,\epsilon) - N(\zeta,0,\epsilon)|$$

和

$$M = \Pi_\rho \times \mathcal{B}(0, 2\beta + 1).$$

易知斜积映射 (5.1.13) 满足

(H1) $Q(\theta,\xi,\epsilon),\ F(\theta,\xi,\epsilon) \in C^\omega(\mathbb{T}_s^d \times \Pi_\rho, \mathbb{C})$ 并且 $G(y,\theta,\xi,\lambda,\epsilon) \in C^\omega(D(s,r) \times M, \mathbb{C})$;

(H2) $\|Q(\theta,\xi,\epsilon)\|_{s,\Pi_\rho} \leqslant C\epsilon^{\frac{2n_1+1}{2n_1+2}}$, $\|F(\theta,\xi,\epsilon)\|_{s,\Pi_\rho} \leqslant C\epsilon$, $G(y,\theta,\xi,\lambda,\epsilon) = \mathcal{O}(|y|^2)$.

其次, 我们要精确地形成一个具有外参数的斜积映射 (5.1.13) 的 KAM 定理.

定理 5.1.5 考虑定义在 $D(s,r) \times M$ 的斜积映射 (5.1.13). 假设频率向量 ω 满足 Brjuno-Rüssmann 非共振条件 (5.1.5), 并且对充分小的正数 ϵ, 条件 (H1) 和 (H2) 成立, 则存在一个 C^∞ 光滑曲线

$$\Gamma_* : \quad \lambda = \lambda_*(\xi), \quad \xi \in \Pi,$$

它由方程

$$-\lambda + \epsilon^{\frac{2n_1+1}{2n_1+2}} \xi^{2n_1+1} + \widehat{N}_*(\xi, \lambda) = 0$$

确定, 其中

$$|\widehat{N}_*(\xi, \lambda)| \leqslant C\epsilon, \quad \left| \frac{\partial}{\partial \xi} \widehat{N}_*(\xi, \lambda) \right| + \left| \frac{\partial}{\partial \lambda} \widehat{N}_*(\xi, \lambda) \right| \leqslant \frac{1}{2}.$$

此外, 存在一个拟周期变换的参数族

$$\Phi^*_{(\xi, \lambda)}(\cdot, \cdot) : D\left(\frac{s}{2}, \frac{r}{2}\right) \to D(s, r), \ (\xi, \lambda) \in \Gamma_*,$$

其中 $\Phi^*_{(\xi, \lambda)} \in C^\omega\left(D\left(\frac{s}{2}, \frac{r}{2}\right) \times \Gamma_*, \mathbb{C}\right)$, 使得对每个 $(\xi, \lambda) \in \Gamma_*$, 变换 $\Phi^*_{(\xi, \lambda)}$ 变映射 (5.1.13) 为

$$\Psi^*_{(\xi, \lambda)} \begin{pmatrix} \bar{y} \\ \theta \end{pmatrix} = \begin{pmatrix} \bar{y} + A_*(\xi, \epsilon)\bar{y} + G_*(\bar{y}, \theta, \xi, \epsilon) \\ \theta + \omega \end{pmatrix},$$

这里 $G_* = \mathcal{O}(|\bar{y}|^2)$, 即映射 (5.1.13) 有一个抛物不变环 $\Phi^*_{(\xi, \lambda)}(\mathbb{T}^d, 0)$.

在接下来的内容中, 我们将使用一个修改的 KAM 迭代证明定理 5.1.5. 由于所有的 KAM 步都可以归纳地进行, 所以我们只详细地描述 KAM 迭代的一步.

1. 迭代引理

设 Δ 是在 (5.1.5) 中定义的一个逼近函数, 并且令 $\Lambda(t) = t\Delta^2(t)$. 对 $s, r, \epsilon > 0$, 我们令 $s_0 = s, r_0 = r, \rho_0 = \epsilon_0$ 和 $\epsilon_0 = \epsilon$. 设 $\Lambda_0 \geqslant \Lambda(1) = \Delta(1)$. 取 $0 < a, b < 1$ 和 $0 < \delta \leqslant 1/2$ 使得

$$q = 2(1 - a + b) \leqslant \delta^2.$$

另外, 设 $\Lambda_0 \geqslant (\delta^{-1} q^{\frac{1}{2n_1+2}})^{-1}$, 并且 $\tau_0 := \Lambda^{-1}(\Lambda_0)$ 足够大使得

$$\frac{\log(1 - a)}{\log(\delta^{-1} q^{\frac{1}{2n_1+2}})} \int_{\tau_0}^\infty \frac{\ln \Lambda(t)}{t^2} dt < \min\left\{ \frac{r_0}{2}, \frac{s_0}{2} \right\}.$$

其次, 我们定义数列 $(\epsilon_\nu)_{\nu \geqslant 0}, (\Lambda_\nu)_{\nu \geqslant 0}, (\tau_\nu)_{\nu \geqslant 0}, (\sigma_\nu)_{\nu \geqslant 0}, (s_\nu)_{\nu \geqslant 0}, (r_\nu)_{\nu \geqslant 0}, (d_\nu)_{\nu \geqslant 0}$ 和 $(\rho_\nu)_{\nu \geqslant 0}$:

$$\begin{cases} \epsilon_\nu = \epsilon_0 q^\nu, \quad \Lambda_\nu = \left(\dfrac{\delta}{q^{\frac{1}{2n_1+2}}}\right)^\nu \Lambda_0 \\[2mm] \tau_\nu = \Lambda^{-1}(\Lambda_\nu), \quad 1 - a = e^{-\tau_\nu \sigma_\nu}, \\[2mm] s_{\nu+1} = s_\nu - \sigma_\nu, \quad r_{\nu+1} = r_\nu - \sigma_\nu, \\[2mm] \rho_{\nu+1} = \rho_\nu - \dfrac{d_\nu}{2}, \quad d_\nu = \epsilon_\nu^{\frac{3}{2n_1+2}}. \end{cases}$$

我们将看到当 τ_0 充分大时, r_ν 和 s_ν 有正的极限. 事实上, 对 $N > \tau_0$, 有

$$\int_{\tau_0}^N \frac{d\ln\Lambda(t)}{t} \leqslant -\frac{\ln\Lambda_0}{\tau_0} + \int_{\tau_0}^\infty \frac{\ln\Lambda(t)}{t^2}dt.$$

令 $N \to +\infty$, 可得

$$\int_{\tau_0}^\infty \frac{d\ln\Lambda(t)}{t} \leqslant -\frac{\ln\Lambda_0}{\tau_0} + \int_{\tau_0}^\infty \frac{\ln\Lambda(t)}{t^2}dt.$$

所以, 设 $t = \Lambda^{-1}(\Lambda_0(\delta^{-1}q^{\frac{1}{2n_1+2}})^{-\nu})$, 从 $\Lambda_0 \geqslant (\delta^{-1}q^{\frac{1}{2n_1+2}})^{-1}$ 可推出

$$\sum_{\nu \geqslant 0} \frac{1}{\tau_\nu} \leqslant \frac{1}{\log(\delta^{-1}q^{\frac{1}{2n_1+2}})^{-1}} \int_{\tau_0}^\infty \frac{\ln\Lambda(t)}{t^2}.$$

从而有

$$\sum_{\nu \geqslant 0} \sigma_\nu = \sum_{\nu \geqslant 0} \frac{\log(1-a)^{-1}}{\tau_\nu} \leqslant \frac{\log(1-a)}{\log(\delta^{-1}q^{\frac{1}{2n_1+2}})} \int_{\tau_0}^\infty \frac{\log\Lambda(t)}{t^2}dt.$$

于是, 可得 $\sum_{\nu \geqslant 0} \sigma_\nu \leqslant \min\{s_0/2, r_0/2\}$. 因此 $s_\nu \to s_* \geqslant s_0/2$ 和 $r_\nu \to r_* \geqslant r_0/2$.

进一步, 我们假设第 ν 步后被变换的斜积映射在区域 $D(s_\nu, r_\nu) \times M_\nu$ 上定义, 并且有下列形式

$$\Psi_{(\xi,\lambda)}^\nu \begin{pmatrix} y \\ \theta \end{pmatrix} = \begin{pmatrix} y + N_\nu(\xi, \lambda, \epsilon_0) + (A_\nu(\xi, \lambda, \epsilon_0) + Q_\nu(\theta, \xi, \lambda, \epsilon_0))y \\ +F_\nu(\theta, \xi, \lambda, \epsilon_0) + G_\nu(y, \theta, \xi, \lambda, \epsilon_0), \\ \theta + \omega \end{pmatrix},$$

其中

$$N_\nu = -\lambda + \epsilon^{\frac{2n_1+1}{2n_1+2}}\xi^{2n_1+1} + \widehat{N}_\nu(\xi, \lambda),$$

$$F_\nu, Q_\nu \in C^\omega(\mathbb{T}_{s_\nu}^d \times M_\nu, \mathbb{C}), \quad G_\nu \in C^\omega(D(s_\nu, r_\nu) \times M_\nu, \mathbb{C}),$$

$$\|Q_\nu(\theta, \xi, \epsilon)\|_{s_\nu, \Pi_{\rho_\nu}} \leqslant \epsilon_\nu^{\frac{2n_1+1}{2n_1+2}}, \quad \|F_\nu(\theta, \xi, \epsilon)\|_{s_\nu, \Pi_{\rho_\nu}} \leqslant \epsilon_\nu, \quad G_\nu(y, \theta, \xi, \lambda, \epsilon) = \mathcal{O}(|y|^2).$$

我们有下列引理.

引理 5.1.1 考虑定义在区域 $D(s_\nu, r_\nu) \times M_\nu$ 上的映射族 $\Psi_{(\xi,\lambda)}^\nu$. 存在 $\gamma > 0$, 频率向量 ω 满足 Brjuno-Rüssmann 非共振条件 (5.1.5). 此外, 假设

$(\nu.1)$ $F_\nu, Q_\nu \in C^\omega(\mathbb{T}_{s_\nu}^d \times M_\nu, \mathbb{C}), G_\nu \in C^\omega(D(s_\nu, r_\nu) \times M_\nu, \mathbb{C})$ 和

$$\|F_\nu\|_{s_\nu, M_\nu} \leqslant \epsilon_\nu, \quad \|Q_\nu\|_{s_\nu, M_\nu} \leqslant \epsilon_\nu^{\frac{2n_1+1}{2n_1+2}}, \quad \|G_\nu - G_{\nu-1}\|_{s_\nu, r_\nu, M_\nu} \leqslant \delta^{\nu-1}.$$

(ν.2) 对所有的 $(\xi, \lambda) \in M_\nu, \widehat{N}_\nu$ 满足

$$\left|\frac{\partial}{\partial \xi} \widehat{N}_\nu(\xi, \lambda)\right| + \left|\frac{\partial}{\partial \lambda} \widehat{N}_\nu(\xi, \lambda)\right| \leqslant \frac{1}{2},$$

并且方程

$$N_\nu(\xi, \lambda, \epsilon_0) = -\lambda + \epsilon^{\frac{2n_1+1}{2n_1+2}} \xi^{2n_1+1} + \widehat{N}_\nu(\xi, \lambda) = 0$$

隐式定义一条解析曲线

$$\Gamma_\nu \ : \ \lambda_\nu = \lambda_\nu(\xi), \ \xi \in \Pi_{\rho_\nu} \to \lambda_\nu(\xi) \in \mathcal{B}(0, 2\beta + 1),$$

使得 $\Gamma_\nu = \{(\xi, \lambda_\nu(\xi)) \mid \xi \in \Pi_{\rho_\nu}\} \subset M_\nu$. 我们有

$$\mathcal{U}(\Gamma_\nu, d_\nu) = \{(\xi, \lambda') \in \Pi_{\rho_\nu} \times \mathbb{C} \mid \xi \in \Pi_{\rho_\nu}, (\xi, \lambda_\nu) \in \Gamma_\nu, |\lambda' - \lambda_\nu| \leqslant d_\nu\} \subset M_\nu,$$

则对充分小的 $\epsilon_0 > 0$, 存在一个集合

$$M_{\nu+1} = \left\{(\xi, \lambda') \in \Pi_{\rho_{\nu+1}} \times \mathbb{C} \mid \xi \in \Pi_{\rho_{\nu+1}}, (\xi, \lambda_\nu) \in \Gamma_\nu, |\lambda' - \lambda_\nu| \leqslant \frac{d_\nu}{2}\right\}$$
$$\subset M_\nu \tag{5.1.14}$$

和一个变换

$$\Phi_\nu(\cdot, \cdot; \xi, \lambda) \ : \ D(s_{\nu+1}, r_{\nu+1}) \times M_{\nu+1} \to D(s_\nu, r_\nu) \times M_\nu$$

具有估计:

$$\|\Phi_\nu - id\|_{s_{\nu+1}, r_{\nu+1}, M_{\nu+1}} \leqslant \delta^\nu,$$
$$\|D\Phi_\nu - 1\|_{s_{\nu+1}, r_{\nu+1}, M_{\nu+1}} \leqslant \delta^\nu.$$

这个变换把映射 $\Psi^\nu_{(\xi, \lambda)}$ 变到 $\Psi^{\nu+1}_{(\xi, \lambda)}$.

另外, 下列结论成立:

($\nu + 1.1$) $F_{\nu+1}, Q_{\nu+1} \in C^\omega(\mathbb{T}^d_{s_{\nu+1}} \times M_\nu, \mathbb{C})$ 并且

$$G_{\nu+1} \in C^\omega(D(s_{\nu+1}, r_{\nu+1}) \times M_{\nu+1}, \mathbb{C}),$$

$$\|F_{\nu+1}\|_{s_{\nu+1}, M_{\nu+1}} \leqslant \epsilon_{\nu+1}, \quad \|Q_{\nu+1}\|_{s_{\nu+1}, M_{\nu+1}} \leqslant \epsilon_{\nu+1}^{\frac{2n_1+1}{2n_1+2}} \quad 且$$

$$\|G_{\nu+1} - G_\nu\|_{s_{\nu+1}, r_{\nu+1}, M_{\nu+1}} \leqslant \delta^\nu.$$

$(\nu+1.2)$ 对所有的 $(\xi,\lambda)\in M_{\nu+1}$, $\widehat{N}_{\nu+1}$ 满足

$$\left|\frac{\partial}{\partial\xi}\widehat{N}_{\nu+1}(\xi,\lambda)\right|+\left|\frac{\partial}{\partial\lambda}\widehat{N}_{\nu+1}(\xi,\lambda)\right|\leqslant\frac{1}{2} \tag{5.1.15}$$

并且方程

$$N_{\nu+1}(\xi,\lambda)=-\lambda+\epsilon^{\frac{2n_1+1}{2n_1+2}}\xi^{2n_1+1}+\widehat{N}_{\nu+1}(\xi,\lambda)=0$$

隐式定义一条解析曲线

$$\Gamma_{\nu+1}\ :\ \lambda_{\nu+1}=\lambda_{\nu+1}(\xi)\ :\ \xi\in\Pi_{\rho_{\nu+1}}\to\lambda_{\nu+1}(\xi)\in\mathcal{B}(0,2\beta+1),$$

这个曲线满足

$$|\lambda_{\nu+1}(\xi)-\lambda_{\nu}(\xi)|_{\Pi_{\rho_{\nu+1}}}\leqslant\epsilon_{\nu}\leqslant\frac{d_{\nu}}{4} \tag{5.1.16}$$

和

$$\Gamma_{\nu+1}\ :=\{(\xi,\lambda_{\nu+1}(\xi))\,|\,\xi\in\Pi_{\rho_{\nu+1}}\}\subset M_{\nu+1}.$$

如果

$$d_{\nu+1}\leqslant\frac{d_{\nu}}{4}, \tag{5.1.17}$$

则 $\mathcal{U}(\Gamma_{\nu+1},d_{\nu+1})\subset M_{\nu+1}$.

证明 我们分为以下几步来证明, 并且为了书写简单在这个过程中没有写出参数 (ξ,λ) 和 ϵ_0.

A. 截断 设 $P(\theta)$ 是关于 $\theta=(\theta_1,\theta_2,\cdots,\theta_d)$ 的每个分量都是 2π 周期的任意函数. 展开 P 为 Fourier 级数

$$P(\theta)=\sum_{k\in\mathbb{Z}^d}P_k e^{\mathrm{i}\langle k,\theta\rangle}.$$

我们截断 $P(\theta)=\check{P}(\theta)+\hat{P}(\theta)$ 为

$$\hat{P}(\theta)=\sum_{|k|>\tau_{\nu}}P_k e^{\mathrm{i}\langle k,\theta\rangle}+(1-a)\sum_{|k|\leqslant\tau_{\nu}}P_k e^{|k|\sigma_{\nu}}e^{\mathrm{i}\langle k,\theta\rangle}$$

和

$$\check{P}(\theta)=\sum_{|k|\leqslant\tau_{\nu}}\check{P}_k e^{\mathrm{i}\langle k,\theta\rangle},\quad \check{P}_k=(1-(1-a)e^{|k|\sigma_{\nu}})P_k.$$

由 $e^{-\tau_\nu \sigma_\nu} = 1 - a$, 可得

$$\|\hat{P}\|_{s_\nu - \sigma_\nu, M_\nu} \leqslant (1-a)\|P\|_{s_\nu, M_\nu}.$$

另一方面, $\check{P}(\theta)$ 在一个大的区域上是有界得到的. 事实上,

$$\|\check{P}\|_{s_\nu, M_\nu} = \sum_{0 \leqslant |k| \leqslant \tau_\nu} (1 - (1-a)e^{|k|\sigma_\nu})|P_k|e^{|k|s_\nu}$$

$$\leqslant \sup_{0 \leqslant t \leqslant \tau_\nu} (1 - (1-a)e^{t\sigma_\nu}) \sum_{0 \leqslant |k| \leqslant \tau_\nu} |P_k|e^{|k|s_\nu}$$

$$\leqslant a\|P\|_{s_\nu, M_\nu},$$

在这个证明中我们使用了事实: 当 $0 \leqslant t \leqslant \tau_\nu$ 时, 取上确界的函数是单调递减的并且在 $t = 0$ 时它等于 a.

B. **构造变换** 对任意的函数 $B(\theta)$, 记 $\lfloor B(\theta) \rfloor = B(\theta) - [B(\theta)]$. 我们将构造变换 Φ_ν, 它变映射 $\Psi^\nu_{(\xi,\lambda)}$ 到

$$\Psi^{\nu+1}_{(\xi,\lambda)} \begin{pmatrix} y \\ \theta \end{pmatrix}$$

$$= \begin{pmatrix} y + N_{\nu+1} + (A_{\nu+1} + Q_{\nu+1}(\theta))y + F_{\nu+1}(\theta) + G_{\nu+1}(y,\theta) \\ \theta + \omega \end{pmatrix}. \tag{5.1.18}$$

取变换 $\Phi_\nu : y = y^+ + u_\nu(\theta)y^+ + v_\nu(\theta)$, $\theta = \theta$, 则有下列共轭关系

$$\Psi^\nu_{(\xi,\lambda)} \circ \Phi_\nu = \Phi_\nu \circ \Psi^{\nu+1}_{(\xi,\lambda)}.$$

如果同调方程

$$\begin{cases} v_\nu(\theta + \omega) - v_\nu(\theta) = A_\nu v_\nu(\theta) + \lfloor \check{F}_\nu(\theta) \rfloor, \\ u_\nu(\theta + \omega) - u_\nu(\theta) = A_{\nu+1}u_\nu(\theta) - u_\nu(\theta + \omega)A_{\nu+1} \\ \qquad\qquad + \left\lfloor \check{Q}_\nu(\theta) + \dfrac{\partial G_\nu(v_\nu(\theta), \theta)}{\partial y} \right\rfloor \end{cases} \tag{5.1.19}$$

是可解的, 则可得映射 (5.1.18), 其中

$$N_{\nu+1} = N_\nu + [\check{F}_\nu(\theta)],$$

$$A_{\nu+1} = A_\nu + \left[\check{Q}_\nu(\theta) + \frac{\partial G_\nu(v_\nu(\theta), \theta)}{\partial y} \right],$$

$$F_{\nu+1}(\theta) = (1 + u_\nu(\theta + \omega))^{-1}(-u_\nu(\theta + \omega)N_{\nu+1} + \hat{F}_\nu(\theta)$$
$$+ Q_\nu(\theta)v_\nu(\theta) + G_\nu(v_\nu(\theta), \theta)),$$

$$Q_{\nu+1}(\theta) = (1 + u_\nu(\theta + \omega))^{-1}\left(\left[\check{Q}_\nu(\theta) + \frac{\partial G_\nu(v_\nu(\theta), \theta)}{\partial y}\right]u_\nu(\theta)\right.$$
$$+ \hat{Q}_\nu(\theta)u_\nu(\theta) + \hat{Q}_\nu(\theta)\bigg),$$

$$G_{\nu+1}(y, \theta) = (1 + u_\nu(\theta + \omega))^{-1}\bigg(G_\nu(v_\nu(\theta) + (1 + u_\nu(\theta))y, \theta) - G_\nu(v_\nu(\theta), \theta)$$
$$- \frac{\partial G_\nu(v_\nu(\theta), \theta)}{\partial y}(1 + u_\nu(\theta))y\bigg).$$

C. 解线性同调方程　　下面我们首先解线性方程 (5.1.19). 展开 $\check{F}_\nu$ 和 v_ν 为

$$\check{F}_\nu(\theta) = \sum_{k \in \mathbb{Z}^d} \check{F}_{\nu,k} e^{2\pi i\langle k, \theta\rangle}, \quad v_\nu(\theta) = \sum_{k \in \mathbb{Z}^d} v_{\nu,k} e^{2\pi i\langle k, \theta\rangle},$$

则有

$$\sum_{k \in \mathbb{Z}^d} v_{\nu,k}(e^{2\pi i\langle k, \omega\rangle} - 1 - A_\nu)e^{2\pi i\langle k, \theta\rangle} = \sum_{k \in \mathbb{Z}^d} \check{F}_{\nu,k} e^{2\pi i\langle k, \theta\rangle}.$$

因此,

$$v_{\nu,k} = \begin{cases} \dfrac{\check{F}_{\nu,k}}{e^{2\pi i\langle k, \omega\rangle} - 1 - A_\nu}, & \text{如果 } k \neq 0, \\ 0, & \text{如果 } k = 0. \end{cases}$$

由于 A_ν 是实数, 所以

$$|e^{2\pi i\langle k, \omega\rangle} - 1 - A_\nu| \geq |\langle k, \omega\rangle - l| \geq \frac{\gamma}{\Delta(|k|)}, \quad k \neq 0,$$

其中 l 是一个适当的整数. 我们有下列估计

$$|v_{\nu,k}| \leq \begin{cases} \dfrac{\Delta(|k|)\check{F}_{\nu,k}}{\gamma}, & \text{如果 } k \neq 0, \\ 0, & \text{如果 } k = 0. \end{cases}$$

应用 $a = 1 - e^{-\tau_\nu\sigma_\nu} \leq \tau_\nu\sigma_\nu$, 可推出

$$\|v_\nu\|_{s_\nu, M_\nu} \leq \gamma^{-1}\Delta(\tau_\nu)\|\check{F}_\nu\|_{s_\nu, M_\nu} \leq a\gamma^{-1}\Delta(\tau_\nu)\|F_\nu\|_{s_\nu, M_\nu} \leq \sigma_\nu\gamma^{-1}\Lambda_\nu\epsilon_\nu. \tag{5.1.20}$$

现在我们解 (5.1.19) 的第二个方程. 令 $H_\nu(\theta) = \left[\check{Q}_\nu(\theta) + \dfrac{\partial G_\nu(v_\nu(\theta), \theta)}{\partial y} \right]$,
由于 $H_\nu(\theta)$ 的平均是零, 所以可得

$$
u_{\nu,k} = \begin{cases} \dfrac{H_{\nu,k}}{(e^{2\pi \mathrm{i}\langle k,\omega\rangle} - 1)(1 + A_{\nu+1})}, & \text{如果 } k \neq 0, \\ 0, & \text{如果 } k = 0. \end{cases}
$$

由于 $A_{\nu+1}$ 是一个实数并且充分小, 所以

$$
|(1 + A_{\nu+1})(e^{2\pi \mathrm{i}\langle k,\omega\rangle} - 1)| \geqslant \frac{1}{2}|\langle k,\omega\rangle - l| \geqslant \frac{\gamma}{2\Delta(|k|)}, \quad k \neq 0,
$$

其中 l 是一个适当的整数. 我们有下列估计

$$
|u_{\nu,k}| \leqslant \begin{cases} \dfrac{2\Delta(|k|)H_{\nu,k}}{\gamma}, & \text{如果 } k \neq 0, \\ 0, & \text{如果 } k = 0. \end{cases}
$$

应用 $a = 1 - e^{-\tau_\nu \sigma_\nu} \leqslant \tau_\nu \sigma_\nu$, 可推出

$$
\begin{aligned}
\|u_\nu\|_{s_\nu, M_\nu} &\leqslant 2\gamma^{-1}\Delta(\tau_\nu)\|H_\nu\|_{s_\nu, M_\nu} \leqslant 4a\gamma^{-2}\Delta^2(\tau_\nu)\epsilon_\nu^{\frac{2n_1+1}{2n_1+2}} \\
&\leqslant 4\sigma_\nu\gamma^{-2}\Lambda_\nu\epsilon_\nu^{\frac{2n_1+1}{2n_1+2}}.
\end{aligned} \tag{5.1.21}
$$

注意到 $\theta = \theta$ 以及

$$
\|v_\nu(\theta) + (1 + u_\nu(\theta))y\|_{s_{\nu+1}, r_{\nu+1}, M_{\nu+1}} \leqslant r_{\nu+1} + \sigma_\nu \leqslant r_\nu,
$$

可推出

$$
\Phi_\nu(D(s_{\nu+1}, r_{\nu+1})) \subset D(s_\nu, r_\nu).
$$

此外, 我们也有

$$
\|\Phi_\nu - id\|_{s_{\nu+1}, r_{\nu+1}, M_{\nu+1}} \leqslant \delta^\nu, \tag{5.1.22}
$$

$$
\|D\Phi_\nu - 1\|_{s_{\nu+1}, r_{\nu+1}, M_{\nu+1}} \leqslant \delta^\nu. \tag{5.1.23}
$$

　　D. 扰动项的估计　对任意的 $(\xi, \lambda') \in \mathcal{U}(\Gamma_\nu, d_\nu)$, 存在 $(\xi, \lambda) \in \Gamma_\nu$ 使得 $|\lambda' - \lambda| < d_\nu$. 所以可推出

$$
|N_\nu(\xi, \lambda')| = |N_\nu(\xi, \lambda') - N_\nu(\xi, \lambda)| \leqslant \frac{3}{2}d_\nu.
$$

于是

$$\|u_\nu(\theta+\omega)N_{\nu+1}\|_{s_{\nu+1},r_{\nu+1},\mathcal{U}(\Gamma_\nu,d_\nu)} \leqslant 6d_\nu\sigma_\nu\gamma^{-2}\Lambda_\nu\epsilon_\nu^{\frac{2n_1+1}{2n_1+2}}. \tag{5.1.24}$$

设 $M_{\nu+1}$ 由 (5.1.14) 定义, 容易推出 $M_{\nu+1}$ 是闭的. 显然有

$$M_{\nu+1} \subset \mathcal{U}(\Gamma_\nu,d_\nu) \subset M_\nu \quad \text{并且} \quad \text{dist}(M_{\nu+1},\partial M_\nu) \geqslant \frac{1}{2}d_\nu,$$

其中 ∂M_ν 是 M_ν 的边界. 令 $\widehat{N}_{\nu+1} = \widehat{N}_\nu + [\check{F}_\nu(\theta)]$ 并用 Cauchy 估计, 可知 (5.1.15) 成立. 根据 (5.1.15) 并用隐函数定理可知

$$N_{\nu+1}(\xi,\lambda) = -\lambda + \epsilon^{\frac{2n_1+1}{2n_1+2}}\xi^{2n_1+1} + \widehat{N}_{\nu+1}(\xi,\lambda) = 0.$$

隐式定义一条解析曲线 $\Gamma_{\nu+1} : \lambda_{\nu+1} = \lambda_{\nu+1}(\xi)$, 其中

$$\lambda_{\nu+1}(\xi) \ : \ \xi \in \Pi_{\rho_{\nu+1}} \to \lambda_{\nu+1}(\xi) \in \mathcal{B}(0,2\beta+1).$$

由于 $\lambda_{\nu+1}$, λ_ν 满足

$$-\lambda_{\nu+1} + \epsilon^{\frac{2n_1+1}{2n_1+2}}\xi^{2n_1+1} + \widehat{N}_{\nu+1}(\xi,\lambda_{\nu+1}) = -\lambda_\nu + \epsilon^{\frac{2n_1+1}{2n_1+2}}\xi^{2n_1+1} + \widehat{N}_\nu(\xi,\lambda_\nu) = 0,$$

所以容易推出

$$|\lambda_{\nu+1} - \lambda_\nu| \leqslant \frac{1}{2}|\lambda_{\nu+1}(\xi) - \lambda_\nu(\xi)| + \epsilon_\nu.$$

于是, 结论 (5.1.16) 成立. 再注意到 (5.1.17), 对任何点 $(\xi,\lambda) \in \mathcal{U}(\Gamma_{\nu+1},d_{\nu+1})$, 我们有

$$|\lambda - \lambda_\nu| \leqslant |\lambda - \lambda_{\nu+1}| + |\lambda_{\nu+1} - \lambda_\nu| \leqslant d_{\nu+1} + \epsilon_\nu \leqslant \frac{d_\nu}{2},$$

它意味着 $\mathcal{U}(\Gamma_{\nu+1},d_{\nu+1}) \subset M_{\nu+1}$. 这就证明了结论 $(\nu+1.2)$ 是成立的.

现在估计扰动项 $F_{\nu+1}(\theta)$, $Q_{\nu+1}(\theta)$. 首先, 从 (5.1.21) 可得当 $\delta \leqslant 1/2$ 并且 ϵ_0 充分小时, 成立

$$\|(1+u_\nu(\theta+\omega))^{-1}\|_{s_{\nu+1}} \leqslant 2.$$

因此, 据 (5.1.20), (5.1.21) 和 (5.1.24), 只要 ϵ_0 充分小就有

$$\|F_{\nu+1}(\theta)\|_{s_{\nu+1},M_{\nu+1}} \leqslant \epsilon_{\nu+1}, \quad \|Q_{\nu+1}(\theta)\|_{s_{\nu+1},M_{\nu+1}} \leqslant \epsilon_{\nu+1}.$$

根据微分中值定理和 Cauchy 估计, 我们可得下列估计

$$\|G_\nu(v_\nu(\theta) + (1 + u_\nu(\theta))y, \theta) - G_\nu(y, \theta)\|_{s_{\nu+1}, r_{\nu+1}, M_{\nu+1}}$$

$$\leqslant \sigma_\nu \gamma^{-2} \Lambda_\nu \epsilon_\nu^{\frac{2n_1+1}{2n_1+2}}. \tag{5.1.25}$$

再根据 (5.1.25) 可得

$$\|G_{\nu+1} - G_\nu\|_{s_{\nu+1}, r_{\nu+1}, M_{\nu+1}} \leqslant \delta^\nu.$$

这就证明了结论 $(\nu + 1.3)$ 成立.

设

$$\Phi^\nu := \Phi_0 \circ \Phi_1 \circ \cdots \Phi_\nu \ : \ D(s_{\nu+1}, r_{\nu+1}) \to D(s_0, r_0).$$

在变换 Φ^ν 后, 对每个 $\nu \geqslant 0$, 映射 $\Psi^0_{(\xi, \lambda)}$ 被变到

$$\Psi^\nu_{(\xi, \lambda)} \begin{pmatrix} y \\ \theta \end{pmatrix} = \begin{pmatrix} y + N_\nu + (A_\nu + Q_\nu(\theta))y + F_\nu(\theta) + G_\nu(\theta, y) \\ \theta + \omega \end{pmatrix}.$$

再由 KAM 迭代得归纳假设, 对充分小的 ϵ_0, 有

$$\|F_\nu\|_{s_\nu, M_\nu} \leqslant \epsilon_\nu, \quad \|Q_\nu\|_{s_\nu, M_\nu} \leqslant \epsilon_\nu^{\frac{2n_1+1}{2n_1+2}}, \quad \|G_\nu - G_{\nu-1}\|_{s_\nu, r_\nu, M_\nu} \leqslant \delta^{\nu-1}.$$

至此迭代引理 5.1.1 证毕. □

现在我们继续定理 5.1.5 的证明.

2. KAM 迭代的收敛性

设 $N_0 = N$, $A_0 = A$, $Q_0 = Q$, $F_0 = F$, $G_0 = G$ 以及 $M_0 = \Pi_{\rho_0} \times \mathcal{B}(0, 2\beta + 1)$. 容易检查映射 (5.1.13) 满足具有 $\nu = 0$ 的引理 5.1.1 的全部假设.

对充分小的 $\epsilon_0 > 0$, 从不等式 (5.1.22) 和 (5.1.23) 可推出

$$\|D\Phi_j(\Phi_{j+1} \circ \cdots \circ \Phi_\nu)\|_{s_{\nu+1}, r_{\nu+1}, M_{\nu+1}} \leqslant 1 + \delta^j, \quad j = 0, 1, \cdots, \nu - 1.$$

我们也可推出

$$\|D\Phi^{\nu-1}\|_{s_\nu, r_\nu, M_\nu} \leqslant \prod_{\nu \geqslant 0} (1 + \delta^\nu) \leqslant e^{\frac{1}{1-\delta}}$$

并且

$$\|\Phi^\nu - \Phi^{\nu-1}\|_{s_{\nu+1}, r_{\nu+1}, M_{\nu+1}} \leqslant e^{\frac{1}{1-\delta}} \delta^\nu.$$

如果定义 $\Phi^{-1} := id$, 对 $\nu = 0$ 相同的不等式成立. 设 $M_* = \bigcap_{\nu \geqslant 0} M_\nu$ 和 $D(s_*, r_*) = \bigcap_{\nu \geqslant 0} D(s_{\nu+1}, r_{\nu+1})$. 鉴于当 $\nu \to \infty$ 时有 $s_\nu \to s_* \geqslant s/2$, $r_\nu \to r_* \geqslant r/2$, 则映射 Φ^ν :

$$\Phi^\nu = \Phi^0 + \sum_{i=0}^{\nu} (\Phi^i - \Phi^{i-1}), \quad \Phi^{-1} := id$$

在 $D(s_*, r_*) \times M_*$ 上一致收敛于映射 Φ^*.

现在证明 $\widehat{N}_\nu$ 的收敛性. 我们有 $|\widehat{N}_{\nu+1} - \widehat{N}_\nu| \leqslant \epsilon_\nu$, 它表明 $\widehat{N}_\nu$ 在 M_* 上收敛. 设 $\widehat{N}_* = \lim_{\nu \to \infty} \widehat{N}_\nu$, 进一步我们有

$$|\widehat{N}_*| \leqslant |\widehat{N}_0| + \sum_{i=0}^{\infty} |\widehat{N}_i - \widehat{N}_{i-1}| \leqslant \sum_{i=0}^{\infty} \epsilon_\nu \leqslant \epsilon_0. \tag{5.1.26}$$

设 $\rho_* = \rho_0 - \frac{1}{2} \sum_{j=0}^{\infty} d_j$, 则只要 ϵ 充分小就有 $\rho_* > \frac{1}{3} \rho_0$. 因此 $\Pi_{\rho_*} \subset \bigcap_{\nu \geqslant 0} \Pi_{\rho_\nu}$. 据 (5.1.16), 易证 $\{\lambda_\nu(\xi)\}$ 在 Π_{ρ_*} 上收敛. 设

$$\lambda_*(\xi) = \lim_{\nu \to \infty} \lambda_\nu(\xi), \quad \xi \in \Pi_{\rho_*},$$

$\Gamma_\nu = \{(\xi, \lambda_\nu(\xi)) : \xi \in \Pi_{\rho_\nu}\} \subset M_\nu$ 并且 λ_ν 都在 Π_{ρ_ν} 上解析, 这就意味着 $\Gamma_* = \{(\xi, \lambda_*(\xi)) : \xi \in \Pi_{\rho_*}\} \subset M_*$. 因此, 对所有的 $(\xi, \lambda) \in \Gamma_*$, $\Psi^0_{(\xi,\lambda)}$ 被映射 Φ^* 共轭于

$$\Psi^*_{(\xi,\lambda)} = (y + N_*(\xi, \lambda) + A_*(\xi, \lambda)y + G_*(\theta, y, \xi, \lambda), \theta + \omega), \tag{5.1.27}$$

其中 $G_* = \mathcal{O}(y^2)(y \to 0)$ 并且

$$N_*(\xi, \lambda) = -\lambda + \epsilon^{\frac{2n_1+1}{2n_1+2}} \xi^{2n_1+1} + \widehat{N}_*(\xi, \lambda) = 0. \tag{5.1.28}$$

方程 (5.1.28) 确定一条曲线 $\Gamma_* : \{(\xi, \lambda_*)| \xi \in \Pi_{\rho_*}, \lambda_* = \lambda_*(\xi)\}$, 在这条曲线上有

$$\lambda_*(\xi) = \epsilon^{\frac{2n_1+1}{2n_1+2}} \xi^{2n_1+1} + \widehat{N}_*(\xi, \lambda_*(\xi)). \tag{5.1.29}$$

在曲线 Γ_* 上, 斜积映射 (5.1.27) 成为

$$\Phi^{*-1}(\cdot, \cdot, \xi, \lambda_*(\xi)) \circ \Psi^0_{(\xi, \lambda_*(\xi))} \circ \Phi^*(\cdot, \cdot, \xi, \lambda_*(\xi)) \begin{pmatrix} y \\ \theta \end{pmatrix}$$

$$= \begin{pmatrix} y + A_*(\xi, \lambda_*(\xi))y + G_*(\theta, y, \xi, \lambda_*(\xi)) \\ \theta + \omega \end{pmatrix}. \tag{5.1.30}$$

我们也可以证明 N_* 和 Φ^* 在 M_* 上都是 C^∞ 光滑的. 至此定理 5.1.5 证毕.

最后, 我们要返回到原映射. 由定理 5.1.5, 我们已经证明了存在一条光滑曲线

$$\Gamma_* : \lambda_* = \lambda_*(\xi), \quad \xi \in \Pi = [-1, 1]$$

使得对于 $(\xi, \lambda_*) \in \Gamma_*$, 斜积映射 (5.1.13) 可以约化为 (5.1.30). 现在要证明存在 $\xi_* \in \Pi$ 使得 $\lambda_*(\xi_*) = 0$ 并且可以回到原映射 (5.1.12), 其中的 $\xi = \xi_*$. 事实上, 如果 $\epsilon_0 > 0$ 充分小, 从 (5.1.26) 和 (5.1.29) 可推出

$$\lambda_*(1) = \epsilon^{\frac{2n_1+1}{2n_1+2}} + \widehat{N}_*(1, \lambda_*(1)) > 0, \quad \lambda_*(-1) = -\epsilon^{\frac{2n_1+1}{2n_1+2}} + \widehat{N}_*(-1, \lambda_*(-1)) < 0,$$

这就意味着存在 $\xi_* \in \Pi$ 使得 $\lambda_*(\xi_*) = 0$. 由变换 $\Phi^*(\cdot, \cdot, \xi_*, \lambda_*(\xi_*)) = \Phi^*(\cdot, \cdot, \xi_*, 0)$ 可知, 映射 (5.1.12) 被变到

$$\Phi^{*-1}(\cdot, \cdot, \xi_*, 0) \circ \tilde{\varphi}_\xi \circ \Phi^*(\cdot, \cdot, \xi_*, 0) \begin{pmatrix} y \\ \theta \end{pmatrix} = \begin{pmatrix} y + A_*(\xi_*, 0)y + G_*(y, \theta, \xi_*, 0) \\ \theta + \omega. \end{pmatrix}.$$

因此, 斜积映射 (5.1.12) 有一个抛物不变环, 它意味着斜积映射 (5.1.10) 有一个抛物不变环. 至此定理 5.1.1 得证.

5.1.2.3 定理 5.1.2 的证明

在这一小节, 我们要应用压缩映像原理证明定理 5.1.2. 设 $\bar{f}(0) \neq 0$ 并且 $x(\theta)$ 是一个形如

$$x(\theta) = a + V(\theta)$$

的嵌入映射, 其中 $a \in \mathbb{R}$ 是一个实数, $V : \mathbb{T}^d \to \mathbb{R}$ 是一个待定的函数. 代 $x(\theta) = a + V(\theta)$ 到不变方程 (5.1.2) 并且设 $a^l + \epsilon \bar{f}(0) = 0$, 则我们有 (5.1.2) 成立当且仅当 a 和 V 满足

$$\begin{aligned}
V(\theta + \omega) - V(\theta) &= (a + V(\theta))^l + h(V(\theta) + a, \theta) + \epsilon f(V(\theta) + a, \theta) \\
&= la^{l-1} V(\theta) + S(a, V(\theta)) + h(a + V(\theta), \theta) \\
&\quad + \epsilon \tilde{f}(0, \theta) + \epsilon g(a + V(\theta), \theta),
\end{aligned} \tag{5.1.31}$$

其中

$$S(a, x) = (a + x)^l - a^l - la^{l-1}x.$$

设 $a^l + \epsilon \bar{f}(0) = 0$ 并且定义线性算子 $\mathcal{L}_a : C^\omega(\mathbb{T}_s^d, \mathbb{C}) \to C^\omega(\mathbb{T}_s^d, \mathbb{C})$, 其中

$$\mathcal{L}_a(V(\theta)) := V(\theta + \omega) - V(\theta) - la^{l-1}V(\theta). \tag{5.1.32}$$

我们可以证明当 ϵ 充分小时, $\mathcal{L}_a$ 是从解析函数空间 $C^\omega(\mathbb{T}_s^d, \mathbb{C})$ 到自身的有界可逆算子. 事实上, 对任意的

$$G(\theta) = \sum_{k \in \mathbb{Z}^d} G_k e^{2\pi \mathrm{i} \langle k, \theta \rangle} \in C^\omega(\mathbb{T}_s^d, \mathbb{C}),$$

存在唯一解

$$V(\theta) = \sum_{k \in \mathbb{Z}^d} V_k e^{2\pi \mathrm{i} \langle k, \theta \rangle} \in C^\omega(\mathbb{T}_s^d, \mathbb{C})$$

使得 $\mathcal{L}_a(V(\theta)) = G(\theta)$. 换言之, 我们有

$$\sum_{k \in \mathbb{Z}^d} (e^{2\pi \mathrm{i} \langle k, \omega \rangle} - 1 - la^{l-1}) V_k e^{2\pi \mathrm{i} \langle k, \theta \rangle} = \sum_{k \in \mathbb{Z}^d} G_k e^{2\pi \mathrm{i} \langle k, \theta \rangle},$$

它意味着逆算子 $\mathcal{L}_a^{-1} : C^\omega(\mathbb{T}_s^d, \mathbb{C}) \to C^\omega(\mathbb{T}_s^d, \mathbb{C})$ 可由

$$\mathcal{L}_a^{-1}(G(\theta)) = \sum_{k \in \mathbb{Z}^d} (e^{2\pi \mathrm{i} \langle k, \omega \rangle} - 1 - la^{l-1})^{-1} G_k e^{2\pi \mathrm{i} \langle k, \theta \rangle}$$

定义, 其中

$$|e^{2\pi \mathrm{i} \langle k, \omega \rangle} - 1 - la^{l-1}| \geqslant |1 + la^{l-1} - |e^{2\pi \mathrm{i} \langle k, \omega \rangle}|| = |la^{l-1}| = l(-\bar{f}(0))^{\frac{l-1}{l}} \epsilon^{\frac{l-1}{l}}.$$

因此

$$\|\mathcal{L}_a^{-1}\| = \sup_{G(\theta) \neq 0} \frac{\|\mathcal{L}_a^{-1}(G(\theta))\|_s}{\|G(\theta)\|_s} \leqslant \frac{1}{l}(-\bar{f}(0))^{\frac{1-l}{l}} \epsilon^{-1+\frac{1}{l}}.$$

由 (5.1.32) 可知方程 (5.1.31) 等价于关于 V 的方程:

$$V(\theta) = \mathcal{T}_a(V(\theta)) := \mathcal{L}_a^{-1}(S(a, V(\theta)) + h(a + V(\theta), \theta) + \epsilon \tilde{f}(0, \theta) + \epsilon g(a + V(\theta), \theta)).$$

下面我们将使用压缩映像原理证明算子 $\mathcal{T}_a$ 在一个紧集上有唯一的不动点. 考虑 $C^\omega(\mathbb{T}_s^d, \mathbb{C})$ 中的以原点为心、半径为 $r > 0$ 的闭球 $\mathcal{B}_r(0)$. 我们要证明有 r 使得 $\mathcal{T}_a(\mathcal{B}_r(0)) \subset \mathcal{B}_r(0)$ 并且 $\mathcal{T}_a$ 在 $\mathcal{B}_r(0)$ 上是一个压缩. 在这个球上的非线性项的利普希茨常数有以下估计

$$\begin{aligned} \mathrm{Lip}_V(S) &\leqslant C|a|^{l-2}r, \\ \mathrm{Lip}_V(h) &\leqslant C(|a| + r)^l, \\ \mathrm{Lip}_V(g) &\leqslant C, \end{aligned}$$

其中 C 是一个正常数. 考虑到 $a = C\epsilon^{\frac{1}{l}}, \|\mathcal{L}_a^{-1}\| \leqslant C\epsilon^{-1+\frac{1}{l}}$ 和 $r = A\epsilon^{\frac{1}{l}}$, 我们有

$$\|\mathcal{T}_a(V_1) - \mathcal{T}_a(V_2)\|_s \leqslant C(A + 2\epsilon^{\frac{1}{l}})\|V_1 - V_2\|_s,$$

这里 $V_1, V_2 \in B_r(0)$ 并且 A 充分小使得 $C(A + 2\epsilon^{\frac{1}{l}}) \leqslant 10^{-1}$. 对任意 $V \in B_r(0)$, 如果 $\|\tilde{f}(0,\theta)\|_s$ 充分小, 所以我们也有

$$\|\mathcal{T}_a(V)\|_s \leqslant r.$$

由此可推出算子对充分小的 ϵ, $\mathcal{T}_a$ 是一个映 $B_r(0)$ 到自身的压缩映射. 至此定理 5.1.2 得证.

　　囿于篇幅, 我们省略了定理 5.1.3 和定理 5.1.4 的证明, 它们的详细证明可在 [43] 中找到.

5.1.3　法向高维斜积映射的抛物不变环

在这一子节中, 我们考虑 n 维拟周期驱动斜积映射

$$\varphi\begin{pmatrix} z \\ \theta \end{pmatrix} = \begin{pmatrix} z + \phi(z) + h(z,\theta) + \epsilon f(z,\theta) \\ \theta + \omega \end{pmatrix} \tag{5.1.33}$$

的抛物不变环, 其中

　　(i) $l \geqslant 2$ 是一个正整数并且 $\phi : \mathbb{R}^n \to \mathbb{R}^n$ 是一个 l 次齐次函数, 即

$$\phi(\lambda z) = \lambda^l \phi(z) \text{并且} (D\phi)(\lambda z) = \lambda^{l-1}(D\phi)(z), \quad \lambda \in \mathbb{R}^+, z \in \mathbb{R}^n;$$

　　(ii) f, h 关于 (z,θ) 都是解析的, 并且 $h = \mathcal{O}(|z|^{l+1})$.

　　我们只讨论 $0 < \epsilon \ll 1$ 的情况, 情况 $-1 \ll \epsilon < 0$ 的讨论是相同的. 设 $\bar{f}(0) = (\bar{f}_1(0), \cdots, \bar{f}_n(0))$. 我们给出两个假设:

　　(C1) $-\bar{f}(0) \in \text{Interior}(\text{Range}(\phi))$;

　　(C2) $\text{Spec}(D\phi(a_0)) \cap i\mathbb{R} = \varnothing$, 其中 a_0 满足 $\phi(a_0) = -\bar{f}(0)$.

　　对于高维映射 (5.1.33), 我们有下列定理.

　　定理 5.1.6　考虑高维斜积映射 (5.1.33), 其中的 $f, h \in C^\omega(D(s,r), \mathbb{C}^n)$. 假设 (C1), (C2) 满足, 并且 $|\tilde{f}(\theta,0)|_s$ 充分小, 则存在一个充分小的正常数 ϵ_0 使得对每个 $\epsilon \in (0, \epsilon_0)$, 映射 (5.1.33) 有一个抛物不变环.

　　证明　类似于定理 5.1.2 的分析, 关键点是解方程

$$V(\theta + \omega) - V(\theta) = \phi(a) + (D\phi)(a)V(\theta) + S(a, V(\theta)) + h(a + V(\theta), \theta)$$
$$+ \bar{f}(0) + \epsilon\tilde{f}(0,\theta) + \epsilon g(a + V(\theta), \theta), \tag{5.1.34}$$

其中 $S(a, V(\theta)) = \phi(a + V(\theta)) - \phi(a) - (D\phi)(a)V(\theta)$. 由于 $-\bar{f}(0) \in \text{Interior}(\text{Range}(\phi))$, 我们可以找到 a_0, 使得 $\phi(a_0) = -\bar{f}(0)$. 于是可知 $a = \epsilon^{\frac{1}{l}} a_0$ 满足 $\phi(a) = -\epsilon\bar{f}(0)$, 并且我们可知方程 (5.1.34) 等价于关于 V 的方程:

$$\mathcal{L}_a(V(\theta)) = S(a, V(\theta)) + h(a + V(\theta), \theta) + \epsilon\tilde{f}(0,\theta) + \epsilon g(a + V(\theta), \theta),$$

其中

$$\mathcal{L}_a(V(\theta)) := V(\theta + \omega) - V(\theta) - \epsilon^{1-\frac{1}{l}}(D\phi)(a_0)V(\theta).$$

注意到条件 $\mathrm{Spec}(D\phi(a_0)) \cap i\mathbb{R} = \varnothing$, 我们有

$$|((e^{2\pi i\langle k,\omega\rangle} - 1)I - \epsilon^{1-\frac{1}{l}}(D\phi)(a_0))^{-1}| \leqslant C\epsilon^{-1+\frac{1}{l}},$$

其中 I 是单位阵.

因为对高维映射组成的估计与对一维映射的情况是相同的, 我们可以精确地跟随定理 5.1.2 的证明来完成定理 5.1.6 的证明. 为了简单起见, 这里我们省略了它. □

我们关于斜积映射抛物不变环研究的主要方法是 KAM 理论和不动点定理, 这部分结果可以直接应用于证明简谐振子拟周期响应解的存在性, 详细证明可参见文献 [43].

5.2　退化拟周期驱动系统的响应解和拟周期分叉

这一节我们首先考虑拟周期时间扰动的具有退化平衡点 (包括完全退化平衡点) 的拟周期驱动系统

$$\dot{x} = \phi(x) + h(t,x) + f(t,x,\epsilon), \quad x = (x_1, \cdots, x_n) \in \mathbb{R}^n, \tag{5.2.1}$$

其中 "主要" 向量场是 $\phi(x) = (x_1^{l_1}, \cdots, x_{n-1}^{l_{n-1}}, x_n^{2l+1})^{\mathrm{T}}$, 这里 $l_i(i = 1, 2, \cdots, n-1)$ 是正整数, l 是非负整数且 $2l + 1 > \bar{l} := \max\{l_1, \cdots, l_{n-1}\}$, $h = (h_1, \cdots, h_n)^{\mathrm{T}}$ 是高阶项, 其中 $\deg(h) = \mathcal{O}(x^{4l+2})$, $f = (f_1, \cdots, f_n)^{\mathrm{T}}$ 是低阶扰动项. 这里 $\deg(h)$ 是 h 关于 x 的次数. 我们区分 $n = 1$ 和 $n > 1$ 两种情况, 利用 Herman 方法和 Pöschel-Rüssmann KAM 迭代技术, 证明系统 (5.2.1) 响应解的存在性.

另外, 我们还要研究拟周期分叉问题, 即考虑一维退化系统和退化哈密顿系统普适开折的扰动并证明其所有分叉现象都会保持. 首先考虑一维退化系统普适开折的拟周期扰动

$$\dot{x} = M(x,\lambda) + f(t,x,\lambda,\epsilon), \quad x \in \mathbb{R}, \tag{5.2.2}$$

其中参数 $\lambda = (\lambda_0, \cdots, \lambda_{l-2}) \in \Lambda$, $M(x,\lambda) = \sum_{j=0}^{l-2} \frac{\lambda_j}{j!} x^j + \frac{p}{l!} x^l$, 参数空间 $\Lambda \subset \mathbb{R}^{l-1}$ 是 $\lambda = 0$ 的有界的开邻域, $f(t,x,\lambda,0) = 0$, f 对所有变量都是实解析的并且关于 t 是拟周期的, 频率为 $\omega = (\omega_1, \cdots, \omega_d) \in \mathbb{R}^d$.

其次考虑二维退化哈密顿系统普适开折的拟周期扰动系统

$$H(x,y,u,v,\lambda) = N(x,y,u,v,\lambda) + P(x,y,u,v,\lambda,\epsilon),$$
$$(x,y,u,v) \in \mathbb{T}^d \times \mathbb{R}^{d+2}, \tag{5.2.3}$$

其中

$$N(x,y,u,v,\lambda,\omega) = \langle \omega, y \rangle + \frac{A(\omega)}{2}u^2 v + \frac{B(\omega)}{l!}v^l + \sum_{j=1}^{l-1} \frac{\lambda_j}{j!}v^j + \lambda_l u, \tag{5.2.4}$$

这里 $(x,y,u,v) \in \mathbb{T}^d \times \mathbb{R}^{d+2}$, 参数 $\lambda = (\lambda_1, \cdots, \lambda_l) \in \check{\Lambda} \subset \mathbb{R}^l$, $\omega \in O \subset \mathbb{R}^d$, $\check{\Lambda}$ 是 $\lambda = 0$ 的有界的开邻域, O 是 $\mathbb{R}^d$ 中不包含零点的紧集, A, B 是定义在 O 上的实解析函数. $P(x,y,u,v,\lambda,0) = 0$, $A(\omega)$, $B(\omega)$ 和 P 关于所有变量是实解析的. 我们将分别寻找系统 (5.2.2) 和 (5.2.3) 的分叉出的法向不变 d 环.

5.2.1　预备知识

为了陈述这一节的结果, 我们首先给出一系列的记号和定义.

定义 5.2.1　如果存在一个函数 $F(\theta) = F(\theta_1, \cdots, \theta_d)$, 这个函数关于每一个 $\theta_j(j = 1, \cdots, d)$ 是 2π 周期的且存在向量 $\omega = (\omega_1, \cdots, \omega_d) \in \mathbb{R}^d$, 使得函数 $f(t) = F(\omega t) = F(\omega_1 t, \cdots, \omega_d t)$, 则称函数 $f(t)$ 关于 t 是拟周期函数, $F(\theta)$ 称为 $f(t)$ 的壳函数. 如果 F 在 $\mathbb{T}_s^d$ 上是解析的, 则称 f 在 $\mathbb{T}_s^d$ 上是解析拟周期的.

令

$$\mathcal{D}(0,r) := \{x \in \mathbb{C}^n \mid |x| \leqslant r\} \quad \text{且} \quad \Delta_{s,r} = \mathbb{T}_s^d \times \mathcal{D}(0,r).$$

定义 5.2.2　解析函数 $f : \Delta_{s,r} \to \mathbb{C}$ 称为是实解析的, 如果它把实数映到实数. 对于定义在 $\Delta_{s,r}$, 上的解析函数 $f : \Delta_{s,r} \to \mathbb{R}$, 记 $C^\omega(\Delta_{s,r}, \mathbb{R})$ 为所有实解析函数的集合. 对所有 $s, r > 0$, 记 $C^\omega(\mathbb{T}^d \times \{0\}, \mathbb{R})$ 为实解析函数全体, i.e.,

$$C^\omega(\mathbb{T}^d \times \{0\}, \mathbb{R}) = \bigcup_{s>0, r>0} C^\omega(\Delta_{s,r}, \mathbb{R}).$$

如果 f 是实解析的, 对于 $s, r > 0$, 它的壳属于 $C^\omega(\Delta_{s,r}, \mathbb{R})$. 令 M 为参数集合, 对于 $s, r > 0$, 记 $C^\omega(\Delta_{s,r} \times M, \mathbb{R})$ 是所有在 $(\theta, x, \xi) \in \Delta_{s,r} \times M$ 上定义的实解析函数. 如果我们不太关心函数的值域, 则用 $C^\omega(\Delta_{s,r})$ 和 $C^\omega(\Delta_{s,r} \times M)$ 分别代替 $C^\omega(\Delta_{s,r}, \mathbb{R})$ 和 $C^\omega(\Delta_{s,r} \times M, \mathbb{R})$.

如果 $f(\theta, x, \xi) \in C^\omega(\Delta_{s,r} \times M)$, f 关于变量 θ 的 Fourier 展开为

$$f(\theta, x, \xi) = \sum_{k \in \mathbb{Z}^d} f_k(x, \xi)e^{i\langle k, \theta \rangle}.$$

定义

$$\|f\|_{s,r,M} = \sum_{k \in \mathbb{Z}^d} |f_k|_{r,M} e^{s|k|},$$

其中

$$f_k(x, \xi) = \sum_{l=(l_1, \cdots, l_n) \in \mathbb{Z}_+^n} f_{lk}(\xi) x_1^{l_1} \cdots x_n^{l_n}$$

且

$$|f_k|_{r,M} = \sup_{(x,\xi) \in \mathcal{D}(0,r) \times M} |f_{lk}| |x_1|^{l_1} |x_2|^{l_2} \cdots |x_n|^{l_n}.$$

如果 f 不依赖 ξ, 我们定义模

$$\|f\|_{s,r} = \sum_{k \in \mathbb{Z}^d} |f_k|_r e^{s|k|},$$

其中

$$|f_k|_r = \sup_{x \in \mathcal{D}(0,r)} |f_{lk}| |x_1|^{l_1} \cdots |x_n|^{l_n}.$$

如果 f 不依赖于 x 和 ξ, 那么, 我们定义模

$$\|f\|_s = \sum_{k \in \mathbb{Z}^d} |f_k| e^{s|k|}.$$

给定 $\epsilon > 0$. 如果 $f(\theta, x, \xi) \in C^\omega(\Delta_{s,r} \times M)$ 且满足

$$\|f\|_{r,s,M} \leqslant C\epsilon,$$

则我们把 f 写成 $f = \mathcal{O}_{s,r,M}(\epsilon)$, 如果 f 不依赖于 x 和 ξ, 我们把 f 分别写成 $f = \mathcal{O}_{s,r}(\epsilon)$, $f = \mathcal{O}_{s,M}(\epsilon)$ 和 $f = \mathcal{O}_s(\epsilon)$. 令 $f = (f_{ij})_{n \times m}$, 其中 $f_{ij} \in C^\omega(\Delta_{s,r} \times M)$, $i = 1, \cdots, n; j = 1, \cdots, m$ 是矩阵函数, 定义其模

$$|f|_{s,r,M} = \sum_{i=1}^n \sum_{j=1}^m \|f_{ij}\|_{s,r,M}.$$

定义 5.2.3 一个多项式 $F(y, p, q; \lambda_1, \cdots, \lambda_k)$ 被称为拥有权参数 $(\alpha_y, \alpha_p, \alpha_q; \alpha_1, \cdots, \alpha_k)$ 的 m 次拟齐次多项式, 如果

$$F(e^{\alpha_y \zeta} y, e^{\alpha_p \zeta} p, e^{\alpha_q \zeta} q; e^{\alpha_1 \zeta} \lambda_1, \cdots, e^{\alpha_k \zeta} \lambda_k) \equiv e^{m\zeta} F(y, p, q; \lambda_1, \cdots, \lambda_k),$$

其中 m 是正整数.

令 $\lambda = (\lambda_1, \cdots, \lambda_k) \in \mathbb{C}^k$ 且 $h = (h_1, \cdots, h_k) \in \mathbb{Z}_+^k$. 如果 $F(y, p, q; \lambda)$ 是定义在 $\mathbb{C}^{3+k}$ 上且拥有权参数 $(\alpha_y, \alpha_p, \alpha_q; \alpha_1, \cdots, \alpha_k)$ 的 m 次拟齐次多项式, F 可以写成

$$F(y, p, q; \lambda) = \sum_{\|(l,i,j,h)\|=m} f_{lijh} y^l p^i q^j \lambda^h.$$

定义 $\|(l, i, j, h)\|$ 为

$$\|(l, i, j, h)\| := \alpha_y l + \alpha_p i + \alpha_q j + \alpha_1 h_1 + \cdots + \alpha_k h_k.$$

如果 $F(\theta, y, p, q; \lambda)$ 关于 $(\theta, y, p, q; \lambda) \in \mathbb{T}_s^d \times \mathbb{C}^{3+k}$ 是解析函数, 它的 Fourier 展开是

$$F(\theta, y, p, q; \lambda) = \sum_{k \in \mathbb{Z}^d} f_k e^{i\langle k, \theta \rangle},$$

其中

$$f_k = \sum_{m \geqslant 0} f_{km} = \sum_{m \geqslant 0} \left(\sum_{\|(l,i,j,h)\|=m} f_{klijh} y^l p^i q^j \lambda^h \right)$$

并且令

$$_{<l}\{f\} := \sum_{k \in \mathbb{Z}^d} \sum_{0 \leqslant m \leqslant l} f_{km} e^{i\langle k, \theta \rangle}, \quad _{>l}\{f\} := \sum_{k \in \mathbb{Z}^d} \sum_{m \geqslant l+1} f_{km} e^{i\langle k, \theta \rangle}.$$

如果 $F(\theta, y, p, q; \lambda)$ 定义在 $D = \mathbb{T}_s^d \times A$ 上, 定义它的范数 $\|F\|_D = \sum_{k \in \mathbb{Z}^d} \|f_k\|_A e^{s|k|}$, 这里 $\|\cdot\|_A$ 表示 A 上的上确界模.

5.2.2　一维退化系统的响应解

这一子节, 我们考虑下列一维拟周期驱动系统

$$\dot{x} = x^l + h(t, x) + f(t, x, \epsilon), \quad x \in \mathbb{R}, \tag{5.2.5}$$

其中 $l \in \mathbb{N}$, $f(t, x, 0) = 0$ 且对于 $s, r > 0$, $h, f \in C^\omega(\Delta_{s,r})$ 是拟周期函数, 其频率为 $\omega = (\omega_1, \cdots, \omega_d) \in \mathbb{R}^d$. 在扩展相空间 $\mathbb{T}^d \times \mathbb{R}$ 中, 系统 (5.2.5) 可以写成

$$\begin{cases} \dot{\theta} = \omega, \\ \dot{x} = x^l + h(\theta, x) + f(\theta, x, \epsilon). \end{cases} \tag{5.2.6}$$

如果 $\epsilon = 0$, 那么 (5.2.6) 变为

$$\begin{cases} \dot{\theta} = \omega, \\ \dot{x} = x^l + h(\theta, x), \end{cases} \tag{5.2.7}$$

此系统有不变环面

$$\mathcal{T}_0 = \mathbb{T}^d \times \{0\}.$$

在这个环面上充满拟周期流 $\theta(t) = \omega t + \theta_0$，这些流拥有与驱动相同的频率 ω. 由于原点是系统 (5.2.7) 的退化平衡点，$\mathcal{T}_0$ 称为系统 (5.2.7) 的退化响应环. 显然，系统 (5.2.5) 响应解的存在性等价于系统 (5.2.7) 在扰动 f 下退化响应环面 $\mathcal{T}_0$ 的保持性. 这里，我们感兴趣的是当 $\epsilon > 0$ 充分小时，响应环面 $\mathcal{T}_0$ 的命运. 由于 (5.2.6) 中无线性部分，标准 KAM 理论不能直接应用于证明响应环面的保持性. 然而，对于一些特殊的扰动，我们可以将系统 (5.2.6) 化为一个 "正规形"，KAM 方法可以对其生效. 更准确地说，我们有以下定理：

定理 5.2.1 对 $s, r > 0$，在区域 $\Delta_{s,r}$ 上考虑系统 (5.2.6). 如果假设下列条件：

(i) ω 满足非共振条件

$$|\langle k, \omega \rangle| \geqslant \frac{\gamma}{\Omega(|k|)}, \quad \forall 0 \neq k \in \mathbb{Z}^d, \tag{5.2.8}$$

其中 $\Omega(t)$ 是连续正函数使得

$$\frac{\ln \Omega(t)}{t} \to 0, \quad t \to \infty; \tag{5.2.9}$$

(ii) $h(\theta, x) \in C^\omega(\Delta_{s,r})$ 且 $h(\theta, x, \epsilon) = \mathcal{O}(x^{l+1})(x \to 0)$；

(iii) $f(\theta, x, \epsilon) \in C^\omega(\Delta_{s,r})$，关于 ϵ 是 C^1 光滑且 $f(\theta, x, \epsilon) = \mathcal{O}_{s,r}(\epsilon)$；

(iv) $\left[\dfrac{\partial f(\theta, \mathbf{0}_2)}{\partial \epsilon}\right] \begin{cases} < 0, & \text{当 } l \text{ 是偶的}, \\ \neq 0, & \text{当 } l \text{ 是奇的}, \end{cases}$

那么存在充分小的正常数 ϵ_0，使得对任何 $\epsilon \in (0, \epsilon_0)$，系统 (5.2.6) 有退化环面.

如果忽略条件 (i)，则有下面定理.

定理 5.2.2 对于 $s, r > 0$，在区域 $\Delta_{s,r}$ 上考虑系统 (5.2.6). 假设

(i) $h(\theta, x) \in C^\omega(\Delta_{s,r})$ 且 $h(\theta, x, \epsilon) = \mathcal{O}(x^{2l})(x \to 0)$；

(ii) $f(\theta, x, \epsilon) \in C^\omega(\Delta_{s,r})$，关于 ϵ 是 C^2 光滑的，$f(\theta, x, \epsilon) = \mathcal{O}_{s,r}(\epsilon)$ 且

$$f(\theta, x, \epsilon) - \left[\frac{\partial f(\theta, \mathbf{0}_2)}{\partial \epsilon}\right]\epsilon = \mathcal{O}_{s,r}(\epsilon^2); \tag{5.2.10}$$

(iii) $\left[\dfrac{\partial f(\theta, \mathbf{0}_2)}{\partial \epsilon}\right] \begin{cases} < 0, & \text{当 } l \text{ 是偶的}, \\ \neq 0, & \text{当 } l \text{ 是奇的}, \end{cases}$

那么存在充分小的正常数 ϵ_0，使得对任何 $\epsilon \in (0, \epsilon_0)$，系统 (5.2.6) 有退化环面.

注 5.2.1　非共振条件 (5.2.8) 比 Brjuno-Rüssmann 非共振条件 (5.1.5) 弱. 这是因为如果 Ω 是一个 Brjuno-Rüssmann 非共振条件 (5.1.5) 中的逼近函数, 那么对于 $x > 1$, 我们有

$$\int_x^{2x} \frac{\ln \Omega(t)}{t^2} dt > \int_x^{2x} \frac{\ln \Omega(x)}{t^2} dt > \frac{\ln \Omega(x)}{2x} > 0,$$

这意味着 $\lim_{x\to\infty} \frac{\ln \Omega(x)}{x} = 0$. 相反地如果我们选择 $\Omega(t) = e^{\frac{t}{\ln t}}$, 那么我们可以计算 $\lim_{t\to\infty} \frac{\ln \Omega(t)}{t} = \lim_{t\to\infty} \frac{1}{\ln t} = 0$ 但是 $\int_1^\infty \frac{\ln \Omega(t)}{t^2} dt$ 发散.

注 5.2.2　对比定理 5.2.2 中的条件, 小性条件和 h 的阶数在定理 5.2.1 中比在定理 5.2.2 中的要弱. 但是定理 5.2.2 不需要任何关于频率 ω 的非共振条件. 我们指出如果没有条件 (5.2.10), 那么 (5.2.9) 是必需的, 这是因为在没有 (5.2.9) 时, 我们无法判断当 $t \geqslant 0$ 时 $\sup_{t\geqslant 0} \Omega(t) e^{t(s_1 - s)}$ 是否有限.

5.2.2.1　正规形

在这一节, 我们把系统 (5.2.6) 约化为一个正规形. 正规形变换是通过计算平均系统相应平衡点, 然后将其平移到原点, 这个过程是通过下面两个引理实现的.

引理 5.2.1　*在定理 5.2.1 的条件下, 存在 $\bar{r} < r, \bar{s} < s$ 和拟周期变换*

$$\phi \ : \ \Delta_{\bar{s},\bar{r}} \to \Delta_{s,r} \tag{5.2.11}$$

具有下面的形式:

$$x = U(\theta,\eta)z + V(\theta,\eta), \quad \theta = \theta,$$

其中 $\|U\|_{\bar{s},\bar{r}} \leqslant 1 + C\eta^l$ 和 $\|V\|_{\bar{s},\bar{r}} \leqslant C\eta$, 使得 (5.2.6) 被变换为

$$\begin{cases} \dot{\theta} = \omega, \\ \dot{z} = (e(\eta) + d(\theta,\eta))z + p(\theta,\eta) + q(\theta,z,\eta), \end{cases} \tag{5.2.12}$$

其中 $\eta = \epsilon^{\frac{1}{l}}, d(\theta,\eta), p(\theta,\eta) \in C^\omega(\mathbb{T}_{\bar{s}}^d), q(\theta,z,\eta) \in C^\omega(\Delta_{\bar{s},\bar{r}})$, 并且有下面估计:

$$\eta^{l-1} < |e(\eta)| < C\eta^{l-1}, \quad \|d\|_{\bar{s}} \leqslant C\eta^{2l}, \quad \|p\|_{\bar{s}} \leqslant C\eta^{2l}, \quad q = \mathcal{O}(z^2)(z \to 0). \tag{5.2.13}$$

证明　首先考虑系统 (5.2.6) 的平均系统:

$$\begin{cases} \dot{\theta} = \omega, \\ \dot{x} = x^l + [h(\theta,x,\epsilon)] + [f(\theta,x,\epsilon)]. \end{cases} \tag{5.2.14}$$

我们要研究系统 (5.2.6) 在平均系统 (5.2.14) 平衡点附近的解. 为了达到此目的,
考虑隐函数

$$G(x, \epsilon) := x^l + [h(\theta, x, \epsilon)] + [f(\theta, x, \epsilon)] = 0. \tag{5.2.15}$$

由于 $f(\theta, x, \epsilon) = \mathcal{O}(\epsilon)$, 利用 Taylor 展开, 我们有

$$[f(\theta, x, \epsilon)] = \left(\left[\frac{\partial f(\theta, \mathbf{0}_2)}{\partial \epsilon} \right] + \left[\frac{\partial^2 f(\theta, \mathbf{0}_2)}{\partial x \partial \epsilon} \right] x + \mathcal{O}(x^2) \right) \epsilon + \mathcal{O}(\epsilon^2). \tag{5.2.16}$$

把 $x = \epsilon^{\frac{1}{l}} \tilde{x}$ 代入 (5.2.15) 并且注意到 $h(\theta, x, \epsilon) = \mathcal{O}(x^{l+1})$ 和 (5.2.16), 隐函数方
程 (5.2.15) 变为关于 $\tilde{x}$ 的隐函数方程.

$$H(\tilde{x}, \eta) := \frac{1}{\epsilon} G(\epsilon^{\frac{1}{l}} \tilde{x}, \epsilon) = \tilde{x}^l + \left[\frac{\partial f(\theta, \mathbf{0}_2)}{\partial \epsilon} \right] + \mathcal{O}(\eta) = 0, \tag{5.2.17}$$

其中 $\eta = \epsilon^{\frac{1}{l}}$. 根据定理 5.2.1 中的条件 (iv), (5.2.16) 和 (5.2.17), 可以得到

$$H\left(\left(-\left[\frac{\partial f(\theta, \mathbf{0}_2)}{\partial \epsilon} \right] \right)^{\frac{1}{l}}, 0 \right) = 0 \quad \text{和} \quad \frac{\partial}{\partial \tilde{x}} H\left(\left(-\left[\frac{\partial f(\theta, \mathbf{0}_2)}{\partial \epsilon} \right] \right)^{\frac{1}{l}}, 0 \right) \neq 0.$$

那么隐函数定理保证方程 (5.2.17) 在 $\eta = 0$ 附近有唯一的解, 这意味着方程
(5.2.15) 在 $\eta = 0$ 附近有唯一的解. 做变换

$$\phi_1 \; : \; x = y + x(\eta),$$

系统 (5.2.6) 变为

$$\begin{cases} \dot{\theta} = \omega, \\ \dot{y} = 2m(\eta \tilde{x}(\eta))^{l-1} y + \left(\dfrac{\partial}{\partial x} h(\theta, \eta \tilde{x}(\eta), \eta^l) + \dfrac{\partial}{\partial x} f(\theta, \eta \tilde{x}(\eta), \eta^l) \right) y \\ \quad + h(\theta, \eta \tilde{x}(\eta), \eta^l) - [h(\theta, \eta \tilde{x}(\eta), \eta^l)] + f(\theta, \eta \tilde{x}(\eta), \eta^l) \\ \quad - [f(\theta, \eta \tilde{x}(\eta), \eta^l)] + \mathcal{O}(y^2), \quad y \to 0. \end{cases} \tag{5.2.18}$$

系统 (5.2.18) 可以写成下面形式

$$\begin{cases} \dot{\theta} = \omega, \\ \dot{y} = (\tilde{e}(\eta) + \tilde{d}(\theta, \eta)) y + \tilde{p}(\theta, \eta) + \tilde{q}(\theta, y, \eta), \end{cases} \tag{5.2.19}$$

其中

$$\tilde{e}(\eta) = l(\eta \tilde{x}(\tau))^{l-1} + \left[\frac{\partial}{\partial x} h(\theta, \eta \tilde{x}(\eta), \eta^l) - \frac{\partial}{\partial x} f(\theta, \eta \tilde{x}(\eta), \eta^l) \right],$$

$$\tilde{d}(\theta, \eta) = \frac{\partial}{\partial x} h(\theta, \eta \tilde{x}(\eta), \eta^l) - \frac{\partial}{\partial x} f(\theta, \eta \tilde{x}(\eta), \eta^l) - \left[\frac{\partial}{\partial x} h(\theta, \eta \tilde{x}(\eta), \eta^l) \right.$$

$$\left. - \frac{\partial}{\partial x} f(\theta, \eta \tilde{x}(\eta), \eta^l) \right],$$

$$\tilde{p}(\theta, \eta) = h(\theta, \eta \tilde{x}(\eta), \eta^l) - [h(\theta, \eta \tilde{x}(\eta), \eta^l)] + f(\theta, \eta \tilde{x}(\eta), \eta^l)$$

$$- [f(\theta, \eta \tilde{x}(\eta), \eta^l)],$$

$$\tilde{q}(\theta, y, \eta) = \mathcal{O}(y^2)(y \to 0).$$

可以证明存在 $s_1 < s$ 和 $r_1 < r$ 使得 $\tilde{d}(\theta, \eta), \tilde{p}(\theta, \eta) \in C^\omega(\mathbb{T}^d_{s_1})$, 其中 $[\tilde{d}(\theta)] = 0, [\tilde{p}(\theta)] = 0$, $\tilde{q}(\theta, y, \eta) \in C^\omega(\Delta_{s_1, r_1})$ 且

$$c\eta^{l-1} < |\tilde{e}(\eta)| < C\eta^{l-1}, \quad \|\tilde{d}\|_{s_1} \leqslant C\eta^l, \quad \|\tilde{p}\|_{s_1} \leqslant C\eta^l, \quad \tilde{q} = \mathcal{O}(y^2) \ (y \to 0).$$

现在我们要找一个变换

$$\phi_2 \ : \ y = z + u(\theta, \eta)z + v(\theta, \eta), \tag{5.2.20}$$

将系统 (5.2.19) 变为下面系统

$$\begin{cases} \dot{\theta} = \omega, \\ \dot{z} = (e(\eta) + d(\theta, \eta))z + p(\theta, \eta) + q(\theta, z, \eta), \end{cases}$$

其中

$$e(\eta) = \tilde{e}(\eta) + \left[\frac{\partial \tilde{q}(\theta, v(\theta), \eta)}{\partial y} \right],$$

$$p(\theta, \eta) = (1 + u(\theta, \eta))^{-1} \left(\tilde{d}(\theta, \eta)v(\theta, \eta) + \tilde{q}(\theta, v(\theta), \eta) \right),$$

$$d(\theta, \eta) = (1 + u(\theta, \eta))^{-1} \left(\tilde{d}(\theta, \eta)u(\theta, \eta) \right.$$

$$\left. + \left(\frac{\partial \tilde{q}(\theta, v(\theta), \eta)}{\partial y} - \left[\frac{\partial \tilde{q}(\theta, v(\theta), \eta)}{\partial y} \right] \right) u(\theta, \eta) \right),$$

$$q(\theta, z, \eta) = (1 + u(\theta, \eta))^{-1} \left(\tilde{q}(\theta, (1 + u(\theta, \eta), \eta)z + v(\theta, \eta)) - \tilde{q}(\theta, v(\theta, \eta), \eta) \right.$$

$$\left. - \frac{\partial \tilde{q}(\theta, v(\theta, \eta), \eta)}{\partial y} (1 + u(\theta, \eta))z \right).$$

函数 u 和 v 在变换 (5.2.20) 中由下面方程决定

$$\partial_\omega v(\theta, \eta) = \tilde{e}(\eta)v(\theta, \eta) + \tilde{p}(\theta, \eta), \tag{5.2.21}$$

$$\partial_\omega u(\theta, \eta) = \tilde{d}(\theta, \eta) + \frac{\partial \tilde{q}(\theta, v(\theta, \eta), \eta)}{\partial y} - \left[\frac{\partial \tilde{q}(\theta, v(\theta, \eta), \eta)}{\partial y} \right], \quad (5.2.22)$$

其中 $\partial_\omega := \sum_{i=1}^d \omega_i \frac{\partial}{\partial \theta_i}$.

首先我们解 (5.2.21). 令

$$v(\theta, \eta) = \sum_{k \in \mathbb{Z}^d} v_k(\eta) e^{i\langle k, \theta \rangle}, \quad \tilde{p}(\theta, \eta) = \sum_{k \in \mathbb{Z}^d} p_k(\eta) e^{i\langle k, \theta \rangle}.$$

通过方程 (5.2.21), 我们有

$$i\langle k, \omega \rangle v_k(\eta) = \tilde{e}(\eta) v_k(\eta) + p_k(\eta), \quad k \in \mathbb{Z}^d.$$

由于 $p_0(\eta) = 0$, 我们可以选择 $v_0(\eta) = 0$. 对于 $|k| > 0$, 我们有

$$v_k(\eta) = \frac{p_k(\eta)}{i\langle k, \omega \rangle - \tilde{e}(\eta)}.$$

由于 $\tilde{e}(\eta)$ 是实数, 对任意的 $|k| > 0$, 有

$$|v_k(\eta)| \leqslant \frac{|p_k(\eta)|}{|i\langle k, \omega \rangle - \tilde{e}(\eta)|} \leqslant \frac{|p_k(\eta)|}{|\langle k, \omega \rangle|} \leqslant C\gamma^{-1} \Omega(|k|) |p_k(\eta)|.$$

令 $\bar{s} \leqslant s_1$ 且 $\bar{r} \leqslant r_1$, 注意到 $\sup_{t \geqslant 0} \Omega(t) e^{t(\bar{s} - s_1)} < \infty$, 我们有

$$\begin{aligned}
\|v\|_{\bar{s}} &\leqslant \sum_{|k|>0} |v_k(\eta)| e^{|k|\bar{s}} \leqslant C \sum_{|k|>0} \gamma^{-1} \Omega(|k|) |p_k(\eta)| e^{|k|\bar{s}} \\
&= C \sum_{|k|>0} \gamma^{-1} \Omega(|k|) e^{|k|(\bar{s} - s_1)} |p_k(\eta)| e^{|k|s_1} \\
&\leqslant C\gamma^{-1} \sup_{t \geqslant 0} \Omega(t) e^{t(\bar{s} - s_1)} \sum_{|k|>0} |p_k(\eta)| e^{|k|s_1} \\
&\leqslant C\|\tilde{p}\|_{s_1},
\end{aligned}$$

这是因为

$$\lim_{t \to \infty} \Omega(t) e^{t(\bar{s} - s_1)} = \lim_{t \to \infty} e^{\left(\frac{\ln \Omega(t)}{t} + \bar{s} - s_1 \right)t} = 0.$$

所以, 方程 (5.2.21) 可解并且 $\|v(\theta)\|_{\bar{s}} \leqslant C\eta^l$. 用相同的方式, 方程 (5.2.22) 是可解的并且 $\|u(\theta)\|_{\bar{s}} \leqslant C\eta^l$. 因此, 我们得到变换 (5.2.11), $\phi = \phi_1 \circ \phi_2$, 其中 $U(\theta, \eta) = 1 + u(\theta, \eta), V(\theta, \eta) = v(\theta, \eta) + x(\eta)$, 并且有下面估计

$$\|U\|_{\bar{s}, \bar{r}} \leqslant 1 + C\eta^l \text{ and } \|V\|_{\bar{s}, \bar{r}} \leqslant C\eta.$$

另外容易得到估计 (5.2.13). $\qquad \square$

引理 5.2.2　在定理 5.2.2 的条件下, 存在 $r_1 < r, s_1 < s$ 使得系统 (5.2.6) 被变换

$$x = z + \left(- \left[\frac{\partial f(\theta, \mathbf{0}_2)}{\partial \epsilon} \right] \epsilon \right)^{\frac{1}{l}}$$

变为系统

$$\begin{cases} \dot{\theta} = \omega, \\ \dot{z} = (e(\epsilon) + d(\theta, \epsilon))z + p(\theta, \epsilon) + q(\theta, z, \epsilon), \end{cases} \tag{5.2.23}$$

其中 $\eta = \epsilon^{\frac{1}{l}}, d(\theta, \epsilon), p(\theta, \epsilon) \in C^\omega(\mathbb{T}^d_{s_1}), q(\theta, z, \eta) \in C^\omega(\Delta_{s_1, r_1})$, 且下面估计成立:

$$\begin{aligned} \epsilon^{\frac{l-1}{l}} < |e(\epsilon)| < C\epsilon^{\frac{l-1}{l}}, \quad \|d\|_{s_1} \leqslant C\epsilon^{\frac{2l-1}{l}}, \\ \|p\|_{s_1} \leqslant C\epsilon^2, \quad q(\theta, z, \epsilon) = \mathcal{O}(z^2)(z \to 0). \end{aligned} \tag{5.2.24}$$

证明　由于方程 (5.2.16), 我们考虑平均系统 (5.2.14) 的 "截断" 系统:

$$\begin{cases} \dot{\theta} = \omega, \\ \dot{x} = x^l + \left[\frac{\partial f(\theta, \mathbf{0}_2)}{\partial \epsilon} \right] \epsilon. \end{cases}$$

我们希望得到在 "截断" 系统平衡点附近的系统 (5.2.6) 的解. 为此做变换 $x = z + \left(- \left[\frac{\partial f(\theta, \mathbf{0}_2)}{\partial \epsilon} \right] \epsilon \right)^{\frac{1}{l}}$, 得到下面系统

$$\begin{cases} \dot{\theta} = \omega, \\ \dot{z} = (e(\epsilon) + d(\theta, \epsilon))z + p(\theta, \epsilon) + q(\theta, z, \epsilon), \end{cases}$$

其中

$$e(\epsilon) = l \left(- \left[\frac{\partial f(\theta, \mathbf{0}_2)}{\partial \epsilon} \right] \epsilon \right)^{\frac{l-1}{l}},$$

$$p(\theta, \epsilon) = h \left(\theta, \left(- \left[\frac{\partial f(\theta, \mathbf{0}_2)}{\partial \epsilon} \right] \epsilon \right)^{\frac{1}{l}}, \epsilon \right)$$

$$\qquad + f \left(\theta, \left(- \left[\frac{\partial f(\theta, \mathbf{0}_2)}{\partial \epsilon} \right] \epsilon \right)^{\frac{1}{l}}, \epsilon \right) - \left[\frac{\partial f(\theta, \mathbf{0}_2)}{\partial \epsilon} \right] \epsilon,$$

$$d(\theta, \epsilon) = \frac{\partial}{\partial x} h \left(\theta, \left(- \left[\frac{\partial f(\theta, \mathbf{0}_2)}{\partial \epsilon} \right] \epsilon \right)^{\frac{1}{l}}, \epsilon \right) + \frac{\partial}{\partial x} f \left(\theta, \left(- \left[\frac{\partial f(\theta, \mathbf{0}_2)}{\partial \epsilon} \right] \epsilon \right)^{\frac{1}{l}}, \epsilon \right),$$

$$q(\theta, z, \epsilon) = \mathcal{O}(z^2) \quad (z \to 0).$$

注意到 $h(\theta, x, \epsilon) = \mathcal{O}(x^{2l})(x \to 0)$, $f(\theta, x, \epsilon) = \mathcal{O}(\epsilon)$ 且 $f(\theta, x, \epsilon) - \left[\dfrac{\partial f(\theta, \mathbf{0}_2)}{\partial \epsilon}\right] \epsilon = \mathcal{O}(\epsilon^2)$. 我们可以看到存在 $s_1 < s$ 和 $r_1 < r$ 使得 $d(\theta, \epsilon), p(\theta, \epsilon) \in C^\omega(\mathbb{T}_{s_1}^d)$, $q(\theta, z, \epsilon) \in C^\omega(\Delta_{s_1, r_1})$ 且有估计 (5.2.24). $\qquad\square$

5.2.2.2 KAM 定理

在前面的讨论中可以看到, 在定理 5.2.1 和定理 5.2.2 的条件下, 系统 (5.2.6) 可以变换为下面系统

$$\begin{cases} \dot{\theta} = \omega, \\ \dot{z} = (A(\kappa) + Q(\theta, \kappa))z + F(\theta, \kappa) + G(\theta, z, \kappa), \end{cases} \tag{5.2.25}$$

其中

(C1) $A(\kappa) \in \mathbb{R}$, $Q(\theta, \kappa), F(\theta, \kappa) \in C^\omega(\mathbb{T}_s^d)$, $G(\theta, z, \kappa) \in C^\omega(\Delta_{s,r})$;

(C2) $c\kappa^n < |A(\kappa)| < C\kappa^n$, $\|Q(\theta, \kappa)\|_s \leqslant C\kappa^{n+1}$, $\|F(\theta, \kappa)\|_s \leqslant C\kappa^{2n+4}$, $G(\theta, z) = \mathcal{O}(z^2)(z \to 0)$ 其中 $n \in \mathbb{N}$.

为了证明定理 5.2.1 和定理 5.2.2, 我们给出一个对一般系统 (5.2.25) 的 KAM 定理. 具体有:

定理 5.2.3 考虑系统 (5.2.25). 假设 (C1) 和 (C2) 成立, 那么存在充分小的 κ^* 使得对于任意正数 $\kappa < \kappa^*$, 存在实解析的拟周期变换

$$\Phi(\cdot, \cdot, \kappa) \; : \; (\theta, z^+) \in \Delta_{s_*, r_*} \to (\theta, z) \in \Delta_{s, r},$$

形式为

$$z = z^+ + V^*(\theta, \kappa), \quad \theta = \theta,$$

其中 $s_* \geqslant s/2, r_* \geqslant r/2$ 是正常数并且

$$V^*(\theta, \kappa) = \mathcal{O}_{s_*, r_*}(\kappa^{n+4}),$$

它把系统 (5.2.25) 变为系统

$$\begin{cases} \dot{\theta} = \omega, \\ \dot{z}^+ = (A + Q_*(\theta))z^+ + G_*(\theta, z^+), \end{cases}$$

其中 $Q_* \in C^\omega(\mathbb{T}_{s_*}^d)$, $G_* \in C^\omega(\Delta_{s_*, r_*})$, $G_* = \mathcal{O}((z^+)^2)(z^+ \to 0)$.

注 5.2.3　定理 5.2.3 的证明基于修改的 KAM 迭代, 利用双曲性避免了频率间的共振, 而代价是我们需要解一个变系数的同调方程. 幸运的是从条件 $A(\kappa) \in \mathbb{R}$ 和 $|A(\kappa)| > c\kappa^n$, 第一 Melnikov 条件

$$i\langle k, \omega \rangle - A \neq 0, \quad k \in \mathbb{Z}^d$$

可以被充分控制, 从而使我们的 KAM 证明简单.

注 5.2.4　作为定理 5.2.3 的应用, 定理 5.2.1 和定理 5.2.2 可以被立即证明. 实际上, 我们选择足够大的正整数 $\hat{p}$ 使得 $l - 1 + 1/\hat{p} < l$. 注意到 $0 < \eta < 1$, 引理 5.2.1 中的估计可以写成

$$c\eta^{l-1} < |e(\eta)| < C\eta^{l-1}, \quad \|d\|_{s_1} \leqslant C\eta^{l-1+1/\hat{p}},$$

$$\|p\|_{s_1} \leqslant C\eta^{2(l-1)+4/\hat{p}}, \quad q = \mathcal{O}(z^2)(z \to 0).$$

令 $n = \hat{p}(l-1)$ 和 $\eta = \kappa^{\hat{p}}$, 上面估计变为 (C2). 系统 (5.2.12) 满足定理 5.2.3 的所有条件. 类似地, 我们可以查看系统 (5.2.23) 也满足定理 5.2.3 的所有条件.

定理 5.2.3 的证明可以分为下面几步.

1. KAM 步

对于 $r, s, \kappa > 0$, 我们令 $r_0 = r, s_0 = s$ 且 $\kappa_0 = \kappa$. 下面, 我们定义序列 $(\kappa_\nu)_{\nu \geqslant 0}, (\sigma_\nu)_{\nu \geqslant 0}, (s_\nu)_{\nu \geqslant 0}, (r_\nu)_{\nu \geqslant 0}$:

$$\begin{cases} \kappa_{\nu+1} = \kappa_\nu^{\frac{n+2}{n+1}}, & \sigma_{\nu+1} = \sigma_\nu/2, \\ s_{\nu+1} = s_\nu - \sigma_\nu, & r_{\nu+1} = r_\nu - \sigma_\nu. \end{cases}$$

选择 $\sigma_0 < \min\left\{\dfrac{r_0}{2}, \dfrac{s_0}{2}\right\}$, 我们可以得到 $s_\nu \to s_* > 0$, $r_\nu \to r_* > 0$.

现在我们陈述下面步引理.

引理 5.2.3　我们考虑拟周期系统

$$\begin{cases} \dot{\theta} = \omega, \\ \dot{z} = (A(\kappa_0) + Q_l(\theta, \kappa_0))z + Q^l(\theta, \kappa_0)z + F_l(\theta, \kappa_0) + G_l(\theta, z, \kappa_0), \\ \quad l = 0, 1, \cdots, \nu, \end{cases} \qquad (Eq)_l$$

其中 $c\kappa_0^n < |A(\kappa_0)| < C\kappa_0^n$. 假设

(l.1) 函数 $Q_l(\theta, \kappa_0)$, $Q^l(\theta, \kappa_0)$, $F_l(\theta, \kappa_0) \in C^\omega(\mathbb{T}_{s_l}^d)$ 且满足

$$Q_l(\theta, \kappa_0) = \mathcal{O}_{s_l}(\kappa_0^{n+1}), \quad Q^l(\theta, \kappa_0) = \mathcal{O}_{s_l}(\kappa_l^{n+1}), \quad F_l(\theta, \kappa_0) = \mathcal{O}_{s_l}(\kappa_l^{2n+4});$$

(l.2) 函数 $G_l(\theta, z, \kappa_0) \in C^\omega(\Delta_{s_l, r_l})$ 且

$$G_l(\theta, z, \kappa_0) = \mathcal{O}(z^2) \quad (z \to 0).$$

那么存在系列变换

$$\Phi_\nu \; : \; \Delta_{s_{\nu+1}, r_{\nu+1}} \to \Delta_{s_\nu, r_\nu}$$

有下面形式

$$z = z^+ + V_\nu(\theta, \kappa_0),$$

其中 z 是 "旧" 变量, z^+ 是 "新" 变量, $V_\nu \in C^\omega(\mathbb{T}^d_{s_{\nu+1}})$, 使得系统 $(Eq)_\nu$ 变为 $(Eq)_{\nu+1}$, 并且如果将 l 变为 $\nu+1$ 且把 z 替换成 z^+, 条件 $(l.1)$ 和 $(l.2)$ 也是成立的.

证明 在这个证明中, 如果没有混淆的情况下, 我们隐藏参数 κ_0. 我们对系统

$$\dot{z} = (A + Q_\nu(\theta))z + Q^\nu(\theta)z + F_\nu(\theta) + G_\nu(\theta, z) \tag{5.2.26}$$

应用变换 $z = z^+ + V_\nu(\theta)$, 如果同调方程

$$\partial_\omega V_\nu(\theta) = (A + Q_\nu(\theta))V_\nu(\theta) + F_\nu(\theta) \tag{5.2.27}$$

可解, 系统 (5.2.26) 成为

$$\dot{z}^+ = (A + Q_{\nu+1}(\theta))z^+ + Q^{\nu+1}(\theta)z^+ + F_{\nu+1}(\theta) + G_{\nu+1}(\theta, z^+),$$

其中

$$\begin{aligned}
Q_{\nu+1}(\theta) &= Q_\nu(\theta) + Q^\nu(\theta), \\
Q^{\nu+1}(\theta) &= \frac{\partial G_\nu(\theta, V_\nu(\theta))}{\partial z}, \\
F_{\nu+1}(\theta) &= G_\nu(\theta, V_\nu(\theta)) + Q^\nu(\theta)V_\nu(\theta), \\
G_{\nu+1}(\theta, z^+) &= G_\nu(\theta, V_\nu(\theta) + z^+) - G_\nu(\theta, V_\nu(\theta)) - \frac{\partial G_\nu(\theta, V_\nu(\theta))}{\partial z}z^+.
\end{aligned}$$

现在, 我们解 (5.2.27). 对任意 $V(\theta) = \sum_{k \in \mathbb{Z}^d} V_k e^{i\langle k, \omega \rangle} \in C^\omega(\mathbb{T}^d_{s_\nu})$, 我们定义算子 $T : C^\omega(\mathbb{T}^d_{s_\nu}) \to C^\omega(\mathbb{T}^d_{s_\nu})$, 其形式为

$$T(V(\theta)) := \partial_\omega V(\theta) - AV(\theta) = \sum_{k \in \mathbb{Z}^d}(i\langle k, \omega \rangle - A)V_k e^{i\langle k, \omega \rangle},$$

并且定义算子 $W: C^\omega(\mathbb{T}^d_{s_\nu}) \to C^\omega(\mathbb{T}^d_{s_\nu})$, 其形式为

$$W(V(\theta)) = -Q_\nu(\theta)V(\theta).$$

那么同调方程 (5.2.27) 可以写为

$$(T + W)V_\nu(\theta) = F_\nu(\theta),$$

其中 $Q_\nu(\theta) = \sum_{k\in\mathbb{Z}^d} Q_\nu^k e^{\mathrm{i}\langle k,\omega\rangle}$, $F_\nu(\theta) = \sum_{k\in\mathbb{Z}^d} F_\nu^k e^{\mathrm{i}\langle k,\omega\rangle} \in C^\omega(\mathbb{T}^d_{s_\nu})$.

　　根据算子 T 的定义, 我们得到 $T^{-1}: C^\omega(\mathbb{T}^d_{s_\nu}) \to C^\omega(\mathbb{T}^d_{s_\nu})$ 和

$$T^{-1}(V(\theta)) = \sum_{k\in\mathbb{Z}^d} (\mathrm{i}\langle k,\omega\rangle - A)^{-1} V_k e^{\mathrm{i}\langle k,\omega\rangle}.$$

由于 $|\mathrm{i}\langle k,\omega\rangle - A| \geqslant c\kappa_0^n$, 可以得到

$$\|T^{-1}\| = \sup_{0\neq V(\theta)\in C^\omega(\mathbb{T}^d_{s_\nu})} \frac{\|T^{-1}(V(\theta))\|_{s_\nu}}{\|V(\theta)\|_{s_\nu}} \leqslant \sup_{0\neq V(\theta)\in C^\omega(\mathbb{T}^d_{s_\nu})} \frac{c\kappa_0^{-n}\|V(\theta)\|_{s_\nu}}{\|V(\theta)\|_{s_\nu}} = c\kappa_0^{-n}$$

和

$$\|W\| = \sup_{0\neq V(\theta)\in C^\omega(\mathbb{T}^d_{s_\nu})} \frac{\|W(V(\theta))\|_{s_\nu}}{\|V(\theta)\|_{s_\nu}} \leqslant \sup_{0\neq V(\theta)\in C^\omega(\mathbb{T}^d_{s_\nu})} \frac{\|Q_\nu(\theta)\|_{s_\nu}\|V(\theta)\|_{s_\nu}}{\|V(\theta)\|_{s_\nu}} \leqslant \kappa_0^{n+1}.$$

因此 $\|T^{-1}W\| \leqslant \|T^{-1}\|\|W\| \leqslant c\kappa_0$, 这意味着 $T + W$ 可逆且

$$\|(T + W)^{-1}\| \leqslant \|(1 + T^{-1}W)^{-1}\|\|T^{-1}\| \leqslant C\kappa_0^{-n}.$$

因此, 方程 (5.2.27) 可解且 $V_\nu(\theta) = (T + W)^{-1}(F_\nu(\theta))$. 我们有估计

$$\|V_\nu(\theta)\|_{s_\nu} \leqslant C\kappa_0^{-n}\|F_\nu(\theta)\|_{s_\nu} \leqslant C\kappa_0^{-n}\kappa_\nu^{2n+4} \leqslant \kappa_\nu^{n+4}.$$

因此

$$\|F_{\nu+1}(\theta)\|_{s_{\nu+1}} \leqslant \|G_\nu(\theta, V_\nu(\theta))\|_{s_{\nu+1}} + \|Q^\nu(\theta)V_\nu(\theta)\|_{s_{\nu+1}} \leqslant \kappa_{\nu+1}^{2n+4},$$

$$\|Q^{\nu+1}(\theta)\|_{s_{\nu+1}} \leqslant \left\|\frac{\partial G_\nu(\theta, V_\nu(\theta))}{\partial z}\right\|_{s_{\nu+1}} \leqslant \kappa_{\nu+1}^{n+1},$$

$$\|Q_{\nu+1}(\theta)\|_{s_{\nu+1}} \leqslant \|Q_0(\theta)\|_{s_0} + \sum_{l=0}^{\infty} \|Q^l(\theta)\|_{s_l} \leqslant C\kappa_0^{n+1}.$$

我们还可以得到 $r_{\nu+1} + \|V_\nu(\theta)\|_{s_\nu} \leqslant r_\nu$, 这意味着

$$\Phi_\nu(\Delta_{s_{\nu+1},r_{\nu+1}}) \subset \Delta_{s_\nu,r_\nu}.$$

根据 $G_{\nu+1}(\theta, z^+)$ 的定义, 我们可以得到

$$\left\|\frac{\partial^2 G_{\nu+1}(\theta, z^+)}{\partial z^{+2}}\right\|_{s_{\nu+1}, r_{\nu+1}} \leqslant \left\|\frac{\partial^2 G_\nu(\theta, z)}{\partial z^2}\right\|_{s_\nu, r_\nu},$$

这意味着对于每一个 $0 < \bar{r} \leqslant r_{\nu+1}$ 和任意的 ν, 有

$$\|G_{\nu+1}(\theta, z^+)\|_{s_{\nu+1}, \bar{r}, M_{\nu+1}} \leqslant C\bar{r}^2. \qquad \square$$

2. 迭代

令 $A_0 = A$, $Q_0 = Q$, $Q^0 = 0$, $F_0 = F$, $G_0 = G$. 所以, 当 $l = 0$ 时, 我们可以检查系统满足引理 5.2.3 的所有假设. 通过数学归纳法, 我们可以证明对任意 $\nu \geqslant 0$, 存在变换列 Φ_ν 使得 $\Phi_\nu(\Delta_{s_{\nu+1}, r_{\nu+1}}) \subset \Delta_{s_\nu, r_\nu}$,

$$(Eq)_\nu \circ \Phi_\nu = (Eq)_{\nu+1}.$$

令

$$\Phi^\nu := \Phi_0 \circ \Phi_1 \circ \cdots \Phi_\nu \; : \; \Delta_{s_{\nu+1}, r_{\nu+1}} \to \Delta_{s_0, r_0}.$$

那么, 在变换 Φ^ν 后, 系统 (5.2.25) 被变为

$$\dot{z} = (A + Q_\nu(\theta, \kappa_0))z + Q^\nu(\theta, \kappa_0)z + F_\nu(\theta, \kappa_0) + G_\nu(\theta, z, \kappa_0).$$

通过 KAM 迭代的归纳假设, 对于充分小的 κ_0, 我们有

$$Q_\nu = \mathcal{O}_{s_\nu}(\kappa_0^{n+1}), \quad Q^\nu = \mathcal{O}_{s_\nu}(\kappa_\nu^{n+1}), \quad F_\nu = \mathcal{O}_{s_\nu}(\kappa_\nu^{2n+4}), \quad G_\nu = \mathcal{O}(z^2) \; (z \to 0).$$

3. KAM 迭代的收敛性

对于充分小的 $\kappa_0 > 0$, 可以得到

$$\|\Phi^\nu - \Phi^{\nu-1}\|_{s_{\nu+1}, r_{\nu+1}} \leqslant \kappa_\nu^{n+4}.$$

如果我们定义 $\Phi^{-1} := id$, 相同的不等式对 $\nu = 0$ 也成立. 由于当 $\nu \to \infty$ 时 $s_\nu \to s_* > 0$, $r_\nu \to r_* > 0$, 映射 Φ^ν:

$$\Phi^\nu = \Phi^0 + \sum_{i=0}^{\nu}(\Phi^i - \Phi^{i-1}), \quad \Phi^{-1} := id.$$

在

$$\bigcap_{\nu \geqslant 0} \Delta_{s_{\nu+1}, r_{\nu+1}} = \Delta_{s_*, r_*}$$

上一致收敛于映射 Φ, 这个映射在 Δ_{s_*,r_*} 上解析.

我们可以看到通过变换

$$\Phi = \lim_{\nu \to \infty} \Phi_0 \circ \Phi_1 \circ \cdots \circ \Phi_\nu : \begin{cases} \theta = \theta, \\ \\ z = z^+ + V^*(\theta), \end{cases}$$

其中

$$V^*(\theta) = \mathcal{O}_{s_*,r_*}(\kappa_0^{n+4}),$$

$(Eq)_0$ 变为

$$(Eq)_0 \circ \Phi : \begin{cases} \dot{\theta} = \omega, \\ \\ \dot{z^+} = (A + Q_*(\theta))z^+ + G_*(\theta, z^+), \end{cases}$$

其中 $Q_* \in C^\omega(\mathbb{T}_{s_*}^d)$, $G_* \in C^\omega(\Delta_{s_*,r_*})$ 且 $G_* = \mathcal{O}(z^{+2})(z^+ \to 0)$. 这就完成了定理 5.2.3 的证明.

5.2.3　高维系统的响应解

这一节, 我们考虑有退化平衡点 (包括完全退化平衡点) 的扰动的 n 维拟周期驱动系统 (5.2.1) 响应解的存在性. 在扩展相空间 $\mathbb{T}^d \times \mathbb{R}^n$ 上系统 (5.2.1) 变为系统

$$\begin{cases} \dot{\theta} = \omega, \\ \dot{x} = \phi(x) + h(\theta, x) + f(\theta, x, \epsilon), \quad x = (x_1, \cdots, x_n) \in \mathbb{R}^n, \end{cases} \tag{5.2.28}$$

其中 $\phi(x) = (x_1^{l_1}, \cdots, x_{n-1}^{l_{n-1}}, x_n^{2l+1})^{\mathrm{T}}$ 是向量场满足 $l_i \in \mathbb{N}(i = 1, 2, \cdots, n-1), l \in \mathbb{Z}_+, 2l+1 > \bar{l} := \max\{l_1, \cdots, l_{n-1}\}$ 且 $h = (h_1, \cdots, h_n)^{\mathrm{T}}$, 其中 $\deg(h) = \mathcal{O}(x^{4l+2})$, 是高阶项, $f = (f_1, \cdots, f_n)^{\mathrm{T}}$, 其中 $f(\theta, x, 0) = 0$, 是低阶扰动. 如果 $\epsilon = 0$, 那么系统 (5.2.28) 变为未扰系统

$$\begin{cases} \dot{\theta} = \omega, \\ \dot{x} = \phi(x) + h(\theta, x), \end{cases} \tag{5.2.29}$$

这个系统原点是平衡点并且有不变环面

$$\mathcal{T}_0 = \mathbb{T}^d \times \{\mathbf{0}_n\}.$$

此不变环面上面充满着频率为 ω 的拟周期流. 法向坐标为 $x = (x_1, \cdots, x_n)$. 显然系统 (5.2.1) 响应解的存在性等价于未扰系统 (5.2.29) 的退化响应不变环面 $\mathcal{T}_0$ 在扰动 f 下的保持性问题.

这节使用的方法应归于 M.R. Herman, 此方法为解决 KAM 方法中的弱非退化条件问题所创立. 首先我们对系统 (5.2.28) 引入外参数从而消除其所有的退化性, 之后用 Pöschel-Rüssmann KAM 迭代技术证明 n 维系统 (5.2.28) 在 Brjuno-Rüssmann 非共振条件下存在退化响应环.

定理 5.2.4 对 $s, r > 0$. 考虑定义在 $\Delta_{s,r}$ 上的系统 (5.2.28). 假设

(i) ω 满足 Brjuno-Rüssmann 非共振条件 (5.1.5);

(ii) $h_i(\theta, x) \in C^\omega(\Delta_{s,r})$, $h_i(\theta, x) = \mathcal{O}(x^{4l+2})(x \to 0)$, $i = 1, 2, \cdots, n$;

(iii) 对任意 $i = 1, 2, \cdots, n$, $f_i(\theta, x, \epsilon) \in C^\omega(\Delta_{s,r})$ 关于 ϵ 解析. 此外, $f_n(\theta, x, \epsilon) = \mathcal{O}_{s,r}(\epsilon^2)$ 且对 $j = 1, 2, \cdots, n-1$, 有

$$f_j(\theta, x, \epsilon) = \mathcal{O}_{s,r}(\epsilon), \quad f_j(\theta, x, \epsilon) - \left[\frac{\partial f_j(\theta, \mathbf{0}_{n+1})}{\partial \epsilon}\right]\epsilon = \mathcal{O}_{s,r}(\epsilon^2);$$

(iv) $\left[\dfrac{\partial f_j(\theta, \mathbf{0}_{n+1})}{\partial \epsilon}\right] \begin{cases} < 0, & \text{当 } l_j \text{ 是偶的,} \\ \neq 0, & \text{当 } l_j \text{ 是奇的,} \end{cases}$

对任意的 $j = 1, 2, \cdots, n-1$;

(v) $\left[\dfrac{\partial f_i(\theta, \mathbf{0}_{n+1})}{\partial \epsilon}\right] \neq \left[\dfrac{\partial f_j(\theta, \mathbf{0}_{n+1})}{\partial \epsilon}\right]$ 如果 $l_i = l_j$.

那么对于充分小的正常数 ϵ, 系统 (5.2.28) 有一个退化响应环, 即, 环面在小扰动下保持.

我们把定理 5.2.4 的证明分为下面几个小节.

5.2.3.1 系统 (5.2.28) 的参数化

定理 5.2.4 的证明基于关于参数的拟周期系统的正规形, 所以我们首先引入参数把系统 (5.2.28) 变为带参数的系统.

令 $\xi \in \Pi := [-1, 1]$ 且 $y = (y_1, \cdots, y_n)^{\mathrm{T}}$. 做变换

$$x_i = y_i + \left(-\left[\frac{\partial f_i(\theta, \mathbf{0}_{n+1})}{\partial \epsilon}\right]\epsilon\right)^{\frac{1}{l_i}}, \quad i = 1, 2, \cdots, n-1; \quad x_n = y_n + \epsilon^{\frac{1}{2l+1}}\xi,$$

并用 Taylor 展开

$$
\left(y_i + \left(-\left[\frac{\partial f_i(\theta, \mathbf{0}_{n+1})}{\partial \epsilon}\right]\epsilon\right)^{\frac{1}{l_i}}\right)^{l_i}
$$

$$
= -\left[\frac{\partial f_i(\theta, \mathbf{0}_{n+1})}{\partial \epsilon}\right]\epsilon + l_i\left(-\left[\frac{\partial f_i(\theta, \mathbf{0}_{n+1})}{\partial \epsilon}\right]\epsilon\right)^{\frac{l_i-1}{l_i}} y_i
$$

$$
+ \mathcal{O}(y_i^2)(y_i \to 0), \quad i = 1, 2, \cdots, n-1,
$$

$$
\left(y_n + \epsilon^{\frac{1}{2l+1}}\xi\right)^{2l+1} = \epsilon\xi^{2l+1} + (2l+1)\epsilon^{\frac{2l}{2l+1}}\xi^{2l}y_n + \mathcal{O}(y_n^2) \quad (y_n \to 0),
$$

则系统 (5.2.28) 变为

$$
\begin{cases}
\dot\theta = \omega, \\[2mm]
\dot y_i = -\left[\dfrac{\partial f_i(\theta, \mathbf{0}_{n+1})}{\partial \epsilon}\right]\epsilon + l_i\left(-\left[\dfrac{\partial f_i(\theta, \mathbf{0}_{n+1})}{\partial \epsilon}\right]\epsilon\right)^{\frac{l_i-1}{l_i}} y_i \\[3mm]
\quad + h_i\left(\theta, y_1 + \left(-\left[\dfrac{\partial f_1(\theta, \mathbf{0}_{n+1})}{\partial \epsilon}\right]\epsilon\right)^{\frac{1}{l_1}}, \cdots, y_{n-1}\right. \\[3mm]
\quad\quad \left. + \left(-\left[\dfrac{\partial f_{n-1}(\theta, \mathbf{0}_{n+1})}{\partial \epsilon}\right]\epsilon\right)^{\frac{1}{l_{n-1}}}, y_n + \epsilon^{\frac{1}{2l+1}}\xi\right) \\[3mm]
\quad + f_i\left(\theta, y_1 + \left(-\left[\dfrac{\partial f_1(\theta, \mathbf{0}_{n+1})}{\partial \epsilon}\right]\epsilon\right)^{\frac{1}{l_1}}, \cdots, y_{n-1}\right. \\[3mm]
\quad\quad \left. + \left(-\left[\dfrac{\partial f_{n-1}(\theta, \mathbf{0}_{n+1})}{\partial \epsilon}\right]\epsilon\right)^{\frac{1}{l_{n-1}}}, y_n + \epsilon^{\frac{1}{2l+1}}\xi, \epsilon\right) \\[3mm]
\quad + \mathcal{O}(y_i^2)(y_i \to 0), \quad i = 1, 2, \cdots, n-1, \\[3mm]
\dot y_n = \epsilon\xi^{2l+1} + (2l+1)\epsilon^{\frac{2l}{2l+1}}\xi^{2l}y_n \\[3mm]
\quad + h_n\left(\theta, y_1 + \left(-\left[\dfrac{\partial f_1(\theta, \mathbf{0}_{n+1})}{\partial \epsilon}\right]\epsilon\right)^{\frac{1}{l_1}}, \cdots, y_{n-1}\right. \\[3mm]
\quad\quad \left. + \left(-\left[\dfrac{\partial f_{n-1}(\theta, \mathbf{0}_{n+1})}{\partial \epsilon}\right]\epsilon\right)^{\frac{1}{l_{n-1}}}, y_n + \epsilon^{\frac{1}{2l+1}}\xi\right) \\[3mm]
\quad + f_2\left(\theta, y_1 + \left(-\left[\dfrac{\partial f_1(\theta, \mathbf{0}_{n+1})}{\partial \epsilon}\right]\epsilon\right)^{\frac{1}{l_1}}, \cdots, y_{n-1}\right. \\[3mm]
\quad\quad \left. + \left(-\left[\dfrac{\partial f_{n-1}(\theta, \mathbf{0}_{n+1})}{\partial \epsilon}\right]\epsilon\right)^{\frac{1}{l_{n-1}}}, y_n + \epsilon^{\frac{1}{2l+1}}\xi\right) \\[3mm]
\quad + \mathcal{O}(y_n^2) \quad (y_n \to 0).
\end{cases} \tag{5.2.30}
$$

系统 (5.2.30) 可写为

$$
\begin{cases}
\dot{\theta} = \omega, \\
\dot{y}_i = l_i \left(-\left[\dfrac{\partial f_i(\theta, \mathbf{0})}{\partial \epsilon} \right] \epsilon \right)^{\frac{l_i-1}{l_i}} y_i + Q_{i1}(\theta, \xi, \epsilon) y_1 + Q_{i2}(\theta, \xi, \epsilon) y_2 + \cdots \\
\qquad + Q_{in}(\theta, \xi, \epsilon) y_n \\
\qquad + F_i(\theta, \xi, \epsilon) + G_i(\theta, y, \xi, \epsilon), \quad i = 1, 2, \cdots, n-1, \\
\dot{y}_n = \epsilon \xi^{2l+1} + (2l+1) \epsilon^{\frac{2l}{2l+1}} \xi^{2l} y_n + Q_{21}(\theta, \xi, \epsilon) y_1 + Q_{22}(\theta, \xi, \epsilon) y_2 + \cdots \\
\qquad + Q_{2n}(\theta, \xi, \epsilon) y_n \\
\qquad + F_n(\theta, \xi, \epsilon) + G_n(\theta, y, \xi, \epsilon),
\end{cases}
$$

$$
\tag{5.2.31}
$$

其中

$$
Q_{ij}(\theta, \xi, \epsilon)
$$

$$
= \frac{\partial}{\partial x_j} h_i \left(\theta, \left(-\left[\frac{\partial f_1(\theta, \mathbf{0}_{n+1})}{\partial \epsilon} \right] \epsilon \right)^{\frac{1}{l_1}}, \cdots, \left(-\left[\frac{\partial f_{n-1}(\theta, \mathbf{0}_{n+1})}{\partial \epsilon} \right] \epsilon \right)^{\frac{1}{l_{n-1}}}, \epsilon^{\frac{1}{2l+1}} \xi \right)
$$

$$
+ \frac{\partial}{\partial x_j} f_i \left(\theta, \left(-\left[\frac{\partial f_1(\theta, \mathbf{0}_{n+1})}{\partial \epsilon} \right] \epsilon \right)^{\frac{1}{l_1}}, \cdots, \left(-\left[\frac{\partial f_{n-1}(\theta, \mathbf{0}_{n+1})}{\partial \epsilon} \right] \epsilon \right)^{\frac{1}{l_{n-1}}}, \epsilon^{\frac{1}{2l+1}} \xi, \epsilon \right),
$$

$$
i, j = 1, 2, \cdots, n,
$$

$$
F_i(\theta, \xi, \epsilon)
$$

$$
= h_i \left(\theta, \left(-\left[\frac{\partial f_1(\theta, \mathbf{0}_{n+1})}{\partial \epsilon} \right] \epsilon \right)^{\frac{1}{l_1}}, \cdots, \left(-\left[\frac{\partial f_{n-1}(\theta, \mathbf{0}_{n+1})}{\partial \epsilon} \right] \epsilon \right)^{\frac{1}{l_{n-1}}}, \epsilon^{\frac{1}{2l+1}} \xi \right)
$$

$$
+ f_i \left(\theta, \left(-\left[\frac{\partial f_1(\theta, \mathbf{0}_{n+1})}{\partial \epsilon} \right] \epsilon \right)^{\frac{1}{l_1}}, \cdots, \left(-\left[\frac{\partial f_{n-1}(\theta, \mathbf{0}_{n+1})}{\partial \epsilon} \right] \epsilon \right)^{\frac{1}{l_{n-1}}}, \epsilon^{\frac{1}{2l+1}} \xi, \epsilon \right)
$$

$$
- \left[\frac{\partial f_i(\theta, \mathbf{0}_{n+1})}{\partial \epsilon} \right] \epsilon, \quad i = 1, 2, \cdots, n-1,
$$

$$
F_n(\theta, \xi, \epsilon)
$$

$$
= h_n \left(\theta, \left(-\left[\frac{\partial f_1(\theta, \mathbf{0}_{n+1})}{\partial \epsilon} \right] \epsilon \right)^{\frac{1}{l_1}}, \cdots, \left(-\left[\frac{\partial f_{n-1}(\theta, \mathbf{0}_{n+1})}{\partial \epsilon} \right] \epsilon \right)^{\frac{1}{l_{n-1}}}, \epsilon^{\frac{1}{2l+1}} \xi \right)
$$

$$
+ f_n \left(\theta, \left(-\left[\frac{\partial f_1(\theta, \mathbf{0}_{n+1})}{\partial \epsilon} \right] \epsilon \right)^{\frac{1}{l_1}}, \cdots, \left(-\left[\frac{\partial f_{n-1}(\theta, \mathbf{0}_{n+1})}{\partial \epsilon} \right] \epsilon \right)^{\frac{1}{l_{n-1}}}, \epsilon^{\frac{1}{2l+1}} \xi, \epsilon \right),
$$

$$G_j(\theta, y, \xi, \epsilon)$$
$$= \mathcal{O}(y^2) \quad (y \to 0), \quad j = 1, 2, \cdots, n.$$

令

$$\Pi_\rho = \{\xi \in \mathbb{C} \,|\, \mathrm{dist}(\xi, \Pi) \leqslant \rho\}$$

且

$$\mathcal{B}(\Gamma, \rho) = \{\lambda \in \mathbb{C} \;|\; \mathrm{dist}(\lambda, \Gamma) \leqslant \rho\}$$

是 Π 和 Γ 的复 ρ 邻域. 注意到

$$h_i(\theta, x) = \mathcal{O}(x^{4l+2}) \quad (x \to 0), \quad i = 1, 2, \cdots, n, \quad f_j(\theta, x, \epsilon) = \mathcal{O}_{s,r}(\epsilon),$$

$$f_j(\theta, x, \epsilon) - \left[\frac{\partial f_j(\theta, \mathbf{0}_{n+1})}{\partial \epsilon}\right] \epsilon = \mathcal{O}_{s,r}(\epsilon^2), \quad j = 1, 2, \cdots n - 1$$

和 $f_n(\theta, x, \epsilon) = \mathcal{O}_{s,r}(\epsilon^2)$, 可推出

$$F_i = \mathcal{O}_{s,\Pi_\rho}(\epsilon^2), \quad Q_{i,j} = \mathcal{O}_{s,\Pi_\rho}(\epsilon), \quad i, j = 1, 2, \cdots, n.$$

现在我们引入外参数并且考虑下面系统

$$\begin{cases}
\dot{\theta} = \omega, \\
\dot{y}_i = l_i \left(-\left[\dfrac{\partial f_i(\theta, \mathbf{0})}{\partial \epsilon}\right] \epsilon\right)^{\frac{l_i-1}{l_i}} y_i + Q_{i1}(\theta, \xi, \epsilon)y_1 + Q_{i2}(\theta, \xi, \epsilon)y_2 + \cdots \\
\qquad + Q_{in}(\theta, \xi, \epsilon)y_n + F_i(\theta, \xi, \epsilon) + G_i(\theta, y, \xi, \epsilon), \quad i = 1, 2, \cdots, n-1, \\
\dot{y}_n = N(\xi, \lambda, \epsilon) + E(\xi, \epsilon)y_n + + Q_{21}(\theta, \xi, \epsilon)y_1 + Q_{22}(\theta, \xi, \epsilon)y_2 + \cdots \\
\qquad + Q_{2n}(\theta, \xi, \epsilon)y_n + F_n(\theta, \xi, \epsilon) + G_n(\theta, y, \xi, \epsilon),
\end{cases}$$
$$(5.2.32)$$

其中

$$N(\xi, \lambda, \epsilon) = -\lambda + \epsilon \xi^{2l+1}, \quad E(\xi, \epsilon) = (2l+1)\epsilon^{\frac{2l}{2l+1}}\xi^{2l},$$

$\lambda \in \mathbb{C}$ 是外参数. 系统 (5.2.31) 对应于当 $\lambda = 0$ 时的系统 (5.2.32).

令

$$\beta = \max_{(\xi, \zeta) \in \Pi} |N(\xi, 0, \epsilon) - N(\zeta, 0, \epsilon)|$$

和

$$M = \Pi_\rho \times \mathcal{B}(0, 2\beta + 1).$$

为了简便, 我们把系统 (5.2.32) 重新写成

$$\begin{cases} \dot{\theta} = \omega, \\ \dot{y} = \mathcal{N}(\xi, \lambda, \epsilon) + (\mathcal{A}(\xi, \lambda, \epsilon) + \mathcal{Q}(\theta, \xi, \epsilon))y + \mathcal{F}(\theta, \xi, \epsilon) \\ \qquad + \mathcal{G}(\theta, y, \xi, \lambda, \epsilon), \end{cases} \qquad (5.2.33)$$

其中

$$y = (y_1, \cdots, y_n)^{\mathrm{T}}, \quad \mathcal{N} = (\mathbf{0}_{n-1}, N)^{\mathrm{T}},$$

$$\mathcal{F} = (F_1, \cdots, F_n)^{\mathrm{T}}, \quad \mathcal{G} = (G_1, \cdots, G_n)^{\mathrm{T}}, \quad \mathcal{Q} = (Q_{ij})_{1 \leqslant i, j \leqslant n},$$

$$\mathcal{A} = \mathrm{diag}\left(l_1 \left(-\left[\frac{\partial f_1(\theta, \mathbf{0}_{n+1})}{\partial \epsilon}\right] \epsilon \right)^{\frac{l_1 - 1}{l_1}}, \cdots, \right.$$

$$\left. l_{n-1} \left(-\left[\frac{\partial f_{n-1}(\theta, \mathbf{0}_{n+1})}{\partial \epsilon}\right] \epsilon \right)^{\frac{l_{n-1}-1}{l_{n-1}}}, E(\xi, \epsilon) \right),$$

并且假设下面条件:

(H1) $\mathcal{Q}(\theta, \xi, \epsilon)$, $\mathcal{F}(\theta, \xi, \epsilon) \in C^\omega(\mathbb{T}_s^d \times \Pi_\rho)$ 且 $\mathcal{G}(\theta, y, \xi, \lambda, \epsilon) \in C^\omega(\Delta_{s,r} \times M)$, 这些函数关于 ϵ 都是解析的;

(H2) $\mathcal{Q}(\theta, \xi, \epsilon) = \mathcal{O}_{s, \Pi_\rho}(\epsilon)$, $\mathcal{F}(\theta, \xi, \epsilon) = \mathcal{O}_{s, \Pi_\rho}(\epsilon^2)$, $\mathcal{G}(\theta, y, \xi, \lambda, \epsilon) = \mathcal{O}(y^2)(y \to 0)$.

5.2.3.2 KAM 定理的建立

在这一节我们建立一个关于参数系统 (5.2.33) 的 KAM 定理.

定理 5.2.5 考虑定义在 $\Delta_{s,r} \times M$ 上的系统 (5.2.33). 假设存在 $\gamma > 0$ 使得频率 ω 满足 Brjuno-Rüssmann 非共振条件 (5.1.5) 并且假设 (H1) 和 (H2) 对于充分小的 ϵ 成立. 那么存在一个 C^∞ 光滑的曲线, 此曲线由下面隐函数确定

$$\Gamma_* : \lambda = \lambda_*(\xi), \quad \xi \in \Pi,$$

$$-\lambda + \epsilon \xi^{2l+1} + \widehat{N}_*(\xi, \lambda) = 0, \qquad (5.2.34)$$

其中 $\widehat{N}_*(\xi, \lambda) \in C^\omega(M)$ 并且

$$|\widehat{N}_*(\xi, \lambda)| \leqslant C\epsilon^2, \quad \left|\frac{\partial}{\partial \xi} \widehat{N}_*(\xi, \lambda)\right| + \left|\frac{\partial}{\partial \lambda} \widehat{N}_*(\xi, \lambda)\right| \leqslant \frac{1}{2}. \qquad (5.2.35)$$

此外, 存在带参数的拟周期变换族

$$\widehat{\Phi}^*(\cdot, \cdot, \xi, \lambda) : \Delta_{\frac{s}{2}, \frac{r}{2}} \to \Delta_{s,r}, \ (\xi, \lambda) \in \Gamma_*,$$

其中 $\hat{\Phi}^* \in C^\omega(\Delta_{\frac{s}{2};\frac{r}{2}} \times \Gamma_*)$, 使得对任意 $(\xi, \lambda) \in \Gamma_*$, 变换 $\hat{\Phi}^*$ 把系统 (5.2.33) 变为

$$\begin{cases} \dot{\theta} = \omega, \\ \dot{y} = \mathcal{A}_*(\xi, \lambda_*(\xi))y + \mathcal{G}_*(\theta, z, \xi, \lambda_*(\xi)), \end{cases} \tag{5.2.36}$$

其中 $\mathcal{G}_* = \mathcal{O}(y^2)(y \to 0)$. 因此, 系统 (5.2.33) 存在响应环 $\hat{\Phi}^*(\mathbb{T}^d, \mathbf{0}, \xi, \lambda)$.

关于定理 5.2.5 的证明可以看文章 [106], 在此省略.

5.2.3.3　定理 5.2.4 的证明

通过定理 5.2.5, 已经证明存在光滑的曲线

$$\Gamma_* : \lambda_* = \lambda_*(\xi),\ \xi \in \Pi = [-1, 1],$$

使得对 $(\xi, \lambda_*) \in \Gamma_*$, 系统 (5.2.33) 可以被约化为 (5.2.36). 现在我们要证明存在 $\xi_* \in \Pi$ 使得 $\lambda_*(\xi_*) = 0$, 从而在 $\xi = \xi_*$ 时回到原始系统 (5.2.31). 事实上, 如果 ϵ_0 充分小, 根据 (5.2.34) 和 (5.2.35), 对于充分小的 $\epsilon_0 > 0$, 我们有

$$\lambda_*(1) = \epsilon + \widehat{N}_*(1, \lambda_*(1)) > 0,$$
$$\lambda_*(-1) = -\epsilon + \widehat{N}_*(-1, \lambda_*(-1)) < 0.$$

这意味着存在 $\xi_* \in \Pi$ 使得 $\lambda_*(\xi_*) = 0$. 通过变换 $\hat{\Phi}^*(\cdot, \cdot, \xi_*, \lambda_*(\xi_*)) = \hat{\Phi}^*(\cdot, \cdot, \xi_*, 0)$, 系统 (5.2.33) 变为

$$(Eq)_0 \circ \hat{\Phi}^*(\cdot, \cdot, \xi_*, 0) : \begin{cases} \dot{\theta} = \omega, \\ \dot{z} = \mathcal{A}_*(\xi_*, 0)z + \mathcal{G}_*(\theta, z, \xi_*, 0). \end{cases}$$

因此系统 (5.2.32) 拥有响应环面. 也就是系统 (5.2.31) 存在响应解. 这就证明了定理 5.2.4.

5.2.4　一维系统的退化拟周期分叉

令 $\lambda = (\lambda_0, \cdots, \lambda_{l-2}) \in \Lambda \subset \mathbb{R}^{l-1}$. 我们在扩展相空间与参数空间的笛卡儿乘积空间 $\mathbb{T}^d \times \mathbb{R} \times \Lambda$ 上考虑系统 (5.2.2). 把系统 (5.2.2) 中的所有函数关于 (x, λ) 作 Taylor 展开. 展开式可以看成关于 (x, λ) 的权参数为 $(1; l, l-1, \cdots, 2)$ 的拟齐次多项式的无穷和. 对于给定的 $s, r > 0$, 我们定义集合 $V(s, r) = \mathbb{T}^d_s \times U(r) \subset \mathbb{T}^d \times \mathbb{R} \times \Lambda$, 其中

$$U(r) = \{(x, \lambda) :\ |x| \leqslant r,\ |\lambda_j| \leqslant r^{l-j},\ j = 0, 1, \cdots, l-2\}.$$

我们有下面定理.

定理 5.2.6 对于 $s, r > 0$. 在区域 $V(s, r)$ 上考虑系统 (5.2.2). 假设

(i) ω 满足 Brjuno-Rüssmann 非共振条件 (5.1.5);

(ii) $f(\theta, x, \lambda, \epsilon) = \mathcal{O}(\epsilon)$,

那么对于充分小的 ϵ, 存在定义在 $V(s, r)$ 上的 C^{∞} 光滑的近恒等微分同胚 Φ 使得此变换把系统 (5.2.2) 变为下面形式

$$\begin{cases} \dot{\theta} = \omega, \\ \dot{\tilde{x}} = M_{\infty}(\tilde{x}, \tilde{\lambda}) + f_{\infty}(\theta, \tilde{x}, \tilde{\lambda}, \epsilon), \end{cases}$$

其中

(i) $M_{\infty}(\tilde{x}, \tilde{\lambda})$ 与 $M(x, \lambda)$ 有相同的形式;

(ii) $\dfrac{\partial^{j+|h|} f_{\infty}}{\partial \tilde{x}^j \partial \tilde{\lambda}^h}(\theta, 0, 0, \epsilon) = 0$ 并且 j, h 满足 $j + lh_0 + (l-1)h_1 + \cdots + 2h_{l-2} \leqslant l$.

5.2.4.1 定理 5.2.6 的证明

1. 迭代引理

令 Δ 是定义 2.3.7 中的逼近函数. 令 $\bar{\Lambda}(t) = t\Delta^2(t)$. 对于 $s, r, \gamma, \epsilon > 0$, 我们令 $s_0 = s, r_0 = r$ 和 $\epsilon_0 = \epsilon$. 选择 $0 < \alpha < 4/5$. 定义两个只依赖于 γ 和 r_0 的常数

$$C_1(r_0) := 8 \max \left\{ \|M(x, \lambda)\|_{U(r)}, \left\| \frac{\partial M(x, \lambda)}{\partial x} \right\|_{U(r)} \right\} \text{ 和 } C_2(r_0, \gamma) := C_1(r_0)/\gamma. \text{ 令}$$

$\Lambda_0 \geqslant \bar{\Lambda}(1) = \Delta(1)$ 和 $\tau_0 := \bar{\Lambda}^{-1}(\Lambda_0)$. 由于 $\dfrac{1}{1-\alpha} < \dfrac{4}{\alpha}$, Λ_0 可以被选择的充分大使得

$$\Lambda_0^{-\frac{4}{\alpha}} < \min \left\{ \left(\frac{1}{4(1 + C_3(r_0, \gamma, \Lambda_0))} \right)^{\frac{1}{1-\alpha}}, \left(\frac{1}{8} \right)^{\frac{1}{1-\alpha}} \right\},$$

其中 $C_3(r_0, \gamma, \Lambda_0) = C_2(r_0, \gamma)\Lambda_0$, 且

$$\frac{16l}{\alpha} \int_{\tau_0}^{\infty} \frac{\ln \bar{\Lambda}(t)}{t^2} dt < \frac{s_0}{2}. \tag{5.2.37}$$

那么, 我们选择 q 使得

$$\Lambda_0^{-\frac{4}{\alpha}} < q < \min \left\{ \left(\frac{1}{4(1 + C_3(r_0, \gamma, \Lambda_0))} \right)^{\frac{1}{1-\alpha}}, \left(\frac{1}{8} \right)^{\frac{1}{1-\alpha}} \right\}.$$

然后我们选择正常数 a, b 和 δ 使得 $q^{4l} < 1 - a < q^{2l}, b < q^{l+\alpha}/8$ 且 $\delta = q^{\frac{\alpha}{4}}$, 所以我们有

$$2(1 - a + b) \leqslant q^{l+\alpha}/2 \leqslant \delta^{\frac{2(l+\alpha)}{\alpha}}/2.$$

而且从 (5.2.37) 可得

$$\frac{\log(1-a)}{\log(\delta^{-1}q^{\frac{\alpha}{2}})}\int_{\tau_0}^{\infty}\frac{\ln\bar{\Lambda}(t)}{t^2}dt < \frac{s_0}{2}.$$

现在, 我们定义序列 $(\epsilon_\nu)_{\nu\geqslant 0}, (\Lambda_\nu)_{\nu\geqslant 0}, (\tau_\nu)_{\nu\geqslant 0}, (\sigma_\nu)_{\nu\geqslant 0}, (s_\nu)_{\nu\geqslant 0}, (r_\nu)_{\nu\geqslant 0}, (r_\nu^1)_{\nu\geqslant 0}$ 和 $(r_\nu^2)_{\nu\geqslant 0}$:

$$\begin{cases} \epsilon_\nu = \epsilon_0 q^{(l+\alpha)\nu}, & \Lambda_\nu = \left(\delta/q^{\frac{\alpha}{2}}\right)^\nu\Lambda_0, \\ \tau_\nu = \bar{\Lambda}^{-1}(\Lambda_\nu), & 1-a = e^{-\tau_\nu\sigma_\nu}, \\ s_{\nu+1} = s_\nu - \sigma_\nu, & r_\nu^1 = qr_\nu, \\ r_\nu^2 = \dfrac{1}{2}r_\nu^1, & r_{\nu+1} = \dfrac{1}{2}r_\nu^2. \end{cases}$$

我们易得 $r_\nu = \dfrac{q}{4}r_{\nu-1} = r_0\left(\dfrac{q}{4}\right)^\nu$. 用 5.2.3 节相同的方法, 可以得到 $s_\nu \to s_* \geqslant s_0/2$. 我们假设 ν 步变换后, 定义在区域 $V(s_\nu, r_\nu)$ 上的系统形式为

$$\dot{x} = M_\nu(x, \lambda^\nu) + f_\nu(\theta, x, \lambda^\nu), \quad \dot{\theta} = \omega, \qquad (Eq)_\nu$$

其中

$$M_\nu(x, \lambda^\nu) = \sum_{j=0}^{l-2}\frac{\lambda_j^\nu}{j!}x^j + \frac{p_\nu}{l!}x^l.$$

我们有下面引理.

　　引理 5.2.4　考虑在区域 $V(s_\nu, r_\nu)$ 上的系统族 $(Eq)_\nu$. 存在 $\gamma > 0$ 使得频率 ω 满足 Brjuno-Rüssmann 非共振条件 (5.1.5). 那么存在充分小的正常数 $\epsilon_0 > 0$, 使得如果

$$\|f_\nu\|_{V(s_\nu, r_\nu)} \leqslant \epsilon_\nu,$$

那么存在实解析的拟周期变换

$$\Phi_\nu : V(s_{\nu+1}, r_{\nu+1}) \to V(s_\nu, r_\nu)$$

将系统 $(Eq)_\nu$ 变为

$$\dot{x}_+ = M_{\nu+1}(x_+, \lambda^{\nu+1}) + f_{\nu+1}(x_+, \lambda^{\nu+1}), \quad \dot{\theta} = \omega,$$

其中

$$M_{\nu+1}(x_+, \lambda^{\nu+1}) = \sum_{j=0}^{l-2}\frac{\lambda_j^{\nu+1}}{j!}x_+^j + \frac{p_{\nu+1}}{l!}x_+^l,$$

$$\|f_{\nu+1}\|_{V(s_{\nu+1},r_{\nu+1})} \leqslant \epsilon_{\nu+1},$$

$$\|p_{\nu+1} - p_\nu\|_{U(r_{\nu+1})} \leqslant C\epsilon_0 q^\nu,$$

$$\left\|\frac{\partial^{j+|h|} f_{\nu+1}}{\partial x_+^j \partial \lambda_{\nu+1}^h}\right\|_{V(s_{\nu+1},r_{\nu+1})} \leqslant C\epsilon_0 q^{(l+\frac{\alpha}{2}-m)(\nu+1)}$$

并且 $j + lh_0 + (l-1)h_1 + \cdots + 2h_{l-2} = m \leqslant l$.

证明 我们将引理 5.2.4 分成下面几部分, 并且不失一般性, 我们不把 ϵ_0 显示地写出来.

A. **截断** 我们首先将 $f_\nu(\theta, x, \lambda^\nu)$ Fourier 展开为

$$f_\nu(\theta, x, \lambda^\nu) = \sum_{k \in \mathbb{Z}^d} f_k^\nu(x, \lambda^\nu) e^{i\langle k, \theta\rangle},$$

那么, 我们截断 $f_\nu(\theta, x, \lambda^\nu) = \widetilde{f}_\nu(\theta, x, \lambda^\nu) + \widehat{f}_\nu(\theta, x, \lambda^\nu)$, 其中

$$\widehat{f}_\nu(\theta, x, \lambda^\nu) = \sum_{|k|>\tau_\nu} f_k^\nu(x, \lambda^\nu) e^{i\langle k, \theta\rangle} + (1-a)\sum_{|k|\leqslant\tau_\nu} f_k^\nu(x, \lambda^\nu) e^{|k|\sigma_\nu} e^{i\langle k, \theta\rangle}$$

且

$$\widetilde{f}_\nu(\theta, x, \lambda^\nu) = \sum_{|k|\leqslant\tau_\nu} \widetilde{f}_k^\nu(x, \lambda^\nu) e^{i\langle k, \theta\rangle}, \quad \widetilde{f}_k^\nu(x, \lambda^\nu) = (1-(1-a)e^{|k|\sigma_\nu})f_k^\nu(x, \lambda^\nu).$$

类似于引理 4.1.1 的证法, 我们有

$$\|\widehat{f}_\nu\|_{V(s_\nu-\sigma_\nu, r_\nu)} \leqslant (1-a)\|f_\nu\|_{V(s_\nu, r_\nu)}, \quad \|\widetilde{f}_\nu\|_{V(s_\nu, r_\nu)} \leqslant a\|f_\nu\|_{V(s_\nu, r_\nu)}.$$

B. **变换的构造** 定义变换 φ_ν:

$$x = y + \phi_\nu(\theta, y, \lambda^\nu), \quad \theta = \theta, \tag{5.2.38}$$

其中 $\phi_\nu(\theta, y, \lambda^\nu) : V(s_\nu, r_\nu^1) \to V(s_\nu, r_\nu)$. 将 (5.2.38) 代入 $(Eq)_\nu$, 可得新的系统:

$$(1+D\phi_\nu)\dot{y} = M_\nu(y, \lambda^\nu) + \frac{\partial M_\nu(y, \lambda^\nu)}{\partial x}\phi_\nu(\theta, y, \lambda^\nu)$$

$$+\widetilde{f}_\nu(\theta, y, \lambda^\nu) + \widehat{f}_\nu(\theta, y, \lambda^\nu)$$

$$+\int_0^1 (1-t)\frac{\partial M_\nu^2(y+t\phi_\nu, \lambda^\nu)}{\partial x^2}dt\phi_\nu^2(\theta, y, \lambda^\nu)$$

$$+\int_0^1 (1-t)\frac{\partial f_\nu(\theta, y+t\phi_\nu, \lambda^\nu)}{\partial x}dt\phi_\nu(\theta, y, \lambda^\nu)$$

$$-\partial_\omega \phi_\nu(\theta, y, \lambda^\nu), \tag{5.2.39}$$

其中 $D\phi_\nu = \dfrac{\partial \phi_\nu}{\partial y}$. 函数 $\phi_\nu(\theta, y, \lambda^\nu)$ 由下面同调方程确定:

$$\partial_\omega \phi_\nu(\theta, y, \lambda^\nu) = {}_{<l}\left\{\frac{\partial N_\nu(y, \lambda^\nu)}{\partial x}\phi_\nu(\theta, y, \lambda^\nu) - D\phi_\nu(\theta, y, \lambda^\nu)M_\nu(y, \lambda^\nu)\right\}$$
$$+ {}_{<l}\{\widetilde{f}_\nu(\theta, y, \lambda^\nu) - [\widetilde{f}_\nu(\theta, y, \lambda^\nu)]\}. \tag{5.2.40}$$

只要这个方程可解, 那么 (5.2.39) 变为

$$\dot{y} = M_\nu^*(y, \lambda^\nu) + f_\nu^*(\theta, y, \lambda^\nu), \quad \dot{\theta} = \omega, \tag{5.2.41}$$

其中

$$M_\nu^*(y, \lambda^\nu) = M_\nu(y, \lambda^\nu) + {}_{<l}\left\{[\widetilde{f}_\nu(\theta, y, \lambda^\nu)]\right\},$$
$$f_\nu^*(\theta, y, \lambda^\nu) = (1 + D\phi_\nu)^{-1}\Bigg(\widehat{f}_\nu(\theta, y, \lambda^\nu) + {}_{>l}\left\{\frac{\partial M_\nu(y, \lambda^\nu)}{\partial x}\phi_\nu(\theta, y, \lambda^\nu)\right.$$
$$\left. - D\phi_\nu(\theta, y, \lambda^\nu)M_\nu(y, \lambda^\nu)\right\}$$
$$+ D\phi_\nu(\theta, y, \lambda^\nu){}_{<l}\{[\widetilde{f}_\nu(\theta, y, \lambda^\nu)]\} + {}_{>l}\left\{\widetilde{f}_\nu(\theta, y, \lambda^\nu) - [\widetilde{f}_\nu(\theta, y, \lambda^\nu)]\right\}$$
$$+ \int_0^1 (1-t)\frac{\partial f_\nu(\theta, y+t\phi_\nu, \lambda^\nu)}{\partial x}dt\phi_\nu(\theta, y, \lambda^\nu)$$
$$+ \int_0^1 (1-t)\frac{\partial M_\nu^2(y+t\phi_\nu, \lambda^\nu)}{\partial x^2}dt\phi_\nu^2(\theta, y, \lambda^\nu)\Bigg),$$

这里

$$_{<l}\{[\widetilde{f}_\nu(\theta, y, \lambda^\nu)]\} = \sum_{j=0}^l P_j^\nu(\lambda^\nu)y^j,$$

$$P_j^\nu(\lambda^\nu) = \sum_{lh_0+(l-1)h_1+\cdots+2h_{l-2}\leqslant l-j} P_{0jh}^\nu(\lambda^\nu)^h.$$

因此可得 $p_{\nu+1} = p_\nu + l!P_j^\nu(\lambda^\nu)$.

　　C. **解同调方程和估计**　现在解线性同调方程 (5.2.40). 令

$$\phi_\nu(\theta, y, \lambda^\nu) = \sum_{0<|k|\leqslant \tau_\nu} \phi_k^\nu(y, \lambda^\nu)e^{i\langle k, \theta\rangle} = \sum_{0<|k|\leqslant \tau_\nu}\sum_{m\leqslant l} \phi_{km}^\nu e^{i\langle k, \omega\rangle}$$

$$= \sum_{0<|k|\leqslant \tau_\nu}\sum_{m\leqslant l}\left(\sum_{\|(j,h)\|=m} \phi_{kjh}^\nu y^j(\lambda^\nu)^h\right)e^{i\langle k, \theta\rangle}.$$

通过 (5.2.40), 对于 $k > 0$, 我们得到

$$\mathrm{i}\langle k, \theta\rangle \phi_k^\nu(y, \lambda^\nu)$$

$$=_{<l}\left\{\frac{\partial M_\nu(y, \lambda^\nu)}{\partial x}\phi_k^\nu(y, \lambda^\nu) - D\phi_k^\nu(y, \lambda^\nu)M_\nu(y, \lambda^\nu)\right\} +_{<l}\{\widetilde{f}_k^\nu(y, \lambda^\nu)\}.$$

由于 $M_\nu(y, \lambda^\nu)$ 的权重次数为 l, 我们有

$$\begin{cases}
\mathrm{i}\langle k, \theta\rangle \phi_{km}^\nu = \widetilde{f}_{km}^\nu, \quad 0 \leqslant m \leqslant l - 2, \\[2mm]
\mathrm{i}\langle k, \theta\rangle \phi_{kl-1}^\nu = \widetilde{f}_{kl-1}^\nu + \dfrac{\partial M_\nu(y, \lambda^\nu)}{\partial x}\phi_{k0}^\nu, \\[2mm]
\mathrm{i}\langle k, \theta\rangle \phi_{kl}^\nu = \widetilde{f}_{kl}^\nu + \dfrac{\partial M_\nu(y, \lambda^\nu)}{\partial x}\phi_{k1}^\nu - D\phi_{k1}^\nu M_\nu(y, \lambda^\nu).
\end{cases}$$

因此

$$\phi_\nu(\theta, y, \lambda^\nu) = \sum_{\substack{0 < |k| < \tau_\nu \\ m \leqslant l}} \phi_{km}^\nu e^{\mathrm{i}\langle k, \theta\rangle}$$

$$= \sum_{0 < |k| \leqslant \tau_\nu} \frac{1}{\mathrm{i}\langle k, \omega\rangle}\left(\sum_{m \leqslant l}\widetilde{f}_{km}^\nu + \frac{1}{\mathrm{i}\langle k, \omega\rangle}\frac{\partial M_\nu(y, \lambda^\nu)}{\partial x}\widetilde{f}_{k0}^\nu\right.$$

$$\left. + \frac{1}{\mathrm{i}\langle k, \omega\rangle}\frac{\partial M_\nu(y, \lambda^\nu)}{\partial x}\widetilde{f}_{k1}^\nu - \frac{1}{\mathrm{i}\langle k, \omega\rangle}D\widetilde{f}_{k1}^\nu M_\nu(y, \lambda^\nu)\right)e^{\mathrm{i}\langle k, \theta\rangle},$$

并且

$$\|\phi_\nu(\theta, y, \lambda^\nu)\|_{V(s_\nu, r_\nu)} \leqslant C_1(r_0) \sum_{0 < |k| \leqslant \tau_\nu} \frac{\Delta^2(\tau_\nu)}{\gamma}\|\widetilde{f}_k^\nu\|_{U(r_\nu)}e^{|k|s_\nu}$$

$$\leqslant C_2(r_0, \gamma)\Delta^2(\tau_\nu)\|\widetilde{f}_\nu(\theta, y, \lambda^\nu)\|_{V(s_\nu, r_\nu)}$$

$$\leqslant C_2(r_0, \gamma)a\Delta^2(\tau_\nu)\epsilon_\nu$$

$$\leqslant C_3(r_0, \gamma, \Lambda_0)\epsilon_0\sigma_\nu\delta^\nu q^{(l+\frac{\alpha}{2})\nu}.$$

另外, 我们也有

$$r_\nu - r_\nu^1 - \|\phi_\nu(\theta, y, \lambda^\nu)\|_{V(s_{\nu+1}, r_\nu^1)} > (1-q)s_0\left(\frac{q}{4}\right)^\nu - C\epsilon_0\delta^\nu q^{(l+\frac{\alpha}{2})\nu} > 0,$$

这意味着 $\varphi_\nu(V(s_{\nu+1}, r_\nu^1)) \subset V(s_\nu, r_\nu)$. 通过 Cauchy 估计, 我们有下面估计

$$\left\|_{>l}\left\{\frac{\partial M_\nu(y, \lambda^\nu)}{\partial x}\phi_\nu(\theta, y, \lambda^\nu) - D\phi_\nu(\theta, y, \lambda^\nu)M_\nu(y, \lambda^\nu)\right\}\right\|_{V(s_\nu, r_\nu^1)}$$

$$\leqslant C_3(r_0,\gamma,\Lambda_0)q^{l+1}\epsilon_\nu,$$

$$\|D\phi_\nu(\theta,y,\lambda^\nu)_{<l}\{[\widetilde{f}_\nu(\theta,y,\lambda^\nu)]\}\|_{V(s_\nu,r^1_\nu)} \leqslant C\epsilon_0\epsilon_\nu,$$

$$\|_{>l}\{\widetilde{f}_\nu(\theta,y,\lambda^\nu) - [\widetilde{f}_\nu(\theta,y,\lambda^\nu)]\}\|_{V(s_\nu,r_\nu)} \leqslant q^{l+1}\epsilon_\nu,$$

$$\left\|\int_0^1 (1-t)\frac{\partial f_\nu(\theta,y+t\phi_\nu,\lambda^\nu)}{\partial x}dt\phi_\nu(\theta,y,\lambda^\nu)\right\|_{V(s_\nu,r^1_\nu)} \leqslant C\epsilon_0\epsilon_\nu,$$

$$\left\|\int_0^1 (1-t)\frac{\partial M^2_\nu(y+t\phi_\nu,\lambda^\nu)}{\partial x^2}dt\phi^2_\nu(\theta,y,\lambda^\nu)\right\|_{V(s_\nu,r^1_\nu)} \leqslant C\epsilon_0\epsilon_\nu,$$

$$\|\widehat{f}_\nu(\theta,y,\lambda^\nu)\|_{V(s_{\nu+1},r^1_\nu)} \leqslant (1-a)\epsilon_\nu.$$

因此, 我们有

$$\|f^*_\nu(\theta,y,\lambda^\nu)\|_{V(s_{\nu+1},r^1_\nu)} \leqslant 2(1-a+C\epsilon_0+(1+C_3(r_0,\gamma,\Lambda_0))q^{l+1})\epsilon_\nu$$
$$\leqslant 2(1-a+b+(1+C_3(r_0,\gamma,\Lambda_0))q^{l+1})\epsilon_\nu \leqslant q^{l+\alpha}\epsilon_\nu$$
$$\leqslant \epsilon_{\nu+1}$$

且

$$\|M^*_\nu(\theta,y,\lambda^\nu) - M_\nu(\theta,y,\lambda^\nu)\|_{V(s_{\nu+1},r^1_\nu)} \leqslant \epsilon_\nu.$$

　　D. **变换** $M^*_\nu(\theta,y,\lambda^\nu)$ **到正规形**　目前为止, 我们解决了小除数问题. 迭代的第二部分是将 $M^*_\nu(\theta,y,\lambda^\nu)$ 变为正规形. 我们应用奇异理论解决此问题.

　　通过下面标准变换

$$\varphi^1_\nu : \ y = x_+ - \frac{(l-1)!}{b_{\nu+1}}P_{l-1}(\lambda^\nu), \quad \theta = \theta,$$

保留项 $P_{l-1}(\lambda^\nu)y^{l-1}$ 可以被消掉. 那么系统 (5.2.41) 变为

$$\dot{x}_+ = M_{\nu+1}(x_+,\lambda^{\nu+1}) + f_{\nu+1}(\theta,x_+,\lambda^{\nu+1}), \quad \dot{\theta} = \omega, \qquad (Eq)_{\nu+1}$$

其中

$$f_{\nu+1}(\theta,x_+,\lambda^{\nu+1}) = f_\nu(\theta,y,\lambda^\nu) \circ \varphi^1_\nu,$$

$$M_{\nu+1}(x_+,\lambda^{\nu+1}) = M_\nu(y,\lambda^\nu) \circ \varphi^1_\nu = \sum_{j=0}^{l-2}\frac{\lambda^{\nu+1}_j}{j!}x^j_+ + \frac{p_{\nu+1}}{l!}x^l_+$$

且

$$\lambda^{\nu+1}_i = \lambda^\nu_i + \frac{(-1)^{l-i+1}(l-i-1)}{(d-i)!b^{l-i-1}_{\nu+1}}((l-1)!P^\nu_{l-1}(\lambda^\nu))^{l-i}$$

$$+ \sum_{j=i+1}^{l-2} \frac{(-1)^{l-i+1}(l-i-1)}{(l-i)! b_{\nu+1}^{j-i}} ((l-1)! P_{l-1}^{\nu}(\lambda^{\nu}))^{j-i} (\lambda_j^{\nu} + j! P_j^{\nu}(\lambda_{\nu})).$$

通过 Cauchy 估计, 我们有

$$\|P_{l-1}^{\nu}(\lambda^{\nu})\|_{U(r_{\nu})} \leqslant \frac{\epsilon_{\nu}}{r_{\nu}^{l-1}} \leqslant C\epsilon_0 \frac{q^{(\alpha+1)\nu}}{\left(\frac{1}{4}\right)^{\nu}}.$$

那么 $\|p_{\nu+1} - p_{\nu}\|_{U(r_{\nu}^2)} \leqslant C\epsilon_0 q^{(\alpha+1)\nu} \Big/ \left(\frac{1}{4}\right)^{\nu}$. 进一步可推出

$$r_{\nu}^1 - \left\| x_+ + \frac{(l-1)!}{b_{\nu+1}} P_{l-1}^{\nu}(\lambda^{\nu}) \right\|_{U(r_{\nu}^2)} \geqslant r_{\nu}^1 - r_{\nu}^2 - C\epsilon_0 q^{(\alpha+1)\nu} \Big/ \left(\frac{1}{4}\right)^{\nu} > 0,$$

这意味着 $\varphi_{\nu}^1(V(s_{\nu+1}, r_{\nu}^2)) \subset V(s_{\nu+1}, r_{\nu}^1)$. 最后我们有下面估计

$$\|f_{\nu+1}(\theta, x_+, \lambda^{\nu+1})\|_{V(s_{\nu+1}, r_{\nu}^2)} \leqslant \|f_{\nu}(\theta, y, \lambda^{\nu})\|_{V(s_{\nu+1}, r_{\nu}^1)} \leqslant \epsilon_{\nu+1},$$

并且对于 $j + lh_0 + (l-1)h_1 + \cdots + 2h_{l-2} = m \leqslant l$, 我们有

$$\left\| \frac{\partial^{j+|h|} f_{\nu+1}(\theta, x_+, \lambda^{\nu+1})}{\partial x_+^j \partial(\lambda^{\nu+1})^h} \right\|_{V(s_{\nu+1}, r_{\nu+1})} \leqslant C \frac{\epsilon_{\nu+1}}{r_{\nu}^m} \leqslant C\epsilon_0 q^{(l+\frac{\alpha}{2}-m)(\nu+1)}. \qquad \square$$

2. KAM 迭代的收敛性

令 $M_0 = M, f_0 = f$. 容易得到系统 (5.2.2) 满足当 $\nu = 0$ 时引理 5.2.4 的所有假设并且变换

$$\Phi_{\nu} = \varphi_{\nu} \circ \varphi_{\nu}^1: V(s_{\nu+1}, r_{\nu+1}) \to V(s_{\nu}, r_{\nu})$$

将 $(Eq)_{\nu}$ 变为 $(Eq)_{\nu+1}$, 即

$$(Eq)_{\nu} \circ \Phi_{\nu} = (Eq)_{\nu+1},$$

并且有下面估计

$$\|\Phi_{\nu} - id\|_{V(s_{\nu+1}, r_{\nu+1})} \leqslant C\|P_{l-1}^{\nu}\|_{U(r_{\nu+1})} + C\|\phi_{\nu}\|_{V(s_{\nu+1}, r_{\nu+1})}$$

$$\leqslant C\epsilon_0 q^{(\frac{\alpha}{2}+1)\nu}, \qquad (5.2.42)$$

$$\|D\Phi_{\nu} - Id\|_{V(s_{\nu+1}, r_{\nu+1})} \leqslant C\|D\phi_{\nu}\|_{V(s_{\nu+1}, r_{\nu+1})} \leqslant C\epsilon_0 q^{(l-1)\nu}. \qquad (5.2.43)$$

令

$$\Phi^{\nu} := \Phi_0 \circ \Phi_1 \circ \cdots \circ \Phi_{\nu}: V(s_{\nu+1}, r_{\nu+1}) \to V(s_0, r_0),$$

对于充分小的 $\epsilon_0 > 0$, 从不等式 (5.2.42) 和 (5.2.43) 可以得到

$$\|D\Phi_j(\Phi_{j+1} \circ \cdots \circ \Phi_\nu)\|_{V(s_{\nu+1}, r_{\nu+1})} \leqslant 1 + q^j, \quad j = 0, 1, \cdots, \nu - 1,$$

并且有

$$\|D\Phi^{\nu-1}\|_{V(s_\nu, r_\nu)} \leqslant \prod_{\nu \geqslant 0} (1 + q^\nu) \leqslant e^{\frac{1}{1-q}}.$$

因此

$$\begin{aligned}
\|\Phi^\nu - \Phi^{\nu-1}\|_{V(s_{\nu+1}, r_{\nu+1})} &= \|\Phi^{\nu-1}(\Phi_\nu) - \Phi^{\nu-1}\|_{V(s_{\nu+1}, r_{\nu+1})} \\
&\leqslant \|D\Phi^{\nu-1}\|_{V(s_\nu, r_\nu)} \|\Phi_\nu - id\|_{V(s_{\nu+1}, r_{\nu+1})} \\
&\leqslant e^{\frac{1}{1-q}} q^\nu.
\end{aligned}$$

如果令 $\Phi^{-1} := id$, 对于 $\nu = 0$, 相同不等式成立. 由于 $s_\nu \to s_* \geqslant s/2$ 当 $\nu \to \infty$, 映射 Φ^ν:

$$\Phi^\nu = \Phi^0 + \sum_{i=0}^{\nu} (\Phi^i - \Phi^{i-1}), \quad \Phi^{-1} := id$$

在 $V(s_*, 0)$ 上一致收敛到映射 Φ. 可以看到 $(Eq)_0$ 被变为

$$(Eq)_0 \circ \Phi : \begin{cases} \dot\theta = \omega, \\ \dot{\tilde{x}} = M_\infty(\tilde{x}, \tilde\lambda) + f_\infty(\theta, \tilde{x}, \tilde\lambda, \epsilon), \end{cases}$$

这就完成了定理 5.2.6 的证明.

5.2.5　哈密顿系统的退化拟周期分叉

我们考虑定义在 $(x, y, u, v, \lambda, \omega) \in \mathbb{T}^d \times \mathbb{R}^d \times \mathbb{R}^2 \times \check\Lambda \times O$ 上的哈密顿系统 (5.2.3), 其未扰系统由正规形 (5.2.4) 定义. 这里参数 $\lambda = (\lambda_1, \cdots, \lambda_l) \in \check\Lambda \subset \mathbb{R}^l$, $\omega \in O \subset \mathbb{R}^d$, 且 $\check\Lambda$ 是 $\lambda = 0$ 的开的有界的邻域, O 是 $\mathbb{R}^d$ 中不包含零点的紧集. 辛形式为

$$\sum_{i=1}^{d} dx_i \wedge dy_i + dv \wedge du.$$

本节讨论的问题是: 扰动的近可积哈密顿族 (5.2.3) 会发生什么样的分叉? 把 (5.2.3) 中的所有函数 Taylor 展开, 展开式可以看成关于 (y, u, v, λ) 的权参数为 $(2l, l-1, 2; 2l-2, \cdots, 2, l+1)$ 的拟齐次多项式的无穷和.

给定 $s, r > 0$, 我们定义集合 $D(s, r) = \mathbb{T}_s^d \times U(r)$, 其中

$$U(r) = \{(y, u, v, \lambda) : |y| \leqslant r^{2l}, |u| \leqslant r^{l-1}, |v| < r^2, |\lambda_j| \leqslant r^{2l-2j}, |\lambda_l|$$

$$\leqslant r^{l+1}, j = 1, \cdots, l-1\}.$$

我们有下面定理.

定理 5.2.7 令 $A, B : O \to \mathbb{R}$, 并且对某个常数 $C > 0$ 和所有 $\omega \in O$ 满足 $|A|, |B|, \left|\dfrac{1}{A}\right|, \left|\dfrac{1}{B}\right| \leqslant C$. 进一步假设

(i) ω 满足 Brjuno-Rüssmann 非共振条件 (5.1.5) 并且逼近函数 Δ 满足

$$\sum_{k \in \mathbb{Z}^d / \{0\}} \frac{1}{\Delta(|k|)} < \infty;$$

(ii) $P(x, y, u, v, \lambda, \epsilon) = \mathcal{O}(\epsilon)$.

那么对于充分小的正常数 ϵ, 存在 Cantor 集 $O_* \subset O$ 和定义在 $\mathbb{T}^d \times \mathbb{R}^d \times \Lambda \times \mathbb{R}^l \times O_*$ 上的近恒等 C^∞ 光滑的微分同胚 Φ, 其将哈密顿系统 (5.2.3) 变为下面形式

$$H_\infty(\tilde{x}, \tilde{y}, \tilde{u}, \tilde{v}, \tilde{\lambda}) = N_\infty(\tilde{x}, \tilde{y}, \tilde{u}, \tilde{v}, \tilde{\lambda}) + P_\infty(\tilde{x}, \tilde{y}, \tilde{u}, \tilde{v}, \tilde{\lambda})$$

使得

(i) 对于固定的 ω 和 (λ, ω), Φ 是实解析的且是辛的;

(ii) 新的正规形 $N_\infty(\tilde{x}, \tilde{y}, \tilde{u}, \tilde{v}, \tilde{\lambda})$ 有与 $N(x, y, u, v, \lambda)$ 相同的形式;

(iii) 对所有的 $(x, \omega) \in \mathbb{T}^d \times O_*$, $\dfrac{\partial^{|n|+i+j+|h|} P_\infty}{\partial \tilde{y}^n \partial \tilde{u}^i \partial \tilde{v}^j \partial \tilde{\lambda}^h}(x, 0, 0, 0, 0, \omega) = 0$, 且对所有的 $i, j \in \mathbb{Z}_+$, $n = (n_1, \cdots, n_d) \in \mathbb{Z}_+^d$, $h = (h_1, \cdots, h_l) \in \mathbb{Z}_+^l$ 满足

$$2l|n| + (l-1)i + 2j + (2l-2)h_1 + \cdots + 2h_{l-1} + (l+1)h_l \leqslant 2l;$$

(iv) $\mathrm{meas}(O/O_*) = \mathcal{O}(\gamma)$.

5.2.5.1 定理 5.2.7 的证明

1. 迭代引理

令 Δ 是定义 2.3.7 中的逼近函数并且令 $\bar{\Lambda}(t) = t\Delta^2(t)$. 对于 $s, r, \gamma, \epsilon > 0$, 我们令 $s_0 = s, r_0 = r, \gamma_0 = \gamma$ 且 $\epsilon_0 = \epsilon$. 令 $\Lambda_0 \geqslant \bar{\Lambda}(1) = \Delta(1)$. 对于出现在后面 (5.2.50) 中的独立于 q 和迭代步数 ν 的常数 C, 我们选择 $0 < a, b < 1$, $0 < q < 1$, $0 < \delta \leqslant 1/2$ 使得

$$1 - a + b + Cq^{2l+1} \leqslant q^{2l+\alpha} \leqslant \delta^{\frac{2(2l+\alpha)}{\alpha}},$$

其中 $0 < \alpha < 1$. 那么, 令 $\Lambda_0 \geqslant (\delta^{-1} q^{\frac{\alpha}{2}})^{-1}$ 和 $\tau_0 := \bar{\Lambda}^{-1}(\Lambda_0)$ 足够大使得

$$\frac{\log(1-a)}{\log(\delta^{-1} q^{\frac{\alpha}{2}})} \int_{\tau_0}^\infty \frac{\ln \bar{\Lambda}(t)}{t^2} dt < \frac{s_0}{2}.$$

接下来, 我们定义序列 $(\epsilon_\nu)_{\nu\geqslant 0}, (\Lambda_\nu)_{\nu\geqslant 0}, (\tau_\nu)_{\nu\geqslant 0}, (\sigma_\nu)_{\nu\geqslant 0}, (s_\nu)_{\nu\geqslant 0}, (r_\nu)_{\nu\geqslant 0}, (r_\nu^1)_{\nu\geqslant 0},$ $(r_\nu^2)_{\nu\geqslant 0}, (r_\nu^3)_{\nu\geqslant 0}, (r_\nu^4)_{\nu\geqslant 0}$ 和 $(\gamma_\nu)_{\nu\geqslant 0}$:

$$\begin{cases} \epsilon_\nu = \epsilon_0 q^{(2l+\alpha)\nu}, \quad \Lambda_\nu = \left(\delta/q^{\frac{\alpha}{2}}\right)^\nu \Lambda_0, \quad \tau_\nu = \bar{\Lambda}^{-1}(\Lambda_\nu), \\[2mm] 1 - a = e^{-\tau_\nu \sigma_\nu}, \quad s_{\nu+1} = s_\nu - \sigma_\nu, \quad r_\nu^1 = q r_\nu, \\[2mm] h_\nu = \dfrac{(\delta^{-1}q^{\frac{\alpha}{2}})^\nu \gamma_\nu}{2\Lambda_0 T_\nu}, \quad T_{\nu+1} = T_\nu + \dfrac{a\epsilon_\nu/r_\nu^{2l}}{(1-\delta^{-1}q^{\frac{\alpha}{2}})h_\nu}, \\[2mm] r_\nu^2 = \dfrac{1}{2}r_\nu^1, \quad r_\nu^3 = \dfrac{1}{2}r_\nu^2, \quad r_\nu^4 = \dfrac{1}{2}r_\nu^3, \quad r_{\nu+1} = \dfrac{1}{2}r_\nu^4, \quad \gamma_{\nu+1} = \gamma_\nu - a\bar{\Lambda}(\tau_\nu)\epsilon_\nu/r_\nu^{2l}. \end{cases}$$

我们易知 $r_\nu = \dfrac{q}{8}r_{\nu-1} = r_0\left(\dfrac{q}{8}\right)^\nu$. 与 5.2.4 节相同, 我们可以得到 $s_\nu \to s_* \geqslant s_0/2$. 根据 γ_ν 定义, 我们有

$$\gamma_{\nu+1} = \gamma_\nu - a\bar{\Lambda}(\tau_\nu)\epsilon_\nu/r_\nu^{2l} \geqslant \gamma_\nu - a\Lambda_0\epsilon_0\delta^\nu \geqslant \gamma_0 - a\Lambda_0\epsilon_0\sum_{\nu\geqslant 0}\delta^\nu = \gamma - \frac{a\Lambda_0\epsilon_0}{1-\delta},$$

这意味着如果 $0 < \epsilon_0 < (1-\delta)\gamma/(2a\Lambda_0)$, 则

$$\gamma/2 \leqslant \gamma_\nu \leqslant \gamma, \quad \forall \nu \geqslant 0.$$

根据 T_ν 的定义, 我们有

$$T_{\nu+1} = T_\nu + \frac{a\epsilon_\nu/r_\nu^{2l}}{(1-\delta^{-1}q^{\frac{\alpha}{2}})h_\nu} \leqslant T_\nu\left(1+\delta^\nu\right) \leqslant T_0\prod_{\nu\geqslant 0}\left(1+\delta^\nu\right),$$

这意味着如果 $\epsilon_0 \leqslant \gamma(1-\delta^{-1}q^{\frac{\alpha}{2}})/(4a\Lambda_0)$, 则

$$T_0 \leqslant T_\nu \leqslant e^{\frac{1}{1-\delta}}T_0, \quad \forall \nu \geqslant 0.$$

另外, 从 $h_\nu = (\delta^{-1}q^{\frac{\alpha}{2}})^\nu\gamma_\nu/(2\Lambda_0 T_\nu)$ 可以得到

$$\frac{h_{\nu+1}}{h_\nu} = \frac{\gamma_{\nu+1}}{\gamma_\nu}\cdot\frac{T_\nu}{T_{\nu+1}}\cdot\delta^{-1}q^{\frac{\alpha}{2}} \leqslant \delta^{-1}q^{\frac{\alpha}{2}}.$$

所以我们有

$$h_{\nu+1} \leqslant \delta^{-1}q^{\frac{\alpha}{2}}h_\nu. \tag{5.2.44}$$

令 $O_{-1} := O$, 归纳定义非共振集 O_ν 为

$$O_{\nu+1} = \left\{\omega\in O_\nu \ : \ |\langle k, \eta_{\nu+1}(\omega)\rangle| \geqslant \frac{\gamma_{\nu+1}}{\Delta(|k|)}, \forall 0 < |k| \leqslant \tau_{\nu+1}\right\}. \tag{5.2.45}$$

上面集合中的 $\eta_{\nu+1}(\omega)$ 将在后面定义. 定义 O_ν 的复邻域

$$O_{h_\nu} = \{\omega \in \mathbb{C}^d \ : \ \mathrm{dist}(\omega, O_\nu) \leqslant h_\nu\}$$

和区域 $W(s, r, h_\nu) := D(s, r) \times O_{h_\nu}$. 我们假设在 ν 步后, 变换后的系统定义在 $W(s_\nu, r_\nu, h_\nu)$ 上, 并变为

$$H_\nu(x, y, u, v, \lambda^\nu, \omega) = N_\nu(x, y, u, v, \lambda^\nu, \omega) + P_\nu(x, y, u, v, \lambda^\nu, \omega), \qquad (Eq)_\nu$$

其中

$$N_\nu(x, y, u, v, \lambda^\nu, \omega) = \langle \eta_\nu(\omega), y \rangle + \frac{A_\nu}{2} u^2 v + \frac{B_\nu}{l!} v^l + \sum_{j=1}^{l-1} \frac{\lambda_j^\nu}{j!} v^j + \lambda_l^\nu u.$$

我们有下面引理.

引理 5.2.5 考虑定义在 $W(s_{\breve{l}}, r_{\breve{l}}, h_{\breve{l}})$ 上的哈密顿函数族 $(Eq)_{\breve{l}}$ $(\breve{l} = 0, 1, \cdots, \nu)$. 假设

$(\breve{l}.1)$ 函数 $\eta_{\breve{l}} : O_{h_{\breve{l}}} \to \mathbb{C}^d$ 是实解析的且满足性质:

$(\breve{l}.1)_1$ 对于 $\omega \in O_{h_{\breve{l}}}$, 有

$$\det\left(\frac{\partial \eta_{\breve{l}}(\omega)}{\partial \omega}\right) \neq 0; \qquad (5.2.46)$$

$(\breve{l}.1)_2$ $\dfrac{\partial \eta_{\breve{l}}(\omega)}{\partial \omega} = \mathcal{O}_{h_{\breve{l}}}(T_{\breve{l}}).$

$(\breve{l}.2)$ 函数 $P_{\breve{l}}$ 在区域 $W(s_{\breve{l}}, r_{\breve{l}}, h_{\breve{l}})$ 上是实解析的且下面估计成立:

$$\|P_{\breve{l}}\|_{W(s_{\breve{l}}, r_{\breve{l}}, h_{\breve{l}})} \leqslant \epsilon_{\breve{l}},$$

$$\|A_{\breve{l}} - A_{\breve{l}-1}\|_{U(r_{\breve{l}})} \leqslant C\epsilon_0 q^{(\breve{l}-1)\frac{\alpha}{2}},$$

$$\|B_{\breve{l}} - B_{\breve{l}-1}\|_{U(r_{\breve{l}})} \leqslant C\epsilon_0 q^{(\breve{l}-1)\frac{\alpha}{2}},$$

那么, 对于充分小的 ϵ_0, 有一系列辛变换

$$\Phi_\nu : W(s_{\nu+1}, r_{\nu+1}, h_{\nu+1}) \to W(s_\nu, r_\nu, h_\nu),$$

使得

$$H_{\nu+1} = H_\nu \circ \Phi_\nu = N_{\nu+1} + P_{\nu+1}, \qquad (Eq)_{\nu+1}$$

其定义在 $W(s_{\nu+1}, r_{\nu+1}, h_{\nu+1})$ 上, 并且条件 $(\check{l}.1)$ 和 $(\check{l}.2)$ 将 $\check{l}$ 换成 $\nu+1$ 是成立的, 而且

$$\left\| \frac{\partial^{|n|+i+j+|h|} P_{\nu+1}}{\partial y_+^n \partial u_+^i \partial v_+^j \partial \lambda_{\nu+1}^h} \right\|_{W(s_{\nu+1}, r_{\nu+1}, h_{\nu+1})} \leqslant C\epsilon_0 q^{(l+\frac{\alpha}{2}-m)(\nu+1)},$$

其中 $m := 2l|n| + (l-1)i + 2j + (2l-2)h_1 + \cdots + 2h_{l-1} + (l+1)h_l \leqslant 2l$.

证明　我们把证明分成如下几部分.

A. **解线性同调方程**　P_ν 的 Fourier 展开为

$$P_\nu(x, y, u, v, \lambda^\nu, \omega) = \sum_{k \in \mathbb{Z}^d} P_k^\nu(y, u, v, \lambda^\nu, \omega) e^{\mathrm{i}\langle k, x \rangle}.$$

我们截断 $P_\nu(x, y, u, v, \lambda^\nu, \omega) = \widetilde{P}_\nu(x, y, u, v, \lambda^\nu, \omega) + \widehat{P}_\nu(x, y, u, v, \lambda^\nu, \omega)$, 其中

$$\widehat{P}_\nu(x, y, u, v, \lambda^\nu, \omega) = \sum_{|k|>\tau_\nu} P_k^\nu(y, u, v, \lambda^\nu, \omega) e^{\mathrm{i}\langle k, x \rangle}$$

$$+ (1-a) \sum_{|k| \leqslant \tau_\nu} P_k^\nu(y, u, v, \lambda^\nu, \omega) e^{|k|\sigma_\nu} e^{\mathrm{i}\langle k, x \rangle}$$

并且

$$\widetilde{P}_\nu(y, u, v, \lambda^\nu, \omega) = \sum_{|k| \leqslant \tau_\nu} \widetilde{P}_k^\nu(y, u, v, \lambda^\nu, \omega) e^{\mathrm{i}\langle k, x \rangle},$$

这里

$$\widetilde{P}_k^\nu(y, u, v, \lambda^\nu, \omega) = (1 - (1-a)e^{|k|\sigma_\nu}) P_k^\nu(y, u, v, \lambda^\nu, \omega).$$

重新把 H_ν 写成

$$H_\nu = N_\nu + \widetilde{P}_\nu + \widehat{P}_\nu.$$

令 F_ν 是定义在 $W \subset W(s_\nu, r_\nu, h_\nu)$ 上的函数且令 X_{F_ν} 是哈密顿函数 F_ν 的向量场. 定义 $\phi_t^{F_\nu}$ 是 X_{F_ν} 的流并且记 $\phi_{F_\nu} := \phi_{t=1}^{F_\nu}$. 我们有

$$H_\nu \circ \phi_{F_\nu} = (N_\nu + \widetilde{P}_\nu) \circ \phi_{F_\nu} + \widehat{P}_\nu \circ \phi_{F_\nu}$$

$$= N_\nu + \widetilde{P}_\nu + \{N_\nu, F_\nu\} + \{\widetilde{P}_\nu, F_\nu\}$$

$$+ \int_0^1 (1-t)\{\{N_\nu + \widetilde{P}_\nu, F_\nu\}, F_\nu\} \circ \phi_t^{F_\nu} dt + \widehat{P}_\nu \circ \phi_{F_\nu},$$

其中

$$\{N_\nu, F_\nu\} = \frac{\partial N_\nu}{\partial x} \frac{\partial F_\nu}{\partial y} - \frac{\partial N_\nu}{\partial y} \frac{\partial F_\nu}{\partial x} + \frac{\partial N_\nu}{\partial v} \frac{\partial F_\nu}{\partial u} - \frac{\partial N_\nu}{\partial u} \frac{\partial F_\nu}{\partial v}.$$

如果下面同调方程可解

$$<_{2l}\{\widetilde{P}_\nu - [\widetilde{P}_\nu] + \{N_\nu, F_\nu\}\} = 0, \tag{5.2.47}$$

那么哈密顿函数 H_ν 变为

$$H_{\nu+1} = N_\nu^* + P_\nu^*,$$

其中

$$N_\nu^* = N_\nu + {}_{<2l}\{[\widetilde{P}_\nu]\}$$

$$P_\nu^* = {}_{>2l}\{\widetilde{P}_\nu - [\widetilde{P}_\nu] + \{N_\nu, F_\nu\}\} + \{\widetilde{P}_\nu, F_\nu\}$$

$$+ \int_0^1 (1-t)\{\{N_\nu + \widetilde{P}_\nu, F_\nu\}, F_\nu\} \circ \phi_{F_\nu} dt + \widehat{P}_\nu \circ \phi_{F_\nu},$$

这里

$$<_{2l}\{[\widetilde{P}_\nu]\} = \sum_{j=1}^l P_j^\nu(\lambda^\nu)v^j + \sum_{j=0}^{[\frac{l+1}{2}]} Q_j^\nu(\lambda^\nu)uv^j + R^\nu(\lambda^\nu)u^2 + P_{00210}^\nu u^2 v + \langle P_{01000}^\nu, y \rangle,$$

其中

$$P_j^\nu(\lambda^\nu) = \sum_{(2l-1)h_1 + \cdots + 2h_{l-1} + (l+1)h_l \leqslant 2l-2j} P_{000jh}^\nu(\lambda^\nu)^h,$$

$$Q_j^\nu(\lambda^\nu) = \sum_{(2l-1)h_1 + \cdots + 2h_{l-1} + (l+1)h_l \leqslant l+1-2j} P_{001jh}^\nu(\lambda^\nu)^h,$$

$$R^\nu(\lambda^\nu) = \sum_{(2l-1)h_1 + \cdots + 2h_{l-1} + (l+1)h_l \leqslant 2} P_{0020h}^\nu(\lambda^\nu)^h.$$

对任意 $\omega \in O_{h_\nu}$, 存在参数 $\omega_0 \in O_\nu$, 其中 $|\omega - \omega_0| < h_\nu = \dfrac{(\delta^{-1}q^{\frac{\alpha}{2}})^\nu \gamma_\nu}{2\Lambda_0 T_\nu}$. 所以, 由 $\Lambda(\tau_\nu) = \tau_\nu \Delta(\tau_\nu)$, 我们有

$$|\langle k, (\eta_\nu(\omega) - \eta_\nu(\omega_0)) \rangle|$$
$$\leqslant |k||\eta_\nu(\omega) - \eta_\nu(\omega_0)|$$
$$\leqslant \tau_\nu T_\nu h_\nu = \frac{(\delta^{-1}q^{\frac{\alpha}{2}})^\nu \gamma_\nu \Lambda(\tau_\nu)}{2\Lambda_0 \Delta(\tau_{\nu+1})}$$
$$\leqslant \frac{\gamma_\nu}{2\Delta(\tau_\nu)}.$$

如果 $\omega_0 \in O_\nu$, 那么所有相应的小除数有下界

$$|\mathrm{i}\langle k, \eta_\nu(\omega)\rangle|$$

$$\geqslant |\langle k, \eta_\nu(\omega_0)\rangle| - |k||\eta_\nu(\omega) - \eta_\nu(\omega_0)|$$

$$\geqslant \frac{\gamma_\nu}{\Delta(|k|)} - \frac{\gamma_\nu}{2\Delta(\tau_\nu)}$$

$$\geqslant \frac{\gamma_\nu}{2\Delta(\tau_\nu)}.$$

现在我们解 (5.2.47). F_ν 的系数可以归纳地定义为

$$\mathrm{i}\langle k, \omega\rangle F_{km}^\nu = \widetilde{P}_{km}^\nu + \{N_\nu, F_{k,m+1-l}^\nu\},$$

这意味着

$$F_{km}^\nu = \frac{1}{\mathrm{i}\langle k, \omega\rangle}\widetilde{P}_{km}^\nu + \sum_{i=1}^{3}\frac{1}{(\mathrm{i}\langle k, \omega\rangle)^{i+1}}\underbrace{\{N_\nu, \cdots, \{N_\nu}_{i}, \widetilde{P}_{k,m-i(l-1)}^\nu\underbrace{\}\cdots\}}_{i}.$$

我们得到

$$\|F_\nu\|_{W(s_\nu, r_\nu^1, h_\nu)}$$

$$= \left\|\sum_{\substack{0 < |k| \leqslant \tau_\nu \\ m \leqslant 2l}}\sum_{i=0}^{3}\frac{1}{(\mathrm{i}\langle k, \omega\rangle)^{i+1}}\underbrace{\{N_\nu, \cdots, \{N_\nu}_{i}, \tilde{P}_{k,m-i(l-1)}^\nu\underbrace{\}\cdots\}}_{i}e^{\mathrm{i}\langle k, x\rangle}\right\|_{W(s_\nu, r_\nu^1, h_\nu)}$$

$$\leqslant C\sum_{0 < |k| \leqslant \tau_\nu}\sum_{i=0}^{3}\Delta^{i+1}(\tau_\nu)\|\widetilde{P}_k^\nu\|_{U(r_\nu)}e^{|k|s_\nu}$$

$$\leqslant Ca\Delta^4(\tau_\nu)\epsilon_\nu \leqslant C\epsilon_0\sigma_\nu\delta^\nu q^{(2l+\frac{\alpha}{2})\nu}.$$

通过 Cauchy 估计, 如果 $\|(n, i, j, h)\| \leqslant m$, 我们有

$$\left\|\frac{\partial^{|n|+i+j+|h|}F_\nu}{\partial y^n \partial u^i \partial v^j \partial \lambda_\nu^h}\right\|_{W(s_\nu, r_\nu^2, h_\nu)} \leqslant Cr_\nu^{-m}\epsilon_0\delta^\nu q^{(2l+\frac{\alpha}{2})\nu}. \tag{5.2.48}$$

对于 $\mu \geqslant 1$, 定义

$$|X_{F_\nu}|_{W(s_{\nu+1}, r_\nu^2, h_\nu)}$$

$$:= \max\left\{\left\|\frac{\partial F_\nu}{\partial y}\right\|_{W(s_{\nu+1}, r_\nu^2, h_\nu)}, r_\nu^{-2l}\left\|\frac{\partial F_\nu}{\partial x}\right\|_{W(s_{\nu+1}, r_\nu^2, h_\nu)},\right.$$

$$r_\nu^{-2l+2}\left\|\frac{\partial F_\nu}{\partial v}\right\|_{W(s_{\nu+1},r_\nu^2,h_\nu)}, r_\nu^{-l+1}\left\|\frac{\partial F_\nu}{\partial u}\right\|_{W(s_{\nu+1},r_\nu^2,h_\nu)}\Bigg\},$$

$$\Uparrow D_\mu X_{F_\nu}\Uparrow_{W(s_{\nu+1},r_\nu^2,h_\nu)}:=\max_{|n|+i+j\leqslant\mu}\left\{\left\|\frac{\partial^{|n|+i+j+|h|}G}{\partial y^n\partial u^i\partial v^j\partial\lambda_\nu^h}\right\|_{W(s_{\nu+1},r_\nu^2,h_\nu)}\right\},$$

其中 G 表示 $\dfrac{\partial F_\nu}{\partial y},\dfrac{\partial F_\nu}{\partial x},\dfrac{\partial F_\nu}{\partial v}$ 和 $\dfrac{\partial F_\nu}{\partial u}$ 之一. 通过 (5.2.48), 我们有

$$|X_{F_\nu}|_{W(s_{\nu+1},r_\nu^2,h_\nu)}\leqslant Cr_\nu^{-2l}\epsilon_0\delta^\nu q^{(2l+\frac{\alpha}{2})\nu},\quad \Uparrow D_\mu X_{F_\nu}\Uparrow_{W(s_{\nu+1},r_\nu^2,h_\nu)}\leqslant Cr_\nu^{-2l}\epsilon_0\delta^\nu q^{(2l+\frac{\alpha}{2})\nu}.$$

因此, X_{F_ν} 的流 $\phi_t^{F_\nu}$ 满足

$$|\phi_t^{F_\nu}-id|_{W(s_{\nu+1},r_\nu^2,h_\nu)}\leqslant Cr_\nu^{-2l}\epsilon_0\delta^\nu q^{(2l+\frac{\alpha}{2})\nu},$$

这意味着, 对于 $-1\leqslant t\leqslant 1,\phi_t^{F_\nu}(W(s_{\nu+1},r_\nu^2,h_\nu))\subset W(s_\nu,r_\nu^1,h_\nu)$. ϕ_{F_ν} 的模被定义为

$$|\phi_{F_\nu}|_{C^{nij}(W(s_{\nu+1},r_\nu^2,h_\nu))}=\max_{0\leqslant t\leqslant 1}\left\|\frac{\partial^{|n|+i+j}\phi_t^{F_\nu}}{\partial y^n\partial u^i\partial v^j}\right\|_{W(s_\nu,r_\nu^2,h_\nu)}.$$

那么对任意给的 n,i 和 j, 我们有

$$|\phi_{F_\nu}-id|_{C^{nij}(W(s_{\nu+1},r_\nu^2,h_\nu))}\leqslant Cr_\nu^{-2l}\epsilon_0\delta^\nu q^{(2l+\frac{\alpha}{2})\nu}. \tag{5.2.49}$$

B. 将 N_ν^* 变为正规形 我们应用奇异理论将 N_ν^* 正规化. 首先用所谓剪刀变换

$$\phi_1^\nu:\begin{cases}v_1=v\\ u_1=u+(a+2P_{00210}^\nu)^{-1}\sum_{j=1}^{[\frac{d+1}{2}]}Q_j^\nu(\lambda^\nu)v^{j-1}\end{cases}$$

消掉交叉项 $\sum_{j=1}^{[\frac{d+1}{2}]}Q_j^\nu(\lambda^\nu)uv^{j-1}$. 我们得到

$$N_\nu^*\circ\phi_1^\nu=\langle\eta_{\nu+1}(\omega),y\rangle+\frac{A_{\nu+1}}{2}u_1^2v_1+\frac{B_{\nu+1}}{l!}v_1^l+R^\nu(\lambda^\nu)u_1^2+(\lambda_l^\nu+Q_0^\nu(\lambda^\nu))u_1$$

$$+\sum_{j=1}^{l-1}\left(\frac{\lambda_j^\nu}{j!}+P_j^\nu(\lambda^\nu)-\frac{\lambda_j^\nu}{A_{\nu+1}}Q_{j+1}^\nu(\lambda^\nu)\right)v_1^j$$

$$-\frac{Q_0^\nu(\lambda^\nu)+2R^\nu(\lambda^\nu)u_1}{A_{\nu+1}}\sum_{j=1}^{[\frac{d+1}{2}]}Q_j^\nu(\lambda^\nu)v_1^{j-1}$$

$$+\frac{A_{\nu+1}v_1 - 2R^\nu(\lambda^\nu)}{2A_{\nu+1}^2}\left(\sum_{j=1}^{[\frac{d+1}{2}]}Q_j^\nu(\lambda^\nu)v_1^{j-1}\right)^2 := N_\nu^{**} + \breve{P}_\nu,$$

其中 $\eta_{\nu+1}(\omega) = \eta_\nu(\omega) + P_{01000}^\nu, A_{\nu+1} = A_\nu + 2P_{00210}^\nu$ 且 $B_{\nu+1} = B_\nu + l!P_{000l0}^\nu$. 用变换

$$\phi_2^\nu : \begin{cases} v_2 = v_1 + \dfrac{2}{A_{\nu+1}}R^\nu(\lambda^\nu), \\ u_2 = u_1 \end{cases}$$

可以消掉项 $R^\nu(\lambda^\nu)u_1^2$, 并且 $N_\nu^* \circ \phi_1^\nu \circ \phi_2^\nu = N_{\nu+1} + \breve{P}_\nu \circ \phi_2^\nu$. 我们也有下面参数变换

$$\lambda_i^{\nu+1} = \lambda_i^\nu + i!P_i^\nu(\lambda^\nu) + \frac{\lambda_l^\nu}{A_{\nu+1}}Q_{i+1}^\nu(\lambda^\nu)$$

$$+ \sum_{j=i+1}^{l-1}\frac{(-1)^{j-i}}{(j-i)!A_{\nu+1}^{j-i}}(2R(\lambda_\nu))^{j-i}\left(\lambda_j^\nu + j!P_j^\nu(\lambda^\nu) - \frac{\lambda_l^\nu}{A_{\nu+1}}Q_{j+1}^\nu(\lambda^\nu)\right),$$

$$\lambda_l^{\nu+1} = \lambda_l^\nu + Q_0(\lambda^\nu).$$

最终我们有

$$H_{\nu+1} = N_{\nu+1} + \breve{P}_\nu \circ \phi_2^\nu + P_\nu^* \circ \phi_1^\nu \circ \phi_2^\nu.$$

C. 新扰动的估计　注意到 P_{01000}^ν 在 $\omega \in O_{h_{\nu+1}}$ 上是实解析的. 我们可以看到通过 (5.2.44) 和 Cauchy 估计, 对于任意 $\omega \in O_{h_{\nu+1}}$ 有

$$\left|\frac{\partial P_{01000}^\nu}{\partial \omega}\right| \leqslant \frac{\|\widetilde{P}_\nu\|_{W(s_\nu, r_\nu, h_\nu)}}{(1-\delta^{-1}q^{\frac{\alpha}{2}})r_\nu^{2l}h_\nu} \leqslant C\delta^\nu \epsilon_0$$

和

$$\frac{\partial \eta_{\nu+1}}{\partial \omega} = \frac{\partial \eta_0}{\partial \omega} + \sum_{j=0}^\nu \frac{\partial P_{01000}^\nu}{\partial \omega}.$$

由于对任意 $\omega \in O_{\nu+1}$,

$$\left|\sum_{j=0}^\nu \frac{\partial P_{01000}^\nu}{\partial \omega}\right| \leqslant C\epsilon_0 \sum_{\nu=0}^\infty \delta^\nu,$$

所以可得到

$$\frac{\partial \eta_{\nu+1}(\omega)}{\partial \omega} = \frac{\partial \eta_0(\omega)}{\partial \omega} + e(\epsilon_0),$$

其中 $e(\epsilon_0) = \mathcal{O}(\epsilon_0)$. 于是当 ϵ_0 足够小时, 有

$$\det\left(\frac{\partial \eta_{\nu+1}}{\partial \omega}\right) \neq 0.$$

更进一步, 对任意的 $\omega \in O_{h_\nu}$, 我们有

$$|\eta_{\nu+1}(\omega) - \eta_\nu(\omega)| \leqslant \frac{\|\widetilde{P}_\nu\|_{W(s_\nu, r_\nu, h_\nu)}}{r_\nu^{2l}} \leqslant a\epsilon_\nu / r_\nu^{2l}.$$

通过 Cauchy 估计和 (5.2.44), 我们有

$$\left|\frac{\partial(\eta_{\nu+1}(\omega) - \eta_\nu(\omega))}{\partial \omega}\right| \leqslant \frac{a\epsilon_\nu}{(1 - \delta^{-1}q^{\frac{\alpha}{2}})r_\nu^{2l}h_\nu}, \quad \forall \omega \in \Pi_{h_{\nu+1}}.$$

因此, 由 $T_{\nu+1} = T_\nu + \dfrac{a\epsilon_\nu}{(1 - \delta^{-1}q^{\frac{\alpha}{2}})r_\nu^{2l}h_\nu}$, 我们有

$$\max_{\omega \in \Pi_{h_{\nu+1}}}\left|\frac{\partial \eta_{\nu+1}(\omega)}{\partial \omega}\right| \leqslant \max_{\omega \in \Pi_{h_\nu}}\left|\frac{\partial \eta_\nu(\omega)}{\partial \omega}\right| + \frac{a\epsilon_\nu}{(1 - \delta^{-1}q^{\frac{\alpha}{2}})r_\nu^{2l}h_\nu}$$

$$\leqslant T_\nu + \frac{a\epsilon_\nu}{(1 - \delta^{-1}q^{\frac{\alpha}{2}})r_\nu^{2l}h_\nu} = T_{\nu+1}.$$

这就证明了当 $\breve{l} = \nu + 1$ 时假设 $(\breve{l}.1)_1$ 和 $(\breve{l}.1)_2$ 成立.

通过 Cauchy 估计, 我们有

$$\|P_{01000}^\nu\|_{U(r_\nu)} \leqslant C\frac{\epsilon_\nu}{r_\nu^{2l}}, \quad \|P_{00210}^\nu\|_{U(r_\nu)} \leqslant C\frac{\epsilon_\nu}{r_\nu^{2l}}, \quad \|P_{000lo}^\nu\|_{U(r_\nu)} \leqslant C\frac{\epsilon_\nu}{r_\nu^{2l}}$$

和

$$\|2A_{\nu+1}^{-1}R^\nu(\lambda^\nu)|_{U(r_\nu)} \leqslant C\frac{\epsilon_\nu}{r_\nu^{2l-2}},$$

$$\|i!P_i^\nu(\lambda^\nu) - \lambda_d^\nu A_{\nu+1}^{-1}Q_{i+1}^\nu(\lambda^\nu)\|_{U(r_\nu)} \leqslant C\frac{\epsilon_\nu}{r_\nu^{2i}},$$

$$\|Q_0^\nu(\lambda^\nu)\|_{U(r_\nu)} \leqslant C\frac{\epsilon_\nu}{r_\nu^{l-1}}.$$

因此, 我们有

$$\phi_1^\nu(W(s_{\nu+1}, r_\nu^3, h_\nu)) \subset W(s_{\nu+1}, r_\nu^2, h_\nu)$$

和

$$\phi_2^\nu(W(s_{\nu+1}, r_\nu^4, h_\nu)) \subset W(s_{\nu+1}, r_\nu^3, h_\nu).$$

我们有下面估计

$$\|\breve{P}_\nu \circ \phi_2^\nu\|_{W(s_{\nu+1}, r_\nu^4, h_{\nu+1})} \leqslant \frac{\epsilon_\nu^2}{r_\nu^{2l}} \leqslant C\epsilon_0\epsilon_\nu,$$

$$\|_{>2l}\{\widetilde{P}_\nu - [\widetilde{P}_\nu] + \{N_\nu, F_\nu\}\} \circ \phi_1^\nu \circ \phi_2^\nu\|_{W(s_{\nu+1}, r_\nu^4, h_{\nu+1})} \leqslant Cq^{2l+1}\epsilon_\nu, \qquad (5.2.50)$$

$$\|\{\widetilde{P}_\nu, F_\nu\}\|_{W(s_{\nu+1}, r_\nu^4, h_{\nu+1})} \leqslant C\epsilon_0\epsilon_\nu,$$

$$\left\|\int_0^1 (1-t)\{\{N_\nu + \widetilde{P}_\nu, F_\nu\}, F_\nu\} \circ \phi_{F_\nu} \circ \phi_1^\nu \circ \phi_2^\nu dt\right\|_{W(s_{\nu+1}, r_\nu^4, h_{\nu+1})} \leqslant C\epsilon_0\epsilon_\nu,$$

$$\|\widehat{P}_\nu \circ \phi_{F_\nu} \circ \phi_1^\nu \circ \phi_2^\nu\|_{W(s_{\nu+1}, r_\nu^4, h_{\nu+1})} \leqslant (1-a)\epsilon_\nu.$$

新扰动是

$$P_{\nu+1} = \breve{P}_\nu \circ \phi_2^\nu + P_\nu^* \circ \phi_1^\nu \circ \phi_2^\nu.$$

因此,

$$\|P_{\nu+1}\|_{W(s_{\nu+1}, r_\nu^4, h_{\nu+1})} \leqslant (1 - a + b + Cq^{l+1})\epsilon_\nu \leqslant \epsilon_{\nu+1}.$$

通过 Cauchy 估计, 我们有

$$\left\|\frac{\partial^{|n|+i+j+|h|} P_{\nu+1}}{\partial y_+^n \partial u_+^i \partial v_+^j \partial \lambda_{\nu+1}^h}\right\|_{W(s_{\nu+1}, r_{\nu+1}, h_{\nu+1})} \leqslant C\epsilon_0 q^{(l+\frac{\alpha}{2}-m)(\nu+1)},$$

其中 $m := \|(n, i, j, h)\| \leqslant 2l$. 这完成了引理 5.2.5 的证明. □

2. KAM 迭代的收敛性

我们令 $N_0 = N$ 和 $P_0 = P$. 容易证明系统 (5.2.3) 满足引理 5.2.5 当 $\nu = 0$ 时的所有假设. 因此, 存在序列

$$\Phi_\nu = \phi_{F_\nu} \circ \phi_1^\nu \circ \phi_2^\nu: \; W(s_{\nu+1}, r_{\nu+1}, h_{\nu+1}) \to W(s_\nu, r_\nu, h_\nu)$$

使得

$$H_\nu \circ \Phi_\nu = H_{\nu+1}.$$

通过 (5.2.49), 我们有

$$\|\Phi_\nu - id\|_{W(s_{\nu+1}, r_{\nu+1}, h_{\nu+1})} \leqslant C\epsilon_0 q^{(\frac{\alpha}{2})\nu},$$

$$\|D\Phi_\nu - Id\|_{W(s_{\nu+1}, r_{\nu+1}, h_{\nu+1})} \leqslant C\epsilon_0 q^{(\frac{\alpha}{2})\nu}.$$

令

$$\Phi^{\nu} := \Phi_0 \circ \Phi_1 \circ \cdots \circ \Phi_{\nu} : \ W(s_{\nu+1}, r_{\nu+1}) \to D(s_0, r_0).$$

对于充分小的 $\epsilon_0 > 0$, 从不等式 (5.2.42) 和 (5.2.43) 可以得到

$$\|D\Phi_j(\Phi_{j+1} \circ \cdots \circ \Phi_{\nu})\|_{W(s_{\nu+1}, r_{\nu+1}, h_{\nu+1})} \leqslant 1 + q^{\frac{\alpha j}{2}}, \quad j = 0, 1, \cdots, \nu - 1.$$

于是, 有

$$\|D\Phi^{\nu-1}\|_{W(s_{\nu}, r_{\nu}, h_{\nu+1})} \leqslant \prod_{\nu \geqslant 0}(1 + q^{\frac{\alpha \nu}{2}}) \leqslant e^{\frac{1}{1-q^{\frac{\alpha}{2}}}}.$$

因此

$$\begin{aligned}
\|\Phi^{\nu} - \Phi^{\nu-1}\|_{W(s_{\nu+1}, r_{\nu+1}, h_{\nu+1})} &= \|\Phi^{\nu-1}(\Phi_{\nu}) - \Phi^{\nu-1}\|_{W(s_{\nu+1}, r_{\nu+1}, h_{\nu+1})} \\
&\leqslant \|D\Phi^{\nu-1}\|_{W(s_{\nu}, r_{\nu}, h_{\nu})} \|\Phi_{\nu} - id\|_{W(s_{\nu+1}, r_{\nu+1}, h_{\nu+1})} \\
&\leqslant e^{\frac{1}{1-q^{\frac{\alpha}{2}}}} q^{\frac{\alpha \nu}{2}}.
\end{aligned}$$

如果我们定义 $\Phi^{-1} := id$, 相同的不等式在时 $\nu = 0$ 成立. 通过当 $\nu \to \infty$ 时 $s_{\nu} \to s_* \geqslant s/2$, 映射 Φ^{ν}:

$$\Phi^{\nu} = \Phi^0 + \sum_{i=0}^{\nu}(\Phi^i - \Phi^{i-1}), \quad \Phi^{-1} := id$$

在 $D(s_*, 0, h_0)$ 上一致收敛到 Φ. 我们可以看到 H_0 被变为

$$H_0 \circ \Phi : \ H_{\infty} = N_{\infty} + P_{\infty}.$$

3. 参数的测度估计

这一部分, 我们估计集合 $O \setminus O_*$ 的测度. 首先 $O_* = \bigcap_{\nu \geqslant 0} O_{\nu}$, 其中 $O \supset O_0 \supset O_1 \supset \cdots$ 是一个归纳定义在 (5.2.45) 中的闭集的递减序列.

现在我们重新归纳定义参数集

$$O_{\nu+1} = O_{\nu} \setminus \bigcup_{\tau_{\nu} < |k| \leqslant \tau_{\nu+1}} R_k^{\nu+1}, \tag{5.2.51}$$

其中

$$R_k^{\nu+1} = \left\{ \omega \in O_{\nu} : |\langle k, \eta_{\nu+1}(\omega) \rangle| < \frac{\gamma_{\nu+1}}{\Delta(|k|)} \right\},$$

这里 $O_{-1} := O$, $\tau_{-1} = 0$. 如果 $\xi \in O_\nu$ 和 $0 < |k| \leqslant \tau_\nu$, 那么

$$
\begin{aligned}
&|\langle k, \eta_{\nu+1}(\omega) \rangle| \\
&\geqslant |\langle k, \eta_\nu(\omega) \rangle| - |k||\eta_{\nu+1}(\omega) - \eta_\nu(\omega)| \\
&\geqslant \frac{\gamma_\nu}{\Delta(|k|)} - \frac{a\bar{\Lambda}(\tau_\nu)\epsilon_\nu / r_\nu^{2l}}{\Delta(\tau_\nu)} \\
&\geqslant \frac{\gamma_\nu - a\bar{\Lambda}(\tau_\nu)\epsilon_\nu / r_\nu^{2l}}{\Delta(|k|)} = \frac{\gamma_{\nu+1}}{\Delta(|k|)}.
\end{aligned}
$$

所以

$$
O_\nu = \left\{ \omega \in O_\nu : |\langle k, \eta_{\nu+1}(\omega) \rangle| \geqslant \frac{\gamma_{\nu+1}}{\Delta(|k|)}, 0 < |k| \leqslant \tau_\nu \right\}.
$$

那么

$$
\begin{aligned}
O_{\nu+1} &= O_\nu \setminus \bigcup_{\tau_\nu < |k| \leqslant \tau_{\nu+1}} R_k^{\nu+1} = O_\nu \cap \left(\bigcap_{\tau_\nu < |k| \leqslant \tau_{\nu+1}} (R_k^{\nu+1})^c \right) \\
&= \left\{ \omega \in O_\nu : |\langle k, \eta_{\nu+1}(\omega) \rangle| \geqslant \frac{\gamma_{\nu+1}}{\Delta(|k|)}, 0 < |k| \leqslant \tau_\nu \right\} \\
&\quad \cap \left(\bigcap_{\tau_\nu < |k| \leqslant \tau_{\nu+1}} \left\{ \omega \in O_\nu : |\langle k, \eta_{\nu+1}(\omega) \rangle| \geqslant \frac{\gamma_{\nu+1}}{\Delta(|k|)} \right\} \right) \\
&= \left\{ \omega \in O_\nu : |\langle k, \eta_{\nu+1}(\omega) \rangle| \geqslant \frac{\gamma_{\nu+1}}{\Delta(|k|)}, 0 < |k| \leqslant \tau_{\nu+1} \right\}.
\end{aligned}
$$

因此, 用 (5.2.45) 的方式定义的 O_ν 等价于用 (5.2.51) 的方式定义的 O_ν. 通过 (5.2.51), 我们有

$$
O \setminus O_* = \bigcup_{\nu=0}^{\infty} \bigcup_{\tau_{\nu-1} < |k| \leqslant \tau_\nu} R_k^\nu.
$$

接下来, 我们估计集合 R_k^ν 的测度. 根据引理 4.1.3 和 (5.2.46) 我们有

$$
\mathrm{meas} R_k^\nu \leqslant C \frac{\gamma_\nu}{\Delta(|k|)}.
$$

那么, 我们有下面估计

$$\mathrm{meas}(O \setminus O_*) \leqslant C \sum_{\nu \geqslant 0} \sum_{\tau_{\nu-1} < |k| \leqslant \tau_\nu} \frac{\gamma_\nu}{\Delta(|k|)}$$

$$\leqslant C\gamma \sum_{k \in \mathbb{Z}^d / \{0\}} \frac{1}{\Delta(|k|)}$$

$$\leqslant C\gamma.$$

这完成了定理 5.2.7 的证明.

最后, 我们指出定理 5.2.7 的结果可以直接应用到一些拟周期驱动系统响应解的存在问题. 比如, 我们可以应用定理 5.2.7 来考虑下面拟周期驱动哈密顿系统

$$H_\lambda(\omega t, y, u, v) = \langle \omega, y \rangle + U_\lambda(u, v) + V_\lambda(v) + \epsilon P(\omega t, u, v)$$

响应解的存在性. 其中 $U_\lambda(u,v) = u^2 v + \lambda_l u$ 且 $V_\lambda(v) = v^l + \sum_{j=1}^{l-1} \lambda_j v^j$.

第 6 章　具有拟周期驱动偏微分方程的不变环面

哈密顿偏微分方程理论中的一个基本问题是确定这个方程是否存在周期解或者拟周期解. 这个问题可从方程是否具有外力的驱动来开展研究. 在没有外驱动的情况, 对于非共振偏微分方程周期和拟周期解的存在性的先驱性、开创性工作已被 Kuksin [53], Wayne [121], Craig 和 Wayne [22], Pöschel [83,84] 和 Bourgain [10] 获得. 关于具有周期驱动的偏微分方程的周期解的存在性首先被 Rabinowitz [88,89] 研究, 而关于具有拟周期驱动的偏微分方程拟周期解的存在性的工作相对较少. 在这一章中, 我们介绍作者在文 [20,90,99,119] 中的工作.

6.1　不含一次项的驱动波动方程的不变环面

在这一节中, 我们考虑非自治拟周期驱动非线性波动方程

$$u_{tt} - u_{xx} + \phi(t,\varepsilon)u^3 = 0 \tag{6.1.1}$$

以及周期边界条件

$$u(t,x) = u(t,x+2\pi), \tag{6.1.2}$$

其中 ε 是小参数, 并且 $\phi(t,\varepsilon)$ 关于时间 t 是具有频率 $\omega = (\omega_1, \omega_2, \cdots, \omega_m)$ 的拟周期函数. 我们将证明边值问题 (6.1.1)-(6.1.2) 在非自治常微分方程

$$\ddot{x} + \phi(t,\varepsilon)x^3 = 0$$

的拟周期解的一个邻域内有许多拟周期解.

6.1.1　主要结果的叙述

为了叙述我们的主要结果, 我们引入一个定义和条件. 用 $Q(\omega)$ 表示具有频率 ω 的实解析拟周期函数的集合.

定义 6.1.1　设 $Q_\sigma(\omega) \subset Q(\omega)$ 是实解析函数组成的集合, 它在子集 $\Pi_\sigma = \{(\vartheta_1, \cdots, \vartheta_m) \in \mathbb{C}^m : |\mathrm{Im}\vartheta_j| \leqslant \sigma\}$ 上是有界的, 并且具有上确界范数

$$|f|_\sigma = \sup_{\vartheta \in \Pi_\sigma} |f(\vartheta)|.$$

用

$$[f] = \frac{1}{(2\pi)^m} \int_{\mathbb{T}^m} F(\vartheta) d\vartheta$$

表示 f 的平均, 其中 F 是 f 的壳函数.

(H) $\phi(t,\varepsilon) = B + \varepsilon\tilde{\phi}(t), B > 0, [\tilde{\phi}] = 0$ 并且 $\tilde{\phi}(t)$ 关于时间 t 是具有频率 $\omega = (\omega_1, \omega_2, \cdots, \omega_m)$ 的拟周期函数, 其中 $\omega \in D_\Lambda$:

$$D_\Lambda := \left\{ \omega \in \mathbb{R}^m : |\langle k, \omega \rangle| \geqslant \frac{\Lambda}{|k|^{m+1}}, \quad \Lambda > 0, \quad 0 \neq k \in \mathbb{Z}^m \right\}.$$

定义集合

$A_\gamma = \{\alpha \in \mathbb{R} : |\langle k, \omega \rangle + l\alpha| > \gamma(|k| + |l|)^{-(m+1)}\}$, 其中 $k = (k_1, \cdots, k_m) \in \mathbb{Z}^m$, $l \in \mathbb{Z}$, $|k| + |l| = |k_1| + \cdots + |k_m| + |l| > 0$, $\gamma > 0$.

定理 6.1.1 假设条件 (H) 满足. 对指标集 $\tilde{\mathscr{J}} = \{1, 2, \cdots, n\}$, $n \geqslant 1$, 存在充分小的正数 ε^{**} 使得对任意 $0 < \varepsilon < \varepsilon^{**}$, 存在集合 $\mathscr{J} \subset \hat{J} \subset [\pi/T, 3\pi/T]$ 和 $\Sigma_\varepsilon \subset \Sigma := D_\Lambda \times A_\gamma \times [0,1]^{n+1}$, 其中 $\mathrm{meas}\,\hat{J} > 0, \mathrm{meas}\,\mathscr{J} > 0$ 和 $\mathrm{meas}\,(\Sigma \backslash \Sigma_\varepsilon) \leqslant \varepsilon$, 使得对任意 $\bar{\xi} \in \mathscr{J}$ 和 $(\omega, \alpha(\bar{\xi}), \tilde{\xi}_0, \tilde{\xi}_1, \cdots, \tilde{\xi}_n) \in \Sigma_\varepsilon$, 非线性波动方程 (6.1.1)-(6.1.2) 有一个形如

$$u(t,x) = u_0(t, \bar{\xi}, \varepsilon) + \frac{\varepsilon^{\frac{1}{3}}}{\sqrt[4]{[\bar{V}]}} \left(1 + \varepsilon^{2/3} f_0^*(\tilde{\omega}(\bar{\xi})t, \bar{\xi}, \varepsilon) \right) \sqrt{\frac{\tilde{\xi}_0}{\pi}} \cos(\hat{\omega}_0 t + \mathcal{O}(\varepsilon^\iota)) + O(\varepsilon^{\frac{4}{3}})$$

$$+ \sum_{1 \leqslant j \leqslant n} \frac{1 + \varepsilon^{2/3} f_j^*(\tilde{\omega}(\bar{\xi})t, \bar{\xi}, \varepsilon)}{\sqrt[4]{j^2 + \varepsilon^{2/3}[\bar{V}]}} \sqrt{\frac{2\varepsilon\tilde{\xi}_j}{\pi}} \cos(\hat{\omega}_j t + \mathcal{O}(\varepsilon^\iota)) \cos jx + \mathcal{O}(\varepsilon^{\frac{3}{2}})$$

$$+ \mathcal{O}(\varepsilon)$$

的解, 其中

$$0 < \iota < \frac{7}{2}, \quad T = 4 \int_0^1 \frac{1}{\sqrt{[\phi]/2(1 - x^4)}} dx,$$

$u_0(t, \bar{\xi}, \varepsilon)$ 是 (6.1.3) 的一个形如 (6.1.13) 的非平凡解, $f_j^*(\theta, \bar{\xi}, \varepsilon)$ 关于 θ 的每个分量是 2π 周期的并且对 $0 \leqslant j \leqslant n, \theta \in \Theta(\sigma_0/3), \bar{\xi} \in \mathscr{J}$, 有 $|f_j^*(\theta, \bar{\xi}, \varepsilon)| \leqslant C$ (一个绝对常数). 此外, 获得的解 $u(t,x)$ 关于 t 是具有频率 $\widehat{\omega} = (\tilde{\omega}(\bar{\xi}), (\hat{\omega}_j)_{0 \leqslant j \leqslant n})$ 的拟周期函数, 并且存在一个绝对常数 c 使得

$$|\hat{\omega}_j - \widehat{\omega}_j| \leqslant c\varepsilon^{\frac{7}{2}},$$

其中

$$\widehat{\omega}_0 = \varepsilon^{1/3} \sqrt{[\hat{V}]} + \sum_{k=2}^\infty \varepsilon^{\frac{2k}{3}} \tilde{\lambda}_{0,k}(\bar{\xi}, \tilde{\omega}(\bar{\xi}), \varepsilon)$$

并且

$$\widehat{\omega}_j = \sqrt{j^2 + \varepsilon^{2/3}[\hat{V}]} + \sum_{k=2}^{\infty} \varepsilon^{\frac{2k}{3}} \tilde{\lambda}_{j,k}(\bar{\xi}, \tilde{\omega}(\bar{\xi}), \varepsilon) + \varepsilon^3 \sum_{k_l \in \tilde{\mathcal{J}}} A_{k_j k_l} \bar{\xi}_l, \quad j, k_j \in \tilde{\mathcal{J}},$$

$$|\tilde{\lambda}_{j,k}(\bar{\xi}, \tilde{\omega}(\bar{\xi}), \varepsilon)| \leqslant C,$$

$$A_{ij} = \begin{cases} \dfrac{3[\phi]}{4\pi\sqrt{(i^2 + \varepsilon^{2/3}[\bar{V}])(j^2 + \varepsilon^{2/3}[\bar{V}])}} + \mathcal{O}(\varepsilon^{2/3}), & i \neq j, \\[3mm] \dfrac{9[\phi]}{16\pi\sqrt{(i^2 + \varepsilon^{3/2}[\bar{V}])(j^2 + \varepsilon^{3/2}[\bar{V}])}} + \mathcal{O}(\varepsilon^{3/2}), & i = j, \end{cases}$$

这里 $\hat{V}$ 在 (6.1.15) 中定义.

6.1.2　一个常微分方程的拟周期解

考虑具有拟周期系数的常微分方程

$$\ddot{x} + \phi(t, \varepsilon)x^3 = 0. \tag{6.1.3}$$

从 (H), 方程 (6.1.3) 等价于系统

$$\dot{x} = -y, \quad \dot{y} = Bx^3 + \varepsilon\tilde{\phi}(t)x^3. \tag{6.1.4}$$

我们有

引理 6.1.1　对任意 $\omega \in D_\Lambda$, 存在一个 ε^* 使得对任意正数 $0 < \varepsilon < \varepsilon^*$ 和充分小的 $\gamma > 0$ 存在一个实解析函数 $a_0(\alpha) : A_\gamma \to \mathbb{R}$ 和一个集合 $\hat{J} \subset [\pi/T, 3\pi/T]$, $\mathrm{meas}\hat{J} > 0$, 使得对 $\alpha \in A_\gamma$, $\bar{\xi} \in \hat{J}$ 和某个 $\sigma > 0$, 方程 (6.1.3) 有一个拟周期解 $x(t, \bar{\xi}, \varepsilon) \in Q_\sigma(\tilde{\omega})$, $\tilde{\omega}(\bar{\xi}) = (\omega_1, \omega_2, \cdots, \omega_m, \alpha(\bar{\xi}))$, 并且满足 $x(t, \bar{\xi}, \varepsilon) = \mathcal{O}(\varepsilon^{1/3})$.

证明　考虑一个辅助方程

$$\ddot{x} + Bx^3 = 0,$$

它等价于系统

$$\begin{cases} \dot{x} = -y, \\ \dot{y} = Bx^3. \end{cases} \tag{6.1.5}$$

系统 (6.1.5) 是一个哈密顿系统

$$\begin{cases} \dot{x} = -\dfrac{\partial h}{\partial y}, \\[2mm] \dot{y} = \dfrac{\partial h}{\partial x}, \end{cases}$$

其哈密顿函数是

$$h(x,y) = \frac{1}{2}y^2 + \frac{B}{4}x^4.$$

显然, 除了唯一的平衡点 $(0,0)$ 以外, 在 $\mathbb{R}^2$ 成立 $h > 0$. 方程 (6.1.5) 的解都是周期的, 并且当 $h = H_0$ 趋于无穷时周期趋于零. 设 $(C(t), S(t))$ 是系统 (6.1.5) 满足初始条件 $(C(0), S(0)) = (1,0)$ 的解. T 是它的最小周期, 则我们有

$$0 < T = 4\int_0^1 \frac{1}{\sqrt{B/2(1-x^4)}}dx < +\infty.$$

从 (6.1.5), 易知存在一个 $\sigma > 0$ 使得 $S(t)$ 和 $C(t)$ 在带型区域 $\{|\mathrm{Im}t| < \sigma\}$ 都是解析的, 这些解析函数满足:

(i) $S(t+T) = S(t)$, $\quad C(t+T) = C(t)$;

(ii) $C'(t) = -S(t)$, $\quad S'(t) = BC^3(t)$;

(iii) $S^2(t) + \dfrac{B}{2}C^4(t) = \dfrac{B}{2}$;

(iv) $C(-t) = C(t)$, $\quad S(-t) = -S(t)$.

现在我们通过映射 $\Phi^+ : \mathbb{R}^+ \times \mathbb{S}^1 \mapsto \mathbb{R}^2$ 引入作用-角变量, 其中 $(x,y) = \Phi^+(\rho, \varphi)$, $\rho > 0$, $\varphi(\mathrm{mod}2\pi)$, 由下列公式给出:

$$\Phi^+ : x = c^{1/3}\rho^{1/3}C(\varphi T), \quad y = c^{2/3}\rho^{2/3}S(\varphi T),$$

其中 $c = 3/(BT)$ 并且 $\mathbb{S}^1 = \mathbb{R}^1/2\pi\mathbb{Z}$. 易知变换 Φ^+ 是一个从 $\mathbb{R}^+ \times \mathbb{S}^1$ 到 $\mathbb{R}^2 \setminus \{0\}$ 的辛变换. 事实上, 有 $\left|\dfrac{\partial(x,y)}{\partial(\rho,\varphi)}\right| = 1$. 在这个变换下, 系统 (6.1.5) 被变成简单的形式

$$\begin{cases} \dot{\rho} = -\dfrac{\partial h_0}{\partial \varphi} = 0, \\ \dot{\varphi} = \dfrac{\partial h_0}{\partial \rho} = \dfrac{4s}{3}\rho^{1/3}, \end{cases}$$

其中 $h_0(\rho, \varphi, t) = s\rho^{4/3}$ 以及 $s = \dfrac{1}{4}B \cdot c^{4/3}$.

方程 (6.1.4) 等价于系统

$$\begin{cases} \dot{x} = -\dfrac{\partial H}{\partial y}, \\ \dot{y} = \dfrac{\partial H}{\partial x}, \end{cases} \qquad (6.1.6)$$

其中

$$H(x, y, t) = \frac{1}{2}y^2 + \frac{1}{4}Bx^4 + \frac{\varepsilon}{4}\tilde{\phi}(t)x^4.$$

再典则变换 Φ^+ 下, 系统 (6.1.6) 变成下列形式

$$\begin{cases} \dot{\rho} = -\dfrac{\partial h}{\partial \varphi}, \\[2mm] \dot{\varphi} = \dfrac{\partial h}{\partial \rho}, \end{cases} \tag{6.1.7}$$

其中

$$h(\rho, \varphi, t) = s\rho^{4/3} + \frac{\varepsilon}{4}c^{4/3}\rho^{4/3}\tilde{\phi}(t)C^4(\varphi T).$$

围绕一个固定的小值 $\rho = \bar{\xi}\varepsilon$, $\bar{\xi} \in \left[\dfrac{1}{2}, \dfrac{3}{2}\right]$, 并且用 $\varepsilon^{\frac{\bar{\sigma}}{4}}$ 尺度化已被变换的变量, 其中

$$\frac{8}{9} < \bar{\sigma} < 1,$$

见 [7] 或 [45]. 这相当于对每个 $0 < \varepsilon < \varepsilon^*$, 由 $\varrho = \varepsilon(\bar{\xi} + \varepsilon^{\bar{\sigma}}I)$, $\varphi = \varphi$ 定义的变换

$$\Theta_\varepsilon : \quad \left(-\varepsilon^{-\frac{\bar{\sigma}}{4}}\bar{\xi}, \varepsilon^{-\frac{\bar{\sigma}}{4}}\bar{\xi}\right) \times \mathbb{T} \quad \longrightarrow \quad \mathbb{R}^+ \times \mathbb{T}$$
$$(I, \varphi) \quad \mapsto \quad (\rho, \varphi)$$

把 (6.1.7) 变成

$$\begin{cases} \dot{I} = \mathcal{O}(\varepsilon^{\frac{4}{3}-\bar{\sigma}}), \\[2mm] \dot{\varphi} = \dfrac{4}{3}s\varepsilon^{\frac{1}{3}}\bar{\xi}^{\frac{1}{3}} + \mathcal{O}(\varepsilon^{\frac{1}{3}+\frac{3\bar{\sigma}}{4}}), \end{cases} \tag{6.1.8}$$

其中哈密顿函数是

$$G(I, \varphi, t, \varepsilon) = \frac{4}{3}s\varepsilon^{\frac{1}{3}}\bar{\xi}^{1/3}I + H(I, \varphi, t, \varepsilon), \quad H = \mathcal{O}\left(\varepsilon^{\frac{4}{3}-\bar{\sigma}}\right). \tag{6.1.9}$$

在 (6.1.9) 中, 用参数 $a = \dfrac{4}{3}s\varepsilon^{\frac{1}{3}}\bar{\xi}^{1/3}$ 代替参数 $\bar{\xi}$, 我们可得具有哈密顿函数

$$G(I, \varphi, t, \varepsilon) = aI + \varepsilon^{\frac{4}{3}-\bar{\sigma}}\widehat{H}, \quad |\widehat{H}| < M$$

的哈密顿系统.

取 $\gamma = K(\varepsilon^*)^{\frac{1}{3}}$ 和 $\mu = (\varepsilon^*)^{\frac{1}{3}}$, 如果 $(\varepsilon^*)^{1-\bar{\sigma}} M < p_0^{m+3} K \delta_0^2$, 其中 p_0 和 δ_0 在 [7] 中定义, 则 [7] 中的条件 (1.2) 满足. 由此, 通过减少 ε^*, 我们可以无限地减少 K. 用类似于在 [7] 的讨论, 可知存在一个实解析函数 Γ_∞ 使得

$$a_0(\alpha) := \alpha + \Gamma_\infty(\varepsilon, \alpha) = \frac{4}{3} s \varepsilon^{\frac{1}{3}} \bar{\xi}^{1/3}, \quad \alpha \in A_\gamma$$

和 $a_0(\alpha)$ 是可逆的. 用 a_0^{-1} 表示 a_0 的逆函数, 我们有

$$\alpha(\bar{\xi}) = a_0^{-1}\left(\frac{4}{3} s \varepsilon^{\frac{1}{3}} \bar{\xi}^{1/3}\right) \tag{6.1.10}$$

并且

$$\alpha'(\bar{\xi}) = \mathcal{O}(\varepsilon^{\frac{1}{3}}) \neq 0, \quad \forall \varepsilon > 0. \tag{6.1.11}$$

从 [7] 中的引理 2 可知对 $\omega_0 = \dfrac{2\pi}{T}$, 存在一个集合

$$\hat{J} = \left\{ \bar{\xi} \in [\omega_0/2, 3\omega_0/2] : |\langle k, \omega \rangle + l\bar{\xi}| \geqslant K\omega_0 |k|^{-(m+1)} \right\},$$

当 $K \to 0$ 时它的测度趋于 ω_0. 如果 $\bar{\xi} \in \hat{J}$, 由 [7] 中的引理 1 可推出具有哈密顿 (6.1.9) 的系统 (6.1.8) 有拟周期解

$$\begin{cases} I = v(0, \alpha(\bar{\xi})t + \psi_0, \omega t, \alpha(\bar{\xi})), \\ \varphi = \alpha(\bar{\xi})t + \psi_0 + u(\alpha(\bar{\xi})t + \psi_0, \omega t, \alpha(\bar{\xi})), \end{cases} \tag{6.1.12}$$

其中 $\alpha \in A_\gamma$, ψ_0 是任意常数, 并且当 $\varepsilon \ll 1$ 时, u 和 v 如在 [7] 中的定义. 于是, 方程 (6.1.3) 有拟周期解

$$x(t, \bar{\xi}, \varepsilon) = c^{1/3} \left[\varepsilon(\bar{\xi} + \varepsilon^{\bar{\sigma}} I)\right]^{\frac{1}{3}} C(\varphi T), \quad \alpha(\bar{\xi}) \in A_\gamma, \quad \bar{\xi} \in \hat{J}, \tag{6.1.13}$$

其中频率 $\tilde{\omega}(\bar{\xi}) = (\omega_1, \omega_2, \cdots, \omega_m, \alpha(\bar{\xi}))$. 此外, 由 (6.1.13) 可得

$$x(t, \bar{\xi}, \varepsilon) = \mathcal{O}(\varepsilon^{1/3}). \qquad \square$$

6.1.3 波动方程的哈密顿函数设置

从引理 6.1.1 我们知道对每个 $\varepsilon \in (0, \varepsilon^*)$, 方程 (6.1.3) 有一个形如 (6.1.13) 非平凡拟周期解 $u_0(t, \bar{\xi}, \varepsilon)$, 其频率向量是 (6.1.13) 中的 $\tilde{\omega}(\bar{\xi})$ 并且满足 $u_0(t, \bar{\xi}, \varepsilon) = \mathcal{O}(\varepsilon^{1/3})$. 在 (6.1.1) 中取 $u = u_0(t, \bar{\xi}, \varepsilon) + \varepsilon v(t, x)$, 可得下列方程

$$v_{tt} - v_{xx} + V(\tilde{\omega}(\bar{\xi})t, \bar{\xi}, \varepsilon)v + \varepsilon W(\tilde{\omega}(\bar{\xi})t, \bar{\xi}, \varepsilon)v^2 + \varepsilon^2 \widehat{\phi}(\omega t, \varepsilon)v^3 = 0, \quad (6.1.14)$$

其中 $V(\tilde{\omega}(\bar{\xi})t, \bar{\xi}, \varepsilon) := 3\widehat{\phi}(\omega t, \varepsilon)\bar{u}_0^2(\tilde{\omega}(\bar{\xi})t, \bar{\xi}, \varepsilon)$ 并且

$$W(\tilde{\omega}(\bar{\xi})t, \bar{\xi}, \varepsilon) := 3\widehat{\phi}(\omega t, \varepsilon)\bar{u}_0(\tilde{\omega}(\bar{\xi})t, \bar{\xi}, \varepsilon)$$

关于时间 t 是具有频率 $\tilde{\omega}(\bar{\xi})$ 的拟周期函数, $\widehat{\phi}$ 和 $\bar{u}_0$ 分别是 ϕ 和 u_0 的壳函数. 记

$$\hat{V}(\theta, \bar{\xi}, \varepsilon) = 3c^{2/3}\widehat{\phi}(\omega t, \varepsilon)\left[\left(\bar{\xi} + \varepsilon^{\bar{\sigma}}I\right)^{\frac{1}{3}} C(\varphi T)\right]^2, \tag{6.1.15}$$

其中 $\theta = \tilde{\omega}(\bar{\xi})t \in \mathbb{T}^{m+1}$, 并且

$$\frac{d}{d\bar{\xi}}\hat{V}(\theta, \bar{\xi}, \varepsilon) = 6c^{2/3}\widehat{\phi}(\omega t, \varepsilon)\left[\left(\bar{\xi} + \varepsilon^{\bar{\sigma}}I\right)^{\frac{1}{3}} C(\varphi T)\right]\left[\frac{1}{3}\left(\bar{\xi} + \varepsilon^{\bar{\sigma}}I\right)^{-\frac{2}{3}}\left(1 + \varepsilon^{\bar{\sigma}}\frac{dI}{d\bar{\xi}}\right)C(\varphi T)\right.$$
$$\left. + T\left(\bar{\xi} + \varepsilon^{\bar{\sigma}}I\right)^{\frac{1}{3}} C'(\varphi T)\frac{d\varphi}{d\bar{\xi}}\right].$$

由 (6.1.10) 和 (6.1.12), 可得

$$\lim_{\varepsilon \to 0}\varphi = a_0^{-1}(0)t + \psi_0 + u(a_0^{-1}(0)t + \psi_0, \omega t, a_0^{-1}(0)) := \varphi_0$$

和

$$\lim_{\varepsilon \to 0}\frac{d}{d\bar{\xi}}\varphi = \lim_{\varepsilon \to 0}\left(\alpha'(\bar{\xi})t + \frac{\partial u}{\partial(\alpha(\bar{\xi})t + \psi_0)}\alpha'(\bar{\xi})t + \frac{\partial u}{\partial(\alpha(\bar{\xi}))}\alpha'(\bar{\xi})\right) = 0.$$

由此, 我们有

$$\lim_{\varepsilon \to 0}[\hat{V}(\theta, \bar{\xi}, \varepsilon)] = \frac{1}{(2\pi)^{m+1}}\int_{\mathbb{T}^{m+1}}\lim_{\varepsilon \to 0}\hat{V}(\theta, \bar{\xi}, \varepsilon)d\theta = 3B(c^{1/3}\bar{\xi}^{1/3}C(\varphi_0 T))^2$$

和

$$\lim_{\varepsilon \to 0}\frac{d}{d\bar{\xi}}[\hat{V}(\theta, \bar{\xi}, \varepsilon)] = \frac{1}{(2\pi)^{m+1}}\int_{\mathbb{T}^{m+1}}\lim_{\varepsilon \to 0}\frac{d}{d\bar{\xi}}\hat{V}(\theta, \bar{\xi}, \varepsilon)d\theta = 2B(c^{1/3}C(\varphi_0 T))^2\bar{\xi}^{-1/3}.$$

于是, 存在 $0 < \varepsilon_1 < \varepsilon^*$, 使得对任意 $\varepsilon \in (0, \varepsilon_1)$, 有

$$[\hat{V}(\theta, \bar{\xi}, \varepsilon)] > \frac{3}{2}B(c^{1/3}\bar{\xi}^{1/3}C(\varphi_0 T))^2 := I_1 > 0,$$

$$\frac{\partial}{\partial\bar{\xi}}[\hat{V}(\theta, \bar{\xi}, \varepsilon)] > B(c^{1/3}C(\varphi_0 T))^2\bar{\xi}^{-1/3} := I_2 > 0.$$

记

$$\hat{V}(\theta, \bar{\xi}, \varepsilon) := [\hat{V}(\theta, \bar{\xi}, \varepsilon)] + \widetilde{V}(\theta, \bar{\xi}, \varepsilon),$$

其中 $[\widetilde{V}(\theta, \bar{\xi}, \varepsilon)] = 0$, 并且 $m_\varepsilon := \varepsilon^{\frac{2}{3}} [\hat{V}(\theta, \bar{\xi}, \varepsilon)] > 0$, 则

$$V(\theta, \bar{\xi}, \varepsilon) = \varepsilon^{\frac{2}{3}} \hat{V}(\theta, \bar{\xi}, \varepsilon) = m_\varepsilon + \varepsilon^{\frac{2}{3}} \widetilde{V}(\theta, \bar{\xi}, \varepsilon).$$

于是, 我们可以证明当 $\varepsilon \ll 1$ 时, 有

$$\widetilde{V}(\theta, \bar{\xi}, \varepsilon) = \mathcal{O}(\varepsilon^{\frac{3\bar{\sigma}}{4}}). \tag{6.1.16}$$

事实上, 从 (6.1.15) 可得

$$\hat{V}(\theta, \bar{\xi}, \varepsilon) = 3c^{2/3} \bar{\xi}^{\frac{2}{3}} \widehat{\phi}(\omega t, \varepsilon) C^2(\varphi T) + \mathcal{O}(\varepsilon^{\frac{3\bar{\sigma}}{4}})$$

并且

$$[\hat{V}(\theta, \bar{\xi}, \varepsilon)] = 3(B + \varepsilon[\tilde{\phi}]) c^{2/3} \bar{\xi}^{\frac{2}{3}} C^2(\varphi T) + \mathcal{O}(\varepsilon^{\frac{3\bar{\sigma}}{4}}).$$

因此, 我们有

$$\begin{aligned}
\widetilde{V}(\theta, \bar{\xi}, \varepsilon) &= \hat{V}(\theta, \bar{\xi}, \varepsilon) - [\hat{V}(\theta, \bar{\xi}, \varepsilon)] \\
&= 3c^{2/3} \bar{\xi}^{\frac{2}{3}} C^2(\varphi T)(\varepsilon(\tilde{\phi} - [\tilde{\phi}])) + \mathcal{O}(\varepsilon^{\frac{3\bar{\sigma}}{4}}) \\
&= \mathcal{O}(\varepsilon) + \mathcal{O}(\varepsilon^{\frac{3\bar{\sigma}}{4}}) = \mathcal{O}(\varepsilon^{\frac{3\bar{\sigma}}{4}}).
\end{aligned}$$

我们可以重写方程 (6.1.14) 如下

$$\begin{cases}
\dot{v} = w, \\
\dot{w} + Av = -\varepsilon^{\frac{2}{3}} \widetilde{V}(\tilde{\omega}(\bar{\xi})t, \bar{\xi}, \varepsilon) v - \varepsilon W(\tilde{\omega}(\bar{\xi})t, \bar{\xi}, \varepsilon) v^2 - \varepsilon^2 \widehat{\phi}(\omega t, \varepsilon) v^3,
\end{cases} \tag{6.1.17}$$

其中 $A = -d^2/dx^2 + m_\varepsilon, t \in \mathbb{R}$.

方程 (6.1.14) 可作为具有坐标 v 和 $w = \partial_t v$ 的索伯列夫空间 $H_0^1([0, 2\pi]) \times L^2([0, 2\pi])$ 上的一个无穷维哈密顿系统. 方程 (6.1.17) 的哈密顿函数为

$$H = \frac{1}{2} \langle w, w \rangle + \frac{1}{2} \langle Av, v \rangle + \frac{1}{2} \varepsilon^{\frac{2}{3}} \widetilde{V}(\tilde{\omega}(\bar{\xi})t, \bar{\xi}, \varepsilon) \int_0^{2\pi} v^2 dx$$

$$+ \frac{1}{3} \varepsilon W(\tilde{\omega}(\bar{\xi})t, \bar{\xi}, \varepsilon) \int_0^{2\pi} v^3 dx + \frac{1}{4} \varepsilon^2 \widehat{\phi}(\omega t, \varepsilon) \int_0^{2\pi} v^4 dx, \tag{6.1.18}$$

这里 $\langle \cdot, \cdot \rangle$ 表示 $L^2([0, 2\pi])$ 中的内积.

通过简单的计算可知, 在周期边界条件下算子 A 的特征值 λ_j 和特征函数 $\phi_j(x) \in L^2[0, 2\pi]$ 分别为

$$\lambda_j = j^2 + m_\varepsilon, \quad j \in \mathbb{Z} \quad \text{和} \quad \phi_j(x) = \begin{cases} \dfrac{1}{\sqrt{\pi}}\cos jx, & j > 0, \\[2mm] -\dfrac{1}{\sqrt{\pi}}\sin jx, & j < 0, \\[2mm] \dfrac{1}{\sqrt{2\pi}}, & j = 0. \end{cases} \tag{6.1.19}$$

为了避免重特征值, 我们限定寻找关于 x 是偶函数的解. 注意到当 $j \geqslant 0$ 时所有的特征函数 $\phi_j(x)$ 是 $L^2(0, 2\pi)$ 中所有偶函数组成的子空间的一个完备正交基. 我们通过关系

$$v(t, x) = \sum_{j \geqslant 0} \frac{q_j(t)}{\sqrt[4]{\lambda_j}}\phi_j(x), \quad \partial_t v(t, x) = \sum_{j \geqslant 0} \sqrt[4]{\lambda_j}\, p_j(t)\phi_j(x)$$

引入坐标 $q = (q_0, q_1, q_2, \cdots), p = (p_0, p_1, p_2, \cdots)$. 这些坐标取自于实希尔伯特 (Hilbert) 空间:

$$l^{a,s} = l^{a,s}(\mathbb{R}) := \Big\{ q = (q_0, q_1, q_2, \cdots), q_i \in \mathbb{R}, i \geqslant 0$$

$$\text{s.t.} \ \|q\|_{a,s}^2 = |q_0|^2 + \sum_{i \geqslant 1} |q_i|^2 i^{2s} e^{2ai} < \infty \Big\}.$$

下面将假设 $a \geqslant 0, s > 1/2$. 用坐标 (q, p) 重写哈密顿函数 (6.1.18) 为

$$H = \Lambda + G,$$

其中

$$\Lambda = \frac{1}{2}\sum_{j \geqslant 0} \sqrt{\lambda_j}(p_j^2 + q_j^2) + \varepsilon^{\frac{2}{3}} \frac{\widetilde{V}(\tilde{\omega}(\bar{\xi})t, \bar{\xi}, \varepsilon)}{\sqrt{\lambda_j}} q_j^2,$$

$$G = \frac{1}{3}\varepsilon W(\tilde{\omega}(\bar{\xi})t, \bar{\xi}, \varepsilon) \int_0^{2\pi} \left(\sum_{j \geqslant 0} \frac{q_j(t)}{\sqrt[4]{\lambda_j}}\phi_j(x) \right)^3 dx$$

$$+ \frac{1}{4}\varepsilon^2 \widehat{\phi}(\omega t, \varepsilon) \int_0^{2\pi} \left(\sum_{j \geqslant 0} \frac{q_j(t)}{\sqrt[4]{\lambda_j}}\phi_j(x) \right)^4 dx.$$

在 $l^{a,s} \times l^{a,s}$ 上关于辛结构 $\sum dq_i \wedge dp_i$ 的运动方程是

$$\dot{q}_j = \frac{\partial H}{\partial p_j} = \sqrt{\lambda_j}\, p_j, \quad \dot{p}_j = -\frac{\partial H}{\partial q_j} = -\sqrt{\lambda_j}\, q_j - \varepsilon^{\frac{2}{3}}\frac{\widetilde{V}(\theta, \bar{\xi}, \varepsilon)}{\sqrt{\lambda_j}}q_j - \frac{\partial G}{\partial q_j}, \quad j \geqslant 0.$$

$$\tag{6.1.20}$$

我们有如下引理.

引理 6.1.2 设 I 是一个区间, 并且设对 $a > 0$,

$$t \in I \to (q(t), p(t)) \equiv (\{q_j(t)\}_{j \geqslant 0}, \{p_j(t)\}_{j \geqslant 0})$$

是方程 (6.1.20) 的一个实解析解, 则

$$v(t, x) = \sum_{j \geqslant 0} \frac{q_j(t)}{\sqrt[4]{\lambda_j}} \phi_j(x)$$

是方程 (6.1.14) 的一个经典解, 它在 $I \times [0, 2\pi]$ 上实解析.

证明见 [99].

引入一对作用-角变量 (J, θ), 其中 $J \in \mathbb{R}^{m+1}$ 典则共轭 $\theta = \tilde{\omega}(\bar{\xi}) t \in \mathbb{T}^{m+1}$. 这样方程 (6.1.17) 可被写成哈密顿系统

$$\dot{q}_j = \frac{\partial H}{\partial p_j}, \quad \dot{p}_j = -\frac{\partial H}{\partial q_j}, \quad j \geqslant 0, \quad \dot{\theta} = \tilde{\omega}(\bar{\xi}), \quad \dot{J} = -\frac{\partial H}{\partial \theta},$$

具有哈密顿函数

$$H = \langle \tilde{\omega}(\bar{\xi}), J \rangle + \frac{1}{2} \sum_{j \geqslant 0} \sqrt{\lambda_j} (p_j^2 + q_j^2) + \varepsilon^{\frac{2}{3}} \frac{\widetilde{V}(\theta, \bar{\xi}, \varepsilon)}{\sqrt{\lambda_j}} q_j^2$$

$$+ \varepsilon G^3(q, \theta, \bar{\xi}, \varepsilon) + \varepsilon^2 G^4(q, \vartheta), \tag{6.1.21}$$

其中 $\vartheta = \omega t$,

$$G^3(q, \theta, \bar{\xi}, \varepsilon) = \sum_{i,j,d \geqslant 0} G_{i,j,d}^3(\theta, \bar{\xi}, \varepsilon) q_i q_j q_d,$$

这里

$$G_{i,j,d}^3(\theta, \bar{\xi}, \varepsilon) = \frac{1}{3} \frac{W(\theta, \bar{\xi}, \varepsilon)}{\sqrt[4]{\lambda_i \lambda_j \lambda_d}} \int_{\mathbb{T}} \phi_i(x) \phi_j(x) \phi_d(x) dx \tag{6.1.22}$$

并且

$$G^4(q, \vartheta) = \sum_{i,j,d,l \geqslant 0} G_{i,j,d,l}^4(\vartheta) q_i q_j q_d q_l,$$

其中

$$G_{i,j,d,l}^4(\vartheta) = \frac{1}{4} \frac{\widehat{\phi}(\vartheta)}{\sqrt[4]{\lambda_i \lambda_j \lambda_d \lambda_l}} \int_{\mathbb{T}} \phi_i(x) \phi_j(x) \phi_d(x) \phi_l(x) dx.$$

用 (6.1.19), 容易证

$$G^3_{i,j,d}(\theta, \bar{\xi}, \varepsilon) = 0, \quad 除了 \quad i \pm j \pm d = 0$$

并且

$$G^4_{i,j,d,l}(\vartheta) = 0, \quad 除了 \quad i \pm j \pm d \pm l = 0.$$

我们在

$$l^{a,s} = l^{a,s}(\mathbb{C}) := \left\{ z = (z_0, z_1, z_2, \cdots), z_j \in \mathbb{C}, j \geqslant 0 \right.$$

$$\left. \text{s.t.} \ \|z\|^2_{a,s} = |z_0| + \sum_{j \geqslant 1} |z_j|^2 j^{2s} e^{2aj} < \infty \right\}$$

引入复坐标

$$z_j = \frac{1}{\sqrt{2}}(q_j - \mathrm{i}p_j), \quad \bar{z}_j = \frac{1}{\sqrt{2}}(q_j + \mathrm{i}p_j), \quad j \geqslant 0.$$

这个变换是辛的, 并且 $dq \wedge dp = \sqrt{-1}dz \wedge d\bar{z}$. 方程 (6.1.21) 被变成

$$H = \tilde{H}_j + \varepsilon G^3(z, \theta, \bar{\xi}, \varepsilon) + \varepsilon^2 G^4(z, \vartheta), \tag{6.1.23}$$

其中

$$\tilde{H}_j = \langle \tilde{\omega}(\bar{\xi}), J \rangle + \sum_{j \geqslant 0} \sqrt{\lambda_j} z_j \bar{z}_j + \frac{\varepsilon^{\frac{2}{3}} \tilde{V}(\theta, \bar{\xi}, \varepsilon)}{4\sqrt{\lambda_j}} (z_j + \bar{z}_j)^2, \tag{6.1.24}$$

$$G^3(z, \theta, \bar{\xi}, \varepsilon)$$
$$= G^3_{0,0,0}(\theta, \bar{\xi}, \varepsilon) \left(\frac{z_0 + \bar{z}_0}{\sqrt{2}} \right)^3$$
$$+ 3 \sum_{j,d \neq 0} G^3_{0,j,d}(\theta, \bar{\xi}, \varepsilon) \left(\frac{z_j + \bar{z}_j}{\sqrt{2}} \right) \left(\frac{z_d + \bar{z}_d}{\sqrt{2}} \right) \left(\frac{z_0 + \bar{z}_0}{\sqrt{2}} \right)$$
$$+ \sum_{i,j,d \neq 0} G^3_{i,j,d}(\theta, \bar{\xi}, \varepsilon) \left(\frac{z_i + \bar{z}_i}{\sqrt{2}} \right) \left(\frac{z_j + \bar{z}_j}{\sqrt{2}} \right) \left(\frac{z_d + \bar{z}_d}{\sqrt{2}} \right) \tag{6.1.25}$$

并且

$$G^4(z, \vartheta)$$

$$= G^4_{0,0,0,0}(\vartheta) \left(\frac{z_0 + \bar{z}_0}{\sqrt{2}} \right)^4$$

$$+ 6 \sum_{j,d \neq 0} G^4_{0,0,j,d}(\vartheta) \left(\frac{z_j + \bar{z}_j}{\sqrt{2}} \right) \left(\frac{z_d + \bar{z}_d}{\sqrt{2}} \right) \left(\frac{z_0 + \bar{z}_0}{\sqrt{2}} \right)^2$$

$$+ 4 \sum_{j,d,l \neq 0} G^4_{0,j,d,l}(\vartheta) \left(\frac{z_j + \bar{z}_j}{\sqrt{2}} \right) \left(\frac{z_d + \bar{z}_d}{\sqrt{2}} \right) \left(\frac{z_l + \bar{z}_l}{\sqrt{2}} \right) \left(\frac{z_0 + \bar{z}_0}{\sqrt{2}} \right)$$

$$+ \sum_{i,j,d,l \neq 0} G^4_{i,j,d,l}(\vartheta) \left(\frac{z_i + \bar{z}_i}{\sqrt{2}} \right) \left(\frac{z_j + \bar{z}_j}{\sqrt{2}} \right) \left(\frac{z_d + \bar{z}_d}{\sqrt{2}} \right) \left(\frac{z_l + \bar{z}_l}{\sqrt{2}} \right) . \quad (6.1.26)$$

6.1.4 线性哈密顿系统 (6.1.24) 的约化

在这一节中, 我们考虑线性拟周期哈密顿系统 (6.1.24) 的可约性. 我们证明对任意固定的 $\omega \in D_\Lambda$, 系统 (6.1.24) 可以化为常系数.

6.1.4.1 范数的设置

对给定的 $\sigma > 0, r > 0$, 定义数列 $\{\sigma_\nu\}$ 和 $\{r_\nu\}$:

(1) $\sigma_0 = \sigma$, $\sigma_\nu = \sigma_0(1 - \tau_\nu)$, 其中 $\tau_0 = 0$ 并且 $\tau_\nu = \dfrac{\sum_{j=1}^{\nu} j^{-2}}{2 \sum_{j=1}^{\infty} j^{-2}}$, $\nu = 1, 2, \cdots$.

易知 $\sigma_\nu > \sigma_{\nu+1} > \sigma/2$.

(2) $r_0 = r$, $r_\nu = r_0(1 - \tau_\nu)$, $\nu = 1, 2, \cdots$. 易知 $r_\nu > r_{\nu+1} > r/2$.

此外, 我们需要下列符号:

(3) 设

$$\Theta(\sigma) = \left\{ \theta = (\theta_1, \cdots, \theta_m, \theta_{m+1}) \in \mathbb{C}^{m+1}/2\pi\mathbb{Z}^{m+1} : |\mathrm{Im}\theta| < \sigma \right\}$$

和

$$D^{a,s}(\sigma, r) = \left\{ (\theta, J, z, \bar{z}) \in \mathbb{C}^{m+1}/2\pi\mathbb{Z}^{m+1} \times \mathbb{C}^{m+1} \times l^{a,s} \times l^{a,s} : \right.$$

$$\left. |\mathrm{Im}\theta| < \sigma, |J| < r,^2 \|z\|_{a,s} < r, \|\bar{z}\|_{a,s} < r \right\},$$

其中 $|\cdot|$ 表示复向量的上确界范数, 现在 $l^{a,s}$ 表示复希尔伯特空间.

我们有一个区域族:

$$\Theta(\sigma_0) \supset \Theta(\sigma_1) \supset \cdots \supset \Theta(\sigma_\nu) \supset \Theta(\sigma_{\nu+1}) \supset \cdots \supset \Theta\left(\frac{\sigma_0}{2} \right)$$

和

$$D^{a,s}(\sigma_0, r_0) \supset D^{a,s}(\sigma_1, r_1) \supset \cdots \supset D^{a,s}(\sigma_\nu, r_\nu) \supset D^{a,s}(\sigma_{\nu+1}, r_{\nu+1})$$
$$\supset \cdots \supset D^{a,s}\left(\frac{\sigma_0}{2}, \frac{r_0}{2}\right).$$

(4) 记 $\Theta_l := \Theta(\sigma_l)$, $D_l^{a,s} = D^{a,s}(\sigma_l, r_l)$, $l = 0, 1, \cdots$.

对在闭有界集 J^* 上定义的一阶 Whitney 光滑函数 $F(\bar\xi)$, 定义

$$\|F\|_{J^*}^* = \max\left\{ \sup_{\bar\xi \in J^*} |F|, \ \sup_{\bar\xi \in J^*} |\partial_{\bar\xi} F| \right\}.$$

如果 $F(\bar\xi)$ 是一个从 $\hat J$ 到 $l^{a,s}$(或 $\mathbb{R}^{m_1 \times m_2}$) 的向量值函数, 它在 J^* 上是一阶 Whitney 光滑的, 我们定义

$$\|F\|_{a,s,J^*}^* = \|(\|F_i(\bar\xi)\|_{J^*}^*)_i\|_{a,s} \quad \left(或 \ \|F\|_{J^*}^* = \max_{1 \leqslant i_1 \leqslant m_1} \sum_{1 \leqslant i_2 \leqslant m_2} (\|F_{i_1 i_2}(\bar\xi)\|_{J^*}^*) \right).$$

设 $\tilde w = (\theta, J, z, \bar z) \in D^{a,s}$. 对 $\tilde w$, 定义权范数

$$|\tilde w|_{a,s} = |\theta| + \frac{1}{r^2}|J| + \frac{1}{r}\|z\|_{a,s} + \frac{1}{r}\|\bar z\|_{a,s}.$$

如果 $F(\eta; \bar\xi)$ 是一个从 $D^{a,s} \times J^*$ 到 $l^{a,s}$(或 $\mathbb{R}^{m_1 \times m_2}$) 的向量值函数, 它在 $\bar\xi$ 上是 Whitney 光滑的, 定义

$$\|F\|_{a,s,D^{a,s} \times J^*}^* = \sup_{\eta \in D^{a,s}} \|F\|_{a,s,J^*}^* \quad \left(或 \ \|F\|_{D^{a,s} \times J^*}^* = \sup_{\eta \in D^{a,s}} \|F\|_{J^*}^* \right).$$

对于函数 F, 相应的哈密顿向量场为 $X_F = \{F_J, -F_\theta, \mathrm{i}F_{\bar z}, -\mathrm{i}F_z\}$, 定义 X_F 的权范数

$$|X_F|_{a,s,D^{a,s} \times J^*}^* = \|F_J\|_{D^{a,s} \times J^*}^* + \frac{1}{r^2}\|F_\theta\|_{D^{a,s} \times J^*}^* + \frac{1}{r}\|F_{\bar z}\|_{a,s,D^{a,s} \times J^*}^* + \frac{1}{r}\|F_z\|_{a,s,D^{a,s} \times J^*}^*.$$

对 $(\eta; \bar\xi) \in D^{a,s} \times J^*$, 设 $A(\eta; \bar\xi)$ 是从 $l_b^{a,s}$ 到 $l_b^{a,\bar s}$ 的一个算子, 定义算子范数

$$\|A(\eta; \bar\xi)\|_{a,\bar s,s,D^{a,s} \times J^*}^{op} = \sup_{(\eta; \bar\xi) \in D^{a,s} \times J^*} \sup_{w \neq 0} \frac{\|A(\eta; \bar\xi)w\|_{a,\bar s}}{\|w\|_{a,s}},$$

$$\|A(\eta; \bar\xi)\|_{a,\bar s,s,D^{a,s} \times J^*}^{*op} = \max\{\|A\|_{a,\bar s,s,D^{a,s} \times J^*}^{op}, \|\partial_{\bar\xi} A\|_{a,\bar s,s,D^{a,s} \times J^*}^{op}\}.$$

对 $(\eta; \bar\xi) \in D^{a,s} \times J^*$, 设 $B(\eta; \bar\xi)$ 是从 $D^{a,s}$ 到 $D^{a,\bar s}$ 的一个算子, 定义算子范数

$$|B(\eta; \bar\xi)|_{a,\bar s,s,D^{a,s} \times J^*}^{op} = \sup_{(\eta; \bar\xi) \in D^{a,s} \times J^*} \sup_{\tilde w \neq 0} \frac{|B(\eta; \bar\xi)\tilde w|_{a,\bar s}}{|\tilde w|_{a,s}},$$

$$|B(\eta;\bar{\xi})|^{*op}_{a,\bar{s},s,\mathcal{D}^{a,s}\times J^*} = \max\{|B|^{op}_{a,\bar{s},s,\mathcal{D}^{a,s}\times J^*}, |\partial_{\bar{\xi}}B|^{op}_{a,\bar{s},s,\mathcal{D}^{a,s}\times J^*}\}.$$

鉴于 (6.1.16), 可推出 $\widetilde{V}(\theta,\bar{\xi},\varepsilon)$, 存在 $C > 0$ 使得 $\widetilde{V}(\theta,\bar{\xi},\varepsilon)$ 在 Θ_0 上解析, 并且对 $\sigma > 0$ 和 $r > 0$, 有

$$|\widetilde{V}(\theta,\bar{\xi},\varepsilon)|_{\Theta_0\times\hat{J}} < C\varepsilon^{\frac{3\bar{s}}{4}}, \tag{6.1.27}$$

重写哈密顿函数 (6.1.24) 为

$$\tilde{H} = H_0 + \varepsilon^{\frac{2}{3}}H_1, \tag{6.1.28}$$

其中

$$H_0 = \langle\tilde{\omega}(\bar{\xi}), J\rangle + \sum_{j\geqslant 0}\sqrt{\lambda_j}z_j\bar{z}_j \quad \text{和} \quad H_1 = \sum_{j\geqslant 0}\frac{\widetilde{V}(\theta,\bar{\xi},\varepsilon)}{4\sqrt{\lambda_j}}(z_j+\bar{z}_j)^2.$$

6.1.4.2 约化定理

定理 6.1.2 考虑由方程 (6.1.28) 给定的哈密顿函数 $\tilde{H}$. 假设 (6.1.27) 满足, 则存在 $0 < \varepsilon^{**} < \varepsilon^*$, $0 < \varrho < 1$ 和一个集合 $\overline{J} \subset \hat{J}$ 具有 $\mathrm{meas}\overline{J} \geqslant \mathrm{meas}\hat{J}(1-\mathcal{O}(\varrho))$, 使得对任意 $0 < \varepsilon < \varepsilon^{**}, \bar{\xi} \in \overline{J}$ 和 $\alpha(\bar{\xi}) \in A_{\gamma}$ 存在一个线性辛变换

$$\Sigma^{\infty} : \mathcal{D}^{a,s}(\sigma/2, r/2) \times \overline{J} \to \mathcal{D}^{a,s}(\sigma, r)$$

使得下列叙述成立:

(i) 有一个绝对常数 $C > 0$ 使得

$$|\Sigma^{\infty} - id|^*_{a,s+1,\mathcal{D}^{a,s}(\sigma/2,r/2)\times\overline{J}} \leqslant C\varepsilon^{2/3},$$

其中 id 是恒等映射.

(ii) 变换 Σ^{∞} 变哈密顿函数 (6.1.28) 到

$$\tilde{H} \circ \Sigma^{\infty} = \langle\tilde{\omega}(\bar{\xi}), J\rangle + \sum_{j\geqslant 0}\mu_j z_j\bar{z}_j,$$

其中

$$\mu_j = \sqrt{\lambda_j} + \sum_{k=1}^{\infty}\varepsilon^{\frac{2k}{3}}\tilde{\lambda}_{j,k}(\bar{\xi}, \tilde{\omega}(\bar{\xi}), \varepsilon),$$

$$\tilde{\lambda}_{j,1}(\bar{\xi}, \tilde{\omega}(\bar{\xi}), \varepsilon) = \frac{[\widetilde{V}(\theta,\bar{\xi},\varepsilon)]}{2\sqrt{\lambda_j}} = 0 \quad \text{和} \quad |\tilde{\lambda}_{j,k}(\bar{\xi}, \tilde{\omega}(\bar{\xi}), \varepsilon)| \leqslant C, \quad k = 2, 3, \cdots.$$

证明

1. 构造迭代序列

我们构造哈密顿序列 $\{\tilde{H}_l\}$:

$$\tilde{H}_l = \langle \tilde{\omega}(\bar{\xi}), J \rangle + \sum_{j \geqslant 0} \lambda_{j,l}(\bar{\xi}, \tilde{\omega}(\bar{\xi}), \varepsilon) z_j \bar{z}_j$$

$$+ \varepsilon^{\frac{2}{3}(l+1)} R_{l+1}(z, \bar{z}, \theta, \tilde{\omega}(\bar{\xi}), \bar{\xi}, \varepsilon), \quad l = 0, 1, \cdots, \nu, \qquad (E)_l$$

其中

$$R_{l+1}(z, \bar{z}, \theta, \bar{\xi}, \tilde{\omega}(\bar{\xi}), \varepsilon) = \sum_{j \geqslant 0} \sum_{n_1+n_2=2} \zeta_{j,l,n_1,n_2}(\theta, \bar{\xi}, \tilde{\omega}(\bar{\xi}), \varepsilon) z_j^{n_1} \bar{z}_j^{n_2}, \quad l = 0, 1, \cdots, \nu,$$

这里 $\zeta_{j,l,n_1,n_2}(\theta, \xi, \tilde{\omega}(\bar{\xi}), \varepsilon) = \sum_{k \in \mathbb{Z}^{m+1}} \zeta_{j,l,k,n_1,n_2}(\bar{\xi}, \tilde{\omega}(\bar{\xi}), \varepsilon) e^{\mathrm{i}\langle k, \theta \rangle}$, $\zeta_{j,0,2,0} = \zeta_{j,0,0,2}$ $= \frac{1}{4\sqrt{\lambda_j}} \widetilde{V}(\theta, \bar{\xi}, \varepsilon)$ 并且 $\zeta_{j,0,1,1} = \frac{1}{2\sqrt{\lambda_j}} \widetilde{V}(\theta, \bar{\xi}, \varepsilon)$. 此外, 函数 $\zeta_{j,l,n_1,n_2}(\theta, \bar{\xi}, \tilde{\omega}(\bar{\xi}), \varepsilon)$ 在区域 $\Theta_l \times \overline{J}_l$ 上是解析的,

$$\zeta_{j,l,n_1,n_2} = \varepsilon^{\frac{3\bar{\sigma}}{4}} \lambda_j^{-1/2} \zeta_{j,l,n_1,n_2}^*, \quad \|\zeta_{j,l,n_1,n_2}^*\|_{\Theta_l \times \overline{J}_l}^* \leqslant C,$$

$$n_1, n_2 \in \mathbb{N}, n_1 + n_2 = 2, l = 0, 1, \cdots, \nu \qquad (6.1)_l$$

和

$$\lambda_{j,0}(\bar{\xi}, \tilde{\omega}(\bar{\xi}), \varepsilon) = \sqrt{\lambda_j},$$

$$\lambda_{j,l}(\bar{\xi}, \tilde{\omega}(\bar{\xi}), \varepsilon) = \sqrt{\lambda_j} + \sum_{k=1}^{l} \varepsilon^{\frac{2k}{3}} \tilde{\lambda}_{j,k}(\bar{\xi}, \tilde{\omega}(\bar{\xi}), \varepsilon), \quad l = 2, 3, \cdots, \nu, \qquad (6.2)_l$$

其中

$$\tilde{\lambda}_{j,k}(\bar{\xi}, \tilde{\omega}(\bar{\xi}), \varepsilon) = \frac{1}{(2\pi)^{m+1}} \int_{\mathbb{T}^{m+1}} \zeta_{j,k-1,1,1}(\theta, \bar{\xi}, \tilde{\omega}(\bar{\xi}), \varepsilon) d\theta,$$

$$k = 1, 2, \cdots, l. \qquad (6.1.29)$$

显然, 对 $l = 0$, 有 $\tilde{H}_0 = \tilde{H}$. 函数 $\zeta_{j,0,n_1,n_2}(\theta, \bar{\xi}, \tilde{\omega}(\bar{\xi}), \varepsilon)$ 在区域 $\Theta_0 \times \hat{J}$ 上是解析的, 满足 $(6.1)_0$, 并且

$$\tilde{\lambda}_{j,1}(\bar{\xi}, \tilde{\omega}(\bar{\xi}), \varepsilon) = \frac{1}{(2\pi)^{m+1}} \int_{\mathbb{T}^{m+1}} \zeta_{j,0,1,1}(\theta, \bar{\xi}, \varepsilon) d\theta = \frac{1}{2\sqrt{\lambda_j}} [\widetilde{V}(\theta, \bar{\xi}, \varepsilon)] = 0.$$

2. 解同调方程

设

$$\langle k, \tilde{\omega}(\bar{\xi}) \rangle = \sum_{j=1}^{m} k_j \omega_j + k_{m+1} \alpha(\bar{\xi}),$$

则我们可以证明下列事实: 对充分小的 ε, 存在一个闭子集族 $\overline{J}_l (l = 0, \cdots, \nu)$,

$$\overline{J}_\nu \subset \cdots \subset \overline{J}_{l+1} \subset \overline{J}_l \subset \cdots \subset \overline{J}_0 \subset \hat{J} \subset [\pi/T, 3\pi/T]$$

使得对 $\bar{\xi} \in \overline{J}_l$, 有

$$|\langle k, \tilde{\omega}(\bar{\xi}) \rangle \pm 2\lambda_{0,l}(\bar{\xi}, \tilde{\omega}(\bar{\xi}), \varepsilon)| \geqslant \frac{\varepsilon^{\frac{1}{3}} \varrho \operatorname{meas} \hat{J}}{(1+l^2)(|k|+1)^{m+3}} \tag{6.3}_l$$

和

$$|\langle k, \tilde{\omega}(\bar{\xi}) \rangle \pm 2\lambda_{j,l}(\bar{\xi}, \tilde{\omega}(\bar{\xi}), \varepsilon)| \geqslant \begin{cases} \dfrac{\varepsilon^{\frac{1}{3}} \varrho \operatorname{meas} \hat{J}}{(1+l^2)(|k|+1)^{m+3}}, & k_{m+1} \neq 0, \\ & j \geqslant 1, l = 0, \cdots, \nu, \\ \dfrac{\varepsilon^{\frac{2}{3}} \varrho \operatorname{meas} \hat{J}}{(1+l^2)(|k|+1)^{m+3}}, & k_{m+1} = 0, \end{cases} \tag{6.4}_l$$

并且

$$\operatorname{meas} \overline{J}_l \geqslant \operatorname{meas} \hat{J} \left(1 - C\varrho \sum_{i=0}^{l} \frac{1}{1+i^2} \right), \tag{6.5}_l$$

其中 C 是一个依赖于 m 和 $\bar{\xi}$ 的常数. 此外, 假设 $\overline{J} = \bigcap_{l=0}^{\infty} \overline{J}_l$, 则只要 ϱ 充分小, 就有

$$\operatorname{meas} \overline{J} \geqslant \operatorname{meas} \hat{J} \left(1 - \mathcal{O}(\varrho) \right).$$

证明将在后面的引理 6.1.3 中给出.

设 $X_{\mathcal{F}_\nu}$ 是函数

$$\mathcal{F}_\nu = \varepsilon^{\frac{2}{3}(\nu+1)} \sum_{j \geqslant 0} \sum_{n_1+n_2=2} \beta_{j,\nu,n_1,n_2}(\theta, \bar{\xi}, \tilde{\omega}(\bar{\xi}), \varepsilon) z_j^{n_1} \bar{z}_j^{n_2}$$

的向量场, 其中

$$\beta_{j,\nu,n_1,n_2}(\theta, \bar{\xi}, \tilde{\omega}(\bar{\xi}), \varepsilon) = \sum_{k \in \mathbb{Z}^{m+1}} \beta_{j,\nu,k,n_1,n_2}(\bar{\xi}, \tilde{\omega}(\bar{\xi}), \varepsilon) e^{i\langle k, \theta \rangle}, \tag{6.1.30}$$

$[\beta_{j,\nu,1,1}] = 0$, $X_{\mathcal{F}_\nu}^t$ 表示时间-t 映射.

我们要通过哈密顿向量场 $X_{\mathcal{F}_\nu}$ 的时间-1 映射 $X^1_{\mathcal{F}_\nu}$ 来寻找定义在区域 $D^{a,s}_{\nu+1}$ 上的一个变量变换 S_ν, 使得系统 $(E)_\nu$ 被变到 $(E)_{\nu+1}$ 并且满足 $(6.1)_{\nu+1}$, $(6.2)_{\nu+1}$, $(6.3)_{\nu+1}$, $(6.4)_{\nu+1}$ 和 $(6.5)_{\nu+1}$. 事实上, 新哈密顿函数 $\tilde{H}_{l+1}$ 可被写成

$$
\begin{aligned}
\tilde{H}_{\nu+1} :=\ & \tilde{H}_\nu \circ X^1_{\mathcal{F}_\nu} \\
=\ & \langle \tilde{\omega}(\bar{\xi}), J \rangle + \sum_{j \geqslant 0} \lambda_{j,\nu}(\bar{\xi}, \tilde{\omega}(\bar{\xi}), \varepsilon) z_j \bar{z}_j \\
& + \left\{ \langle \tilde{\omega}(\bar{\xi}), J \rangle + \sum_{j \geqslant 0} \lambda_{j,\nu}(\bar{\xi}, \tilde{\omega}(\bar{\xi}), \varepsilon) z_j \bar{z}_j, \mathcal{F}_\nu \right\} \\
& + \varepsilon^{\frac{2}{3}(\nu+1)} R_{\nu+1}(z, \bar{z}, \theta, \bar{\xi}, \tilde{\omega}(\bar{\xi}), \varepsilon) + \left\{ \varepsilon^{\frac{2}{3}(\nu+1)} R_{\nu+1}(z, \bar{z}, \theta, \bar{\xi}, \tilde{\omega}(\bar{\xi}), \varepsilon), \mathcal{F}_\nu \right\} \\
& + \int_0^1 (1-t) \left\{ \{ \tilde{H}_\nu, \mathcal{F}_\nu \}, \mathcal{F}_\nu \right\} \circ X^t_{\mathcal{F}_\nu} \, dt.
\end{aligned}
$$

函数 F_ν 由下列同调方程

$$
\begin{aligned}
& \left\{ \langle \tilde{\omega}(\bar{\xi}), J \rangle + \sum_{j \geqslant 0} \lambda_{j,\nu}(\bar{\xi}, \tilde{\omega}(\bar{\xi}), \varepsilon) z_j \bar{z}_j, \mathcal{F}_\nu \right\} + \varepsilon^{\frac{2}{3}(\nu+1)} R_{\nu+1}(z, \bar{z}, \theta, \bar{\xi}, \tilde{\omega}(\bar{\xi}), \varepsilon) \\
& = \varepsilon^{\frac{2}{3}(\nu+1)} \sum_{j \geqslant 0} [\zeta_{j,\nu,1,1}] z_j \bar{z}_j \qquad\qquad\qquad (6.1.31)
\end{aligned}
$$

确定. 代 $(6.1.30)$ 到 $(6.1.31)$, 得

$$
\begin{cases}
\mathrm{i}\langle k, \tilde{\omega}(\bar{\xi}) \rangle \beta_{j,\nu,k,1,1} = -\zeta_{j,\nu,k,1,1}(\bar{\xi}, \tilde{\omega}(\bar{\xi}), \varepsilon), \quad k \neq 0, \\
\mathrm{i}(\langle k, \tilde{\omega}(\bar{\xi}) \rangle + 2\lambda_{j,\nu}(\bar{\xi}, \tilde{\omega}(\bar{\xi}), \varepsilon)) \beta_{j,\nu,k,0,2}(\bar{\xi}, \tilde{\omega}(\bar{\xi}), \varepsilon) = -\zeta_{j,\nu,k,0,2}(\bar{\xi}, \tilde{\omega}(\bar{\xi}), \varepsilon), \\
\mathrm{i}(\langle k, \tilde{\omega}(\bar{\xi}) \rangle - 2\lambda_{j,\nu}(\bar{\xi}, \tilde{\omega}(\bar{\xi}), \varepsilon)) \beta_{j,\nu,k,2,0}(\bar{\xi}, \tilde{\omega}(\bar{\xi}), \varepsilon) = -\zeta_{j,\nu,k,2,0}(\bar{\xi}, \tilde{\omega}(\bar{\xi}), \varepsilon).
\end{cases}
$$

于是, 我们得到

$$
\beta_{j,\nu,1,1}(\theta, \bar{\xi}, \tilde{\omega}(\bar{\xi}), \varepsilon) = \sum_{0 \neq k \in \mathbb{Z}^{m+1}} \frac{-\zeta_{j,\nu,k,1,1}(\bar{\xi}, \tilde{\omega}(\bar{\xi}), \varepsilon)}{\mathrm{i}\langle k, \tilde{\omega}(\bar{\xi}) \rangle} e^{\mathrm{i}\langle k, \theta \rangle}, \qquad (6.1.32)
$$

$$
\beta_{j,\nu,0,2}(\theta, \bar{\xi}, \tilde{\omega}(\bar{\xi}), \varepsilon) = \sum_{k \in \mathbb{Z}^{m+1}} \frac{-\zeta_{j,\nu,k,0,2}(\bar{\xi}, \tilde{\omega}(\bar{\xi}), \varepsilon)}{\mathrm{i}(\langle k, \tilde{\omega}(\bar{\xi}) \rangle + 2\lambda_{j,\nu}(\bar{\xi}, \tilde{\omega}(\bar{\xi}), \varepsilon))} e^{\mathrm{i}\langle k, \theta \rangle} \qquad (6.1.33)
$$

和

$$
\beta_{j,\nu,2,0}(\theta, \bar{\xi}, \tilde{\omega}(\bar{\xi}), \varepsilon) = \sum_{k \in \mathbb{Z}^{m+1}} \frac{-\zeta_{j,\nu,k,2,0}(\bar{\xi}, \tilde{\omega}(\bar{\xi}), \varepsilon)}{\mathrm{i}(\langle k, \tilde{\omega}(\bar{\xi}) \rangle - 2\lambda_{j,\nu}(\bar{\xi}, \tilde{\omega}(\bar{\xi}), \varepsilon))} e^{\mathrm{i}\langle k, \theta \rangle}. \qquad (6.1.34)
$$

用 Cauchy 估计和 $(6.1)_\nu$, 得

$$|\zeta_{j,\nu,k,n_1,n_2}| \leqslant \|\zeta_{j,\nu,n_1,n_2}\|^*_{\Theta_\nu \times \overline{J}_\nu} e^{-|k|\sigma_\nu} \leqslant C\varepsilon^{\frac{3\bar{\sigma}}{4}} \lambda_j^{-1/2} e^{-|k|\sigma_\nu} \tag{6.1.35}$$

和

$$|\partial_{\bar{\xi}}\zeta_{j,\nu,k,n_1,n_2}| \leqslant \|\zeta_{j,\nu,n_1,n_2}\|^*_{\Theta_\nu \times \overline{J}_\nu} e^{-|k|\sigma_\nu} \leqslant C\varepsilon^{\frac{3\bar{\sigma}}{4}} \lambda_j^{-1/2} e^{-|k|\sigma_\nu}. \tag{6.1.36}$$

注意到 $\alpha \in A_\gamma$, 我们有

$$\sup_{(\theta;\bar{\xi})\in\Theta_{\nu+1}\times\overline{J}_\nu} |\beta_{j,\nu,1,1}| \leqslant C\varepsilon^{\frac{3\bar{\sigma}}{4}}\gamma^{-1}\lambda_j^{-1/2}\sum_{0\neq k\in\mathbb{Z}^{m+1}} |k|^{m+3}e^{-|k|(\sigma_\nu - \sigma_{\nu+1})}$$

并且

$$\sup_{(\theta;\bar{\xi})\in\Theta_{\nu+1}\times\overline{J}_\nu} |\beta_{0,\nu,n_1,n_2}| \leqslant \left(\varepsilon^{\frac{1}{3}}\varrho\frac{2\pi}{T}\right)^{-1}\varepsilon^{\frac{3\bar{\sigma}}{4}}\lambda_0^{-1/2}(1+\nu^2)$$

$$\times\left(1+\sum_{0\neq k\in\mathbb{Z}^{m+1}}|k|^{m+3}e^{-|k|(\sigma_\nu-\sigma_{\nu+1})}\right).$$

类似地, 对 $j \geqslant 1$, 可得

$$\sup_{(\theta;\bar{\xi})\in\Theta_{\nu+1}\times\overline{J}_\nu} |\beta_{j,\nu,n_1,n_2}|$$

$$\leqslant \begin{cases} \left(\varepsilon^{\frac{2}{3}}\varrho\frac{2\pi}{T}\right)^{-1}\varepsilon^{\frac{3\bar{\sigma}}{4}}\lambda_j^{-1/2}(1+\nu^2)\left(1+\displaystyle\sum_{0\neq k\in\mathbb{Z}^{m+1}}|k|^{m+3}e^{-|k|(\sigma_\nu-\sigma_{\nu+1})}\right), & k_{m+1}=0, \\[3mm] \left(\varepsilon^{\frac{1}{3}}\varrho\frac{2\pi}{T}\right)^{-1}\varepsilon^{\frac{3\bar{\sigma}}{4}}\lambda_j^{-1/2}(1+\nu^2)\left(1+\displaystyle\sum_{0\neq k\in\mathbb{Z}^{m+1}}|k|^{m+3}e^{-|k|(\sigma_\nu-\sigma_{\nu+1})}\right), & k_{m+1}\neq 0, \end{cases}$$

其中 $n_1 = 0, n_2 = 2$ 或 $n_1 = 2, n_2 = 0$. 所以, 应用 [128] 中的引理 3.3 (也可见 [8]), 对 $(\theta;\bar{\xi}) \in \Theta_{\nu+1} \times \overline{J}_\nu$, 可得

$$|\beta_{0,\nu,1,1}|, |\beta_{0,\nu,2,0}|, |\beta_{0,\nu,0,2}| \leqslant C\varepsilon^{\frac{3\bar{\sigma}}{4}-\frac{1}{3}}\lambda_j^{-1/2}(\nu+1)^{4m+8},$$

$$|\beta_{j,\nu,1,1}|, |\beta_{j,\nu,2,0}|, |\beta_{j,\nu,0,2}| \leqslant \begin{cases} C\varepsilon^{\frac{3\bar{\sigma}}{4}-\frac{2}{3}}\lambda_j^{-1/2}(\nu+1)^{4m+8}, & k_{m+1}=0, \\ C\varepsilon^{\frac{3\bar{\sigma}}{4}-\frac{1}{3}}\lambda_j^{-1/2}(\nu+1)^{4m+8}, & k_{m+1}\neq 0, \end{cases} \quad j\geqslant 1. \tag{6.1.37}$$

对 $j \geqslant 1$, 我们有

$$\partial_{\bar{\xi}}(\langle k, \tilde{\omega}(\bar{\xi})\rangle) \mp 2\partial_{\bar{\xi}}\lambda_{j,\nu} = \begin{cases} \mathcal{O}(\varepsilon^{\frac{2}{3}}), & k_{m+1} = 0, \\ \mathcal{O}(\varepsilon^{\frac{1}{3}}), & k_{m+1} \neq 0. \end{cases}$$

因此, 鉴于 (6.1.32)—(6.1.36) 和 (6.1.11), 对 $(\theta; \bar{\xi}) \in \Theta_{\nu+1} \times \overline{J}_\nu$, 有

$$\left|\partial_{\bar{\xi}}\beta_{j,\nu,1,1}\right| \leqslant C\varepsilon^{\frac{3\tilde{\sigma}}{4}}\lambda_j^{-1/2}(\nu+1)^{6m+16}, \quad j \geqslant 0, \tag{6.1.38}$$

$$\left|\partial_{\bar{\xi}}\beta_{0,\nu,n_1,n_2}\right| \leqslant C\varepsilon^{\frac{3\tilde{\sigma}}{4}-\frac{1}{3}}\lambda_0^{-1/2}(\nu+1)^{6m+20}. \tag{6.1.39}$$

类似地, 对 $j \geqslant 1$ 以及 $n_1 = 0, n_2 = 2$ 或 $n_1 = 2, n_2 = 0$, 可得

$$\left|\partial_{\bar{\xi}}\beta_{j,\nu,n_1,n_2}\right| \leqslant \begin{cases} C\varepsilon^{\frac{3\tilde{\sigma}}{4}-\frac{2}{3}}\lambda_j^{-1/2}(\nu+1)^{6m+20}, & k_{m+1} = 0, \\ C\varepsilon^{\frac{3\tilde{\sigma}}{4}-\frac{1}{3}}\lambda_j^{-1/2}(\nu+1)^{6m+20}, & k_{m+1} \neq 0. \end{cases} \tag{6.1.40}$$

鉴于 (6.1.37)—(6.1.40), 我们有

$$\|\beta_{0,\nu,1,1}\|^*_{\Theta_{\nu+1}\times\overline{J}_\nu}, \|\beta_{0,\nu,2,0}\|^*_{\Theta_{\nu+1}\times\overline{J}_\nu}, \|\beta_{0,\nu,0,2}\|^*_{\Theta_{\nu+1}\times\overline{J}_\nu} \leqslant C\varepsilon^{\frac{3\tilde{\sigma}}{4}-\frac{1}{3}}\lambda_j^{-1/2}(\nu+1)^{6m+20} \tag{6.1.41}$$

并且

$$\|\beta_{j,\nu,1,1}\|^*_{\Theta_{\nu+1}\times\overline{J}_\nu}, \|\beta_{j,\nu,2,0}\|^*_{\Theta_{\nu+1}\times\overline{J}_\nu}, \|\beta_{j,\nu,0,2}\|^*_{\Theta_{\nu+1}\times\overline{J}_\nu}$$

$$\leqslant \begin{cases} C\varepsilon^{\frac{3\tilde{\sigma}}{4}-\frac{2}{3}}\lambda_j^{-1/2}(\nu+1)^{6m+20}, & k_{m+1} = 0, \\ C\varepsilon^{\frac{3\tilde{\sigma}}{4}-\frac{1}{3}}\lambda_j^{-1/2}(\nu+1)^{6m+20}, & k_{m+1} \neq 0, \end{cases} \quad j \geqslant 1. \tag{6.1.42}$$

由于 (6.1.32)—(6.1.34), 我们有估计:

$$\|\partial_\theta\beta_{0,\nu,1,1}\|^*_{\Theta_{\nu+1}\times\overline{J}_\nu}, \|\partial_\theta\beta_{0,\nu,2,0}\|^*_{\Theta_{\nu+1}\times\overline{J}_\nu}, \|\partial_\theta\beta_{0,\nu,0,2}\|^*_{\Theta_{\nu+1}\times\overline{J}_\nu}$$

$$\leqslant C\varepsilon^{\frac{3\tilde{\sigma}}{4}-\frac{1}{3}}\lambda_j^{-1/2}(\nu+1)^{6m+22}, \tag{6.1.43}$$

$$\|\partial_\theta\beta_{j,\nu,1,1}\|^*_{\Theta_{\nu+1}\times\overline{J}_\nu}, \|\partial_\theta\beta_{j,\nu,2,0}\|^*_{\Theta_{\nu+1}\times\overline{J}_\nu}, \|\partial_\theta\beta_{j,\nu,0,2}\|^*_{\Theta_{\nu+1}\times\overline{J}_\nu}$$

$$\leqslant \begin{cases} C\varepsilon^{\frac{3\tilde{\sigma}}{4}-\frac{2}{3}}\lambda_j^{-1/2}(\nu+1)^{6m+22}, & k_{m+1} = 0, \\ C\varepsilon^{\frac{3\tilde{\sigma}}{4}-\frac{1}{3}}\lambda_j^{-1/2}(\nu+1)^{6m+22}, & k_{m+1} \neq 0, \end{cases} \quad j \geqslant 1 \tag{6.1.44}$$

和

$$\|\partial_{\theta\theta}\beta_{0,\nu,1,1}\|^*_{\Theta_{\nu+1}\times\overline{J}_\nu}, \|\partial_{\theta\theta}\beta_{0,\nu,2,0}\|^*_{\Theta_{\nu+1}\times\overline{J}_\nu}, \|\partial_{\theta\theta}\beta_{0,\nu,0,2}\|^*_{\Theta_{\nu+1}\times\overline{J}_\nu}$$

$$\leqslant C\varepsilon^{\frac{3\bar{\sigma}}{4}-\frac{1}{3}}\lambda_j^{-1/2}(\nu+1)^{6m+24}, \tag{6.1.45}$$

$$\|\partial_{\theta\theta}\beta_{j,\nu,1,1}\|^*_{\Theta_{\nu+1}\times\overline{J}_\nu}, \|\partial_{\theta\theta}\beta_{j,\nu,2,0}\|^*_{\Theta_{\nu+1}\times\overline{J}_\nu}, \|\partial_{\theta\theta}\beta_{j,\nu,0,2}\|^*_{\Theta_{\nu+1}\times\overline{J}_\nu}$$

$$\leqslant \begin{cases} C\varepsilon^{\frac{3\bar{\sigma}}{4}-\frac{2}{3}}\lambda_j^{-1/2}(\nu+1)^{6m+24}, & k_{m+1}=0, \\ C\varepsilon^{\frac{3\bar{\sigma}}{4}-\frac{1}{3}}\lambda_j^{-1/2}(\nu+1)^{6m+24}, & k_{m+1}\neq 0, \end{cases} \quad j\geqslant 1. \tag{6.1.46}$$

3. 流 $X^t_{\mathcal{F}_\nu}$ 的估计

设

$$B_{j,\nu}(\theta,\bar{\xi},\tilde{\omega}(\bar{\xi}),\varepsilon)$$
$$= \begin{pmatrix} 2\beta_{j,\nu,2,0}(\theta,\bar{\xi},\tilde{\omega}(\bar{\xi}),\varepsilon) & \beta_{j,\nu,1,1}(\theta,\bar{\xi},\tilde{\omega}(\bar{\xi}),\varepsilon) \\ \beta_{j,\nu,1,1}(\theta,\bar{\xi},\tilde{\omega}(\bar{\xi}),\varepsilon) & 2\beta_{j,\nu,0,2}(\theta,\bar{\xi},\tilde{\omega}(\bar{\xi}),\varepsilon) \end{pmatrix},$$

$$\mathcal{J} = \mathrm{i}\begin{pmatrix} 0 & 1 \\ -1 & 0 \end{pmatrix}.$$

由 (6.1.41)—(6.1.46), 可得

$$\|B_{0,\nu}\|^*_{\Theta_{\nu+1}\times\overline{J}_\nu} \leqslant C\varepsilon^{\frac{3\bar{\sigma}}{4}-\frac{1}{3}}\lambda_j^{-1/2}(\nu+1)^{6m+20}, \tag{6.1.47}$$

$$\|B_{j,\nu}\|^*_{\Theta_{\nu+1}\times\overline{J}_\nu} \leqslant \begin{cases} C\varepsilon^{\frac{3\bar{\sigma}}{4}-\frac{2}{3}}\lambda_j^{-1/2}(\nu+1)^{6m+20}, & k_{m+1}=0, \\ C\varepsilon^{\frac{3\bar{\sigma}}{4}-\frac{1}{3}}\lambda_j^{-1/2}(\nu+1)^{6m+20}, & k_{m+1}\neq 0, \end{cases} \quad j\geqslant 1, \tag{6.1.48}$$

$$\|\partial_\theta B_{0,\nu}\|^*_{\Theta_{\nu+1}\times\overline{J}_\nu} \leqslant C\varepsilon^{\frac{3\bar{\sigma}}{4}-\frac{1}{3}}\lambda_j^{-1/2}(\nu+1)^{6m+22},$$

$$\|\partial_\theta B_{j,\nu}\|^*_{\Theta_{\nu+1}\times\overline{J}_\nu} \leqslant \begin{cases} C\varepsilon^{\frac{3\bar{\sigma}}{4}-\frac{2}{3}}\lambda_j^{-1/2}(\nu+1)^{6m+22}, & k_{m+1}=0, \\ C\varepsilon^{\frac{3\bar{\sigma}}{4}-\frac{1}{3}}\lambda_j^{-1/2}(\nu+1)^{6m+22}, & k_{m+1}\neq 0, \end{cases} \quad j\geqslant 1.$$

$$\|\partial_{\theta\theta}B_{0,\nu}\|^*_{\Theta_{\nu+1}\times\overline{J}_\nu} \leqslant C\varepsilon^{\frac{3\bar{\sigma}}{4}-\frac{1}{3}}\lambda_j^{-1/2}(\nu+1)^{6m+24},$$

$$\|\partial_{\theta\theta}B_{j,\nu}\|^*_{\Theta_{\nu+1}\times\overline{J}_\nu} \leqslant \begin{cases} C\varepsilon^{\frac{3\bar{\sigma}}{4}-\frac{2}{3}}\lambda_j^{-1/2}(\nu+1)^{6m+24}, & k_{m+1}=0, \\ C\varepsilon^{\frac{3\bar{\sigma}}{4}-\frac{1}{3}}\lambda_j^{-1/2}(\nu+1)^{6m+24}, & k_{m+1}\neq 0, \end{cases} \quad j\geqslant 1.$$

此外, 我们注意到向量场 $X_{\mathcal{F}_\nu}$ 可写成

$$
\begin{cases}
\dot\theta = \dfrac{\partial \mathcal{F}_\nu}{\partial J} = 0, \\[2mm]
\dfrac{d}{dt}\begin{pmatrix} z_j \\ \bar z_j \end{pmatrix} = \begin{pmatrix} i\dfrac{\partial \mathcal{F}_\nu}{\partial \bar z_j} \\[2mm] -i\dfrac{\partial \mathcal{F}_\nu}{\partial z_j} \end{pmatrix} = \varepsilon^{\frac{2}{3}(\nu+1)} \mathcal{J} B_{j,\nu}(\theta,\bar\xi,\tilde\omega(\bar\xi),\varepsilon)\cdot\begin{pmatrix} z_j \\ \bar z_j \end{pmatrix}, \quad j=0,1,2,\cdots, \\[3mm]
\dot J = -\dfrac{\partial \mathcal{F}_\nu}{\partial\theta} = -\varepsilon^{\frac{2}{3}(\nu+1)}\displaystyle\sum_{j\geqslant 0}\sum_{n_1+n_2=2}\partial_\theta\beta_{j,\nu,n_1,n_2}(\theta,\bar\xi,\tilde\omega(\bar\xi),\varepsilon)z_j^{n_1}\bar z_j^{n_2}.
\end{cases}
$$

$$\tag{6.1.49}$$

容易推出, 当 $\varepsilon < 1$ 时, 有

$$
|\varepsilon^{\frac{\nu}{3}+\frac{3\tilde\sigma}{4}}(\nu+1)^{6m+20}| \leqslant C, \quad |\varepsilon^{\frac{\nu}{3}+\frac{3\tilde\sigma}{4}-\frac{1}{3}}(\nu+1)^{6m+20}| \leqslant C, \quad \nu=0,1,\cdots,
$$

其中 C 是一个独立于 ν,ε 的常数. 从 (6.1.47) 和 (6.1.48), 对 $(\theta,\bar\xi)\in\Theta_{\nu+1}\times\overline{J}_\nu$, 我们有

$$
\|\varepsilon^{\frac{2}{3}(\nu+1)}\mathcal{J}B_{j,\nu}(\theta,\bar\xi,\tilde\omega(\bar\xi),\varepsilon)\|^*_{\Theta_{\nu+1}\times\overline{J}_\nu} \leqslant C\lambda_j^{-1/2}\varepsilon^{\frac{1}{3}(\nu+1)}. \tag{6.1.50}
$$

从 (6.1.49) 和 (6.1.50) 可推出

$$
\|(\mathcal{F}_\nu)_{\bar z_j}\|^*_{\Theta_{\nu+1}\times\overline{J}_\nu}\ ,\ \ \|(\mathcal{F}_\nu)_{z_j}\|^*_{\Theta_{\nu+1}\times\overline{J}_\nu}
$$
$$
\leqslant \|\varepsilon^{\frac{2}{3}(\nu+1)}\mathcal{J}B_{j,\nu}(\theta,\bar\xi,\tilde\omega(\bar\xi),\varepsilon)\|^*_{\Theta_{\nu+1}\times\overline{J}_\nu}|z_j| \leqslant C\lambda_j^{-1/2}\varepsilon^{\frac{1}{3}(\nu+1)}|z_j|. \tag{6.1.51}
$$

类似地, 从 (6.1.43), (6.1.44) 和 (6.1.49) 可推出

$$
\|(\mathcal{F}_\nu)_\theta\|^*_{\Theta_{\nu+1}\times\overline{J}_\nu} \leqslant C\varepsilon^{\frac{1}{3}(\nu+1)}\sum_{j\geqslant 0}\lambda_j^{-1/2}|z_j|^2. \tag{6.1.52}
$$

对上式从 0 到 t 积分, 得 $X^t_{\mathcal{F}_\nu}$:

$$
\begin{cases}
\theta = \theta^{\mathcal{C}}, \\[2mm]
\begin{pmatrix} z_j(t) \\ \bar z_j(t) \end{pmatrix} = \exp\left(\varepsilon^{\frac{2}{3}(\nu+1)}\mathcal{J}B_{j,\nu}(\theta^{\mathcal{C}},\bar\xi,\tilde\omega,\varepsilon)t\right)\cdot\begin{pmatrix} z_j(0) \\ \bar z_j(0) \end{pmatrix}, \quad j=0,1,2,\cdots, \\[3mm]
J(t) = J(0) - \varepsilon^{\frac{2}{3}(\nu+1)}\displaystyle\int_0^t\sum_{j\geqslant 0}\sum_{n_1+n_2=2}\partial_\theta\beta_{j,\nu,n_1,n_2}(\theta^{\mathcal{C}},\bar\xi,\tilde\omega(\bar\xi),\varepsilon)\cdot(z_j(t))^{n_1}\cdot(\bar z_j(t))^{n_2}dt,
\end{cases}
$$

$$\tag{6.1.53}$$

其中 θ^C 是 $\mathbb{C}^{m+1}/2\pi\mathbb{Z}^{m+1}$ 中的一个常数向量, 并且 $(\theta^C, J(0), z(0), \bar{z}(0))$ 是初值.

记

$$
\begin{pmatrix} z_j(t) \\ \bar{z}_j(t) \end{pmatrix} = \exp\left(\varepsilon^{\frac{2}{3}(\nu+1)} \mathcal{J} B_{j,\nu}(\theta, \bar{\xi}, \tilde{\omega}(\bar{\xi}), \varepsilon)t\right) \begin{pmatrix} z_j(0) \\ \bar{z}_j(0) \end{pmatrix}
$$

$$
= (Id + f_{j,\nu}(\theta, \bar{\xi}, \tilde{\omega}(\bar{\xi}), \varepsilon, t)) \begin{pmatrix} z_j(0) \\ \bar{z}_j(0) \end{pmatrix}, \quad t \in [0,1], \tag{6.1.54}
$$

其中 Id 是单位阵, 并且

$$
f_{j,\nu} := \begin{pmatrix} f_{j,\nu,11} & f_{j,\nu,12} \\ f_{j,\nu,21} & f_{j,\nu,22} \end{pmatrix}.
$$

此外, 用 (6.1.50) 可得

$$
\|f_{j,\nu}(\theta, \bar{\xi}, \tilde{\omega}(\bar{\xi}), \varepsilon, t)\|^*_{\Theta_{\nu+1} \times \overline{\mathcal{J}}_\nu} \leqslant C\lambda_j^{-1/2}\varepsilon^{\frac{1}{3}(\nu+1)} \tag{6.1.55}
$$

和

$$
\|\partial_\theta(f_{j,\nu}(\theta, \bar{\xi}, \tilde{\omega}(\bar{\xi}), \varepsilon, t) \cdot z_j)\|^*_{\Theta_{\nu+1} \times \overline{\mathcal{J}}_\nu}, \ \|\partial_\theta(f_{j,\nu}(\theta, \bar{\xi}, \tilde{\omega}(\bar{\xi}), \varepsilon, t) \cdot \bar{z}_j)\|^*_{\Theta_{\nu+1} \times \overline{\mathcal{J}}_\nu}
$$

$$
\leqslant C\lambda_j^{-1/2}\varepsilon^{\frac{1}{3}(\nu+1)}|z_j|, \ \ t \in [0,1]. \tag{6.1.56}
$$

设

$$
f_{J,\nu}(\theta, \bar{\xi}, \tilde{\omega}(\bar{\xi}), \varepsilon; z, \bar{z}, t)
$$

$$
= -\varepsilon^{\frac{2}{3}(\nu+1)} \int_0^t \sum_{j \geqslant 0} \sum_{n_1+n_2=2} \partial_\theta \beta_{j,\nu,n_1,n_2}(\theta, \bar{\xi}, \tilde{\omega}(\bar{\xi}), \varepsilon) z_j^{n_1}(t) \bar{z}_j^{n_2}(t) dt,
$$

则

$$
J(t) = J(0) + f_{J,\nu}(\theta, \bar{\xi}, \tilde{\omega}(\bar{\xi}), \varepsilon; z, \bar{z}, t), \quad t \in [0,1].
$$

从 (6.1.49) 和 (6.1.52), 可得

$$
\|f_{J,\nu}(\theta, \bar{\xi}, \tilde{\omega}(\bar{\xi}), \varepsilon; z, \bar{z}, t)\|^*_{D^{a,s}_{\nu+1} \times \overline{\mathcal{J}}_\nu} \leqslant C\varepsilon^{\frac{1}{3}(\nu+1)} \sum_{j \geqslant 0} \lambda_j^{-1/2}|z_j|^2.
$$

此外, 从 (6.1.44), (6.1.46) 和 (6.1.53), 可得

$$
\|\partial_\theta f_{J\nu}(\theta, \bar{\xi}, \tilde{\omega}(\bar{\xi}), \varepsilon; z, \bar{z}, t)\|^*_{D^{a,s}_{\nu+1} \times \overline{\mathcal{J}}_\nu} \leqslant C\varepsilon^{\frac{1}{3}(\nu+1)} \sum_{j \geqslant 0} \lambda_j^{-1/2}|z_j|^2 \tag{6.1.57}
$$

和

$$\|\partial_{z_j} f_{J\nu}(\theta, \bar{\xi}, \tilde{\omega}(\bar{\xi}), \varepsilon; z, \bar{z}, t)\|^*_{D^{a,s}_{\nu+1} \times \bar{J}_\nu}, \quad \|\partial_{\bar{z}_j} f_{J\nu}(\theta, \bar{\xi}, \tilde{\omega}(\bar{\xi}), \varepsilon; z, \bar{z}, t)\|^*_{D^{a,s}_{\nu+1} \times \bar{J}_\nu}$$

$$\leqslant C\lambda_j^{-1/2} \varepsilon^{\frac{1}{3}(\nu+1)} |z_j|. \tag{6.1.58}$$

因此, 由 (6.1.51) 和 (6.1.52), 可得

$$|X_{\mathcal{F}_\nu}|^*_{a,s+1, D^{a,s}_{\nu+1} \times \bar{J}_{\nu+1}} \leqslant C\varepsilon^{\frac{1}{3}(\nu+1)}. \tag{6.1.59}$$

为了得到 $X^t_{\mathcal{F}_\nu}$ 的估计, 我们考虑积分方程

$$X^t_{\mathcal{F}_\nu} = id + \int_0^t X_{\mathcal{F}_\nu} \circ X^s_{\mathcal{F}_\nu} ds, \quad 0 \leqslant t \leqslant 1.$$

于是, 从 (6.1.59) 可得

$$|X^1_{\mathcal{F}_\nu} - id|^*_{a,s+1, D^{a,s}_{\nu+1} \times \bar{J}_{\nu+1}} \leqslant |X_{\mathcal{F}_\nu}|^*_{a,s+1, D^{a,s}_{\nu+1} \times \bar{J}_{\nu+1}} \leqslant C\varepsilon^{\frac{1}{3}(\nu+1)}. \tag{6.1.60}$$

现在我们估计 $DX^1_{\mathcal{F}_\nu} - Id$.

假设坐标变换是

$$X^1_{\mathcal{F}_\nu}: \quad (\theta, J, z, \bar{z}) \mapsto (\Theta(\theta), \mathbb{J}(\theta, J, z, \bar{z}; \bar{\xi}, \tilde{\omega}(\bar{\xi}), \varepsilon), \mathbb{z}(\theta, z, \bar{z}; \bar{\xi}, \tilde{\omega}(\bar{\xi}), \varepsilon),$$
$$\bar{\mathbb{z}}(\theta, z, \bar{z}; \bar{\xi}, \tilde{\omega}(\bar{\xi}), \varepsilon)).$$

所以, 用 (6.1.53) 可得

$$DX^1_{\mathcal{F}_\nu} = \begin{pmatrix} Id_{(m+1) \times (m+1)} & 0 & 0 & 0 \\ \dfrac{\partial \mathbb{J}}{\partial \theta} & Id_{(m+1) \times (m+1)} & \dfrac{\partial \mathbb{J}}{\partial z} & \dfrac{\partial \mathbb{J}}{\partial \bar{z}} \\ \dfrac{\partial \mathbb{z}}{\partial \theta} & 0 & \dfrac{\partial \mathbb{z}}{\partial z} & \dfrac{\partial \mathbb{z}}{\partial \bar{z}} \\ \dfrac{\partial \bar{\mathbb{z}}}{\partial \theta} & 0 & \dfrac{\partial \bar{\mathbb{z}}}{\partial z} & \dfrac{\partial \bar{\mathbb{z}}}{\partial \bar{z}} \end{pmatrix},$$

其中

$$\frac{\partial \mathbb{J}}{\partial \theta} = \frac{\partial f_{J,\nu}}{\partial \theta}, \quad \frac{\partial \mathbb{J}}{\partial z} = \frac{\partial f_{J,\nu}}{\partial z} = \left(\frac{\partial f_{J,\nu}}{\partial z_0}, \frac{\partial f_{J,\nu}}{\partial z_1}, \frac{\partial f_{J,\nu}}{\partial z_2}, \cdots \right)_{(m+1) \times \infty},$$

并且

$$\frac{\partial \mathbb{J}}{\partial \bar{z}} = \frac{\partial f_{J,\nu}}{\partial \bar{z}} = \left(\frac{\partial f_{J,\nu}}{\partial \bar{z}_0}, \frac{\partial f_{J,\nu}}{\partial \bar{z}_1}, \frac{\partial f_{J,\nu}}{\partial \bar{z}_2}, \cdots \right)_{(m+1) \times \infty}.$$

由于 (6.1.54), 我们得

$$\mathbb{z} = ((1+f_{0,\nu,11})z_0+f_{0,\nu,12}\bar{z}_0, (1+f_{1,\nu,11})z_1+f_{1,\nu,12}\bar{z}_1, (1+f_{2,\nu,11})z_2+f_{2,\nu,12}\bar{z}_2, \cdots).$$

由此推出

$$\frac{\partial \mathbb{z}}{\partial \theta} = \left(\left(\frac{\partial(f_{0,\nu,11}z_0 + f_{0,\nu,12}\bar{z}_0)}{\partial \theta}, \frac{\partial(f_{1,\nu,11}z_1 + f_{1,\nu,12}\bar{z}_1)}{\partial \theta}, \right.\right.$$
$$\left.\left. \frac{\partial(f_{2,\nu,11}z_2 + f_{2,\nu,12}\bar{z}_2)}{\partial \theta}, \cdots \right)^{\mathrm{T}}\right)_{\infty \times (m+1)},$$

$$\frac{\partial \mathbb{z}}{\partial z} = \begin{pmatrix} 1+f_{0,\nu,11} & 0 & 0 & \cdots \\ 0 & 1+f_{1,\nu,11} & 0 & \cdots \\ \vdots & \vdots & \vdots & \ddots \end{pmatrix}_{\infty \times \infty},$$

$$\frac{\partial \mathbb{z}}{\partial \bar{z}} = \begin{pmatrix} f_{0,\nu,12} & 0 & 0 & \cdots \\ 0 & f_{1,\nu,12} & 0 & \cdots \\ \vdots & \vdots & \vdots & \ddots \end{pmatrix}_{\infty \times \infty}.$$

由于 (6.1.54), 我们得

$$\bar{\mathbb{z}} = (f_{0,\nu,21}z_0+(1+f_{0,\nu,22})\bar{z}_0, f_{1,\nu,21}z_1+(1+f_{1,\nu,22})\bar{z}_1, f_{2,\nu,21}z_2+(1+f_{2,\nu,22})\bar{z}_2, \cdots).$$

由此推出

$$\frac{\partial \bar{\mathbb{z}}}{\partial \theta} = \left(\left(\frac{\partial(f_{0,\nu,21}z_0 + f_{0,\nu,22}\bar{z}_0)}{\partial \theta}, \frac{\partial(f_{1,\nu,21}z_1 + f_{1,\nu,22}\bar{z}_1)}{\partial \theta}, \right.\right.$$
$$\left.\left. \frac{\partial(f_{2,\nu,21}z_2 + f_{2,\nu,22}\bar{z}_2)}{\partial \theta}, \cdots \right)^{\mathrm{T}}\right)_{\infty \times (m+1)},$$

$$\frac{\partial \bar{\mathbb{z}}}{\partial z} = \begin{pmatrix} f_{0,\nu,21} & 0 & 0 & \cdots \\ 0 & f_{1,\nu,21} & 0 & \cdots \\ \vdots & \vdots & \vdots & \ddots \end{pmatrix}_{\infty \times \infty},$$

$$\frac{\partial \bar{\mathbb{z}}}{\partial \bar{z}} = \begin{pmatrix} 1+f_{0,\nu,22} & 0 & 0 & \cdots \\ 0 & 1+f_{1,\nu,22} & 0 & \cdots \\ \vdots & \vdots & \vdots & \ddots \end{pmatrix}_{\infty \times \infty}.$$

所以, 从 (6.1.55)—(6.1.58), 对 $0 \neq \tilde{w} = (\theta', J', z', \bar{z}')^{\mathrm{T}} \in D_{\nu+1}^{a,s}$, 可得

$$|(DX_{\mathcal{F}_\nu}^1 - Id)\tilde{w}|_{a,s+1} \leqslant C\varepsilon^{\frac{1}{3}(\nu+1)}|\tilde{w}|_{a,s},$$

其中 D 是关于 $(\theta, J, z, \bar{z})$ 的微分算子, 并且 Id 是单位阵. 因此,

$$|DX_{\mathcal{F}_\nu}^1 - Id|_{a,s+1,s,D_{\nu+1}^{a,s} \times \bar{J}_{\nu+1}}^{op} \leqslant C\varepsilon^{\frac{1}{3}(\nu+1)}.$$

类似地

$$|DX_{\mathcal{F}_\nu}^1 - Id|_{a,s+1,s,D_{\nu+1}^{a,s} \times \bar{J}_{\nu+1}}^{*op} \leqslant C\varepsilon^{\frac{1}{3}(\nu+1)}. \tag{6.1.61}$$

4. 小项 $R_{\nu+2}$ 的估计

现在我们估计小项 $R_{\nu+2}$ 并且完成一个迭代的循环. 设

$$\tilde{\lambda}_{j,\nu+1}(\bar{\xi}, \tilde{\omega}(\bar{\xi}), \varepsilon) = [\zeta_{j,\nu,1,1}] = \frac{1}{(2\pi)^{m+1}} \int_{\mathbb{T}^{m+1}} \zeta_{j,\nu,1,1}(\theta, \bar{\xi}, \tilde{\omega}(\bar{\xi}), \varepsilon)d\theta$$

和

$$\lambda_{j,\nu+1}(\bar{\xi}, \tilde{\omega}(\bar{\xi}), \varepsilon) = \lambda_{j,\nu}(\bar{\xi}, \tilde{\omega}(\bar{\xi}), \varepsilon) + \varepsilon^{\frac{2}{3}(\nu+1)}\tilde{\lambda}_{j,\nu+1}(\bar{\xi}, \tilde{\omega}(\bar{\xi}), \varepsilon),$$

则易见 $\lambda_{j,\nu+1}(\bar{\xi}, \tilde{\omega}(\bar{\xi}), \varepsilon)$ 满足条件 $(6.2)_{\nu+1}$. 此外, 从同调方程 (6.1.31), 可知

$$\tilde{H}_{\nu+1} = \langle \tilde{\omega}(\bar{\xi}), J \rangle + \sum_{j \geqslant 0} \lambda_{j,\nu+1}(\bar{\xi}, \tilde{\omega}(\bar{\xi}), \varepsilon)z_j\bar{z}_j + \varepsilon^{\frac{2}{3}(\nu+1)}R_{\nu+2}(z, \bar{z}, \theta, \bar{\xi}, \tilde{\omega}(\bar{\xi}), \varepsilon),$$

其中

$$R_{\nu+2}(z, \bar{z}, \theta, \bar{\xi}, \tilde{\omega}(\bar{\xi}), \varepsilon) = \varepsilon^{-\frac{2}{3}(\nu+2)}\left(\left\{ \varepsilon^{\frac{2}{3}(\nu+1)}R_{\nu+1}(z, \bar{z}, \theta, \bar{\xi}, \tilde{\omega}(\bar{\xi}), \varepsilon), \mathcal{F}_\nu \right\} \right.$$
$$\left. + \int_0^1 (1-t)\left\{ \{\tilde{H}_\nu, \mathcal{F}_\nu\}, \mathcal{F}_\nu \right\} \circ X_{\mathcal{F}_\nu}^t dt \right).$$

直接计算可得

$$R_{\nu+2}(z, \bar{z}, \theta, \bar{\xi}, \tilde{\omega}(\bar{\xi}), \varepsilon) = \varepsilon^{\frac{2\nu}{3}} \sum_{j \geqslant 0} \sum_{n_1+n_2=2} \tilde{\zeta}_{j,\nu+1,n_1,n_2}(\theta, \bar{\xi}, \tilde{\omega}(\bar{\xi}), \varepsilon)z_j^{n_1}\bar{z}_j^{n_2},$$

其中 $\tilde{\zeta}_{j,\nu+1,n_1,n_2}(\theta, \bar{\xi}, \tilde{\omega}(\bar{\xi}), \varepsilon)$ 是 $\beta_{j,\nu,n_1,n_2}(\theta, \bar{\xi}, \tilde{\omega}(\bar{\xi}), \varepsilon)$ 的积的线性组合, 并且

$$\zeta_{j,\nu,m_1,m_2}(\theta, \bar{\xi}, \tilde{\omega}(\bar{\xi}), \varepsilon), \quad n_1, n_2, m_1, m_2 \in \mathbb{N}$$

以及 $n_1 + n_2 = 2, m_1 + m_2 = 2$. 因此, 用 $(6.1)_\nu$, (6.1.41) 和 (6.1.42), 可得

$$\|\tilde{\zeta}_{0,\nu+1,n_1,n_2}\|^*_{\Theta_{\nu+1}\times\overline{J}_\nu} \leqslant C\varepsilon^{\frac{3\tilde{\sigma}}{2}-\frac{2}{3}}\lambda_0^{-1/2}(\nu+1)^{6m+20} \tag{6.1.62}$$

和

$$\|\tilde{\zeta}_{j,\nu+1,n_1,n_2}\|^*_{\Theta_{\nu+1}\times\overline{J}_\nu} \leqslant \begin{cases} C\varepsilon^{\frac{3\tilde{\sigma}}{2}-\frac{2}{3}}\lambda_j^{-1/2}(\nu+1)^{6m+20}, & k_{m+1}=0, \\ C\varepsilon^{\frac{3\tilde{\sigma}}{2}-\frac{1}{3}}\lambda_j^{-1/2}(\nu+1)^{6m+20}, & k_{m+1}\neq0, \end{cases} \quad j\geqslant1. \tag{6.1.63}$$

我们可以假设

$$\zeta_{j,\nu+1,n_1,n_2} := \varepsilon^{\frac{2\nu}{3}}\tilde{\zeta}_{j,\nu+1,n_1,n_2}, \quad j\geqslant0.$$

注意到当 $\varepsilon<1$ 时, 有 $C\varepsilon^{\frac{2\nu}{3}+\frac{3\tilde{\sigma}}{4}-\frac{1}{3}}(\nu+1)^{6m+20}$, $C\varepsilon^{\frac{2\nu}{3}+\frac{3\tilde{\sigma}}{4}-\frac{2}{3}}(\nu+1)^{6m+20}\leqslant1$. 再从 (6.1.62) 和 (6.1.63) 可推出

$$\|\zeta_{j,\nu+1,n_1,n_2}\|^*_{\Theta_{\nu+1}\times\overline{J}_\nu} \leqslant C\varepsilon^{\frac{3\tilde{\sigma}}{4}}\lambda_j^{-1/2}, \quad j\geqslant0.$$

这意味着 $(E)_{\nu+1}$ 在 $D^{a,s}_{\nu+1}$ 有定义, 并且 $\zeta_{j,\nu+1,n_1,n_2}$ 满足 $(6.1)_{\nu+1}$.

5. **变换序列 Σ^N 的收敛性**

鉴于 (6.1.60) 和 (6.1.61), 通过令

$$S_\nu = X^1_{\mathcal{F}_\nu} : D^{a,s}_{\nu+1}\times\overline{J}_{\nu+1} \longmapsto D^{a,s}_\nu\times\overline{J}_\nu,$$

我们有

$$|S_\nu - id|^*_{a,s+1,D^{a,s}_{\nu+1}\times\overline{J}_{\nu+1}} \leqslant C\varepsilon^{\frac{1}{3}(\nu+1)}, \quad |DS_\nu - Id|^{*op}_{a,s+1,s,D^{a,s}_{\nu+1}\times\overline{J}_{\nu+1}} \leqslant C\varepsilon^{\frac{1}{3}(\nu+1)}. \tag{6.1.64}$$

对任意的 $\bar{\xi}\in\overline{J}, N\geqslant0$, 用 Σ^N 表示映射

$$\Sigma^N(\cdot;\bar{\xi}) = S_0(\cdot;\bar{\xi})\circ\cdots\circ S_{N-1}(\cdot;\bar{\xi}) : D^{a,s}_N \longmapsto D^{a,s}(\sigma,r),$$

Σ^0 表示恒等映射. 从 (6.1.64) 的第二个不等式, 可得只要 ε 充分小, 就有

$$\left|D\Sigma^N\right|^{*op}_{a,s+1,s,D^{a,s}_N\times\overline{J}} \leqslant \prod_{\mu=0}^{N-1}|DS_\mu|^{*op}_{a,s+1,s,D^{a,s}_{\mu+1}\times\overline{J}} \leqslant \prod_{\mu\geqslant0}(1+C\varepsilon^{\frac{1}{3}(\mu+1)}) \leqslant 2.$$

因此, 用 (6.1.64) 的第一个不等式, 就有

$$\left|\Sigma^{N+1}-\Sigma^N\right|^*_{a,s+1,D^{a,s}_{N+1}\times\overline{J}} \leqslant \left|D\Sigma^N\right|^{*op}_{a,s+1,s,D^{a,s}_N\times\overline{J}}\cdot|S_N - id|^*_{a,s+1,D^{a,s}_{N+1}\times\overline{J}}$$
$$\leqslant C\varepsilon^{\frac{1}{3}(N+2)}.$$

所以序列 $\{\Sigma^N\}$ 在 $D_N^{a,s}$ 上一致收敛于一个解析映射

$$\Sigma^\infty : D^{a,s}(\sigma/2, r/2) \longmapsto D^{a,s}(\sigma, r).$$

我们注意到哈密顿函数 (6.1.28) 满足 (E_ν), $(6.1)_\nu$ 和 $(6.2)_\nu$, $\nu = 0$, 上面迭代程序可以重复运行. 所以

$$\mu_j = \sqrt{\lambda_j} + \frac{\varepsilon^{\frac{2}{3}}}{2\sqrt{\lambda_j}}[\widetilde{V}(\theta, \bar{\xi}, \varepsilon)] + \sum_{k=2}^{\infty} \varepsilon^{\frac{2k}{3}} \tilde{\lambda}_{j,k}(\bar{\xi}, \tilde{\omega}, \varepsilon)$$

$$= \sqrt{\lambda_j} + \sum_{k=2}^{\infty} \varepsilon^{\frac{2k}{3}} \tilde{\lambda}_{j,k}(\bar{\xi}, \tilde{\omega}, \varepsilon),$$

其中 $|\tilde{\lambda}_{j,k}(\bar{\xi}, \tilde{\omega}, \varepsilon)| \leqslant C\varepsilon^{\bar{\sigma}}\lambda_j^{-1/2}$, $k = 2, 3, \cdots$. 所以 (i) 和 (ii) 成立, 这就完成了证明. □

6.1.4.3　小除数引理的证明

在这一小节中, 我们证明下列小除数引理, 它已经在证明约化定理时用到.

引理 6.1.3　对 $k \in \mathbb{Z}^{m+1}, j, l \in \mathbb{N} = \{0, 1, 2, \cdots\}$, 存在一个闭子集族 $\overline{J}_l(l = 0, \cdots, \nu)$,

$$\overline{J}_\nu \subset \cdots \subset \overline{J}_{l+1} \subset \overline{J}_l \subset \cdots \subset \overline{J}_0 \subset \hat{J} \subset [\pi/T, 3\pi/T],$$

使得对 $\bar{\xi} \in \overline{J}_l$, 成立

$$|\langle k, \tilde{\omega}(\bar{\xi}) \rangle \pm 2\lambda_{0,l}(\bar{\xi}, \tilde{\omega}(\bar{\xi}), \varepsilon)| \geqslant \frac{\varepsilon^{\frac{1}{3}} \varrho \mathrm{meas} \hat{J}}{(1+l^2)(|k|+1)^{m+3}}$$

和

$$|\langle k, \tilde{\omega}(\bar{\xi}) \rangle \pm 2\lambda_{j,l}(\bar{\xi}, \tilde{\omega}(\bar{\xi}), \varepsilon)| \geqslant \begin{cases} \dfrac{\varepsilon^{\frac{1}{3}} \varrho \mathrm{meas} \hat{J}}{(1+l^2)(|k|+1)^{m+3}}, & k_{m+1} \neq 0, \\[3mm] \dfrac{\varepsilon^{\frac{2}{3}} \varrho \mathrm{meas} \hat{J}}{(1+l^2)(|k|+1)^{m+3}}, & k_{m+1} = 0, \end{cases} \quad j \geqslant 1, l = 0, \cdots, \nu,$$

并且

$$\mathrm{meas}\overline{J}_l \geqslant \mathrm{meas}\hat{J}\left(1 - C\varrho \sum_{i=0}^{l} \frac{1}{1+i^2}\right), \tag{*}$$

其中 C 是一个依赖于 m 和 $\bar{\xi}$ 的常数. 此外, 设 $\overline{J} = \bigcap_{l=0}^{\infty} \overline{J}_l$, 则只要 ϱ 充分小, 就有

$$\mathrm{meas}\overline{J} \geqslant \mathrm{meas}\hat{J}(1 - \mathcal{O}(\varrho)).$$

证明 首先, 从 (6.1.29) 和 (6.1.36) 可得

$$|\partial_{\bar{\xi}}\tilde{\lambda}_{j,k}(\bar{\xi},\tilde{\omega}(\bar{\xi}),\varepsilon)| \leqslant C\varepsilon^{\frac{3\bar{\sigma}}{4}}\lambda_j^{-\frac{1}{2}}.$$

从 $(6.2)_l$, 可推出 $\lambda_{j,l}(\bar{\xi},\tilde{\omega}(\bar{\xi}),\varepsilon) = \sqrt{\lambda_j} + \mathcal{O}(\varepsilon^{\frac{4}{3}})$ 以及

$$|\partial_{\bar{\xi}}\lambda_{j,l}(\bar{\xi},\tilde{\omega}(\bar{\xi}),\varepsilon)| = \frac{\varepsilon^{\frac{2}{3}}\frac{\partial}{\partial\bar{\xi}}[\hat{V}(\theta,\bar{\xi},\varepsilon)]}{2\sqrt{j^2 + \varepsilon^{\frac{2}{3}}[\hat{V}(\theta,\bar{\xi},\varepsilon)]}} + \sum_{k=2}^{l}\varepsilon^{\frac{2k}{3}}\partial_{\bar{\xi}}\tilde{\lambda}_{j,k}(\bar{\xi},\tilde{\omega}(\bar{\xi}),\varepsilon).$$

于是, 可得

$$\langle k,\tilde{\omega}(\bar{\xi})\rangle \pm 2\lambda_{j,l}(\bar{\xi},\tilde{\omega}(\bar{\xi}),\varepsilon) = \begin{cases} \pm2\sqrt{\lambda_j} + \mathcal{O}(\varepsilon^{\frac{4}{3}}) + \langle k,\tilde{\omega}(\bar{\xi})\rangle, & l = 2,\cdots\nu, \\ \pm2\sqrt{\lambda_j} + \langle k,\tilde{\omega}(\bar{\xi})\rangle, & l = 0,1. \end{cases}$$

$$(6.1.65)$$

设 $k = 0$, 则只要 ε 和 ϱ 充分小, 就有

$$\left|\langle k,\tilde{\omega}(\bar{\xi})\rangle \pm 2\lambda_{j,l}(\bar{\xi},\tilde{\omega}(\bar{\xi}),\varepsilon)\right| \geqslant 2\sqrt{\lambda_j} - C\varepsilon^{\frac{4}{3}} > 2\varepsilon^{\frac{1}{3}}\sqrt{I_1} - C\varepsilon^{\frac{4}{3}}$$

$$\geqslant \frac{\varepsilon^{\frac{1}{3}}\varrho\mathrm{meas}\hat{J}}{1 + l^2} \geqslant \frac{\varepsilon^{\frac{2}{3}}\varrho\mathrm{meas}\hat{J}}{1 + l^2}.$$

现在, 我们设 $k \neq 0$. 注意到 $\alpha(\bar{\xi}) \in A_\gamma$, 我们有

$$|\langle k,\tilde{\omega}(\bar{\xi})\rangle| \geqslant \frac{\gamma}{|k|^{m+1}}.$$

于是, 对 $j = 0$, 当 ε 充分小时, 我们有

$$|\langle k,\tilde{\omega}(\bar{\xi})\rangle \pm 2\lambda_{0,l}(\bar{\xi},\tilde{\omega}(\bar{\xi}),\varepsilon)| \geqslant |\langle k,\tilde{\omega}(\bar{\xi})\rangle| - 2\varepsilon^{\frac{1}{3}}\sqrt{[\hat{V}]} - |\mathcal{O}(\varepsilon^{\frac{4}{3}})|$$

$$\geqslant \frac{\gamma}{|k|^{m+1}} - 2\varepsilon^{\frac{1}{3}}\sqrt{[\hat{V}]} - |\mathcal{O}(\varepsilon^{\frac{4}{3}})|$$

$$\geqslant \frac{\varepsilon^{\frac{1}{3}}\varrho\mathrm{meas}\hat{J}}{(1 + l^2)(|k| + 1)^{m+3}}.$$

对 $j \geqslant 1$, 当 $k_{m+1} = 0$, 我们假设

$$\overline{J}_{j,k,l}^{0\pm} = \left\{\bar{\xi} \in \hat{J} : \left|\langle k,\tilde{\omega}(\bar{\xi})\rangle \pm 2\lambda_{j,l}(\bar{\xi},\tilde{\omega}(\bar{\xi}),\varepsilon)\right| < \frac{\varepsilon^{\frac{2}{3}}\mathrm{meas}\hat{J}}{(1 + l^2)(|k| + 1)^{m+3}}\right\}$$

和

$$\overline{J}_l^{02} = \bigcup_{j \geqslant 1} \bigcup_{k \in \mathbb{Z}^{m+1}} \left(\overline{J}_{j,k,l}^{0+} \cup \overline{J}_{j,k,l}^{0-} \right),$$

并且当 $k_{m+1} \neq 0$, 假设

$$\overline{J}_{j,k,l}^{\pm} = \left\{ \bar{\xi} \in \hat{J} : \left| \langle k, \tilde{\omega}(\bar{\xi}) \rangle \pm 2\lambda_{j,l}(\bar{\xi}, \tilde{\omega}(\bar{\xi}), \varepsilon) \right| < \frac{\varepsilon^{\frac{1}{3}} \mathrm{meas} \hat{J}}{(1+l^2)(|k|+1)^{m+3}} \right\}$$

和

$$\overline{J}_l^2 = \bigcup_{j \geqslant 1} \bigcup_{k \in \mathbb{Z}^{m+1}} \left(\overline{J}_{j,k,l}^{+} \cup \overline{J}_{j,k,l}^{-} \right).$$

我们已知当 ε 充分小时, 有 $|\mathcal{O}(\varepsilon^{\frac{4}{3}}) + \langle k, \tilde{\omega}(\bar{\xi}) \rangle| \leqslant 1 + |k||\tilde{\omega}(\bar{\xi})|$. 因此, 当 $j > 1 + |k||\tilde{\omega}(\bar{\xi})|$, 从 (6.1.65) 可得

$$\begin{aligned}
\left| \langle k, \tilde{\omega}(\bar{\xi}) \rangle \pm 2\lambda_{j,l}(\bar{\xi}, \tilde{\omega}(\bar{\xi}), \varepsilon) \right| &\geqslant \left| \pm 2\lambda_{j,l}(\bar{\xi}, \tilde{\omega}(\bar{\xi}), \varepsilon) \right| - \left| \mathcal{O}(\varepsilon^{\frac{4}{3}}) + \langle k, \tilde{\omega}(\bar{\xi}) \rangle \right| \\
&\geqslant 2\sqrt{j^2} - (1 + |k||\tilde{\omega}(\bar{\xi})|) \\
&> 2(1 + |k||\tilde{\omega}(\bar{\xi})|) - (1 + |k||\tilde{\omega}(\bar{\xi})|) \\
&> 1 + |k||\tilde{\omega}(\bar{\xi})|,
\end{aligned}$$

它意味着集合 $\overline{J}_{j,k,l}^{0\pm}$ 和 $\overline{J}_{j,k,l}^{\pm}$ 是空集. 所以, 为了计算 $\overline{J}_l^{02}$ 和 $\overline{J}_l^2$, 我们只需考虑情况 $1 \leqslant j \leqslant 1 + [[|k||\tilde{\omega}(\bar{\xi})|]]$, 其中 $[[\cdot]]$ 表示 $\cdot$ 的整数部分. 对 $1 \leqslant j \leqslant 1 + [[|k||\tilde{\omega}(\bar{\xi})|]]$, 设

$$f_{j,k,l}^{\pm}(\bar{\xi}) = \langle k, \tilde{\omega}(\bar{\xi}) \rangle \pm 2\lambda_{j,l}(\bar{\xi}, \tilde{\omega}(\bar{\xi}), \varepsilon)$$

和

$$\langle k, \tilde{\omega}(\bar{\xi}) \rangle = \sum_{i=1}^{m} k_i \omega_i + k_{m+1} \alpha(\bar{\xi}).$$

如果 $k_{m+1} = 0$, 则只要 ε 充分小, 就有

$$\begin{aligned}
&\left| \frac{d}{d\bar{\xi}} f_{j,k,l}^{\pm}(\bar{\xi}) \right| \\
&= \left| \frac{d}{d\bar{\xi}} \left(\sum_{i=1}^{m} k_i \omega_i + k_{m+1} \alpha(\bar{\xi}) \right) \pm 2 \frac{d}{d\bar{\xi}} \lambda_{j,l}(\bar{\xi}, \tilde{\omega}(\bar{\xi}), \varepsilon) \right| \\
&= 2 \left| \frac{d}{d\bar{\xi}} \lambda_{j,l}(\bar{\xi}, \tilde{\omega}(\bar{\xi}), \varepsilon) \right| \geqslant \left| \frac{\varepsilon^{\frac{2}{3}} \frac{\partial}{\partial \bar{\xi}} [\hat{V}(\theta, \bar{\xi}, \varepsilon)]}{\sqrt{j^2 + \varepsilon^{\frac{2}{3}} [\hat{V}(\theta, \bar{\xi}, \varepsilon)]}} \right| - 2 \left| \sum_{k=2}^{l} \varepsilon^{\frac{2k}{3}} \partial_{\bar{\xi}} \tilde{\lambda}_{j,k}(\bar{\xi}, \tilde{\omega}(\bar{\xi}), \varepsilon) \right|
\end{aligned}$$

$$
\geqslant \frac{\varepsilon^{\frac{2}{3}} I_2}{\sqrt{2}(1 + [[|k||\tilde{\omega}(\bar{\xi})|]])^2} - 2\sum_{k=2}^{l} \varepsilon^{\frac{2k}{3}} \varepsilon^{\frac{3\bar{\sigma}}{4}} \lambda_j^{-\frac{1}{2}} \geqslant \frac{\varepsilon^{\frac{2}{3}} I_2}{\sqrt{2}(1 + [[|k||\tilde{\omega}(\bar{\xi})|]])} - C_1 \varepsilon^{\frac{4}{3}}
$$

$$
\geqslant C_2(\bar{\xi})\varepsilon^{\frac{2}{3}}.
$$

应用引理 4.1.3, 可得

$$
\mathrm{meas}\,\overline{J}_{j,k,l}^{0\pm} \leqslant \frac{2\varrho\mathrm{meas}\hat{J}}{C_2(\bar{\xi})(1+l^2)(|k|+1)^{m+3}}. \tag{6.1.66}
$$

从 (6.1.66) 可推出

$$
\mathrm{meas}\,\overline{J}_l^{02} = \mathrm{meas}\bigcup_{0\neq k\in\mathbb{Z}^{m+1}}\bigcup_{j=1}^{1+[[|k||\omega|]]}\left(\overline{J}_{j,k,l}^{+}\cup\overline{J}_{j,k,l}^{-}\right)
$$

$$
\leqslant \sum_{0\neq k\in\mathbb{Z}^{m+1}}(1+[[|k||\omega|]])\frac{4\varrho\mathrm{meas}\hat{J}}{C_2(\bar{\xi})(1+l^2)(|k|+1)^{m+3}}
$$

$$
\leqslant \frac{C(\bar{\xi})\varrho\mathrm{meas}\hat{J}}{1+l^2}\sum_{0\neq k\in\mathbb{Z}^{m+1}}\frac{1}{|k|^{m+2}},
$$

其中 $C(\bar{\xi})$ 是一个只依赖于 $\bar{\xi}$ 的常数. 设 $|k|_\infty := \max\{|k_1|,|k_2|,\cdots,|k_{m+1}|\}$. 从不等式

$$
|k|_\infty \leqslant |k| \leqslant (m+1)|k|_\infty
$$

和

$$
\sum_{|k|_\infty=p}1 \leqslant 2(m+1)(2p+1)^m
$$

以及 $\sum_{p=1}^{\infty}(2p+1)^m p^{-(m+2)}$ 的收敛性, 可得

$$
\mathrm{meas}\,\overline{J}_l^{02} \leqslant \frac{C(\bar{\xi})(m+1)\varrho\mathrm{meas}\hat{J}}{1+l^2}\sum_{p=1}^{\infty}(2p+1)^m p^{-(m+2)}
$$

$$
= \frac{C(\bar{\xi})\varrho\mathrm{meas}\hat{J}}{1+l^2}.
$$

设

$$
\overline{J}_0 = \hat{J}\setminus\overline{J}_0^{02} \quad \text{和} \quad \overline{J}_{l+1} = \overline{J}_l\setminus\overline{J}_{l+1}^{02}, \quad l=0,1,\cdots,\nu-1,
$$

则 (∗) 成立. 设 $\overline{J} = \bigcap_{l=0}^{\infty} \overline{J}_l$, 则

$$\operatorname{meas}\overline{J} = \lim_{l \to \infty} \operatorname{meas}\overline{J}_l \geqslant \operatorname{meas}\hat{J}\left(1 - C(\bar{\xi})\varrho \sum_{i=0}^{\infty} \frac{1}{1+i^2}\right)$$

$$= \operatorname{meas}\hat{J}\left(1 - \mathcal{O}(\varrho)\right).$$

设 $k_{m+1} \neq 0$. 从 (6.1.10), 可得

$$|\alpha'(\bar{\xi})| = \frac{\frac{4}{9}s\varepsilon^{\frac{1}{3}}\bar{\xi}^{-\frac{2}{3}}}{|a_0'(\alpha(\bar{\xi}))|} \geqslant \frac{\frac{4}{9}s\varepsilon^{\frac{1}{3}}\left(\frac{3\omega_0}{2}\right)^{-\frac{2}{3}}}{|a_0'(\alpha(\bar{\xi}))|} = C_3(\bar{\xi})\varepsilon^{\frac{1}{3}},$$

其中 $C_3(\bar{\xi}) := \dfrac{\frac{4}{9}s\left(\frac{3\omega_0}{2}\right)^{-\frac{2}{3}}}{|a_0'(\alpha(\bar{\xi}))|} > 0$. 因此, 有

$$\left|\frac{d}{d\bar{\xi}}f_{j,k,l}^{\pm}(\bar{\xi})\right| = \left|\frac{d}{d\bar{\xi}}\left(\sum_{i=1}^{m}k_i\omega_i + k_{m+1}\alpha(\bar{\xi})\right) \pm 2\frac{d}{d\bar{\xi}}\lambda_{j,l}(\bar{\xi},\tilde{\omega}(\bar{\xi}),\varepsilon)\right|$$

$$\geqslant |k_{m+1}||\alpha'(\bar{\xi})| - 2\left|\frac{d}{d\bar{\xi}}\lambda_{j,l}(\bar{\xi},\tilde{\omega}(\bar{\xi}),\varepsilon)\right|$$

$$\geqslant |k_{m+1}|C_3(\bar{\xi})\varepsilon^{\frac{1}{3}} - \frac{\varepsilon^{\frac{2}{3}}\frac{\partial}{\partial\bar{\xi}}[\hat{V}(\theta,\bar{\xi},\varepsilon)]}{\sqrt{j^2 + \varepsilon^{\frac{2}{3}}[\hat{V}(\theta,\bar{\xi},\varepsilon)]}} - C_1\varepsilon^{\frac{4}{3}}$$

$$\geqslant |k_{m+1}|C_3(\bar{\xi})\varepsilon^{\frac{1}{3}} - \varepsilon^{\frac{2}{3}}\frac{\partial}{\partial\bar{\xi}}[\hat{V}(\theta,\bar{\xi},\varepsilon)] - C_1\varepsilon^{\frac{4}{3}}$$

$$\geqslant C(\bar{\xi})\varepsilon^{\frac{1}{3}}.$$

用与上面相同的讨论, 可得

$$\operatorname{meas}\overline{J}_{j,k,l}^{\pm} \leqslant \frac{2\varrho\operatorname{meas}\hat{J}}{C(\bar{\xi})(1+l^2)(|k|+1)^{m+3}}$$

和

$$\operatorname{meas}\overline{J}_l^2 \leqslant \frac{C(\bar{\xi})\varrho\operatorname{meas}\hat{J}}{1+l^2},$$

其中 $C(\bar{\xi})$ 是一个只依赖于 $\bar{\xi}$ 的常数. 设

$$\overline{J}_0 = \hat{J} \setminus \overline{J}_0^2, \quad \overline{J}_{l+1} = \overline{J}_l \setminus \overline{J}_{l+1}^2, \quad l = 0, 1, \cdots, \nu - 1,$$

则 (∗) 成立. 设 $\overline{J} = \bigcap_{l=0}^{\infty} \overline{J}_l$, 则

$$\text{meas}\overline{J} = \lim_{l \to \infty} \text{meas}\overline{J}_l \geqslant \text{meas}\hat{J}\left(1 - C(\bar{\xi})\varrho \sum_{i=0}^{\infty} \frac{1}{1+i^2}\right)$$
$$= \text{meas}\hat{J}\left(1 - \mathcal{O}(\varrho)\right). \qquad \square$$

6.1.4.4 扰动项的正则性

设 $G_{i,j,d}^3 = G_{|i|,|j|,|d|}^3$ 和 $G_{i,j,d,l}^4 = G_{|i|,|j|,|d|,|l|}^4$. 注意到变换 Σ^∞ 是线性的, 并且从 (6.1.54) 和定理 6.1.2 的 (i), 对 $j = 0, 1, 2, \cdots$, 我们有

$$z_j \circ \Sigma^\infty = z_j + \varepsilon^{2/3} \tilde{f}_{j,\infty}^*(\theta; \bar{\xi}, \varepsilon) z_j + \varepsilon^{2/3} \tilde{f}_{\infty,j}^*(\theta; \bar{\xi}, \varepsilon) \bar{z}_j,$$

其中

$$\|\tilde{f}_{j,\infty}^*(\theta; \bar{\xi}, \varepsilon)\|_{\Theta(\sigma/2) \times \overline{J}}^*, \quad \|\tilde{f}_{\infty,j}^*(\theta; \bar{\xi}, \varepsilon)\|_{\Theta(\sigma/2) \times \overline{J}}^* \leqslant C.$$

为了方便, 我们在 l_b^s 中通过令 $z_0 = w_0, \bar{z}_0 = w_{-0}, z_j = w_j, \bar{z}_j = w_{-j}$ 引入另一个坐标 $(\cdots, w_{-2}, w_{-1}, w_0, w_1, w_2, \cdots)$, 其中 l_b^s 由所有双向无穷序列组成, 并且具有有限的范数

$$\|w\|_{a,s}^2 = |w_0|^2 + |w_{-0}|^2 + \sum_{|j| \geqslant 1}^{\infty} |w_j|^2 |j|^{2s} e^{2a|j|}.$$

哈密顿函数 (6.1.24) 被变成

$$\hat{H} := \tilde{H} \circ \Sigma^\infty = \langle \tilde{\omega}(\bar{\xi}), J \rangle + \sum_{j \geqslant 0} \mu_j w_j w_{-j},$$

并且

$$(z_0 + \bar{z}_0) \circ \Sigma^\infty = S_{11}(\theta, \bar{\xi}, \varepsilon) w_0 + S_{12}(\theta, \bar{\xi}, \varepsilon) w_{-0},$$

其中

$$S_{11}(\theta, \bar{\xi}, \varepsilon) := 1 + \varepsilon^{2/3} \tilde{f}_{0,\infty}^1(\theta; \bar{\xi}, \varepsilon), \quad S_{12}(\theta, \bar{\xi}, \varepsilon) := 1 + \varepsilon^{2/3} \tilde{f}_{0,\infty}^2(\theta; \bar{\xi}, \varepsilon),$$

$$\|\tilde{f}_{0,\infty}^1(\theta; \bar{\xi}, \varepsilon)\|_{\Theta(\sigma/2) \times \overline{J}}^*, \quad \|\tilde{f}_{0,\infty}^2(\theta; \bar{\xi}, \varepsilon)\|_{\Theta(\sigma/2) \times \overline{J}}^* \leqslant C.$$

此外, (6.1.25) 和 (6.1.26) 分别变成

$$\tilde{G}^3 = G^3(z, \theta, \bar{\xi}, \varepsilon) \circ \Sigma^\infty$$
$$= \frac{1}{2\sqrt{2}} G_{0,0,0}^3(\theta, \bar{\xi}, \varepsilon) \left[S_{11}(\theta, \bar{\xi}, \varepsilon) w_0 + S_{12}(\theta, \bar{\xi}, \varepsilon) w_{-0}\right]^3$$

$$+\frac{3}{2\sqrt{2}}\left[S_{11}(\theta,\bar{\xi},\varepsilon)w_0 + S_{12}(\theta,\bar{\xi},\varepsilon)w_{-0}\right]\sum_{\substack{j\pm d=0\\j,d\neq 0}}\tilde{G}_{0,j,d}^3(\theta,\bar{\xi},\varepsilon)w_j w_d$$

$$+\frac{1}{2\sqrt{2}}\sum_{\substack{j\pm d\pm l=0\\j,d,l\neq 0}}\tilde{G}_{j,d,l}^3(\theta,\bar{\xi},\varepsilon)w_j w_d w_l$$

并且

$$\tilde{G}^4 = G^4(z,\vartheta)\circ\Sigma^\infty$$

$$=\frac{1}{4}G_{0,0,0,0}^4(\theta,\bar{\xi},\varepsilon)\left[S_{11}(\theta,\bar{\xi},\varepsilon)w_0 + S_{12}(\theta,\bar{\xi},\varepsilon)w_{-0}\right]^4$$

$$+\frac{3}{2}\left[S_{11}(\theta,\bar{\xi},\varepsilon)w_0 + S_{12}(\theta,\bar{\xi},\varepsilon)w_{-0}\right]^2\sum_{\substack{j\pm d=0\\j,d\neq 0}}\tilde{G}_{0,0,j,d}^4(\theta,\bar{\xi},\varepsilon)w_j w_d$$

$$+\left[S_{11}(\theta,\bar{\xi},\varepsilon)w_0 + S_{12}(\theta,\bar{\xi},\varepsilon)w_{-0}\right]\sum_{\substack{j\pm d\pm l=0\\j,d,l\neq 0}}\tilde{G}_{0,j,d,l}^4(\theta,\bar{\xi},\varepsilon)w_j w_d w_l$$

$$+\frac{1}{4}\sum_{\substack{i\pm j\pm d\pm l=0\\i,j,d,l\neq 0}}\tilde{G}_{i,j,d,l}^4(\theta,\bar{\xi},\varepsilon)w_i w_j w_d w_l.$$

$$\tilde{G}_{i,j,d}^3(\theta,\bar{\xi},\varepsilon) = G_{i,j,d}^3(\theta,\bar{\xi},\varepsilon)\left(1+\varepsilon^{\frac{2}{3}}G_{i,j,d}^{3*}(\theta,\bar{\xi},\varepsilon)\right), \tag{6.1.67}$$

其中

$$\left\|G_{i,j,d}^{3*}(\theta,\bar{\xi},\varepsilon)\right\|_{\Theta(\sigma/2)\times\overline{J}}^* \leqslant C$$

和

$$\tilde{G}_{i,j,d,l}^4(\theta,\bar{\xi},\varepsilon) = G_{i,j,d,l}^4(\vartheta)\left(1+\varepsilon^{\frac{2}{3}}G_{i,j,d,l}^{4*}(\theta,\bar{\xi},\varepsilon)\right),$$

并且

$$\left\|G_{i,j,d,l}^{4*}(\theta,\bar{\xi},\varepsilon)\right\|_{\Theta(\sigma/2)\times\overline{J}}^* \leqslant C.$$

这意味着哈密顿函数 (6.1.23) 可被变换 Σ^∞ 变到

$$H = \widehat{H} + \varepsilon\tilde{G}^3 + \varepsilon^2\tilde{G}^4. \tag{6.1.68}$$

下面我们考虑 $\tilde{G}^3$ 和 $\tilde{G}^4$ 的梯度的正则性. 跟随 Pöschel [84], 我们有下列引理, 它的证明可在 [84] 中找到.

引理 6.1.4 对 $a \geqslant 0$ 和 $s > 1/2$, 空间 $l^{a,s}$ 关于数列的卷积 $(q * p)_j :=$ $\sum_k q_{j-k} p_k$ 是一个希尔伯特代数, 并且

$$\|q * p\|_{a,s} \leqslant C \|q\|_{a,s} \|p\|_{a,s},$$

其中 C 是一个依赖于 s 的常数.

应用上面这个引理可证明下列引理.

引理 6.1.5 对 $a \geqslant 0$ 和 $s > 1$, 梯度 $\tilde{G}_w^3$ 和 $\tilde{G}_w^4$ 是从 $l^{a,s}$ 的原点的某个邻域到 $l^{a,s+1/2}$ 的实变量的实映射, 其中

$$\|\tilde{G}_w^3\|_{a,s+1/2} \leqslant C \|w\|_{a,s}^2, \quad \|\tilde{G}_w^4\|_{a,s+1/2} \leqslant C \|w\|_{a,s}^3$$

在 $(\theta, \bar{\xi}) \in \Theta(\sigma/2) \times \hat{J}$ 上一致成立, 并且当 ε 充分小时, C 是一个足够大的常数. 哈密顿函数 $\tilde{G}^3$ 和 $\tilde{G}^4$ 都依赖于 "时间" $\theta = (\theta_1, \cdots, \theta_m, \theta_{m+1}) = (\omega_1 t, \cdots, \omega_m t, \alpha(\bar{\xi})t)$.

证明见 [99].

6.1.5 部分 Birkhoff 正规形

在这一节中, 我们将在原点的一个小邻域内把哈密顿函数 (6.1.68) 变为四阶的部分 Birkhoff 正规形, 它作为某个非线性可积系统的小扰动出现. 为此, 我们必须用 Birkhoff 正规形删除扰动 $\tilde{G}^3$ 和扰动 $\tilde{G}^4$ 的非共振部分.

6.1.5.1 删除哈密顿函数 $\tilde{G}^3$

考虑哈密顿函数

$$
\begin{aligned}
F_3 =\ & \zeta_{30}(\theta; \bar{\xi}, \varepsilon) w_0^3 + \zeta_{21}(\theta; \bar{\xi}, \varepsilon) w_0^2 w_{-0} + \zeta_{12}(\theta; \bar{\xi}, \varepsilon) w_0 w_{-0}^2 + \zeta_{03}(\theta; \bar{\xi}, \varepsilon) w_{-0}^3 \\
& + w_0 \sum_{\substack{j \pm d = 0 \\ j, d \neq 0}} f_{0,j,d}^3(\theta, \bar{\xi}, \varepsilon) w_j w_d + w_{-0} \sum_{\substack{j \pm d = 0 \\ j, d \neq 0}} f_{-0,j,d}^3(\theta, \bar{\xi}, \varepsilon) w_j w_d \\
& + \sum_{\substack{j \pm d \pm l = 0 \\ j, d, l \neq 0}} f_{j,d,l}^3(\theta, \bar{\xi}, \varepsilon) w_j w_d w_l,
\end{aligned}
$$

其中

$$\zeta_{ij}(\theta, \bar{\xi}, \varepsilon) = \sum_{k \in \mathbb{Z}^{m+1}} \zeta_{ij;k}(\bar{\xi}, \varepsilon) e^{i\langle k, \theta \rangle}$$

和

$$f_{j,d,l}^3(\theta, \bar{\xi}, \varepsilon) = \sum_{k \in \mathbb{Z}^{m+1}} f_{j,d,l;k}^3(\bar{\xi}, \varepsilon) e^{i\langle k, \theta \rangle}.$$

用 X_{F_3} 表示哈密顿 εF_3 的向量场的时间-1 映射, 则由

$$\tilde{G}^3 + \{\hat{H}, F_3\} = 0$$

可得下列同调方程:

$$\frac{1}{2\sqrt{2}} G_{0,0,0}^3(\theta, \bar{\xi}, \varepsilon) S_{11}^3(\theta, \bar{\xi}, \varepsilon) - 3\mathrm{i}\mu_0 \zeta_{30}(\theta, \bar{\xi}, \varepsilon) - \left\langle \tilde{\omega}(\bar{\xi}), \frac{\partial}{\partial \theta} \zeta_{30}(\theta; \bar{\xi}, \varepsilon) \right\rangle = 0,$$

$$\frac{3}{2\sqrt{2}} G_{0,0,0}^3(\theta, \bar{\xi}, \varepsilon) S_{11}^2(\theta, \bar{\xi}, \varepsilon) S_{12}(\theta, \bar{\xi}, \varepsilon) - \mathrm{i}\mu_0 \zeta_{21}(\theta, \bar{\xi}, \varepsilon) - \left\langle \tilde{\omega}(\bar{\xi}), \frac{\partial}{\partial \theta} \zeta_{21}(\theta; \bar{\xi}, \varepsilon) \right\rangle = 0,$$

$$\frac{3}{2\sqrt{2}} G_{0,0,0}^3(\theta, \bar{\xi}, \varepsilon) S_{11}(\theta, \bar{\xi}, \varepsilon) S_{12}^2(\theta, \bar{\xi}, \varepsilon) + \mathrm{i}\mu_0 \zeta_{12}(\theta, \bar{\xi}, \varepsilon) - \left\langle \tilde{\omega}(\bar{\xi}), \frac{\partial}{\partial \theta} \zeta_{12}(\theta; \bar{\xi}, \varepsilon) \right\rangle = 0,$$

$$\frac{1}{2\sqrt{2}} G_{0,0,0}^3(\theta, \bar{\xi}, \varepsilon) S_{12}^3(\theta, \bar{\xi}, \varepsilon) + 3\mathrm{i}\mu_0 \zeta_{03}(\theta, \bar{\xi}, \varepsilon) - \left\langle \tilde{\omega}(\bar{\xi}), \frac{\partial}{\partial \theta} \zeta_{03}(\theta; \bar{\xi}, \varepsilon) \right\rangle = 0,$$

$$\frac{3}{2\sqrt{2}} S_{11}(\theta; \bar{\xi}, \varepsilon) \tilde{G}_{0,j,d}^3(\theta, \bar{\xi}, \varepsilon) - \mathrm{i}(\mu_0 + \mu_j' + \mu_d') f_{0,j,d}^3(\theta, \bar{\xi}, \varepsilon)$$

$$- \left\langle \tilde{\omega}(\bar{\xi}), \frac{\partial}{\partial \theta} f_{0,j,d}^3(\theta, \bar{\xi}, \varepsilon) \right\rangle = 0,$$

$$\frac{3}{2\sqrt{2}} S_{12}(\theta; \bar{\xi}, \varepsilon) \tilde{G}_{0,j,d}^3(\theta, \bar{\xi}, \varepsilon) + \mathrm{i}(\mu_0 - \mu_j' - \mu_d') f_{-0,j,d}^3(\theta, \bar{\xi}, \varepsilon)$$

$$- \left\langle \tilde{\omega}(\bar{\xi}), \frac{\partial}{\partial \theta} f_{-0,j,d}^3(\theta, \bar{\xi}, \varepsilon) \right\rangle = 0,$$

$$\frac{1}{2\sqrt{2}} \tilde{G}_{j,d,l}^3(\theta, \bar{\xi}, \varepsilon) - \mathrm{i}(\mu_j' + \mu_d' + \mu_l') f_{j,d,l}^3(\theta, \bar{\xi}, \varepsilon) - \left\langle \tilde{\omega}(\bar{\xi}), \frac{\partial}{\partial \theta} f_{j,d,l}^3(\theta, \bar{\xi}, \varepsilon) \right\rangle = 0.$$

设

$$G_{0,0,0}^3(\theta, \bar{\xi}, \varepsilon) S_{11}^3(\theta, \bar{\xi}, \varepsilon) = \sum_{k \in \mathbb{Z}^{m+1}} U_k(\bar{\xi}, \varepsilon) e^{\mathrm{i}\langle k, \theta \rangle},$$

$$G_{0,0,0}^3(\theta, \bar{\xi}, \varepsilon) S_{11}^2(\theta, \bar{\xi}, \varepsilon) S_{12}(\theta, \bar{\xi}, \varepsilon) = \sum_{k \in \mathbb{Z}^{m+1}} V_k(\bar{\xi}, \varepsilon) e^{\mathrm{i}\langle k, \theta \rangle},$$

$$G_{0,0,0}^3(\theta, \bar{\xi}, \varepsilon) S_{11}(\theta, \bar{\xi}, \varepsilon) S_{12}^2(\theta, \bar{\xi}, \varepsilon) = \sum_{k \in \mathbb{Z}^{m+1}} W_k(\bar{\xi}, \varepsilon) e^{\mathrm{i}\langle k, \theta \rangle},$$

$$G_{0,0,0}^3(\theta, \bar{\xi}, \varepsilon) S_{12}^3(\theta, \bar{\xi}, \varepsilon) = \sum_{k \in \mathbb{Z}^{m+1}} X_k(\bar{\xi}, \varepsilon) e^{\mathrm{i}\langle k, \theta \rangle},$$

$$S_{11}(\theta; \bar{\xi}, \varepsilon) \tilde{G}_{0,j,d}^3(\theta, \bar{\xi}, \varepsilon) = \sum_{k \in \mathbb{Z}^{m+1}} Y_k(\bar{\xi}, \varepsilon) e^{\mathrm{i}\langle k, \theta \rangle},$$

$$S_{12}(\theta; \bar{\xi}, \varepsilon) \tilde{G}_{0,j,d}^3(\theta, \bar{\xi}, \varepsilon) = \sum_{k \in \mathbb{Z}^{m+1}} Z_k(\bar{\xi}, \varepsilon) e^{\mathrm{i}\langle k, \theta \rangle},$$

$$\tilde{G}^3_{j,d,l}(\theta, \bar{\xi}, \varepsilon) = \sum_{k \in \mathbb{Z}^{m+1}} \tilde{G}^3_{j,d,l;k}(\bar{\xi}, \varepsilon) e^{i\langle k, \theta \rangle},$$

则从上面七个方程可得形式解:

$$\begin{cases}
\zeta_{30}(\theta, \bar{\xi}, \varepsilon) = \sum_{k \in \mathbb{Z}^{m+1}} \dfrac{U_k(\bar{\xi}, \varepsilon)}{2\sqrt{2}i(3\mu_0 + \langle k, \tilde{\omega}(\bar{\xi}) \rangle)} e^{i\langle k, \theta \rangle}, \\[2mm]
\zeta_{21}(\theta, \bar{\xi}, \varepsilon) = \sum_{k \in \mathbb{Z}^{m+1}} \dfrac{3V_k(\bar{\xi}, \varepsilon)}{2\sqrt{2}i(\mu_0 + \langle k, \tilde{\omega}(\bar{\xi}) \rangle)} e^{i\langle k, \theta \rangle}, \\[2mm]
\zeta_{12}(\theta, \bar{\xi}, \varepsilon) = \sum_{k \in \mathbb{Z}^{m+1}} \dfrac{3W_k(\bar{\xi}, \varepsilon)}{2\sqrt{2}i(-\mu_0 + \langle k, \tilde{\omega}(\bar{\xi}) \rangle)} e^{i\langle k, \theta \rangle}, \\[2mm]
\zeta_{03}(\theta, \bar{\xi}, \varepsilon) = \sum_{k \in \mathbb{Z}^{m+1}} \dfrac{X_k(\bar{\xi}, \varepsilon)}{2\sqrt{2}i(-3\mu_0 + \langle k, \tilde{\omega}(\bar{\xi}) \rangle)} e^{i\langle k, \theta \rangle}, \\[2mm]
f^3_{0,j,d}(\theta, \bar{\xi}, \varepsilon) = \sum_{k \in \mathbb{Z}^{m+1}} \dfrac{3Y_k(\bar{\xi}, \varepsilon)}{2\sqrt{2}i(\mu_0 + \mu'_j + \mu'_d + \langle k, \tilde{\omega}(\bar{\xi}) \rangle)} e^{i\langle k, \theta \rangle}, \\[2mm]
f^3_{-0,j,d}(\theta, \bar{\xi}, \varepsilon) = \sum_{k \in \mathbb{Z}^{m+1}} \dfrac{3Z_k(\bar{\xi}, \varepsilon)}{2\sqrt{2}i(-\mu_0 + \mu'_j + \mu'_d + \langle k, \tilde{\omega}(\bar{\xi}) \rangle)} e^{i\langle k, \theta \rangle}, \\[2mm]
f^3_{i,j,d}(\theta, \bar{\xi}, \varepsilon) = \sum_{k \in \mathbb{Z}^{m+1}} \dfrac{\tilde{G}^3_{ijd;k}(\bar{\xi}, \varepsilon)}{2\sqrt{2}i(\mu'_i + \mu'_j + \mu'_d + \langle k, \tilde{\omega}(\bar{\xi}) \rangle)} e^{i\langle k, \theta \rangle}.
\end{cases} \tag{6.1.69}$$

现在我们证明 (6.1.69) 的收敛性. 首先, 对任意整数 N, 易见当 $\varepsilon \ll 1$ 时, 成立

$$|\pm N\mu_0 \pm \langle k, \tilde{\omega}(\bar{\xi}) \rangle| \geqslant \frac{\varepsilon^{\frac{2}{3}} \varrho \mathrm{meas} \hat{J}}{(|k| + 1)^{2m+6}}.$$

事实上, 如果 $k = 0$, 则

$$\begin{aligned}
|\pm N\mu_0 \pm \langle k, \tilde{\omega}(\bar{\xi}) \rangle| &= |\varepsilon^{\frac{1}{3}} N\sqrt{[\hat{V}]} + \mathcal{O}(\varepsilon^{\frac{4}{3}})| \\
&\geqslant \varepsilon^{\frac{1}{3}}(N\sqrt{[\hat{V}]} - |\mathcal{O}(\varepsilon)|) \\
&\geqslant \frac{\varepsilon^{\frac{2}{3}} \varrho \mathrm{meas} \hat{J}}{(|k| + 1)^{2m+6}},
\end{aligned}$$

并且如果 $k \neq 0$, 则只要 ε 充分小, 就有

$$\begin{aligned}
|\pm N\mu_0 \pm \langle k, \tilde{\omega}(\bar{\xi}) \rangle| &\geqslant |\langle k, \tilde{\omega}(\bar{\xi}) \rangle| - |\mathcal{O}(\varepsilon^{\frac{1}{3}})| - |\mathcal{O}(\varepsilon^{\frac{4}{3}})| \\
&\geqslant \frac{\gamma}{|k|^{m+1}} - |\mathcal{O}(\varepsilon^{\frac{1}{3}})| - |\mathcal{O}(\varepsilon^{\frac{4}{3}})|
\end{aligned}$$

$$\geqslant \frac{\varepsilon^{\frac{2}{3}} \varrho \mathrm{meas}\hat{J}}{(|k|+1)^{2m+6}}.$$

从 (6.1.22) 可得

$$|G^3_{i,j,d}(\theta, \bar{\xi}, \varepsilon)| \leqslant C\varepsilon^{\frac{1}{3}}(\lambda_i\lambda_j\lambda_d)^{-\frac{1}{4}},$$

并且由 S_{11} 和 S_{12} 的定义, (6.1.67) 以及 Cauchy 估计, 我们有

$$|\zeta_{30}(\theta, \bar{\xi}, \varepsilon)| \leqslant C\varepsilon^{-\frac{7}{12}}, \quad |\zeta_{21}(\theta, \bar{\xi}, \varepsilon)| \leqslant C\varepsilon^{-\frac{7}{12}},$$

$$|\zeta_{12}(\theta, \bar{\xi}, \varepsilon)| \leqslant C\varepsilon^{-\frac{7}{12}}, \quad |\zeta_{03}(\theta, \bar{\xi}, \varepsilon)| \leqslant C\varepsilon^{-\frac{7}{12}}, \quad \theta \in \Theta\left(\frac{\sigma_0}{2}\right).$$

为了证明 (6.1.69) 的收敛性, 我们需要下列两个引理, 它在证明可在 [99] 的附录中找到.

引理 6.1.6　设 j, d 是非零整数, 使得 $j \pm d = 0$. 对参数集 $\hat{J}$, 存在一个集合 $\overline{J}_0 \subset \hat{J}$, 具有

$$\mathrm{meas}\overline{J}_0 \geqslant \mathrm{meas}\hat{J}(1 - \widehat{C}\varrho)$$

使得对任意的 $\bar{\xi} \in \overline{J}_0$ 和 $\varrho > 0$ 充分小, 成立

$$\left|\pm\mu_0 + \mu'_j + \mu'_d + \langle k, \tilde{\omega}(\bar{\xi})\rangle\right| \geqslant \frac{\varepsilon^{\frac{2}{3}} \varrho \mathrm{meas}\hat{J}}{(|k|+1)^{2m+6}}, \quad \forall k \in \mathbb{Z}^{m+1},$$

其中 $\widehat{C}$ 是一个依赖于 $\bar{\xi}$ 的参数.

引理 6.1.7　设 i, j, d 是非零整数, 使得 $i \pm j \pm d = 0$. 对参数集 $\hat{J}$, 存在一个集合 $\overline{J}_1 \subset \hat{J}$, 具有

$$\mathrm{meas}\overline{J}_1 \geqslant \mathrm{meas}\hat{J}(1 - \widehat{C}\varrho)$$

使得对任意的 $\bar{\xi} \in \overline{J}_1$ 和 $\varrho > 0$ 充分小, 成立

$$\left|\mu'_i + \mu'_j + \mu'_d + \langle k, \tilde{\omega}(\bar{\xi})\rangle\right| \geqslant \frac{\varepsilon^{\frac{2}{3}} \varrho \mathrm{meas}\hat{J}}{C_*(|k|+1)^{2m+6}}, \quad \forall k \in \mathbb{Z}^{m+1},$$

其中 $\widehat{C}$ 是一个依赖于 $\bar{\xi}$ 的参数, 并且 C_* 是一个充分大的参数.

应用 (6.1.22), (6.1.67), 引理 6.1.6 和引理 6.1.7, 我们有

$$|f^3_{0,j,d}(\theta, \bar{\xi}, \varepsilon)| \leqslant \widehat{C}(\lambda_0\lambda_j\lambda_d)^{-\frac{1}{4}}\varepsilon^{-\frac{1}{3}},$$

$$|f^3_{-0,j,d}(\theta, \bar{\xi}, \varepsilon)| \leqslant \widehat{C}(\lambda_0\lambda_j\lambda_d)^{-\frac{1}{4}}\varepsilon^{-\frac{1}{3}},$$

$$|f^3_{i,j,d}(\theta, \bar{\xi}, \varepsilon)| \leqslant \widehat{C}(\lambda_i \lambda_j \lambda_d)^{-\frac{1}{4}} \varepsilon^{-\frac{1}{3}}, \quad \theta \in \Theta\left(\frac{\sigma_0}{2}\right).$$

因此, 我们找到了一个在 $\Theta\left(\dfrac{\sigma_0}{2}\right)$ 上解析的拟周期函数 F_3, 使得

$$\tilde{G}^3 + \{\widehat{H}, F_3\} = 0, \quad \bar{\xi} \in \overline{J} \cap \overline{J}_0 \cap \overline{J}_1.$$

因此, 我们得到一个新的哈密顿函数

$$H = \widehat{H} + \varepsilon^2 \mathcal{G}^4 + \varepsilon^3 R_{11} + \varepsilon^4 R_{12}, \tag{6.1.70}$$

其中

$$\mathcal{G}^4 = \tilde{G}^4 + \frac{1}{2}\{\tilde{G}^3, F_3\},$$

$$R_{11} = \{\tilde{G}^4, F_3\} + \int_0^1 \left((1-s)\{\{\tilde{G}^3, F_3\}, F_3\} - \frac{1}{2}(1-s)^2\{\{\tilde{G}^3, F_3\}, F_3\}\right) \circ X^s_{F_3} ds,$$

$$R_{12} = \int_0^1 (1-s)\left\{\left\{\tilde{G}^4, F_3\right\}, F_3\right\} \circ X^s_{F_3} ds.$$

6.1.5.2 删掉所有四次项

在这一小节中, 我们将删除 $\mathcal{G}^4$ 中的某些共振项. 我们首先给出下列引理, 它们的证明可在 [99] 的附录中找到.

引理 6.1.8 设 j, d 是非零整数, 使得 $j \pm d = 0$. 对参数集 $\hat{J}$, 存在一个集合 $\overline{J}_2 \subset \hat{J}$, 具有

$$\mathrm{meas}\overline{J}_2 \geqslant \mathrm{meas}\hat{J}(1 - \widehat{C}\varrho)$$

使得对任意的 $\bar{\xi} \in \overline{J}_2$ 和足够小的 $\varrho > 0$, 如果 $\mu'_j + \mu'_d \neq 0$, 则

$$\left|\mu'_j + \mu'_d + \langle k, \tilde{\omega}(\bar{\xi})\rangle\right| \geqslant \frac{\varepsilon^{\frac{2}{3}} \varrho \mathrm{meas}\hat{J}}{(|k|+1)^{2m+6}}, \quad \forall k \in \mathbb{Z}^{m+1},$$

其中 $\widehat{C}$ 是一个依赖于 $\bar{\xi}$ 的参数.

引理 6.1.9 设 j, d 是非零整数, 使得 $j \pm d = 0$. 对参数集 $\hat{J}$, 存在一个集合 $\overline{J}_3 \subset \hat{J}$, 具有

$$\mathrm{meas}\overline{J}_3 \geqslant \mathrm{meas}\hat{J}(1 - \widehat{C}\varrho)$$

使得对任意的 $\bar{\xi} \in \overline{J}_3$ 和足够小的 $\varrho > 0$, 成立

$$\left|2\mu_0 \pm (\mu'_j + \mu'_d) \pm \langle k, \tilde{\omega}(\bar{\xi})\rangle\right| \geqslant \frac{\varepsilon^{\frac{2}{3}} \varrho \,\mathrm{meas}\hat{J}}{(|k|+1)^{2m+6}}, \quad \forall k \in \mathbb{Z}^{m+1},$$

其中 $\widehat{C}$ 是一个依赖于 $\bar{\xi}$ 的参数.

引理 6.1.10　设 i, j, d 是非零整数, 使得 $i \pm j \pm d = 0$. 对参数集 $\hat{J}$, 存在一个集合 $\overline{J}_4 \subset \hat{J}$, 具有

$$\mathrm{meas}\overline{J}_4 \geqslant \mathrm{meas}\hat{J}(1 - \widehat{C}\varrho)$$

使得对任意的 $\bar{\xi} \in \overline{J}_4$ 和足够小的 $\varrho > 0$, 成立

$$\left|\mu_0 \pm (\mu'_i + \mu'_j + \mu'_d) \pm \langle k, \tilde{\omega}(\bar{\xi})\rangle\right| \geqslant \frac{\varepsilon^{\frac{2}{3}} \varrho \,\mathrm{meas}\hat{J}}{C_*(|k|+1)^{2m+6}}, \quad \forall k \in \mathbb{Z}^{m+1},$$

其中 $\widehat{C}$ 是一个依赖于 $\bar{\xi}$ 的参数, 并且 C_* 是一个充分大的常数.

设 $\mathcal{L}_n = \{(i,j,d,l) \in \mathbb{Z}^4 : 0 \neq \min(|i|,|j|,|d|,|l|) \leqslant n\}$, 并且 $\mathcal{N}_n \subset \mathcal{L}_n$ 是所有 $(i,j,d,l) \equiv (p,-p,q,-q)$ 组成的子集. 即它们有形式 $(p,-p,q,-q)$ 或者是它的某个排列.

引理 6.1.11　如果 i,j,d,l 是非零整数, 使得 $i \pm j \pm d \pm l = 0$, $(i,j,d,l) \in \mathcal{L}_n \setminus \mathcal{N}_n$ 或者 $(i,j,d,l) \in \mathcal{N}_n$ 并且 $k \neq 0$. 则对参数集 $\hat{J}$, 存在一个子集 $\overline{J}_5 \subset \hat{J}$, 具有

$$\mathrm{meas}\overline{J}_5 \geqslant \mathrm{meas}\hat{J} \cdot (1 - \widehat{C}\varrho)$$

使得对任意的 $\bar{\xi} \in \overline{J}_5$ 和 $\varrho > 0$ 充分小, 成立

$$\left|\mu'_i + \mu'_j + \mu'_d + \mu'_l + \langle k, \tilde{\omega}(\bar{\xi})\rangle\right| \geqslant \frac{\varepsilon^{\frac{2}{3}} \varrho \,\mathrm{meas}\hat{J}}{C_*(|k|+1)^{2m+6}}, \quad \forall k \in \mathbb{Z}^{m+1},$$

其中 $\widehat{C}$ 是一个依赖于 $\bar{\xi}$ 常数, 并且 C_* 是一个充分小的常数.

设 $\underline{J} = \overline{J}_2 \cap \overline{J}_3 \cap \overline{J}_4 \cap \overline{J}_5$ 和

$$\mathscr{J} = \overline{J} \cap \underline{J},$$

显然有

$$\mathrm{meas}\,\mathscr{J} \geqslant \mathrm{meas}\hat{J} \cdot (1 - \widehat{C}\varrho).$$

通过上面三个引理, 我们可以证明下列命题.

命题 6.1.1　对每个有限的 $n \geqslant 1$, 在希尔伯特空间 $l^{a,s}$ 上原点的某邻域内存在一个实解析, 辛坐标变换 $X_{F_4}^1$ 使得哈密顿函数 (6.1.70) 被变成

$$H \circ X_{F_4}^1 = \widehat{H} + +\bar{c}\varepsilon^2 z_0^2 \bar{z}_0^2 + \varepsilon^2 z_0 \bar{z}_0 \sum_{1 \leqslant j \leqslant n} c_j z_j \bar{z}_j + \varepsilon^2 z_0 \bar{z}_0 \sum_{j > n} c_j z_j \bar{z}_j$$

$$+\varepsilon^2 \tilde{\mathcal{G}} + \varepsilon^2 \hat{\mathcal{G}} + \varepsilon^3 K,$$

其中

$$K = R_{11} + \varepsilon R_{22},$$

$$\bar{c} = \frac{3[\phi]}{16[\widehat{V}]\pi} \varepsilon^{-\frac{1}{3}} (1 + \mathcal{O}(\varepsilon^{\frac{2}{3}})) + \mathcal{O}(\varepsilon^{-\frac{1}{2}}),$$

$$c_j = \frac{3[\phi]}{8\sqrt{\lambda_0 \lambda_j}} (1 + \mathcal{O}(\varepsilon^{\frac{2}{3}})) + \mathcal{O}(\varepsilon^{-\frac{1}{3}}),$$

以及

$$\tilde{\mathcal{G}} = \frac{1}{2} \sum_{1 \leqslant \min(i,j) \leqslant n} \tilde{\mathcal{G}}_{ij} |z_i|^2 |z_j|^2$$

且具有唯一确定的系数

$$\tilde{\mathcal{G}}_{ij} = \begin{cases} 24[\mathcal{G}_{i,i,j,j}^4] = \dfrac{Ba_0}{\pi \sqrt{\lambda_i \lambda_j}} + \varpi_{ij}(\bar{\xi}, \varepsilon), & i \neq j, \\[4mm] 12[\mathcal{G}_{i,i,i,i}^4] = \dfrac{Bb_0}{\pi \lambda_i} + \varpi_{ij}(\bar{\xi}, \varepsilon), & i = j, \end{cases} \tag{6.1.71}$$

其中

$$a_0 = -\frac{15}{4} + o(1), \quad b_0 = -\frac{27}{16} + o(1),$$

且 $\lim_{\varepsilon \to 0} o(1) = 0$ 以及 $\varpi_{ij}(\bar{\xi}, \varepsilon)$ 光滑依赖于 $\bar{\xi}$ 和 ε, 并且存在一个绝对常数 C 使得对充分小的 ε, 成立 $\|\varpi_{ij}(\bar{\xi}, \varepsilon)\|_{\mathcal{J}}^* \leqslant C\varepsilon^{2/3}$, 而 $\hat{\mathcal{G}}$ 独立于 $\{z_0, z_1, \cdots, z_n\}$ 中的坐标, 并且对 $|\mathrm{Im}\theta| < \sigma/3, \bar{\xi} \in \mathscr{J}$ 和 $\hat{z} = (z_{n+1}, z_{n+2}, \cdots)$ 一致地有

$$|\hat{\mathcal{G}}| = O(\|\hat{z}\|_{a,s}^4), \quad |K| = O(\|z\|_{a,s}^5).$$

证明 设

$$\mathcal{G}^4 = \chi_{40}(\theta, \bar{\xi}, \varepsilon)w_0^4 + \chi_{31}(\theta, \bar{\xi}, \varepsilon)w_0^3 w_{-0} + \chi_{22}(\theta, \bar{\xi}, \varepsilon)w_0^2 w_{-0}^2$$

$$+\chi_{13}(\theta, \bar{\xi}, \varepsilon)w_0 w_{-0}^3 + \chi_{04}(\theta, \bar{\xi}, \varepsilon)w_{-0}^4$$

$$+w_0^2 \sum_{\substack{j \pm d = 0 \\ j,d \neq 0}} \overline{\mathcal{G}}_{2,0,j,d}^4(\theta, \bar{\xi}, \varepsilon)w_j w_d + w_0 w_{-0} \sum_{\substack{j \pm d = 0 \\ j,d \neq 0}} \overline{\mathcal{G}}_{2,2,j,d}^4(\theta, \bar{\xi}, \varepsilon)w_j w_d$$

$$+w_{-0}^2 \sum_{\substack{j\pm d=0 \\ j,d\neq 0}} \overline{\mathcal{G}}_{0,2,j,d}^4(\theta,\bar{\xi},\varepsilon)w_j w_d + w_0 \sum_{\substack{j\pm d\pm l=0 \\ j,d,l\neq 0}} \widehat{\mathcal{G}}_{1,j,d,l}^4(\theta,\bar{\xi},\varepsilon)w_j w_d w_l$$

$$+w_{-0} \sum_{\substack{j\pm d\pm l=0 \\ j,d,l\neq 0}} \widehat{\mathcal{G}}_{2,j,d,l}^4(\theta,\bar{\xi},\varepsilon)w_j w_d w_l$$

$$+\sum_{\substack{i\pm j\pm d\pm l=0 \\ i,j,d,l\neq 0}} \mathcal{G}_{i,j,d,l}^4(\theta,\bar{\xi},\varepsilon)w_i w_j w_d w_l,$$

其中

$$\chi_{ij}(\theta,\bar{\xi},\varepsilon) = \sum_{k\in\mathbb{Z}^{m+1}} \chi_{ij,k}(\bar{\xi},\varepsilon)e^{i\langle k,\theta\rangle},$$

$$\overline{\mathcal{G}}_{s,t,j,d}^4(\theta,\bar{\xi},\varepsilon) = \sum_{k\in\mathbb{Z}^{m+1}} \overline{\mathcal{G}}_{s,t,j,d,k}^4(\bar{\xi},\varepsilon)e^{i\langle k,\theta\rangle},$$

$$\widehat{\mathcal{G}}_{s,j,d,l}^4(\theta,\bar{\xi},\varepsilon) = \sum_{k\in\mathbb{Z}^{m+1}} \widehat{\mathcal{G}}_{s,j,d,l,k}^4(\bar{\xi},\varepsilon)e^{i\langle k,\theta\rangle}$$

和

$$\mathcal{G}_{i,j,d,l}^4(\theta,\bar{\xi},\varepsilon) = \sum_{k\in\mathbb{Z}^{m+1}} \mathcal{G}_{i,j,d,l,k}^4(\bar{\xi},\varepsilon)e^{i\langle k,\theta\rangle}.$$

考虑哈密顿函数

$$F_4 = \delta_{40}(\theta,\bar{\xi},\varepsilon)w_0^4 + \delta_{31}(\theta,\bar{\xi},\varepsilon)w_0^3 w_{-0} + \delta_{22}(\theta,\bar{\xi},\varepsilon)w_0^2 w_{-0}^2$$

$$+\delta_{13}(\theta,\bar{\xi},\varepsilon)w_0 w_{-0}^3 + \delta_{04}(\theta,\bar{\xi},\varepsilon)w_{-0}^4$$

$$+w_0^2 \sum_{\substack{j\pm d=0 \\ j,d\neq 0}} \overline{f}_{2,0,j,d}^4(\theta,\bar{\xi},\varepsilon)w_j w_d + w_0 w_{-0} \sum_{\substack{j\pm d=0 \\ j,d\neq 0}} \overline{f}_{2,2,j,d}^4(\theta,\bar{\xi},\varepsilon)w_j w_d$$

$$+w_{-0}^2 \sum_{\substack{j\pm d=0 \\ j,d\neq 0}} \overline{f}_{0,2,j,d}^4(\theta,\bar{\xi},\varepsilon)w_j w_d + w_0 \sum_{\substack{j\pm d\pm l=0 \\ j,d,l\neq 0}} \widehat{f}_{1,j,d,l}^4(\theta,\bar{\xi},\varepsilon)w_j w_d w_l$$

$$+w_{-0} \sum_{\substack{j\pm d\pm l=0 \\ j,d,l\neq 0}} \widehat{f}_{2,j,d,l}^4(\theta,\bar{\xi},\varepsilon)w_j w_d w_l$$

$$+\sum_{\substack{i\pm j\pm d\pm l=0 \\ i,j,d,l\neq 0}} f_{i,j,d,l}^4(\theta,\bar{\xi},\varepsilon)w_i w_j w_d w_l,$$

其中

$$\delta_{ij}(\theta,\bar{\xi},\varepsilon) = \sum_{k\in\mathbb{Z}^{m+1}} \delta_{ij,k}(\bar{\xi},\varepsilon)e^{i\langle k,\theta\rangle},$$

$$\overline{f}^4_{s,t,j,d}(\theta,\bar{\xi},\varepsilon) = \sum_{k\in\mathbb{Z}^{m+1}} \overline{f}^4_{s,t,j,d,k}(\bar{\xi},\varepsilon)e^{\mathrm{i}\langle k,\theta\rangle},$$

$$\widehat{f}^4_{s,j,d,l}(\theta,\bar{\xi},\varepsilon) = \sum_{k\in\mathbb{Z}^{m+1}} \widehat{f}^4_{s,j,d,l,k}(\bar{\xi},\varepsilon)e^{\mathrm{i}\langle k,\theta\rangle}$$

和

$$f^4_{i,j,d,l}(\theta,\bar{\xi},\varepsilon) = \sum_{k\in\mathbb{Z}^{m+1}} f^4_{i,j,d,l,k}(\bar{\xi},\varepsilon)e^{\mathrm{i}\langle k,\theta\rangle},$$

其中

$$\delta_{40,k}(\bar{\xi},\varepsilon) = \frac{\chi_{40,k}(\bar{\xi},\varepsilon)}{\mathrm{i}(4\mu_0 + \langle k,\tilde{\omega}(\bar{\xi})\rangle)}, \quad k\in\mathbb{Z}^{m+1},$$

$$\delta_{31,k}(\bar{\xi},\varepsilon) = \frac{\chi_{31,k}(\bar{\xi},\varepsilon)}{\mathrm{i}(2\mu_0 + \langle k,\tilde{\omega}(\bar{\xi})\rangle)}, \quad k\in\mathbb{Z}^{m+1},$$

$$\delta_{22,k}(\bar{\xi},\varepsilon) = \begin{cases} \dfrac{\chi_{22,k}(\bar{\xi},\varepsilon)}{\mathrm{i}\langle k,\tilde{\omega}(\bar{\xi})\rangle}, & k\neq 0, \\[2mm] \text{任意常数}, & k=0, \end{cases}$$

$$\delta_{13,k}(\bar{\xi},\varepsilon) = \frac{\chi_{13,k}(\bar{\xi},\varepsilon)}{-\mathrm{i}(2\mu_0 - \langle k,\tilde{\omega}(\bar{\xi})\rangle)}, \quad k\in\mathbb{Z}^{m+1},$$

$$\delta_{04,k}(\bar{\xi},\varepsilon) = \frac{\chi_{04,k}(\bar{\xi},\varepsilon)}{-\mathrm{i}(4\mu_0 - \langle k,\tilde{\omega}(\bar{\xi})\rangle)}, \quad k\in\mathbb{Z}^{m+1},$$

$$\overline{f}^4_{2,0,j,d,k}(\bar{\xi},\varepsilon) = \frac{\overline{\mathcal{G}}^4_{2,0,j,d,k}(\bar{\xi},\varepsilon)}{\mathrm{i}(2\mu_0 + \mu'_j + \mu'_d + \langle k,\tilde{\omega}(\bar{\xi})\rangle)}, \quad k\in\mathbb{Z}^{m+1},$$

$$\overline{f}^4_{2,2,j,d,k}(\bar{\xi},\varepsilon) = \begin{cases} \dfrac{\overline{\mathcal{G}}^4_{2,2,j,d,k}(\bar{\xi},\varepsilon)}{\mathrm{i}(\mu'_j + \mu'_d + \langle k,\tilde{\omega}(\bar{\xi})\rangle)}, & k\neq 0 \quad \text{或} \quad k=0, \ \mu'_j + \mu'_d \neq 0, \\[2mm] \text{任意常数}, & k=0, \ \mu'_j + \mu'_d = 0, \end{cases}$$

$$\overline{f}^4_{0,2,j,d,k}(\bar{\xi},\varepsilon) = \frac{\overline{\mathcal{G}}^4_{0,2,j,d,k}(\bar{\xi},\varepsilon)}{-\mathrm{i}(2\mu_0 - \mu'_j - \mu'_d - \langle k,\tilde{\omega}(\bar{\xi})\rangle)}, \quad k\in\mathbb{Z}^{m+1},$$

$$\widehat{f}^4_{1,j,d,l,k}(\bar{\xi},\varepsilon) = \frac{\widehat{\mathcal{G}}^4_{1,j,d,l,k}(\bar{\xi},\varepsilon)}{\mathrm{i}(\mu_0 + \mu'_j + \mu'_d + \mu'_l + \langle k, \tilde{\omega}(\bar{\xi})\rangle)}, \quad k \in \mathbb{Z}^{m+1},$$

$$\widehat{f}^4_{2,j,d,l,k}(\bar{\xi},\varepsilon) = \frac{\widehat{\mathcal{G}}^4_{2,j,d,l,k}(\bar{\xi},\varepsilon)}{-\mathrm{i}(\mu_0 - \mu'_j - \mu'_d - \mu'_l - \langle k, \tilde{\omega}(\bar{\xi})\rangle)}, \quad k \in \mathbb{Z}^{m+1}$$

并且

$$\mathrm{i}f^4_{i,j,d,l,k}(\bar{\xi},\varepsilon) = \begin{cases} \dfrac{\mathcal{G}^4_{i,j,d,l,k}(\bar{\xi},\varepsilon)}{\mu'_i + \mu'_j + \mu'_d + \mu'_l + \langle k, \tilde{\omega}(\bar{\xi})\rangle}, & \text{对}\quad (i,j,d,l) \in \mathcal{L}_n \setminus \mathcal{N}_n \\ & \text{或}\quad (i,j,d,l) \in \mathcal{N}_n \quad \text{和}\quad k \neq 0, \\[2mm] 0, & \text{对}\quad (i,j,d,l) \notin \mathcal{L}_n \\ & \text{或}\quad (i,j,d,l) \in \mathcal{N}_n, \quad k = 0 \\ & \text{和}\quad \mu'_i + \mu'_j + \mu'_d + \mu'_l \neq 0, \\[2mm] \text{任意常数}, & \text{对}\quad (i,j,d,l) \in \mathcal{N}_n, \quad k = 0, \quad \mu'_i + \mu'_j + \mu'_d + \mu'_l = 0, \end{cases}$$

由于 $X^1_{F_4}$ 表示哈密顿函数 $\varepsilon^2 F_4$ 的向量场的时间-1 映射, 则

$$H \circ X^1_{F_4} = \widehat{H} + \varepsilon^2(\mathcal{G}^4 + \{\widehat{H}, F_4\}) + \varepsilon^3 R_{11} + \varepsilon^4 R_{22},$$

其中 R_{11} 在 (6.1.70) 中定义, 并且

$$R_{22} = \int_0^1 \{\varepsilon R_{11} + \mathcal{G}^4, F_4\} \circ X^s_{F_4} ds + R_{12} \circ X^s_{F_4}$$
$$+ \int_0^1 (1-s)\{\{\widehat{H}, F_4\}, F_4\} \circ X^s_{F_4} ds,$$

其中 $\{\cdot, \cdot\}$ 表示关于辛结构 $\mathrm{i}dz \wedge d\bar{z} + d\vartheta \wedge dJ$ 的泊松括号. 我们容易计算

$$\mathcal{G}^4 + \{\widehat{H}, F_4\} = [\chi_{22}(\theta, \bar{\xi}, \varepsilon)]w_0^2 w_{-0}^2 + w_0 w_{-0} \sum_{j \neq 0} \overline{\mathcal{G}}^4_{2,2,j,j,0}(\bar{\xi},\varepsilon)w_j w_{-j} + \tilde{\mathcal{G}} + \hat{\mathcal{G}}.$$

重新引入符号 $z_j, \bar{z}_j$, 并且计算重数, 可得

$$\tilde{\mathcal{G}} = \frac{1}{2} \sum_{1 \leqslant \min(i,j) \leqslant n} \tilde{\mathcal{G}}_{ij}|z_i|^2|z_j|^2,$$

具有唯一确定的系数

$$\tilde{\mathcal{G}}_{ij} = \begin{cases} 24[\mathcal{G}^4_{i,i,j,j}] = \dfrac{Ba_0}{\pi\sqrt{\lambda_i\lambda_j}} + \varpi_{ij}(\bar{\xi},\varepsilon), & i \neq j, \\[4mm] 12[\mathcal{G}^4_{i,i,i,i}] = \dfrac{Bb_0}{\pi\lambda_i} + \varpi_{ij}(\bar{\xi},\varepsilon), & i = j, \end{cases}$$

其中

$$a_0 = -\frac{15}{4} + o(1), \quad b_0 = -\frac{27}{16} + o(1),$$

具有 $\lim_{\varepsilon\to 0} o(1) = 0$, 并且 $\varpi_{ij}(\bar{\xi},\varepsilon)$ 光滑依赖于 $\bar{\xi}$ 和 ε, 并且存在一个绝对常数 C 使得当 ε 充分小时, 成立 $\|\varpi_{ij}(\bar{\xi},\varepsilon)\|^*_{\mathscr{J}} \leqslant C\varepsilon^{2/3}$, 而 $\hat{\mathcal{G}}$ 独立于前 $n+1$ 个坐标. 由直接计算可得

$$[\chi_{22}(\theta,\bar{\xi},\varepsilon)]$$
$$= \frac{1}{(2\pi)^{m+1}} \int_{\mathbb{T}^{m+1}} \Bigg[\frac{3}{2} G^4_{0,0,0,0}(\theta,\bar{\xi},\varepsilon)S^2_{11}(\theta,\bar{\xi},\varepsilon)S^2_{12}(\theta,\bar{\xi},\varepsilon)$$
$$+ \frac{9\sqrt{-1}}{4\sqrt{2}} G^3_{0,0,0}(\theta,\bar{\xi},\varepsilon)\Big(S^2_{11}(\theta,\bar{\xi},\varepsilon)S_{12}(\theta,\bar{\xi},\varepsilon)\zeta_{12}(\theta,\bar{\xi},\varepsilon) + S^3_{11}(\theta,\bar{\xi},\varepsilon)\zeta_{03}(\theta,\bar{\xi},\varepsilon)$$
$$- S_{11}(\theta,\bar{\xi},\varepsilon)S^2_{12}(\theta,\bar{\xi},\varepsilon)\zeta_{21}(\theta,\bar{\xi},\varepsilon) - S^3_{12}(\theta,\bar{\xi},\varepsilon)\zeta_{30}(\theta,\bar{\xi},\varepsilon)\Big)\Bigg]d\theta$$
$$= \frac{3[\phi]}{16[\hat{V}]\pi}\varepsilon^{-\frac{1}{3}}(1 + \mathcal{O}(\varepsilon^{\frac{2}{3}})) + \mathcal{O}(\varepsilon^{-\frac{1}{2}}) = \mathcal{O}(\varepsilon^{-\frac{1}{2}}) := \bar{c}$$

和

$$[\bar{\mathcal{G}}^4_{2,2,j,j}(\theta,\bar{\xi},\varepsilon)]$$
$$= \frac{1}{(2\pi)^{m+1}} \int_{\mathbb{T}^{m+1}} \Bigg[3\tilde{G}^4_{0,0,j,j}(\theta,\bar{\xi},\varepsilon)S_{11}(\theta,\bar{\xi},\varepsilon)S_{12}(\theta,\bar{\xi},\varepsilon)$$
$$+ \frac{3\sqrt{-1}}{2\sqrt{2}}\Big(S_{11}(\theta,\bar{\xi},\varepsilon)\zeta_{12}(\theta,\bar{\xi},\varepsilon)\tilde{G}^3_{0,j,j}(\theta,\bar{\xi},\varepsilon)$$
$$+ G^3_{0,0,0}(\theta,\bar{\xi},\varepsilon)S^2_{11}(\theta,\bar{\xi},\varepsilon)S_{12}(\theta,\bar{\xi},\varepsilon)f^3_{-0,j,j}(\theta,\bar{\xi},\varepsilon)$$
$$- S_{12}(\theta,\bar{\xi},\varepsilon)\zeta_{21}(\theta,\bar{\xi},\varepsilon)\tilde{G}^3_{0,j,j}(\theta,\bar{\xi},\varepsilon)$$
$$- G^3_{0,0,0}(\theta,\bar{\xi},\varepsilon)S_{11}(\theta,\bar{\xi},\varepsilon)S^2_{12}(\theta,\bar{\xi},\varepsilon)f^3_{0,j,j}(\theta,\bar{\xi},\varepsilon)\Big) + \mathcal{O}(\varepsilon^{-\frac{1}{3}})\Bigg]d\theta$$
$$= \frac{3[\phi]}{8\sqrt{\lambda_0\lambda_j}}(1 + \mathcal{O}(\varepsilon^{\frac{2}{3}})) + \mathcal{O}(\varepsilon^{-\frac{1}{3}}) = \mathcal{O}(\varepsilon^{-\frac{1}{3}}) := c_j, \quad j \neq 0.$$

于是, 我们有

$$H \circ X_{F_4}^1 = \widehat{H} + + \bar{c}\varepsilon^2 z_0^2 \bar{z}_0^2 + \varepsilon^2 z_0 \bar{z}_0 \sum_{1 \leqslant j \leqslant n} c_j z_j \bar{z}_j + \varepsilon^2 z_0 \bar{z}_0 \sum_{j > n} c_j z_j \bar{z}_j +$$

$$+ \varepsilon^2 \tilde{\mathcal{G}} + \varepsilon^2 \hat{\mathcal{G}} + \varepsilon^3 K,$$

其中 $K = R_{11} + \varepsilon R_{22}$. 　　　　　　　　　　　　　　　　　　　　　　□

我们引入作用-角变量

$$z_j = \begin{cases} \sqrt{I_j} e^{-\mathrm{i}\hat{\theta}_j}, & 0 \leqslant j \leqslant n, \\ z_j, & j \geqslant n + 1. \end{cases} \tag{6.1.72}$$

用辛变换 (6.1.72), 正规形变为

$$\widehat{H} + \bar{c}\varepsilon^2 z_0^2 \bar{z}_0^2 + \varepsilon^2 z_0 \bar{z}_0 \sum_{1 \leqslant j \leqslant n} c_j z_j \bar{z}_j + \varepsilon^2 z_0 \bar{z}_0 \sum_{j > n} c_j z_j \bar{z}_j + \varepsilon^2 \tilde{\mathcal{G}}$$

$$= \langle \tilde{\omega}(\bar{\xi}), J \rangle + \mu_0 I_0 + \bar{c}\varepsilon^2 I_0^2 + \sum_{1 \leqslant j \leqslant n} (\mu_j + \varepsilon^2 I_0 c_j) I_j + \sum_{j > n} (\mu_j + \varepsilon^2 I_0 c_j) z_j \bar{z}_j$$

$$+ \frac{\varepsilon^2}{2} \langle AI, I \rangle + \varepsilon^2 \langle BI, \hat{Z} \rangle,$$

其中 $I = (I_1, \cdots, I_n), A = (\tilde{\mathcal{G}}_{ij})_{1 \leqslant i,j \leqslant n}, B = (\tilde{\mathcal{G}}_{ij})_{1 \leqslant j \leqslant n < i}$ 和 $\hat{Z} = (|z_{n+1}|^2, |z_{n+2}|^2, \cdots)$.

现在引入参数向量 $\tilde{\xi} = (\tilde{\xi}_j)_{0 \leqslant j \leqslant n}$ 和新的作用量以及 $\tilde{\rho} = (\tilde{\rho}_j)_{0 \leqslant j \leqslant n}$,

$$I_j = \varepsilon \tilde{\xi}_j + \tilde{\rho}_j, \quad \tilde{\xi}_j \in [0, 1], \quad |\tilde{\rho}_j| < \varepsilon^2, \quad 0 \leqslant j \leqslant n.$$

显然, $d\hat{\theta}_j \wedge dI_j = d\hat{\theta}_j \wedge d\tilde{\rho}_j$. 所以这个变换是辛的. 正规形被变为

$$\widehat{H} + \bar{c}\varepsilon^2 z_0^2 \bar{z}_0^2 + \varepsilon^2 z_0 \bar{z}_0 \sum_{1 \leqslant j \leqslant n} c_j z_j \bar{z}_j + \varepsilon^2 z_0 \bar{z}_0 \sum_{j > n} c_j z_j \bar{z}_j + \varepsilon^2 \tilde{\mathcal{G}}$$

$$= \langle \tilde{\omega}(\bar{\xi}), J \rangle + \left(\mu_0 + 2\bar{c}\varepsilon^3 \tilde{\xi}_0 + \varepsilon^3 \sum_{1 \leqslant j \leqslant n} c_j \tilde{\xi}_j \right) \tilde{\rho}_0 + \sum_{1 \leqslant j \leqslant n} (\mu_j + \varepsilon^3 \tilde{\xi}_0 c_j) \tilde{\rho}_j$$

$$+ \bar{c}\varepsilon^2 \tilde{\rho}_0^2 + \tilde{\rho}_0 \varepsilon^2 \sum_{1 \leqslant j \leqslant n} c_j \tilde{\rho}_j + \sum_{j > n} (\mu_j + \varepsilon^2 (\varepsilon \tilde{\xi}_0 + \tilde{\rho}_0) c_j) z_j \bar{z}_j + \frac{\varepsilon^3}{2} \sum_{1 \leqslant i,j \leqslant n} \tilde{\mathcal{G}}_{ij} \tilde{\rho}_i \tilde{\xi}_j$$

$$+ \frac{\varepsilon^3}{2} \sum_{1 \leqslant i,j \leqslant n} \tilde{\mathcal{G}}_{ij} \tilde{\xi}_i \tilde{\rho}_j + \frac{\varepsilon^2}{2} \sum_{1 \leqslant i,j \leqslant n} \tilde{\mathcal{G}}_{ij} \tilde{\rho}_i \tilde{\rho}_j + \varepsilon^3 \sum_{1 \leqslant i \leqslant n < j} \tilde{\mathcal{G}}_{ij} \tilde{\xi}_i |z_j|^2$$

$$+\varepsilon^2 \sum_{1\leqslant i\leqslant n<j} \tilde{\mathcal{G}}_{ij}\tilde{\rho}_i|z_j|^2.$$

于是, 总哈密顿函数为

$$H=\langle \tilde{\omega}(\bar{\xi}), J\rangle + \breve{\omega}_0\tilde{\rho}_0 + \sum_{1\leqslant j\leqslant n}\breve{\omega}_j\tilde{\rho}_j + \sum_{j>n}\breve{\lambda}_j z_j\bar{z}_j$$

$$+\frac{\varepsilon^3}{2}\sum_{1\leqslant i,j\leqslant n}\tilde{\mathcal{G}}_{ij}\tilde{\rho}_i\tilde{\xi}_j + \frac{\varepsilon^3}{2}\sum_{1\leqslant i,j\leqslant n}\tilde{\mathcal{G}}_{ij}\tilde{\xi}_i\tilde{\rho}_j$$

$$+\varepsilon^3\sum_{1\leqslant i\leqslant n<j}\tilde{\mathcal{G}}_{ij}\tilde{\xi}_i|z_j|^2 + P, \tag{6.1.73}$$

其中

$$\breve{\omega}_0 = \mu_0 + 2\bar{c}\varepsilon^3\tilde{\xi}_0 + \varepsilon^3\sum_{1\leqslant j\leqslant n}c_j\tilde{\xi}_j,$$

$$\breve{\omega}_j = \mu_j + \varepsilon^3\tilde{\xi}_0 c_j, \quad j=1,2,\cdots,n,$$

$$\breve{\lambda}_j = \mu_j + \varepsilon^3\tilde{\xi}_0 c_j, \quad j>n,$$

$$P = \varepsilon^2\breve{\mathcal{G}} + \varepsilon^2\hat{\mathcal{G}} + \varepsilon^3 K,$$

这里 $\breve{\mathcal{G}} = \mathcal{O}(|\tilde{\rho}|^2) + \mathcal{O}(|\tilde{\rho}|\|\hat{Z}\|)$.

接下来, 我们将给出扰动项 P 的估计. 为此目的, 我们需要一些符号, 它取自于 [83]. 设 $l^{a,s}$ 是所有复数列 $w = (\cdots, w_1, w_2, \cdots)$ 组成的希尔伯特空间, 其中

$$\|w\|_{a,s}^2 = \sum_{j\geqslant n+1}|w_j|^2|j|^{2s}e^{2a|j|} < \infty, \quad a,s>0.$$

令 $x = (\hat{\theta}_0, \theta) \oplus \hat{\theta}$, 其中 $\hat{\theta} = (\hat{\theta}_j)_{1\leqslant j\leqslant n}, y = (J, \tilde{\rho}_0) \oplus \tilde{\rho}, \tilde{\rho} = (\tilde{\rho}_j)_{1\leqslant j\leqslant n}, Z = (z_j)_{j\geqslant n+1}$, 并且引入相空间

$$\mathcal{P}^{a,s} = \hat{\mathbb{T}}^{m+n+2} \times \mathbb{C}^{m+n+2} \times l^{a,s} \times l^{a,s} \ni (x, y, Z, \bar{Z}),$$

其中 $\hat{\mathbb{T}}^{m+n+2}$ 是通常 $(m+n+2)$-环 $\mathbb{T}^{m+n+2}$ 的复化. 令

$$D(s', r) := \{(x, y, Z, \bar{Z}) \in \mathcal{P}^{a,s} : |\mathrm{Im}x| < s', |y| < r^2, \|Z\|_{a,s} + \|\bar{Z}\|_{a,s} < r\}.$$

对于 $W = (x, y, Z, \bar{Z}) \in \mathcal{P}^{a,\bar{s}}, \bar{s} = s+1$, 定义权范数

$$|W|_r = |W|_{\bar{s},r} = |x| + \frac{1}{r^2}|y| + \frac{1}{r}\|Z\|_{a,\bar{s}} + \frac{1}{r}\|\bar{Z}\|_{a,\bar{s}}.$$

用 $\underline{\Sigma}$ 表示参数集 $\mathscr{I} \times [0,1]^{m+n+1}$. 对一个映射 $U : D(s',r) \times \underline{\Sigma} \to \mathcal{P}^{a,\bar{s}}$, 定义它的利普希茨半范数 $|U|_r^{\mathcal{L}}$:

$$|U|_r^{\mathcal{L}} = \sup_{\hat{\xi} \neq \xi} \frac{|\Delta_{\hat{\xi}\xi} U|_r}{|\hat{\xi} - \xi|},$$

其中 $\Delta_{\hat{\xi}\xi} U = U(\cdot, \hat{\xi}) - U(\cdot, \xi)$, 这里上确界在 $\underline{\Sigma}$ 上取得. 用 X_P 表示对应于哈密顿函数 P 关于辛结构 $dx \wedge dy + \mathrm{i} dZ \wedge d\bar{Z}$ 的向量场, 即

$$X_P = (\partial_y P, -\partial_x P, \nabla_{\bar{Z}} P, -\nabla_Z P).$$

我们有下列引理, 它的证明可在 [99] 中找到.

引理 6.1.12　对于 $s', r > 0$, 扰动 $P(x, y, Z, \bar{Z}; \varsigma)$ 关于实变量 $(x, y, Z, \bar{Z}) \in D(s', r)$ 是实解析的, 关于参数 $\xi \in \underline{\Sigma}$ 是利普希茨的, 并且对每个 $\xi \in \underline{\Sigma}$, 它关于 $Z, \bar{Z}$ 的梯度满足

$$\partial_Z P, \quad \partial_{\bar{Z}} P \in \mathcal{A}(l^{a,s}, l^{a,s+1/2}),$$

其中 $\mathcal{A}(l^{a,s}, l^{a,s+1/2})$ 表示从 $l^{a,s}$ 原点的某个邻域到 $l^{a,s+1/2}$ 的所有映射类, 它中的映射关于复坐标 Z 的实部和虚部是实解析的. 此外, 对扰动项 P, 我们有下列估计:

$$\sup_{D(s',r) \times \underline{\Sigma}} |X_P|_r \leqslant C\varepsilon^{\frac{7}{2}}, \quad \sup_{D(s',r) \times \underline{\Sigma}} |\partial_\xi X_P|_r \leqslant C\varepsilon^{\frac{7}{2}},$$

其中 $s' = \sigma/3$ 并且 $r = \varepsilon$.

6.1.6　一个无穷维 KAM 定理

为了证明我们的主要结果 (定理 6.1.1), 需要叙述一个 KAM 定理, 它首先被 Kuksin [52, 53] 证明, 也可见 Pöschel [83]. 这里我们陈述 [83] 中的定理.

考虑线性可积哈密顿函数的扰动

$$H_0 = \sum_{j=1}^n \widehat{\omega}_j(\xi) y_j + \frac{1}{2} \sum_{j=n+1}^\infty \widehat{\Omega}_j(\xi)(u_j^2 + v_j^2),$$

其中 (x, y) 是 n 维角-作用坐标, (u, v) 是具有辛结构

$$\sum_{j=1}^n dx_j \wedge dy_j + \sum_{j=n+1}^\infty du_j \wedge dv_j$$

的无穷维笛卡儿坐标. 切频率是 $\widehat{\omega} = (\widehat{\omega}_1, \cdots, \widehat{\omega}_n)$ 并且法频率是 $\widehat{\Omega} = (\widehat{\Omega}_{n+1}, \widehat{\Omega}_{n+2}, \cdots)$, 它依赖于 n 维参数

$$\xi \in \Pi \subset \mathbb{R}^n,$$

其中 Π 是一个具有正 Lebesgue 测度的有界闭集.

对每个 ξ, 存在一个不变 n-环 $\mathcal{T}_0^n = \mathbb{T}^n \times \{0, 0, 0\}$, 它具有频率 $\widehat{\omega}(\xi)$. 在由 uv-坐标描述的法向空间中, 原点是一个具有特征频率 $\widehat{\Omega}(\xi)$ 的椭圆不动点. 于是, $\mathcal{T}_0^n$ 是线性稳定的. 我们的目的是证明这类线性稳定旋转环在 H_0 的小扰动 $H = H_0 + P$ 下的保持性. 为此, 我们取下列假设:

A. (非退化性). 映射 $\xi \mapsto \widehat{\omega}(\xi)$ 是 Π 和它的像之间的利普希茨同胚, 即这个同胚是双向利普希茨连续的. 此外, 对所有整数向量 $(k, l) \in \mathbb{Z}^n \times \mathbb{Z}^\infty$, $1 \leqslant |l| \leqslant 2$,

$$\mathrm{meas}\{\xi : \langle k, \widehat{\omega}(\xi)\rangle + \langle l, \widehat{\Omega}(\xi)\rangle = 0\} = 0$$

并且在 Π 成立

$$\langle l, \widehat{\Omega}(\xi)\rangle \neq 0,$$

其中 meas 表示集合的 Lebesgue 测度; 对整数向量, 有 $|l| = \sum_j |l_j|$; 并且 $\langle \cdot, \cdot \rangle$ 是通常的内积.

B. (谱渐近性和利普希茨性质). 存在 $\varsigma \geqslant 1$ 和 $\delta < \tau - 1$ 使得

$$\widehat{\Omega}_j(\xi) = j^\varsigma + \cdots + \mathcal{O}(j^\delta),$$

其中 "$\cdots$" 表示关于 j 的低阶, 也允许负指数. 更确切地, 存在一个固定的参数独立的数列 $\widetilde{\Omega}$, 其中 $\widetilde{\Omega}_j = j^\varsigma + \cdots$ 使得 $\widehat{\Omega}_j - \widetilde{\Omega}_j$ 构成一个利普希茨映射

$$\widehat{\Omega}_j - \widetilde{\Omega}_j : \Pi \to l_\infty^{-\delta},$$

其中 l_∞^p 是具有有限范数 $|w|_p = \sup_j |w_j| j^p$ 的所有实数列的空间.

C. (正则性). 对给定的 $s, r > 0$, 扰动 $P(x, y, Z, \bar{Z}; \xi)$ 关于实变量 $(x, y, Z, \bar{Z}) \in D(s, r)$ 是实解析的, 关于参数 $\xi \in \Pi$ 是利普希茨的, 并且对每个 $\xi \in \Pi$, 它关于 $Z, \bar{Z}$ 的梯度满足

$$P_Z, P_{\bar{Z}} \in \mathcal{A}(l^{a,p}, l^{a,\bar{p}}), \quad \begin{cases} \bar{p} \geqslant p, & \varsigma > 1, \\ \bar{p} > p, & \varsigma = 1, \end{cases}$$

其中 $\mathcal{A}(l^{a,p}, l^{a,\bar{p}})$ 表示从 $l^{a,p}$ 原点的某个邻域到 $l^{a,\bar{p}}$ 的映射, 它关于复坐标 Z 的实部和虚部是实解析的.

我们假设

$$|\widehat{\omega}|_\Pi^{\mathcal{L}} + |\widehat{\Omega}|_{-\delta, \Pi}^{\mathcal{L}} \leqslant M < \infty, \quad |(\widehat{\omega})^{-1}|_{\widehat{\omega}(\Pi)}^{\mathcal{L}} \leqslant L < \infty. \tag{6.1.74}$$

此外, 引入符号

$$\langle l \rangle_\varsigma = \max \left(1, \left| \sum_j j^\varsigma l_j \right| \right), \quad A_k = 1 + |k|^\tau,$$

其中在后面 $\tau > n + 1$ 是固定的. 最后, 设 $\mathscr{Z} = \{(k, l) \neq 0, |l| \leqslant 2\} \subset \mathbb{Z}^n \times \mathbb{Z}^\infty$.

现在我们可以叙述基本的 KAM 定理, 它应归于 Pöschel [83] (也可见 [52,84]).

定理 6.1.3 ([83], 定理 A)　假设 $H = H_0 + P$ 满足条件 A, B, C 和

$$\epsilon = \sup_{D(s,r) \times \Pi} |X_P|_r + \sup_{D(s,r) \times \Pi} \frac{\alpha}{M} |X_P|_r^{\mathcal{L}} \leqslant \gamma \alpha, \tag{6.1.75}$$

其中 $0 < \alpha \leqslant 1$ 是一个参数, 并且 γ 依赖于这个参数, 则存在一个 Cantor 集 $\Pi_\alpha \subset \Pi$, 并且当 $\alpha \to 0$ 时有 $\mathrm{meas}(\Pi \setminus \Pi_\alpha) \to 0$, 一个嵌入环 $\Phi : \mathbb{T}^n \times \Pi_\alpha \to \mathcal{P}^{a,\bar{p}}$ 的利普希茨连续族以及一个利普希茨连续映射 $\widehat{\omega} : \Pi_\alpha \to \mathbb{R}^n$, 使得对每个 $\xi \in \Pi_\alpha$, 映射 Φ 限制在 $\mathbb{T}^n \times \{\xi\}$ 上是一个具有频率 $\widehat{\omega}(\xi)$ 的椭圆旋转环的一个实解析的 嵌入, 在 ξ 处的哈密顿函数是 H. 每个嵌入在 $|\mathrm{Im}x| < \frac{s}{2}$ 上是解析的, 并且在这个 区域上一致成立

$$|\Phi - \Phi_0|_r + \frac{\alpha}{M} |\Phi - \Phi_0|_r^{\mathcal{L}} \leqslant \frac{c\epsilon}{\alpha}, \tag{6.1.76}$$

$$|\widehat{\widehat{\omega}} - \widehat{\omega}| + \frac{\alpha}{M} |\widehat{\widehat{\omega}} - \widehat{\omega}|^{\mathcal{L}} \leqslant c\epsilon,$$

其中 $\Phi_0 : \mathbb{T}^n \times \Pi \to \mathcal{T}_0^n$ 是一个平凡嵌入, $c \leqslant \gamma^{-1}$ 依赖于与 γ 相同的参数. 此外, 对 $0 \leqslant j \in \mathbb{Z}$, 在 Π 上存在利普希茨映射的一个族满足 $\widehat{\omega}_0 = \widehat{\omega}, \Lambda_0 = \widehat{\Omega}$ 和

$$|\widehat{\omega}_j - \hat{\omega}| + \frac{\alpha}{M} |\widehat{\omega}_j - \hat{\omega}|^{\mathcal{L}} \leqslant c\epsilon,$$

$$|\Lambda_j - \widehat{\Omega}|_{-\delta} + \frac{\alpha}{M} |\Lambda_j - \widehat{\Omega}|_{-\delta}^{\mathcal{L}} \leqslant c\epsilon,$$

使得 $\Pi \setminus \Pi_\alpha \subset \bigcup \mathcal{R}_{k,l}^j(\alpha)$, 其中

$$\mathcal{R}_{k,l}^j(\alpha) = \left\{ \xi \in \Pi : |\langle k, \widehat{\omega}_j(\xi) \rangle + \langle l, \Lambda_j \rangle| \leqslant \alpha \frac{\langle l \rangle_d}{A_k} \right\},$$

这个并对所有的 $j \geqslant 0$ 和 $(k, l) \in \mathscr{Z}$ 而取, 它使得当 $j \geqslant 1$ 时成立 $|k| > K_0 2^{j-1}$, 其中 $K_0 \geqslant 1$ 是一个依赖于 n 和 τ 的常数.

关于 "坏" 参数集 $\Pi \setminus \Pi_\alpha$ 的测度, 我们引述 Pöschel 的定理 [83].

定理 6.1.4 ([83], 定理 D)　假设在定理 6.1.3 中未扰频率是参数的仿射函数, 则存在一个常数 $\tilde{c}$, 使得对所有充分小的 α, 成立

$$\text{meas}(\Pi \setminus \Pi_\alpha) \leqslant \tilde{c}(\text{diam}\Pi)^{n-1}\alpha^{\tilde{\mu}}, \quad \tilde{\mu} = \begin{cases} 1, & \varsigma > 1, \\ \dfrac{\kappa}{\kappa + 1 - (\varpi/4)}, & \varsigma = 1, \end{cases}$$

其中 ϖ 是 $[0, \min(\bar{p} - p, 1))$ 中的任意数, 并且当 $\varsigma = 1$ 时 κ 是一个正常数, 使得在 Π 上一致成立

$$\frac{\widehat{\Omega}_i - \widehat{\Omega}_j}{i - j} = 1 + \mathcal{O}(j^{-\kappa}), \quad i > j. \tag{6.1.77}$$

为了将上述定理应用于我们的问题, 我们需要在下面引入一个新的参数 $\bar{\omega}$. 对任意的 $\bar{\xi} \in \mathscr{J}$, 我们有 $\alpha(\bar{\xi}) \in A_\gamma$. 于是, 对固定的 $\omega_- = (\omega_-^1, \omega_-^2, \cdots, \omega_-^m) \in D_\Lambda$ 和任意的 $\omega_-^{m+1}(\bar{\xi}) \in A_\gamma$, 以及

$$\tilde{\omega}(\bar{\xi}) \in \bar{\bar{\Omega}} := \{\tilde{\omega}(\bar{\xi}) = (\omega_1, \cdots, \omega_m, \alpha(\bar{\xi})) \in D_\Lambda \times A_\gamma, | |\omega_i - \omega_-^i|$$

$$\leqslant \varepsilon, |\alpha(\bar{\xi}) - \omega_-^{m+1}(\bar{\xi})| \leqslant \varepsilon\},$$

我们可以通过

$$\omega_j = \omega_-^j + \varepsilon^3 \bar{\omega}_j, \quad \bar{\omega}_j \in [0, 1], \quad j = 1, 2, \cdots, m,$$

$$\alpha(\bar{\xi}) = \omega_-^{m+1}(\bar{\xi}) + \varepsilon^3 \bar{\omega}_{m+1}, \quad \bar{\omega}_{m+1} \in [0, 1]$$

引入新的参数 $\bar{\omega} = (\bar{\omega}_1, \bar{\omega}_2, \cdots, \bar{\omega}_m, \bar{\omega}_{m+1})$. 于是, 哈密顿函数 (6.1.73) 变成

$$H = \langle \widehat{\omega}(\xi), \hat{y} \rangle + \langle \widehat{\Omega}(\xi), \hat{Z} \rangle + P, \tag{6.1.78}$$

其中 $\widehat{\omega}(\xi) = \tilde{\omega}(\bar{\xi}) \oplus \check{\omega}_0 \oplus \check{\omega}$ 以及 $\check{\omega} = \tilde{\alpha} + \varepsilon^3 A\xi, \widehat{\Omega}(\xi) = \tilde{\beta} + \varepsilon^3 B\xi, \xi = \bar{\omega} \oplus \tilde{\xi}_0 \oplus \tilde{\xi}, \tilde{\xi} = (\tilde{\xi}_1, \cdots, \tilde{\xi}_n)$ 并且

$$\hat{y} = J \oplus \tilde{\rho}_0 \oplus \tilde{\rho}, \quad \tilde{\alpha} = (\check{\omega}_1, \cdots, \check{\omega}_n), \quad \tilde{\beta} = (\check{\lambda}_{n+1}, \check{\lambda}_{n+2}, \cdots).$$

引理 6.1.13 设 $\Pi = [0, 1]^{m+n+2}$, 则 $X_P \in \mathcal{A}(l^{a,s}, l^{a,s+1/2})$ 并且

$$\sup_{D(s,r) \times \Pi} |X_P|_r \leqslant C\varepsilon^{\frac{7}{2}}, \quad \sup_{D(s,r) \times \Pi} |\partial_\zeta X_P|_r \leqslant C\varepsilon^{\frac{7}{2}}.$$

这个引理的证明与引理 6.1.12 的证明相同.

6.1.7 主要定理的证明

在下面, 对于哈密顿函数 (6.1.78), 我们验证它满足条件 A, B 和 C. 回忆 (6.1.71), 我们有

$$A := (\tilde{\mathcal{G}}_{ij})_{1 \leqslant i,j \leqslant n}$$

$$
= \begin{pmatrix}
\dfrac{Bb_0}{\pi\lambda_1}+\varpi_{11}(\bar{\xi},\varepsilon) & \dfrac{Ba_0}{\pi\sqrt{\lambda_1\lambda_2}}+\varpi_{12}(\bar{\xi},\varepsilon) & \cdots & \dfrac{Ba_0}{\pi\sqrt{\lambda_1\lambda_n}}+\varpi_{1n}(\bar{\xi},\varepsilon) \\[3mm]
\dfrac{Ba_0}{\pi\sqrt{\lambda_2\lambda_1}}+\varpi_{21}(\bar{\xi},\varepsilon) & \dfrac{Bb_0}{\pi\lambda_2}+\varpi_{22}(\bar{\xi},\varepsilon) & \cdots & \dfrac{Ba_0}{\pi\sqrt{\lambda_2\lambda_n}}+\varpi_{2n}(\bar{\xi},\varepsilon) \\[3mm]
\vdots & \vdots & & \vdots \\[3mm]
\dfrac{Ba_0}{\pi\sqrt{\lambda_n\lambda_1}}+\varpi_{n1}(\bar{\xi},\varepsilon) & \dfrac{Ba_0}{\pi\sqrt{\lambda_n\lambda_2}}+\varpi_{n2}(\bar{\xi},\varepsilon) & \cdots & \dfrac{Bb_0}{\pi\lambda_n}+\varpi_{nn}(\bar{\xi},\varepsilon)
\end{pmatrix}_{n\times n},
$$

$$
B:=(\tilde{\mathcal{G}}_{ij})_{1\leqslant j\leqslant n<i}
$$

$$
= \begin{pmatrix}
\dfrac{Ba_0}{\pi\sqrt{\lambda_{n+1}\lambda_1}}+\varpi_{n+1,1}(\bar{\xi},\varepsilon) & \cdots & \dfrac{Ba_0}{\pi\sqrt{\lambda_{n+1}\lambda_n}}+\varpi_{n+1,n}(\bar{\xi},\varepsilon) \\[3mm]
\dfrac{Ba_0}{\pi\sqrt{\lambda_{n+2}\lambda_1}}+\varpi_{n+2,1}(\bar{\xi},\varepsilon) & \cdots & \dfrac{Ba_0}{\pi\sqrt{\lambda_{n+2}\lambda_n}}+\varpi_{n+2,n}(\bar{\xi},\varepsilon) \\[3mm]
\vdots & & \vdots
\end{pmatrix}_{\infty\times n}
$$

并且

$$
\lim_{\varepsilon\to0} A = -\frac{3B}{16\pi}
\begin{pmatrix}
\dfrac{9}{1\times1} & \dfrac{5}{1\times2} & \cdots & \dfrac{5}{1\times n} \\[3mm]
\dfrac{5}{2\times1} & \dfrac{9}{2\times2} & \cdots & \dfrac{5}{2\times n} \\[3mm]
\vdots & \vdots & & \vdots \\[3mm]
\dfrac{5}{n\times1} & \dfrac{5}{n\times2} & \cdots & \dfrac{9}{n\times n}
\end{pmatrix} := D,
$$

$$
\lim_{\varepsilon\to0} B = -\frac{15B}{4\pi}
\begin{pmatrix}
\dfrac{1}{(n+1)\times1} & \cdots & \dfrac{1}{(n+1)\times n} \\[3mm]
\dfrac{1}{(n+2)\times1} & \cdots & \dfrac{1}{(n+2)\times n} \\[3mm]
\vdots & & \vdots
\end{pmatrix}_{\infty\times n} := \widetilde{D}.
$$

令 $\hat{u}=(1,2,\cdots,n)$ 和 $\hat{v}=(n+1,n+2,\cdots)$, 并且对于矩阵

$$
\bar{E}:=\mathrm{diag}[\hat{u}], \quad \bar{F}:=\mathrm{diag}[\hat{v}],
$$

我们可重写 $D\widetilde{D}$ 为

$$
D = -\frac{3B}{16\pi}\bar{E}^{-1}\overline{A}\bar{E}^{-1}, \quad \widetilde{D} = -\frac{15B}{4\pi}\bar{F}^{-1}\overline{B}\bar{E}^{-1},
$$

其中

$$\overline{A} = \begin{pmatrix} 9 & 5 & \cdots & 5 \\ 5 & 9 & \cdots & 5 \\ \vdots & \vdots & & \vdots \\ 5 & 5 & \cdots & 9 \end{pmatrix}, \quad \overline{B} = \begin{pmatrix} 1 & \cdots & 1 \\ 1 & \cdots & 1 \\ \vdots & & \vdots \end{pmatrix}_{\infty \times n}.$$

由于 $\det \overline{A} = 4^{n-1}(4 + 5n) \neq 0$, 我们知道 $\det D \neq 0$. 因此, 只要 $0 < \varepsilon \ll 1$, 就有 $\det A \neq 0$. 此外, 由 $\widehat{\omega}$ 的定义, 可得

$$\frac{\partial \widehat{\omega}}{\partial \xi} = \varepsilon^3 \begin{pmatrix} I_{m+1} & 0 & 0 \\ 0 & 2\bar{c} & \mathbb{Y} \\ 0 & \mathbb{Y}^{\mathrm{T}} & A \end{pmatrix}, \quad \xi \in \Pi,$$

其中 I_{m+1} 表示 $(m+1) \times (m+1)$ 单位阵, $\mathbb{Y} = (c_1, c_2, \cdots, c_n)$ 并且 $\mathbb{Y}^{\mathrm{T}}$ 表示 $\mathbb{Y}$ 的转置. 鉴于 $\bar{c} = \mathcal{O}(\varepsilon^{-1})$, $c_j = \mathcal{O}(\varepsilon^{-\frac{2}{3}})$ 和

$$\begin{pmatrix} 1 & -\mathbb{Y}A^{-1} \\ 0 & I_n \end{pmatrix} \begin{pmatrix} 2\bar{c} & \mathbb{Y} \\ \mathbb{Y}^{\mathrm{T}} & A \end{pmatrix} \begin{pmatrix} 1 & 0 \\ -A^{-1}\mathbb{Y}^{\mathrm{T}} & I_n \end{pmatrix}$$

$$= \begin{pmatrix} 2\bar{c} - \mathbb{Y}A^{-1}\mathbb{Y}^{\mathrm{T}} & 0 \\ 0 & A \end{pmatrix},$$

可推出只要 $0 < \varepsilon \ll 1$, 就有

$$\det \begin{pmatrix} 2\bar{c} & \mathbb{Y} \\ \mathbb{Y}^{\mathrm{T}} & A \end{pmatrix} \neq 0.$$

因此, 实映射 $\xi \mapsto \widehat{\omega}(\xi)$ 是 Π 到它的像之间的一个利普希茨同胚.

对任意的 $k \in \mathbb{Z}^{m+2+n}$, 记

$$k = (k_1, k_2, k_3), \quad k_1 \in \mathbb{Z}^{m+1}, k_2 \in \mathbb{Z}, k_3 \in \mathbb{Z}^n.$$

设

$$\mathcal{Y}(\xi) = \langle k, \widehat{\omega}(\xi) \rangle + \langle l, \widehat{\Omega}(\xi) \rangle$$
$$= \langle k_1, \tilde{\omega}(\bar{\xi}) \rangle + k_2 \tilde{\omega}_0 + \langle k_3, \tilde{\alpha} \rangle + \langle k_3, \varepsilon^3 A\tilde{\xi} \rangle + \langle l, \tilde{\beta} + \varepsilon^3 B\tilde{\xi} \rangle,$$

$$\Delta := \{\xi \in \Pi : \mathcal{Y}(\xi) = 0\}.$$

我们需要证明 $\operatorname{meas}\Delta = 0$. 为此, 我们分三种情况:

情况 1. 设 $k_1 = (k^1, k^2, \cdots, k^m, k^{m+1}) \neq 0$ 并记

$$\langle k_1, \tilde{\omega}(\bar{\xi}) \rangle = \sum_{i=1}^{m} k^i \omega_i + k^{m+1} \alpha(\bar{\xi}),$$

则存在某个 $1 \leqslant i_0 \leqslant m$ 使得 $k^{i_0} \neq 0$. 从而 $\breve{\omega}_0$, $\tilde{\alpha}$ 以及 $\tilde{\beta}$ 不含有参数 $\bar{\omega}$. 所以

$$\frac{\partial \mathcal{Y}(\xi)}{\partial \bar{\omega}_{i_0}} = k^{i_0} \varepsilon^3 \neq 0, \quad 0 < \varepsilon \ll 1.$$

这意味着 $\mathrm{meas}\Delta = 0$.

情况 2. 设 $k_2 \neq 0$, 则

$$\frac{\partial \mathcal{Y}(\xi)}{\partial \tilde{\xi}_0} = 2\bar{c}\varepsilon^3 + \mathcal{O}(\varepsilon^{\frac{7}{3}}) \neq 0,$$

它意味着 $\mathrm{meas}\Delta = 0$.

情况 3. 设 $k_1 = k_2 = 0$, 则

$$\begin{aligned}
\mathcal{Y}(\xi) &= \langle k_1, \omega \rangle + k_2 \breve{\omega}_0 + \langle k_3, \tilde{\alpha} \rangle + \langle k_3, \varepsilon^3 A\tilde{\xi} \rangle + \langle l, \tilde{\beta} + \varepsilon^3 B\tilde{\xi} \rangle \\
&= \langle k_3, \tilde{\alpha} \rangle + \langle k_3, \varepsilon^3 A\tilde{\xi} \rangle + \langle l, \tilde{\beta} + \varepsilon^3 B\tilde{\xi} \rangle \\
&= \langle k_3, \tilde{\alpha} \rangle + \langle l, \tilde{\beta} \rangle + \varepsilon^3 \langle Ak_3 + B^{\mathrm{T}} l, \tilde{\xi} \rangle,
\end{aligned}$$

其中 B^{T} 是 B 的转置 (注意到 A 的对称性). 我们断定 $\langle k_3, \tilde{\alpha} \rangle + \langle l, \tilde{\beta} \rangle \neq 0$ 或者 $Ak_3 + B^{\mathrm{T}} l \neq 0$.

由于

$$\lim_{\varepsilon \to 0} (Ak_3 + B^{\mathrm{T}} l) = Dk_3 + \widetilde{D}^{\mathrm{T}} l$$

和

$$\lim_{\varepsilon \to 0} (\langle k_3, \tilde{\alpha} \rangle + \langle l, \tilde{\beta} \rangle) = \langle k_3, \hat{\alpha} \rangle + \langle l, \hat{\beta} \rangle,$$

其中 $\hat{\alpha} = (1, 2, \cdots, n)$ 和 $\hat{\beta} = (n+1, n+2, \cdots)$, 只要证明 $\langle k_3, \hat{\alpha} \rangle + \langle l, \hat{\beta} \rangle \neq 0$ 或者 $Dk_3 + \widetilde{D}^{\mathrm{T}} l \neq 0$ 即可. 这个结果已在 [84] 中证明 (见 [84] 中的引理 6). 于是, 我们得到当 $0 < \varepsilon \ll 1$ 时, 有 $\langle k_3, \tilde{\alpha} \rangle + \langle l, \tilde{\beta} \rangle \neq 0$ 或者 $Ak_3 + B^{\mathrm{T}} l \neq 0$. 此外, 容易证明当 $0 < \varepsilon \ll 1$ 时, 有 $\langle l, \widehat{\Omega}(\xi) \rangle \neq 0$, 其中 $1 \leqslant |l| \leqslant 2$ 并且 $\xi \in \Pi$. 这就完成了条件 A 的验证.

注意到 $\lambda_j = j^2 + \varepsilon^{\frac{2}{3}} [\hat{V}]$ 和

$$\mu_j = \sqrt{\lambda_j} + \sum_{k=2}^{\infty} \varepsilon^{\frac{2k}{3}} \tilde{\lambda}_{j,k}(\bar{\xi}, \tilde{\omega}(\bar{\xi}), \varepsilon),$$

就有 $\widehat{\Omega}_j = j^{\varsigma} + \cdots$, $\varsigma = 1$, 并且 $\widetilde{\Omega}_j := \widehat{\Omega}_j - j$ 是一个利普希茨映射 $\widetilde{\Omega} : \Pi \to l_{\infty}^{-\delta}$, 其中 $\delta = -1$. 因此, 条件 B 对于 $\widehat{\Omega}$, $\delta = -1$ 是满足的, 并且 $\varsigma = 1$. 令 $\bar{p} = s + 1/2, p = s$, 条件 C 容易从引理 6.1.12 可知是满足的. 利用 $\widehat{\omega}(\xi) = \widetilde{\omega}(\bar{\xi}) \oplus \check{\omega}_0 \oplus (\tilde{\alpha} + \varepsilon^3 A\tilde{\xi})$ 和 $\widehat{\Omega}(\xi) = \tilde{\beta} + \varepsilon^3 B\tilde{\xi}$, 对于 $M = C_1 \varepsilon^2$ 和 $L = C_2 \varepsilon^{-1/2}$, 可得 (6.1.74) 是满足的.

现在我们验证定理 6.1.3 中的小性条件. 设 $\alpha = \varepsilon^{\frac{7}{2} - \iota}$, 其中 $0 < \iota < \dfrac{7}{2}$ 固定, 再由引理 6.1.13 可知, 如果 $0 < \varepsilon < \varepsilon^{**}$ 并且 $\varepsilon^{**} = \varepsilon^{**}(\gamma, C)$ 是一个常数, 就有

$$\sup_{D(s,r) \times \Pi} |X_P|_r + \sup_{D(s,r) \times \Pi} \frac{\alpha}{M} |X_P|_r^{\mathcal{L}} \leqslant \gamma\alpha.$$

这就意味着小性条件 (6.1.75) 满足. 下面, 对于哈密顿函数 (6.1.78), 我们检查定理 6.1.4 的条件满足. 首先, 我们注意到 $\widehat{\omega}(\xi)$ 是参数 ξ 的放射函数. 于是, 由

$$\widehat{\Omega}_j = \mu_j + \varepsilon^3 (B\tilde{\xi})_j, \quad j \geqslant n + 1,$$

可得 $\widehat{\Omega}_j = j + O(j^{-1})$. 因此, 对 $i > j$, 有

$$\frac{\widehat{\Omega}_i - \widehat{\Omega}_j}{i - j} = 1 + O(j^{-2}).$$

这就给出了 (6.1.77) 中的 $\kappa = 2$, 并且我们可以在定理 6.1.4 中取 $\tilde{\mu} = \dfrac{3}{7 - 2\iota}$. 对于哈密顿函数 (6.1.78), 我们实施定理 6.1.3 和定理 6.1.4, 则存在一个满足

$$\mathrm{meas}(\Pi \setminus \Pi_{\alpha}) \leqslant \hat{c} L^{n+m+2} M^{n+m+1} (\mathrm{diam}\Pi)^{n+m+1} \alpha^{\tilde{\mu}} \leqslant C\varepsilon^{-1/2} \alpha^{\tilde{\mu}} < \varepsilon$$

的子集 $\Pi_{\alpha} \subset \Pi$ 和一个利普希茨连续的嵌入环 $\Phi : \mathbb{T}^{n+m+2} \times \Pi_{\alpha} \to \mathcal{P}^{a,s+1/2}$, 以及一个利普希茨连续映射 $\widehat{\omega} : \Pi_{\alpha} \to \mathbb{R}^{n+m+2}$, 使得对于在 ξ 上的哈密顿函数 H, 对每个 $\xi \in \Pi_{\alpha}$, 映射 Φ 限定在 $\mathbb{T}^{n+m+2} \times \{\xi\}$ 上是一个具有频率 $\widehat{\omega}(\xi)$ 的椭圆旋转环的实解析嵌入. 此外, $|\widehat{\omega}(\xi) - \widehat{\omega}(\xi)| < c\varepsilon^{\frac{7}{2}}$ 和 (6.1.76) 成立. 我们再从参数集 Π 返回到

$$\Pi^*(\omega_-, \omega_-^{m+1}) = \bar{\bar{\Omega}} \times [0,1]^{n+1}.$$

设

$$\Pi^* = \bigcup_{(\omega_-, \omega_-^{m+1}) \in D_\Lambda \times A_\gamma} \Pi^*(\omega_-, \omega_-^{m+1}),$$

其中取 ω_-, ω_-^{m+1} 使得如果 $(\omega_-^*, \omega_-^{m+1*}) \neq (\omega_-^{**}, \omega_-^{m+1**})$, 就有 $\Pi^*(\omega_-^*, \omega_-^{m+1*}) \cap \Pi^*(\omega_-^{**}, \omega_-^{m+1**}) = \varnothing$. 于是, 得到一个子集 $\Pi_{\alpha}^* \subset \Pi^*$ 使得

$$\Sigma_{\alpha} = \Pi_{\alpha}^* \subset D_\Lambda \times A_\gamma \times [0,1]^{n+1} \subset \Sigma,$$

其中

$$\text{meas}\,(\Sigma \setminus \Sigma_\varepsilon) \leqslant \varepsilon.$$

因此, 对于新的参数集, 可得存在一个嵌入环的利普希茨族 $\Phi : \mathbb{T}^{m+n+2} \times \Sigma_\varepsilon \to \mathcal{P}^{a,s+1}$ 和一个连续映射 $\widehat{\omega} : \Sigma_\varepsilon \to \mathbb{R}^{m+n+2}$, 使得对于在 ξ 上的哈密顿函数 H, 对每个 $\xi \in \Sigma_\varepsilon$, 映射 Φ 限定在 $\mathbb{T}^{m+n+2} \times \{\xi\}$ 上是一个具有频率 $\widehat{\omega}(\xi) = (\tilde{\omega}(\bar{\xi}), (\hat{\omega}_j)_{0 \leqslant j \leqslant n})$ 的椭圆旋转环的实解析嵌入, 并且

$$|\Phi - \Phi_0|_r + \frac{\alpha}{M}|\Phi - \Phi_0|_r^{\mathcal{L}} \leqslant c\varepsilon^{\frac{7}{2} - (\frac{7}{2} - \iota)} = c\varepsilon^\iota, \tag{6.1.79}$$

$$|\widehat{\omega} - \omega^0|_r + \frac{\alpha}{M}|\widehat{\omega}(\xi) - \omega^0(\xi)|^{\mathcal{L}} \leqslant c\varepsilon^{\frac{7}{2}}, \tag{6.1.80}$$

其中 $\omega^0(\xi) = \widehat{\omega}(\xi)$ 和 $\xi = (\omega, \alpha(\bar{\xi}), \tilde{\xi}_0, \tilde{\xi}_1, \cdots, \tilde{\xi}_n)$. 因此, 从环 $\Phi(\mathbb{T}^{m+n+2} \times \Sigma_\varepsilon)$ 开始的所有运动是具有频率 $\widehat{\omega}(\xi)$ 的拟周期运动. 由 (6.1.79) 和 (6.1.80), 这些运动可以写成

$$\tilde{\rho}_0(t) = O(\varepsilon^2), \quad \hat{\theta}_0(t) = \hat{\omega}_0 t + O(\varepsilon^\iota),$$

$$\tilde{\rho}_j(t) = O(\varepsilon^2), \quad \hat{\theta}_j(t) = \hat{\omega}_j t + O(\varepsilon^\iota), \quad j = 1, 2, \cdots, n$$

$$\|Z(t)\|_{a,s+1} = O(\varepsilon), \quad \theta(t) = \tilde{\omega}(\bar{\xi})t,$$

其中 $Z = (z_j)_{j>n}$, 并且我们已经取了初相 $\hat{\theta}_j(0) = 0$. 返回原方程 (6.1.1), 便可得到定理 6.1.1 中描述的解.

6.2　具有非齐次项的驱动薛定谔方程的不变环面

非线性薛定谔方程

$$iu_t - (-\Delta + V(x) + m)u + (\gamma_0 + \gamma_1\gamma(t))|u|^2 u = 0, \quad m > 0, \ \gamma_0, \gamma_1 \in \mathbb{R} \tag{6.2.1}$$

是许多物理问题的数学模型, 关于这类方程的定性性质有大量的研究结果. 例如, Sakaguchi 和 Malomed [97] 考虑了在一维情况下非线性系数的周期调制对基阶孤子和高阶孤子的影响, 在费希巴赫 (Feshbach) 共振控制以及关于非线性周期性补偿的光纤通信的研究方向中, 玻色-爱因斯坦 (Bose-Einstein) 凝聚体是一个有趣的问题; Pérez-García, Torres 和 Konotop [74] 在高维情况下构造了上述方程的精确呼吸解; Cuccagna, Kirr 和 Pelinovsky [24] 研究了上述方程具有吸引局部势能的初值问题解的全局存在性和长期性; Cuccagna [25] 证明了这个方程在零点处可线性化的假设下, 小能量解的渐近稳定性. 然而, 当 $\gamma(t)$ 是时间 t 的拟周期函数时, 方程 (6.2.1) 的动力学行为却很少有结果知道. 在这节中, 我们将通过 KAM 理论

考虑当 $V(x) = 0$, $\gamma_0 + \gamma_1\gamma(t) = \phi(t)$ 时, 空间一维方程 (6.2.1) 拟周期解的存在性. 具体地说, 我们考虑具有非齐次项的拟周期驱动非线性薛定谔方程

$$iu_t - u_{xx} + mu + \phi(t)|u|^2u = \varepsilon g(t) \tag{6.2.2}$$

以及周期边界条件

$$u(t, x) = u(t, x + 2\pi), \tag{6.2.3}$$

其中 ε 是一个小参数, $m > 0$, $\phi(t)$ 和 $g(t)$ 是两个具有频率向量 $\omega = (\omega_1, \omega_2, \cdots, \omega_L)$ 的拟周期实解析函数.

容易看出, 对于 $g(t) \not\equiv 0$ 和 $\varepsilon \neq 0$, $u \equiv 0$ 不是 (6.2.2) 的解. 我们首先研究一个复常微分方程

$$i\dot{u} + mu + \phi(t)|u|^2u = \varepsilon g(t) \tag{6.2.4}$$

拟周期解的存在性, 然后在 (6.2.2) 中通过令 $u = u_0(t) + \varepsilon v(x, t)$ 得到下列具有零平衡点的方程

$$iv_t - v_{xx} + mv + \phi(t)\left(2|u_0|^2v + u_0^2\bar{v} + 2\varepsilon u_0|v|^2 + \varepsilon\bar{u}_0v^2 + \varepsilon^2|v|^2v\right) = 0, \tag{6.2.5}$$

其中 $u_0(t)$ 是 (6.2.4) 的一个非零拟周期解, 再用 KAM 理论构造 (6.2.5)-(6.2.3) 的不变环或者拟周期解. 最后, 我们将得到 (6.2.2) 和 (6.2.3) 在 (6.2.4) 的一个拟周期解的邻域内的拟周期解.

6.2.1 主要结果的叙述

设 $\phi(t) = [\phi] + \bar{\phi}(t)$, 其中 $[\phi]$ 是 $\phi(t)$ 的平均, $\bar{\phi}(t)$ 有零平均, 我们总假设条件:

(H) $m > 0$, $[\phi] > 0$, $\phi(t)$ 和 $g(t)$ 是两个具有频率向量 $\omega = (\omega_1, \omega_2, \cdots, \omega_L) \in \mathbb{R}^L$, $L \geqslant 1$ 的实解析拟周期函数, 其中 $\omega \in D_\Lambda$:

$$D_\Lambda := \left\{\omega \in [\varrho, 2\varrho]^L : |\langle k, \omega\rangle| \geqslant \frac{\Lambda}{|k|^{L+1}}, \ 0 \neq k \in \mathbb{Z}^L\right\},$$

$\Lambda > 0$, $0 < \varrho < 1$.

对 $\gamma > 0$, 定义集合

$$A_\gamma = \{\alpha \in \mathbb{R} : |\langle k, \omega\rangle + l\alpha| > \gamma(|k| + |l|)^{-(L+1)}, \ 0 \neq (k, l) \in \mathbb{Z}^L \times \mathbb{Z}\},$$

它的半径为 h 的复邻域是 $A_\gamma + h$.

现在可以叙述本节的主要定理.

定理 6.2.1　假设 (H) 满足. 对每个指标集 $\mathcal{J} = \{1, 2, \cdots, n\}$, $n \geqslant 1$, 存在一个充分小的正数 ε^* 使得对任意的 $0 < \varepsilon < \varepsilon^*$, 存在子集 $\hat{J} \subset \left[\frac{1}{2}(m+2[\phi]), \frac{3}{2}(m+2[\phi])\right]$, $\hat{\Pi}^* \subseteq D_\Lambda \times A_\gamma$ 和 $\Sigma_\varepsilon \subseteq \Sigma := D_\Lambda \times A_\gamma \times [0,1]^{n+1}$ 具有 $\mathrm{meas}\hat{J} > 0$ 和 $\mathrm{meas}(\Sigma \backslash \Sigma_\varepsilon) \leqslant \varepsilon$, 使得对任意的 $\xi \in \hat{J}$, $(\omega, \alpha(\xi), \tilde{\xi}_0, \tilde{\xi}_1, \cdots, \tilde{\xi}_n) \in \Sigma_\varepsilon$, 非线性薛定谔方程 (6.2.2)-(6.2.3) 有一个具有频率

$$\widehat{\widehat{\omega}} = (\omega, \alpha(\xi), (\widehat{\widehat{\omega}}_j)_{0 \leqslant j \leqslant n}) \in \mathbb{R}^{L+n+2}$$

的形如

$$u(t,x) = u_0(t) + \varepsilon^{3/2} u_1(t,x) + o(\varepsilon^{3/2}), \quad u_1(t,x) := \sum_{j=0}^{n} \sqrt{\tilde{\xi}_j} e^{\mathrm{i}(j^2+m)t} \cos(jx)$$

的拟周期解, 其中

(i) ω 是 ϕ 和 g 的频率向量, 而 α, $\widehat{\widehat{\omega}}_j$ 是在证明中构造的并且是 ε 和参数 ξ 的函数, 其中 $\tilde{\xi} = (\tilde{\xi}_0, \cdots, \tilde{\xi}_n) \in \mathbb{R}^{n+1}$. 此外,

$$\widehat{\widehat{\omega}}_j = \mu_j(\varepsilon) + \varepsilon^3 a_j(\tilde{\xi}, \varepsilon), \quad \mu_j = j^2 + m + \varepsilon^{1/2}(\tilde{c}_j + \tilde{r}_j(\varepsilon)), \quad j = 0, 1, \cdots, n,$$

其中 $\tilde{c}_j$ 是一个常数, 当 $\varepsilon \to 0$ 时, 有 $|\tilde{r}_j(\varepsilon)| \to 0$, 并且 $|a_j(\tilde{\xi}, \varepsilon)| \leqslant C|\tilde{\xi}|$.

(ii) $u_0(t)$ 是 (6.2.4) 的一个依赖于 (ξ, ε) 的非平凡解拟周期解, 它的阶是 $\mathcal{O}(\varepsilon^{1/4})$, 频率为 (ω, α) 并且 $u_1(t,x)$ 是线性方程

$$\mathrm{i}\partial_t u_1 - \partial_{xx} u_1 + m u_1 = 0$$

的频率为 $j^2 + m$ 的拟周期解.

6.2.2　一个常微分方程的拟周期解

在这节我们将应用 [7] 中的结果 (也可见 [45]) 证明下列具有拟周期非线性项和拟周期非齐次项的非线性常微分方程

$$i\dot{u} + mu + \phi(t)|u|^2 u = \varepsilon g(t) \tag{6.2.6}$$

拟周期解的存在性.

我们有下列引理.

引理 6.2.1　对任意的 $\omega \in D_\Lambda$, 存在一个 ε^* 使得对任意的正数 $0 < \varepsilon < \varepsilon^*$ 和充分小的 $\gamma > 0$, 存在一个实解析函数 $a_0(\alpha) : A_\gamma \to \mathbb{R}$ 和一个集合 $\hat{J} \subset$

$\left[\dfrac{1}{2}(m+2[\phi]), \dfrac{3}{2}(m+2[\phi])\right]$ 具有 $\text{meas}\hat{J} > 0$, 使得对 $\alpha \in A_\gamma, \xi \in \hat{J}$ 和某个 $\tilde{\sigma} > 0$, 方程 (6.2.6) 有一个拟周期解 $u_0(t, \xi, \varepsilon) \in Q_{\tilde{\sigma}}(\tilde{\omega})$, 其中 $\tilde{\omega}(\xi) = (\omega_1, \omega_2, \cdots, \omega_L, \alpha(\xi))$ 满足

$$u_0(t, \xi, \varepsilon) = \mathcal{O}(\varepsilon^{\frac{1}{4}}).$$

证明　设 $u(t) = a(t) + ib(t)$, 则方程 (6.2.6) 等价于系统

$$\begin{cases} \dot{a} = -(a^2 + b^2)b\phi(t) - mb, \\ \dot{b} = (a^2 + b^2)a\phi(t) + ma - \varepsilon g(t) \end{cases} \tag{6.2.7}$$

具有哈密顿函数

$$h(a, b, t) = \frac{1}{2}m(a^2 + b^2) + \frac{1}{4}(a^2 + b^2)^2\phi(t) - \varepsilon g(t)a.$$

考虑辅助系统

$$\begin{cases} \dot{a} = -\dfrac{\partial h_0}{\partial b} = -(a^2 + b^2)b[\phi] - mb, \\ \dot{b} = \dfrac{\partial h_0}{\partial a} = (a^2 + b^2)a[\phi] + ma \end{cases} \tag{6.2.8}$$

具有哈密顿函数

$$h_0(a, b) = \frac{m}{2}(a^2 + b^2) + \frac{[\phi]}{4}(a^2 + b^2)^2.$$

通过下列映射引入作用-角变量: $\Phi^+ : \mathbb{R}^+ \times \mathbb{S}^1 \mapsto \mathbb{R}^2$, 其中 $(a, b) = \Phi^+(\rho, \varphi)$, $\rho > 0$ 并且 $\varphi(\text{mod}2\pi)$ 由公式

$$\Phi^+ : a = \sqrt{\frac{\rho}{\pi}}\cos 2\pi\varphi, \quad b = \sqrt{\frac{\rho}{\pi}}\sin 2\pi\varphi$$

给出, 其中 $\mathbb{S}^1 = \mathbb{R}^1/2\pi\mathbb{Z}$. 容易证明变换 Φ^+ 是一个从 $\mathbb{R}^+ \times \mathbb{S}^1$ 到 $\mathbb{R}^2 \setminus \{0\}$ 的辛同胚. 事实上, 它可由 $\left|\dfrac{\partial(a, b)}{\partial(\rho, \varphi)}\right| = 1$ 可知.

在这个变换下, 系统 (6.2.8) 变成

$$\begin{cases} \dot{\rho} = -\dfrac{\partial h_{00}}{\partial \varphi} = 0, \\ \dot{\varphi} = \dfrac{\partial h_{00}}{\partial \rho} = \dfrac{m}{2\pi} + \dfrac{[\phi]}{2\pi^2}\rho, \end{cases}$$

其中 $h_{00}(\rho, \varphi) = \dfrac{m}{2\pi}\rho + \dfrac{[\phi]}{4\pi^2}\rho^2$.

鉴于 $\bar{\phi}(\bar{\theta}) = \phi(\bar{\theta}) - [\phi]$, 系统 (6.2.7) 等价于系统

$$
\begin{cases}
\dot{a} = -\dfrac{\partial h_1}{\partial b}, \\[2mm]
\dot{b} = \dfrac{\partial h_1}{\partial a},
\end{cases}
\tag{6.2.9}
$$

其中

$$
h_1(a, b, t) = \frac{m}{2}(a^2 + b^2) + \frac{[\phi]}{4}(a^2 + b^2)^2 + \frac{\bar{\phi}(t)}{4}(a^2 + b^2)^2 - \varepsilon a g(t).
$$

在这个典则变换 Φ^+ 下, 系统 (6.2.9) 变成

$$
\begin{cases}
\dot{\rho} = -\dfrac{\partial h_2}{\partial \varphi} = -2\sqrt{\pi}\varepsilon\rho^{\frac{1}{2}}g(t)\sin 2\pi\varphi, \\[2mm]
\dot{\varphi} = \dfrac{\partial h_2}{\partial \rho} = \dfrac{m}{2\pi} + \dfrac{[\phi]}{2\pi^2}\rho + \dfrac{\bar{\phi}(t)}{2\pi^2}\rho - \dfrac{\varepsilon}{2\sqrt{\pi}}g(t)\rho^{-\frac{1}{2}}\cos 2\pi\varphi,
\end{cases}
\tag{6.2.10}
$$

其中

$$
h_2(\rho, \varphi, t) = \frac{m}{2\pi}\rho + \frac{[\phi]}{4\pi^2}\rho^2 + \frac{\bar{\phi}(t)}{4\pi^2}\rho^2 - \frac{\varepsilon}{\sqrt{\pi}}g(t)\rho^{\frac{1}{2}}\cos 2\pi\varphi.
$$

定义时间依赖的典则变换 $\Psi_t : (\hat{\lambda}, \hat{\vartheta}) \mapsto (\rho, \varphi)$, 它可由下式隐式给出:

$$
\begin{cases}
\rho = \hat{\lambda} + \dfrac{\partial f}{\partial \varphi}, \\[2mm]
\hat{\vartheta} = \varphi + \dfrac{\partial f}{\partial \hat{\lambda}},
\end{cases}
\tag{6.2.11}
$$

其中

$$
f(\hat{\lambda}, \varphi, t) = -\frac{1}{4\pi^2}\hat{\lambda}^2(1 + \hat{\lambda}\cos 2\pi\varphi)\int_0^t \bar{\phi}(s)ds.
$$

由 $[\bar{\phi}] = 0$, 可得 f 仍是具有频率 ω 的时间 t 的拟周期函数. 因此, 可得

$$
\frac{\partial f}{\partial t} = -\frac{\bar{\phi}(t)}{4\pi^2}\hat{\lambda}^2 - \frac{1}{4\pi^2}\hat{\lambda}^3\bar{\phi}(t)\cos 2\pi\varphi,
$$

$$\frac{\partial f}{\partial \varphi} = \frac{1}{2\pi} \hat{\lambda}^3 \sin 2\pi\varphi \int_0^t \bar{\phi}(s)ds.$$

在变换 (6.2.11) 下, 系统 (6.2.10) 被变成另一个具有哈密顿函数

$$\begin{aligned}
h_3 &= \frac{m}{2\pi}\left(\hat{\lambda}+\frac{\partial f}{\partial \varphi}\right) + \frac{[\phi]}{4\pi^2}\left(\hat{\lambda}+\frac{\partial f}{\partial \varphi}\right)^2 + \frac{\bar{\phi}(t)}{4\pi^2}\left(\hat{\lambda}+\frac{\partial f}{\partial \varphi}\right)^2 \\
&\quad - \frac{\varepsilon}{\sqrt{\pi}}\left(\hat{\lambda}+\frac{\partial f}{\partial \varphi}\right)^{\frac{1}{2}}g(t)\cos 2\pi\varphi + \frac{\partial f}{\partial t} \\
&= \frac{m}{2\pi}\hat{\lambda} + \frac{[\phi]}{4\pi^2}\hat{\lambda}^2 + \frac{m}{2\pi}\frac{\partial f}{\partial \varphi} + \frac{[\phi]}{2\pi^2}\int_0^1\left(\hat{\lambda}+\tau\frac{\partial f}{\partial \varphi}\right)\cdot\frac{\partial f}{\partial \varphi}d\tau \\
&\quad + \frac{\bar{\phi}(t)}{2\pi^2}\int_0^1\left(\hat{\lambda}+\tau\frac{\partial f}{\partial \varphi}\right)\cdot\frac{\partial f}{\partial \varphi}d\tau - \frac{\varepsilon}{\sqrt{\pi}}\left(\hat{\lambda}+\frac{\partial f}{\partial \varphi}\right)^{\frac{1}{2}}g(t)\cos 2\pi\varphi - \frac{1}{4\pi^2}\hat{\lambda}^3\bar{\phi}(t)\cos 2\pi\varphi
\end{aligned}$$

的哈密顿系统. 从 f 的定义可推出

$$\frac{m}{2\pi}\frac{\partial f}{\partial \varphi} = \mathcal{O}(\hat{\lambda}^3), \quad \frac{[\phi]}{2\pi^2}\int_0^1\left(\hat{\lambda}+\tau\frac{\partial f}{\partial \varphi}\right)\cdot\frac{\partial f}{\partial \varphi}d\tau = \mathcal{O}(\hat{\lambda}^4),$$

$$\frac{\bar{\phi}(t)}{2\pi^2}\int_0^1\left(\hat{\lambda}+\tau\frac{\partial f}{\partial \varphi}\right)\cdot\frac{\partial f}{\partial \varphi}d\tau = \mathcal{O}(\hat{\lambda}^4), \quad -\frac{\varepsilon}{\sqrt{\pi}}\left(\hat{\lambda}+\frac{\partial f}{\partial \varphi}\right)^{\frac{1}{2}}g(t)\cos 2\pi\varphi = \varepsilon\mathcal{O}(\hat{\lambda}^{\frac{1}{2}}),$$

$$-\frac{1}{4\pi^2}\hat{\lambda}^3\bar{\phi}(t)\cos 2\pi\varphi = \mathcal{O}(\hat{\lambda}^3).$$

设

$$\begin{cases} F_1(\rho,\varphi,\hat{\lambda},\hat{\vartheta}) := \rho - \hat{\lambda} - \dfrac{\partial f}{\partial \varphi} = 0, \\[2mm] F_2(\rho,\varphi,\hat{\lambda},\hat{\vartheta}) := \hat{\vartheta} - \varphi - \dfrac{\partial f}{\partial \hat{\lambda}} = 0, \end{cases}$$

则对充分小的 $\hat{\lambda}$, 有

$$\left|\frac{\partial(F_1,F_2)}{\partial(\rho,\varphi)}\right| = \begin{vmatrix} 1 & \mathcal{O}(\hat{\lambda}^3) \\ 0 & -1+\mathcal{O}(\hat{\lambda}^2) \end{vmatrix} \neq 0.$$

由隐函数定理可知, 变换 Ψ_t 可写成形式

$$\begin{cases} \rho = \hat{\lambda} + \Xi_1(\hat{\lambda},\hat{\vartheta}), \\[2mm] \varphi = \hat{\vartheta} + \Xi_2(\hat{\lambda},\hat{\vartheta}), \end{cases} \tag{6.2.12}$$

其中 $\Xi_1(\hat{\lambda}, \hat{\vartheta}) = \mathcal{O}(\hat{\lambda}^3)$ 和 $\Xi_2(\hat{\lambda}, \hat{\vartheta}) = \mathcal{O}(\hat{\lambda}^2)$. 因此, 系统 (6.2.10) 被 (6.2.12) 变成

$$\begin{cases} \dot{\hat{\lambda}} = -\dfrac{\partial h_3}{\partial \hat{\vartheta}} = \mathcal{O}(\hat{\lambda}^3) + \varepsilon \mathcal{O}(\hat{\lambda}^{\frac{1}{2}}), \\[2mm] \dot{\hat{\vartheta}} = \dfrac{\partial h_3}{\partial \hat{\lambda}} = \dfrac{m}{2\pi} + \dfrac{[\phi]}{2\pi^2}\hat{\lambda} + \mathcal{O}(\hat{\lambda}^2) + \varepsilon \mathcal{O}(\hat{\lambda}^{-\frac{1}{2}}), \end{cases} \qquad (6.2.13)$$

其中哈密顿函数

$$h_3(\hat{\lambda}, \hat{\vartheta}, t) = \frac{m}{2\pi}\hat{\lambda} + \frac{[\phi]}{4\pi^2}\hat{\lambda}^2 + \mathcal{O}(\hat{\lambda}^3) + \varepsilon \mathcal{O}(\hat{\lambda}^{\frac{1}{2}}), \quad \hat{\lambda} \to 0.$$

对每个 $0 < \varepsilon < \varepsilon^*$ 和 $\xi \in \left[\dfrac{1}{2}, \dfrac{3}{2}\right]$, 我们通过下式引入一个新变量

$$\hat{\lambda} = \varepsilon^{\frac{1}{2}}(\xi + \varepsilon^{\sigma}I), \quad \hat{\vartheta} = \widehat{\varphi},$$

其中 $0 < \sigma \leqslant 1/8$.

注意到 $3/4 - \sigma > 1/2 + \sigma/2$, 系统 (6.2.13) 变成

$$\begin{cases} \dot{I} = \mathcal{O}(\varepsilon^{\frac{3}{4}-\sigma}), \\[2mm] \dot{\widehat{\varphi}} = \left(\dfrac{m}{2\pi} + \dfrac{[\phi]\xi}{2\pi^2}\varepsilon^{\frac{1}{2}}\right) + \mathcal{O}(\varepsilon^{\frac{1+\sigma}{2}}), \end{cases} \qquad (6.2.14)$$

具有哈密顿函数

$$h_4(I, \widehat{\varphi}, t, \varepsilon) = \left(\frac{m}{2\pi} + \frac{[\phi]\xi}{2\pi^2}\varepsilon^{\frac{1}{2}}\right)I + h_5(I, \widehat{\varphi}, t, \varepsilon), \quad h_5 = \mathcal{O}(\varepsilon^{\frac{1+\sigma}{2}}). \qquad (6.2.15)$$

用 (6.2.15) 中的参数 $a_0 = \dfrac{m}{2\pi} + \dfrac{[\phi]\xi}{2\pi^2}\varepsilon^{\frac{1}{2}}$ 代替参数 ξ, 可得具有哈密顿函数

$$h_4(I, \widehat{\varphi}, t, \varepsilon) = a_0 I + \varepsilon^{\frac{1+\sigma}{2}} h_6$$

的哈密顿系统, 其中 $|h_6| < M$.

取 $\gamma = K(\varepsilon^*)^{\frac{1}{8}}$ 和 $\mu = (\varepsilon^*)^{\frac{1}{8}}$, 则如果 $(\varepsilon^*)^{\sigma/2}M < p_0^{L+3}K\delta_0^2$, 其中 p_0 和 δ_0 在 [7] 中都有, 则 [7] 中的条件 (1.2) 满足. 因此, 通过减少 ε^* 我们可以无限地递减 K. 从 [7] 中第一节的讨论可知, 存在一个实解析函数 Γ_∞ 使得

$$a_0(\alpha) := \alpha + \Gamma_\infty(\varepsilon, \alpha) = \frac{m}{2\pi} + \frac{[\phi]\xi}{2\pi^2}\varepsilon^{\frac{1}{2}}, \quad \alpha \in A_\gamma$$

并且 $a_0(\alpha)$ 是可逆的. 用 a_0^{-1} 表示 a_0, 就有

$$\alpha(\xi) = a_0^{-1}\left(\frac{m}{2\pi} + \frac{[\phi]\xi}{2\pi^2}\varepsilon^{\frac{1}{2}}\right).$$

从 [7] 中的引理 2 可推出对 $\omega_0 = m + 2[\phi]$, 存在一个集合

$$\hat{J} = \left\{\xi \in [\omega_0/2, 3\omega_0/2] : |\langle k, \omega\rangle + l\xi| \geqslant K\omega_0|k|^{-(L+1)}\right\},$$

它的测度当 $K \to 0$ 时趋于 ω_0. 如果 $\xi \in \hat{J}$, 应用 [7] 中的引理 1, 可推出具有哈密顿函数 (6.2.15) 的系统 (6.2.14) 有拟周期解

$$I = \tilde{v}(0, \alpha(\xi)t + \widehat{\psi_0}, \omega t, \alpha(\xi)), \quad \widehat{\varphi} = \alpha(\xi)t + \widehat{\psi_0} + \tilde{u}(\alpha(\xi)t + \widehat{\psi_0}, \omega t, \alpha(\xi)),$$

其中 $\alpha \in A_\gamma$, $\widehat{\psi_0}$ 是一个任意常数, 并且当 $\varepsilon \ll 1$ 时 $\tilde{u}$ 和 $\tilde{v}$ 都如 [7] 中的 (2.4) 定义. 于是, 对 $\alpha(\xi) \in A_\gamma$, $\xi \in \hat{J}$, 方程 (6.2.6) 有拟周期解

$$u_0(t, \xi, \varepsilon) = \frac{1}{\sqrt{\pi}}\left(\varepsilon^{\frac{1}{2}}(\xi + \varepsilon^\sigma I) + \Xi_1(\varepsilon^{\frac{1}{2}}(\xi + \varepsilon^\sigma \widehat{I}), \widehat{\varphi}, \omega t)\right)^{\frac{1}{2}}(\cos 2\pi\varphi + \mathrm{i}\sin 2\pi\varphi)$$

$$:= D(t, \xi, \varepsilon)(\cos 2\pi\varphi + \mathrm{i}\sin 2\pi\varphi),$$

其中频率向量是 $\tilde{\omega}(\xi) = (\omega_1, \omega_2, \cdots, \omega_L, \alpha(\xi))$, 这里

$$\varphi = \widehat{\varphi} + \widehat{\Xi}_2(\varepsilon^{\frac{1}{2}}(\xi + \varepsilon^\sigma I), \widehat{\varphi}, \omega t),$$

$$D(t, \xi, \varepsilon) = \frac{1}{\sqrt{\pi}}\left(\varepsilon^{\frac{1}{2}}(\xi + \varepsilon^\sigma I) + \widehat{\Xi}_1(\varepsilon^{\frac{1}{2}}(\xi + \varepsilon^\sigma \widehat{I}), \widehat{\varphi}, \omega t)\right)^{\frac{1}{2}} \tag{6.2.16}$$

并且 $\widehat{\Xi}_1$ 和 $\widehat{\Xi}_2$ 分别是 Ξ_1 和 Ξ_2 的壳函数. 此外, 注意到 $\Xi_1 = \mathcal{O}(\hat{\lambda}^3)$, 我们有

$$u_0(t, \xi, \varepsilon) = \mathcal{O}(\varepsilon^{1/4}). \qquad \Box$$

根据 Bibikov 的引理 [7], 并且返回原方程 (6.2.4), 我们可得

$$u_0(t, \xi, \varepsilon) = \frac{1}{\sqrt{\pi}}\left(\varepsilon^a(\xi + \varepsilon^\sigma I) + \widehat{\Xi}_1(\varepsilon^a(\xi + \varepsilon^\sigma \widehat{I}), \widehat{\varphi}, \omega t)\right)^{\frac{1}{2}}(\cos 2\pi\varphi + \mathrm{i}\sin 2\pi\varphi)$$

$$= \mathcal{O}(\varepsilon^{a/2}).$$

在下面定义一个参数集合. 设

$$\Pi = D_\Lambda \times A_\gamma = \{\tilde{\omega}(\xi) = (\omega, \alpha(\xi)) : |\langle k, \omega\rangle + l\alpha(\xi)| > \gamma(|k| + |l|)^{-(L+1)}, \xi \in \hat{J}\}.$$

由 Bibikov 的引理 [7], 容易证明积空间 $\Pi = D_\Lambda \times A_\gamma$ 是一个具有正测度的集合.

6.2.3　哈密顿函数设置和线性哈密顿系统的约化

6.2.3.1　哈密顿函数设置

函数 $u_0(t) = u_0(t, \xi, \varepsilon)$ 是方程 (6.2.6) 的解, 它在前面子节中定义. 设 $u = u_0(t, \xi, \varepsilon) + \varepsilon v(x, t)$, 则方程 (6.2.2) 和边界条件 (6.2.3) 变成

$$
\begin{cases}
iv_t - v_{xx} + mv + \phi(t)(2|u_0|^2 v + u_0^2 \bar{v} + 2\varepsilon u_0 |v|^2 \\
\quad + \varepsilon \bar{u}_0 v^2 + \varepsilon^2 |v|^2 v) = 0, \\
v(t, x) = v(t, x + 2\pi).
\end{cases}
\tag{6.2.17}
$$

如我们所知, 系统 (6.2.17) 可以作为一个相空间 $H_0^1([0, 2\pi]) \times L^2([0, 2\pi])$ 中的一个无穷维哈密顿系统来研究.

设 $v = v_1 + iv_2$. 我们重写 (6.2.17) 为下列形式

$$
\begin{cases}
\dot{v}_1 = -\dfrac{\partial H}{\partial v_2} = -\{-v_{2xx} + mv_2 + \phi(t)D^2(t, \xi, \varepsilon) \\
\qquad \times (2 - \cos 4\pi\varphi)v_2 + \sin(4\pi\varphi)\phi(t)D^2(t, \xi, \varepsilon)v_1 \\
\qquad + \varepsilon\phi(t)D(t, \xi, \varepsilon)(\sin(2\pi\varphi)v_1^2 + 3\sin(2\pi\varphi)v_2^2 \\
\qquad + 2\cos(2\pi\varphi)v_1 v_2) + \varepsilon^2\phi(t)(v_1^2 v_2 + v_2^3)\}, \\[2mm]
\dot{v}_2 = \dfrac{\partial H}{\partial v_1} = -v_{1xx} + mv_1 + \phi(t)D^2(t, \xi, \varepsilon)(2 + \cos 4\pi\varphi)v_1 \\
\qquad + \sin(4\pi\varphi)\phi(t)D^2(t, \xi, \varepsilon)v_2 + \varepsilon\phi(t)D(t, \xi, \varepsilon) \\
\qquad \times (\cos(2\pi\varphi)v_2^2 + 3\cos(2\pi\varphi)v_1^2 + 2\sin(2\pi\varphi)v_1 v_2) \\
\qquad + \varepsilon^2\phi(t)(v_1 v_2^2 + v_1^3),
\end{cases}
$$

其中

$$
\begin{aligned}
H = {}& \frac{1}{2}\int_0^{2\pi} (|v_{1x}|^2 + |v_{2x}|^2 + m(v_1^2 + v_2^2) + a_1(t, \xi, \varepsilon)v_1^2 \\
& + a_2(t, \xi, \varepsilon)v_2^2 + a_3(t, \xi, \varepsilon)v_1 v_2)dx \\
& + \varepsilon\phi(t)D(t, \xi, \varepsilon)\int_0^{2\pi} (\sin(2\pi\varphi)v_1^2 v_2 \\
& + \cos(2\pi\varphi)v_1 v_2^2 + \cos(2\pi\varphi)v_1^3 + \sin(2\pi\varphi)v_2^3)dx \\
& + \frac{1}{4}\varepsilon^2\phi(t)\int_0^{2\pi} (2v_1^2 v_2^2 + v_1^4 + v_2^4)dx,
\end{aligned}
\tag{6.2.18}
$$

这里

$$a_1(t, \xi, \varepsilon) = \phi(t) D^2(t, \xi, \varepsilon)(2 + \cos 4\pi\varphi),$$
$$a_2(t, \xi, \varepsilon) = \phi(t) D^2(t, \xi, \varepsilon)(2 - \cos 4\pi\varphi),$$
$$a_3(t, \xi, \varepsilon) = 2\phi(t) D^2(t, \xi, \varepsilon) \sin 4\pi\varphi.$$

简单计算可知, 在周期边界条件下算子 $A = -\dfrac{d^2}{dx^2} + m$ 的特征值 λ_j 和特征函数 $\phi_j(x) \in L^2[0, 2\pi]$ 分别是

$$\lambda_j = j^2 + m, \quad j \in \mathbb{Z}, \quad \phi_j(x) = \begin{cases} \dfrac{1}{\sqrt{\pi}} \cos jx, & j > 0, \\[2mm] -\dfrac{1}{\sqrt{\pi}} \sin jx, & j < 0, \\[2mm] \dfrac{1}{\sqrt{2\pi}}, & j = 0. \end{cases} \quad (6.2.19)$$

为了避免重特征值, 我们限定寻找关于 x 是偶的解. 因此, 我们取特征函数 $\phi_j(x)$, $j \geqslant 0$, 这是因为它们是 $L^2(0, 2\pi)$ 的所有偶函数组成的完备正交基.

通过下列关系

$$v_1(t, x) = \sum_{j \geqslant 0} q_j(t) \phi_j(x), \quad v_2(t, x) = \sum_{j \geqslant 0} p_j(t) \phi_j(x),$$

引入坐标 $q = (q_0, q_1, q_2, \cdots)$, $p = (p_0, p_1, p_2, \cdots)$. 这些坐标取自某个实希尔伯特空间:

$$l^{a,s} = l^{a,s}(\mathbb{R}) := \{q = (q_0, q_1, q_2, \cdots), \ q_i \in \mathbb{R}, \ i \geqslant 0\},$$

其中范数为

$$\|q\|_{a,s}^2 = |q_0|^2 + \sum_{i \geqslant 1} |q_i|^2 i^{2s} e^{2ai} < \infty.$$

下面假设 $a \geqslant 0$ 和 $s > 1/2$. 由 (6.2.16), 可得 $a_i = \mathcal{O}(\varepsilon^{\frac{1}{2}})$, $i = 1, 2, 3$. 在坐标 (q, p) 下重写哈密顿函数 (6.2.18) 为

$$H = \tilde{H} + \varepsilon G^3 + \varepsilon^2 G^4,$$

其中

$$\tilde{H} = \frac{1}{2} \sum_{j \geqslant 0} \left(\lambda_j(q_j^2 + p_j^2) + a_1(t, \xi, \varepsilon) q_j^2 + a_2(t, \xi, \varepsilon) p_j^2 + a_3(t, \xi, \varepsilon) q_j p_j \right),$$

$$G^3 = \phi(t)D(t,\xi,\varepsilon)\sin(2\pi\varphi)\int_0^{2\pi}\left(\sum_{j\geqslant0}q_j(t)\phi_j(x)\right)^2\left(\sum_{j\geqslant0}p_j(t)\phi_j(x)\right)dx$$

$$+\phi(t)D(t,\xi,\varepsilon)\cos(2\pi\varphi)\int_0^{2\pi}\left(\sum_{j\geqslant0}q_j(t)\phi_j(x)\right)\left(\sum_{j\geqslant0}p_j(t)\phi_j(x)\right)^2dx$$

$$+\phi(t)D(t,\xi,\varepsilon)\cos(2\pi\varphi)\int_0^{2\pi}\left(\sum_{j\geqslant0}q_j(t)\phi_j(x)\right)^3dx$$

$$+\phi(t)D(t,\xi,\varepsilon)\sin(2\pi\varphi)\int_0^{2\pi}\left(\sum_{j\geqslant0}p_j(t)\phi_j(x)\right)^3dx$$

和

$$G^4 = \frac{1}{2}\phi(t)\int_0^{2\pi}\left(\sum_{j\geqslant0}q_j(t)\phi_j(x)\right)^2\left(\sum_{j\geqslant0}p_j(t)\phi_j(x)\right)^2dx$$

$$+\frac{1}{4}\phi(t)\int_0^{2\pi}\left(\left(\sum_{j\geqslant0}q_j(t)\phi_j(x)\right)^4+\left(\sum_{j\geqslant0}p_j(t)\phi_j(x)\right)^4\right)dx.$$

运动方程为

$$\dot{q}_j=-\frac{\partial H}{\partial p_j},\quad \dot{p}_j=\frac{\partial H}{\partial q_j}, \tag{6.2.20}$$

其哈密顿结构是 $\sum dp_i\wedge dq_i$ 在 $l^{a,s}\times l^{a,s}$ 上.

引理 6.2.2 设 $\hat{I}$ 是一个区间并且对 $a>0$,

$$t\in\hat{I}\rightarrow(q(t),p(t))\equiv(\{q_j(t)\}_{j\geqslant0},\{p_j(t)\}_{j\geqslant0})$$

是方程 (6.2.20) 的一个实解析解, 则

$$v_1(t,x)=\sum_{j\geqslant0}q_j(t)\phi_j(x),\quad v_2(t,x)=\sum_{j\geqslant0}p_j(t)\phi_j(x)$$

是方程 (6.2.17) 的经典解, 它在 $\hat{I}\times[0,2\pi]$ 上实解析.

这个引理的详细证明见 [90].

为了简单起见, 我们分别用 $\phi(\bar{\theta})$, $D(\theta,\xi,\varepsilon)$ 和 $a_i(\theta,\xi,\varepsilon)$ 表示 $\phi(t)$, $D(t,\xi,\varepsilon)$ 和 $a_i(t,\xi,\varepsilon)$ 的壳函数, 其中 $\bar{\theta}=\omega t$ 并且 $\theta=\tilde{\omega}(\xi)t$. 我们引入作用-角变量 $(J,\theta)\in\mathbb{R}^{L+1}\times\mathbb{T}^{L+1}$, 则 (6.2.20) 可写成一个哈密顿系统

$$\dot{j} = -\frac{\partial H}{\partial \theta}, \quad \dot{\theta} = \tilde{\omega}(\xi), \quad \dot{q}_j = -\frac{\partial H}{\partial p_j}, \quad \dot{p}_j = \frac{\partial H}{\partial q_j}, \quad j \geqslant 0,$$

其哈密顿函数是

$$H = \langle \tilde{\omega}(\xi), J \rangle + \frac{1}{2} \sum_{j \geqslant 0} (\lambda_j(q_j^2 + p_j^2) + a_1(\theta, \xi, \varepsilon)q_j^2$$

$$+ a_2(\theta, \xi, \varepsilon)p_j^2 + a_3(\theta, \xi, \varepsilon)q_j p_j$$

$$+ \varepsilon G^3(\theta, \xi, \varepsilon) + \varepsilon^2 G^4(\bar{\theta}), \tag{6.2.21}$$

其中

$$G^3(\theta, \xi, \varepsilon)$$
$$= \sum_{i,j,d \geqslant 0} G^{21}_{i,j,d}(\theta, \xi, \varepsilon)q_i q_j p_d + \sum_{i,j,d \geqslant 0} G^{12}_{i,j,d}(\theta, \xi, \varepsilon)q_i p_j p_d$$

$$+ \sum_{i,j,d \geqslant 0} G^{30}_{i,j,d}(\theta, \xi, \varepsilon)q_i q_j q_d + \sum_{i,j,d \geqslant 0} G^{03}_{i,j,d}(\theta, \xi, \varepsilon)p_i p_j p_d, \tag{6.2.22}$$

这里

$$G^{21}_{ijd}(\theta, \xi, \varepsilon) = G^{03}_{i,j,d}(\theta, \xi, \varepsilon)$$

$$= \phi(\bar{\theta})D(\theta, \xi, \varepsilon)\sin 2\pi\varphi \int_0^{2\pi} \phi_i \phi_j \phi_d dx,$$

$$G^{12}_{i,j,d}(\theta, \xi, \varepsilon) = G^{30}_{i,j,d}(\theta, \xi, \varepsilon)$$

$$= \phi(\bar{\theta})D(\theta, \xi, \varepsilon)\cos 2\pi\varphi \int_0^{2\pi} \phi_i \phi_j \phi_d dx$$

和

$$G^4(\bar{\theta}) = \sum_{i,j,d,l \geqslant 0} G^{22}_{i,j,d,l}(\bar{\theta})q_i q_j p_d p_l + \sum_{i,j,d,l \geqslant 0} G^{40}_{i,j,d,l}(\bar{\theta})q_i q_j q_d q_l$$

$$+ \sum_{i,j,d,l \geqslant 0} G^{04}_{i,j,d,l}(\bar{\theta})p_i p_j p_d p_l, \tag{6.2.23}$$

$$G^{22}_{i,j,d,l}(\bar{\theta}) = \frac{1}{2}\phi(\bar{\theta}) \int_0^{2\pi} \phi_i \phi_j \phi_d \phi_l dx,$$

$$G^{40}_{i,j,d,l}(\bar{\theta}) = G^{04}_{i,j,d,l}(\bar{\theta}) = \frac{1}{4}\phi(\bar{\theta}) \int_0^{2\pi} \phi_i \phi_j \phi_d \phi_l dx.$$

由 (6.2.19), 容易证明

$$G^{21}_{i,j,d}(\theta,\xi,\varepsilon) = G^{12}_{i,j,d}(\theta,\xi,\varepsilon) = G^{03}_{i,j,d}(\theta,\xi,\varepsilon) = G^{04}_{i,j,d}(\theta,\xi,\varepsilon) = 0, \text{除了} i \pm j \pm d = 0$$

并且

$$G^{22}_{i,j,d,l}(\bar{\theta}) = G^{04}_{i,j,d,l}(\bar{\theta}) = G^{40}_{i,j,d,l}(\bar{\theta}) = 0, \text{除了} i \pm j \pm d \pm l = 0.$$

于是在 (6.2.22) 中的和限定于指标 i, j, d 使得 $i \pm j \pm d = 0$. 类似地, 在 (6.2.23) 中的和限定于指标 i, j, d, l 使得 $i \pm j \pm d \pm l = 0$. 特别地, 通过基本的计算, 可得

$$\int_0^{2\pi} \phi_i \phi_j \phi_d dx = \frac{1}{\sqrt{2\pi}}, \text{ 如果 } i=0, j \pm d = 0, \text{ 或 } i = j = d = 0,$$

$$G^{22}_{i,i,j,j}(\bar{\theta}) = \begin{cases} \dfrac{2+\delta_{ij}}{8\pi}\phi(\bar{\theta}), & i,j > 0, \\[3mm] \dfrac{1}{4\pi}\phi(\bar{\theta}), & i = 0, j > 0. \end{cases}$$

我们在复希尔伯特空间

$$l^{a,s}(\mathbb{C}) := \left\{ z = (z_0, z_1, z_2, \cdots), \ z_j \in \mathbb{C}, \ j \geqslant 0, \right.$$

$$\left. \text{s.t. } \|z\|^2_{a,s} = 2|z_0|^2 + \sum_{j \geqslant 1} |z_j|^2 j^{2s} e^{2aj} < \infty \right\}$$

中引入复坐标

$$z_j = \frac{1}{\sqrt{2}}(q_j - \mathrm{i}p_j), \quad \bar{z}_j = \frac{1}{\sqrt{2}}(q_j + \mathrm{i}p_j), \quad j \geqslant 0.$$

关于辛结构 $dq \wedge dp = \mathrm{i}dz \wedge d\bar{z}$ 的哈密顿函数 (6.2.21) 变成

$$H = \tilde{H} + \varepsilon G^3(z,\theta,\xi,\varepsilon) + \varepsilon^2 G^4(z,\bar{\theta}), \tag{6.2.24}$$

其中

$$\tilde{H} = \langle \tilde{\omega}(\xi), J \rangle + \sum_{j \geqslant 0} \left(\lambda_j z_j \bar{z}_j + \frac{a_1(\theta,\xi,\varepsilon)}{4}(\bar{z}_j + z_j)^2 \right.$$

$$\left. - \frac{a_2(\theta,\xi,\varepsilon)}{4}(\bar{z}_j - z_j)^2 - \frac{\mathrm{i}a_3(\theta,\xi,\varepsilon)}{4}(\bar{z}_j^2 - z_j^2) \right)$$

$$= \langle \tilde{\omega}(\xi), J \rangle + \sum_{j \geqslant 0} \lambda_j z_j \bar{z}_j + \frac{1}{2} \phi(\bar{\theta}) D^2(\theta, \xi, \varepsilon) \sum_{j \geqslant 0} ((\cos 4\pi\varphi - \mathrm{i} \sin 4\pi\varphi) \bar{z}_j^2$$

$$+ 4 z_j \bar{z}_j + (\cos 4\pi\varphi + \mathrm{i} \sin 4\pi\varphi) z_j^2), \tag{6.2.25}$$

这里

$$G^3(\theta, \xi, \varepsilon) = \sum_{i,j,d \geqslant 0} G_{i,j,d}^{21} \left(\frac{\bar{z}_i + z_i}{\sqrt{2}} \right) \left(\frac{\bar{z}_j + z_j}{\sqrt{2}} \right) \left(\frac{\bar{z}_d - z_d}{\sqrt{2}\mathrm{i}} \right)$$

$$+ \sum_{i,j,d \geqslant 0} G_{i,j,d}^{12} \left(\frac{\bar{z}_i + z_i}{\sqrt{2}} \right) \left(\frac{\bar{z}_j - z_j}{\sqrt{2}\mathrm{i}} \right) \left(\frac{\bar{z}_d - z_d}{\sqrt{2}\mathrm{i}} \right)$$

$$+ \sum_{i,j,d \geqslant 0} G_{i,j,d}^{30} \left(\frac{\bar{z}_i + z_i}{\sqrt{2}} \right) \left(\frac{\bar{z}_j + z_j}{\sqrt{2}} \right) \left(\frac{\bar{z}_d + z_d}{\sqrt{2}} \right)$$

$$+ \sum_{i,j,d \geqslant 0} G_{i,j,d}^{03} \left(\frac{\bar{z}_i - z_i}{\sqrt{2}\mathrm{i}} \right) \left(\frac{\bar{z}_j - z_j}{\sqrt{2}\mathrm{i}} \right) \left(\frac{\bar{z}_d - z_d}{\sqrt{2}\mathrm{i}} \right) \tag{6.2.26}$$

并且

$$G^4(\bar{\theta}) = \sum_{i,j,d,l \geqslant 0} G_{i,j,d,l}^{22}(\bar{\theta}) \left(\frac{\bar{z}_i + z_i}{\sqrt{2}} \right) \left(\frac{\bar{z}_j + z_j}{\sqrt{2}} \right) \left(\frac{\bar{z}_d - z_d}{\sqrt{2}\mathrm{i}} \right) \left(\frac{\bar{z}_l - z_l}{\sqrt{2}\mathrm{i}} \right)$$

$$+ \sum_{i,j,d,l \geqslant 0} G_{i,j,d,l}^{40}(\bar{\theta}) \left(\frac{\bar{z}_i + z_i}{\sqrt{2}} \right) \left(\frac{\bar{z}_j + z_j}{\sqrt{2}} \right) \left(\frac{\bar{z}_d + z_d}{\sqrt{2}} \right) \left(\frac{\bar{z}_l + z_l}{\sqrt{2}} \right)$$

$$+ \sum_{i,j,d,l \geqslant 0} G_{i,j,d,l}^{04}(\bar{\theta}) \left(\frac{\bar{z}_i - z_i}{\sqrt{2}\mathrm{i}} \right) \left(\frac{\bar{z}_j - z_j}{\sqrt{2}\mathrm{i}} \right) \left(\frac{\bar{z}_d - z_d}{\sqrt{2}\mathrm{i}} \right) \left(\frac{\bar{z}_l - z_l}{\sqrt{2}\mathrm{i}} \right). \tag{6.2.27}$$

6.2.3.2 线性哈密顿系统 (6.2.25) 的约化

在这一子节中, 我们要研究哈密顿 (6.2.25) 的约化. 为此, 我们引入下列符号和空间. 对给定的 $\tilde{\sigma} > 0, r > 0$, 定义数列 $\{\sigma_\nu\}$ 和 $\{s_\nu\}$:

$$\sigma_0 = \tilde{\sigma}, \quad \sigma_\nu = \sigma_0 \left(1 - \frac{\sum_{i=1}^{\nu} i^{-2}}{2 \sum_{i=1}^{\infty} i^{-2}} \right), \quad \nu = 1, 2, \cdots.$$

易证 $\sigma_\nu > \sigma_{\nu+1} > \tilde{\sigma}/2$.

$$r_0 = r, \quad r_\nu = r \left(1 - \sum_{i=2}^{\nu+1} 2^{-i} \right), \quad \nu = 1, 2, \cdots.$$

直接计算可得 $r_\nu > r_{\nu+1} > r/2$. 对 $\nu = 0, 1, 2, \cdots$, 令

$$\Theta_\nu = \Theta(\sigma_\nu) = \{\theta = (\theta_1, \cdots, \theta_L, \theta_{L+1}) \in \mathbb{C}^{L+1}/2\pi\mathbb{Z}^{L+1}$$

$$: |\mathrm{Im}\theta_j| < \sigma_\nu, j = 1, 2, \cdots, L, L+1\}$$

和

$$D_\nu^{a,s} = D^{a,s}(\sigma_\nu, r_\nu) = \left\{(\theta, J, z, \bar{z}) \in \mathbb{C}^{L+1}/2\pi\mathbb{Z}^{L+1} \times \mathbb{C}^{L+1} \times l^{a,s} \times l^{a,s} :\right.$$

$$\left.|\mathrm{Im}\theta| < \sigma_\nu, \ |J| < r_\nu^2, \ \|z\|_{a,s} < r_\nu, \ \|\bar{z}\|_{a,s} < r_\nu\right\},$$

其中 $|\cdot|$ 表示复向量或矩阵的上确界. 因此, 可得区域族:

$$\Theta(\sigma_0) \supset \Theta(\sigma_1) \supset \cdots \supset \Theta(\sigma_\nu) \supset \Theta(\sigma_{\nu+1}) \supset \cdots \supset \Theta\left(\frac{\sigma_0}{2}\right)$$

和

$$D^{a,s}(\sigma_0, r_0) \supset D^{a,s}(\sigma_1, r_1) \supset \cdots \supset D^{a,s}(\sigma_\nu, r_\nu)$$

$$\supset D^{a,s}(\sigma_{\nu+1}, r_{\nu+1}) \supset \cdots \supset D^{a,s}\left(\frac{\sigma_0}{2}, \frac{r_0}{2}\right).$$

我们在闭有界集 $\tilde{\Pi}$ 上定义一阶 Whitney 光滑函数 $F(\tilde{\omega})$,

$$\|F\|_{\tilde{\Pi}}^* = \max\left\{\sup_{\tilde{\omega}\in\tilde{\Pi}} |F|, \ \sup_{\tilde{\omega}\in\tilde{\Pi}} |\partial_{\tilde{\omega}}F|\right\}.$$

如果向量函数 $F(\tilde{\omega}) : \tilde{\Pi} \to l^{a,s}$(或 $\mathbb{R}^{L_1 \times L_2}$) 在 $\tilde{\Pi}$ 上是一阶 Whitney 光滑的, 我们定义

$$\|F\|_{a,s,\tilde{\Pi}}^* = \|(\|F_i(\tilde{\omega})\|_{\tilde{\Pi}}^*)_i\|_{a,s} \quad \left(\text{或} \quad \|F\|_{\tilde{\Pi}}^* = \max_{1\leqslant i_1\leqslant L_1} \sum_{1\leqslant i_2\leqslant L_2} (\|F_{i_1i_2}(\tilde{\omega})\|_{\tilde{\Pi}}^*)\right).$$

如果 $F(\eta; \tilde{\omega}) : D^{a,s}(\tilde{\sigma}, r) \times \tilde{\Pi} \to l^{a,s}$ 在 $\tilde{\omega}$ 上是一阶 Whitney 光滑的, 我们定义

$$\|F\|_{a,s,D^{a,s}(\tilde{\sigma},r)\times\tilde{\Pi}}^* = \sup_{\eta\in D^{a,s}(\tilde{\sigma},r)} \|F\|_{a,s,\tilde{\Pi}}^* \quad \left(\text{或} \quad \|F\|_{D^{a,s}(\tilde{\sigma},r)\times\tilde{\Pi}}^* = \sup_{\eta\in D^{a,s}(\tilde{\sigma},r)} \|F\|_{\tilde{\Pi}}^*\right).$$

关于 F 的哈密顿向量场定义为 $X_F = \{F_J, -F_\theta, \mathrm{i}\{F_{\bar{z}_j}\}, -\{\mathrm{i}F_{z_j}\}\}$, 我们用

$$|X_F|^*_{a,s,D^{a,s}(\tilde{\sigma},r)\times\tilde{\Pi}} = \|F_J\|^*_{D^{a,s}(\tilde{\sigma},r)\times\tilde{\Pi}} + \frac{1}{r^2}\|F_\theta\|^*_{D^{a,s}(\tilde{\sigma},r)\times\tilde{\Pi}}$$

$$+ \frac{1}{r}\sum_{j\geqslant 0}\Big(\|F_{\bar{z}_j}\|^*_{a,s,D^{a,s}(\tilde{\sigma},r)\times\tilde{\Pi}} + \|F_{z_j}\|^*_{a,s,D^{a,s}(\tilde{\sigma},r)\times\tilde{\Pi}}\Big)$$

表示 X_F 的权范数.

假设算子 $A(\eta;\tilde{\omega}(\xi)): l^{a,s}\to l^{a,\bar{s}}$, $(\eta;\tilde{\omega}(\xi))\in D^{a,s}(\tilde{\sigma},r)\times\tilde{\Pi}$, 我们定义算子范数

$$\|A(\eta;\tilde{\omega})\|_{a,\bar{s},s,D^{a,s}\times\tilde{\Pi}} = \sup_{(\eta;\tilde{\omega})\in D^{a,s}\times\tilde{\Pi}}\sup_{w\neq 0}\frac{\|A(\eta;\tilde{\omega})w\|_{a,\bar{s}}}{\|w\|_{a,s}},$$

$$\|A(\eta;\tilde{\omega})\|^*_{a,\bar{s},s,D^{a,s}\times\tilde{\Pi}} = \max\{\|A\|_{a,\bar{s},s,D^{a,s}\times\tilde{\Pi}}, \|\partial_{\tilde{\omega}}A\|_{a,\bar{s},s,D^{a,s}\times\tilde{\Pi}}\}.$$

设 $w^* = (\theta, J, z, \bar{z})\in D^{a,s}(\tilde{\sigma},r)$, 我们用

$$|w^*|_{a,s} = |\theta| + \frac{1}{r^2}|J| + \frac{1}{r}\|z\|_{a,s} + \frac{1}{r}\|\bar{z}\|_{a,s}$$

定义 w^* 的权范数. 对于 $B(\eta;\tilde{\omega}): D^{a,s}(\tilde{\sigma},r)\to D^{a,\bar{s}}(\tilde{\sigma},r)$, $(\eta;\tilde{\omega})\in D^{a,s}(\tilde{\sigma},r)\times\tilde{\Pi}$, 我们定义算子范数

$$|B(\eta;\tilde{\omega})|_{a,\bar{s},s,D^{a,s}\times\tilde{\Pi}} = \sup_{(\eta;\tilde{\omega})\in D^{a,s}\times\tilde{\Pi}}\sup_{w^*\neq 0}\frac{|B(\eta;\tilde{\omega})w^*|_{a,\bar{s}}}{|w^*|_{a,s}},$$

$$|B(\eta;\tilde{\omega})|^*_{a,\bar{s},s,D^{a,s}\times\tilde{\Pi}} = \max\{|B|_{a,\bar{s},s,D^{a,s}\times\tilde{\Pi}}, |\partial_{\tilde{\omega}}B|_{a,\bar{s},s,D^{a,s}\times\tilde{\Pi}}\}.$$

下面我们给出一个小除数引理, 它在证明约化命题中用到.

引理 6.2.3 对 $k\in\mathbb{Z}^{L+1}$, $j\in\mathbb{N}$, 存在一个闭子集族 Π_l, $l = 0, 1, \cdots, \nu$,

$$\Pi_\nu\subset\cdots\subset\Pi_{l+1}\subset\Pi_l\subset\cdots\subset\Pi_0\subset\Pi_{00}\subset\Pi = D_\Lambda\times A_\gamma$$

使得对 $\tilde{\omega}(\xi)\in\Pi_{00}$, 有

$$|\langle k, \tilde{\omega}(\xi)\rangle| \geqslant \frac{\varepsilon^{\frac{1}{10}}\mathrm{meas}\Pi}{(|k|+1)^{L+2}}$$

并且对 $\tilde{\omega}(\xi)\in\Pi_l$, 有

$$|\langle k, \tilde{\omega}(\xi)\rangle \pm 2\lambda_{j,l}(\xi, \tilde{\omega}(\xi), \varepsilon)| \geqslant \frac{\varepsilon^{\frac{1}{10}}\mathrm{meas}\Pi}{(1+l^2)(|k|+1)^{L+2}}.$$

此外

$$\mathrm{meas}\Pi_l \geqslant \mathrm{meas}\Pi\left(1 - C\varepsilon^{\frac{1}{10}}\sum_{i=0}^{l}\frac{1}{1+i^2}\right),$$

其中 C 是依赖于 L, ϱ 和 ξ 的常数.

$$\mathrm{meas}\Pi_{00} \geqslant \mathrm{meas}\Pi(1 - \mathcal{O}(\varepsilon^{\frac{1}{10}})).$$

设 $\hat{\Pi} = \bigcap_{l=0}^{\infty}\Pi_l$, 则 $\mathrm{meas}\hat{\Pi} \geqslant \mathrm{meas}\Pi(1 - \mathcal{O}(\varepsilon^{\frac{1}{10}}))$.

下面我们给出哈密顿函数 $\tilde{H}$ 的约化结果.

命题 6.2.1　考虑由方程 (6.2.25) 给出的哈密顿函数 $\tilde{H}$, 则存在一个 $0 < \varepsilon^{**} < \varepsilon^*$ 使得对任意的 $0 < \varepsilon < \varepsilon^{**}$, 存在一个集合 $\hat{\Pi} \subset \Pi$ 具有 $\mathrm{meas}\hat{\Pi} \geqslant \mathrm{meas}\Pi\left(1 - \mathcal{O}(\varepsilon^{\frac{1}{10}})\right)$, 使得对 $\tilde{\omega}(\xi) \in \hat{\Pi}$, 存在一个线性辛变换

$$\Sigma^{\infty} : \mathcal{D}^{a,s}(\tilde{\sigma}/2, r/2) \times \hat{\Pi} \to \mathcal{D}^{a,s}(\tilde{\sigma}, r)$$

并且下列叙述成立:

(i) 存在某个绝对常数 $C > 0$ 使得

$$|\Sigma^{\infty} - id|^*_{a,s+1,\,\mathcal{D}^{a,s}(\tilde{\sigma}/2,r/2)\times\hat{\Pi}} \leqslant C\varepsilon^{\frac{1}{4}},$$

其中 id 是恒等映射;

(ii) 变换 Σ^{∞} 变哈密顿函数 (6.2.25) 到

$$\tilde{H} \circ \Sigma^{\infty} = \langle\tilde{\omega}(\xi), J\rangle + \sum_{j\geqslant 0}\mu_j z_j \bar{z}_j,$$

其中

$$\mu_j(\xi, \tilde{\omega}(\xi), \varepsilon) = j^2 + m + \varepsilon^{1/2}(\tilde{c}_j + \tilde{r}_j(\varepsilon)),$$

这里 $\tilde{c}_j$ 是一个常数, 并且当 $\varepsilon \to 0$ 时, 有 $|\tilde{r}_j(\varepsilon)| \to 0$.

这个命题可类似于定理 6.1.2 用 KAM 迭代格式证明, 详细证明可在 [90] 中找到.

6.2.4　扰动项的正则性

设 $G^{n_3 n_4}_{i,j,d,l}(\bar{\theta}) = G^{n_3 n_4}_{|i|,|j|,|d|,|l|}(\bar{\theta})$, $(n_3, n_4) \in \{(0,4),\ (4,0),\ \text{或}\ (2,2)\}$, 并且

$$G^{n_1 n_2}_{i,j,d}(\theta, \xi, \tilde{\omega}(\xi), \varepsilon) = G^{n_1 n_2}_{|i|,|j|,|d|}(\theta, \xi, \tilde{\omega}(\xi), \varepsilon), \quad n_1 + n_2 = 3,\ n_1, n_2 \in \mathbb{Z}^+.$$

由命题 6.2.1 可知变换 Σ^{∞} 是线性的并且

$$z_j \circ \Sigma^\infty = z_j + \varepsilon^{\frac{1}{4}} f^1_{j,\infty}(\theta;\xi,\varepsilon) z_j + \varepsilon^{\frac{1}{4}} f^2_{\infty,j}(\theta;\xi,\varepsilon) \bar{z}_j, \quad j = 0,1,2,\cdots,$$

其中 $\|f^1_{j,\infty}(\theta;\xi,\varepsilon)\|^*_{\Theta(\tilde{\sigma}/2) \times \hat{\Pi}}$, $\|f^2_{\infty,j}(\theta;\xi,\varepsilon)\|^*_{\Theta(\tilde{\sigma}/2) \times \hat{\Pi}} \leqslant C$. 坐标

$$w := (\cdots, \bar{z}_2, \bar{z}_1, \bar{z}_0, z_0, z_1, z_2, \cdots)$$

$$= (\cdots, w_{-2}, w_{-1}, w_0, w_1, w_2, \cdots) \in l^{a,s}_b.$$

其中 $l^{a,s}_b$ 由具有范数

$$\|w\|^2_{a,s} = |w_0|^2 + |w_{-0}|^2 + \sum_{|j|\geqslant 1}^{\infty} |w_j|^2 |j|^{2s} e^{2a|j|}$$

的双无穷数列组成. 哈密顿函数 (6.2.25) 变成

$$\hat{H} := \tilde{H} \circ \Sigma^\infty = \langle \tilde{\omega}(\xi), J \rangle + \sum_{j\geqslant 0} \mu_j w_j w_{-j}$$

并且

$$(z_j + \bar{z}_j) \circ \Sigma^\infty = S^+_j(\theta;\xi,\varepsilon)(w_j + w_{-j}), \quad (\bar{z}_j - z_j) \circ \Sigma^\infty = S^-_j(\theta;\xi,\varepsilon)(w_{-j} - w_j), \quad j \geqslant 0,$$

其中

$$S^+_j := S^+_j(\theta;\xi,\varepsilon) := 1 + \varepsilon^{\frac{1}{4}} f^1_{j,\infty}(\theta;\xi,\varepsilon) + \varepsilon^{\frac{1}{4}} f^2_{\infty,j}(\theta;\xi,\varepsilon)$$

并且

$$S^-_j := S^-_j(\theta;\xi,\varepsilon) := 1 + \varepsilon^{\frac{1}{4}} f^1_{j,\infty}(\theta;\xi,\varepsilon) - \varepsilon^{\frac{1}{4}} f^2_{\infty,j}(\theta;\xi,\varepsilon).$$

此外, (6.2.26) 和 (6.2.27) 分别变成

$$\tilde{G}^3(\theta;\xi,\varepsilon) = G^3(\theta;\xi,\varepsilon) \circ \Sigma^\infty$$

$$= \frac{1}{2\sqrt{2}\mathrm{i}} \sum_{i,j,d\geqslant 0} \tilde{G}^{21}_{i,j,d} S^+_i S^+_j S^-_d (w_{-i} + w_i)(w_{-j} + w_j)(w_{-d} - w_d)$$

$$- \frac{1}{2\sqrt{2}} \sum_{i,j,d\geqslant 0} \tilde{G}^{12}_{i,j,d} S^+_i S^-_j S^-_d (w_{-i} + w_i)(w_{-j} - w_j)(w_{-d} - w_d)$$

$$+ \frac{1}{2\sqrt{2}} \sum_{i,j,d\geqslant 0} \tilde{G}^{30}_{i,j,d} S^+_i S^+_j S^+_d (w_{-i} + w_i)(w_{-j} + w_j)(w_{-d} + w_d)$$

$$- \frac{1}{2\sqrt{2}\mathrm{i}} \sum_{i,j,d\geqslant 0} \tilde{G}^{03}_{i,j,d} S^-_i S^-_j S^-_d (w_{-i} - w_i)(w_{-j} - w_j)(w_{-d} - w_d),$$

其中

$$\tilde{G}_{i,j,d}^{n_1 n_2}(\bar{\theta}) = G_{i,j,d}^{n_1 n_2}(\bar{\theta})\left(1 + \varepsilon^{\frac{1}{4}}\hat{G}_{i,j,d}^{n_1 n_2}(\bar{\theta})\right), \quad \|\hat{G}_{i,j,d}^{n_1 n_2}(\bar{\theta})\|_{\Theta(\tilde{\sigma}/2)\times\hat{\Pi}}^* \leqslant C$$

并且

$$\tilde{G}^4(\bar{\theta}) = G^4(\bar{\theta}) \circ \Sigma^\infty = \frac{1}{4}\sum_{\pm i \pm j \pm d = l}\tilde{G}_{i,j,d,l}^{n_3 n_4}(\bar{\theta})w_i w_j w_d w_l,$$

这里

$$\tilde{G}_{i,j,d,l}^{n_3 n_4}(\bar{\theta}) = G_{i,j,d,l}^{n_3 n_4}(\bar{\theta})\left(1 + \varepsilon^{\frac{1}{4}}\hat{G}_{i,j,d,l}^{n_3 n_4}(\bar{\theta})\right), \quad \|\hat{G}_{i,j,d,l}^{n_3 n_4}(\bar{\theta})\|_{\Theta(\tilde{\sigma}/2)\times\hat{\Pi}}^* \leqslant C.$$

$$(6.2.28)$$

由此可见, 变换 Σ^∞ 变哈密顿函数 (6.2.24) 到

$$H = \widehat{H} + \varepsilon\tilde{G}^3 + \varepsilon^2\tilde{G}^4. \tag{6.2.29}$$

我们叙述在 [54] (也可见 [121]) 中证明的引理.

引理 6.2.4 对 $a \geqslant 0$ 和 $s > 1/2$, 空间 $l^{a,s}$ 关于数列的卷积 $(q * p)_j :=$ $\sum_k q_{j-k}p_k$ 是一个希尔伯特代数, 并且

$$\|q * p\|_{a,s} \leqslant C\|q\|_{a,s}\|p\|_{a,s},$$

其中 C 是依赖于 s 的常数.

下面我们只叙述结果不给出证明, 证明可在 [90] 找到.

引理 6.2.5 对 $a \geqslant 0$ 和 $s > 1$, 梯度 $\tilde{G}_w^3$ 和作为从 $l^{a,s}$ 的某邻域到 $l^{a,s+1/2}$ 的实变量的实解析映射, 其中对 $(\theta, \tilde{\omega}(\xi)) \in \Theta(\tilde{\sigma}/2) \times \hat{\Pi}$, 一致地成立

$$\|\tilde{G}_w^3\|_{a,s+1/2} \leqslant C\|w\|_{a,s}^2, \quad \|\tilde{G}_w^4\|_{a,s+1/2} \leqslant C\|w\|_{a,s}^3,$$

其中 C 是一个当 ε 足够小时足够大的常数. 哈密顿函数 $\tilde{G}^3$ 和 $\tilde{G}^4$ 依赖于

$$\theta = (\theta_1, \cdots, \theta_L, \theta_{L+1}) = (\omega_1 t, \cdots, \omega_L t, \alpha(\xi)t).$$

6.2.5 部分 Birkhoff 正规形

在这一小节, 我们将哈密顿 (6.2.29) 化为某个四阶的 Birkhoff 正规形, 以便哈密顿函数 (6.2.29) 可以作为原点足够小的邻域的非线性可积系统的一个小扰动. 为此, 我们必须用 Birkhoff 正规形删掉 $\tilde{G}^3$ 和 $\tilde{G}^4$ 的非共振部分.

6.2.5.1 删掉三次项 $\tilde{G}^3$

引理 6.2.6 设 $n \in \mathbb{Z} \backslash \{0\}$，并且

$$\hat{\Pi}_k^0 = \left\{ \tilde{\omega}(\xi) \in \hat{\Pi} : |n\mu_0 + \langle k, \tilde{\omega}(\xi) \rangle| < \frac{\varepsilon^{\frac{3}{4}} \operatorname{meas}\hat{\Pi}}{(|k|+1)^{L+1}}, \quad \forall k \in \mathbb{Z}^{L+1} \right\}.$$

设 $\hat{\Pi}^{00} = \hat{\Pi} \backslash \hat{\Pi}^0 = \hat{\Pi} \backslash \bigcup_{k \in \mathbb{Z}^{L+1}} \hat{\Pi}_k^0$，则我们有

$$\operatorname{meas}\hat{\Pi}^{00} \geqslant \operatorname{meas}\hat{\Pi}(1 - \mathcal{O}(\varepsilon^{\frac{3}{4}})).$$

引理 6.2.7 设 j, d 是非零整数，使得 $j \pm d = 0$. 对 $\tilde{\omega}(\xi) \in \hat{\Pi}$，存在一个集合 $\hat{\Pi}_1 \subset \hat{\Pi}$ 具有

$$\operatorname{meas}\hat{\Pi}_1 \geqslant \operatorname{meas}\hat{\Pi}(1 - \mathcal{O}(\varepsilon^{\frac{3}{4}}))$$

使得, 对任意的 $\tilde{\omega}(\xi) \in \hat{\Pi}_1$, 成立

$$\left| \pm\mu_0 + \mu_j' + \mu_d' + \langle k, \tilde{\omega}(\xi) \rangle \right| \geqslant \frac{\varepsilon^{\frac{3}{4}} \operatorname{meas}\hat{\Pi}}{(|k|+1)^{L+1}}, \qquad \forall k \in \mathbb{Z}^{L+1}.$$

引理 6.2.8 设 i, j, d 是非零整数，使得 $i \pm j \pm d = 0$. 对 $\tilde{\omega}(\xi) \in \hat{\Pi}$, 存在一个集合 $\hat{\Pi}_2 \subset \hat{\Pi}$ 具有

$$\operatorname{meas}\hat{\Pi}_2 \geqslant \operatorname{meas}\hat{\Pi}(1 - \mathcal{O}(\varepsilon^{\frac{3}{4}})),$$

使得, 对任意的 $\tilde{\omega}(\xi) \in \hat{\Pi}_2$, 成立

$$\left| \mu_i' + \mu_j' + \mu_d' + \langle k, \tilde{\omega}(\xi) \rangle \right| \geqslant \frac{\varepsilon^{\frac{3}{4}} \operatorname{meas}\hat{\Pi}}{(|k|+1)^{L+3}}, \quad \forall k \in \mathbb{Z}^{L+1}.$$

现在，我们将给出删掉 (6.2.29) 中的扰动项 $\tilde{G}^3$ 的命题. 设 $\hat{\Pi}^3 = \hat{\Pi}^{00} \cap \hat{\Pi}_1 \cap \hat{\Pi}_2$.

命题 6.2.2 对 $\tilde{\omega}(\xi) \in \hat{\Pi}^3$. 在 $l^{a,s}$ 的原点的某邻域内存在一个实解析的辛坐标变换 $X_{F^3}^1$, 使得

$$\tilde{G}^3 + \{\hat{H}, F^3\} = 0$$

并且哈密顿函数 (6.2.29) 被变成

$$H = \hat{H} + \varepsilon^2 \breve{G}^4 + \varepsilon^3 R_{11} + \varepsilon^4 R_{12}, \tag{6.2.30}$$

其中

$$\breve{G}^4 = \tilde{G}^4 + \frac{1}{2} \{\tilde{G}^3, F^3\},$$

$$R_{11} = \{\tilde{G}^4, F^3\} + \int_0^1 (1-s)\{\{\tilde{G}^3, F^3\}, F^3\} \circ X_{F^3}^s ds$$

$$+ \frac{1}{2} \int_0^1 (1-s)^2 \{\{\{\hat{H}, F^3\}, F^3\}, F^3\} \circ X_{F^3}^s ds,$$

$$R_{12} = \int_0^1 (1-s)\{\{\tilde{G}^4, F^3\}, F^3\} \circ X_{F^3}^s ds.$$

6.2.5.2　删掉四次共振项

在这一子节, 我们将删掉 $\breve{G}^4$ 的某些共振项. 我们首先给出四个引理, 它们的证明可在 [90] 的附录中找到.

引理 6.2.9　设 j, d 是非零整数, 使得 $j \pm d = 0$. 对于参数集 $\hat{\Pi}$, 存在一个集合 $\hat{\Pi}_3 \subset \hat{\Pi}$ 具有

$$\operatorname{meas}\hat{\Pi}_3 \geqslant \operatorname{meas}\hat{\Pi}(1 - \mathcal{O}(\varepsilon^{\frac{3}{4}})),$$

使得, 对任意的 $\tilde{\omega}(\xi) \in \hat{\Pi}_3$, 如果 $\mu_j' + \mu_d' \neq 0$, 则

$$|\mu_j' + \mu_d' + \langle k, \tilde{\omega}(\xi) \rangle| \geqslant \frac{\varepsilon^{\frac{3}{4}} \operatorname{meas}\hat{\Pi}}{(|k| + 1)^{3L+8}}, \quad \forall k \in \mathbb{Z}^{L+1}.$$

引理 6.2.10　设 j, d 是非零整数, 使得 $j \pm d = 0$. 对于 $\tilde{\omega}(\xi) \in \hat{\Pi}$, 存在一个集合 $\hat{\Pi}_4 \subset \hat{\Pi}$ 具有

$$\operatorname{meas}\hat{\Pi}_4 \geqslant \operatorname{meas}\hat{\Pi}(1 - \mathcal{O}(\varepsilon^{\frac{3}{4}})),$$

使得, 对任意的 $\tilde{\omega}(\xi) \in \hat{\Pi}_4$, 成立

$$|\pm 2\mu_0 + \mu_j' + \mu_d' + \langle k, \tilde{\omega}(\xi) \rangle| \geqslant \frac{\varepsilon^{\frac{3}{4}} \operatorname{meas}\hat{\Pi}}{(|k| + 1)^{3L+8}}, \quad \forall k \in \mathbb{Z}^{L+1}.$$

引理 6.2.11　设 i, j, d 是非零整数, 使得 $i \pm j \pm d = 0$. 对参数集 $\hat{\Pi}$, 存在一个集合 $\hat{\Pi}_5 \subset \hat{\Pi}$ 具有

$$\operatorname{meas}\hat{\Pi}_5 \geqslant \operatorname{meas}\hat{\Pi}(1 - \mathcal{O}(\varepsilon^{\frac{3}{4}})),$$

使得, 对任意的 $\tilde{\omega}(\xi) \in \hat{\Pi}_5$, 成立

$$|\pm \mu_0 + \mu_i' + \mu_j' + \mu_d' + \langle k, \tilde{\omega}(\xi) \rangle| \geqslant \frac{\varepsilon^{\frac{3}{4}} \operatorname{meas}\hat{\Pi}}{(|k| + 1)^{3L+8}}, \quad \forall k \in \mathbb{Z}^{L+1}.$$

设 $\mathcal{L}_n = \{(i, j, d, l) \in \mathbb{Z}^4 : 0 \neq \min(|i|, |j|, |d|, |l|) \leqslant n\}$, 并且 $\mathcal{N}_n \subset \mathcal{L}_n$ 是所有 $(i, j, d, l) \equiv (p, -p, q, -q)$ 组成的子集. 即它们是 $(p, -p, q, -q)$ 或者是它的排列.

引理 6.2.12 如果 i, j, d, l 是非零整数, 使得 $i \pm j \pm d \pm l = 0$, $(i, j, d, l) \in \mathcal{L}_n \setminus \mathcal{N}_n$ 或者 $(i, j, d, l) \in \mathcal{N}_n$ 和 $k \neq 0$. 则对参数集 $\hat{\Pi}$, 存在一个子集 $\hat{\Pi}_6 \subset \hat{\Pi}$ 具有

$$\mathrm{meas}\hat{\Pi}_6 \geqslant \mathrm{meas}\hat{\Pi}(1 - \mathcal{O}(\varepsilon^{\frac{3}{4}})),$$

使得, 对任意的 $\tilde{\omega}(\xi) \in \hat{\Pi}_6$, 成立

$$\left| \mu_i' + \mu_j' + \mu_d' + \mu_l' + \langle k, \tilde{\omega}(\xi) \rangle \right| \geqslant \frac{\varepsilon^{\frac{3}{4}} \mathrm{meas}\hat{\Pi}}{(|k| + 1)^{3L+8}}, \quad \forall k \in \mathbb{Z}^{L+1}.$$

设 $\hat{\Pi}_7 = \hat{\Pi}_3 \cap \hat{\Pi}_4 \cap \hat{\Pi}_5 \cap \hat{\Pi}_6$ 和 $\hat{\Pi}^* = \hat{\Pi}^3 \cap \hat{\Pi}_7$, 显然

$$\mathrm{meas}\hat{\Pi}^* \geqslant \mathrm{meas}\hat{\Pi}(1 - \mathcal{O}(\varepsilon^{\frac{3}{4}})).$$

用上面四个引理可证下列正规形命题.

命题 6.2.3 ([90]) 对每个有限的 $n \geqslant 1$, 在复希尔伯特空间 $l^{a,s}$ 的原点的邻域内存在一个实解析的辛坐标变换 $X_{F_4}^1$, 使得哈密顿函数 (6.2.30) 被变成

$$H \circ X_{F_4}^1 = \hat{H} + \bar{c}\varepsilon^2 z_0^2 \bar{z}_0^2 + \varepsilon^2 z_0 \bar{z}_0 \sum_{1 \leqslant j \leqslant n} c_j z_j \bar{z}_j + \varepsilon^2 z_0 \bar{z}_0 \sum_{j > n} c_j z_j \bar{z}_j$$

$$+ \varepsilon^2 \tilde{G}^* + \varepsilon^2 \hat{G}^* + \varepsilon^3 K,$$

其中

$$K = R_{11} + \varepsilon R_{22}, \quad \bar{c} = \left(\frac{[\phi]}{2\pi} - \frac{9[\phi D(\theta, \xi, \varepsilon)]^2}{\pi(m + 2[\phi D^2(\theta, \xi, \varepsilon)] + \mathcal{O}(\varepsilon^{\frac{1}{2}+\sigma}))} \right)(1 + \mathcal{O}(\varepsilon^{\frac{1}{4}})),$$

$$c_j = \left(\frac{[\phi]}{\pi} - \frac{24[\phi D(\theta, \xi, \varepsilon)]^2}{\pi(m + 2[\phi D^2(\theta, \xi, \varepsilon)] + \mathcal{O}(\varepsilon^{\frac{1}{2}+\sigma}))} \right)(1 + \mathcal{O}(\varepsilon^{\frac{1}{4}}))$$

并且

$$\tilde{G}^* = \frac{1}{2} \sum_{1 \leqslant \min(i,j) \leqslant n} \tilde{G}_{ij}^* |z_i|^2 |z_j|^2$$

具有唯一确定的系数

$$\tilde{G}_{ij}^* = \begin{cases} 24[\breve{G}_{i,i,j,j}^4] = \left(\dfrac{3[\phi]}{\pi} - \dfrac{288[\phi D(\theta, \xi, \varepsilon)]^2}{\pi \lambda_0 + o(1)} \right)(1 + \mathcal{O}(\varepsilon^{\frac{1}{4}})), & i \neq j, \\[4mm] 12[\breve{G}_{i,i,i,i}^4] = \left(\dfrac{9[\phi]}{4\pi} - \dfrac{144[\phi D(\theta, \xi, \varepsilon)]^2}{\pi(\lambda_0 \pm \lambda_i) + o(1)} \right)(1 + \mathcal{O}(\varepsilon^{\frac{1}{4}})), & i = j, \end{cases} \tag{6.2.31}$$

其中当 $\varepsilon \to 0$ 时有 $o(1) \to 0$, 而 $\hat{G}^*$ 独立于坐标 $\{z_0, z_1, \cdots, z_n\}$, 并且对 $|\text{Im}\theta| < \tilde{\sigma}/3, \tilde{\omega} \in \hat{\Pi}^*$, $\hat{z} = (z_{n+1}, z_{n+2}, \cdots)$, 一致成立

$$|\hat{G}^*| = \mathcal{O}(\|\hat{z}\|_{a,s}^4), \quad |K| = \mathcal{O}(\|z\|_{a,s}^5).$$

我们引入作用-角变量

$$z_j = \begin{cases} \sqrt{\tilde{I}_j} e^{-i\hat{\theta}_j}, & 0 \leqslant j \leqslant n, \\ z_j, & j \geqslant n+1. \end{cases} \tag{6.2.32}$$

用辛变换 (6.2.32), 正规形变成

$$\hat{H} + \bar{c}\varepsilon^2 z_0^2 \bar{z}_0^2 + \varepsilon^2 z_0 \bar{z}_0 \sum_{1 \leqslant j \leqslant n} c_j z_j \bar{z}_j + \varepsilon^2 z_0 \bar{z}_0 \sum_{j>n} c_j z_j \bar{z}_j + \varepsilon^2 \tilde{G}^*$$

$$= \langle \tilde{\omega}(\xi), J \rangle + \mu_0 \tilde{I}_0 + \bar{c}\varepsilon^2 \tilde{I}_0^2 + \sum_{1 \leqslant j \leqslant n} (\mu_j + \varepsilon^2 \tilde{I}_0 c_j) \tilde{I}_j + \sum_{j>n} (\mu_j + \varepsilon^2 \tilde{I}_0 c_j) z_j \bar{z}_j$$

$$+ \frac{\varepsilon^2}{2} \langle A\tilde{I}, \tilde{I} \rangle + \varepsilon^2 \langle B\tilde{I}, \hat{Z} \rangle,$$

其中 $\tilde{I} = (\tilde{I}_1, \cdots, \tilde{I}_n), A = (\tilde{G}_{ij}^*)_{1 \leqslant i, j \leqslant n}, B = (\tilde{G}_{ij}^*)_{1 \leqslant j \leqslant n < i}$ 和 $\hat{Z} = (|z_{n+1}|^2, |z_{n+2}|^2, \cdots)$.

现在引入参数向量 $\tilde{\xi} = (\tilde{\xi}_j)_{0 \leqslant j \leqslant n}$ 和新作用量以及 $\tilde{\rho} = (\tilde{\rho}_j)_{0 \leqslant j \leqslant n}$ 如下:

$$\tilde{I}_j = \varepsilon \tilde{\xi}_j + \tilde{\rho}_j, \quad |\tilde{\rho}_j| < \varepsilon^2, \quad \tilde{\xi}_j \in [0, 1], \quad 0 \leqslant j \leqslant n.$$

易证这个变换是辛的, 并且正规形被变成

$$\hat{H} + \bar{c}\varepsilon^2 z_0^2 \bar{z}_0^2 + \varepsilon^2 z_0 \bar{z}_0 \sum_{1 \leqslant j \leqslant n} c_j z_j \bar{z}_j + \varepsilon^2 z_0 \bar{z}_0 \sum_{j>n} c_j z_j \bar{z}_j + \varepsilon^2 \tilde{G}^*$$

$$= \langle \tilde{\omega}(\xi), J \rangle + \left(\mu_0 + 2\bar{c}\varepsilon^3 \tilde{\xi}_0 + \varepsilon^3 \sum_{1 \leqslant j \leqslant n} c_j \tilde{\xi}_j \right) \tilde{\rho}_0$$

$$+ \sum_{1 \leqslant j \leqslant n} (\mu_j + \varepsilon^3 \tilde{\xi}_0 c_j) \tilde{\rho}_j + \sum_{j>n} (\mu_j + \varepsilon^3 \tilde{\xi}_0 c_j) z_j \bar{z}_j$$

$$+ \frac{\varepsilon^3}{2} \sum_{1 \leqslant i, j \leqslant n} \tilde{G}_{ij}^* \tilde{\rho}_i \tilde{\xi}_j + \frac{\varepsilon^3}{2} \sum_{1 \leqslant i, j \leqslant n} \tilde{G}_{ij}^* \tilde{\xi}_i \tilde{\rho}_j + \varepsilon^3 \sum_{1 \leqslant i \leqslant n < j} \tilde{G}_{ij}^* \tilde{\xi}_i |z_j|^2$$

$$+ \varepsilon^2 \left(\bar{c}\tilde{\rho}_0^2 + \sum_{1 \leqslant j \leqslant n} c_j \tilde{\rho}_0 \tilde{\rho}_j + \sum_{j>n} \tilde{\rho}_0 |z_j|^2 \right)$$

$$+\frac{1}{2}\sum_{1\leqslant i,j\leqslant n}\tilde{G}_{ij}^*\tilde{\rho}_i\tilde{\rho}_j+\sum_{1\leqslant i\leqslant n<j}\tilde{G}_{ij}^*\tilde{\rho}_i|z_j|^2\Big).$$

于是, 总哈密顿函数成为

$$H=\langle\tilde{\omega}(\xi),J\rangle+\breve{\omega}_0\tilde{\rho}_0+\sum_{1\leqslant j\leqslant n}\breve{\omega}_j\tilde{\rho}_j$$

$$+\sum_{j>n}\breve{\lambda}_jz_j\bar{z}_j+\frac{\varepsilon^3}{2}\sum_{1\leqslant i,j\leqslant n}\tilde{G}_{ij}^*\tilde{\rho}_i\tilde{\xi}_j$$

$$+\frac{\varepsilon^3}{2}\sum_{1\leqslant i,j\leqslant n}\tilde{G}_{ij}^*\tilde{\xi}_i\tilde{\rho}_j+\varepsilon^3\sum_{1\leqslant i\leqslant n<j}\tilde{G}_{ij}^*\tilde{\xi}_i|z_j|^2+P,\qquad(6.2.33)$$

其中

$$\breve{\omega}_0=\mu_0+2\bar{c}\varepsilon^3\tilde{\xi}_0+\varepsilon^3\sum_{1\leqslant j\leqslant n}c_j\tilde{\xi}_j,\quad\breve{\omega}_j=\mu_j+\varepsilon^3\tilde{\xi}_0c_j,\quad j=1,2,\cdots,n,$$

$$\breve{\lambda}_j=\mu_j+\varepsilon^3\tilde{\xi}_0c_j,\quad j>n,\quad P=\varepsilon^2\tilde{G}^{**}+\varepsilon^2\hat{G}^*+\varepsilon^3K,\qquad(6.2.34)$$

并且 $\tilde{G}^{**}=\mathcal{O}(|\tilde{\rho}|^2)+\mathcal{O}(|\tilde{\rho}|\|\hat{Z}\|)$.

下面我们给出扰动项 P 的估计, 为此需要文献 [83] 中的一些符号. 设 $l^{a,s}$ 是所有复数列 $w=(\cdots,w_1,w_2,\cdots)$ 组成的希尔伯特空间, 其中

$$\|w\|_{a,s}^2=\sum_{j\geqslant n+1}|w_j|^2|j|^{2s}e^{2a|j|}<\infty,\quad a,s>0.$$

令 $x=(\hat{\theta}_0,\theta)\oplus\hat{\theta}$, 其中 $\hat{\theta}=(\hat{\theta}_j)_{1\leqslant j\leqslant n},y=(J,\tilde{\rho}_0)\oplus\tilde{\rho},\ \tilde{\rho}=(\tilde{\rho}_j)_{1\leqslant j\leqslant n}$, $Z=(z_j)_{j\geqslant n+1}$, 并且引入相空间

$$\mathcal{P}^{a,s}=\widehat{\mathbb{T}}^{L+n+2}\times\mathbb{C}^{L+n+2}\times l^{a,s}\times l^{a,s}\ni(x,y,Z,\bar{Z}),$$

其中 $\widehat{\mathbb{T}}^{L+n+2}$ 是通常 $(L+n+2)$ 维环 $\mathbb{T}^{L+n+2}$ 的复化. 令

$$D(\hat{\sigma},r):=\{(x,y,Z,\bar{Z})\in\mathcal{P}^{a,s}:|\mathrm{Im}x|<\hat{\sigma},|y|<r^2,\|Z\|_{a,s}+\|\bar{Z}\|_{a,s}<r\}.$$

对 $W=(x,y,Z,\bar{Z})\in\mathcal{P}^{a,\bar{s}},\ \bar{s}=s+1$, 我们定义权相范数

$$|W|_r=|W|_{\hat{\sigma},r}=|x|+\frac{1}{r^2}|y|+\frac{1}{r}\|Z\|_{a,\bar{s}}+\frac{1}{r}\|\bar{Z}\|_{a,\bar{s}}.$$

用 Σ 表示参数集 $\hat{\Pi}^*\times[0,1]^{L+n+1}$. 对一个映射 $U:D(\hat{\sigma},r)\times\underline{\Sigma}\to\mathcal{P}^{a,\bar{s}}$, 定义它的利普希茨半范数 $|U|_r^{\mathcal{L}}$:

$$|U|_r^{\mathcal{L}}=\sup_{\varsigma_1\neq\varsigma_2}\frac{|\Delta_{\varsigma_1\varsigma_2}U|_r}{|\varsigma_1-\varsigma_2|},$$

其中 $\Delta_{\varsigma_1\varsigma_2}U = U(\cdot,\varsigma_1) - U(\cdot,\varsigma_2)$, 这里上确界在 Σ 上取到. 用 X_P 表示关于辛结构 $dx \wedge dy + \mathrm{i}dZ \wedge d\bar{Z}$ 的哈密顿函数 P 的向量场, 即

$$X_P = (\partial_y P, -\partial_x P, \nabla_{\bar{Z}} P, -\nabla_Z P).$$

引理 6.2.13 ([90]) 对给定的 $\hat{\sigma}, r > 0$, 扰动 $P(x,y,Z,\bar{Z};\zeta)$ 关于实变量 $(x,y,Z,\bar{Z}) \in D(\hat{\sigma},r)$ 是实解析的, 关于参数 $\zeta \in \underline{\Sigma}$ 是利普希茨的, 并且对每个 $\zeta \in \underline{\Sigma}$, 它关于 $Z, \bar{Z}$ 的梯度满足

$$\partial_Z P, \quad \partial_{\bar{Z}} P \in \mathcal{A}(l^{a,s}, l^{a,s+1/2}),$$

其中 $\mathcal{A}(l^{a,s}, l^{a,s+1/2})$ 表示所有从 $l^{a,s}$ 原点的某个邻域到 $l^{a,s+1/2}$ 的映射类, 它关于 Z 的实部和虚部都是实解析的. 此外, 对扰动 P 有下列估计

$$\sup_{D(\hat{\sigma},r)\times\underline{\Sigma}} |X_P|_r \leqslant C\varepsilon^{\frac{7}{2}}, \quad \sup_{D(\hat{\sigma},r)\times\underline{\Sigma}} |\partial_\varsigma X_P|_r \leqslant C\varepsilon^{\frac{7}{2}},$$

其中 $\hat{\sigma} = \tilde{\sigma}/3$ 并且 $r = \varepsilon$.

为了用上节给出的定理 6.1.3 和定理 6.1.4 证明这一节的主要定理 6.2.1. 下面我们需要引入一个新参数 $\bar{\omega}$. 对固定的 $\omega_- = (\omega_-^1, \omega_-^2, \cdots, \omega_-^L, \omega_-^{L+1}) \in \hat{\Pi}^*$ 和任意的 $\tilde{\omega}(\xi) \in \hat{\Pi}^*$, 以及

$$\tilde{\omega}(\xi) \in \hat{\Pi}^* = \{(\omega_1, \omega_2, \cdots, \omega_L, \alpha(\xi)) \in D_\Lambda \times A_\gamma, : |\omega_i - \omega_-^i| \leqslant \varepsilon, \ |\alpha(\xi) - \omega_-^{L+1}(\xi)| \leqslant \varepsilon\},$$

我们可以通过

$$\omega_j = \omega_-^j + \varepsilon^3 \bar{\omega}_j, \quad \bar{\omega}_j \in [0,1], \ j = 1, \cdots, L,$$
$$\alpha(\xi) = \omega_-^{L+1} + \varepsilon^3 \bar{\omega}_{L+1}, \quad \bar{\omega}_{L+1} \in [0,1]$$

引入新参数 $\bar{\omega} = (\bar{\omega}_1, \bar{\omega}_2, \cdots, \bar{\omega}_L, \bar{\omega}_{L+1})$. 于是, 哈密顿函数 (6.2.33) 变成

$$H = \langle \widehat{\omega}(\bar{\xi}), \hat{y} \rangle + \langle \widehat{\Omega}(\bar{\xi}), \hat{Z} \rangle + P, \tag{6.2.35}$$

其中

$$\widehat{\omega}(\bar{\xi}) = \tilde{\omega}(\xi) \oplus \breve{\omega}_0 \oplus \breve{\omega}, \tag{6.2.36}$$

这里 $\breve{\omega} = \tilde{\alpha} + \varepsilon^3 A\tilde{\xi}$, $\widehat{\Omega}(\bar{\xi}) = \tilde{\beta} + \varepsilon^3 B\tilde{\xi}$, $\bar{\xi} = \bar{\omega} \oplus \tilde{\xi}_0 \oplus \tilde{\xi}$ 和 $\tilde{\xi} = (\tilde{\xi}_1, \cdots, \tilde{\xi}_n)$,

$$\hat{y} = J \oplus \tilde{\rho}_0 \oplus \tilde{\rho}, \quad \tilde{\alpha} = (\breve{\omega}_1, \cdots, \breve{\omega}_n), \quad \tilde{\beta} = (\breve{\lambda}_{n+1}, \breve{\lambda}_{n+2}, \cdots).$$

引理 6.2.14 ([90]) 设 $\Omega = [0,1]^{L+n+2}$, 则我们有 $X_P \in \mathcal{A}(l^{a,s}, l^{a,s+1/2})$ 和

$$\sup_{D(s,r) \times \Omega} |X_P|_r \leqslant C\varepsilon^{\frac{7}{2}}, \qquad \sup_{D(s,r) \times \Omega} |\partial_{\bar{\xi}} X_P|_r \leqslant C\varepsilon^{\frac{7}{2}}.$$

6.2.6 主要定理的证明

在下面, 我们将验证哈密顿函数 (6.2.35) 满足定理 6.1.3 和定理 6.1.4 的条件 A, B 和 C. 重写 (6.2.31)

$$\tilde{G}_{ij}^* = \begin{cases} 24[\breve{G}_{i,i,j,j}^4] = \dfrac{3[\phi]}{4\pi}(4 + \tau_{ij}(\varepsilon)), & i \neq j, \\[2mm] 12[\breve{G}_{i,i,i,i}^4] = \dfrac{3[\phi]}{4\pi}(3 + \tau_{ii}(\varepsilon)), & i = j, \end{cases}$$

其中

$$\tau_{ij}(\varepsilon) = -\frac{384[\phi D(\theta,\xi,\varepsilon)]^2}{[\phi]\lambda_0 + o(1)} + \mathcal{O}(\varepsilon^{\frac{1}{4}}), \quad \tau_{ii}(\varepsilon) = -\frac{192[\phi D(\theta,\xi,\varepsilon)]^2}{[\phi](\lambda_0 \pm \lambda_i) + o(1)} + \mathcal{O}(\varepsilon^{\frac{1}{4}}).$$

因此, 有

$$A := (\tilde{G}_{ij}^*)_{1 \leqslant i,j \leqslant n} = \frac{3[\phi]}{4\pi} \begin{pmatrix} 3 + \tau_{11}(\varepsilon) & 4 + \tau_{12}(\varepsilon) & \cdots & 4 + \tau_{1n}(\varepsilon) \\ 4 + \tau_{21}(\varepsilon) & 3 + \tau_{22}(\varepsilon) & \cdots & 4 + \tau_{2n}(\varepsilon) \\ \vdots & \vdots & & \vdots \\ 4 + \tau_{n1}(\varepsilon) & 4 + \tau_{n2}(\varepsilon) & \cdots & 3 + \tau_{nn}(\varepsilon) \end{pmatrix}_{n \times n},$$

$$B := (\tilde{G}_{ij}^*)_{1 \leqslant j \leqslant n < i} = \frac{3[\phi]}{4\pi} \begin{pmatrix} 4 + \tau_{n+1,1}(\varepsilon) & \cdots & 4 + \tau_{n+1,n}(\varepsilon) \\ 4 + \tau_{n+2,1}(\varepsilon) & \cdots & 4 + \tau_{n+2,n}(\varepsilon) \\ \vdots & & \vdots \end{pmatrix}_{\infty \times n},$$

并且

$$\lim_{\varepsilon \to 0} A = \frac{3[\phi]}{4\pi} \begin{pmatrix} 3 & 4 & \cdots & 4 \\ 4 & 3 & \cdots & 4 \\ \vdots & \vdots & & \vdots \\ 4 & 4 & \cdots & 3 \end{pmatrix} := \hat{D},$$

$$\lim_{\varepsilon \to 0} B = \frac{3[\phi]}{4\pi} \begin{pmatrix} 4 & \cdots & 4 \\ 4 & \cdots & 4 \\ \vdots & & \vdots \end{pmatrix}_{\infty \times n} := \tilde{D}.$$

我们知道 $\det \hat{D} \neq 0$. 事实上, $\det \hat{D} = \dfrac{3[\phi]}{4\pi}(-1)^n(1-4n) \neq 0$. 因此, 只要 $0 < \varepsilon \ll 1$, 可得 $\det A \neq 0$. 此外, 由 $\hat{\omega}$ 的定义, 可得

$$\partial_{\bar{\xi}}\hat{\omega} = \varepsilon^3 \begin{pmatrix} I_{L+1} & 0 & 0 \\ 0 & 2\bar{c} & \mathbb{Y} \\ 0 & \mathbb{Y}^{\mathrm{T}} & A \end{pmatrix}, \quad \bar{\xi} \in \Omega,$$

其中 I_{m+1} 表示 $(L+1) \times (L+1)$ 单位矩阵, $\mathbb{Y} = (c_1, c_2, \cdots, c_n)$, 并且 $\mathbb{Y}^{\mathrm{T}}$ 表示 $\mathbb{Y}$ 的转置.

对 $n \in \mathbb{N}$, 因为

$$\begin{pmatrix} 1 & -\mathbb{Y}A^{-1} \\ 0 & I_n \end{pmatrix} \begin{pmatrix} 2\bar{c} & \mathbb{Y} \\ \mathbb{Y}^{\mathrm{T}} & A \end{pmatrix} \begin{pmatrix} 1 & 0 \\ -A^{-1}\mathbb{Y}^{\mathrm{T}} & I_n \end{pmatrix} = \begin{pmatrix} 2\bar{c} - \mathbb{Y}A^{-1}\mathbb{Y}^{\mathrm{T}} & 0 \\ 0 & A \end{pmatrix},$$

并且 $2\bar{c} - \mathbb{Y}A^{-1}\mathbb{Y}^{\mathrm{T}} = \dfrac{[\phi]}{\pi} \dfrac{-16n^2 + (-1)^n 12n + 28n - (-1)^n 3}{(-1)^n(12n-3)} + \mathcal{O}(\varepsilon^{\frac{1}{4}}) \neq 0$, 可得只要 $0 < \varepsilon \ll 1$, 成立

$$\det \begin{pmatrix} 2\bar{c} & \mathbb{Y} \\ \mathbb{Y}^{\mathrm{T}} & A \end{pmatrix} \neq 0.$$

因此, 实映射 $\bar{\xi} \mapsto \hat{\omega}(\bar{\xi})$ 是一个 Ω 到它的像之间的利普希茨同胚.

对任意的 $k \in \mathbb{Z}^{L+2+n}$, 我们记

$$k = (k_1, k_2, k_3), \quad k_1 \in \mathbb{Z}^{L+1}, k_2 \in \mathbb{Z}, k_3 \in \mathbb{Z}^n.$$

设

$$\begin{aligned} \mathcal{Y}(\bar{\xi}) &= \langle k, \hat{\omega}(\bar{\xi}) \rangle + \langle l, \hat{\Omega}(\bar{\xi}) \rangle \\ &= \langle k_1, \tilde{\omega}(\xi) \rangle + k_2 \tilde{\omega}_0 + \langle k_3, \tilde{\alpha} \rangle + \langle k_3, \varepsilon^3 A\tilde{\xi} \rangle + \langle l, \tilde{\beta} + \varepsilon^3 B\tilde{\xi} \rangle. \end{aligned}$$

设 $\Delta := \{\bar{\xi} \in \Omega : \mathcal{Y}(\bar{\xi}) = 0\}$. 在 [99] 中主要定理的证明中已证明了 $\text{meas}\,\Delta = 0$. 这就完成了条件 A 的验证.

注意到 $\lambda_j = j^2 + m$ 和

$$\mu_j(\xi, \tilde{\omega}(\xi), \varepsilon) = j^2 + m + \sum_{k=1}^{\infty} \varepsilon_k \tilde{\lambda}_{j,k}, \quad |\tilde{\lambda}_{j,k}| \leqslant C, \quad j = 2, \cdots,$$

我们有 $\hat{\Omega}_j = j^\varsigma + \cdots$, $\varsigma = 2$, 并且 $\tilde{\Omega}_j := \hat{\Omega}_j - j^2$ 是一个利普希茨映射 $\tilde{\Omega} : \Omega \to l_\infty^{-\delta}$, $\delta = -2$. 因此, 对于 $\hat{\Omega}$, 其中 $\delta = -2$ 和 $\varsigma = 2$, 条件 B 满足. 条件 C 容易根据引理 6.2.13 验证是满足的, 其中 $\bar{p} = s + 1/2, p = s$.

应用 $\widehat{\omega}(\bar{\xi}) = \tilde{\omega} \oplus \breve{\omega}_0 \oplus (\tilde{\alpha} + \varepsilon^3 A\tilde{\xi})$ 和 $\widehat{\Omega}(\bar{\xi}) = \tilde{\beta} + \varepsilon^3 B\tilde{\xi}$, 我们发现 (6.1.74) 满足, 其中的 $M = C_1\varepsilon^2$ 和 $L = C_2\varepsilon^{-1/2}$.

现在我们验证定理 6.1.3 中的小性条件 (6.1.75). 通过假设 $\alpha = \varepsilon^{\frac{7}{2}-\iota}$, $0 < \iota < \frac{7}{2}$ 固定, 并由引理 6.2.14 可知, 如果 $0 < \varepsilon < \varepsilon^{**}$, 其中 $\varepsilon^{**} = \varepsilon^{**}(\gamma, C)$ 是一个常数, 则

$$\sup_{D(s,r)\times\Omega} |X_P|_r + \sup_{D(s,r)\times\Omega} \frac{\alpha}{M}|X_P|_r^{\mathcal{L}} \leqslant \gamma\alpha.$$

这意味着小性条件 (6.1.75) 满足. 其次, 我们检查关于哈密顿函数 (6.2.35) 的定理 6.1.3 的条件. 首先, 我们注意到 $\widehat{\omega}(\bar{\xi})$ 是参数 $\bar{\xi}$ 的放射函数. 应用

$$\widehat{\Omega}_j = \mu_j + \varepsilon^3(B\tilde{\xi})_j, \quad j \geqslant n+1,$$

我们有 $\widehat{\Omega}_j = j^2 + \mathcal{O}(j^{-2})$. 我们可以在定理 6.1.4 中取 $\tilde{\mu} = 1$.

使用关于哈密顿函数 (6.2.35) 的定理 6.1.3 和定理 6.1.4, 则存在一个子集 $\Omega_\alpha \subset \Omega$ 满足

$$\mathrm{meas}(\Omega \setminus \Omega_\alpha) \leqslant cL^{n+L+1}M^{n+L+1}(\mathrm{diam}\Omega)^{n+L+1}\alpha^{\tilde{\mu}} \leqslant C\varepsilon^{-\frac{1}{2}}\alpha^{\tilde{\mu}} < \varepsilon$$

和一个利普希茨环嵌入族 $\Phi : \mathbb{T}^{n+L+2} \times \Omega_\alpha \to \mathcal{P}^{a,s+1/2}$ 以及一个利普希茨连续映射 $\widehat{\omega} : \Omega_\alpha \to \mathbb{R}^{n+L+2}$, 使得对每个 $\bar{\xi} \in \Omega_\alpha$ 以及在 $\bar{\xi}$ 上的哈密顿函数 H, 映射 Φ 限定在 $\mathbb{T}^{n+L+2} \times \{\bar{\xi}\}$ 上是一个具有频率 $\widehat{\omega}(\bar{\xi})$ 的椭圆旋转环的实解析嵌入. 此外, $|\widehat{\omega}(\bar{\xi}) - \widehat{\omega}(\bar{\xi})| < c\varepsilon^{\frac{7}{2}}$ 和 (6.1.75) 成立. 我们从参数集返回到

$$\Omega^*(\omega_-, \omega_-^{L+1}) = \hat{\Pi}^* \times [0,1]^{n+1}.$$

设

$$\Omega^* = \bigcup_{(\omega_-, \omega_-^{L+1})\in\hat{\Pi}^*} \Omega^*(\omega_-, \omega_-^{L+1}),$$

其中选择 ω_-, ω_-^{L+1} 使得如果 $(\omega_-^*, \omega_-^{L+1*}) \neq (\omega_-^{**}, \omega_-^{L+1**})$, 则

$$\Omega^*(\omega_-^*, \omega_-^{L+1*}) \cap \Omega^*(\omega_-^{**}, \omega_-^{L+1**}) = \varnothing.$$

于是, 可得一个子集 $\Omega_\alpha^* \subset \Omega^*$ 使得

$$\Sigma_\alpha = \Omega_\alpha^* \subset \hat{\Pi}^* \times [0,1]^{n+1} \subset \Sigma,$$

其中

$$\mathrm{meas}\,(\Sigma \setminus \Sigma_\alpha) \leqslant \varepsilon.$$

因此, 对新的参数集, 存在一个利普希茨连续环嵌入族 $\Phi : \mathbb{T}^{L+n+2} \times \Sigma_\alpha \to \mathcal{P}^{a,s+1}$ 和一个利普希茨映射 $\widehat{\omega} : \Sigma_\alpha \to \mathbb{R}^{L+n+2}$, 使得对每个 $\bar{\xi} \in \Sigma_\alpha$ 以及在 $\bar{\xi}$ 的哈密顿函数 H, 映射 Φ 限定在 $\mathbb{T}^{L+n+2} \times \{\bar{\xi}\}$ 上是一个具有频率 $\widehat{\omega}(\bar{\xi}) = (\tilde{\omega}(\xi), (\widehat{\omega}_j)_{0 \leqslant j \leqslant n})$ 的椭圆旋转环的实解析嵌入. 此外成立

$$|\Phi - \Phi_0|_r + \frac{\alpha}{M}|\Phi - \Phi_0|_r^{\mathcal{L}} \leqslant c\varepsilon^\iota, \tag{6.2.37}$$

$$|\widehat{\omega} - \omega^0|_r + \frac{\alpha}{M}|\widehat{\omega}(\bar{\xi}) - \omega^0(\bar{\xi})|^{\mathcal{L}} \leqslant c\varepsilon^{\frac{7}{2}}, \tag{6.2.38}$$

其中 $\omega^0(\bar{\xi}) = \widehat{\omega}(\bar{\xi})$ 并且 $\bar{\xi} = (\omega, \alpha(\xi), \tilde{\xi}_0, \tilde{\xi}_1, \cdots, \tilde{\xi}_n)$. 从 (6.2.34) 和 (6.2.36), 可得

$$\widehat{\omega}_j = \mu_j(\varepsilon) + \varepsilon^3 a_j(\tilde{\xi}, \varepsilon) + \mathcal{O}(\varepsilon^\iota), \quad \mu_j = j^2 + m + \varepsilon^{1/2}(\tilde{c}_j + r_j(\varepsilon)), \quad j = 0, 1, \cdots, n,$$

其中 $\tilde{c}_j$ 是一个常数, 当 $\varepsilon \to 0$ 时有 $|r_j(\varepsilon)| \to 0$, 并且 $|a_j(\tilde{\xi}, \varepsilon)| \leqslant C|\tilde{\xi}|$. 因此, 从这个环 $\Phi(\mathbb{T}^{L+n+2} \times \Sigma_\alpha)$ 开始的运动是具有频率 $\widehat{\omega}(\bar{\xi})$ 的拟周期函数. 根据 (6.2.37) 和 (6.2.38), 这些运动都可以写为

$$\tilde{\rho}_0(t) = \mathcal{O}(\varepsilon^2), \quad \hat{\theta}_0(t) = \widehat{\omega}_0 t + \mathcal{O}(\varepsilon^\iota), \quad \tilde{\rho}_j(t) = \mathcal{O}(\varepsilon^2),$$

$$\hat{\theta}_j(t) = \widehat{\omega}_j t + \mathcal{O}(\varepsilon^\iota), \quad j = 1, 2, \cdots, n,$$

$$\|Z(t)\|_{a,s+1} = \mathcal{O}(\varepsilon), \quad \theta(t) = \tilde{\omega}(\xi)t,$$

其中 $Z = (z_j)_{j>n}$ 并且初相取为 $\hat{\theta}_j(0) = 0$. 返回的原方程 (6.2.2), 我们可以得到定理 6.2.1 中要求的解. 至此主要定理 6.2.1 证毕.

6.3　超越多维 Brjuno 频率的驱动梁方程的 Whiskered 环

在这一节, 我们发展一个关于具有超越 Brjuno 频率的非线性梁方程的 Whiskered 环 (有须环, 拥有双曲方向的环) 的 KAM 理论. 考虑驱动梁方程

$$y_{tt} + my + y_{xxxx} = y^3 + \varepsilon f(\omega t, x, y), \quad x \in [0, \pi]. \tag{6.3.1}$$

我们首先考虑方程 (6.3.1) 的主要部分

$$y_{tt} + my + y_{xxxx} = y^3. \tag{6.3.2}$$

系统 (6.3.2) 有三个平衡点: $y(t, x) \equiv 0, \forall (t, x) \in \mathbb{R} \times [0, \pi]$ 和 $y(t, x) \equiv \sqrt{m}, y(t, x) \equiv -\sqrt{m}, \forall (t, x) \in \mathbb{R} \times [0, \pi]$. 我们将证明方程 (6.3.2) 的两个解 $u(t, x) \equiv \pm\sqrt{m}$ 可以延拓成方程 (6.3.1) 的解. 具体地说, 要寻找方程 (6.3.1) 的拟周期解

$$y(t, x) = \varepsilon^{\frac{1}{2}} u(t, x) \pm \sqrt{m},$$

其中 $u(t, x)$ 是下列非线性梁方程的解

$$u_{tt} - 2mu + u_{xxxx} = \varepsilon u^3 \pm 3\varepsilon^{\frac{1}{2}}\sqrt{m}u^2 + \varepsilon^{\frac{1}{2}}f(\omega t, x, \varepsilon^{\frac{1}{2}}u \pm \sqrt{m}). \tag{6.3.3}$$

我们总假设:

(H): $f : \mathbb{T}^d \times [0, \pi] \times \mathbb{R} \to \mathbb{R}$ 是一个实解析关于 x 是函数, 并且 ω 是固定向量 $\overline{\omega}$ 的一个伸缩, 即

$$\omega = \xi\overline{\omega}, \quad \xi \in \mathcal{O} := [1, 2],$$

$m > 0, (2m)^{\frac{1}{4}} - [(2m)^{\frac{1}{4}}] \in \left[\dfrac{1}{100}, \dfrac{1}{2}\right]$, 这里 $[\cdot]$ 表示一个实数的整数部分, 并且 $\overline{\omega}$ 满足条件 (2.3.14).

现在我们叙述这节的主要结果:

定理 6.3.1 假设条件 (H) 满足, 则对任意的 $0 < \gamma \ll 1$, 存在 $\varepsilon_* > 0$ 和 $\mathcal{O}_\gamma \subset \mathcal{O}$ 并且 $\mathrm{meas}\,\mathcal{O}_\gamma > 1 - c\gamma$, 使得对任意的 $\xi \in \mathcal{O}_\gamma$, 只要 $\varepsilon \leqslant \varepsilon_*^2$, 方程 (6.3.1) 有形如 $y(t, x) = \pm\sqrt{m} + \varepsilon^{\frac{1}{2}}u(\omega t, x)$ 的拟周期解, 其中 $u(\omega t, x)$ 是方程 (6.3.3) 的拟周期解.

6.3.1 预备知识

在这一小节, 我们首先给出后面要用到的一些符号.

6.3.1.1 一些符号

设 $\mathbb{Z}_1 = \left\{j \in \mathbb{Z} : 0 \leqslant j \leqslant [(2m)^{\frac{1}{4}}]\right\}$, $\mathcal{J} = \mathbb{N} \setminus \mathbb{Z}_1$, 并且 $\ell_{a,p} = \{q = (q_j)_{j \in \mathcal{J}} : q_j \in \mathbb{C}\}\left(a \geqslant 0, p \geqslant \dfrac{1}{2}\right)$ 是具有内积

$$\langle q, \widetilde{q} \rangle := \sum_{j \in \mathcal{J}} e^{2a|j|}|j|^{2p}q_j\overline{\widetilde{q}}_j$$

的复数列空间, 其中 $q, \widetilde{q} \in \ell_{a,p}$. $(\ell_{a,p}, \langle \cdot, \cdot \rangle)$ 是一个希尔伯特空间. 设 $\|q\|_{a,p} = \sqrt{\langle q, q \rangle}$. 类似地, 定义 $\widetilde{\ell}_{a,p} = \{q = (q_j)_{j \in \mathbb{Z}_1} : q_j \in \mathbb{C}\}$, $a \geqslant 0, p \geqslant \dfrac{1}{2}$ 是具有内积

$$\langle q, \widetilde{q} \rangle := \sum_{0 \neq j \in \mathbb{Z}_1} e^{2a|j|}|j|^{2p}q_j\overline{\widetilde{q}}_j + q_0\overline{\widetilde{q}}_0$$

的复数列空间, 其中 $q, \widetilde{q} \in \widetilde{\ell}_{a,p}$. 显然, $\left(\widetilde{\ell}_{a,p}, \langle \cdot, \cdot \rangle\right)$ 也是一个希尔伯特空间定义范数 $\|q\|_{a,p} = \sqrt{\langle q, q \rangle}$.

设 $\mathbb{T}^d = \mathbb{R}^d/2\pi\mathbb{Z}^d$ $(\mathbb{T}^d_c = \mathbb{C}^d/2\pi\mathbb{Z}^d)$ 是标准的 d 维实 (复) 环, 并且定义

$$u(s) = \{\theta : |\mathrm{Im}\theta| < s \}, \quad \mathcal{O} = [1, 2],$$

其中 $|\cdot|$ 表示有限维向量的上确界.

用

$$D(s, r) = \{(\theta, I, z, \overline{z}, \rho, \overline{\rho}) : |\mathrm{Im}\theta| < s, |I| < r^2, \|z\|_{a,p}, \ \|\overline{z}\|_{a,p}, \ \|\rho\|_{a,p}, \|\overline{\rho}\|_{a,p} < r\}$$

$$\subset \mathbb{C}^d \times \mathbb{C}^d \times \ell_{a,p} \times \ell_{a,p} \times \widetilde{\ell}_{a,p} \times \widetilde{\ell}_{a,p} := \mathcal{P}_{a,p}$$

表示 $\mathbb{T}^d \times \{0\} \times \{0\} \times \{0\} \times \{0\} \times \{0\}$ 的复邻域.

对定义在 $u(s) \times \mathcal{O}$ 上的函数 $f(\theta, \xi)$, 它的 Fourier 展开式是

$$f(\theta, \xi) = \sum_{k \in \mathbb{Z}^d} \widehat{f}(k, \xi)e^{i\langle k, \theta\rangle}.$$

我们定义范数 $\|f\|^*_{s,\mathcal{O}}, \|f\|^L_{s,\mathcal{O}}$ 为

$$\|f\|^*_{s,\mathcal{O}} = \sum_{k \in \mathbb{Z}^d} \|\widehat{f}(k)\|^*_{\mathcal{O}}e^{|k|s}, \quad \|f\|^L_{s,\mathcal{O}} = \sum_{k \in \mathbb{Z}^d} \|\widehat{f}(k)\|^L_{\mathcal{O}}e^{|k|s},$$

其中

$$\|\widehat{f}(k)\|^*_{\mathcal{O}} = \sup_{\xi \in \mathcal{O}} |\widehat{f}(k, \xi)|, \quad \|\widehat{f}(k)\|^L_{\mathcal{O}} = \sup_{\xi_1 \neq \xi_2, \xi_1, \xi_2 \in \mathcal{O}} \frac{|\widehat{f}(k, \xi_1) - \widehat{f}(k, \xi_2)|}{|\xi_1 - \xi_2|}.$$

我们也定义范数 $\|\widehat{f}(k)\|_{\mathcal{O}}$ 和 $\|f\|_{s,\mathcal{O}}$ 为

$$\|\widehat{f}(k)\|_{\mathcal{O}} = \|\widehat{f}(k)\|^*_{\mathcal{O}} + \|\widehat{f}(k)\|^L_{\mathcal{O}},$$

$$\|f\|_{s,\mathcal{O}} = \|f\|^*_{s,\mathcal{O}} + \|f\|^L_{s,\mathcal{O}} = \sum_{k \in \mathbb{Z}^d} \|\widehat{f}(k)\|_{\mathcal{O}}e^{|k|s}.$$

此外, 我们定义截断算子 $\mathcal{T}_K$ 和投影算子 $\mathcal{R}_K$ 为

$$\mathcal{T}_K f(\theta, \xi) = \sum_{|k| \leqslant K} \widehat{f}(k, \xi)e^{i\langle k, \theta\rangle}, \quad \mathcal{R}_K f(\theta, \xi) = \sum_{|k| > K} \widehat{f}(k, \xi)e^{i\langle k, \theta\rangle}.$$

用

$$[f(\theta, \xi)]_\theta = \frac{1}{(2\pi)^d} \int_{\mathbb{T}^d} f(\theta, \xi)d\theta = \widehat{f}(0, \xi)$$

定义 $f(\theta, \xi)$ 关于 θ 的平均.

设 $\delta = \{\delta_j, \ j \in \mathcal{J}\}$, $\beta = \{\beta_j, \ j \in \mathcal{J}\}$ 和 $\alpha = \{\alpha_j, \ j \in \mathbb{Z}_1\}$, $\eta = \{\eta_j, \ j \in \mathbb{Z}_1\}$, 它们具有非零的分量 $\delta_j, \beta_j, \alpha_j, \eta_j \in \mathbb{N}$. 函数 $P : D(s, r) \times \mathcal{O} \to \mathbb{C}$ 关于变量 $(\theta, I, z, \overline{z}, \rho, \overline{\rho})$ 是解析的并且关于 ξ 是利普希茨的, 我们取下列 Taylor-Fourier 展开

$$P(\theta, I, z, \overline{z}, \rho, \overline{\rho}, \xi) = \sum_{\delta, \beta, \alpha, \eta} P_{\delta, \beta, \alpha, \eta}(\theta, I, \xi) z^\delta \overline{z}^\beta \rho^\alpha \overline{\rho}^\eta$$

$$= \sum_{\mu, \delta, \beta, \alpha, \eta, k} \widehat{P}_{\delta, \beta, \alpha, \eta, \mu}(k, \xi) e^{\mathrm{i}\langle k, \theta \rangle} I^\mu z^\delta \overline{z}^\beta \rho^\alpha \overline{\rho}^\eta,$$

其中 $z^\delta \overline{z}^\beta = \prod_{j \in \mathcal{J}} z_j^{\delta_j} \overline{z}_j^{\beta_j}$ 并且 $\rho^\alpha \overline{\rho}^\eta = \prod_{j \in \mathbb{Z}_1} \rho_j^{\alpha_j} \overline{\rho}_j^{\eta_j}$. 我们定义 P 的范数

$$\|P\|_{D(s,r),\mathcal{O}} = \sup_{\|z\|_{a,p}, \|\overline{z}\|_{a,p}, \|\rho\|_{a,p}, \|\overline{\rho}\|_{a,p} \leqslant r} \sum_{\delta, \beta, \alpha, \eta} \|P_{\delta, \beta, \alpha, \eta}\| |z^\delta| |\overline{z}^\beta| |\rho^\alpha| |\overline{\rho}^\eta|,$$

其中

$$\|P_{\delta, \beta, \alpha, \eta}\| = \sum_{k, \mu} \|\widehat{P}_{\delta, \beta, \alpha, \eta, \mu}(k)\|_{\mathcal{O}} e^{|k|s} r^{2|\mu|}$$

$$= \sum_\mu \|P_{\delta, \beta, \alpha, \eta, \mu}\|_{s, \mathcal{O}} r^{2|\mu|}.$$

另外, 关于 P 的哈密顿向量场为

$$X_P = \begin{pmatrix} P_I, & -P_\theta, & \mathrm{i}P_{\overline{z}}, & -\mathrm{i}P_z, & P_{\overline{\rho}}, & -P_\rho \end{pmatrix}^{\mathrm{T}}.$$

对向量 P_Y $(Y = z, \overline{z})$, 我们定义

$$\|P_Y\|_{a,p,D(s,r),\mathcal{O}} = \left\{ \sum_{j \in \mathcal{J}} \left(\|P_{Y_j}\|_{D(s,r),\mathcal{O}} \right)^2 e^{2aj} j^{2p} \right\}^{\frac{1}{2}},$$

并且对 P_Y $(Y = \rho, \overline{\rho})$, 有

$$\|P_Y\|_{a,p,D(s,r),\mathcal{O}} = \left\{ \sum_{0 \neq j \in \mathbb{Z}_1} \left(\|P_{Y_j}\|_{D(s,r),\mathcal{O}} \right)^2 e^{2aj} j^{2p} + \left(\|P_{Y_0}\|_{D(s,r),\mathcal{O}} \right)^2 \right\}^{\frac{1}{2}}.$$

我们也定义权范数

$$\|X_P\|_{r,s,r,\mathcal{O}} = \|P_I\|_{D(s,r),\mathcal{O}} + \frac{1}{r^2} \|P_\theta\|_{D(s,r),\mathcal{O}} + \frac{1}{r} \big(\|\mathrm{i}P_{\overline{z}}\|_{a,p,D(s,r),\mathcal{O}}$$

$$+ \|\mathrm{i}P_z\|_{a,p,D(s,r),\mathcal{O}} + \|P_{\overline{\rho}}\|_{a,p,D(s,r),\mathcal{O}} + \|P_\rho\|_{a,p,D(s,r),\mathcal{O}} \big).$$

对 $k = (k_1, \cdots, k_d) \in \mathbb{Z}^d$, 我们表示

$$\langle k \rangle = \max\{1, |k|\}, \quad |k| := |k_1| + \cdots + |k_d|.$$

6.3.1.2   一个无穷维 KAM 定理

在这一小节, 我们发展一个关于一般的无穷维拟周期驱动系统的 KAM 定理. 作为这个定理的应用我们可以立即得到定理 6.3.1. 考虑哈密顿系统:

$$H = \langle \omega, I \rangle + \langle \Omega z, \overline{z} \rangle - \langle \Lambda \rho, \overline{\rho} \rangle + P(\theta, z, \overline{z}, \rho, \overline{\rho}, \xi) \tag{6.3.4}$$

赋予辛结构 $d\theta \wedge dI + \mathrm{i}dz \wedge d\overline{z} + d\rho \wedge d\overline{\rho}$, 其中 P 是变量 $(\theta, z, \overline{z}, \rho, \overline{\rho})$ 的实解析并且关于 ξ 是利普希茨函数. 设

$$\begin{aligned}
\Omega &= \mathrm{diag}(\Omega_j, \ j \in \mathcal{J}), \quad |\Omega_j| \geqslant j^2, \quad |\Omega_j \pm \Omega_i| \geqslant |j^2 \pm i^2|, \\
\Lambda &= \mathrm{diag}(\Lambda_j, \ j \in \mathbb{Z}_1), \quad 1 \leqslant |\Lambda_j| \leqslant 2, \quad |\Lambda_j \pm \Lambda_i| \geqslant 1.
\end{aligned} \tag{6.3.5}$$

我们也将上述两个对角矩阵看成为向量 $\Omega = (\Omega_j, \ j \in \mathcal{J})^{\mathrm{T}}$ 和 $\Lambda = (\Lambda_j, \ j \in \mathbb{Z}_1)^{\mathrm{T}}$. 对于对角矩阵 $B(\theta, \xi)$, $W(\theta, \xi)$ 和 $b(\theta, \xi)$, $w(\theta, \xi)$ 也有相同的符号, 将在后面给出.

定理 6.3.2   设 $\omega = \xi\overline{\omega}$, $\overline{\omega} \in \mathbb{R}^d$ 满足 (2.3.14), 并且 $s, r > 0, \tau > d + 2$. 考虑在 (6.3.4) 中对应的实解析哈密顿函数 H, 则存在一个 $\varepsilon_*(\overline{\omega}, \gamma, s, r, \tau) > 0$, 对具有向量场

$$\varepsilon = \|X_P\|_{r,s,r,\mathcal{O}} \leqslant \varepsilon_*(\overline{\omega}, \gamma, s, r, \tau)$$

的实解析哈密顿函数 P, 存在一个非空子集 $\mathcal{O}_\gamma \subset \mathcal{O}$, $\mathrm{meas}\mathcal{O}_\gamma > 1 - c\gamma$, 并且对每个 $\xi \in \mathcal{O}_\gamma$, 存在一个实解析的辛映射 $\Phi: \mathbb{T}^d \times \mathcal{O}_\gamma \to \mathcal{P}_{a,p}$, 使得 Φ 变由 (6.3.4) 定义的哈密顿函数 H 到

$$H \circ \Phi = N_* + P_*,$$

其中

$$\begin{aligned}
N_*(\theta, I, z, \overline{z}, \rho, \overline{\rho}, \xi) = {}& E_*(\theta, \xi) + \langle \omega, I \rangle + \langle (\Omega + B_*(\theta, \xi)) z, \overline{z} \rangle \\
& - \langle (\Lambda - W_*(\theta, \xi)) \rho, \overline{\rho} \rangle, \\
P_*(\theta, z, \overline{z}, \rho, \overline{\rho}, \xi) = {}& \sum_{|\delta + \beta| + |\alpha + \eta| \geqslant 3} P^*_{\delta, \beta, \alpha, \eta}(\theta, \xi) z^\delta \overline{z}^\beta \rho^\alpha \overline{\rho}^\eta,
\end{aligned}$$

具有

$$\|X_{E_*}\|_{r_*, s_*, r_*, \mathcal{O}_\gamma} < 4\varepsilon^{\frac{1}{2}}, \quad \|B_*\|_{s_*, \mathcal{O}_\gamma} \leqslant 4\varepsilon^{\frac{1}{2}}, \quad \|W_*\|_{s_*, \mathcal{O}_\gamma} \leqslant 4\varepsilon^{\frac{1}{2}}. \tag{6.3.6}$$

6.3.2 主要定理 6.3.2 的证明

6.3.2.1 同调方程和它的近似解

对于函数 $F(\theta, I, z, \overline{z}, \rho, \overline{\rho}, \xi)$ 和 $G(\theta, I, z, \overline{z}, \rho, \overline{\rho}, \xi)$, 其 Taylor-Fourier 展开式为

$$F(\theta, I, z, \overline{z}, \rho, \overline{\rho}, \xi) = \sum_{\mu, \delta, \beta, \alpha, \eta, k} \widehat{F}_{\delta, \beta, \alpha, \eta, \mu}(k, \xi) e^{i\langle k, \theta \rangle} I^\mu z^\delta \overline{z}^\beta \rho^\alpha \overline{\rho}^\eta,$$

$$G(\theta, I, z, \overline{z}, \rho, \overline{\rho}, \xi) = \sum_{\mu, \delta, \beta, \alpha, \eta, k} \widehat{G}_{\delta, \beta, \alpha, \eta, \mu}(k, \xi) e^{i\langle k, \theta \rangle} I^\mu z^\delta \overline{z}^\beta \rho^\alpha \overline{\rho}^\eta,$$

它定义在 $D(s, r) \times \mathcal{O}$ 上. 我们定义泊松括号

$$\{G, F\} = \frac{\partial G}{\partial \theta} \frac{\partial F}{\partial I} - \frac{\partial G}{\partial I} \frac{\partial F}{\partial \theta} + i\frac{\partial G}{\partial z} \frac{\partial F}{\partial \overline{z}} - i\frac{\partial G}{\partial \overline{z}} \frac{\partial F}{\partial z} + \frac{\partial G}{\partial \rho} \frac{\partial F}{\partial \overline{\rho}} - \frac{\partial G}{\partial \overline{\rho}} \frac{\partial F}{\partial \rho}.$$

对固定的 $0 < \varepsilon_0 < 1$, $0 < s_0 < 1$ 和 $\tau > d + 2$, 我们用

$$K_{-1}^{\frac{1}{2}} = \ln \varepsilon_0^{\frac{-1}{40(2\tau+1)}}, \text{ i.e.,} \quad \varepsilon_0 = \exp\{-40(2\tau + 1)K_{-1}^{\frac{1}{2}}\}$$

表示初始参数 K_{-1}. 假设 ε_0 充分小使得

$$K_{-1}^{\frac{1}{2}} = \ln \varepsilon_0^{\frac{-1}{40(2\tau+1)}} \geqslant 3 \exp\left\{((48)^{-1}e^{-4}s_0)^{\frac{-1}{a}}\right\}.$$

利用上面的不等式我们可得扰动的小性 ε_0 与 a 相关, 从而与 Liouville 频率 ω 相关 (见 (2.3.14)).

下面对于 $i \geqslant 0$, 我们定义迭代数列:

$$\varsigma_i = (i + 2)^{-2},$$

$$K_i = \exp\{K_{i-1}^{\frac{1}{2}}\}, \quad \varepsilon_{i+1} = \exp\{-40(2\tau + 1)K_i^{\frac{1}{2}}\}, \quad \widetilde{\varepsilon}_{i,j} = \varepsilon_i^{(\frac{5}{4})^j},$$

$$s_{i+1} = s_0 \prod_{j=0}^{i}(1 - \varsigma_j)^2, \quad \sigma_{i,j} = 5^{-1}\varsigma_i\varsigma_j s_i, \quad T_{i,j} = \sigma_{i,j}^{-1} \ln \widetilde{\varepsilon}_{i,j}^{-1},$$

(6.3.7)

其中 $j = 0, \cdots, \mathcal{N}_i - 1$, 并且 $\mathcal{N}_i$ 是满足 $\widetilde{\varepsilon}_{i,\mathcal{N}_i} \leqslant \varepsilon_{i+1}$ 的最小整数, 即 $\widetilde{\varepsilon}_{i,\mathcal{N}_i} \leqslant \varepsilon_{i+1} < \widetilde{\varepsilon}_{i,\mathcal{N}_i-1}$.

显然, 对任意的 $n \geqslant 0$, 我们知道

$$e^{-4}s_0 < s_n \leqslant s_0.$$

上述不等式在许多地方被使用, 下面的讨论中我们不会明示这一点. 此外, 我们也假设 ε_0 足够小使得对上面定义的数列 $\{K_j\}_{j \geqslant -1}$, 不等式 $K_{n+1} > K_n^3$, $K_{n+1} > 20K_n, \ln K_n < K_n^{\frac{1}{16}}, n \geqslant 0$ 成立.

引理 6.3.1　对上面定义的数列, 我们有

$$\exp\{T_{n-3,\mathcal{N}_{n-3}-1}\} < \ln \varepsilon_n^{-1}, \quad n \geqslant 3 \tag{6.3.8}$$

和

$$(\ln \ln K_n^{\frac{1}{2}})^{-a} < 3^{-1}e^{-4}s_0\varsigma_{n+1}, \quad a \in (0,1], \quad n \geqslant 0. \tag{6.3.9}$$

证明　由于 $\widetilde{\varepsilon}_{n,\mathcal{N}_n} \leqslant \varepsilon_{n+1} < \widetilde{\varepsilon}_{n,\mathcal{N}_n-1}$, 可知 $\varepsilon_n^{-(\frac{5}{4})^{\mathcal{N}_n}} \geqslant \varepsilon_{n+1}^{-1} > \varepsilon_n^{-(\frac{5}{4})^{\mathcal{N}_n-1}}$, 它意味着

$$\left(\frac{5}{4}\right)^{\mathcal{N}_n} \geqslant \frac{\ln \varepsilon_{n+1}^{-1}}{\ln \varepsilon_n^{-1}} = \frac{40(2\tau+1)K_n^{\frac{1}{2}}}{40(2\tau+1)K_{n-1}^{\frac{1}{2}}} > \left(\frac{5}{4}\right)^{\mathcal{N}_n-1}.$$

注意到 $\left(\dfrac{5}{4}\right)^5 > e > \left(\dfrac{5}{4}\right)^4$, 据上面的不等式可得

$$e^{\frac{\mathcal{N}_n}{4}} > \left(\frac{5}{4}\right)^{\mathcal{N}_n} \geqslant \frac{40(2\tau+1)K_n^{\frac{1}{2}}}{40(2\tau+1)K_{n-1}^{\frac{1}{2}}} > K_n^{\frac{1}{3}},$$

$$e^{\frac{\mathcal{N}_n-1}{5}} < \left(\frac{5}{4}\right)^{\mathcal{N}_n-1} < \frac{40(2\tau+1)K_n^{\frac{1}{2}}}{40(2\tau+1)K_{n-1}^{\frac{1}{2}}} < K_n^{\frac{1}{2}},$$

即

$$\frac{4}{3}\ln K_n < \mathcal{N}_n < \frac{5}{2}\ln K_n + 1. \tag{6.3.10}$$

再由 (6.3.7), 可得

$$T_{n,\mathcal{N}_n-1} = \sigma_{n,\mathcal{N}_n-1}^{-1}\ln\widetilde{\varepsilon}_{n,\mathcal{N}_n-1}^{-1} < \sigma_{n,\mathcal{N}_n-1}^{-1}\ln\varepsilon_{n+1}^{-1}$$

$$= 5(n+2)^2(\mathcal{N}_n+1)^2 s_n^{-1}40(2\tau+1)K_n^{\frac{1}{2}}$$

$$< 1800(2\tau+1)e^4 s_0^{-1}(n+2)^2(\ln K_n)^2 K_n^{\frac{1}{2}}$$

$$< K_n^{\frac{2}{3}}\left(=\exp\left\{\frac{2}{3}K_{n-1}^{\frac{1}{2}}\right\}\right), \tag{6.3.11}$$

第二个不等式可从 (6.3.10) 右边的不等式得到, 即 $\mathcal{N}_n+1 < \dfrac{5}{2}\ln K_n+2 < 3\ln K_n$. 然后有

$$\ln \varepsilon_n^{-1} = 40(2\tau+1)K_{n-1}^{\frac{1}{2}} = 40(2\tau+1)\exp\left\{\frac{1}{2}K_{n-2}^{\frac{1}{2}}\right\}$$

$$> \exp\{K_{n-3}^{\frac{2}{3}}\} > \exp\{T_{n-3,\mathcal{N}_{n-3}-1}\}, \quad n \geqslant 3.$$

这就完成了 (6.3.8) 的证明.

现在我们回到 (6.3.9). 我们将使用迭代技巧证明这个不等式.

(1) $n = 0$ 或 1. 注意到

$$\ln\ln K_n^{\frac{1}{2}} = \ln\left(\frac{1}{2}K_{n-1}^{\frac{1}{2}}\right) \geqslant \ln\left(\frac{1}{2}K_{-1}^{\frac{1}{2}}\right) \geqslant (3^{-1}e^{-4}s_0\varsigma_2)^{\frac{-1}{a}} \geqslant (3^{-1}e^{-4}s_0\varsigma_{n+1})^{\frac{-1}{a}},$$

其中上面不等式可从 $K_{-1}^{\frac{1}{2}} > 3\exp\{(3^{-1}e^{-4}s_0\varsigma_2)^{\frac{-1}{a}}\}$ 得到, 并且可推出

$$\left(\ln\ln K_n^{\frac{1}{2}}\right)^{-a} \leqslant 3^{-1}e^{-4}s_0\varsigma_{n+1}, \quad n = 0 \text{ 或 } 1.$$

(2) $n \geqslant 2$. 假设 $n = j \geqslant 2$, 在 (6.3.9) 中的不等式成立, 即

$$\left(\ln\ln K_j^{\frac{1}{2}}\right)^{-a} \leqslant 3^{-1}e^{-4}s_0\varsigma_{j+1},$$

它意味着

$$\ln\ln K_j^{\frac{1}{2}} \geqslant \left(3^{-1}e^{-4}s_0\varsigma_{j+1}\right)^{-\frac{1}{a}}.$$

现在假设 $n = j+1$. 注意到 $K_{j+1} = \exp\left\{K_j^{\frac{1}{2}}\right\}$, 则我们有

$$\ln\ln K_{j+1}^{\frac{1}{2}} = \ln K_j^{\frac{1}{2}} - \ln\ln 2 > \exp\left\{\left(3^{-1}e^{-4}s_0\varsigma_{j+1}\right)^{-\frac{1}{a}}\right\} - \ln 2$$

$$\geqslant \frac{1}{2}\left(3^{-1}e^{-4}s_0\varsigma_{j+1}\right)^{-\frac{2}{a}} - \ln 2 \geqslant \frac{1}{2}\left(3^{-1}e^{-4}s_0\right)^{-\frac{2}{a}}\varsigma_{j+2}^{-\frac{1}{a}} - \ln 2$$

$$\geqslant \left(e^{-4}s_0\right)^{-\frac{2}{a}}\left(3^{-1}\varsigma_{j+2}\right)^{-\frac{1}{a}} - \ln 2 > \left(3^{-1}e^{-4}s_0\varsigma_{j+2}\right)^{-\frac{1}{a}},$$

它意味着

$$\left(\ln\ln K_{j+1}^{\frac{1}{2}}\right)^{-a} \leqslant 3^{-1}e^{-4}s_0\varsigma_{j+2},$$

即在 (6.3.9) 中的不等式当 $n = j+1$ 时成立.

由上面的讨论可知, 在 (6.3.9) 中的不等式对所有的 $n \geqslant 0$ 成立.

用与 (6.3.11) 类似的讨论, 可得

$$T_{n,\mathcal{N}_n-1} = \sigma_{n,\mathcal{N}_n-1}^{-1} \ln \widetilde{\varepsilon}_{n,\mathcal{N}_n-1}^{-1} = \frac{4}{5} \sigma_{n,\mathcal{N}_n-1}^{-1} \ln \widetilde{\varepsilon}_{n,\mathcal{N}_n}^{-1} > \ln \varepsilon_{n+1}^{-1} > K_n^{\frac{1}{2}}. \quad (6.3.12)$$

$\square$

我们用 $B_n(\theta,\xi) = (B_n^l(\theta,\xi): \ l \in \mathcal{J})^{\mathrm{T}}$ 表示定义在 $u(s_n) \times \mathcal{O}$ 上的实解析向量函数. 假设 B_n^l $(l \in \mathcal{J})$ 有下列分解

$$B_n^l(\theta,\xi) = \sum_{i=0}^n b_i^l(\theta,\xi) = \sum_{i=0}^n \sum_{j=0}^{\mathcal{N}_{i-1}} b_{i,j}^l(\theta,\xi), \quad n \geqslant 0.$$

因此 $B_n(\theta,\xi)$ 也有分解

$$B_n(\theta,\xi) = \sum_{i=0}^n b_i(\theta,\xi) = \sum_{i=0}^n \sum_{j=0}^{\mathcal{N}_{i-1}} b_{i,j}(\theta,\xi), \quad n \geqslant 0, \quad (6.3.13)$$

其中 $b_i(\theta,\xi) = (b_i^l(\theta,\xi) : l \in \mathcal{J})^{\mathrm{T}}$ 和 $b_{i,j}(\theta,\xi) = (b_{i,j}^l(\theta,\xi) : l \in \mathcal{J})^{\mathrm{T}}$, $j = 0,\cdots,\mathcal{N}_{i-1}$, $i = 0,\cdots,n$. 此外, 我们也假设

$$b_{i,j}(\theta,\xi) = \sum_{|k| \leqslant T_{i-1,j-1}} \widehat{b}_{i,j}(k,\xi) e^{\mathrm{i}\langle k,\theta \rangle}, \quad \|b_{i,j}\|_{s_n,\mathcal{O}} \leqslant \widetilde{\varepsilon}_{i-1,j-1}. \quad (6.3.14)$$

注意到在系统 (6.3.4) 和 (6.3.41) (见后面) 中没有函数 $B_0 := b_0 = \sum_{j=0}^{\mathcal{N}_{-1}} b_{0,j}$ 和 $b_{n+1,0}$, 因此可得, 在 (6.3.13) 中, $b_{0,j}(\theta,\xi) = 0$, $j = 0,\cdots,\mathcal{N}_{-1}$ 并且 $b_{i,0}(\theta,\xi) = 0$, $i = 0,\cdots,n$.

对于在 (6.3.7) 中定义的数列 $\{T_{i-1,j-1}\}$, $j = 0,\cdots,\mathcal{N}_{i-1}$, $i = n, n-1$, 我们设 $Q_{i,j}^n$ 是满足 $\exp\{3^{-Q_{i,j}^n} T_{i-1,j-1}\} \leqslant \ln \varepsilon_n^{-1}$ 的最小数, 即

$$\exp\{3^{-Q_{i,j}^n} T_{i-1,j-1}\} \leqslant \ln \varepsilon_n^{-1} < \exp\{3^{-(Q_{i,j}^n-1)} T_{i-1,j-1}\}.$$

此外, 我们定义

$$\widetilde{B}_{i,j}^{(l)}(\theta,\xi) = \sum_{3^{-(l+1)} T_{i-1,j-1} < |k| \leqslant 3^{-l} T_{i-1,j-1}} \widehat{b}_{i,j}(k,\xi) e^{\mathrm{i}\langle k,\theta \rangle},$$

$$l = 0,\cdots,\ Q_{i,j}^n - 1, \ j = 0,\cdots,\mathcal{N}_{i-1}, \ i = n, n-1,$$

$$\widetilde{B}_{i,j}^{(Q_{i,j}^n)}(\theta,\xi) = \sum_{|k| \leqslant 3^{-Q_{i,j}^n} T_{i-1,j-1}} \widehat{b}_{i,j}(k,\xi) e^{\mathrm{i}\langle k,\theta \rangle},$$

$$j = 0,\cdots,\mathcal{N}_{i-1}, \ i = n, n-1.$$

通过上面的讨论, 我们可以重写 $B_n(\theta, \xi)$ 为

$$B_n(\theta, \xi) = \sum_{i=n,n-1} \sum_{j=0}^{\mathcal{N}_{i-1}} \sum_{l=0}^{Q_{i,j}^n} \widetilde{B}_{i,j}^{(l)}(\theta, \xi) + \sum_{i=0}^{n-2} \sum_{j=0}^{\mathcal{N}_{i-1}} \widetilde{B}_{i,j}(\theta, \xi), \qquad (6.3.15)$$

这里 $\widetilde{B}_{i,j}(\theta, \xi) = b_{i,j}(\theta, \xi)$, $j = 0, \cdots, \mathcal{N}_{i-1}$, $i = 0, \cdots, n-2$.

引理 6.3.2　假设 $B_n(\theta, \xi)$ 由 (6.3.13) 定义的, 具有估计 (6.3.14). 则同调方程

$$\partial_\omega \mathcal{B}(\theta, \xi) = -B_n(\theta, \xi) + [B_n(\theta, \xi)]_\theta \qquad (6.3.16)$$

有唯一解 $\mathcal{B}$, 它满足

$$\|\mathcal{B}\|_{\widehat{s}, \mathcal{O}} < (480)^{-1} \ln \varepsilon_n^{-1}.$$

此外, 函数 $W_n(\theta, \xi) = (W_n^l(\theta, \xi): \ l \in \mathbb{Z}_1)^{\mathrm{T}}$ 有与 (6.3.13) 相同的分解, 并且满足与 (6.3.14) 中相同的估计. 则方程

$$\partial_\omega \mathcal{W}(\theta, \xi) = -W_n(\theta, \xi) + [W_n(\theta, \xi)]_\theta$$

有唯一的解, 它满足

$$\|\mathcal{W}\|_{\widehat{s}, \mathcal{O}} < (480)^{-1} \ln \varepsilon_n^{-1}.$$

证明　将函数 B 重写为 (6.3.15) 中的形式. 假设函数 $\mathcal{B}_{i,j}^{(l)}(\theta, \xi)$ 是

$$\partial_\omega \mathcal{B}_{i,j}^{(l)}(\theta, \xi) = -\widetilde{B}_{i,j}^{(l)}(\theta, \xi) + [\widetilde{B}_{i,j}^{(l)}(\theta, \xi)]_\theta \qquad (6.3.17)$$

的解, 其中 $l = 0, \cdots, Q_{i,j}^n$, $j = 0, \cdots, \mathcal{N}_{i-1}$, $i = n, n-1$, 并且 $\mathcal{B}_{i,j}$ 是

$$\partial_\omega \mathcal{B}_{i,j}(\theta, \xi) = -\widetilde{B}_{i,j}(\theta, \xi) + [\widetilde{B}_{i,j}(\theta, \xi)]_\theta \qquad (6.3.18)$$

的解, 其中 $j = 0, \cdots, \mathcal{N}_{i-1}$, $i = 0, \cdots, n-2$. 则有

$$\mathcal{B}(\theta, \xi) = \sum_{i=n,n-1} \sum_{j=0}^{\mathcal{N}_{i-1}} \sum_{l=0}^{Q_{i,j}^n} \mathcal{B}_{i,j}^{(l)}(\theta, \xi) + \sum_{i=0}^{n-2} \sum_{j=0}^{\mathcal{N}_{i-1}} \mathcal{B}_{i,j}(\theta, \xi)$$

是 (6.3.16) 的解. 通过比较 (6.3.16) 的 Fourier 系数, 可得

$$\widehat{\mathcal{B}}(k, \xi) = \frac{\widehat{\widetilde{B}}(k, \xi)}{\mathrm{i}\langle k, \omega \rangle}, \quad k \neq 0.$$

从上面的方程并注意到 $\mathcal{O} \subset [1, 2]$, 可得

$$\sup_{\xi \in \mathcal{O}} \left| \widehat{\mathcal{B}}(k, \xi) \right| = \sup_{\xi \in \mathcal{O}} \left| \frac{\widehat{\widetilde{B}}(k, \xi)}{\mathrm{i}\langle k, \omega \rangle} \right| \leqslant \sup_{\xi \in \mathcal{O}} \left| \widehat{\widetilde{B}}(k, \xi) \right| |\langle k, \overline{\omega} \rangle|^{-1},$$

以及

$$\sup_{\xi_1 \neq \xi_2, \xi_1, \xi_2 \in \mathcal{O}} \left| \frac{\widehat{\mathcal{B}}(k, \xi_1) - \widehat{\mathcal{B}}(k, \xi_2)}{\xi_1 - \xi_2} \right|$$

$$= \sup_{\xi_1 \neq \xi_2, \xi_1, \xi_2 \in \mathcal{O}} \left| \left\{ \frac{\widehat{\widetilde{B}}(k, \xi_1)}{\mathrm{i}\langle k, \xi_1\overline{\omega} \rangle} - \frac{\widehat{\widetilde{B}}(k, \xi_2)}{\mathrm{i}\langle k, \xi_2\overline{\omega} \rangle} \right\} (\xi_1 - \xi_2)^{-1} \right|$$

$$\leqslant \sup_{\xi_1 \neq \xi_2, \xi_1, \xi_2 \in \mathcal{O}} \left| \left\{ \frac{\widehat{\widetilde{B}}(k, \xi_1)}{\mathrm{i}\langle k, \xi_1\overline{\omega} \rangle} - \frac{\widehat{\widetilde{B}}(k, \xi_2)}{\mathrm{i}\langle k, \xi_1\overline{\omega} \rangle} \right\} (\xi_1 - \xi_2)^{-1} \right|$$

$$+ \sup_{\xi_1 \neq \xi_2, \xi_1, \xi_2 \in \mathcal{O}} \left| \left\{ \frac{\widehat{\widetilde{B}}(k, \xi_2)}{\mathrm{i}\langle k, \xi_1\overline{\omega} \rangle} - \frac{\widehat{\widetilde{B}}(k, \xi_2)}{\mathrm{i}\langle k, \xi_2\overline{\omega} \rangle} \right\} (\xi_1 - \xi_2)^{-1} \right|$$

$$\leqslant \sup_{\xi_1 \neq \xi_2, \xi_1, \xi_2 \in \mathcal{O}} \left| \frac{\widehat{\widetilde{B}}(k, \xi_1) - \widehat{\widetilde{B}}(k, \xi_2)}{\xi_1 - \xi_2} \right| |\langle k, \overline{\omega} \rangle|^{-1} + \sup_{\xi_2 \in \mathcal{O}} \left| \widehat{\widetilde{B}}(k, \xi_2) \right| |\langle k, \overline{\omega} \rangle|^{-1}.$$

所以

$$\|\widehat{\mathcal{B}}(k)\|_{\mathcal{O}} \leqslant 2\|\widehat{\widetilde{B}}(k)\|_{\mathcal{O}} |\langle k, \overline{\omega} \rangle|^{-1}. \tag{6.3.19}$$

对 $l = 0, \cdots, 3^{-Q_{i,j}^n}, j = 0, \cdots, \mathcal{N}_i, i = n, n-1$, 可知

$$3^{-l} T_{i-1,j-1} \geqslant 3^{-Q_{i,j}^n} T_{i-1,j-1} = 3^{-1} 3^{-(Q_{i,j}^n - 1)} T_{i-1,j-1} > 3^{-1} \ln \ln \varepsilon_n^{-1}$$

$$= 3^{-1} \ln\{40(2\tau + 1) K_{n-1}^{\frac{1}{2}}\} > 3^{-1} \ln\{K_0^{\frac{1}{2}}\}$$

$$> 3^{-1} \exp\{(3^{-1} e^{-4} s_0 \varsigma_2)^{\frac{-1}{a}}\} > \exp\{(e^{-4} s_0 \varsigma_2)^{\frac{-1}{a}}\}. \tag{6.3.20}$$

注意到函数 $\Gamma(T) = (\ln |T|)^{-a}$, $a \in (0, 1]$ 在 $[\exp\{(e^{-4} s_0 \varsigma_2)^{\frac{-1}{a}}\}, \infty)$ 上是单调递减的, 则据 (6.3.20) 可知 $\Gamma(3^{-l} T_{i-1,j-1})$ 有定义并且 $0 < \Gamma(3^{-l} T_{i-1,j-1}) < e^{-4} s_0 \varsigma_2 < 1$, $l \leqslant 3^{-Q_{i,j}^n}, j \leqslant \mathcal{N}_i, i = n, n-1$.

首先考虑 (6.3.17).

(1) $l = 0, \cdots, Q_{i,j} - 1$. 由 (2.3.14) 和 (6.3.19) 可得 $(\widehat{s} = s_n(1 - \varsigma_n))$,

$$\|\mathcal{B}_{i,j}^{(l)}\|_{\widehat{s}, \mathcal{O}} = \sum_{3^{-(l+1)} T_{i-1,j-1} < |k| \leqslant 3^{-l} T_{i-1,j-1}} \|\widehat{\mathcal{B}}_{i,j}^{(l)}(k)\|_{\mathcal{O}} e^{|k| s_n(1 - \varsigma_n)}$$

$$\leqslant 2\exp\{3^{-l}T_{i-1,j-1}\Gamma(3^{-l}T_{i-1,j-1})\}\exp\{-3^{-(l+1)}T_{i-1,j-1}s_n\varsigma_n\}$$

$$\cdot \sum_{3^{-(l+1)}T_{i-1,j-1}<|k|\leqslant 3^{-l}T_{i-1,j-1}} \|\widehat{\widetilde{B}}_{i,j}^{(l)}(k)\|_{\mathcal{O}}e^{|k|s_n}$$

$$= 2\exp\{3^{-l}T_{i-1,j-1}\Gamma(3^{-l}T_{i-1,j-1})\}$$

$$\cdot \exp\{-3^{-l}T_{i-1,j-1}3^{-1}s_n\varsigma_n\}\|\widetilde{B}_{i,j}^{(l)}\|_{s_n,\mathcal{O}}$$

$$\leqslant 2\exp\{3^{-l}T_{i-1,j-1}\Gamma(3^{-l}T_{i-1,j-1})\}$$

$$\cdot \exp\{-3^{-l}T_{i-1,j-1}3^{-1}e^{-4}s_0\varsigma_n\}\|\widetilde{B}_{i,j}^{(l)}\|_{s_n,\mathcal{O}}$$

$$\leqslant 2\|\widetilde{B}_{i,j}^{(l)}\|_{s_n,\mathcal{O}} < 2\ln \varepsilon_n^{-1}\|\widetilde{B}_{i,j}^{(l)}\|_{s_n,\mathcal{O}}.$$

首先, 用与 (6.3.20) 同样的计算, 我们得到

$$3^{-l}T_{i-1,j-1} \geqslant 3^{-(Q_{i,j}-1)}T_{i-1,j-1} > \ln K_{n-1}^{\frac{1}{2}}, \quad l\leqslant Q_{i,j}-1, j\leqslant \mathcal{N}_i, i=n,n-1,$$

它意味着

$$\Gamma(3^{-l}T_{i-1,j-1}) < \Gamma(\ln K_{n-1}^{\frac{1}{2}}), \quad l\leqslant Q_{i,j}-1, j\leqslant \mathcal{N}_i, i=n,n-1. \qquad (6.3.21)$$

此外, 由 (6.3.9), (6.3.21) 可推出

$$3^{-1}e^{-4}s_0\varsigma_n > \Gamma(\ln K_{n-1}^{\frac{1}{2}}) > \Gamma(3^{-l}T_{i-1,j-1}), \quad l\leqslant Q_{i,j}-1,$$

它意味着 $\exp\{3^{-l}T_{i-1,j-1}3^{-1}e^{-4}s_0\varsigma_n\} > \exp\{3^{-l}T_{i-1,j-1}\Gamma(3^{-l}T_{i-1,j-1})\}$, 即

$$\exp\{3^{-l}T_{i-1,j-1}\Gamma(3^{-l}T_{i-1,j-1})\}\exp\{-3^{-l}T_{i-1,j-1}3^{-1}e^{-4}s_0\varsigma_n\} < 1.$$

(2) $l=Q_{i,j}^n$. 类似地, 注意到 $\Gamma(3^{-Q_{i,j}^n}T_{i-1,j-1}) < 1$, 我们有

$$\|\mathcal{B}_{i,j}^{(Q_{i,j}^n)}\|_{\widehat{s},\mathcal{O}} = \sum_{|k|\leqslant 3^{-Q_{i,j}^n}T_{i-1,j-1}} \|\widehat{\mathcal{B}}_{i,j}^{(Q_{i,j}^n)}(k)\|_{\mathcal{O}}e^{|k|s_n(1-\varsigma_n)}$$

$$\leqslant \sum_{|k|\leqslant 3^{-Q_{i,j}^n}T_{i-1,j-1}} 2\exp\{3^{-Q_{i,j}^n}T_{i-1,j-1}\}\|\widehat{\widetilde{B}}_{i,j}^{(Q_{i,j}^n)}(k)\|_{\mathcal{O}}e^{|k|s_n(1-\varsigma_n)}$$

$$= 2\exp\{3^{-Q_{i,j}^n}T_{i-1,j-1}\}\|\widetilde{B}_{i,j}^{(Q_{i,j}^n)}\|_{\widehat{s},\mathcal{O}} \leqslant 2\ln \varepsilon_n^{-1}\|\widetilde{B}_{i,j}^{(Q_{i,j}^n)}\|_{s_n,\mathcal{O}}.$$

现在我们考虑同调方程 (6.3.18). 注意到

$$T_{i-1,j-1} \leqslant T_{n-3,\mathcal{N}_{n-3}-1}, \quad j=0,\cdots,\mathcal{N}_{i-1}, i\leqslant n-2,$$

并且从 (6.3.8) 可得

$$\exp\{T_{i-1,j-1}\} \leqslant \exp\{T_{n-3,\mathcal{N}_{n-3}-1}\} < \ln \varepsilon_n^{-1}, \quad j = 0, \cdots, \mathcal{N}_{i-1}, \; i \leqslant n-2.$$

此外, 据 (6.3.9) 和 (6.3.12), 我们有

$$\Gamma(T_{n-3,\mathcal{N}_{n-3}-1}) < \Gamma(T_{0,\mathcal{N}_0-1}) < \Gamma(\ln K_0^{\frac{1}{2}}) < 3^{-1} e^{-4} s_0 \eta_1 < 1, \quad n \geqslant 3.$$

然后, 由上面两个不等式并且用与情况 (2) 类似的讨论, 可得

$$\|\mathcal{B}_{i,j}\|_{\widehat{s},\mathcal{O}} \leqslant 2\ln \varepsilon_n^{-1} \|\widetilde{B}_{i,j}\|_{s_n,\mathcal{O}}, \quad j = 0, \cdots, \mathcal{N}_{i-1}, \; i \leqslant n-2.$$

上面的讨论意味着方程 (6.3.16) 的解 $\mathcal{B}(\theta,\xi)$ 满足

$$\|\mathcal{B}\|_{\widehat{s},\mathcal{O}} = \left\| \sum_{i=n,n-1} \sum_{j=0}^{\mathcal{N}_{i-1}} \sum_{l=0}^{Q_{i,j}^n} \mathcal{B}_{i,j}^{(l)} + \sum_{i=0}^{n-2} \sum_{j=0}^{\mathcal{N}_{i-1}} \mathcal{B}_{i,j} \right\|_{\widehat{s},\mathcal{O}}$$

$$= \sum_{i=n,n-1} \sum_{j=0}^{\mathcal{N}_{i-1}} \sum_{l=0}^{Q_{i,j}^n} \|\mathcal{B}_{i,j}^{(l)}\|_{\widehat{s},\mathcal{O}} + \sum_{i=0}^{n-2} \sum_{j=0}^{\mathcal{N}_{i-1}} \|\mathcal{B}_{i,j}\|_{\widehat{s},\mathcal{O}}$$

$$\leqslant 2\ln \varepsilon_n^{-1} \left\{ \sum_{i=n,n-1} \sum_{j=0}^{\mathcal{N}_{i-1}} \sum_{l=0}^{Q_{i,j}^n} \|\widetilde{B}_{i,j}^{(l)}\|_{s_n,\mathcal{O}} + \sum_{i=0}^{n-2} \sum_{j=0}^{\mathcal{N}_{i-1}} \|\widetilde{B}_{i,j}\|_{s_n,\mathcal{O}} \right\}$$

$$= 2\ln \varepsilon_n^{-1} \sum_{i=0}^{n} \sum_{j=0}^{\mathcal{N}_{i-1}} \|b_{i,j}\|_{s_n,\mathcal{O}} < 4\varepsilon_0 \ln \varepsilon_n^{-1} < (480)^{-1} \ln \varepsilon_n^{-1}.$$

因为函数 B_n 和 W_n 具有相同的结构并满足相同的估计, 所以关于方程

$$\partial_\omega \mathcal{W}(\theta,\xi) = -W_n(\theta,\xi) + [W_n(\theta,\xi)]_\theta$$

的讨论与上面的讨论相同, 我们省略了细节.　　　　　　　　　　　　　　□

　　假设实解析函数 N 和 R 在 $D(s,r) \times \mathcal{O}$ 上定义, 并且有 Taylor 展开

$$N = E(\theta,\xi) + \langle \omega, I \rangle + \langle [\Omega + B_n(\theta,\xi) + b(\theta,\xi)]z, \overline{z} \rangle - \langle [\Lambda - W_n(\theta,\xi) - w(\theta,\xi)]\rho, \overline{\rho} \rangle,$$

并且

$$R(\theta, z, \overline{z}, \rho, \overline{\rho}, \xi) = \sum_{0 < |\delta+\beta| + |\alpha+\eta| \leqslant 2, \delta \neq \beta, \alpha \neq \eta} R_{\delta,\beta,\alpha,\eta}(\theta,\xi) z^\delta \overline{z}^\beta \rho^\alpha \overline{\rho}^\eta,$$

其中 $B(\theta, \xi)$ 如在 (6.3.13) 中定义并具有估计 (6.3.14), 并且函数 $W(\theta, \xi) = (W_n^l(\theta, \xi): l \in \mathbb{Z}_1)^{\mathrm{T}}$ 与 (6.3.13) 有相同的分解并且满足与 (6.3.14) 有相同的估计. 此外,

$$b(\theta, \xi) = (b_j(\theta, \xi): j \in \mathcal{J})^{\mathrm{T}}, \quad w(\theta, \xi) = (w_j(\theta, \xi): j \in \mathbb{Z}_1)^{\mathrm{T}}.$$

我们考虑关于未知函数 F 的同调方程

$$\{F, N\} = R. \tag{6.3.22}$$

对于这个同调方程, 我们有下列命题.

命题 6.3.1 假设 $b(\theta, \xi)$ 和 $w(\theta, \xi)$ 在 $u(s) \times \mathcal{O}(e^{-4}s_0 < s < \widehat{s} := s_n(1 - \varsigma_n))$ 上定义且满足 $\|b\|_{s,\mathcal{O}}, \|w\|_{s,\mathcal{O}} \leqslant \varepsilon_n$, 并且对每个 $\xi \in \mathcal{O}$, 向量 $\widetilde{\Omega} = \Omega + [B_n(\theta, \xi)]_\theta$ 和 $\widetilde{\Lambda} = \Lambda - [W_n(\theta, \xi)]_\theta$ 满足 Melnikov 条件

$$|\langle k, \omega \rangle + \langle \zeta, \widetilde{\Omega} \rangle| \geqslant \gamma \langle k \rangle^{-\tau}, \quad k \in \mathbb{Z}^d, \quad 0 < |\zeta| \leqslant 2, \tag{6.3.23}$$

并且

$$|\langle l, \widetilde{\Lambda} \rangle| \geqslant 1, \quad 0 < |l| \leqslant 2, \tag{6.3.24}$$

其中 $0 < \gamma \ll 1, \tau > d + 2$. 则对定义在 $D(s, r) \times \mathcal{O}$ 上的实解析函数 R, 方程 (6.3.22) 有一个实解析近似解 $F(\theta, z, \overline{z}, \rho, \overline{\rho}, \xi)$ 满足

$$\|X_F\|_{r,s-\sigma,r,\mathcal{O}} \leqslant 2^6 \gamma^{-2} T_{n,j}^{2\tau+1} |\overline{\omega}| \varepsilon_n^{\frac{-1}{60}} \sigma^{-1} \|X_R\|_{r,s,r,\mathcal{O}}.$$

此外, 误差项是

$$R^{(er)}(\theta, z, \overline{z}, \rho, \overline{\rho}, \xi) = \sum_{0 < |\delta+\beta|+|\alpha+\eta| \leqslant 2, \delta \neq \beta, \alpha \neq \eta} R_{\delta,\beta,\alpha,\eta}^{(er)}(\theta, \xi) z^\delta \overline{z}^\beta \rho^\alpha \overline{\rho}^\eta, \tag{6.3.25}$$

其中

$$R_{\delta,\beta,\alpha,\eta}^{(er)}(\theta, \xi) = e^{\mathrm{i}\langle \delta-\beta, \mathcal{B} \rangle + \langle \alpha-\eta, \mathcal{W} \rangle} \mathcal{R}_{T_{n,j}} \Big\{ e^{-\mathrm{i}\langle \delta-\beta, \mathcal{B} \rangle - \langle \alpha-\eta, \mathcal{W} \rangle} R_{\delta,\beta,\alpha,\eta}(\theta, \xi)$$
$$- \big[\mathrm{i}\langle \delta-\beta, b(\theta, \xi) \rangle + \langle \alpha-\eta, w(\theta, \xi) \rangle \big] e^{-\mathrm{i}\langle \delta-\beta, \mathcal{B} \rangle - \langle \alpha-\eta, \mathcal{W} \rangle} F_{\delta,\beta,\alpha,\eta}(\theta, \xi) \Big\},$$

并且有估计 $(2\sigma < s, j = 0, \cdots, \mathcal{N}_n - 1)$

$$\|X_{R^{(er)}}\|_{r,s-2\sigma,r,\mathcal{O}} \leqslant 2^7 \gamma^{-2} T_{n,j}^{2\tau+1} |\overline{\omega}| \varepsilon_n^{\frac{-1}{40}} \widetilde{\varepsilon}_{n,j} \sigma^{-1} \|X_R\|_{r,s,r,\mathcal{O}}.$$

证明 我们首先考虑情况 $n \geqslant 1$. 对于上面给定的函数 $R(\theta, z, \overline{z}, \rho, \overline{\rho}, \xi)$ 和函数 $F(\theta, z, \overline{z}, \rho, \overline{\rho}, \xi)$, 其 Taylor 展开为

$$F(\theta, z, \overline{z}, \rho, \overline{\rho}, \xi) = \sum_{0 < |\delta+\beta|+|\alpha+\eta| \leqslant 2, \delta \neq \beta, \alpha \neq \eta} F_{\delta,\beta,\alpha,\eta}(\theta, \xi) z^{\delta} \overline{z}^{\beta} \rho^{\alpha} \overline{\rho}^{\eta}.$$

我们记

$$\widetilde{R}_{\delta,\beta,\alpha,\eta}(\theta, \xi) = e^{-\mathrm{i}\langle \delta-\beta, \mathcal{B}(\theta,\xi) \rangle - \langle \alpha-\eta, \mathcal{W}(\theta,\xi) \rangle} R_{\delta,\beta,\alpha,\eta}(\theta, \xi),$$

$$\widetilde{F}_{\delta,\beta,\alpha,\eta}(\theta, \xi) = e^{-\mathrm{i}\langle \delta-\beta, \mathcal{B}(\theta,\xi) \rangle - \langle \alpha-\eta, \mathcal{W}(\theta,\xi) \rangle} F_{\delta,\beta,\alpha,\eta}(\theta, \xi),$$

其中 $\mathcal{B}$ 和 $\mathcal{W}$ 如在引理 6.3.2 中定义. 从 (6.3.22) 可得

$$\partial_{\omega} \widetilde{F}_{\delta,\beta,\alpha,\eta}(\theta, \xi) + \big\{ \mathrm{i}\langle \delta-\beta, \widetilde{\Omega} + b(\theta,\xi) \rangle$$
$$- \langle \alpha-\eta, \widetilde{\Lambda} - w(\theta,\xi) \rangle \big\} \widetilde{F}_{\delta,\beta,\alpha,\eta}(\theta, \xi) = \widetilde{R}_{\delta,\beta,\alpha,\eta}(\theta, \xi), \tag{6.3.26}$$

其中 $\widetilde{\Omega} = \Omega + \big[B_n(\theta,\xi) \big]_{\theta}$ 和 $\widetilde{\Lambda} = \Lambda - \big[W_n(\theta,\xi) \big]_{\theta}$.

(1) $\delta = (\cdots, 1, \cdots)$, $\beta = (\cdots, 1, \cdots)$, 其中 1 是向量 δ (β) 的第 $i(j)$ 个分量 $i \neq l$, 并且 "$\cdots$" 表示零以及 $\alpha = \eta = 0$. 记

$$R^{(1)}(\theta, z, \overline{z}, \xi) = \sum_{\zeta = \delta-\beta} R_{\zeta}(\theta, \xi) z^{\delta} \overline{z}^{\beta} = \sum_{i,l \in \mathcal{J}} R_{i,l}(\theta, \xi) z_i \overline{z}_l,$$

$$F^{(1)}(\theta, z, \overline{z}, \xi) = \sum_{\zeta = \delta-\beta} F_{\zeta}(\theta, \xi) z^{\delta} \overline{z}^{\beta} = \sum_{i,l \in \mathcal{J}} F_{i,l}(\theta, \xi) z_i \overline{z}_l,$$

其中

$$R_{i,l}(\theta, \xi) = R_{\zeta}(\theta, \xi) = R_{\delta,\beta,\alpha,\eta}(\theta, \xi), \quad F_{i,l}(\theta, \xi) = F_{\zeta}(\theta, \xi) = F_{\delta,\beta,\alpha,\eta}(\theta, \xi).$$

由方程 (6.3.26), 可得

$$\partial_{\omega} \widetilde{F}_{\zeta}(\theta, \xi) + \mathrm{i}\langle \zeta, \widetilde{\Omega} + b(\theta,\xi) \rangle \widetilde{F}_{\zeta}(\theta, \xi) = \widetilde{R}_{\zeta}(\theta, \xi). \tag{6.3.27}$$

我们解 (6.3.27) 的截断系统, 即

$$\mathcal{T}_{T_{n,j}} \partial_{\omega} \widetilde{F}_{\zeta} + \mathcal{T}_{T_{n,j}} \big\{ \mathrm{i}\langle \zeta, \widetilde{\Omega} + b(\theta,\xi) \rangle \widetilde{F}_{\zeta} \big\} = \mathcal{T}_{T_{n,j}} \widetilde{R}_{\zeta}, \quad \mathcal{T}_{T_{n,j}} \widetilde{F}_{\zeta} = \widetilde{F}_{\zeta},$$

对任意的 $|k| \leqslant T_{n,j}$, 它等价于

$$\mathrm{i}\big[\langle k, \omega \rangle + \langle \zeta, \widetilde{\Omega} \rangle \big] \widehat{\widetilde{F}}_{\zeta}(k, \xi) + \mathrm{i} \sum_{|k_1| \leqslant T_{n,j}} \langle \zeta, \widehat{b}(k - k_1, \xi) \rangle \widehat{\widetilde{F}}_{\zeta}(k_1, \xi) = \widehat{\widetilde{R}}_{\zeta}(k, \xi). \tag{6.3.28}$$

重写 (6.3.28) 为

$$(\widehat{E} + \Xi_s \widehat{D} \Xi_s^{-1}) \Xi_s \mathcal{F}_\zeta = \Xi_s \mathcal{R}_\zeta,$$

其中

$$\widehat{E} = \mathrm{diag}(\cdots, \mathrm{i}(\langle k, \omega \rangle + \langle \zeta, \widetilde{\Omega} \rangle), \cdots)_{|k| \leqslant T_{n,j}},$$

$$\widehat{D} = \mathrm{i}(\langle \zeta, \widehat{b}(k - k_1, \xi) \rangle)_{|k_1|, |k| \leqslant T_{n,j}}, \quad \Xi_s = \mathrm{diag}(\cdots, e^{|k|s}, \cdots)_{|k| \leqslant T_{n,j}},$$

$$\mathcal{F}_\zeta = \mathcal{F}_\zeta(\xi) = (\widehat{\widetilde{F}}_\zeta(k, \xi))^{\mathrm{T}}_{|k| \leqslant T_{n,j}}, \quad \mathcal{R}_\zeta = \mathcal{R}_\zeta(\xi) = (\widehat{\widetilde{R}}_\zeta(k, \xi))^{\mathrm{T}}_{|k| \leqslant T_{n,j}}.$$

从 (6.3.23) 可得

$$\|\widehat{E}^{-1}\|_{op(l^1)} \leqslant \gamma^{-1} T_{n,j}^\tau,$$

其中 $op(l^1)$ 表示与 l^1 范数相关联的算子范数, 对向量 $u = (u(k))^{\mathrm{T}}_{|k| \leqslant T_{n,j}}$, 它由下式定义 $|u|_{l^1} = \sum_{|k| \leqslant T_{n,j}} |u(k)|$. 因为

$$T_{n,j} \leqslant T_{n,\mathcal{N}_n - 1} < \exp\left\{\frac{2}{3} K_{n-1}^{\frac{1}{2}}\right\} \leqslant \exp\{K_{n-1}^{\frac{1}{2}}\} = \varepsilon_n^{\frac{-1}{40(2\tau+1)}},$$

所以

$$\|\widehat{E}^{-1}\|_{op(l^1)} \leqslant \gamma^{-1} T_{n,j}^\tau < 4^{-1} \varepsilon_n^{\frac{-1}{40}}.$$

直接计算可得

$$\|\Xi_s \widehat{D} \Xi_s^{-1}\|_{op(l^1)} \leqslant 2\|b\|_{s,\mathcal{O}} < 2\varepsilon_n.$$

由此可得

$$\|\widehat{E}^{-1} \Xi_s \widehat{D} \Xi_s^{-1}\|_{op(l^1)} \leqslant \frac{1}{2},$$

它意味着 $\widehat{E} + \Xi_s \widehat{D} \Xi_s^{-1}$ 有一个有界的逆. 从上面三个不等式可推出

$$\|(\widehat{E} + \Xi_s \widehat{D} \Xi_s^{-1})^{-1}\|_{op(l^1)} \leqslant 2\gamma^{-1} T_{n,j}^\tau.$$

由此可推出

$$\|\widetilde{F}_\zeta\|_{s,\mathcal{O}}^* \leqslant 2\gamma^{-1} T_{n,j}^\tau \|\widetilde{R}_\zeta\|_{s,\mathcal{O}}^*.$$

此外,

$$\|F_\zeta\|_{s,\mathcal{O}}^* \leqslant 2\gamma^{-1} T_{n,j}^\tau \varepsilon_n^{\frac{-1}{120}} \|R_\zeta\|_{s,\mathcal{O}}^*. \tag{6.3.29}$$

下面我们给出利普希茨半范数的估计.

记 $\Delta_{\xi_1,\xi_2} Q = Q(\cdot,\xi_1) - Q(\cdot,\xi_2)$. 从 (6.3.28) 可得

$$\mathrm{i}\Big(\langle k,\xi_1\overline{\omega}\rangle + \langle\zeta,\widetilde{\Omega}(\xi_1)\rangle\Big)\Delta_{\xi_1,\xi_2}\widehat{\overline{F}}_\zeta(k) + \mathrm{i}\sum_{|k_1|\leqslant T_{n,j}} \langle\zeta,\widehat{b}(k-k_1,\xi_1)\rangle\Delta_{\xi_1,\xi_2}\widehat{\overline{F}}_\zeta(k_1)$$

$$+\mathrm{i}\Delta_{\xi_1,\xi_2}\Big(\langle k,\omega\rangle + \langle\zeta,\widetilde{\Omega}\rangle\Big)\widehat{\overline{F}}_\zeta(k,\xi_2) + \mathrm{i}\sum_{|k_1|\leqslant T_{n,j}} \langle\zeta,\Delta_{\xi_1,\xi_2}\widehat{b}(k-k_1)\rangle\widehat{\overline{F}}_\zeta(k_1,\xi_2)$$

$$= \Delta_{\xi_1,\xi_2}\widehat{\overline{R}}_\zeta(k), \quad |k|\leqslant T_{n,j}.$$

类似于 (6.3.29) 的讨论, 可得

$$\|\Delta_{\xi_1,\xi_2}F_\zeta\|_{s,\mathcal{O}}^* \leqslant 2\gamma^{-1} T_{n,j}^\tau \varepsilon_n^{\frac{-1}{120}} \Big\{ \big|\Delta_{\xi_1,\xi_2}\big(\widehat{E}+\widehat{D}\big)\big|_{op(l^1)}\|F_\zeta\|_{s,\mathcal{O}}^* + \|\Delta_{\xi_1,\xi_2}R_\zeta\|_{s,\mathcal{O}}^* \Big\}.$$

用 $|\xi_1-\xi_2|$ 去除 $\|\Delta_{\xi_1,\xi_2}F_\zeta\|_{s,\mathcal{O}}^*$, 并且在 $\xi_1\neq\xi_2\in\mathcal{O}$ 上取上确界, 可得

$$\|F_\zeta\|_{s,\mathcal{O}}^L \leqslant 2^4\gamma^{-2} T_{n,j}^{2\tau+1} \varepsilon_n^{\frac{-1}{60}} |\overline{\omega}| \|R_\zeta\|_{s,\mathcal{O}}.$$

注意到 $F_{i,l}=F_\zeta$, $R_{i,l}=R_\zeta$, 再用 (6.3.29) 和上面的不等式, 我们有

$$\|F_{i,l}\|_{s,\mathcal{O}} \leqslant 2^5\gamma^{-2} T_{n,j}^{2\tau+1} |\overline{\omega}| \varepsilon_n^{\frac{-1}{60}} \|R_{i,l}\|_{s,\mathcal{O}}.$$

由此用上面的不等式可得

$$\|F_{z_i}^{(1)}\|_{D(s,r),\mathcal{O}} \leqslant 2^5\gamma^{-2} T_{n,j}^{2\tau+1} |\overline{\omega}| \varepsilon_n^{\frac{-1}{60}} \|R_{z_i}^{(1)}\|_{D(s,r),\mathcal{O}},$$

它意味着

$$\frac{1}{r}\|F_z^{(1)}\|_{a,p,D(s,r),\mathcal{O}} \leqslant 2^5\gamma^{-2} T_{n,j}^{2\tau+1} |\overline{\omega}| \varepsilon_n^{\frac{-1}{60}} \frac{1}{r}\|R_z^{(1)}\|_{a,p,D(s,r),\mathcal{O}}. \tag{6.3.30}$$

类似地, 我们也得到

$$\frac{1}{r}\|F_{\bar{z}}^{(1)}\|_{a,p,D(s,r),\mathcal{O}} \leqslant 2^5\gamma^{-2} T_{n,j}^{2\tau+1} |\overline{\omega}| \varepsilon_n^{\frac{-1}{60}} \frac{1}{r}\|R_{\bar{z}}^{(1)}\|_{a,p,D(s,r),\mathcal{O}}. \tag{6.3.31}$$

此外, 由 Cauchy 估计和 (6.3.29) 可得

$$\frac{1}{r^2}\|F^{(1)}_{\theta_y}\|_{D(s-\sigma,r),\mathcal{O}} \leqslant 2^5\gamma^{-2}T^{2\tau+1}_{n,j}|\overline{\omega}|\varepsilon^{\frac{-1}{60}}_n\sigma^{-1}\|X_{R^{(1)}}\|_{r,s,r,\mathcal{O}}, \quad y=1,\cdots,d. \tag{6.3.32}$$

因此, 由 (6.3.30)—(6.3.32) 可得

$$\|X_{F^{(1)}}\|_{r,s-\sigma,r,\mathcal{O}} \leqslant 2^6\gamma^{-2}T^{2\tau+1}_{n,j}|\overline{\omega}|\varepsilon^{\frac{-1}{60}}_n\sigma^{-1}\|X_{R^{(1)}}\|_{r,s,r,\mathcal{O}}. \tag{6.3.33}$$

(2) $\delta=(\cdots,1,\cdots)$, $\alpha=(\cdots,1,\cdots)$, 其中 1 是向量 $\delta(\alpha)$ 的第 i (l) 个分量, 并且 "$\cdots$" 表示零, $\beta=0,\eta=0$.

记

$$R^{(2)}(\theta,z,\rho,\xi) = \sum_{|\delta|=|\alpha|=1} R_{\delta,\alpha}(\theta,\xi)z^\delta\rho^\alpha,$$

$$F^{(2)}(\theta,z,\rho,\xi) = \sum_{|\delta|=|\alpha|=1} F_{\delta,\alpha}(\theta,\xi)z^\delta\rho^\alpha,$$

其中 $R_{\delta,\alpha}(\theta,\xi)=R_{\delta,\beta,\alpha,\eta}(\theta,\xi)$, $F_{\delta,\alpha}(\theta,\xi)=F_{\delta,\beta,\alpha,\eta}(\theta,\xi)$. 由方程 (6.3.22) 可得

$$\partial_\omega\widetilde{F}_{\delta,\alpha}(\theta,\xi) + \{\mathrm{i}\langle\delta,\widetilde{\Omega}+b(\theta,\xi)\rangle - \langle\alpha,\widetilde{\Lambda}-w(\theta,\xi)\rangle\}\widetilde{F}_{\delta,\alpha}(\theta,\xi) = \widetilde{R}_{\delta,\alpha}(\theta,\xi). \tag{6.3.34}$$

解 (6.3.34) 的截断方程, 即

$$\mathcal{T}_{T_{n,j}}\partial_\omega\widetilde{F}_{\delta,\alpha} + \mathcal{T}_{T_{n,j}}\{[\mathrm{i}\langle\delta,\widetilde{\Omega}+b(\theta,\xi)\rangle - \langle\alpha,\widetilde{\Lambda}-w(\theta,\xi)\rangle]\widetilde{F}_{\delta,\alpha}(\theta,\xi)\}$$
$$= \mathcal{T}_{T_{n,j}}\widetilde{R}_{\delta,\alpha}, \quad \mathcal{T}_{T_{n,j}}\widetilde{F}_{\delta,\alpha} = \widetilde{F}_{\delta,\alpha},$$

对任意的 $|k|\leqslant T_{n,j}$, 它等价于

$$\left\{\mathrm{i}\langle k,\omega\rangle + \mathrm{i}\langle\delta,\widetilde{\Omega}\rangle - \langle\alpha,\widetilde{\Lambda}\rangle\right\}\widehat{\widetilde{F}}_{\delta,\alpha}(k,\xi)$$
$$+ \sum_{|k_1|\leqslant T_{n,j}}[\mathrm{i}\langle\delta,\widehat{b}(k-k_1,\xi)\rangle + \langle\alpha,\widehat{w}(k-k_1,\xi)\rangle]\widehat{\widetilde{F}}_{\delta,\alpha}(k_1,\xi) = \widehat{\widetilde{R}}_{\delta,\alpha}(k,\xi).$$

记

$$A(k,\alpha,\delta,\xi) = \mathrm{i}\langle k,\xi\overline{\omega}\rangle + \mathrm{i}\langle\delta,\widetilde{\Omega}\rangle - \langle\alpha,\widetilde{\Lambda}\rangle.$$

因此

$$\sup_{\xi\in\mathcal{O}}|A^{-1}(k,\alpha,\delta,\xi)| = \sup_{\xi\in\mathcal{O}}\frac{1}{|\mathrm{i}\langle k,\xi\overline{\omega}\rangle + \mathrm{i}\langle\delta,\widetilde{\Omega}\rangle - \langle\alpha,\widetilde{\Lambda}\rangle|} \leqslant \frac{1}{|\langle\alpha,\widetilde{\Lambda}\rangle|} < 1.$$

因此, 用与情况 (1) 类似的讨论可得

$$\left\|X_{F^{(2)}}\right\|_{r,s-\sigma,r,\mathcal{O}} \leqslant 2^6 T_{n,j}|\overline{\omega}|\varepsilon_n^{\frac{-1}{60}}\sigma^{-1}\left\|X_{R^{(2)}}\right\|_{r,s,r,\mathcal{O}}.$$

(3) $\alpha = (\cdots,1,\cdots)$, $\eta = (\cdots,1,\cdots)$, 其中 1 是向量 α (η) 的第 $i(l)$ 的分量, $i \neq l$, 并且 "$\cdots$" 表示零, $\delta = 0, \beta = 0$.

记 $\zeta = \alpha - \eta$ 和

$$R^{(3)}(\theta,\rho,\overline{\rho},\xi) = \sum_{\zeta=\alpha-\eta} R_\zeta(\theta,\xi)(\theta,\xi)\rho^\alpha\overline{\rho}^\eta,$$

$$F^{(3)}(\theta,\rho,\overline{\rho},\xi) = \sum_{\zeta=\alpha-\eta} F_\zeta(\theta,\xi)(\theta,\xi)\rho^\alpha\overline{\rho}^\eta,$$

其中 $R_\zeta(\theta,\xi) = R_{\delta,\beta,\alpha,\eta}(\theta,\xi)$, $F_\zeta(\theta,\xi) = F_{\delta,\beta,\alpha,\eta}(\theta,\xi)$. 由方程 (6.3.22), 可得

$$\partial_\omega \widetilde{F}_\zeta(\theta,\xi) - \langle \zeta, \widetilde{\Lambda} - w(\theta,\xi)\rangle \widetilde{F}_\zeta(\theta,\xi) = \widetilde{R}_\zeta(\theta,\xi). \tag{6.3.35}$$

由 (6.3.24), 注意到

$$\sup_{\xi\in\mathcal{O}} \frac{1}{|\mathrm{i}\langle k,\xi\overline{\omega}\rangle - \langle\zeta,\widetilde{\Lambda}\rangle|} \leqslant \frac{1}{|\langle\zeta,\widetilde{\Lambda}\rangle|} < 1.$$

然后, 用与情况 (2) 类似的讨论可知同调方程 (6.3.35) 有解 $F^{(3)}$ 并且满足

$$\left\|X_{F^{(3)}}\right\|_{r,s-\sigma,r,\mathcal{O}} \leqslant 2^6 T_{n,j}|\overline{\omega}|\varepsilon_n^{\frac{-1}{60}}\sigma^{-1}\left\|X_{R^{(3)}}\right\|_{r,s,r,\mathcal{O}}.$$

用与上面情况 (1)—(3) 类似的计算我们也可以得到关于 F 的其他项的估计. 因此, 我们有

$$\left\|X_F\right\|_{r,s-\sigma,r,\mathcal{O}} \leqslant 2^6 \gamma^{-2} T_{n,j}^{2\tau+1}|\overline{\omega}|\varepsilon_n^{\frac{-1}{60}}\sigma^{-1}\left\|X_R\right\|_{r,s,r,\mathcal{O}}.$$

显然, 误差项 $R^{(er)}$ 由 (6.3.25) 给出. 此外,

$$\|R^{(er)}_{\delta,\beta,\alpha,\eta}\|_{s-\sigma,\mathcal{O}} \leqslant e^{-T\sigma}\varepsilon_n^{\frac{1}{120}}\left\{\|R_{\delta,\beta,\alpha,\eta}\|_{s,\mathcal{O}} + 2\epsilon_n\|F_{\delta,\beta,\alpha,\eta}\|_{s,\mathcal{O}}\right\}$$

$$\leqslant 2\widetilde{\varepsilon}_{n,j}\varepsilon_n^{\frac{1}{120}}\|F_{\delta,\beta,\alpha,\eta}\|_{s,\mathcal{O}}$$

$$< 2^6\gamma^{-2}T_{n,j}^{2\tau+1}|\overline{\omega}|\varepsilon_n^{\frac{-1}{40}}\widetilde{\varepsilon}_{n,j}\|R_{\delta,\beta,\alpha,\eta}\|_{s,\mathcal{O}}.$$

则与 (6.3.33) 类似的计算可得

$$\left\|X_{R^{(er)}}\right\|_{r,s-2\sigma,r,\mathcal{O}} \leqslant 2^7\gamma^{-2}T_{n,j}^{2\tau+1}|\overline{\omega}|\varepsilon_n^{\frac{-1}{40}}\widetilde{\varepsilon}_{n,j}\sigma^{-1}\left\|X_R\right\|_{r,s,r,\mathcal{O}}.$$

在情况 $n = 0$, 注意到 $B_0(\theta, \xi) = 0$, $W_0(\theta, \xi) = 0$, 我们将不改变 $\widetilde{R}_{\delta,\beta,\alpha,\eta}(\theta, \xi) = e^{-\mathrm{i}\langle \delta - \beta, \mathcal{B}(\theta,\xi)\rangle - \langle \alpha - \eta, \mathcal{W}(\theta,\xi)\rangle} R_{\delta,\beta,\alpha,\eta}(\theta, \xi)$ 和 $\widetilde{F}_{\delta,\beta,\alpha,\eta}(\theta, \xi) = e^{-\mathrm{i}\langle \delta - \beta, \mathcal{B}(\theta,\xi)\rangle - \langle \alpha - \eta, \mathcal{W}(\theta,\xi)\rangle} \cdot F_{\delta,\beta,\alpha,\eta}(\theta, \xi)$, 并且直接论及 $F_{\delta,\beta,\alpha,\eta}(\theta, \xi)$ 和 $R_{\delta,\beta,\alpha,\eta}(\theta, \xi)$ 之间的方程. 在这种情况下, 有

$$R^{(er)}_{\delta,\beta,\alpha,\eta}(\theta, \xi) = \mathcal{R}_{T_{n,j}} \Big\{ R_{\delta,\beta,\alpha,\eta}(\theta, \xi) - \big[\mathrm{i}\langle \delta - \beta, b(\theta, \xi)\rangle$$
$$+ \langle \alpha - \eta, w(\theta, \xi)\rangle \big] F_{\delta,\beta,\alpha,\eta}(\theta, \xi) \Big\},$$

并且关于 F 和 $R^{(er)}$ 的估计也成立. $\qquad\square$

6.3.2.2　迭代引理

除了在 (6.3.7) 中定义的参数外, 我们也定义数列: 对 $0 < \gamma < 1$, $0 < r_0 < 1$,

$$r_0 = r, \quad \gamma_0 = \gamma, \quad r_{n+1} = \varepsilon_{n+1}^{\frac{4}{3}} r_n, \quad \gamma_n = \gamma_0 \varsigma_n, \quad D_n = D(s_n, r_n), \quad n \geqslant 1.$$

引理 6.3.3 (迭代引理)　假设实解析哈密顿系统 $H_n = H_{n-1} \circ \Phi_n = N_n + P_n$ 定义在 $D_n \times \mathcal{O}_n$ 上, 其中

$$N_n = E_n(\theta, \xi) + \langle \omega, I \rangle + \langle \Omega + B_n(\theta, \xi) z, \bar{z} \rangle - \langle \Lambda - W_n(\theta, \xi) \rho, \overline{\rho} \rangle,$$

$$P_n = P_n(\theta, z, \bar{z}, \rho, \overline{\rho}, \xi),$$

并且

$$\mathcal{O}_n = \Big\{ \xi \in \mathcal{O}_{n-1} : \big| \langle k, \omega \rangle + \langle \zeta, \widetilde{\Omega}_n \rangle \big| \geqslant \frac{\gamma_n}{\langle k \rangle^\tau}, \ \forall 0 < |\zeta| \leqslant 2, \ k \in \mathbb{Z}^d \Big\},$$

其中 Ω, Λ 在 (6.3.5) 中定义, B_n 在 (6.3.13) 中定义, 它满足估计(6.3.14), 并且函数 $W_n(\theta, \xi) = (W_n^l(\theta, \xi): \ l \in \mathbb{Z}_1)^{\mathrm{T}}$ 有与 (6.3.13) 中相同的分解且满足与 (6.3.14) 相同的估计, 具有 $\widetilde{\Omega}_n = \Omega + [B_n]_\theta$. 此外,

$$\|X_{E_n - E_{n-1}}\|_{r_n, s_n, r_n, \mathcal{O}_n} \leqslant 2\varepsilon_{n-1}, \qquad (6.3.36)$$

$$\|X_{P_n}\|_{r_n, s_n, r_n, \mathcal{O}_n} \leqslant \varepsilon_n. \qquad (6.3.37)$$

则存在一个子集 $\mathcal{O}_{n+1} \subset \mathcal{O}_n$,

$$\mathcal{O}_{n+1} = \Big\{ \xi \in \mathcal{O}_n : \big| \langle k, \omega \rangle + \langle \zeta, \widetilde{\Omega}_{n+1} \rangle \big| \geqslant \frac{\gamma_{n+1}}{\langle k \rangle^\tau}, \ \forall 0 < |\zeta| \leqslant 2, k \in \mathbb{Z}^d \Big\} \qquad (6.3.38)$$

和一个实解析辛变量变换

$$\Phi_{n+1} : D_{n+1} \times \mathcal{O}_{n+1} \to D_n \times \mathcal{O}_n$$

使得 $H_{n+1} = H_n \circ \Phi_{n+1}$ 有与 H_n 类似的形式且满足条件 (6.3.36) 和 (6.3.37)，B_{n+1} 同 (6.3.13) 中的 B_n，并且满足估计 (6.3.14)，这里用 $(n+1)$ 代替了 n，函数 W_{n+1} 与 B_{n+1} 有相同的分解和相同的估计. 此外，我们有下列估计

$$\|\Phi_{n+1} - id\|_{r_{n+1}, s_{n+1}, r_{n+1}, \mathcal{O}_n} \leqslant 2\varepsilon_n^{\frac{1}{2}}, \tag{6.3.39}$$

$$\|D\Phi_{n+1} - Id\|_{r_{n+1}, s_{n+1}, r_{n+1}, \mathcal{O}_n} \leqslant 2\varepsilon_n^{\frac{1}{2}}. \tag{6.3.40}$$

6.3.2.3 引理 6.3.3 的证明

为了证明引理 6.3.3，我们设

$$\widetilde{\varepsilon}_0 = \varepsilon_n, \quad \widetilde{r}_0 = r_n, \quad \widetilde{s}_0 = s_n(1 - \eta_n), \quad \gamma = \gamma_n, \quad \mathcal{O} = \mathcal{O}_n$$

并且定义 $\widetilde{\delta}_j = \widetilde{\varepsilon}_{n,j}^{\frac{1}{3}}, \ \widetilde{r}_{j+1} = \widetilde{\delta}_j \widetilde{r}_j, \ \widetilde{s}_{j+1} = \widetilde{s}_j - 5\sigma_{n,j}, \ j \geqslant 0$.

考虑定义在 $D_n \times \mathcal{O}_n$ 上的实解析哈密顿系统 $H_n = N_n + P_n$，并且重写它为

$$\widetilde{H}_0 = \widetilde{N}_0 + \widetilde{P}_0 = E(\theta, \xi) + \langle \omega, I \rangle + \langle (\Omega + B(\theta, \xi))z, \bar{z} \rangle$$
$$- \langle (\Lambda - W(\theta, \xi))\rho, \bar{\rho} \rangle + \widetilde{P}_0(\theta, z, \bar{z}, \rho, \bar{\rho}, \xi), \tag{6.3.41}$$

定义在 $\widetilde{D}_0 \times \mathcal{O}$ 上，其中 $\widetilde{D}_j = D(\widetilde{s}_j, \widetilde{r}_j)$，$\mathcal{O} = \mathcal{O}_n$，$E = E_n$，$B(\theta, \xi) = B_n(\theta, \xi)$，$W(\theta, \xi) = W_n(\theta, \xi)$ 并且 $\widetilde{P}_0 = P_n$. 显然，

$$\|X_{\widetilde{P}_0}\|_{\widetilde{r}_0, \widetilde{s}_0, \widetilde{r}_0, \mathcal{O}} \leqslant \widetilde{\varepsilon}_{n,0}.$$

记 $\widetilde{H}_j = \widetilde{N}_j + \widetilde{P}_j$，其中

$$\widetilde{N}_j = E + \sum_{l=0}^{j} \widetilde{E}_{n+1,l}(\theta, \xi) + \langle \omega, I \rangle + \left\langle \left[\Omega + \left(B + \sum_{l=0}^{j} b_{n+1,l} \right)(\theta, \xi) \right] z, \bar{z} \right\rangle$$
$$- \left\langle \left[\Lambda - \left(W + \sum_{l=0}^{j} w_{n+1,l} \right)(\theta, \xi) \right] \rho, \bar{\rho} \right\rangle, \tag{6.3.42}$$

$$\|X_{\widetilde{P}_j}\|_{\widetilde{r}_j, \widetilde{s}_j, \widetilde{r}_j, \mathcal{O}} < \widetilde{\varepsilon}_{n,j}, \tag{6.3.43}$$

具有

$$\widetilde{E}_{n+1,0}(\theta,\xi) = 0, \quad b_{n+1,l}(\theta,\xi) = (b_{n+1,l}^i(\theta,\xi), \ i \in \mathcal{J})^{\mathrm{T}}, \quad b_{n+1,0}(\theta,\xi) = 0$$

和

$$w_{n+1,l}(\theta,\xi) = (w_{n+1,l}^i(\theta,\xi), \ i \in \mathbb{Z}_1)^{\mathrm{T}}, \quad w_{n+1,0}(\theta,\xi) = 0.$$

此外,

$$b_{n+1,l}(\theta,\xi) = \sum_{|k| \leqslant T_{n,l-1}} \widehat{b}_{n+1,l}(k,\xi)e^{\mathrm{i}\langle k,\theta\rangle}, \quad \|b_{n+1,l}\|_{\widetilde{s}_{l-1},\mathcal{O}} \leqslant \widetilde{\varepsilon}_{n,l-1}, \tag{6.3.44}$$

$$w_{n+1,l}(\theta,\xi) = \sum_{|k| \leqslant T_{n,l-1}} \widehat{w}_{n+1,l}(k,\xi)e^{\mathrm{i}\langle k,\theta\rangle}, \quad \|w_{n+1,l}\|_{\widetilde{s}_{l-1},\mathcal{O}} \leqslant \widetilde{\varepsilon}_{n,l-1}, \tag{6.3.45}$$

并且

$$\|X_{\widetilde{E}_{n+1,l}}\|_{\widetilde{r}_{l-1},\widetilde{s}_{l-1},\widetilde{r}_{l-1},\mathcal{O}} < \widetilde{\varepsilon}_{n,l-1}. \tag{6.3.46}$$

假设对 $j = 0, \cdots, \nu - 1$, 存在定义在 $\widetilde{D}_{j+1} \times \mathcal{O}$ 上的实解析 F_{j+1} 使得我们得到定义在 $\widetilde{D}_{j+1} \times \mathcal{O}$ 上的实解析哈密顿系统 $\widetilde{H}_{j+1}$:

$$\widetilde{H}_{j+1} = \widetilde{H}_j \circ X_{F_{j+1}}^1 = \widetilde{N}_{j+1} + \widetilde{P}_{j+1},$$

并且在区域 $\widetilde{D}_{j+1} \times \mathcal{O}$ 上, $\widetilde{N}_{j+1}$ 与 $\widetilde{P}_{j+1}$ 一起满足用 $(j+1)$ 代替 j 的 (6.3.43)—(6.3.46).

此外, 实解析辛映射 $X_{F_{j+1}}^1$ 满足

$$\|X_{F_{j+1}}^1 - id\|_{\widetilde{r}_{j+1},\widetilde{s}_{j+1},\widetilde{r}_{j+1},\mathcal{O}} < \widetilde{\varepsilon}_{n,j}^{\frac{1}{2}}, \tag{6.3.47}$$

$$\|DX_{F_{j+1}}^1 - Id\|_{\widetilde{r}_{j+1},\widetilde{s}_{j+1},\widetilde{r}_{j+1},\mathcal{O}} < \widetilde{\varepsilon}_{n,j}^{\frac{1}{2}}. \tag{6.3.48}$$

则我们要寻找定义在 $\widetilde{D}_{\nu+1} \times \mathcal{O}$ 上的 $F_{\nu+1}$ 使得 $\widetilde{H}_{\nu+1} = \widetilde{H}_\nu \circ X_{F_{\nu+1}}^1 = \widetilde{N}_{\nu+1} + \widetilde{P}_{\nu+1}$, 并且在区域 $\widetilde{D}_{\nu+1} \times \mathcal{O}$ 上, $\widetilde{N}_{\nu+1}$ 与 $\widetilde{P}_{j+1}$ 一起满足用 $(\nu+1)$ 代替 j 的 (6.3.43)—(6.3.46), $F_{\nu+1}$ 满足用 ν 代替 j 的 (6.3.47) 和 (6.3.48).

在下面我们将构造这样的函数 $F_{\nu+1}$. 对 $j = \nu$, 重记 $\widetilde{P}_\nu$ 为

$$\widetilde{P}_\nu(\theta,z,\bar{z},\rho,\bar{\rho},\xi) = \sum_{\delta,\beta,\alpha,\eta,k} \widehat{\widetilde{P}}_{\nu,\delta,\beta,\alpha,\eta}(k,\xi)e^{\mathrm{i}\langle k,\theta\rangle} z^\delta \bar{z}^\beta \rho^\alpha \bar{\rho}^\eta$$

并分为三部分:

$$\widetilde{P}_\nu = P_\nu^{(el)} + P_\nu^{(nf)} + P_\nu^{(pe)},$$

其中

$$P_\nu^{(el)}(\theta, z, \bar{z}, \rho, \overline{\rho}, \xi) = \sum_{\substack{0 < |\delta+\beta|+|\alpha+\eta| \leqslant 2 \\ \delta \neq \beta, \alpha \neq \eta, k}} \widehat{\widetilde{P}}_{\nu, \delta, \beta, \alpha, \eta}(k, \xi) e^{i\langle k, \theta \rangle} z^\delta \bar{z}^\beta \rho^\alpha \overline{\rho}^\eta,$$

$$P_\nu^{(nf)}(\theta, z, \bar{z}, \rho, \overline{\rho}, \xi) = \widetilde{E}_{n+1,\nu+1}(\theta, \xi) + \langle b_{n+1,\nu+1}(\theta, \xi) z, \bar{z} \rangle + \langle w_{n+1,\nu+1}(\theta, \xi) \rho, \overline{\rho} \rangle,$$

$$P_\nu^{(pe)}(\theta, z, \bar{z}, \rho, \overline{\rho}, \xi) = \sum_{\substack{0 < |\delta+\beta|+|\alpha+\eta| \leqslant 2 \\ \delta = \beta, \alpha = \eta, |k| > T_{n,\nu}}} \widehat{\widetilde{P}}_{\nu, \delta, \beta, \alpha, \eta}(k, \xi) e^{i\langle k, \theta \rangle} z^\delta \bar{z}^\beta \rho^\alpha \overline{\rho}^\eta$$

$$+ \sum_{|\delta+\beta|+|\alpha+\eta| > 2, k} \widehat{\widetilde{P}}_{\nu, \delta, \beta, \alpha, \eta}(k, \xi) e^{i\langle k, \theta \rangle} z^\delta \bar{z}^\beta \rho^\alpha \overline{\rho}^\eta$$

$$=: P_\nu^{(pe1)} + P_\nu^{(pe2)}.$$

分别简记 $\widetilde{\delta}_\nu, \widetilde{r}_\nu, \widetilde{s}_\nu, \sigma_{n,\nu}, T_{n,\nu}$ 为 $\widetilde{\delta}, \widetilde{r}, \widetilde{s}, \sigma, T.$ 显然,

$$\|X_{P_\nu^{(el)}}\|_{\widetilde{r}, \widetilde{s}, \widetilde{r}, \mathcal{O}}, \quad \|X_{P_\nu^{(nf)}}\|_{\widetilde{r}, \widetilde{s}, \widetilde{r}, \mathcal{O}} \leqslant \|X_{\widetilde{P}_\nu}\|_{\widetilde{r}, \widetilde{s}, \widetilde{r}, \mathcal{O}}, \tag{6.3.49}$$

以及

$$\|X_{P_\nu^{(pe1)}}\|_{\widetilde{\delta}\widetilde{r}, \widetilde{s}-\sigma, 4\widetilde{\delta}\widetilde{r}, \mathcal{O}} \leqslant e^{-T\sigma} \widetilde{\delta}^{-1} \|X_{\widetilde{P}_\nu}\|_{\widetilde{r}, \widetilde{s}, \widetilde{r}, \mathcal{O}} < \widetilde{\delta}^{-1} \|X_{\widetilde{P}_\nu}\|_{\widetilde{r}, \widetilde{s}, \widetilde{r}, \mathcal{O}}^2.$$

对 $P_\nu^{(pe2)}$, 有

$$\|X_{P_\nu^{(pe2)}}\|_{\widetilde{\delta}\widetilde{r}, \widetilde{s}, 4\widetilde{\delta}\widetilde{r}, \mathcal{O}} \leqslant \widetilde{\delta} \|X_{\widetilde{P}_\nu}\|_{\widetilde{r}, \widetilde{s}, \widetilde{r}, \mathcal{O}} = \|X_{\widetilde{P}_\nu}\|_{\widetilde{r}, \widetilde{s}, \widetilde{r}, \mathcal{O}}^{\frac{4}{3}}.$$

上面的讨论可推出

$$\|X_{P_\nu^{(pe)}}\|_{\widetilde{\delta}\widetilde{r}, \widetilde{s}-\sigma, 4\widetilde{\delta}\widetilde{r}, \mathcal{O}} < 2 \|X_{\widetilde{P}_\nu}\|_{\widetilde{r}, \widetilde{s}, \widetilde{r}, \mathcal{O}}^{\frac{4}{3}}. \tag{6.3.50}$$

重写 $\widetilde{H}_\nu$ 为 $\widetilde{H}_\nu = \widetilde{N}_{\nu+1} + P_\nu^{(el)} + P_\nu^{(pe)}$, 其中

$$\widetilde{N}_{\nu+1} = \widetilde{N}_\nu + P_\nu^{(nf)}$$

$$=: E(\theta, \xi) + \sum_{l=0}^{\nu+1} \widetilde{E}_{n+1,l}(\theta, \xi) + \langle \omega, I \rangle + \left\langle \left[\Omega + \left(B + \sum_{i=0}^{\nu+1} b_{n+1,i} \right)(\theta, \xi) \right] z, \bar{z} \right\rangle$$

$$-\left\langle \left[\Lambda - \left(W + \sum_{i=0}^{\nu+1} w_{n+1,i} \right)(\theta,\xi) \right] \rho, \overline{\rho} \right\rangle.$$

注意到

$$\|b_{n+1,\nu+1}\|_{\widetilde{s},\mathcal{O}}, \ \|w_{n+1,\nu+1}\|_{\widetilde{s},\mathcal{O}} \leqslant \|X_{P_\nu^{(nf)}}\|_{\widetilde{r},\widetilde{s},\widetilde{r},\mathcal{O}} \leqslant \|X_{\widetilde{P}_\nu}\|_{\widetilde{r},\widetilde{s},\widetilde{r},\mathcal{O}} < \widetilde{\epsilon}_{n,\nu}$$

和

$$\|X_{E_{n+1,\nu+1}}\|_{\widetilde{r},\widetilde{s},\widetilde{r},\mathcal{O}} \leqslant \|X_{\widetilde{P}_\nu}\|_{\widetilde{r},\widetilde{s},\widetilde{r},\mathcal{O}} \leqslant \widetilde{\epsilon}_{n,\nu}.$$

因此, $\widetilde{N}_{\nu+1}$ 如在 (6.3.42) 中的公式, 并且满足具有 $j = \nu+1$ 的 (6.3.44)—(6.3.46).

我们需要的变量变换是流的时间-1 映射 $X_{F_{\nu+1}}^t|_{t=1}$. 用 Taylor 公式, 可得

$$\widetilde{H}_\nu \circ X_{F_{\nu+1}}^1 = \widetilde{N}_{\nu+1} \circ X_{F_{\nu+1}}^1 + P_\nu^{(el)} \circ X_{F_{\nu+1}}^t + P_\nu^{(pe)} \circ X_{F_{\nu+1}}^1$$

$$= \widetilde{N}_{\nu+1} + P_\nu^{(el)} + \int_0^1 \{P_\nu^{(el)}, F_{\nu+1}\} \circ X_{F_{\nu+1}}^t dt + P_\nu^{(pe)} \circ X_{F_{\nu+1}}^1$$

$$+ \{\widetilde{N}_{\nu+1}, F_{\nu+1}\} + \int_0^1 (1-t)\{\{\widetilde{N}_{\nu+1}, F_{\nu+1}\}, F_{\nu+1}\} \circ X_{F_{\nu+1}}^t dt.$$

寻找 $F_{\nu+1}$ 使得

$$\{F_{\nu+1}, N_{\nu+1}\} = P_\nu^{(el)}.$$

从命题 6.3.1, 我们知道上面的同调方程有一个实解析的近似解 $F_{\nu+1}$ 并且满足

$$\|X_{F_{\nu+1}}\|_{\widetilde{r},\widetilde{s}-\sigma,\widetilde{r},\mathcal{O}} \leqslant 2^6 \gamma^{-2} T^{2\tau+1} |\overline{\omega}| \varepsilon_n^{\frac{-1}{60}} \sigma^{-1} \|X_{P_\nu^{(el)}}\|_{\widetilde{r},\widetilde{s},\widetilde{r},\mathcal{O}}. \tag{6.3.51}$$

此外, 上面同调方程的误差项 $P_\nu^{(er)}$ 满足

$$\|X_{P_\nu^{(er)}}\|_{\widetilde{\delta r},\widetilde{s}-2\sigma,4\widetilde{\delta r},\mathcal{O}} \leqslant \widetilde{\varepsilon}_{n,\nu}^{\frac{3}{2}}. \tag{6.3.52}$$

用 (6.3.51) 和 Cauchy 估计, 可得

$$\|DX_{F_{\nu+1}}\|_{\widetilde{r},\widetilde{s}-2\sigma,\widetilde{r},\mathcal{O}} \leqslant 2^6 \gamma^{-2} T^{2\tau+1} |\overline{\omega}| \varepsilon_n^{\frac{-1}{60}} \sigma^{-2} \widetilde{\varepsilon}_{n,\nu} \leqslant \widetilde{\varepsilon}_{n,\nu}^{\frac{6}{7}}. \tag{6.3.53}$$

从 (6.3.51) 和 (6.3.53), 可得

$$\|X_{F_{\nu+1}}\|_{\widetilde{r},\widetilde{s}-\sigma,\widetilde{r},\mathcal{O}} \leqslant \widetilde{\varepsilon}_{n,\nu}^{\frac{6}{7}}. \tag{6.3.54}$$

对 $0 \leqslant t \leqslant 1$, 向量场 $X_{F_{\nu+1}}$ 的流 $X_{F_{\nu+1}}^t$ 在 $D\left(\widetilde{s} - 3\sigma, \dfrac{\widetilde{r}}{2}\right)$ 上存在且从这个区域映到 $D(\widetilde{s} - 2\sigma, \widetilde{r})$. 类似地, 它取 $D\left(\widetilde{s} - 4\sigma, \dfrac{\widetilde{r}}{4}\right)$ 到 $D\left(\widetilde{s} - 3\sigma, \dfrac{\widetilde{r}}{2}\right)$. 因此, 由 Gronwall 不等式和不等式 (6.3.53) 和 (6.3.54), 可得

$$\|X_{F_{\nu+1}}^t - id\|_{\widetilde{\delta r}, \widetilde{s} - 5\sigma, \widetilde{\delta r}, \mathcal{O}} \leqslant c\widetilde{\delta}^{-1}\|X_{F_{\nu+1}}\|_{\widetilde{r}, \widetilde{s} - 2\sigma, \widetilde{r}, \mathcal{O}} < \widetilde{\varepsilon}_{n,\nu}^{\frac{1}{2}}, \quad 0 \leqslant t \leqslant 1$$

和

$$\|DX_{F_{\nu+1}}^t - Id\|_{\widetilde{\delta r}, \widetilde{s} - 5\sigma, \widetilde{\delta r}, \mathcal{O}} \leqslant c\widetilde{\delta}^{-1}\|DX_{F_{\nu+1}}\|_{\widetilde{r}, \widetilde{s} - 2\sigma, \widetilde{r}, \mathcal{O}} < \widetilde{\varepsilon}_{n,\nu}^{\frac{1}{2}}, \quad 0 \leqslant t \leqslant 1.$$

用与 [115] 中 (20.7) 类似的方法, 对任意向量场 Y 可得

$$\|(X_{F_{\nu+1}}^1)^* Y\|_{\widetilde{\delta r}, \widetilde{s} - 5\sigma, \widetilde{\delta r}, \mathcal{O}} \leqslant c\|Y\|_{\widetilde{\delta r}, \widetilde{s} - 3\sigma, 4\widetilde{\delta r}, \mathcal{O}}. \tag{6.3.55}$$

由 $X_{F_{\nu+1}}^1$ 的定义以及 (6.3.52) 和 (6.3.55), 可知

$$\begin{aligned}
\widetilde{H}_\nu \circ X_{F_{\nu+1}}^1 &= \widetilde{N}_{\nu+1} + \widetilde{P}_{\nu+1} \\
&= \widetilde{N}_{\nu+1} + \int_0^1 t\{P_\nu^{(el)}, F_{\nu+1}\} \circ X_{F_{\nu+1}}^t \, dt + P_\nu^{(pe)} \circ X_{F_{\nu+1}}^1 \\
&\quad + P_\nu^{(er)} + \int_0^1 (1 - t)\{P_\nu^{(er)}, F_{\nu+1}\} \circ X_{F_{\nu+1}}^t \, dt
\end{aligned}$$

在 $D(\widetilde{s}_{\nu+1}, \widetilde{r}_{\nu+1}) \times \mathcal{O}$ 有定义. 此外,

$$\begin{aligned}
X_{\widetilde{P}_{\nu+1}} &= \int_0^1 (X_{F_{\nu+1}}^t)^* [X_{tP_\nu^{(el)}}, X_{F_{\nu+1}}] \, dt + (X_{F_{\nu+1}}^1)^* X_{P_\nu^{(pe)}} \\
&\quad + X_{P_\nu^{(er)}} + \int_0^1 (X_{F_{\nu+1}}^t)^* [X_{(1-t)P_\nu^{(er)}}, X_{F_{\nu+1}}] \, dt,
\end{aligned}$$

其中 $[X_{tP_\nu^{(el)}}, X_{F_{\nu+1}}]$ 是向量场 $X_{tP_\nu^{(el)}}$ 和 $X_{F_{\nu+1}}$ 的交换子. 鉴于 (6.3.49), (6.3.53), (6.3.54) 和 Cauchy 估计, 可得

$$\begin{aligned}
&\|[X_{tP_\nu^{(el)}}, X_{F_{\nu+1}}]\|_{\widetilde{\delta r}, \widetilde{s} - 3\sigma, 4\widetilde{\delta r}, \mathcal{O}} \\
&\leqslant 2\widetilde{\delta}^{-1}\sigma^{-1}\widetilde{\varepsilon}_{n,\nu}^{\frac{13}{7}}. \tag{6.3.56}
\end{aligned}$$

于是, 由 (6.3.55) 和 (6.3.56), 可得

$$\|(X_{F_{\nu+1}}^t)^*[X_{tP_\nu^{(el)}}, X_{F_{\nu+1}}]\|_{\widetilde{\delta r}, \widetilde{s}-5\sigma, \widetilde{\delta r}, \mathcal{O}} \leqslant \frac{\widetilde{\varepsilon}_{n,\nu+1}}{4}.$$

利用 (6.3.50) 和 (6.3.52), 我们也可以得到 $X_{\widetilde{P}_{\nu+1}}$ 的其余三项的界, 在此省略.

于是, 可得估计

$$\|X_{\widetilde{P}_{\nu+1}}\|_{\widetilde{r}_{\nu+1}, \widetilde{s}_{\nu+1}, \widetilde{r}_{\nu+1}, \mathcal{O}} < \widetilde{\varepsilon}_{n,\nu+1}.$$

一旦达到 $\mathcal{N}_n$ 步, 我们便终止上述迭代. 记

$$H_{n+1} := \widetilde{H}_{\mathcal{N}_n} = H_n \circ \Phi_{n+1} = \widetilde{N}_{\mathcal{N}_n} + \widetilde{P}_{\mathcal{N}_n} = N_{n+1} + P_{n+1},$$

定义在 $D(s_{n+1}, r_{n+1}) \times \mathcal{O}_{n+1}$ 并且

$$\Phi_{n+1} = X_{F_1}^1 \circ X_{F_2}^1 \circ \cdots \circ X_{F_{\mathcal{N}_n}}^1,$$

其中

$$N_{n+1} = E_{n+1} + \langle \omega, I \rangle + \langle [\Omega + B_{n+1}(\theta, \xi)]z, \bar{z} \rangle - \langle [\Lambda - W_{n+1}(\theta, \xi)]\rho, \bar{\rho} \rangle,$$

$$P_{n+1} = \widetilde{P}_{\mathcal{N}_n}, \quad s_{n+1} = \widetilde{s}_{\mathcal{N}_n}, \quad r_{n+1} = \widetilde{r}_{\mathcal{N}_n},$$

并且 $\mathcal{O}_{n+1}$ 如 (6.3.38) 中定义, 这里

$$E_{n+1} = E_n + \sum_{i=0}^{\mathcal{N}_n} E_{n+1,i}, \quad B_{n+1} = B_n + \sum_{i=0}^{\mathcal{N}_n} b_{n+1,i}, \quad W_{n+1} = W_n + \sum_{i=0}^{\mathcal{N}_n} w_{n+1,i}.$$

回忆

$$\widetilde{r}_{j+1} = \widetilde{\varepsilon}_{n,j}^{\frac{1}{3}} \widetilde{r}_j, \quad \widetilde{s}_{j+1} = \widetilde{s}_j - 5\sigma_j.$$

由于

$$\prod_{j=0}^{\mathcal{N}_n-1} \widetilde{\varepsilon}_{n,j}^{\frac{1}{3}} = \prod_{j=0}^{\mathcal{N}_n-1} \widetilde{\varepsilon}_{n,0}^{\frac{1}{3}(\frac{5}{4})^j} = \widetilde{\varepsilon}_{n,0}^{\frac{4}{3}[(\frac{5}{4})^{\mathcal{N}_n}-1]} > \varepsilon_{n+1}^{\frac{4}{3}},$$

其中最后不等式可从 $\widetilde{\varepsilon}_{n,\mathcal{N}_n-1} > \varepsilon_{n+1}$ 得到并且 $\widetilde{\varepsilon}_{n,0}^{\frac{-4}{3}} = \varepsilon_n^{\frac{-4}{3}} \gg 1$, 它意味着

$$r_{n+1} = \widetilde{r}_{\mathcal{N}_n} = r_n \prod_{j=0}^{\mathcal{N}_n-1} \widetilde{\varepsilon}_j^{\frac{1}{3}} \geqslant r_n \varepsilon_{n+1}^{\frac{4}{3}}.$$

此外,

$$s_{n+1} = \widetilde{s}_{\mathcal{N}_n} = \widetilde{s}_0 - 5 \sum_{j=0}^{\mathcal{N}_n-1} \sigma_{n,j} = \widetilde{s}_0 - \widetilde{s}_0 \varsigma_n \sum_{j=0}^{\mathcal{N}_n-1} \varsigma_j \geqslant \widetilde{s}_0 - \varsigma_n \widetilde{s}_0 = s_n(1-\varsigma_n)^2.$$

至于关于变量变换 Φ_{n+1} 估计, 我们用标准的 KAM 迭代的计算以及不等式 (6.3.47) 和 (6.3.48) 可知, Φ_{n+1} 满足 (6.3.39) 和 (6.3.40), 在此我们省略细节.

上面的估计意味着 H_{n+1} 在 $D(r_{n+1}, s_{n+1}) \times \mathcal{O}_{n+1}$ 上有定义. 此外, B_{n+1} 如在 (6.3.13) 中的公式并且满足在 (6.3.14) 中的估计, 函数 E_{n+1} 和 P_{n+1} 分别满足在 (6.3.36) 和 (6.3.37) 中用 n 代替 $(n+1)$ 的估计. 向量 $W_{n+1} = (W_{n+1}^l : l \in \mathbb{Z}_1)^{\mathrm{T}}$ 有与 B_{n+1} 相同的分解和估计.

6.3.3　主要结果的证明

6.3.3.1　收敛性和定理 6.3.1 的证明

考虑定义在 $D(s,r) \times \mathcal{O}$ 上的哈密顿函数 (6.3.4), 其中 $\omega = \xi \overline{\omega}$, Ω 和 Λ 如在 (6.3.5) 中定义并且

$$\|X_P\|_{r,s,r,\mathcal{O}_*} \leqslant \varepsilon,$$

这里

$$\mathcal{O}_* = \left\{ \xi \in [1, \, 2] : |\langle k, \omega \rangle + \langle \zeta, \Omega \rangle| \geqslant \frac{\gamma}{\langle k \rangle^\tau}, \, 0 < |\zeta| \leqslant 2, k \in \mathbb{Z}^d \right\}.$$

令 $s_0 = s$, $r_0 = r, \gamma_0 = \gamma, \mathcal{O}_0 = \mathcal{O}_*$, 并且假设 $\varepsilon_0 = \varepsilon \leqslant \varepsilon_*$, 其中 $\ln \varepsilon_*^{\frac{-1}{40(2\tau+1)}} \geqslant 3 \exp \left\{ (3^{-1} e^{-4} s_0 \varsigma_2)^{\frac{-1}{a}} \right\}$. 显然, $E_0(\theta, \xi) = 0, B_0(\theta, \xi) = 0$ 和 $W_0(\theta, \xi) = 0$, 并且易见系统 (6.3.4) 满足具有 $n = 0$ 的引理 6.3.3 的所有条件. 注意到

$$s_\infty \geqslant s_0 \exp \left\{ \sum_{n=0}^\infty -4(n+2)^{-2} \right\}$$
$$= s_0 e^{-2} := s_*.$$

此外,

$$r_\infty = r_0 \prod_{n=0}^\infty \varepsilon_{n+1}^{\frac{4}{3}} = 0 := r_*,$$

则

$$D(s_0, r_0) \supset D(s_1, r_1) \supset \cdots \supset D(s_\infty, r_\infty) \supset D(s_*, r_*).$$

设 $\Phi^n = \Phi_1 \circ \Phi_2 \circ \cdots \circ \Phi_n$. 则有

$$H_n = H \circ \Phi^n = N_n + P_n$$

是引理 6.3.3 中定义的. 记 $\mathcal{O}_\gamma = \bigcap_{j=0}^\infty \mathcal{O}_j$. 注意到 Ω 不依赖于参数 ξ, 则由 $\mathcal{O}_j$, $j \geqslant 0$ 的定义, 我们可知集合 $\mathcal{O}_j (j \geqslant 0)$ 测度的估计与后面附录中引理 6.3.5 的证明类似, 在此省略. 由后面附录中引理 6.3.5, 可得

$$\text{meas}\,\mathcal{O}_\gamma \geqslant 1 - c\gamma.$$

从引理 6.3.3 可知 H_n, N_n, P_n, Φ^n 和 $D\Phi^n$ 在 $D(s_*, r_*) \times \mathcal{O}_\gamma$ 上都一致收敛. 设它们的极限分别为 H_*, N_*, P_*, Φ 和 $D\Phi$. 此外, 由 (6.3.39) 和 (6.3.40) 可知

$$\|\Phi - id\|_{r_*, s_*, r_*, \mathcal{O}_\gamma} \leqslant 4\varepsilon_0^{\frac{1}{2}},$$

$$\|D\Phi - Id\|_{r_*, s_*, r_*, \mathcal{O}_\gamma} \leqslant 4\varepsilon_0^{\frac{1}{2}}.$$

于是

$$N_* = E_*(\theta, \xi) + \langle \omega, I \rangle + \langle (\Omega + B_*(\theta, \xi))z, \overline{z} \rangle - \langle (\Lambda - W_*(\theta, \xi))\rho, \overline{\rho} \rangle,$$

$$P_* = \sum_{|\delta+\beta|+|\alpha+\eta| \geqslant 3} P_{\delta, \beta, \alpha, \eta}^*(\theta, \xi) z^\delta \overline{z}^\beta \rho^\alpha \overline{\rho}^\eta.$$

此外, 从 6.3.2.3 节可知 (6.3.6) 中的两个不等式成立.

6.3.3.2 定理 6.3.1 的证明

记 $u_t = v$, 则系统 (6.3.3) 变成下列系统, 以 $\sqrt{m}$ 为例,

$$\begin{cases} u_t = v, \\ v_t = 2mu - u_{xxxx} + g(\varepsilon, \omega t, x, u), \end{cases} \tag{6.3.57}$$

其中

$$g(\varepsilon, \omega t, x, u) = \varepsilon u^3 + 3\varepsilon^{\frac{1}{2}}\sqrt{m}u^2 + \varepsilon^{\frac{1}{2}}f(\omega t, x, \sqrt{m} + \varepsilon^{\frac{1}{2}}u).$$

上面系统的哈密顿函数是

$$H = \frac{1}{2}\langle v, v \rangle + \frac{1}{2}\langle Au, u \rangle + \int_0^\pi G(\varepsilon, \omega t, x, u)dx, \tag{6.3.58}$$

定义在空间 $D(s_*, r_*) \times \mathcal{O}_\gamma$ 上, 并且辛形式是 $du \wedge dv$, 并且

$$A = -2m + \partial_{xxxx}^4, \quad \partial_u G(\varepsilon, \omega t, x, u) = -g(\varepsilon, \omega t, x, u).$$

假设函数 u 关于 $x \in [0, \pi]$ 是偶的, 它意味着我们限定函数 u 在由

$$\{\psi_j(x) := \sqrt{2\pi^{-1}} \cos jx\}_{j \geqslant 0}$$

张成的空间中. 注意到 $\psi_j(x)(j \geqslant 0)$ 是算子 $A^{\frac{1}{2}}$ 的属于特征值 $\sqrt{2m - j^4}(j \geqslant 0)$ 的特征函数. 因此, 我们假设

$$u(t, x) = \sum_{j \in \mathcal{J}} \frac{1}{\sqrt{\lambda_j}} q_j(t) \psi_j(x) + \sum_{j \in \mathbb{Z}_1} \frac{1}{\sqrt{\lambda_j}} p_j(t) \psi_j(x),$$

$$v(t, x) = \sum_{j \in \mathcal{J}} \sqrt{\lambda_j} \widetilde{q}_j(t) \psi_j(x) + \sum_{j \in \mathbb{Z}_1} \sqrt{\lambda_j} \widetilde{p}_j(t) \psi_j(x), \tag{6.3.59}$$

其中

$$\lambda_j = \begin{cases} \sqrt{2m - j^4}, & j \in \mathbb{Z}_1, \\ \sqrt{j^4 - 2m}, & j \in \mathcal{J}. \end{cases}$$

则在 (6.3.58) 中定义的哈密顿函数变成

$$H = \frac{1}{2} \sum_{j \in \mathcal{J}} \lambda_j (q_j^2 + \widetilde{q}_j^2) + \frac{1}{2} \sum_{j \in \mathbb{Z}_1} \lambda_j (\widetilde{p}_j^2 - p_j^2) + R(\omega t, q, p) \tag{6.3.60}$$

定义在 $\ell_{a,p} \times \ell_{a,p} \times \widetilde{\ell}_{a,p} \times \widetilde{\ell}_{a,p}$ 上, 辛形式是 $dq \wedge d\widetilde{q} + dp \wedge d\widetilde{p}$, 并且

$$R = \int_0^\pi G\left(\omega t, x, \sum_{j \in \mathcal{J}} \frac{1}{\sqrt{\lambda_j}} q_j(t) \psi_j(x) + \sum_{j \in \mathbb{Z}_1} \frac{1}{\sqrt{\lambda_j}} p_j(t) \psi_j(x) \right) dx.$$

此外, 我们取变量变换

$$z_j = \frac{1}{\sqrt{2}} (q_j - \mathrm{i}\widetilde{q}_j), \quad \bar{z}_j = \frac{1}{\sqrt{2}} (q_j + \mathrm{i}\widetilde{q}_j), \quad j \in \mathcal{J},$$

$$\rho_j = \frac{1}{\sqrt{2}} (p_j - \widetilde{p}_j), \quad \overline{\rho}_j = \frac{1}{\sqrt{2}} (p_j + \widetilde{p}_j), \quad j \in \mathbb{Z}_1.$$

注意到 $\overline{\rho}$ 不是 ρ 的复共轭, 则 (6.3.60) 变成

$$H = \langle \omega, I \rangle + \sum_{j \in \mathcal{J}} \lambda_j |z_j|^2 - \sum_{j \in \mathbb{Z}_1} \lambda_j \rho_j \overline{\rho}_j + P(\theta, z, \bar{z}, \rho, \overline{\rho}), \tag{6.3.61}$$

定义在空间 $\mathbb{C}^d \times \mathbb{C}^d \times \ell_{a,p} \times \ell_{a,p} \times \widetilde{\ell}_{a,p} \times \widetilde{\ell}_{a,p}$ 中, 其中 $\theta = \omega t$, 附加的变量 $I \in \mathbb{C}^d$ 典则共轭于 $\theta \in \mathbb{T}_c^d$, 这里辛形式是 $d\theta \wedge dI + \mathrm{i}dz \wedge d\bar{z} + d\rho \wedge d\overline{\rho}$. 此外,

$$P(\theta, z, \bar{z}, \rho, \bar{\rho}) = R\left(\theta, \frac{z + \bar{z}}{\sqrt{2}}, \frac{\rho + \bar{\rho}}{\sqrt{2}}\right).$$

由 (6.3.61) 定义的哈密顿函数的运动方程是

$$
\begin{cases}
\dot{\theta} = \omega, \\
\dot{z}_j = \mathrm{i}\{\lambda_j z_j + \partial_{\bar{z}_j} P(\theta, z, \bar{z}, \rho, \bar{\rho})\}, \quad j \in \mathcal{J}, \\
\dot{\bar{z}}_j = -\mathrm{i}\{\lambda_j \bar{z}_j + \partial_{z_j} P(\theta, z, \bar{z}, \rho, \bar{\rho})\}, \quad j \in \mathcal{J}, \\
\dot{\rho}_j = -\lambda_j \rho_j + \partial_{\bar{\rho}_j} P(\theta, z, \bar{z}, \rho, \bar{\rho}), \quad j \in \mathbb{Z}_1, \\
\dot{\bar{\rho}}_j = -\{-\lambda_j \bar{\rho}_j + \partial_{\rho_j} P(\theta, z, \bar{z}, \rho, \bar{\rho})\}, \quad j \in \mathbb{Z}_1.
\end{cases}
\tag{6.3.62}
$$

记

$$\Omega = \mathrm{diag}(\Omega_j = \lambda_j, \ j \in \mathcal{J}), \quad \Lambda = \mathrm{diag}(\Lambda_j = \lambda_j, \ j \in \mathbb{Z}_1).$$

考虑 (6.3.62) 中的线性算子并表示为 $\mathcal{A}$, i.e., $\mathcal{A} = \mathrm{diag}(\mathrm{i}\Omega, \ -\mathrm{i}\Omega, \ -\Lambda, \ \Lambda)$. $\mathcal{A}$ 的谱分解为

$$\mathrm{Spec}(\mathcal{A}) = \sigma_s \cup \sigma_c \cup \sigma_u,$$

其中

$$\sigma_s = \{-\Lambda_j, \ j \in \mathbb{Z}_1\}, \quad \sigma_c = \{\pm \mathrm{i}\Omega_j, \ j \in \mathcal{J}\}, \quad \sigma_u = \{\Lambda_j, \ j \in \mathbb{Z}_1\}.$$

我们分别称 $\sigma_s \cup \sigma_u$ 和 σ_c 为双曲谱与中心谱. 显然, 双曲谱是有限的, 下面的引理 6.3.4 表明, 双曲谱与中心谱有很好的分离.

令 $r = 1$, $0 < s < 1$, 并且

$$\mathcal{O} = \left\{\xi \in [1, \ 2] : \left|\langle k, \omega\rangle + \langle l, \Omega(\xi)\rangle\right| \geqslant \frac{\gamma}{\langle k\rangle^\tau}, \ 0 < |l| \leqslant 2, \ \forall k \in \mathbb{Z}^d\right\}.$$

由 (H) 可知 (6.3.61) 中的函数 P 满足

$$\|X_P\|_{r,s,r,\mathcal{O}} \leqslant \varepsilon^{\frac{1}{2}}.$$

令 $r_0 = r = 1$, $s_0 = s < 1$, $\mathcal{O}_0 = \mathcal{O}$ 和 $\varepsilon_0 := \varepsilon^{\frac{1}{2}} \leqslant \varepsilon_*$, 并且 ε_* 是在定理 6.3.2 中定义. 则由上面的不等式可知哈密顿函数 (6.3.61) 满足定理 6.3.2 的所有条件. 因此, 由定理 6.3.2 可知定义在 $D(s_*, r_*) \times \mathcal{O}_\gamma$ 上的辛变量变换 Φ 把定义在 (6.3.61) 上的哈密顿系统 H 变为 H_*. H_* 运动方程是

$$\begin{cases} \dot{\theta} = \omega, \\ \dot{I} = -\partial_\theta H_*, \\ \dot{z} = \mathrm{i}(\Omega + B_*)z + \mathrm{i}\partial_{\bar{z}}P_*, \\ \dot{\bar{z}} = -\mathrm{i}(\Omega + B_*)\bar{z} - \mathrm{i}\partial_z P_*, \\ \dot{\rho} = (-\Lambda + W_*)\rho + \partial_{\bar{\rho}}P_*, \\ \dot{\bar{\rho}} = -(-\Lambda + W_*)\bar{\rho} - \partial_\rho P_*. \end{cases} \qquad (6.3.63)$$

方程 (6.3.63) 有不变环面

$$\theta = \omega t, \quad I_* = I_*(\theta, \xi), \quad z = \bar{z} = 0, \quad \rho = \bar{\rho} = 0.$$

设 $(\theta(t), I(\theta, \xi), z(t), \bar{z}(t), \rho(t), \bar{\rho}(t)) = \Phi(\theta_*(0) + \omega t, I_*(\theta, \xi), 0, 0, 0, 0)$. 则 (省略附加变量 I)

$$(\theta(t), z(t), \bar{z}(t), \rho(t), \bar{\rho}(t))$$
$$= (\theta_*(0) + \omega t, X(\theta_*(0) + \omega t), \overline{X}(\theta_*(0) + \omega t), Y(\theta_*(0) + \omega t), \overline{Y}(\theta_*(0) + \omega t))$$

是方程 (6.3.57) 的一个解, 其中

$$X(\theta_*(0) + \omega t) = (X_j(\theta_*(0) + \omega t) \in \mathbb{C}, \ j \in \mathcal{J}) \in \ell_{a,p},$$
$$\overline{X}(\theta_*(0) + \omega t) = (\overline{X}_j(\theta_*(0) + \omega t) \in \mathbb{C}, \ j \in \mathcal{J}) \in \ell_{a,p},$$

$\overline{X}(\theta_*(0) + \omega t)$ 是 $X(\theta_*(0) + \omega t)$ 的复共轭并且 $\|X\|_{a,p} \leqslant 4\varepsilon^{\frac{1}{4}}$. 此外,

$$Y(\theta_*(0) + \omega t) = (Y_j(\theta_*(0) + \omega t) \in \mathbb{R}, \ j \in \mathbb{Z}_1) \in \widetilde{\ell}_{a,p},$$
$$\overline{Y}(\theta_*(0) + \omega t) = (\widetilde{Y}_j(\theta_*(0) + \omega t) \in \mathbb{R}, \ j \in \mathbb{Z}_1) \in \widetilde{\ell}_{a,p},$$

$\overline{Y}(\theta_*(0) + \omega t)$ 共轭于 $Y(\theta_*(0) + \omega t)$, 并且 $\|Y\|_{a,p} \leqslant 4\varepsilon^{\frac{1}{4}}$, $\|\overline{Y}\|_{a,p} \leqslant 4\varepsilon^{\frac{1}{4}}$. 则

$$u(x,t) = \sum_{j \in \mathbb{Z}_1} \frac{1}{\sqrt{2\lambda_j}}(Y_j + \overline{Y}_j)(\theta_*(0) + \omega t)\psi_j(x)$$
$$+ \sum_{j \in \mathcal{J}} \frac{1}{\sqrt{2\lambda_j}}(X_j + \overline{X}_j)(\theta_*(0) + \omega t)\psi_j(x).$$

于是, 我们得到的 (6.3.1) 的解是 $y = \sqrt{m} + \varepsilon^{\frac{1}{2}}u(x,t)$.

6.3.4 附录

引理 6.3.4 假设 $2m > 1$, $(2m)^{\frac{1}{4}} - [(2m)^{\frac{1}{4}}] \in \left[\dfrac{1}{100}, \dfrac{1}{2}\right]$, 则下列结论成立:

(i) $|\pm \Omega_j| \geqslant \dfrac{j^{3/2}}{2}$, $|\Omega_j - \Omega_i| \geqslant |j^2 - i^2|$, $i, j \in \mathcal{J}$, $i \neq j$.

(ii) $\dfrac{(2m)^{\frac{1}{4}}}{10} < |\Lambda_j| \leqslant \sqrt{2m}$, $|\Lambda_j - \Lambda_i| > \dfrac{|j^2 - i^2|}{2m}$, $i, j \in \mathbb{Z}_1$, $i \neq j$.

证明 考虑 $\Omega_j = \lambda_j = \sqrt{j^4 - 2m}$, $j \in \mathcal{J}$. 所以当 $j \geqslant 1 + [(2m)^{\frac{1}{4}}]$ 时, 有

$$|\Omega_j|^2 > \frac{1}{2}j^3 > \frac{j^3}{4}.$$

因此, 有 $|\Omega_j| > \dfrac{j^{3/2}}{2}$. 此外,

$$|\Omega_j - \Omega_i| = \frac{(i^2 + j^2)(i^2 - j^2)}{\sqrt{j^4 - 2m}\sqrt{i^4 - 2m}} > |j^2 - i^2|.$$

这就证明了结论 (i).

对 $\Lambda_j = \lambda_j = \sqrt{2m - j^4}$, $j \in \mathbb{Z}_1$, 鉴于 $j \leqslant [(2m)^{\frac{1}{4}}]$, $(2m)^{\frac{1}{4}} - [(2m)^{\frac{1}{4}}] \in \left[\dfrac{1}{100}, \dfrac{1}{2}\right]$, 可得

$$|\Lambda_j|^2 = 2m - j^4 \geqslant \frac{\sqrt{2m}}{100}.$$

因此, $|\Lambda_j| \geqslant \dfrac{(2m)^{\frac{1}{4}}}{10}$, 并且显然有 $|\Lambda_j| \leqslant \sqrt{2m}$. 此外,

$$|\Lambda_j - \Lambda_i| = \frac{(i^2 + j^2)(i^2 - j^2)}{\sqrt{2m - j^4}\sqrt{2m - i^4}} > \frac{|j^2 - i^2|}{2m}.$$

这就证明了结论 (ii). $\qquad\qquad\qquad\qquad\qquad\qquad\qquad\qquad\square$

引理 6.3.5 假设频率向量 $\omega = \xi\overline{\omega}$, 并且 $\overline{\omega}$ 如在 (2.3.14) 定义. 对 $B(\xi) = (B_j(\xi), j \in \mathcal{J})$, $\|B(\xi)\|_{\mathcal{O}} \leqslant c\varepsilon$. 记 $\widetilde{\Omega}(\xi) = \Omega + B(\xi)$, 其中 $\Omega = (\Omega_j, j \in \mathcal{J})$ 在 (6.3.5) 中定义. 定义集合

$$\mathcal{O}_* = \left\{ \xi \in \mathcal{O} : |\langle k, \omega \rangle + \langle l, \widetilde{\Omega}(\xi) \rangle| \geqslant \frac{\gamma}{\langle k \rangle^\tau}, \ 0 < |l| \leqslant 2, \ \forall k \in \mathbb{Z}^d \right\}.$$

则对 $0 < \gamma \ll 1$ 和 $\tau > d + 2$, 我们有 $\text{meas}\mathcal{O}_* \geqslant 1 - c\gamma$.

证明　由引理 6.3.4 可知

$$\big|\langle k,\omega\rangle + \langle l,\widetilde{\Omega}(\xi)\rangle\big| = \big|\langle l,\widetilde{\Omega}(\xi)\rangle\big| > \big|\langle l,\Omega\rangle\big| - 2\|B\|_{\mathcal{O}} > 1, \quad k = 0.$$

在下面我们假设 $k \neq 0$. 记

$$\mathcal{O}_{**} = \left\{ \xi \in \mathcal{O} : \left|\langle k,\overline{\omega}\rangle + \frac{\langle l,\widetilde{\Omega}(\xi)\rangle}{\xi}\right| \geqslant \frac{\gamma}{\langle k\rangle^\tau},\ 0 < |l| \leqslant 2,\ \forall k \in \mathbb{Z}^d \right\},$$

$$\mathcal{R}(\gamma) = \bigcup_{k \in \mathbb{Z}^d, 0 < |l| \leqslant 2} \mathcal{R}_{k,l}(\gamma),$$

其中

$$\mathcal{R}_{k,l}(\gamma) = \left\{ \xi \in \mathcal{O} : \big|g_{k,l}\big| < \frac{\gamma}{\langle k\rangle^\tau} \right\}$$

并且

$$g_{k,l} := \langle k,\overline{\omega}\rangle + \frac{\langle l,\widetilde{\Omega}(\xi)\rangle}{\xi}.$$

显然, $\mathcal{O}_{**} \subset \mathcal{O}_*$ 并且 $\mathcal{O}_{**} = \mathcal{O} \setminus \mathcal{R}(\gamma)$.

情况 1. $|\langle l,\Omega\rangle| \geqslant 5|k||\overline{\omega}|$. 则有

$$\left|\langle k,\overline{\omega}\rangle + \frac{\langle l,\widetilde{\Omega}(\xi)\rangle}{\xi}\right| \geqslant (10)^{-1}|k||\overline{\omega}|,$$

即 $\mathcal{R}_{k,l}(\gamma) = \varnothing$.

情况 2. $|\langle l,\Omega\rangle| < 5|k||\overline{\omega}|$. 对 $\xi \in \mathcal{O}$, 我们有

$$\left|\frac{d}{d\xi}g_{k,l}\right| \geqslant \frac{|\langle l,\Omega\rangle|}{4} - 2\|\langle l,B\rangle\|_{\mathcal{O}} \geqslant \frac{|\langle l,\Omega\rangle|}{8}.$$

因此,

$$\mathrm{meas}\,\mathcal{R}_{k,l}(\gamma) \leqslant c\frac{\gamma}{\langle k\rangle^\tau}.$$

则有

$$\mathrm{meas} \bigcup_{0 \neq k \in \mathbb{Z}^d} \bigcup_{|\langle l,\Omega\rangle| < 5|k||\overline{\omega}|, |l| \leqslant 2} \mathcal{R}_{k,l}(\gamma)$$

$$\leqslant \sum_{0 \neq k \in \mathbb{Z}^d} \sum_{|\langle l, \Omega \rangle| < 5|k||\overline{\omega}|, |l| \leqslant 2} c \frac{\gamma}{|k|^\tau}$$

$$\leqslant 125|\overline{\omega}|^2 \gamma \sum_{0 \neq k \in \mathbb{Z}^d} \frac{1}{|k|^{\tau-2}} \leqslant C\gamma \quad (\tau > d + 2),$$

其中 C 是依赖于 $\overline{\omega}$ 和 τ 的常数. 这表明 $\text{meas}\mathcal{R} \leqslant C\gamma$, 换言之 $\text{meas}\mathcal{O}_{**} \geqslant 1 - C\gamma$. 因此,

$$\text{meas}\mathcal{O}_* \geqslant 1 - C\gamma. \qquad \square$$

6.4 超越 Brjuno 频率的病态 Boussinesq 方程的响应解

用 $\mathbb{R}_+$ 表示正实数的集合, $\mathcal{O} \subset \mathbb{R}_+$ 是一个闭区间. 在这一节, 我们考虑满足铰链边界条件的拟周期驱动三次病态 Boussinesq 方程:

$$\begin{cases} y_{tt}(t, x) = \mu y_{xxxx} + y_{xx} + (y^3 + \varepsilon f(\omega t, x))_{xx}, & x \in \mathbb{R}, \\ y(t, 0) = y(t, \pi) = y_{xx}(t, 0) = y_{xx}(t, \pi) = 0, \end{cases} \quad (6.4.1)$$

其中 $\mu \in \mathcal{O}$ 是一个参数并且 $0 < \varepsilon < 1$. 另外, 函数 $f : \mathbb{T}^n \times \mathbb{R} \to \mathbb{R}$ 是实解析的.

我们将在驱动频率超越 Brjuno 条件下给出边值问题 (6.4.1) 响应解 (具有与驱动频率相同频率的拟周期解) 的存在性. 主要定理为:

定理 6.4.1 设 $\omega = (1, \alpha)$, $\alpha \in \mathbb{R} \setminus \mathbb{Q}$ 并且 $\mathcal{O}$ 是 $\mathbb{R}_+$ 中的一个闭区间, 则对任意给定的充分小的 $\gamma > 0$, 存在 $\varepsilon_* > 0$ (依赖于 γ, f, α) 和一个 Cantor 子集 $\mathcal{O}_\gamma \subseteq \mathcal{O}$ 具有 $\text{meas}(\mathcal{O} \setminus \mathcal{O}_\gamma) = \mathcal{O}(\gamma)$ 使得对于 $\mu \in \mathcal{O}_\gamma$, 只要 $0 < \varepsilon < \varepsilon_*$, 方程 (6.4.1) 有一个具有频率 ω 的响应解 $y(t, x)$.

6.4.1 预备知识

6.4.1.1 泛函设置

设 $\alpha \in \mathbb{R} \setminus \mathbb{Q}$ 并且 $\left\{ \dfrac{p_n}{q_n} \right\}$ 是 α 的最佳有理逼近. 在数列 $\{q_n\}$ 中, 我们固定一个特殊子列 $\{q_{n_k}\}$. 为了简单起见, 我们分别用 $\{Q_k\}$ 和 $\{\overline{Q}_k\}$ 表示子列 $\{q_{n_k}\}$ 和 $\{q_{n_k+1}\}$.

对 $r > 0$, 我们记

$$D(r) = \left\{ \theta \in \mathbb{T}_c^2 : |\text{Im}\theta| < r \right\},$$

其中 $|\cdot|$ 表示复向量的上确界范数.

对一个 C_W^1 (即 C^1 光滑是在 Whitney 意义下) 函数 $g : \mathcal{O} \to \mathbb{C}$, 定义它的范数为

$$|g|_{\mathcal{O}} := \sup_{\xi \in \mathcal{O}} \left(|g(\xi)| + \left| \frac{\partial g(\xi)}{\partial \xi} \right| \right).$$

给定一个函数 $f : D(r) \times \mathcal{O} \to \mathbb{C}$, 它在 $\theta \in D(r)$ 上是实解析的并且关于 $\xi \in \mathcal{O}$ 是 C_W^1. 对于 Fourier 展开 $f(\theta, \xi) = \sum\limits_{k \in \mathbb{Z}^2} \widehat{f}(k, \xi) e^{i\langle k, \theta \rangle}$, 定义它的范数为

$$\|f\|_{r, \mathcal{O}} := \sum_{k \in \mathbb{Z}^2} |\widehat{f}(k)|_{\mathcal{O}} e^{|k| r},$$

其中 $\langle k, \theta \rangle = k_1 \theta_1 + k_2 \theta_2$ 并且 $|k| = |k_1| + |k_2|$.

对于 $K > 0$ 和一个在 $D(r)$ 上解析的函数 f, 定义它的截断算子 $\mathcal{T}_K$ 和投影算子 $\mathcal{R}_K$ 如下:

$$\mathcal{T}_K f(\theta, \xi) := \sum_{|k| < K} \widehat{f}(k, \xi) e^{i\langle k, \theta \rangle}, \quad \mathcal{R}_K f(\theta, \xi) := \sum_{|k| \geqslant K} \widehat{f}(k, \xi) e^{i\langle k, \theta \rangle}.$$

函数 $f(\theta, \xi)$ 在 $\mathbb{T}^2$ 上的平均是 $[f(\theta, \xi)]_\theta$:

$$[f(\theta, \xi)]_\theta := \frac{1}{(2\pi)^2} \int_{\mathbb{T}^2} f(\theta, \xi) d\theta = \widehat{f}(0, \xi).$$

设 $\mathbb{N}_+ = \mathbb{N} \setminus \{0\}$. 记 $\mathcal{J}_1 = \{j \in \mathbb{N}_+ : 1 \leqslant j \leqslant d\}, (d \in \mathbb{N}_+)$ 和 $\mathcal{J}_2 = \mathbb{N}_+ \setminus \mathcal{J}_1$. 定义空间 $\ell_{a,p} = \{q = (\cdots, q_j, \cdots)_{j \in \mathcal{J}_2} : q_j \in \mathbb{C}\}$ 赋予范数

$$\|q\|_{a,p} := \sum_{j \in \mathcal{J}_2} |q_j| e^{a|j|} |j|^p < \infty,$$

其中取 $a \geqslant 0, p > \dfrac{1}{2}$ 使得 Banach 代数建立在这个空间上. 对 $r, s > 0$, 引入 $\mathbb{T}^2 \times \{0\} \times \{0\} \times \{0\} \times \{0\} \times \{0\}$ 的复邻域

$$D(r, s) = \{(\theta, I, z, \bar{z}, \rho, \bar{\rho}) : |\mathrm{Im}\theta| < r, |I| < s^2, |z|, |\bar{z}| < s, \|\rho\|_{a,p}, \|\bar{\rho}\|_{a,p} < s\}$$
$$\subseteq \mathbb{C}^2 \times \mathbb{C}^2 \times \mathbb{C}^d \times \mathbb{C}^d \times \ell_{a,p} \times \ell_{a,p} =: \mathcal{P}_{a,p}.$$

记 $m = (m_1, m_2) \in \mathbb{N}^2$, $a = (\cdots, a_j, \cdots)_{j \in \mathcal{J}_1}$, $b = (\cdots, b_j, \cdots)_{j \in \mathcal{J}_1}$ 和 $p = (\cdots, p_j, \cdots)_{j \in \mathcal{J}_2}, q = (\cdots, q_j, \cdots)_{j \in \mathcal{J}_2}$, 具有有限个非零的分量 $a_j, b_j, p_j, q_j \in \mathbb{N}$. 给定一个函数 $P : D(r, s) \times \mathcal{O} \to \mathbb{C}$, 它在 $(\theta, I, z, \bar{z}, \rho, \bar{\rho}) \in D(r, s)$ 上是实解析的, 关于 $\xi \in \mathcal{O}$ 是 C_W^1 的并且有 Taylor-Fourier 级数展开

$$P(\theta, I, z, \bar{z}, \rho, \bar{\rho}, \xi) = \sum_{m,a,b,p,q} P_{m,a,b,p,q}(\theta, \xi) I^m z^a \bar{z}^b \rho^p \bar{\rho}^q$$

$$= \sum_{k \in \mathbb{Z}^2, m, a, b, p, q} \widehat{P}_{m,a,b,p,q}(k, \xi) e^{\mathrm{i}\langle k, \theta \rangle} I^m z^a \bar{z}^b \rho^p \bar{\rho}^q,$$

其中 $z^a \bar{z}^b = \prod_{j \in \mathcal{J}_1} z_j^{a_j} \bar{z}_j^{b_j}$ 并且 $\rho^p \bar{\rho}^q = \prod_{j \in \mathcal{J}_2} \rho_j^{p_j} \bar{\rho}_j^{q_j}$. 定义 P 的权范数为

$$\|P\|_{D(r,s) \times \mathcal{O}} := \sup_{\substack{|z|, |\bar{z}| < s \\ \|\rho\|_{a,p}, \|\bar{\rho}\|_{a,p} < s}} \sum_{m,a,b,p,q} \|P_{m,a,b,p,q}(\theta, \xi)\|_{r, \mathcal{O}} s^{2|m|} |z^a| |\bar{z}^b| |\rho^p| |\bar{\rho}^q|$$

$$= \sup_{\substack{|z|, |\bar{z}| < s \\ \|\rho\|_{a,p}, \|\bar{\rho}\|_{a,p} < s}} \sum_{k,m,a,b,p,q} |P_{m,a,b,p,q}(k)|_{\mathcal{O}} e^{|k| r} s^{2|m|} |z^a| |\bar{z}^b| |\rho^p| |\bar{\rho}^q|.$$

对于一个有限维向量值函数 $P : D(r, s) \times \mathcal{O} \to \mathbb{C}^m \ (m \in \mathbb{N}_+)$, 即 $P = (P_1, \cdots, P_m)$, 定义它的权范数为

$$\|P\|_{D(r,s) \times \mathcal{O}} := \sum_{j=1}^{m} \|P_j\|_{D(r,s) \times \mathcal{O}}.$$

对于一个无穷维向量值函数 $P : D(r, s) \times \mathcal{O} \to \ell_{a,p}$, 即 $P = (\cdots, P_j, \cdots)_{j \in \mathcal{J}_2}$, 定义它的权范数为

$$\|P\|_{a,p,D(r,s) \times \mathcal{O}} := \sum_{j \in \mathcal{J}_2} \|P_j\|_{D(r,s) \times \mathcal{O}} e^{a|j|} |j|^p.$$

对于一个函数 $P : \mathcal{P}_{a,p} \to \mathbb{C}$, 定义它的哈密顿向量场

$$X_P = (P_I, -P_\theta, \mathrm{i} P_{\bar{z}}, -\mathrm{i} P_z, P_{\bar{\rho}}, -P_\rho).$$

定义它的权范数为

$$\|X_P\|_{s,D(r,s) \times \mathcal{O}} := \|P_I\|_{D(r,s) \times \mathcal{O}} + \frac{1}{s^2} \|P_\theta\|_{D(r,s) \times \mathcal{O}}$$

$$+ \frac{1}{s} (\|P_z\|_{D(r,s) \times \mathcal{O}} + \|P_{\bar{z}}\|_{D(r,s) \times \mathcal{O}}$$

$$+ \|P_\rho\|_{a,p,D(r,s) \times \mathcal{O}} + \|P_{\bar{\rho}}\|_{a,p,D(r,s) \times \mathcal{O}}).$$

6.4.1.2 泊松括号

定义 6.4.1 定义在 $D(r, s)$ 上的两个解析函数 F 和 G 的泊松括号定义为

$$\{G, F\} = \frac{\partial G}{\partial \theta} \frac{\partial F}{\partial I} - \frac{\partial G}{\partial I} \frac{\partial F}{\partial \theta} + \mathrm{i} \frac{\partial G}{\partial z} \frac{\partial F}{\partial \bar{z}} - \mathrm{i} \frac{\partial G}{\partial \bar{z}} \frac{\partial F}{\partial z} + \frac{\partial G}{\partial \rho} \frac{\partial F}{\partial \bar{\rho}} - \frac{\partial G}{\partial \bar{\rho}} \frac{\partial F}{\partial \rho}.$$

引理 6.4.1 ([129])　对定义在 $D(r,s)$ 上的哈密顿函数 H, F 并且由 F 的哈密顿向量场 X_F 确定的流为 ϕ_F^t, 则有下列性质:

(1)

$$\frac{d}{dt}\left(H \circ \phi_F^t\right) = \{H, F\} \circ \phi_F^t.$$

(2) 对于时间-1 映射: $\phi_F^1 = \phi_F^t|_{t=1}$, 有

$$H \circ \phi_F^1 = \sum_{i=0}^n H_i + (n+1)\int_0^1 (1-t)^n H_{n+1} \circ \phi_F^t dt,$$

其中 $H_0 = H$, $H_i = \frac{1}{i}\{H_{i-1}, F\}$.

6.4.1.3　KAM 定理的叙述

在这一小节, 我们发展一个关于无穷维拟周期驱动系统 (6.4.1) 的 KAM 定理. 出发点是相空间 $\mathcal{P}_{a,p}$ 上的一个可积哈密顿函数 N 的族:

$$N = \langle \omega, I\rangle + \sum_{j\in\mathcal{J}_1} \Omega_j(\xi)z_j\bar{z}_j - \sum_{j\in\mathcal{J}_2}\Lambda_j(\xi)\rho_j\bar{\rho}_j, \tag{6.4.2}$$

其中 $\xi \in \mathcal{O}$ 是一个参数并且 $\Omega_j(\xi), \Lambda_j(\xi) \in \mathbb{R}$ 被假设在 $\mathcal{O}$ 上是 C_W^1 的. 此外, 相空间 $\mathcal{P}_{a,p}$ 被赋予标准的辛形式

$$d\theta \wedge dI + \mathrm{i}dz \wedge d\bar{z} + d\rho \wedge d\bar{\rho}.$$

对每个 $\xi \in \mathcal{O}$, 由 N 确定的运动方程有形式

$$\dot{\theta} = \omega, \quad \dot{I} = 0,$$

$$\dot{z}_j = \mathrm{i}\Omega_j(\xi)z_j, \quad \dot{\bar{z}}_j = -\mathrm{i}\Omega_j(\xi)\bar{z}_j \quad (j \in \mathcal{J}_1),$$

$$\dot{\rho}_j = -\Lambda_j(\xi)\rho_j, \quad \dot{\bar{\rho}}_j = \Lambda_j(\xi)\bar{\rho}_j \quad (j \in \mathcal{J}_2),$$

它在相空间 $\mathcal{P}_{a,p}$ 中有一个不变环 $\mathbb{T}^2 \times \{0\} \times \{0\} \times \{0\} \times \{0\} \times \{0\}$.

记

$$\Omega(\xi) = (\Omega_1(\xi), \cdots, \Omega_d(\xi)), \quad \Lambda(\xi) = (\cdots, \Lambda_j(\xi), \cdots)_{j\in\mathcal{J}_2},$$

并将它们看作对角矩阵

$$\Omega(\xi) = \mathrm{diag}(\Omega_j(\xi))_{j\in\mathcal{J}_1}, \quad \Lambda(\xi) = \mathrm{diag}(\Lambda_j(\xi))_{j\in\mathcal{J}_2}.$$

注意到 $\Omega(\xi)$ 是一个 d 维向量并且 $\Lambda(\xi)$ 是无限维. 则我们重记 (6.4.2) 中的 N 为

$$N = \langle \omega, I \rangle + \langle \Omega(\xi) z, \bar{z} \rangle - \langle \Lambda(\xi) \rho, \bar{\rho} \rangle.$$

考虑一般的 N 的实解析哈密顿扰动 H 为

$$H = N + P$$

$$= \langle \omega, I \rangle + \langle \Omega(\xi) z, \bar{z} \rangle - \langle \Lambda(\xi) \rho, \bar{\rho} \rangle + P(\theta, z, \bar{z}, \rho, \bar{\rho}, \xi), \tag{6.4.3}$$

它定义在 $D(r, s) \times \mathcal{O}$ 的复邻域上并且有标准的辛形式.

我们强调, (6.4.3) 中的扰动 P 独立于作用变量 I, 这使得去掉关于频率 I 上的 Diophantine 条件成为可能. 现在叙述 KAM 定理.

定理 6.4.2 设 $\omega = (1, \alpha)$, $\alpha \in \mathbb{R} \setminus \mathbb{Q}$ 和 $r > r_* > 0, s, \varrho, \varrho_1, \varrho_2 > 0, \tau > 2, d \in \mathbb{N}_+$. 如果在 (6.4.3) 中定义的实解析哈密顿函数 H 满足下列非退化条件:

$$\left| \frac{d}{d\xi} \langle l, \Omega(\xi) \rangle \right| \geqslant \varrho, \quad l \in \mathbb{Z}^d, 0 < |l| \leqslant 2,$$

$$\varrho_1 \leqslant \left| \frac{d}{d\xi} \langle \tilde{l}, \Lambda(\xi) \rangle \right| \leqslant \varrho_2 |\langle \tilde{l}, \Lambda(\xi) \rangle|, \quad \tilde{l} \in \mathbb{Z}^\infty, 0 < |\tilde{l}| \leqslant 2, \tag{6.4.4}$$

则对每个充分小的 $\gamma > 0$, 存在依赖于 $r, r_*, s, \varrho, \varrho_1, \varrho_2, \tau, d, \alpha$ 的 $\varepsilon_0 > 0$ 使得当

$$\|X_P\|_{s, D(r,s) \times \mathcal{O}} \leqslant \varepsilon_0,$$

存在一个具有正测度的子集 $\mathcal{O}_\gamma \subseteq \mathcal{O}$ 和一个实解析的辛变换 $\Phi^* : D\left(r_*, \frac{s}{2}\right) \times \mathcal{O}_\gamma \to D(r, s) \times \mathcal{O}_\gamma$, 它变 (6.4.3) 中的哈密顿 H 到

$$H \circ \Phi^* = N_* + P_*,$$

其中

$$N_* = e_*(\theta, \xi) + \langle \omega, I \rangle + \langle (\Omega(\xi) + B_*(\theta, \xi)) z, \bar{z} \rangle - \langle (\Lambda(\xi) + W_*(\theta, \xi)) \rho, \bar{\rho} \rangle,$$

$$P_* = \sum_{|a+b|+|p+q| \geqslant 3} P_{*,a,b,p,q}(\theta, \xi) z^a \bar{z}^b \rho^p \bar{\rho}^q,$$

具有

$$\|e_*\|_{r_*, \mathcal{O}_\gamma}, \|B_*\|_{r_*, \mathcal{O}_\gamma}, \|W_*\|_{r_*, \mathcal{O}_\gamma} \leqslant 4\varepsilon_0.$$

此外, $\mathrm{meas}(\mathcal{O} \setminus \mathcal{O}_\gamma) = \mathcal{O}(\gamma)$.

定理 6.4.2 的证明将在 6.4.3 节给出.

6.4.2　同调方程和它的解

6.4.2.1　同调方程

考虑向量值同调方程

$$\{F, N\} = R \tag{6.4.5}$$

和

$$\{G, N\} = U, \tag{6.4.6}$$

定义在 $D(r, s) \times \mathcal{O}$ 上, 其中

$$N = e(\theta, \xi) + \langle \omega, I \rangle + \langle (\Omega + B(\theta, \xi) + b(\theta, \xi)) z, \bar{z} \rangle$$
$$- \langle (\Lambda(\xi) + W(\theta, \xi)) \rho, \bar{\rho} \rangle \tag{6.4.7}$$

具有 $B(\theta, \xi)$, $b(\theta, \xi)$, $W(\theta, \xi)$ 在 $\mathcal{O}$ 上是 C_W^1 并且有下列形式:

$$B(\theta, \xi) = (B_1(\theta, \xi), \cdots, B_d(\theta, \xi)),$$
$$b(\theta, \xi) = (b_1(\theta, \xi), \cdots, b_d(\theta, \xi)),$$
$$W(\theta, \xi) = (\cdots, W_j(\theta, \xi), \cdots)_{j \in \mathcal{J}_2}.$$

如在后面的 6.4.3 节所看到, 同调方程 (6.4.5) 位于有限维的中心方向, 而同调方程 (6.4.6) 位于无限维双曲方向. 换言之, 对于在所有有限维向量 $a = (\cdots, a_j, \cdots)_{j \in \mathcal{J}_1}$ 组成的集合上运行的多指标 a, b, 在 (6.4.5) 中的函数 R 有下列形式:

$$R(\theta, z, \bar{z}, \xi) = \sum_{\substack{a \neq b \\ |a+b| \leqslant 2}} R_{a,b}(\theta, \xi) z^a \bar{z}^b$$

$$= \sum_{j \in \mathcal{J}_1} \left(R_j^{01}(\theta, \xi) \bar{z}_j + R_j^{10}(\theta, \xi) z_j \right) + \sum_{\substack{i, j \in \mathcal{J}_1 \\ i \neq j}} R_{ij}^{11}(\theta, \xi) z_i \bar{z}_j$$

$$+ \sum_{i, j \in \mathcal{J}_1} \left(R_{ij}^{02}(\theta, \xi) \bar{z}_i \bar{z}_j + R_{ij}^{20}(\theta, \xi) z_i z_j \right). \tag{6.4.8}$$

对在所有无限维向量 $p = (\cdots, p_j, \cdots)_{j \in \mathcal{J}_2}$ 所组成的集合上运行的 p, q, 在 (6.4.6) 中的函数 U 有形式

$$U(\theta, z, \bar{z}, \rho, \bar{\rho}, \xi)$$

$$= \sum_{\substack{|a+b|+|p+q| \leqslant 2 \\ |p+q| \geqslant 1, p \neq q}} U_{a,b,p,q}(\theta, \xi) z^a \bar{z}^b \rho^p \bar{\rho}^q$$

$$= \sum_{\substack{i \in \mathcal{J}_1 \\ j \in \mathcal{J}_2}} \left(U_{ij}^{13}(\theta, \xi) z_i \rho_j + U_{ij}^{14}(\theta, \xi) z_i \bar{\rho}_j + U_{ij}^{23}(\theta, \xi) \bar{z}_i \rho_j + U_{ij}^{24}(\theta, \xi) \bar{z}_i \bar{\rho}_j \right)$$

$$+ \sum_{j \in \mathcal{J}_2} \left(U_j^{03}(\theta, \xi) \rho_j + U_j^{04}(\theta, \xi) \bar{\rho}_j \right) + \sum_{\substack{i,j \in \mathcal{J}_2 \\ i \neq j}} U_{ij}^{34}(\theta, \xi) \rho_i \bar{\rho}_j$$

$$+ \sum_{i,j \in \mathcal{J}_2} \left(U_{ij}^{33}(\theta, \xi) \rho_i \rho_j + U_{ij}^{44}(\theta, \xi) \bar{\rho}_i \bar{\rho}_j \right). \tag{6.4.9}$$

假设 $\Omega(\xi) + [B(\theta, \xi)]_\theta \in DC_\omega(\gamma, \tau, K, \mathcal{O})$, $0 < \gamma < 1$, $\tau > 2$, $K > 0$, 其中

$$DC_\omega(\gamma, \tau, K, \mathcal{O})$$

$$:= \left\{ \widetilde{\Omega}(\xi) \ \middle| \ \begin{array}{l} |\widetilde{\Omega}(\xi)|_\mathcal{O} \leqslant 2, \\ |\langle k, \omega \rangle + \langle l, \widetilde{\Omega}(\xi) \rangle| \geqslant \dfrac{\gamma}{(|k| + |l|)^\tau}, \ 0 < |l| \leqslant 2, \ |k| < K \end{array} \right\}. \tag{6.4.10}$$

6.4.2.2 中心方向的有限维同调方程

这一小节我们考虑具有变系数的同调方程 (6.4.5). 为此, 我们需要通过在有限维向量值函数空间中解下列方程来删掉 $B(\theta, \xi)$ 中的非共振项.

$$\partial_\omega \mathcal{B}(\theta, \xi) = \mathcal{T}_{Q_{n+1}} B(\theta, \xi) + [B(\theta, \xi)]_\theta,$$

其中算子 ∂_ω 由下式定义

$$\partial_\omega := \sum_{i=1}^2 \omega_i \frac{\partial}{\partial \theta_i}.$$

今后我们假设 $\tau > 2$, $\mathbb{A} := \tau + 3$ 并且 $\{Q_n\}$ 是引理 2.2.11 中选取的子数列.

引理 6.4.2 ([120] 的引理 3.1)   设 $r > r_* > 0$, $\eta = Q_n^{\frac{-1}{2\mathbb{A}^4}}$ 并且 f 是一个有限维向量值函数, 则存在一个正常数 $c_1(r_*, \tau)$ 使得方程

$$\partial_\omega \mathcal{B}(\theta, \xi) = -\mathcal{T}_{Q_{n+1}} f(\theta, \xi) + [f(\theta, \xi)]_\theta$$

有一个解 $\mathcal{B}(\theta, \xi)$, 并且满足估计

$$\|\mathcal{B}(\theta, \xi)\|_{r(1-\eta), \mathcal{O}} \leqslant c_1(r_*, \tau) \left(\frac{\overline{Q}_n}{Q_n^{\mathbb{A}^4}} + \overline{Q}_n^{\frac{1}{\mathbb{A}}} \right) \|f(\theta, \xi)\|_{r, \mathcal{O}}.$$

引理 6.4.3　对 $0 < \gamma < 1$ 和 $\widetilde{K} = \left[\max\left\{\dfrac{\overline{Q}_n}{\overline{Q}_n^\tau}, \overline{Q}_n^{\frac{3}{\hbar}}\right\}\right]$, 存在一个正常数 $c_2(\tau)$ 使得对于 $|k| < \widetilde{K}$, $0 < |l| \leqslant 2$, 只要 $\Omega \in DC_\omega(\gamma, \tau, \widetilde{K}, \mathcal{O})$ 就成立

$$|\langle k, \omega\rangle + \langle l, \Omega\rangle| \geqslant c_2(\tau)\gamma Q_n^{-3\tau}.$$

这个引理的证明可以在 [120] 找到.

现在我们解同调方程 (6.4.5). 在这个证明中我们使用了符号

$$K = \left[\max\left\{\frac{\overline{Q}_{n+1}}{\overline{Q}_{n+1}^\tau}, \overline{Q}_{n+1}^{\frac{3}{\hbar}}\right\}\right], \quad \mathcal{E} = e^{-\left(\frac{\overline{Q}_n}{\overline{Q}_n^{\tau+1}} + \overline{Q}_n^{\frac{2}{\hbar}}\right)}. \tag{6.4.11}$$

命题 6.4.1　对 $r_* > 0$, $s > 0$, $0 < \gamma < 1$, $\tau > 2$ 和在 (6.4.7) 中定义的 N, 存在正常数 $c_3(\tau)$, $\epsilon_1 = \epsilon_1(\tau, r_*)$ 使得对每个 $\sigma, \widetilde{r}$, $0 < \sigma < r_* < \widetilde{r} < r(1 - \eta)$, 如果

$$\mathcal{R}_{Q_{n+1}}B = 0, \quad \|B\|_{r,\mathcal{O}} \leqslant \epsilon_1(\tau, r_*), \tag{6.4.12}$$

$$\|b\|_{\widetilde{r},\mathcal{O}} < \frac{3\gamma^2}{2c_3(\tau)Q_{n+1}^{6\tau}}, \tag{6.4.13}$$

并且 $\widetilde{\Omega} := \Omega + [B]_\theta \in DC_\omega(\gamma, \tau, K, \mathcal{O})$, 则同调方程 (6.4.5) 有一个近似解具有与 (6.4.8) 中的 R 有相同的形式, 并且满足

$$\|X_F\|_{s,D(\widetilde{r}-\sigma,s)\times\mathcal{O}} \leqslant c_3(\tau)\gamma^{-2}\sigma^{-1}Q_{n+1}^{6\tau}\mathcal{E}^{-\frac{1}{120}}\|X_R\|_{s,D(\widetilde{r},s)\times\mathcal{O}}. \tag{6.4.14}$$

此外, 误差项 R_e 满足

$$\|X_{R_e}\|_{s,D(\widetilde{r}-2\sigma,s)\times\mathcal{O}}$$
$$\leqslant 6\sigma^{-1}\mathcal{E}^{-\frac{1}{60}}e^{-K\sigma}\|X_R\|_{s,D(\widetilde{r},s)\times\mathcal{O}}. \tag{6.4.15}$$

在情况 $B = 0$, 方程 (6.4.5) 有一个近似解 F 满足

$$\|X_F\|_{s,D(\widetilde{r}-\sigma,s)\times\mathcal{O}} \leqslant c_3(\tau)\gamma^{-2}\sigma^{-1}Q_{n+1}^{6\tau}\|X_R\|_{s,D(\widetilde{r},s)\times\mathcal{O}},$$

并且误差项 R_e 满足

$$\|X_{R_e}\|_{s,D(\widetilde{r}-2\sigma,s)\times\mathcal{O}} \leqslant 6\sigma^{-1}e^{-K\sigma}\|X_R\|_{s,D(\widetilde{r},s)\times\mathcal{O}}.$$

证明　只证 $B \neq 0$ 的情况, $B = 0$ 的情况类似.

假设 $F(\theta, z, \bar{z}, \xi)$ 有与 (6.4.8) 中的 R 有相同的形式, 即

$$F(\theta, z, \bar{z}, \xi) = \sum_{\substack{a \neq b \\ |a+b| \leqslant 2}} F_{a,b}(\theta, \xi) z^a \bar{z}^b$$

$$= \sum_{j \in \mathcal{J}_1} \left(F_j^{01}(\theta, \xi) \bar{z}_j + F_j^{10}(\theta, \xi) z_j \right) + \sum_{\substack{i,j \in \mathcal{J}_1 \\ i \neq j}} F_{ij}^{11}(\theta, \xi) z_i \bar{z}_j$$

$$+ \sum_{i,j \in \mathcal{J}_1} \left(F_{ij}^{02}(\theta, \xi) \bar{z}_i \bar{z}_j + F_{ij}^{20}(\theta, \xi) z_i z_j \right). \tag{6.4.16}$$

同调方程 (6.4.5) 等价于标量方程:

$$\partial_\omega F_j^{01}(\theta, \xi) - \mathrm{i}\big(\Omega_j(\xi) + B_j(\theta, \xi) + b_j(\theta, \xi)\big) F_j^{01}(\theta, \xi) = R_j^{01}(\theta, \xi),$$

$$\partial_\omega F_j^{10}(\theta, \xi) + \mathrm{i}\big(\Omega_j(\xi) + B_j(\theta, \xi) + b_j(\theta, \xi)\big) F_j^{10}(\theta, \xi) = R_j^{10}(\theta, \xi),$$

$$\partial_\omega F_{ij}^{02}(\theta, \xi) - \mathrm{i}\big(\big(\Omega_i(\xi) + B_i(\theta, \xi) + b_i(\theta, \xi)\big)$$
$$+ \big(\Omega_j(\xi) + B_j(\theta, \xi) + b_j(\theta, \xi)\big)\big) F_{ij}^{02}(\theta, \xi) = R_{ij}^{02}(\theta, \xi),$$

$$\partial_\omega F_{ij}^{11}(\theta, \xi) + \mathrm{i}\big(\big(\Omega_i(\xi) + B_i(\theta, \xi) + b_i(\theta, \xi)\big)$$
$$- \big(\Omega_j(\xi) + B_j(\theta, \xi) + b_j(\theta, \xi)\big)\big) F_{ij}^{11}(\theta, \xi) = R_{ij}^{11}(\theta, \xi),$$

$$\partial_\omega F_{ij}^{20}(\theta, \xi) + \mathrm{i}\big(\big(\Omega_i(\xi) + B_i(\theta, \xi) + b_i(\theta, \xi)\big)$$
$$+ \big(\Omega_j(\xi) + B_j(\theta, \xi) + b_j(\theta, \xi)\big)\big) F_{ij}^{20}(\theta, \xi) = R_{ij}^{20}(\theta, \xi),$$

其中 $i, j = 1, \cdots, d$.

为了方便, 我们引入 $l \in \mathbb{Z}^d$, $0 < |l| \leqslant 2$. 那么上述所有的标量方程都可以表示为一般形式:

$$\partial_\omega F_l(\theta, \xi) + \mathrm{i}\langle l, \big(\Omega(\xi) + B(\theta, \xi) + b(\theta, \xi)\big)\rangle F_l(\theta, \xi) = R_l(\theta, \xi). \tag{6.4.17}$$

设

$$\partial_\omega \mathcal{B}(\theta, \xi) = -B(\theta, \xi) + [B(\theta, \xi)]_\theta,$$

则由引理 6.4.2 和 (6.4.12), 可得

$$\|\mathcal{B}(\theta, \xi)\|_{\tilde{r}, \mathcal{O}} \leqslant c_1(r_*, \tau) \left(\frac{\overline{Q_n}}{Q_n^{\mathbb{A}^4}} + \overline{Q_n}^{\frac{1}{\mathbb{A}}} \right) \|B(\theta, \xi)\|_{r, \mathcal{O}} \leqslant c_1(r_*, \tau) \left(\frac{\overline{Q_n}}{Q_n^{\mathbb{A}^4}} + \overline{Q_n}^{\frac{1}{\mathbb{A}}} \right) \epsilon_1.$$

取 $0 < \epsilon_1 < \dfrac{1}{480 c_1(r_*, \tau)}$, 与 (6.4.11) 一起, 可得

$$e^{\|\mathcal{B}\|_{\tilde{r}, \mathcal{O}}} \leqslant e^{c_1(r_*, \tau) \left(\frac{\overline{Q_n}}{Q_n^{\mathbb{A}^4}} + \overline{Q_n}^{\frac{1}{\mathbb{A}}} \right) \epsilon_1} \leqslant \mathcal{E}^{-\frac{1}{480}}.$$

设

$$\widetilde{F}_l(\theta,\xi) = e^{-\mathrm{i}\langle l, \mathcal{B}(\theta,\xi)\rangle} F_l(\theta,\xi), \quad \widetilde{R}_l(\theta,\xi) = e^{-\mathrm{i}\langle l, \mathcal{B}(\theta,\xi)\rangle} R_l(\theta,\xi),$$

则方程 (6.4.17) 变为

$$\partial_\omega \widetilde{F}_l(\theta,\xi) + \mathrm{i}\langle l, (\widetilde{\Omega}(\xi) + b(\theta,\xi))\rangle \widetilde{F}_l(\theta,\xi) = \widetilde{R}_l(\theta,\xi), \tag{6.4.18}$$

其中 $\widetilde{\Omega}(\xi) = \Omega(\xi) + [B(\theta,\xi)]_\theta$. 现在解同调方程 (6.4.18) 的截断版本:

$$\mathcal{T}_K\left(\partial_\omega \widetilde{F}_l(\theta,\xi) + \mathrm{i}\langle l, (\widetilde{\Omega}(\xi) + b(\theta,\xi))\rangle \widetilde{F}_l(\theta,\xi)\right) = \mathcal{T}_K \widetilde{R}_l(\theta,\xi). \tag{6.4.19}$$

设

$$\widetilde{F}_l(\theta,\xi) = \sum_{k\in\mathbb{Z}^2, |k|<K} \widehat{\widetilde{F}}_l(k,\xi) e^{\mathrm{i}\langle k,\theta\rangle},$$

$$\widetilde{R}_l(\theta,\xi) = \sum_{k\in\mathbb{Z}^2} \widehat{\widetilde{R}}_l(k,\xi) e^{\mathrm{i}\langle k,\theta\rangle},$$

$$b(\theta,\xi) = \sum_{k\in\mathbb{Z}^2} \widehat{b}(k,\xi) e^{\mathrm{i}\langle k,\theta\rangle}.$$

比较方程 (6.4.19) 的 Fourier 系数, 对 $|k| < K$, 有

$$\mathrm{i}\left(\langle k,\omega\rangle + \langle l,\widetilde{\Omega}\rangle\right) \widehat{\widetilde{F}}_l(k,\xi) + \sum_{|k_1|<K} \mathrm{i}\langle l, \widehat{b}(k-k_1,\xi)\rangle \widehat{\widetilde{F}}_l(k_1,\xi) = \widehat{\widetilde{R}}_l(k,\xi).$$

这可以看作下列矩阵方程:

$$(S + T)\mathfrak{F} = \mathfrak{R}, \tag{6.4.20}$$

其中

$$S = \mathrm{diag}\left(\mathrm{i}\left(\langle k,\omega\rangle + \langle l,\widetilde{\Omega}(\xi)\rangle\right)\right)_{|k|<K},$$

$$T = \left(\mathrm{i}\langle l, \widehat{b}(k_1-k_2,\xi)\rangle\right)_{|k_1|,|k_2|<K},$$

$$\mathfrak{F} = \left(\widehat{\widetilde{F}}_l(k,\xi)\right)^{\mathrm{T}}_{|k|<K}, \quad \mathfrak{R} = \left(\widehat{\widetilde{R}}_l(k,\xi)\right)^{\mathrm{T}}_{|k|<K}.$$

设

$$E_{\widetilde{r}} = \mathrm{diag}\left(e^{|k|\widetilde{r}}\right)_{|k|<K}.$$

则方程 (6.4.20) 等价于

$$\left(S + E_{\widetilde{r}}TE_{\widetilde{r}}^{-1}\right)E_{\widetilde{r}}\mathfrak{F} = E_{\widetilde{r}}\mathfrak{R}.$$

从 $\widetilde{\Omega} \in DC_\omega(\gamma, \tau, K, \mathcal{O})$ 和引理 6.4.3 可推出

$$\|S^{-1}\|_{\mathcal{O}} \leqslant \frac{1}{6}c_3(\tau)\gamma^{-2}Q_{n+1}^{6\tau},$$

其中矩阵范数由下列定义

$$\|S\|_{\mathcal{O}} = \max_i \sum_j |a_{ij}|_{\mathcal{O}},$$

这里 a_{ij} 是矩阵 S 的第 (i, j) 的元素. 因为

$$E_{\widetilde{r}}TE_{\widetilde{r}}^{-1} = \mathrm{i}\left(e^{(|k_1|-|k_2|)\widetilde{r}}\langle l, \widehat{b}(k_1 - k_2, \xi)\rangle\right)_{|k_1|,|k_2|<K},$$

所以有

$$\|E_{\widetilde{r}}TE_{\widetilde{r}}^{-1}\|_{\mathcal{O}} \leqslant 2\|b\|_{\widetilde{r},\mathcal{O}}.$$

再由 (6.4.13), 可得

$$\|S^{-1}E_{\widetilde{r}}TE_{\widetilde{r}}^{-1}\|_{\mathcal{O}} < \frac{1}{2}.$$

这表明 $S + E_{\widetilde{r}}TE_{\widetilde{r}}^{-1}$ 有有界的逆, 即

$$\|(S + E_{\widetilde{r}}TE_{\widetilde{r}}^{-1})^{-1}\|_{\mathcal{O}} \leqslant \frac{1}{3}c_3(\tau)\gamma^{-2}Q_{n+1}^{6\tau}.$$

因此,

$$\|\widetilde{F}_l\|_{\widetilde{r},\mathcal{O}} = \sum_{|k|<K} |\widehat{\widetilde{F}}_l(k,\xi)|_{\mathcal{O}}e^{|k|\widetilde{r}} \leqslant \frac{1}{3}c_3(\tau)\gamma^{-2}Q_{n+1}^{6\tau}\|\widetilde{R}_l\|_{\widetilde{r},\mathcal{O}}.$$

回到 $F_l(\theta, \xi) = e^{\mathrm{i}\langle l, \mathcal{B}(\theta,\xi)\rangle}\widetilde{F}_l(\theta, \xi)$, 可得

$$\|F_l\|_{\widetilde{r},\mathcal{O}} \leqslant \frac{1}{3}c_3(\tau)\gamma^{-2}Q_{n+1}^{6\tau}\mathcal{E}^{-\frac{1}{120}}\|R_l\|_{\widetilde{r},\mathcal{O}}. \tag{6.4.21}$$

此外, 我们可以验证误差项 $R_{l,e}$ 是

$$R_{l,e} = e^{\mathrm{i}\langle l, \mathcal{B}\rangle}\mathcal{R}_K\left(e^{-\mathrm{i}\langle l, \mathcal{B}\rangle}\left(-\mathrm{i}\langle l, b(\theta, \xi)\rangle F_l(\theta, \xi) + R_l(\theta, \xi)\right)\right).$$

则有

$$\|R_{l,e}\|_{\widetilde{r}-\sigma,\mathcal{O}} \leqslant 2\mathcal{E}^{-\frac{1}{60}}e^{-K\sigma}\|R_l\|_{\widetilde{r},\mathcal{O}}.$$

现在我们用 (6.4.16) 的形式估计关于 F 的向量场范数. 我们只给出关于 $F^{11}(\theta, z, \bar{z}, \xi) := \sum_{i,j \in \mathcal{J}_1, i \neq j} F_{ij}^{11}(\theta, \xi)z_i\bar{z}_j$ 的细节其他的类似. 据 (6.4.21), 有

$$\|F_{ij}^{11}(\theta,\xi)\|_{\widetilde{r},\mathcal{O}} \leqslant \frac{1}{3}c_3(\tau)\gamma^{-2}Q_{n+1}^{6\tau}\mathcal{E}^{-\frac{1}{120}}\|R_{ij}^{11}(\theta,\xi)\|_{\widetilde{r},\mathcal{O}}.$$

为了方便起见, 我们使用符号 F_θ 表示 F 对 θ 的偏导数. 对 $m = 1, 2$, 用 Cauchy 估计便得

$$\|F_{\theta_m}^{11}\|_{D(\widetilde{r}-\sigma,s)\times\mathcal{O}} \leqslant \frac{1}{3}c_3(\tau)\gamma^{-2}\sigma^{-1}Q_{n+1}^{6\tau}\mathcal{E}^{-\frac{1}{120}}\sup_{|z|,|\bar{z}|<s}\sum_{\substack{i,j\in\mathcal{J}_1 \\ i\neq j}}\|R_{ij}^{11}\|_{\widetilde{r},\mathcal{O}}|z_i||\bar{z}_j|,$$

它意味着

$$\frac{1}{s^2}\|F_\theta^{11}\|_{D(\widetilde{r}-\sigma,s)\times\mathcal{O}} \leqslant \frac{1}{3}c_3(\tau)\gamma^{-2}\sigma^{-1}Q_{n+1}^{6\tau}\mathcal{E}^{-\frac{1}{120}}\|X_{R^{11}}\|_{s,D(\widetilde{r},s)\times\mathcal{O}}. \qquad (6.4.22)$$

此外,

$$\|F_{z_i}^{11}\|_{D(\widetilde{r},s)\times\mathcal{O}} \leqslant \frac{1}{3}c_3(\tau)\gamma^{-2}Q_{n+1}^{6\tau}\mathcal{E}^{-\frac{1}{120}}\sup_{|\bar{z}|<s}\sum_{\substack{i,j\in\mathcal{J}_1 \\ i\neq j}}\|R_{ij}^{11}\|_{\widetilde{r},\mathcal{O}}|\bar{z}_j|.$$

这就证明了

$$\frac{1}{s}\|F_z^{11}\|_{D(\widetilde{r},s)\times\mathcal{O}} \leqslant \frac{1}{3}c_3(\tau)\gamma^{-2}Q_{n+1}^{6\tau}\mathcal{E}^{-\frac{1}{120}}\|X_{R^{11}}\|_{s,D(\widetilde{r},s)\times\mathcal{O}}. \qquad (6.4.23)$$

类似地,

$$\frac{1}{s}\|F_{\bar{z}}^{11}\|_{D(\widetilde{r},s)\times\mathcal{O}} \leqslant \frac{1}{3}c_3(\tau)\gamma^{-2}Q_{n+1}^{6\tau}\mathcal{E}^{-\frac{1}{120}}\|X_{R^{11}}\|_{s,D(\widetilde{r},s)\times\mathcal{O}}. \qquad (6.4.24)$$

估计 (6.4.22)—(6.4.24) 可推出

$$\|X_{F^{11}}\|_{s,D(\widetilde{r}-\sigma,s)\times\mathcal{O}} \leqslant c_3(\tau)\gamma^{-2}\sigma^{-1}Q_{n+1}^{6\tau}\mathcal{E}^{-\frac{1}{120}}\|X_{R^{11}}\|_{s,D(\widetilde{r},s)\times\mathcal{O}}.$$

因此

$$\|X_F\|_{s,D(\widetilde{r}-\sigma,s)\times\mathcal{O}} \leqslant c_3(\tau)\gamma^{-2}\sigma^{-1}Q_{n+1}^{6\tau}\mathcal{E}^{-\frac{1}{120}}\|X_R\|_{s,D(\widetilde{r},s)\times\mathcal{O}}.$$

对于 X_F 的类似计算可得

$$\|X_{R_e}\|_{s,D(\widetilde{r}-2\sigma,s)\times\mathcal{O}} \leqslant 6\sigma^{-1}\mathcal{E}^{-\frac{1}{60}}e^{-K\sigma}\|X_R\|_{s,D(\widetilde{r},s)\times\mathcal{O}}. \qquad \Box$$

6.4.2.3 双曲方向的无限维同调方程

在这一小节中, 我们考虑双曲方向上的同调方程 (6.4.6). 因为它不涉及小的除数, 所以这种情况比较容易研究. 这是由于作用于适当的相空间上的线性算子 $\mu\partial_{xxxx} + \partial_{xx}$ 的特征值是实数的, 并且满足某些非退化性条件. 假设 (6.4.4) 中关于 $\Lambda(\xi)$ 的第二个非退化性条件在本小节中都成立, 因此同调方程 (6.4.6) 可以精确地求解.

命题 6.4.2 对于 $r_* > 0, s > 0$ 和定义在 (6.4.7) 中的 N, 存在正常数 $c_4 := c_4(\varrho_1, \varrho_2)$ 和 ϵ_2 使得对每个

$$\sigma, \widetilde{r}, \ 0 < \sigma < r_* < \widetilde{r} < r(1-\eta),$$

如果不等式 (6.4.12) 和 (6.4.13) 满足并且

$$\|W\|_{\widetilde{r},\mathcal{O}} \leqslant \epsilon_2, \tag{6.4.25}$$

以及 $\Lambda(\xi)$ 满足 (6.4.4) 中的第二个非退化性条件, 则同调方程 (6.4.6) 有一个与 (6.4.9) 中的 U 有相同的形式精确解 G 满足

$$\|X_G\|_{s,D(\widetilde{r}-\sigma,s)\times\mathcal{O}} \leqslant c_4\sigma^{-1}\|X_U\|_{s,D(\widetilde{r},s)\times\mathcal{O}}.$$

证明 假设 $G(\theta, z, \bar{z}, \rho, \bar{\rho}, \xi)$ 与 (6.4.9) 中的 U 有相同的形式, 即

$$G(\theta, z, \bar{z}, \rho, \bar{\rho}, \xi)$$

$$= \sum_{\substack{|a+b|+|p+q|\leqslant 2 \\ |p+q|\geqslant 1, p\neq q}} G_{a,b,p,q}(\theta, \xi) z^a \bar{z}^b \rho^p \bar{\rho}^q$$

$$= \sum_{\substack{i\in\mathcal{J}_1 \\ j\in\mathcal{J}_2}} \left(G_{ij}^{13}(\theta, \xi)z_i\rho_j + G_{ij}^{14}(\theta, \xi)z_i\bar{\rho}_j + G_{ij}^{23}(\theta, \xi)\bar{z}_i\rho_j + G_{ij}^{24}(\theta, \xi)\bar{z}_i\bar{\rho}_j\right)$$

$$+ \sum_{j\in\mathcal{J}_2} \left(G_j^{03}(\theta, \xi)\rho_j + G_j^{04}(\theta, \xi)\bar{\rho}_j\right) + \sum_{\substack{i,j\in\mathcal{J}_2 \\ i\neq j}} G_{ij}^{34}(\theta, \xi)\rho_i\bar{\rho}_j$$

$$+ \sum_{i,j\in\mathcal{J}_2} \left(G_{ij}^{33}(\theta, \xi)\rho_i\rho_j + G_{ij}^{44}(\theta, \xi)\bar{\rho}_i\bar{\rho}_j\right). \tag{6.4.26}$$

由泊松括号的定义可推出同调方程 (6.4.6) 等价于

$$\partial_\omega G_{ij}^{13}(\theta, \xi) + \left(\mathrm{i}\big(\Omega_i(\xi) + B_i(\theta, \xi) + b_i(\theta, \xi)\big) - \big(\Lambda_j(\xi) + W_j(\theta, \xi)\big)\right)G_{ij}^{13}(\theta, \xi)$$

$$= U_{ij}^{13}(\theta, \xi),$$

$$\partial_\omega G_{ij}^{14}(\theta,\xi) + \big(\mathrm{i}\big(\Omega_i(\xi) + B_i(\theta,\xi) + b_i(\theta,\xi)\big) + \big(\Lambda_j(\xi) + W_j(\theta,\xi)\big)\big)G_{ij}^{14}(\theta,\xi)$$
$$= U_{ij}^{14}(\theta,\xi),$$

$$\partial_\omega G_{ij}^{23}(\theta,\xi) - \big(\mathrm{i}\big(\Omega_i(\xi) + B_i(\theta,\xi) + b_i(\theta,\xi)\big) + \big(\Lambda_j(\xi) + W_j(\theta,\xi)\big)\big)G_{ij}^{23}(\theta,\xi)$$
$$= U_{ij}^{23}(\theta,\xi),$$

$$\partial_\omega G_{ij}^{24}(\theta,\xi) - \big(\mathrm{i}\big(\Omega_i(\xi) + B_i(\theta,\xi) + b_i(\theta,\xi)\big) - \big(\Lambda_j(\xi) + W_j(\theta,\xi)\big)\big)G_{ij}^{24}(\theta,\xi)$$
$$= U_{ij}^{24}(\theta,\xi),$$

$$\partial_\omega G_j^{03}(\theta,\xi) - \big(\Lambda_j(\xi) + W_j(\theta,\xi)\big)G_j^{03}(\theta,\xi) = U_j^{03}(\theta,\xi),$$

$$\partial_\omega G_j^{04}(\theta,\xi) + \big(\Lambda_j(\xi) + W_j(\theta,\xi)\big)G_j^{04}(\theta,\xi) = U_j^{04}(\theta,\xi),$$

$$\partial_\omega G_{ij}^{34}(\theta,\xi) - \big(\big(\Lambda_i(\xi) + W_i(\theta,\xi)\big) - \big(\Lambda_j(\xi) + W_j(\theta,\xi)\big)\big)G_{ij}^{34}(\theta,\xi) = U_{ij}^{34}(\theta,\xi),$$

$$\partial_\omega G_{ij}^{33}(\theta,\xi) - \big(\big(\Lambda_i(\xi) + W_i(\theta,\xi)\big) + \big(\Lambda_j(\xi) + W_j(\theta,\xi)\big)\big)G_{ij}^{33}(\theta,\xi) = U_{ij}^{33}(\theta,\xi),$$

$$\partial_\omega G_{ij}^{44}(\theta,\xi) + \big(\big(\Lambda_i(\xi) + W_i(\theta,\xi)\big) + \big(\Lambda_j(\xi) + W_j(\theta,\xi)\big)\big)G_{ij}^{44}(\theta,\xi) = U_{ij}^{44}(\theta,\xi).$$

引入 $l \in \mathbb{Z}^d$, $\widetilde{l} \in \mathbb{Z}^\infty$, $|\widetilde{l}| \geqslant 1$, $1 \leqslant |l| + |\widetilde{l}| \leqslant 2$, 则上面同调方程可以重写为下列形式:

$$\partial_\omega G_l(\theta,\xi) + \big(\mathrm{i}\langle l, \Omega(\xi) + B(\theta,\xi) + b(\theta,\xi)\rangle + \langle \widetilde{l}, \Lambda(\xi) + W(\theta,\xi)\rangle\big)G_l(\theta,\xi)$$
$$= U_l(\theta,\xi). \quad (6.4.27)$$

用与命题 6.4.1 类似的方法, 通过比较方程 (6.4.27) 的 Fourier 系数, 我们得到

$$\Big(\mathrm{i}\big(\langle k,\omega\rangle + \langle l,\Omega(\xi)\rangle\big) + \langle \widetilde{l}, \Lambda(\xi)\rangle\Big)\widehat{G}_l(k,\xi) + \sum_{k_1 \in \mathbb{Z}^2}\Big(\mathrm{i}\langle l, \widehat{B}(k-k_1,\xi)$$
$$+ \widehat{b}(k-k_1,\xi)\rangle + \langle \widetilde{l}, \widehat{W}(k-k_1,\xi)\rangle\Big)\widehat{G}_l(k_1,\xi) = \widehat{U}_l(k,\xi),$$

它可以被看作是矩阵方程

$$(S+T)\mathfrak{G} = \mathfrak{U},$$

其中

$$S = \mathrm{diag}\,\Big(\mathrm{i}\big(\langle k,\omega\rangle + \langle l,\Omega(\xi)\rangle\big) + \langle \widetilde{l}, \Lambda(\xi)\rangle\Big)_{k \in \mathbb{Z}^2},$$

$$T = \Big(\mathrm{i}\langle l, \widehat{B}(k-k_1,\xi) + \widehat{b}(k-k_1,\xi)\rangle + \langle \widetilde{l}, \widehat{W}(k-k_1,\xi)\rangle\Big)_{k,k_1 \in \mathbb{Z}^2},$$

$$\mathfrak{G} = \left(\widehat{G}_l(k, \xi)\right)^{\mathrm{T}}_{k \in \mathbb{Z}^2}, \quad \mathfrak{U} = \left(\widehat{U}_l(k, \xi)\right)^{\mathrm{T}}_{k \in \mathbb{Z}^2}.$$

记

$$E_{\widetilde{r}} = \mathrm{diag}\left(e^{|k|\widetilde{r}}\right)_{k \in \mathbb{Z}^2},$$

则

$$\left(S + E_{\widetilde{r}} T E_{\widetilde{r}}^{-1}\right) E_{\widetilde{r}} \mathfrak{G} = E_{\widetilde{r}} \mathfrak{U}.$$

从关于 (6.4.4) 中的 $\Lambda(\xi)$ 的非退化性条件可推出

$$\|S^{-1}\|_{\mathcal{O}} \leqslant \frac{1}{12} c_4.$$

此外,

$$\|E_{\widetilde{r}} T E_{\widetilde{r}}^{-1}\|_{\mathcal{O}} \leqslant 2\left(\|B\|_{\widetilde{r},\mathcal{O}} + \|b\|_{\widetilde{r},\mathcal{O}} + \|W\|_{\widetilde{r},\mathcal{O}}\right).$$

由 (6.4.12), (6.4.13), (6.4.25) 并且取 $\epsilon_1, \epsilon_2 \leqslant \dfrac{1}{c_4}$, 可得

$$\|S^{-1} E_{\widetilde{r}} T E_{\widetilde{r}}^{-1}\|_{\mathcal{O}} \leqslant \frac{1}{6} c_4 \left(\|B\|_{\widetilde{r},\mathcal{O}} + \|b\|_{\widetilde{r},\mathcal{O}} + \|W\|_{\widetilde{r},\mathcal{O}}\right) < \frac{1}{2}.$$

因此,

$$\|G_l(\theta, \xi)\|_{\widetilde{r},\mathcal{O}} \leqslant \frac{1}{3} c_4 \|U_l(\theta, \xi)\|_{\widetilde{r},\mathcal{O}}.$$

现在给出 $X_{G^{13}}$ 的估计, 其中 $G^{13}(\theta, z, \rho, \xi) =: \sum_{i \in \mathcal{J}_1, j \in \mathcal{J}_2} G_{ij}^{13}(\theta, \xi) z_i \rho_j$. 因为

$$\frac{1}{s^2} \|G_\theta^{13}\|_{D(\widetilde{r}-\sigma,s) \times \mathcal{O}} \leqslant \frac{1}{3} c_4 \sigma^{-1} \|X_{U^{13}}\|_{s, D(\widetilde{r},s) \times \mathcal{O}},$$

$$\frac{1}{s} \|G_z^{13}\|_{D(\widetilde{r},s) \times \mathcal{O}} \leqslant \frac{1}{3} c_4 \|X_{U^{13}}\|_{s, D(\widetilde{r},s) \times \mathcal{O}}$$

和

$$\frac{1}{s} \|G_\rho^{13}\|_{a,p,D(\widetilde{r},s) \times \mathcal{O}} \leqslant \frac{1}{3} c_4 \|X_{U^{13}}\|_{s, D(\widetilde{r},s) \times \mathcal{O}},$$

所以 $\|X_{G^{13}}\|_{s, D(\widetilde{r},s) \times \mathcal{O}} \leqslant c_4 \sigma^{-1} \|X_{U^{13}}\|_{s, D(\widetilde{r},s) \times \mathcal{O}}$. 通过对 (6.4.26) 中 G 的左边项相同的计算, 即可完成证明. $\square$

6.4.3　KAM 步

在这一小节, 我们给出定理 6.4.2 的证明. 这个证明基于一个修改的 KAM 定理, 该定理用于处理具有二维 Liouville 频率的病态模型 (具有有限维中心方向和无限维双曲方向).

回忆哈密顿函数(6.4.3)

$$H = N + P = \langle \omega, I \rangle + \langle \Omega(\xi)z, \bar{z} \rangle - \langle \Lambda(\xi)\rho, \bar{\rho} \rangle + P(\theta, z, \bar{z}, \rho, \bar{\rho}, \xi),$$

定义在 $D(r, s) \times \mathcal{O}$ 上. 将扰动 P 分为

$$P = P^{(ne)} + \left(P - P^{(ne)} \right),$$

其中

$$P^{(ne)} = \sum_{|a+b|+|p+q| \leqslant 2} P_{a,b,p,q}(\theta, \xi) z^a \bar{z}^b \rho^p \bar{\rho}^q. \tag{6.4.28}$$

由引理 6.4.1 中的二阶 Taylor 公式, 可得

$$
\begin{aligned}
H \circ \phi_E^1 &= \left(N + P^{(ne)} \right) \circ \phi_E^1 + \left(P - P^{(ne)} \right) \circ \phi_E^1 \\
&= N + \{N, E\} + \int_0^1 (1-t)\{\{N, E\}, E\} \circ \phi_E^t dt \\
&\quad + P^{(ne)} + \int_0^1 \left\{ P^{(ne)}, E \right\} \circ \phi_E^t dt + \left(P - P^{(ne)} \right) \circ \phi_E^1.
\end{aligned}
$$

KAM 迭代的关键点是寻找

$$E := \sum_{|a+b|+|p+q| \leqslant 2} E_{a,b,p,q}(\theta, \xi) z^a \bar{z}^b \rho^p \bar{\rho}^q, \tag{6.4.29}$$

它与 $P^{(ne)}$ 形式相同, 使得

$$\{N, E\} + P^{(ne)} = 0. \tag{6.4.30}$$

由于 P 与 I 无关, E 可被选的独立于作用量 I. 用泊松括号, 对 $|a+b|+|p+q| \leqslant 2$, 方程 (6.4.30) 变为

$$
\begin{aligned}
\partial_\omega E_{a,b,p,q}(\theta, \xi) &+ \mathrm{i}\langle a - b, \Omega(\xi) \rangle E_{a,b,p,q}(\theta, \xi) - \langle p-q, \Lambda(\xi) \rangle E_{a,b,p,q}(\theta, \xi) \\
&= P_{a,b,p,q}^{(ne)}(\theta, \xi).
\end{aligned} \tag{6.4.31}
$$

注意到上面的同调方程 (6.4.31) 包含中心方向和双曲方向. 当 $p \neq q$ 时, 如在命题 6.4.2 中的证明, 在第二非退化性条件下, (6.4.4) 没有小除数. 当 $p = q$, (6.4.31) 变为

$$\partial_\omega E_{a,b,p,p}(\theta, \xi) + \mathrm{i}\langle a - b, \Omega(\xi) \rangle E_{a,b,p,p}(\theta, \xi) = P^{(ne)}_{a,b,p,p}(\theta, \xi), \tag{6.4.32}$$

它在 Diophantine 条件

$$|\langle k, \omega \rangle + \langle l, \Omega(\xi) \rangle| \geqslant \gamma(|k| + |l|)^{-\tau}, \quad k \in \mathbb{Z}^2, \, l \in \mathbb{Z}^d, \, |k| + |l| \neq 0, \, |l| \leqslant 2$$

下是可解的. 然而, 我们并不假设频率 ω 满足 Diophantine 条件. 这就导致当 $a = b$ 时同调方程 (6.4.32) 可能无解. 这表明在扰动中的共振项 $\sum_{|a|+|p| \leqslant 1} P_{a,a,p,p}(\theta, \xi)$ $\cdot z^a \bar{z}^a \rho^p \bar{\rho}^p$ 不能被删掉. 因此, 我们需要把它们放到正规形中并且考虑新的正规形

$$N = e(\theta, \xi) + \langle \omega, I \rangle + \langle (\Omega + B(\theta, \xi)) z, \bar{z} \rangle - \langle (\Lambda(\xi) + W(\theta, \xi)) \rho, \bar{\rho} \rangle.$$

进一步, 对 $|a + b| \leqslant 2$, $a \neq b$, $p = q = 0$ 或 $|a + b| + |p + q| \leqslant 2$, $p \neq q$, 同调方程 (6.4.31) 变成

$$\partial_\omega E_{a,b,p,q}(\theta, \xi) + \mathrm{i}\langle a - b, \Omega(\xi) + B(\theta, \xi) \rangle E_{a,b,p,q}(\theta, \xi)$$

$$- \langle p - q, \Lambda(\xi) + W(\theta, \xi) \rangle E_{a,b,p,q}(\theta, \xi)$$

$$= P^{(ne)}_{a,b,p,q}(\theta, \xi).$$

我们分解 (6.4.28) 的 $P^{(ne)}$ 和 (6.4.29) 中的 E 为

$$P^{(ne)} = \sum_{\substack{|a+b| \leqslant 2 \\ a \neq b}} P_{a,b,0,0}(\theta, \xi) z^a \bar{z}^b + \sum_{\substack{|a+b|+|p+q| \leqslant 2 \\ p \neq q}} P_{a,b,p,q}(\theta, \xi) z^a \bar{z}^b \rho^p \bar{\rho}^q$$

$$=: R + U,$$

$$E = \sum_{\substack{|a+b| \leqslant 2 \\ a \neq b}} E_{a,b,0,0}(\theta, \xi) z^a \bar{z}^b + \sum_{\substack{|a+b|+|p+q| \leqslant 2 \\ p \neq q}} E_{a,b,p,q}(\theta, \xi) z^a \bar{z}^b \rho^p \bar{\rho}^q$$

$$=: F + G.$$

于是, 只需解方程

$$\{F, N\} = R \tag{6.4.33}$$

和

$$\{G, N\} = U. \tag{6.4.34}$$

方程 (6.4.33) 和 (6.4.34) 的求解已在 6.4.2 节中解决.

6.4.4　KAM 步的动机

假设在 KAM 迭代的第 n 步的哈密顿 $H_n = N_n + P_n$ 定义在 $D(r_n, s_n) \times \mathcal{O}_{n-1}$ 上. 它是下列正规形

$$N_n = e_n(\theta, \xi) + \langle \omega, I \rangle + \langle (\Omega(\xi) + B_n(\theta, \xi))z, \bar{z} \rangle - \langle (\Lambda(\xi) + W_n(\theta, \xi))\rho, \bar{\rho} \rangle$$

的小扰动, 其中

$$\Omega(\xi) = (\Omega_1(\xi), \cdots, \Omega_d(\xi)),$$

$$B_n(\theta, \xi) = (B_{n,1}(\theta, \xi), \cdots, B_{n,d}(\theta, \xi)), \quad \mathcal{R}_{Q_{n_0+n}} B_n = 0,$$

$$\Lambda(\xi) = (\cdots, \Lambda_j(\xi), \cdots)_{j \in \mathcal{J}_2},$$

$$W_n(\theta, \xi) = (\cdots, W_{n,j}(\theta, \xi), \cdots)_{j \in \mathcal{J}_2},$$

具有 $\|B_n\|_{r_n, \mathcal{O}_{n-1}} \leqslant 4\varepsilon_0$, $\|W_n\|_{r_n, \mathcal{O}_{n-1}} \leqslant 4\varepsilon_0$. 此外, 这个扰动满足 $\|X_{P_n}\|_{s_n, D(r_n, s_n) \times \mathcal{O}_{n-1}}$ $\leqslant \varepsilon_n$. 数列 Q_{n_0+n}, ε_0, ε_n 在后面的 6.4.6 节给出.

我们要寻找一个实解析辛变换

$$\Phi_n : D(r_{n+1}, s_{n+1}) \times \mathcal{O}_n \to D(r_n, s_n) \times \mathcal{O}_n$$

使得 $H_{n+1} = H_n \circ \Phi_n$ 具有一个新正规形和一个更小的扰动 P_{n+1}.

为了简化符号, 在下面的内容中, 我们设 $Q_{n+1} = Q_{n_0+n}$, 去掉下标 n 并把 $(n + 1)$ 写成符号 $+$. 然后, 我们寻找一个实解析辛变换 $\Phi : D(r_+, s_+) \times \mathcal{O} \to D(r, s) \times \mathcal{O}$ 使得它变换

$$
\begin{aligned}
H &= N + P \\
&= e(\theta, \xi) + \langle \omega, I \rangle + \langle (\Omega(\xi) + B(\theta, \xi))z, \bar{z} \rangle - \langle (\Lambda(\xi) + W(\theta, \xi))\rho, \bar{\rho} \rangle + P
\end{aligned}
$$

$$(6.4.35)$$

到

$$
\begin{aligned}
H_+ &= N_+ + P_+ \\
&= e_+(\theta, \xi) + \langle \omega, I \rangle + \langle (\Omega(\xi) + B_+(\theta, \xi))z, \bar{z} \rangle - \langle (\Lambda(\xi) + W_+(\theta, \xi))\rho, \bar{\rho} \rangle + P_+,
\end{aligned}
$$

其中 B_+, W_+ 仍是 ε_0 阶并且新的扰动项 P_+ 是 ε_{n+1} 阶的.

6.4.5 一个有限归纳

6.4.5.1 有限归纳的思想

根据 6.4.3 节, 6.4.4 节, 我们需要求解包含小除数 $\dfrac{1}{\langle k, \omega \rangle}$ 但关于 ω 没有任何 Diophantine 条件的同调方程 (6.4.33). 根据命题 6.4.1 可以得出, 方程 (6.4.33) 完全可以用 (6.4.14) 和 (6.4.15) 中所示的估计来近似求解. 为了使 (6.4.14) 和 (6.4.15) 得到控制, 与经典的 KAM 理论相比, ε_n 的收缩速度比速度 $\varepsilon_{n+1} = \varepsilon_n^{\frac{3}{2}}$ 的速度快 (或许速度是 $\varepsilon_{n+1} = \mathcal{E}\varepsilon_n = e^{-\left(\frac{\overline{Q}_n}{Q_n^{\tau+1}} + \overline{Q}_n^{\frac{2}{A}}\right)}\varepsilon_n$) (细节可见 6.4.6 节). 这可通过有限的 KAM 迭代步骤来确保.

我们从一个有限归纳开始, 记

$$\widetilde{H}_0 = \widetilde{N}_0 + \widetilde{P}_0$$

$$= N + P$$

$$= e(\theta, \xi) + \langle \omega, I \rangle + \langle (\Omega(\xi) + B(\theta, \xi))z, \bar{z} \rangle - \langle (\Lambda(\xi) + W(\theta, \xi))\rho, \bar{\rho} \rangle + P,$$

这里 $\mathcal{R}_{Q_{n+1}} B = 0$ 和 $\|X_{\widetilde{P}_0}\|_{s, D(r,s) \times \mathcal{O}} \leqslant \varepsilon$.

设

$$\widetilde{\varepsilon}_0 = \varepsilon, \quad \widetilde{r}_0 = r(1 - \eta), \quad \widetilde{s}_0 = s,$$

$$\mathcal{E}_+ = e^{-\left(\frac{\overline{Q}_{n+1}}{Q_{n+1}^{\tau+1}} + \overline{Q}_{n+1}^{\frac{2}{A}}\right)}, \quad \varepsilon_+ = \mathcal{E}_+ \widetilde{\varepsilon}_0,$$

并且取唯一正整数 L 满足

$$\log_{\frac{8}{7}}\left(1 + \frac{\ln \mathcal{E}_+}{\ln \varepsilon}\right) \leqslant L < 1 + \log_{\frac{8}{7}}\left(1 + \frac{\ln \mathcal{E}_+}{\ln \varepsilon}\right). \tag{6.4.36}$$

对 $1 \leqslant j \leqslant L$, 定义数列

$$\widetilde{\varepsilon}_j = \widetilde{\varepsilon}_{j-1}^{\frac{8}{7}}, \quad \widetilde{r}_j = \widetilde{r}_{j-1} - 5\widetilde{r}_0\sigma_{j-1}, \quad \delta_j = \widetilde{\varepsilon}_j^{\frac{1}{6}}, \quad \widetilde{s}_j = \delta_{j-1}\widetilde{s}_{j-1}, \tag{6.4.37}$$

其中

$$\sigma_j = \begin{cases} \dfrac{\eta}{2^{j+4}}, & j < j_0, \\[3mm] -\dfrac{\ln \widetilde{\varepsilon}_j}{K\widetilde{r}_0}, & j \geqslant j_0, \end{cases} \tag{6.4.38}$$

这里

$$j_0 = \min\left\{ j \in \mathbb{N} : K\widetilde{\varepsilon}_j^{\frac{1}{20}} < 1 \right\}.\tag{6.4.39}$$

公式 (6.4.36) 和公式 (6.4.37) 清楚地表明 L 使得

$$\widetilde{\varepsilon}_L \leqslant \varepsilon_+ < \widetilde{\varepsilon}_{L-1}.$$

现在我们给出关于上面定义的数列的某些估计.

引理 6.4.4　*存在一个正常数 $\epsilon_0 = \epsilon_0(\tau, r_*)$ 使得如果*

$$\widetilde{\varepsilon}_0 \leqslant \epsilon_0 \mathcal{E},\tag{6.4.40}$$

则有

$$\widetilde{\varepsilon}_0 \leqslant \min\left\{ Q_{n+1}^{-120\tau}, \left(\frac{\gamma^2}{4c_3(\tau)} \right)^{60} \right\},\tag{6.4.41}$$

$$e^{-K\widetilde{r}_0 \sigma_j} \leqslant \widetilde{\varepsilon}_j\tag{6.4.42}$$

和

$$\widetilde{\varepsilon}_j \leqslant \left(\frac{1}{4c_4} \widetilde{r}_0 \sigma_j \right)^{20}.\tag{6.4.43}$$

证明　考虑 (6.4.41). 我们只证 $\widetilde{\varepsilon}_0 \leqslant Q_{n+1}^{-120\tau}$, 其他情况类似. 设 $J(\tau) = [61\tau\mathbb{A}^5]$. 由 (6.4.11) 中 $\mathcal{E}$ 的定义和引理 2.2.11 中的 $Q_{n+1} \leqslant \overline{Q}_n^{\mathbb{A}^4}$, 存在一个常数 $0 < \epsilon_3 = \epsilon_3(\tau) \leqslant \frac{1}{J!}$ 使得如果 $\epsilon_0 \leqslant \epsilon_3$, 则有

$$\widetilde{\varepsilon}_0 \leqslant \epsilon_0 \mathcal{E} = \epsilon_0 e^{-\left(\frac{\overline{Q}_n}{Q_n^{\tau+1}} + \overline{Q}_n^{\frac{2}{\mathbb{A}}} \right)} \leqslant \frac{\epsilon_3 J!}{\left(\overline{Q}_n^{\frac{2}{\mathbb{A}}} \right)^J} \leqslant Q_{n+1}^{-120\tau}.$$

考虑 (6.4.42). 当 $j \geqslant j_0$ 时, 这可从 (6.4.38) 中 σ_j 的定义可以明显看出. 当 $0 \leqslant j < j_0$ 时, 由 (6.4.39) 中 j_0 的选择以及 $\widetilde{\varepsilon}_j$ 的小性, 有

$$K \geqslant \left(\frac{1}{\widetilde{\varepsilon}_j} \right)^{\frac{1}{20}} \geqslant \left(\frac{1}{\widetilde{\varepsilon}_j} \right)^{\frac{1}{40}} \left(\ln \frac{1}{\widetilde{\varepsilon}_j} \right)^2.\tag{6.4.44}$$

此外, 由 (6.4.11) 中 K 的定义, 我们取数列 $\{Q_n\}$, $Q_n \geqslant \left(\frac{1}{r_*} \right)^{\mathbb{A}}$ 使得 $K \geqslant \overline{Q}_{n+1}^{\frac{3}{\mathbb{A}}} \geqslant r_*^2 Q_n^{\frac{1}{\mathbb{A}^4}}$. 因此,

$$K^{\frac{1}{2}} r_* \geqslant Q_n^{\frac{1}{2\mathbb{A}^4}} = \eta^{-1}.\tag{6.4.45}$$

从 (6.4.44) 和 (6.4.45) 可推出

$$K\widetilde{r}_0\sigma_j \geqslant \frac{Kr_*\eta}{2^{j+4}} \geqslant \frac{K^{\frac{1}{2}}}{2^{j+4}} \geqslant \frac{1}{2^{j+4}}\left(\frac{1}{\widetilde{\varepsilon}_j}\right)^{\frac{1}{80}}\ln\frac{1}{\widetilde{\varepsilon}_j} \geqslant \ln\frac{1}{\widetilde{\varepsilon}_j}.$$

考虑 (6.4.43). 当 $j \geqslant j_0$ 时, 由 j_0 的选择, 从它可从 $K\widetilde{\varepsilon}_j^{\frac{1}{20}} < 1$ 得到. 在情况 $j < j_0$, 由 (6.4.40) 和 (6.4.41), 存在 $0 < \epsilon_4 = \epsilon_4(r_*)$ 使得如果 $\epsilon_0 \leqslant \min\{\epsilon_3, \epsilon_4\}$, 则有

$$\widetilde{\varepsilon}_j^{\frac{1}{20}} = \widetilde{\varepsilon}_0^{\frac{1}{20}\cdot\left(\frac{8}{7}\right)^j} \leqslant \epsilon_0^{\frac{1}{20}\cdot\frac{4}{5}\cdot\left(\frac{8}{7}\right)^j}\cdot Q_{n+1}^{-120\cdot\frac{1}{20}\cdot\frac{1}{5}\cdot\left(\frac{8}{7}\right)^j}$$

$$\leqslant \epsilon_0^{\frac{1}{25}\cdot\left(\frac{8}{7}\right)^j}\cdot Q_{n+1}^{-\frac{6}{5}\cdot\left(\frac{8}{7}\right)^j} \leqslant \frac{\widetilde{r}_0}{4c_4\cdot 2^{j+4}}Q_n^{\frac{1}{2A^4}} = \frac{1}{4c_4}\widetilde{r}_0\sigma_j. \qquad \Box$$

6.4.5.2 有限迭代中的一步

在这一小节中, 我们给出关于有限归纳的迭代引理:

引理 6.4.5 假设 $\widetilde{\varepsilon}_0$ 满足引理 6.4.4 的条件并且哈密顿函数

$$\widetilde{H}_j = \widetilde{N}_j + \widetilde{P}_j$$

$$= \widetilde{e}_j(\theta, \xi) + \langle\omega, I\rangle + \langle(\Omega(\xi) + B(\theta, \xi) + b_j(\theta, \xi))z, \bar{z}\rangle$$

$$- \langle(\Lambda(\xi) + W(\theta, \xi) + w_j(\theta, \xi))\rho, \bar{\rho}\rangle + \widetilde{P}_j,$$

定义在 $D(\widetilde{r}_j, \widetilde{s}_j) \times \mathcal{O}$ 上, 其中

$$b_j(\theta, \xi) = (b_{j,1}(\theta, \xi), \cdots, b_{j,d}(\theta, \xi)), \quad w_j(\theta, \xi) = (\cdots, w_{j,i}(\theta, \xi), \cdots)_{i\in\mathcal{J}_2},$$

满足 $\|B\|_{r,\mathcal{O}} \leqslant 4\varepsilon_0$, $\|W\|_{r,\mathcal{O}} \leqslant 4\varepsilon_0$, $\mathcal{R}_{Q_{n+1}}B = 0$ 和 $\Omega + [B]_\theta \in DC_\omega(\gamma, \tau, K, \mathcal{O})$, 并且

$$\mathcal{R}_{Q_{n+2}}b_j = 0,$$

$$\|\widetilde{e}_j\|_{\widetilde{r}_j,\mathcal{O}}, \|b_j\|_{\widetilde{r}_j,\mathcal{O}}, \|w_j\|_{\widetilde{r}_j,\mathcal{O}} \leqslant \sum_{m=0}^{j-1}\widetilde{\varepsilon}_m, \qquad (6.4.46)$$

$$\|X_{\widetilde{P}_j}\|_{\widetilde{s}_j, D(\widetilde{r}_j, \widetilde{s}_j)\times\mathcal{O}} \leqslant \widetilde{\varepsilon}_j.$$

于是, 存在一个实解析变换

$$\widetilde{\Phi}_j : D(\widetilde{r}_{j+1}, \widetilde{s}_{j+1}) \times \mathcal{O} \to D(\widetilde{r}_{j+1}, 4\widetilde{s}_{j+1}) \times \mathcal{O},$$

其中

$$\|\widetilde{\Phi}_j - id\|_{\widetilde{s}_{j+1}, D(\widetilde{r}_{j+1}, \widetilde{s}_{j+1}) \times \mathcal{O}} \leqslant \widetilde{\varepsilon}_j^{\frac{2}{3}}, \tag{6.4.47}$$

$$\|D\widetilde{\Phi}_j - id\|_{\widetilde{s}_{j+1}, D(\widetilde{r}_{j+1}, \widetilde{s}_{j+1}) \times \mathcal{O}} \leqslant \widetilde{\varepsilon}_j^{\frac{1}{2}}, \tag{6.4.48}$$

使得哈密顿函数

$$\widetilde{H}_{j+1} = \widetilde{H}_j \circ \widetilde{\Phi}_j = \widetilde{N}_{j+1} + \widetilde{P}_{j+1}$$

满足与 $\widetilde{H}_j$ 中用 $j+1$ 代替 j 的相同的条件.

证明　用 6.4.3 节给出的思想, 分解

$$\widetilde{P}_j(\theta, z, \bar{z}, \rho, \bar{\rho}, \xi) = \sum_{a,b,p,q,k} \widehat{\widetilde{P}}_{j,a,b,p,q}(k, \xi) e^{i\langle k, \theta \rangle} z^a \bar{z}^b \rho^p \bar{\rho}^q$$

为三部分:

$$\widetilde{P}_j = \widetilde{P}_j^{(el)} + \widetilde{P}_j^{(nf)} + \widetilde{P}_j^{(pe)},$$

其中

$$\begin{aligned}
\widetilde{P}_j^{(el)}(\theta, z, \bar{z}, \rho, \bar{\rho}, \xi) &= \sum_{|a+b| \leqslant 2, a \neq b, |k| < K} \widehat{\widetilde{P}}_{j,a,b,0,0}(k, \xi) e^{i\langle k, \theta \rangle} z^a \bar{z}^b \\
&\quad + \sum_{\substack{|a+b|+|p+q| \leqslant 2 \\ p \neq q, k}} \widehat{\widetilde{P}}_{j,a,b,p,q}(k, \xi) e^{i\langle k, \theta \rangle} z^a \bar{z}^b \rho^p \bar{\rho}^q \\
&=: R_j(\theta, z, \bar{z}, \xi) + U_j(\theta, z, \bar{z}, \rho, \bar{\rho}, \xi), \\
\widetilde{P}_j^{(nf)}(\theta, z, \bar{z}, \rho, \bar{\rho}, \xi) &= \sum_{a=b=p=q=0, |k| < K} \widehat{\widetilde{P}}_{j,0,0,0,0}(k, \xi) e^{i\langle k, \theta \rangle} \\
&\quad + \sum_{a=b, |a|=|b|=1, |k| < K} \widehat{\widetilde{P}}_{j,a,b,0,0}(k, \xi) e^{i\langle k, \theta \rangle} z^a \bar{z}^b \\
&\quad + \sum_{p=q, |p|=|q|=1, k} \widehat{\widetilde{P}}_{j,0,0,p,q}(k, \xi) e^{i\langle k, \theta \rangle} \rho^p \bar{\rho}^q \\
&=: \widetilde{P}_{j,1}^{(nf)}(\theta, \xi) + \widetilde{P}_{j,2}^{(nf)}(\theta, z, \bar{z}, \xi) + \widetilde{P}_{j,3}^{(nf)}(\theta, \rho, \bar{\rho}, \xi), \\
\widetilde{P}_j^{(pe)}(\theta, z, \bar{z}, \rho, \bar{\rho}, \xi) &= \sum_{|a|+|b| \leqslant 2, |k| \geqslant K} \widehat{\widetilde{P}}_{j,a,b,0,0}(k, \xi) e^{i\langle k, \theta \rangle} z^a \bar{z}^b
\end{aligned}$$

$$+ \sum_{|a+b|+|p+q|\geqslant 3,k} \widehat{\widetilde{P}}_{j,a,b,p,q}(k,\xi)e^{\mathrm{i}\langle k,\theta\rangle}z^a\bar{z}^b\rho^p\bar{\rho}^q$$

$$=: \widetilde{P}_{j,1}^{(pe)} + \widetilde{P}_{j,2}^{(pe)}.$$

由 (6.4.41) 和 (6.4.46), 可得

$$\|b_j\|_{\tilde{r}_j,\mathcal{O}} \leqslant 2\widetilde{\varepsilon}_0 \leqslant \frac{3\gamma^2}{2c_3(\tau)Q_{n+1}^{6\tau}}.$$

此外, 由此引理的假设, 可知 B 满足 (6.4.12), 并且由 ε_0 的小性和 $\widetilde{\varepsilon}_0$ 可知 $(W+w_j)$ 满足 (6.4.25). 于是, 由命题 6.3.1 可知, 同调方程

$$\{F_j, \widetilde{N}_j\} = R_j \tag{6.4.49}$$

有一个解析的近似解 F_j, 具有误差项 $R_{j,e}$. 再由命题 6.4.2, 同调方程

$$\{G_j, \widetilde{N}_j\} = U_j$$

有一个精确解 G_j. 此外, 与引理 6.4.4 一起可得

$$\|X_{F_j}\|_{\tilde{s}_j, D(\tilde{r}_j-\tilde{r}_0\sigma_j,\tilde{s}_j)\times\mathcal{O}} \leqslant c_3(\tau)\gamma^{-2}(\tilde{r}_0\sigma_j)^{-1}Q_{n+1}^{6\tau}\mathcal{E}^{-\frac{1}{120}}\|X_{R_j}\|_{\tilde{s}_j, D(\tilde{r}_j,\tilde{s}_j)\times\mathcal{O}}$$

$$\leqslant \frac{1}{2}\widetilde{\varepsilon}_j^{\frac{5}{6}},$$

$$\|X_{G_j}\|_{\tilde{s}_j, D(\tilde{r}_j-\tilde{r}_0\sigma_j,\tilde{s}_j)\times\mathcal{O}} \leqslant c_4(\tilde{r}_0\sigma_j)^{-1}\|X_{U_j}\|_{\tilde{s}_j, D(\tilde{r}_j,\tilde{s}_j)\times\mathcal{O}}$$

$$\leqslant \frac{1}{2}\widetilde{\varepsilon}_j^{\frac{5}{6}}.$$

因此, 函数 $E_j := F_j + G_j$ 是同调方程

$$\{E_j, \widetilde{N}_j\} = \widetilde{P}_j^{(el)}$$

的解, 其中误差项 $R_{j,e}$ 由 (6.4.49) 产生并且满足

$$\|X_{E_j}\|_{\tilde{s}_j, D(\tilde{r}_j-\tilde{r}_0\sigma_j,\tilde{s}_j)\times\mathcal{O}}$$

$$\leqslant \|X_{F_j}\|_{\tilde{s}_j, D(\tilde{r}_j-\tilde{r}_0\sigma_j,\tilde{s}_j)\times\mathcal{O}} + \|X_{G_j}\|_{\tilde{s}_j, D(\tilde{r}_j-\tilde{r}_0\sigma_j,\tilde{s}_j)\times\mathcal{O}}$$

$$\leqslant \widetilde{\varepsilon}_j^{\frac{5}{6}}. \tag{6.4.50}$$

记

$$\widetilde{H}_{j+1} := \widetilde{H}_j \circ \phi_{E_j}^1 = \widetilde{N}_{j+1} + \widetilde{P}_{j+1},$$

其中

$$
\begin{aligned}
\widetilde{N}_{j+1} &= \widetilde{N}_j + \widetilde{P}_j^{(nf)} \\
&= \widetilde{e}_{j+1}(\theta,\xi) + \langle \omega, I \rangle + \langle \left(\Omega(\xi) + B(\theta,\xi) + b_{j+1}(\theta,\xi) \right) z, \bar{z} \rangle \\
&\quad - \langle \left(\Lambda(\xi) + W(\theta,\xi) + w_{j+1}(\theta,\xi) \right) \rho, \bar{\rho} \rangle,
\end{aligned} \tag{6.4.51}
$$

这里

$$
\widetilde{e}_{j+1} = \widetilde{e}_j + \widetilde{P}_{j,1}^{(nf)},
$$

$$
b_{j+1} = b_j + \frac{\partial^2 \widetilde{P}_{j,2}^{(nf)}}{\partial z \partial \bar{z}} \Bigg|_{z=\bar{z}=0},
$$

$$
w_{j+1} = w_j - \frac{\partial^2 \widetilde{P}_{j,3}^{(nf)}}{\partial \rho \partial \bar{\rho}} \Bigg|_{\rho=\bar{\rho}=0}.
$$

于是

$$
\widetilde{P}_{j+1} = R_{j,e} + \int_0^1 \left\{ (1-t) R_{j,e} + t\widetilde{P}_j^{(el)}, E_j \right\} \circ \phi_{E_j}^t \, dt + \widetilde{P}_j^{(pe)} \circ \phi_{E_j}^1. \tag{6.4.52}
$$

现在我们验证 $\widetilde{N}_{j+1}$, $\widetilde{P}_{j+1}$, $\phi_{E_j}^1$ 满足估计 (6.4.46)—(6.4.48). 由 (6.4.46) 和 (6.4.51), 容易得到

$$
\begin{aligned}
&\|\widetilde{e}_{j+1}\|_{\widetilde{r}_{j+1}, \mathcal{O}}, \ \|b_{j+1}\|_{\widetilde{r}_{j+1}, \mathcal{O}}, \ \|w_{j+1}\|_{\widetilde{r}_{j+1}, \mathcal{O}} \\
&\leqslant \sum_{m=0}^{j} \widetilde{\varepsilon}_m + \|X_{\widetilde{P}_j}\|_{\widetilde{s}_j, D(\widetilde{r}_j, \widetilde{s}_j) \times \mathcal{O}} \\
&\leqslant \sum_{m=0}^{j-1} \widetilde{\varepsilon}_m + \widetilde{\varepsilon}_j \leqslant \sum_{m=0}^{j} \widetilde{\varepsilon}_m.
\end{aligned}
$$

因为 $K < Q_{n+2}$, 所以 $\mathcal{R}_{Q_{n+2}} b_{j+1} = 0$.

因此, 为了简单起见, 我们用 c 表示一个只依赖于 τ, d 的正常数, 而不依赖于迭代步数 j 和 n.

考虑坐标变换 $\widetilde{\Phi}_j := \phi_{E_j}^1$. 由 Cauchy 估计, (6.4.50) 和引理 6.4.4, 再注意到 $\widetilde{\varepsilon}_j$ 的小性, 可得

$$
\begin{aligned}
\|DX_{E_j}\|_{\widetilde{s}_j, D(\widetilde{r}_j - 2\widetilde{r}_0 \sigma_j, \widetilde{s}_j) \times \mathcal{O}} &\leqslant c(\widetilde{r}_0 \sigma_j)^{-1} \|X_{E_j}\|_{\widetilde{s}_j, D(\widetilde{r}_j - \widetilde{r}_0 \sigma_j, \widetilde{s}_j) \times \mathcal{O}} \\
&\leqslant c(\widetilde{r}_0 \sigma_j)^{-1} \widetilde{\varepsilon}_j^{\frac{5}{6}} \leqslant \widetilde{\varepsilon}_j^{\frac{3}{4}}. \tag{6.4.53}
\end{aligned}
$$

于是, 对每个 $-1 \leqslant t \leqslant 1$, 由向量场 X_{E_j} 生成的流 $\phi_{E_j}^t$ 定义一个坐标变换:

$$\phi_{E_j}^t : \ D(\widetilde{r}_{j+1}, \widetilde{s}_{j+1}) \times \mathcal{O} \to D(\widetilde{r}_{j+1}, 4\widetilde{s}_{j+1}) \times \mathcal{O},$$

这里 $\phi_{E_j}^t$ 满足积分方程

$$\phi_{E_j}^t = id + \int_0^t X_{E_j} \circ \phi_{E_j}^s ds,$$

$$D\phi_{E_j}^t = Id + \int_0^t DX_{E_j} \circ D\phi_{E_j}^s ds.$$

再根据 Gronwall 不等式, (6.4.50) 和 (6.4.53), 可得

$$\|\phi_{E_j}^t - id\|_{\widetilde{s}_{j+1}, D(\widetilde{r}_{j+1}, \widetilde{s}_{j+1}) \times \mathcal{O}} \leqslant \delta_j^{-1} \|X_{E_j}\|_{\widetilde{s}_j, D(\widetilde{r}_j - \widetilde{r}_0\sigma_j, \widetilde{s}_j) \times \mathcal{O}} \leqslant \widetilde{\varepsilon}_j^{\frac{2}{3}},$$

$$\|D\phi_{E_j}^t - Id\|_{\widetilde{s}_{j+1}, D(\widetilde{r}_{j+1}, \widetilde{s}_{j+1}) \times \mathcal{O}} \leqslant \delta_j^{-1} \|DX_{E_j}\|_{\widetilde{s}_j, D(\widetilde{r}_j - 2\widetilde{r}_0\sigma_j, \widetilde{s}_j) \times \mathcal{O}} \leqslant \widetilde{\varepsilon}_j^{\frac{1}{2}}. \tag{6.4.54}$$

剩下的任务是估计在 (6.4.52) 中定义的新扰动 $\widetilde{P}_{j+1}$, 它使得

$$X_{\widetilde{P}_{j+1}} = X_{R_{j,e}} + \int_0^1 \left(\phi_{E_j}^t\right)^* X_{\left\{(1-t)R_{j,e} + t\widetilde{P}_j^{(el)}, E_j\right\}} dt + \left(\phi_{E_j}^1\right)^* X_{\widetilde{P}_j^{(pe)}}.$$

考虑 $X_{R_{j,e}}$. 与引理 6.4.4 一起, 命题 6.3.1 表明

$$\|X_{R_{j,e}}\|_{\widetilde{s}_j, D(\widetilde{r}_j - 2\widetilde{r}_0\sigma_j, \widetilde{s}_j) \times \mathcal{O}} \leqslant 6(\widetilde{r}_0\sigma_j)^{-1} \mathcal{E}^{-\frac{1}{60}} e^{-K\widetilde{r}_0\sigma_j} \|X_{R_j}\|_{\widetilde{s}_j, D(\widetilde{r}_j, \widetilde{s}_j) \times \mathcal{O}} \leqslant c\widetilde{\varepsilon}_j^{\frac{29}{15}}. \tag{6.4.55}$$

于是

$$\|X_{R_{j,e}}\|_{\widetilde{s}_{j+1}, D(\widetilde{r}_{j+1}, \widetilde{s}_{j+1}) \times \mathcal{O}} \leqslant \delta_j^{-1} \|X_{R_{j,e}}\|_{\widetilde{s}_j, D(\widetilde{r}_j - 2\widetilde{r}_0\sigma_j, \widetilde{s}_j) \times \mathcal{O}} \leqslant \frac{\widetilde{\varepsilon}_{j+1}}{3}.$$

现在估计 $\left(\phi_{E_j}^t\right)^* X_{\left\{(1-t)R_{j,e} + t\widetilde{P}_j^{(el)}, E_j\right\}}$. 根据 (6.4.54), 可得

$$\|D\phi_{E_j}^t\|_{\widetilde{s}_{j+1}, D(\widetilde{r}_{j+1}, \widetilde{s}_{j+1}) \times \mathcal{O}} \leqslant 1 + \|D\phi_{E_j}^t - Id\|_{\widetilde{s}_{j+1}, D(\widetilde{r}_{j+1}, \widetilde{s}_{j+1}) \times \mathcal{O}} \leqslant 1 + \widetilde{\varepsilon}_j^{\frac{1}{2}} \leqslant 2.$$

从 (6.4.55) 可推出

$$\left\|X_{(1-t)R_{j,e} + t\widetilde{P}_j^{(el)}}\right\|_{\widetilde{s}_j, D(\widetilde{r}_j - 2\sigma_j\widetilde{r}_0, \widetilde{s}_j) \times \mathcal{O}} \leqslant c\widetilde{\varepsilon}_j^{\frac{29}{15}} + \widetilde{\varepsilon}_j \leqslant 2\widetilde{\varepsilon}_j. \tag{6.4.56}$$

由引理 6.4.10, (6.4.50) 和 (6.4.56), 可得

$$\left\| X_{\left\{ (1-t)R_{j,e} + t\widetilde{P}_j^{(el)}, E_j \right\}} \right\|_{\widetilde{s}_{j+1}, D(\widetilde{r}_{j+1}, \widetilde{s}_{j+1}) \times \mathcal{O}} \leqslant c\widetilde{\varepsilon}_j^{\frac{29}{20}}.$$

因此

$$\left\| \left(\phi_{E_j}^t \right)^* X_{\left\{ (1-t)R_{j,e} + t\widetilde{P}_j^{(el)}, E_j \right\}} \right\|_{\widetilde{s}_{j+1}, D(\widetilde{r}_{j+1}, \widetilde{s}_{j+1}) \times \mathcal{O}} \leqslant \frac{1}{3}\widetilde{\varepsilon}_{j+1}.$$

对于 $\left(\phi_{E_j}^1 \right)^* X_{\widetilde{P}_j^{(pe)}}$, 我们有

$$\left\| \left(\phi_{E_j}^t \right)^* X_{\widetilde{P}_j^{(pe)}} \right\|_{\widetilde{s}_{j+1}, D(\widetilde{r}_{j+1}, \widetilde{s}_{j+1}) \times \mathcal{O}} < \frac{1}{3}\widetilde{\varepsilon}_{j+1}.$$

由上面的讨论可推出

$$\| X_{\widetilde{P}_{j+1}} \|_{\widetilde{s}_{j+1}, D(\widetilde{r}_{j+1}, \widetilde{s}_{j+1}) \times \mathcal{O}} \leqslant \widetilde{\varepsilon}_{j+1}.$$

当假设 $\widetilde{\varepsilon}_0 \leqslant \min\{\epsilon_0 \gamma^{120}, Q_{n+1}^{-120\tau}\}$ 时, $B = 0$ 的证明是类似的. □

6.4.5.3　一个 KAM 步的证明

在这一小节, 我们将寻找一个变换 Φ, 它变 H 到 H_+. 由 (6.4.36) 中 L 的选择, 可得 $\varepsilon_L \leqslant \varepsilon_+ < \widetilde{\varepsilon}_{L-1}$. 因此, 我们在第 L 步终止上一小段中提出的有限迭代. 这允许定义

$$s_+ = \widetilde{s}_L, \quad r_+ = \widetilde{r}_0(1 - \eta).$$

现在我们需要证明 $r_+ \leqslant \widetilde{r}_L$. 由 (6.4.38) 中 σ_j 的定义, 可知

$$\sum_{j=0}^{L-1} \sigma_j = \sum_{j=0}^{j_0-1} \sigma_j + \sum_{j=j_0}^{L-1} \sigma_j \leqslant \frac{\eta}{8} - \sum_{j=j_0}^{L-1} \frac{\ln \widetilde{\varepsilon}_j}{K\widetilde{r}_0} = \frac{\eta}{8} - \frac{8 \ln \widetilde{\varepsilon}_{L-1}}{K\widetilde{r}_0} + \frac{7 \ln \widetilde{\varepsilon}_{j_0}}{K\widetilde{r}_0} \leqslant \frac{\eta}{5}.$$

因而

$$\widetilde{r}_L = \widetilde{r}_0 - 5\widetilde{r}_0 \sum_{j=0}^{L-1} \sigma_j \geqslant \widetilde{r}_0(1 - \eta) = r_+.$$

推论 6.4.1　考虑 (6.4.35) 中的 H, 其中 $\mathcal{R}_{Q_{n+1}} B = 0$. 对每个 $0 < \gamma < 1$, $\tau > 2$, $r > r_* > 0$, $s > 0$, 存在正常数 $\epsilon_0 = \epsilon_0(\tau, r_*)$, $\epsilon_1 = \epsilon_1(\tau, r_*)$, ϵ_2 使得如果 $\Omega + [B]_\theta \in DC_\omega(\gamma, \tau, K, \mathcal{O})$ 和

$$\| B \|_{r, \mathcal{O}} \leqslant \epsilon_1, \quad \| W \|_{r, \mathcal{O}} \leqslant \epsilon_2, \quad \| X_P \|_{s, D(r,s) \times \mathcal{O}} \leqslant \varepsilon \leqslant \epsilon_0 \mathcal{E},$$

则存在一个实解析近恒等的辛变换

$$\Phi : D(r_+, s_+) \times \mathcal{O} \to D(r, s) \times \mathcal{O}$$

使得它变 H 到

$$H_+ = N_+ + P_+$$
$$= e_+(\theta, \xi) + \langle \omega, I \rangle + \langle (\Omega(\xi) + B_+(\theta, \xi))z, \bar{z} \rangle - \langle (\Lambda(\xi) + W_+(\theta, \xi))\rho, \bar{\rho} \rangle + P_+,$$

这里

$$\mathcal{R}_{Q_{n+2}} B_+ = 0,$$

$$\|e_+ - e\|_{r_+, \mathcal{O}}, \ \|B_+ - B\|_{r_+, \mathcal{O}}, \ \|W_+ - W\|_{r_+, \mathcal{O}} \leqslant 2\varepsilon,$$

$$\|X_{P_+}\|_{s_+, D(r_+, s_+) \times \mathcal{O}} \leqslant \varepsilon_+.$$

此外, Φ 满足

$$\|\Phi - id\|_{s_+, D(r_+, s_+) \times \mathcal{O}} \leqslant 4\varepsilon^{\frac{2}{3}}, \tag{6.4.57}$$

$$\|D\Phi - Id\|_{s_+, D(r_+, s_+) \times \mathcal{O}} \leqslant 4\varepsilon^{\frac{1}{2}}. \tag{6.4.58}$$

证明 推论 6.4.1 的证明是引理 6.4.5 的直接结果. 设

$$\Phi := \widetilde{\Phi}^L = \widetilde{\Phi}_0 \circ \widetilde{\Phi}_1 \circ \cdots \circ \widetilde{\Phi}_{L-1},$$

$$H_+ = H \circ \Phi = \widetilde{N}_L + \widetilde{P}_L =: N_+ + P_+,$$

这里 $N_+ = \widetilde{N}_L, P_+ = \widetilde{P}_L$. 即 $e_+ = e + \widetilde{e}_L, B_+ = B + b_L, W_+ = W + w_L$. 于是

$$\mathcal{R}_{Q_{n+2}} B_+ = 0, \quad \|B_+ - B\|_{r_+, \mathcal{O}} \leqslant \|b_L\|_{\widetilde{r}_L, \mathcal{O}} \leqslant 2\varepsilon,$$

$$\|e_+ - e\|_{r_+, \mathcal{O}} \leqslant \|\widetilde{e}_L\|_{\widetilde{r}_L, \mathcal{O}} \leqslant 2\varepsilon,$$

$$\|W_+ - W\|_{r_+, \mathcal{O}} \leqslant \|w_L\|_{\widetilde{r}_L, \mathcal{O}} \leqslant 2\varepsilon,$$

$$\|X_{P_+}\|_{s_+, D(r_+, s_+) \times \mathcal{O}} \leqslant \|X_{\widetilde{P}_L}\|_{\widetilde{s}_L, D(\widetilde{r}_L, \widetilde{s}_L) \times \mathcal{O}} \leqslant \widetilde{\varepsilon}_L \leqslant \varepsilon_+.$$

下面证明变换 Φ 满足 (6.4.57) 和 (6.4.58). 由链式法则和 (6.4.48), 可得

$$\|D\widetilde{\Phi}^j\|_{\widetilde{s}_j, D(\widetilde{r}_j, \widetilde{s}_j) \times \mathcal{O}} \leqslant \prod_{i=0}^{j-1} \|D\widetilde{\Phi}_i\|_{\widetilde{s}_{i+1}, D(\widetilde{r}_{i+1}, \widetilde{s}_{i+1}) \times \mathcal{O}} \leqslant \prod_{i=0}^{j} (1 + \varepsilon_i^{\frac{1}{2}}) \leqslant 2.$$

于是, 用中值定理和 (6.4.47) 可得

$$\|\widetilde{\Phi}^{j+1} - \widetilde{\Phi}^j\|_{\widetilde{s}_{j+1}, D(\widetilde{r}_{j+1}, \widetilde{s}_{j+1}) \times \mathcal{O}} \leqslant 2\widetilde{\varepsilon}_j^{\frac{2}{3}}.$$

因而

$$\|\widetilde{\Phi}^L - id\|_{\widetilde{s}_L, D(\widetilde{r}_L, \widetilde{s}_L) \times \mathcal{O}} \leqslant 4\widetilde{\varepsilon}_0^{\frac{2}{3}}.$$

类似地, 可证

$$\|D\widetilde{\Phi}^L - id\|_{\widetilde{s}_L, D(\widetilde{r}_L, \widetilde{s}_L) \times \mathcal{O}} \leqslant 4\widetilde{\varepsilon}_0^{\frac{1}{2}}. \qquad \Box$$

6.4.6 一个无限归纳

一旦在 6.4.5 节中的一个 KAM 步建立, 我们定义无限多个连续的迭代步. 固定 $r > r_* > 0$, $s > 0$, $\tau > 2$, $1 > \gamma > 0$, $d \in \mathbb{N}_+$, $\mathbb{A} = \tau + 3$. 设

$$T = \max\left\{ \left(\frac{1}{r_*}\right)^{\mathbb{A}}, \ 4^{\mathbb{A}^4} \right\} \tag{6.4.59}$$

和 $\epsilon_0 = \epsilon_0(\tau, r^*) > 0$, $\epsilon_1 = \epsilon_1(\tau, r^*) > 0$, $\epsilon_2 > 0$.

对上面定义的 T, 取 $n_0 \in \mathbb{N}$ 使得 $Q_{n_0} \geqslant T$ 和充分小的依赖于常数 $r_*, \tau, \gamma, \alpha$ 的 ε 以便

$$\varepsilon \leqslant \min\left\{ \epsilon_0 \gamma^{120}, \ \frac{\epsilon_1}{4}, \ \frac{\epsilon_2}{4}, \ Q_{n_0}^{-120\tau} \right\}. \tag{6.4.60}$$

然后通过

$$\begin{aligned}
&\varepsilon_0 = \varepsilon, \quad r_0 = r, \quad \gamma_0 = \gamma, \quad \gamma_n = \gamma_0 \left(\frac{1}{2} + \frac{1}{2^{n+1}}\right), \\
&\mathcal{E}_{n+1} = e^{-\left(\frac{\overline{Q}_{n+n_0}}{Q_{n+n_0}^{\tau+1}} + \overline{Q}_{n+n_0}^{\frac{2}{\mathbb{A}}}\right)}, \quad \varepsilon_{n+1} = \mathcal{E}_{n+1}\varepsilon_n, \\
&\eta_n = Q_{n+n_0-1}^{\frac{-1}{2\mathbb{A}^4}}, \quad r_{n+1} = r_n(1 - \eta_n)^2, \\
&K_n = \left[\max\left\{ \frac{\overline{Q}_{n+n_0}}{Q_{n+n_0}^{\tau}}, \ \overline{Q}_{n+n_0}^{\frac{3}{\mathbb{A}}} \right\}\right]
\end{aligned} \tag{6.4.61}$$

定义依赖于 $\varepsilon, r, s, \gamma$ 的主要迭代数列.

设 L_n 是由

$$\log_{\frac{8}{7}}\left(\frac{\ln \varepsilon_{n+1}}{\ln \varepsilon_n}\right) \leqslant L_n < 1 + \log_{\frac{8}{7}}\left(\frac{\ln \varepsilon_{n+1}}{\ln \varepsilon_n}\right)$$

定义的唯一正整数, 即

$$\varepsilon_n^{(\frac{8}{7})^{Ln}} \leqslant \varepsilon_{n+1} < \varepsilon_n^{(\frac{8}{7})^{Ln}-1}.$$

此外, 定义

$$s_0 = s, \quad s_{n+1} = \varepsilon_n^{\frac{7}{6}[(\frac{8}{7})^{Ln}-1]} s_n, \quad D_n = D(r_n, s_n).$$

根据 6.4.5 节, 我们有下列迭代引理.

引理 6.4.6 (迭代引理)　假设 ε 满足 (6.4.60) 和定义在 $D_n \times \mathcal{O}_{n-1}$ 上的实解析哈密顿系统

$$H_n = N_n + P_n$$

$$= e_n(\theta, \xi) + \langle \omega, I \rangle + \langle (\Omega(\xi) + B_n(\theta, \xi))z, \bar{z} \rangle - \langle (\Lambda(\xi) + W_n(\theta, \xi))\rho, \bar{\rho} \rangle$$

$$+ P_n(\theta, z, \bar{z}, \rho, \bar{\rho}, \xi)$$

满足 $\mathcal{R}_{Q_{n+n_0}} B_n = 0$,

$$\|e_n - e_{n-1}\|_{r_n, \mathcal{O}_{n-1}}, \|B_n - B_{n-1}\|_{r_n, \mathcal{O}_{n-1}}, \|W_n - W_{n-1}\|_{r_n, \mathcal{O}_{n-1}} \leqslant 2\varepsilon_{n-1} \tag{6.4.62}$$

以及

$$\|X_{P_n}\|_{s_n, D(n) \times \mathcal{O}_{n-1}} \leqslant \varepsilon_n,$$

其中 $\varepsilon_{-1} = e_0 = B_0 = W_0 = 0$, $|\Omega(\xi)|_{\mathcal{O}} \leqslant 1$ 并且 $\mathcal{O}_{n-1}$ 由

$$\mathcal{O}_{n-1} = \left\{ \xi \in \mathcal{O} : |\langle k, \omega \rangle + \langle l, \Omega(\xi) + [B_{n-1}(\theta, \xi)]_\theta \rangle| \geqslant \frac{\gamma_{n-1}}{(|k| + |l|)^\tau}, \right.$$

$$\left. 0 < |l| \leqslant 2, \quad k < K_{n-1} \right\}$$

定义. 则存在一个子集 $\mathcal{O}_n \subseteq \mathcal{O}_{n-1}$ 具有

$$\mathcal{O}_n = \mathcal{O}_{n-1} \Big\backslash \bigcup_{K_{n-2} \leqslant |k| < K_n} g_k^n(\gamma_n), \tag{6.4.63}$$

其中

$$g_k^n(\gamma_n) = \left\{ \xi \in \mathcal{O}_{n-1} : |\langle k, \omega \rangle + \langle l, \Omega + [B_n]_\theta \rangle| < \frac{\gamma_n}{(|k| + |l|)^\tau}, \right.$$

$$\left. 0 < |l| \leqslant 2 \right\}$$

和一个实解析辛变换

$$\Phi_n : D_{n+1} \times \mathcal{O}_n \to D_n \times \mathcal{O}_n$$

使得 $H_{n+1} = H_n \circ \Phi_n$ 有与 H_n 类似的形式并且满足用 $(n+1)$ 代替 n 的 H_n 的条件. 此外, 有估计

$$\|\Phi_n - id\|_{s_{n+1}, D_{n+1} \times \mathcal{O}_n} \leqslant 4\varepsilon_n^{\frac{2}{3}},$$

$$\|D\Phi_n - Id\|_{s_{n+1}, D_{n+1} \times \mathcal{O}_n} \leqslant 4\varepsilon_n^{\frac{1}{2}}.$$

证明　　因为引理 6.4.6 是推论 6.4.1 的直接结果, 所以只需证明推论 6.4.1. 首先, 对在 H_n 中定义的数列 r_n 和每个 $n \geqslant 0$, 我们证明 $r_n > r_*$. 实际上, 由 (6.4.59) 中的 $Q_{n_0+1} \geqslant T \geqslant 4^{\mathbf{A}^4}$, 可得

$$\prod_{k=2}^{\infty}(1 - 2\eta_k) \geqslant 1 - \sum_{k=2}^{\infty} 4\eta_k \geqslant 1 - 8Q_{n_0+1}^{\frac{-1}{2\mathbf{A}^4}} \geqslant \frac{1}{2}.$$

于是

$$r_n = r_0 \prod_{k=0}^{n}(1 - \eta_k)^2 > r_0(1 - 2\eta_0)(1 - 2\eta_1) \prod_{k=2}^{\infty}(1 - 2\eta_k) > \frac{1}{8}r_0 > r_*.$$

其次, 我们证明

$$\|B_n\|_{r_n, \mathcal{O}_{n-1}} \leqslant \epsilon_1, \quad \|W_n\|_{r_n, \mathcal{O}_{n-1}} \leqslant \epsilon_2$$

和 $\Omega + [B_n]_\theta \in DC_\omega(\gamma_n, \tau, K_n, \mathcal{O}_n)$. 从 (6.4.62), $W_0 = B_0 = 0$ 和 (6.4.60) 可推出

$$\|W_n\|_{r_n, \mathcal{O}_{n-1}} \leqslant \sum_{j=1}^{n} \|W_j - W_{j-1}\|_{r_j, \mathcal{O}_{j-1}} \leqslant 2\sum_{j=1}^{n} \varepsilon_{j-1} \leqslant 4\varepsilon_0 \leqslant \epsilon_2$$

和

$$\|B_n\|_{r_n, \mathcal{O}_{n-1}} \leqslant \sum_{j=1}^{n} \|B_j - B_{j-1}\|_{r_j, \mathcal{O}_{j-1}} \leqslant 2\sum_{j=1}^{n} \varepsilon_{j-1} \leqslant 4\varepsilon_0 \leqslant \epsilon_1.$$

这就意味着 $|\Omega + [B_n]_\theta|_{\mathcal{O}_{n-1}} \leqslant 2$. 此外, 对 $\xi \in \mathcal{O}_{n-1}$, 可得

$$|\langle k, \omega \rangle + \langle l, \Omega + [B_{n-1}]_\theta \rangle| \geqslant \frac{\gamma_{n-1}}{(|k| + |l|)^\tau}, \quad 0 < |l| \leqslant 2, \quad |k| < K_{n-1}.$$

于是 $0 < |l| \leqslant 2$, $|k| < K_n$, 可得

$$
\begin{aligned}
\left|\langle k, \omega\rangle + \langle l, \Omega + [B_n]_\theta\rangle\right| &\geqslant \left|\langle k, \omega\rangle + \langle l, \Omega + [B_{n-1}]_\theta\rangle\right| - \left|\langle l, [B_n - B_{n-1}]_\theta\rangle\right| \\
&\geqslant \frac{\gamma_{n-1}}{(|k| + |l|)^\tau} - 2\varepsilon_{n-1} \geqslant \frac{\gamma_n}{(|k| + |l|)^\tau}.
\end{aligned}
$$

当 $K_{n-2} \leqslant |k| < K_n$, 有必要从 $\mathcal{O}_n$ 中排除一个共振集, 就像在 $\mathcal{O}_n$ 中对 $\mathcal{O}_n$ 的定义一样.

最后, 证明

$$
\|X_{P_n}\|_{s_n, D(n) \times \mathcal{O}_{n-1}} \leqslant \varepsilon_n \leqslant \epsilon_0 \mathcal{E}_n.
$$

由 (6.4.61) 中的 ε_n 的构造以及对 $n \geqslant 1$ 给出的条件 (6.4.60), 再由 γ 的小性可推出

$$
\varepsilon_n = \mathcal{E}_n \cdots \mathcal{E}_1 \varepsilon_0 \leqslant \epsilon_0 \gamma^{120} \mathcal{E}_n \leqslant \epsilon_0 \mathcal{E}_n.
$$

当 $n = 0$ 时, 只要取 ε_0 满足 (6.4.60) 就足够了. $\qquad\square$

6.4.7 收敛性

考虑哈密顿系统

$$
\begin{aligned}
H_0 &= N_0 + P_0 \\
&= N + P \\
&= \langle \omega, I\rangle + \langle \Omega(\xi)z, \bar{z}\rangle - \langle \Lambda(\xi)\rho, \bar{\rho}\rangle + P(\theta, z, \bar{z}, \rho, \bar{\rho}, \xi),
\end{aligned}
$$

定义在 $D(r, s) \times \mathcal{O}$ 上. 因为 $\mathcal{O}$ 是 $\mathbb{R}_+$ 的闭子集以及 $\Omega(\xi)$ 在 $\mathcal{O}$ 上是 C_W^1, 不失一般性, 我们假设 $|\Omega(\xi)|_{\mathcal{O}} < 1$. 由于

$$
\mathcal{O}_0 = \mathcal{O} \setminus \bigcup_{|k| < K_0} g_k^0(\gamma_0) = \left\{ \xi \in \mathcal{O} : |\langle k, \omega\rangle + \langle l, \Omega(\xi)\rangle| \geqslant \frac{\gamma_0}{(|k| + |l|)^\tau}, \right.
$$

$$
\left. 0 < |l| \leqslant 2, \quad k < K_0 \right\},
$$

可知非共振条件 $\Omega(\xi) \in DC(\gamma, \tau, K_0, \mathcal{O}_0)$ 满足.

我们注意到, 因为在双曲方向上的同调方程没有遇到小除数问题, 所以不涉及 $\Lambda(\xi)$ 的非共振条件. 因为 $B_0 = 0$ 和

$$
\|P_0\|_{r_0, \mathcal{O}_0} \leqslant \varepsilon_0 \leqslant \min\left\{ \epsilon_0 \gamma^{120}, Q_{n_0}^{-120\tau} \right\}
$$

以及 (6.4.60), 我们能够使用迭代引理 6.4.6 获得区域 $D_n \times \mathcal{O}_{n-1}$ 上的递减数列和变换序列

$$\Phi^n := \Phi_0 \circ \cdots \circ \Phi_{n-1} : D_n \times \mathcal{O}_{n-1} \to D_0 \times \mathcal{O}$$

使得 $H_n = H_0 \circ \Phi^n = N_n + P_n$ 满足引理 6.4.6 中的性质. 设

$$\mathcal{O}_* = \bigcap_{n=0}^{\infty} \mathcal{O}_n.$$

所以由 [81] 可知, Φ^n 在 $D(r_*, 0) \times \mathcal{O}_*$ 上一致收敛于 Φ^*. 实际上, 由于 Φ^* 在区域 $D\left(r_*, \dfrac{s}{2}\right) \times \mathcal{O}_*$ 上定义而且关于变量 z, $\bar{z}$, ρ, $\bar{\rho}$ 是放射的.

从 (6.4.62) 可推出 B_n (或 e_n, W_n) 在 $D(r_*, 0) \times \mathcal{O}_*$ 上一致收敛于极限 B_* (或 e_*, W_*), 具有

$$\|B_*\|_{r_*, \mathcal{O}_*} \leqslant \sum_{n=1}^{\infty} \|B_n - B_{n-1}\|_{r_n, \mathcal{O}_{n-1}} \leqslant 4\varepsilon_0,$$

$$\|e_*\|_{r_*, \mathcal{O}_*} \leqslant \sum_{n=1}^{\infty} \|e_n - e_{n-1}\|_{r_n, \mathcal{O}_{n-1}} \leqslant 4\varepsilon_0,$$

$$\|W_*\|_{r_*, \mathcal{O}_*} \leqslant \sum_{n=1}^{\infty} \|W_n - W_{n-1}\|_{r_n, \mathcal{O}_{n-1}} \leqslant 4\varepsilon_0.$$

因此,

$$H \circ \Phi^* = N_* + P_*$$

$$= e_*(\theta, \xi) + \langle \omega, I \rangle + \langle (\Omega + B_*(\theta, \xi)) z, \bar{z} \rangle - \langle (\Lambda(\xi) + W_*(\theta, \xi)) \rho, \bar{\rho} \rangle$$

$$+ \sum_{|a+b|+|p+q| \geqslant 3} P_{*,a,b,p,q}(\theta, \xi) z^a \bar{z}^b \rho^p \bar{\rho}^q.$$

6.4.8 测度估计

在 KAM 迭代过程中, 我们得到了一个闭子集 $\mathcal{O}_0 \supset \mathcal{O}_1 \supset \cdots$ 的递减序列. 证明它们的交 $\bigcap_{n=0}^{\infty} \mathcal{O}_n$ 的 Lebesgue 测度非零是至关重要的. 关于测度估计的更多的信息可参考 [81, 122].

引理 6.4.7 对于 $\mathcal{O}$ 中的集合 $\mathcal{O}_* = \bigcap_{n=0}^{\infty} \mathcal{O}_n$, 其中 $\mathcal{O}_n$ 在 (6.4.63) 中定义, 对充分小的 $\gamma > 0$, 我们有 $\mathrm{meas}(\mathcal{O} \setminus \mathcal{O}_*) = \mathcal{O}(\gamma)$.

这个引理的证明可在 [120] 找到.

6.4.9 应用: 定理 6.4.1 的证明

6.4.9.1 标准化

由于系统 (6.4.1) 的哈密顿结构是复杂的, 我们首先变它到如 (6.4.3) 的标准形式, 然后应用我们的 KAM 定理.

1. 哈密顿系统 (6.4.1)

设 $y = \varepsilon^{\frac{1}{2}} u$, 则方程 (6.4.1) 变成

$$\begin{cases} u_{tt}(t,x) = \mu u_{xxxx} + u_{xx} + \left(\varepsilon u^3 + \varepsilon^{\frac{1}{2}} f(\omega t, x) \right)_{xx}, & x \in [0,\pi], \ \mu > 0, \\ u(t,0) = u(t,\pi) = u_{xx}(t,0) = u_{xx}(t,\pi) = 0. \end{cases}$$

$$(6.4.64)$$

引入 $u_t = \partial_x v$, 方程 (6.4.64) 可被重写为哈密顿系统

$$\begin{cases} u_t = \partial_x v, \\ v_t = \partial_x \left(\mu u_{xx} + u + \varepsilon u^3 + \varepsilon^{\frac{1}{2}} f(\omega t, x) \right), \end{cases} \qquad (6.4.65)$$

具有哈密顿函数

$$H(u,v) = \int_0^\pi \left(\frac{v^2}{2} + \frac{1}{2}(u^2 - \mu(u_x)^2) + \frac{\varepsilon}{4} u^4 + \varepsilon^{\frac{1}{2}} f(\omega t, x) u \right) dx. \qquad (6.4.66)$$

设相空间 $\mathcal{P} := H_0^1([0,\pi]) \times L^2([0,\pi])$. 哈密顿函数 (6.4.66) 对 $(u,v) \in \mathcal{P}$ 有定义, 其中 $u \in H_0^1([0,\pi])$ 和 $v \in L^2([0,\pi])$.

设

$$\mathbb{J} = \begin{pmatrix} 0 & \partial_x \\ \partial_x & 0 \end{pmatrix}$$

是关于空间 $L^2([0,\pi]) \times L^2([0,\pi])$ 中 L^2 内积的一个弱导数算子. 具体地说, 对于

$$w(x) = (u(x), v(x)) \in L^2([0,\pi]) \times L^2([0,\pi])$$

和

$$\Psi(x) = (\Psi_1(x), \Psi_2(x)) \in C_0^\infty([0,\pi]) \times C_0^\infty([0,\pi]),$$

$\mathbb{J}$ 按下列意义下定义:

$$(\mathbb{J}w(x), \Psi(x)) = -(w(x), \mathbb{J}\Psi(x)) = -\int_0^\pi [v(x)\Psi_1'(x) + u(x)\Psi_2'(x)]\, dx.$$

用 H 的弱导数表示 $\nabla_w H := \left(u + \mu u_{xx} + \varepsilon u^3 + \varepsilon^{\frac{1}{2}} f(\omega t, x), \; v \right)^{\mathrm{T}}$. 则 (6.4.65) 可以写成一个更紧凑的形式

$$\frac{dw}{dt} = \mathbb{J} \nabla_w H. \tag{6.4.67}$$

因为 $\mathbb{J}$ 在 $L^2([0, \pi]) \times L^2([0, \pi])$ 上是一个反自伴算子, 所以 (6.4.67) 是一个哈密顿系统. 相应的泊松结构是

$$\{F, G\} = \int_0^\pi \nabla F \mathbb{J} \nabla G dx = \int_0^\pi \left(\frac{\partial F}{\partial u} \partial_x \frac{\partial G}{\partial v} + \frac{\partial F}{\partial v} \partial_x \frac{\partial G}{\partial u} \right) dx, \tag{6.4.68}$$

这比薛定谔方程、波动方程和 KDV 方程中的标准形式更为复杂. 接下来, 我们构造辛变换, 这样 (6.4.67) 就可以写成我们 KAM 理论的标准形式.

2. 哈密顿系统 (6.4.67) 的标准化

在铰链边界条件 $u(t, 0) = u(t, \pi) = u_{xx}(t, 0) = u_{xx}(t, \pi) = 0$ 下, 在哈密顿系统 (6.4.64) 中的算子 $\sqrt{\mu \partial_{xxxx} + \partial_{xx}}$ 有一个正交基 $\psi_j \in L^2[0, \pi]$, $j \geqslant 1$, 其中

$$\psi_j(x) := \sqrt{2\pi^{-1}} \sin jx, \quad j \geqslant 1, \tag{6.4.69}$$

这里相应的特征值 $\sqrt{\mu j^4 - j^2}$, $j \geqslant 1$, 而且只要考虑 $0 < \mu < 1$ 就足够了. 由于在情况 $\mu > 1$, 这些特征值都是实数, 并且满足 (6.4.4) 中的第二非退化性条件, 使得在所有具有双曲方向的同调方程中不涉及小的除数. 即命题 6.4.2 是充分的.

另一方面, 为了排除线性算子 $\mu \partial_{xxxx} + \partial_{xx}$ 的零空间, 对于 $0 < \mu_1 < \mu_2 < 1$, 定义下列参数集是必要的

$$\mu \in [\mu_1, \mu_2] = \mathcal{O} \subseteq \left\{ \mu > 0 : \frac{1}{\sqrt{\mu}} \text{不是整数} \right\}. \tag{6.4.70}$$

取 $d = \left[\dfrac{1}{\sqrt{\mu}} \right]$ 和

$$\mathcal{J}_1 = \{1, \cdots, d\}, \quad \mathcal{J}_2 = \{d+1, d+2, \cdots\}, \tag{6.4.71}$$

则这些特征值满足 $\sqrt{\mu j^4 - j^2} \in i\mathbb{R}$, $j \in \mathcal{J}_1$ 并且 $\sqrt{\mu j^4 - j^2} \in \mathbb{R}$, $j \in \mathcal{J}_2$. 记

$$\lambda_j = \begin{cases} \sqrt{j^2 - \mu j^4}, & j \in \mathcal{J}_1, \\ \sqrt{\mu j^4 - j^2}, & j \in \mathcal{J}_2. \end{cases} \tag{6.4.72}$$

因为 $u_t = \partial_x v$, 所以用 (6.4.69), 我们知道 v 属于由 $\{\phi_j(x)\}_{j \geqslant 1}$ 张成的空间, 这里

$$\phi_j(x) = \sqrt{2\pi^{-1}} \cos jx, \quad j \geqslant 1.$$

设 $\mathcal{S}$ 表示由基 $\{\psi_j, \phi_j\}_{j \geqslant 1}$ 张成的空间, 易见如果 $(u, v) \in \mathcal{S}$ 是哈密顿系统 (6.4.65) 的一个解, 则 u 是 (6.4.64) 的一个解. 因此, 我们考虑相空间 $\mathcal{S}$ 上的哈密顿系统 (6.4.65).

设

$$u(t, x) = -\sum_{j \geqslant 1} \frac{j}{\sqrt{\lambda_j}} q_j(t) \psi_j(x), \quad v(t, x) = \sum_{j \geqslant 1} \sqrt{\lambda_j} p_j(t) \phi_j(x), \qquad (6.4.73)$$

其中 $\{q_j, p_j\}_{j \geqslant 1}$ 是 (u, v) 关于基 $\{\psi_j, \phi_j\}_{j \geqslant 1}$ 的坐标, 并且分别选择 u 和 v 中的权值为

$$-\frac{j}{\sqrt{\lambda_j}} \quad \text{和} \quad \sqrt{\lambda_j},$$

以便 $\{q_j, p_j\}_{j \geqslant 1}$ 为标准辛坐标.

对上面定义的函数 $\psi_j(x)$ 和 $\phi_j(x)$, 易证

$$\frac{d}{dx} \psi_j(x) = j \phi_j(x), \quad \frac{d}{dx} \phi_j(x) = -j \psi_j(x), \quad j \geqslant 1$$

和

$$\int_0^\pi \psi_j(x) \psi_l(x) dx = \begin{cases} 1, & j = l, \\ 0, & j \neq l, \end{cases} \quad \int_0^\pi \phi_j(x) \phi_l(x) dx = \begin{cases} 1, & j = l, \\ 0, & j \neq l. \end{cases}$$

于是, 我们有

$$\int_0^\pi u(t, x) \psi_j dx = -\frac{j}{\sqrt{\lambda_j}} q_j(t), \quad \int_0^\pi v(t, x) \phi_j dx = \sqrt{\lambda_j} p_j(t), \quad j \geqslant 1,$$

它意味着

$$q_j(t) = -\frac{\sqrt{\lambda_j}}{j} \int_0^\pi u(t, x) \psi_j dx, \quad p_j(t) = \frac{1}{\sqrt{\lambda_j}} \int_0^\pi v(t, x) \phi_j dx, \quad j \geqslant 1.$$

因此, q_j 和 p_j 关于 u 的 Fréchet 导数是

$$\frac{\partial q_j}{\partial u} = -\frac{\sqrt{\lambda_j}}{j} \psi_j, \quad \frac{\partial p_j}{\partial v} = \frac{1}{\sqrt{\lambda_j}} \phi_j, \quad j \geqslant 1.$$

于是, 在 (6.4.68) 中的泊松括号被变为

$$\{F, G\} = \int_0^\pi \left(\frac{\partial F}{\partial u} \partial_x \frac{\partial G}{\partial v} + \frac{\partial F}{\partial v} \partial_x \frac{\partial G}{\partial u} \right) dx$$

$$= \sum_{j,i \geqslant 1} \int_0^\pi \left(\frac{\partial F}{\partial q_j} \frac{\partial q_j}{\partial u} \partial_x \frac{\partial G}{\partial p_i} \frac{\partial p_i}{\partial v} + \frac{\partial F}{\partial p_i} \frac{\partial p_i}{\partial v} \partial_x \frac{\partial G}{\partial q_j} \frac{\partial q_j}{\partial u} \right) dx$$

$$= - \sum_{j,i \geqslant 1} \int_0^\pi \left(\frac{\partial F}{\partial q_j} \frac{\sqrt{\lambda_j}}{j} \psi_j \partial_x \frac{\partial G}{\partial p_i} \frac{1}{\sqrt{\lambda_i}} \phi_i + \frac{\partial F}{\partial p_i} \frac{1}{\sqrt{\lambda_i}} \phi_i \partial_x \frac{\partial G}{\partial q_j} \frac{\sqrt{\lambda_j}}{j} \psi_j \right) dx$$

$$= - \sum_{j,i \geqslant 1} \int_0^\pi \left(\frac{\partial F}{\partial q_j} \frac{\sqrt{\lambda_j}}{j} \frac{\partial G}{\partial p_i} \frac{1}{\sqrt{\lambda_i}} (-i) \psi_j \psi_i + \frac{\partial F}{\partial p_i} \frac{1}{\sqrt{\lambda_i}} \frac{\partial G}{\partial q_j} \frac{\sqrt{\lambda_j}}{j} j \phi_i \phi_j \right) dx$$

$$= \sum_{j \geqslant 1} \left(\frac{\partial F}{\partial q_j} \frac{\partial G}{\partial p_j} - \frac{\partial F}{\partial p_j} \frac{\partial G}{\partial q_j} \right)$$

$$= \sum_{j \in \mathcal{J}_1} \left(\frac{\partial F}{\partial q_j} \frac{\partial G}{\partial p_j} - \frac{\partial F}{\partial p_j} \frac{\partial G}{\partial q_j} \right) + \sum_{j \in \mathcal{J}_2} \left(\frac{\partial F}{\partial q_j} \frac{\partial G}{\partial p_j} - \frac{\partial F}{\partial p_j} \frac{\partial G}{\partial q_j} \right).$$

对应的辛形式变为

$$\sum_{j \in \mathcal{J}_1} dq_j \wedge dp_j + \sum_{j \in \mathcal{J}_2} dq_j \wedge dp_j.$$

如上面的讨论, 展开 (6.4.64) 中的 $f(\omega t, x)$ 为

$$f(\omega t, x) = \sum_{j \geqslant 1} f_j(\omega t) \psi_j(x). \tag{6.4.74}$$

由 (6.4.73) 和 (6.4.74), (6.4.66) 中的哈密顿函数 H 被变成

$$H(p, q) = \int_0^\pi \left(\frac{v^2}{2} + \frac{1}{2}(u^2 - \mu(u_x)^2) + \frac{\varepsilon}{4} u^4 + \varepsilon^{\frac{1}{2}} f(\omega t, x) u \right) dx$$

$$= \sum_{j \geqslant 1} \frac{1}{2} \left(\lambda_j p_j^2 + \frac{j^2 - \mu j^4}{\lambda_j} q_j^2 \right) + P(\omega t, p, q, \mu)$$

$$= \sum_{j \in \mathcal{J}_1} \frac{\lambda_j}{2} (p_j^2 + q_j^2) + \sum_{j \in \mathcal{J}_2} \frac{\lambda_j}{2} (p_j^2 - q_j^2) + P(\omega t, p, q, \mu), \tag{6.4.75}$$

其中

$$P(\omega t, p, q, \mu) = \sum_{i \pm j \pm m \pm n = 0} \frac{\varepsilon a_{ijmn} ijmn}{4\sqrt{\lambda_i \lambda_j \lambda_m \lambda_n}} q_i q_j q_m q_n - \sum_{j \geqslant 1} \frac{\varepsilon^{\frac{1}{2}} f_j(\omega t) j q_j}{\sqrt{\lambda_j}},$$

这里

$$a_{ijmn} = \int_0^\pi \psi_i(x) \psi_j(x) \psi_m(x) \psi_n(x) dx \tag{6.4.76}$$

满足 $a_{ijmn} = 0$ 除了 $i \pm j \pm m \pm n = 0$.

3. 新坐标下的哈密顿

为了探讨 (6.4.75) 的部分正规形, 引入变量 $z = (z_j, j \in \mathcal{J}_1)$, $\bar{z} = (\bar{z}_j, j \in \mathcal{J}_1)$ 和 $\rho = (\rho_j, j \in \mathcal{J}_2)$, $\bar{\rho} = (\bar{\rho}_j, j \in \mathcal{J}_2)$, 其中

$$z_j = \frac{1}{\sqrt{2}}(q_j - \mathrm{i}p_j), \quad \bar{z}_j = \frac{1}{\sqrt{2}}(q_j + \mathrm{i}p_j), \quad j \in \mathcal{J}_1,$$
$$\rho_j = \frac{1}{\sqrt{2}}(q_j - p_j), \quad \bar{\rho}_j = \frac{1}{\sqrt{2}}(q_j + p_j), \quad j \in \mathcal{J}_2. \tag{6.4.77}$$

在这些坐标下的辛形式为 $\mathrm{i}\sum_{j \in \mathcal{J}_1} dz_j \wedge d\bar{z}_j + \sum_{j \in \mathcal{J}_2} d\rho_j \wedge d\bar{\rho}_j$ 并且在 (6.4.75) 中的哈密顿函数取下列形式

$$H(z, \bar{z}, \rho, \bar{\rho}) = \sum_{j \in \mathcal{J}_1} \lambda_j z_j \bar{z}_j - \sum_{j \in \mathcal{J}_2} \lambda_j \rho_j \bar{\rho}_j + P(\omega t, z, \bar{z}, \rho, \bar{\rho}, \mu)$$

$$= \langle \Omega(\mu)z, \bar{z} \rangle - \langle \Lambda(\mu)\rho, \bar{\rho} \rangle + P(\omega t, z, \bar{z}, \rho, \bar{\rho}, \mu), \tag{6.4.78}$$

其中

$$\Omega(\mu) = (\cdots, \lambda_j, \cdots)_{j \in \mathcal{J}_1}, \quad \Lambda(\mu) = (\cdots, \lambda_j, \cdots)_{j \in \mathcal{J}_2} \tag{6.4.79}$$

并且 $P(\omega t, z, \bar{z}, \rho, \bar{\rho}, \mu)$ 有 (6.4.83) 中的形式.

引入 $\theta = \omega t$, (6.4.78) 的运动方程是一个自治系统

$$\begin{cases} \dot{\theta} = \omega, \\ \dot{z} = \mathrm{i}\Omega(\mu)z + \mathrm{i}\partial_{\bar{z}}P(\theta, z, \bar{z}, \rho, \bar{\rho}, \mu), \\ \dot{\bar{z}} = -\mathrm{i}\Omega(\mu)\bar{z} - \mathrm{i}\partial_z P(\theta, z, \bar{z}, \rho, \bar{\rho}, \mu), \\ \dot{\rho} = -\Lambda(\mu)\rho + \partial_{\bar{\rho}}P(\theta, z, \bar{z}, \rho, \bar{\rho}, \mu), \\ \dot{\bar{\rho}} = \Lambda(\mu)\bar{\rho} - \partial_\rho P(\theta, z, \bar{z}, \rho, \bar{\rho}, \mu). \end{cases} \tag{6.4.80}$$

为了使 (6.4.80) 为一个哈密顿系统, 我们添加一个辅助变量 $I \in \mathbb{C}^2$, 即

$$\begin{cases} \dot{\theta} = \omega, \\ \dot{I} = -\partial_\theta P(\theta, z, \bar{z}, \rho, \bar{\rho}, \mu), \\ \dot{z} = \mathrm{i}\Omega(\mu)z + \mathrm{i}\partial_{\bar{z}}P(\theta, z, \bar{z}, \rho, \bar{\rho}, \mu), \\ \dot{\bar{z}} = -\mathrm{i}\Omega(\mu)\bar{z} - \mathrm{i}\partial_z P(\theta, z, \bar{z}, \rho, \bar{\rho}, \mu), \\ \dot{\rho} = -\Lambda(\mu)\rho + \partial_{\bar{\rho}}P(\theta, z, \bar{z}, \rho, \bar{\rho}, \mu), \\ \dot{\bar{\rho}} = \Lambda(\mu)\bar{\rho} - \partial_\rho P(\theta, z, \bar{z}, \rho, \bar{\rho}, \mu), \end{cases}$$

这里哈密顿函数是

$$H(\theta, I, z, \bar{z}, \rho, \bar{\rho}, \mu) = \langle \omega, I \rangle + \langle \Omega(\mu)z, \bar{z} \rangle - \langle \Lambda(\mu)\rho, \bar{\rho} \rangle + P(\theta, z, \bar{z}, \rho, \bar{\rho}, \mu)$$

$$=: N + P \tag{6.4.81}$$

并且辛形式是 $d\theta \wedge dI + \mathrm{i}dz \wedge d\bar{z} + d\rho \wedge d\bar{\rho}$.

6.4.9.2　定理 6.4.1 的证明

(6.4.81) 的形式适用于我们的 KAM 理论. 剩下的任务是验证 $H = N + P$ 满足定理 6.4.2 中的假设. 我们将证明 $\Omega(\mu)$ 和 $\Lambda(\mu)$ 满足非退化性条件 (6.4.4), 并且在向量场范数的意义上, 扰动 P 可以充分小.

引理 6.4.8　对于在 (6.4.70) 中选取的参数 μ 和在 (6.4.71) 中定义的集合 $\mathcal{J}_1$, $\mathcal{J}_2$, 在 (6.4.79) 中定义的向量 $\Omega(\mu)$, $\Lambda(\mu)$(依赖于 μ) 满足非退化性条件 (6.4.4).

证明　首先考虑 $\Omega(\mu)$. 当 $j \in \mathcal{J}_1$ 时, 从 (6.4.72) 可推出 $\lambda_j(\mu) = \sqrt{j^2 - \mu j^4}$. 通过一些计算可得 $|\lambda_j(\mu)|_{\mathcal{O}}$ 是有界的. 即 $|\Omega|_{\mathcal{O}}$ 是有界的. 此外, 对 $0 < |l| \leqslant 2$, 用 $\dfrac{j^3}{\sqrt{1 - \mu j^2}}$ 关于 j 的递增性质, 有

$$\left| \frac{d}{d\mu} \langle l, \Omega(\mu) \rangle \right| = \frac{d\lambda_j(\mu)}{d\mu} = \frac{j^3}{2\sqrt{1 - \mu j^2}} \geqslant \frac{1}{2} =: C_1, \quad |l| = 1,$$

$$\left| \frac{d}{d\mu} \langle l, \Omega(\mu) \rangle \right| = \left| \frac{i^3}{2\sqrt{1 - \mu i^2}} - \frac{j^3}{2\sqrt{1 - \mu j^2}} \right| \geqslant C_2 > 0, \quad |l| = 2, \ i \neq j, \tag{6.4.82}$$

其中 C_2 是一个依赖于 $\mathcal{O}$ 的常数. 于是, 当 $\varrho := \min\{C_1, C_2\}$ 时, 在 (6.4.4) 中的第一非退化性条件满足.

对 $\Lambda(\mu)$, 有 $\lambda_j(\mu) = \sqrt{\mu j^4 - j^2}$, $j \in \mathcal{J}_2$. 用与 (6.4.82) 类似的计算, 可得 $\left| \dfrac{d}{d\mu} \langle l, \Lambda(\mu) \rangle \right| \geqslant \varrho_1 > 0$. 此外, 对 $0 < \tilde{\mu} < \mu$ 和依赖于 $\mathcal{O}$ 的常数 C_3, C_4, 由于数列 $\sqrt{j^4 - \dfrac{j^2}{\mu}}$ 递增速度比 $\dfrac{j^3}{\sqrt{j^2 - \dfrac{1}{\mu}}}$, 所以

$$\left| \frac{d}{d\mu} \langle l, \Lambda(\mu) \rangle \right| = \frac{j^3}{2\sqrt{\mu j^2 - 1}} \leqslant \frac{1}{2(\mu - \tilde{\mu})} \lambda_j(\mu) =: C_3 |\langle l, \Lambda(\mu) \rangle|, \quad |l| = 1,$$

$$\left| \frac{d}{d\mu} \langle l, \Lambda(\mu) \rangle \right| = \frac{1}{2\sqrt{\mu}} \left| \frac{i^3}{\sqrt{i^2 - \dfrac{1}{\mu}}} - \frac{j^3}{\sqrt{j^2 - \dfrac{1}{\mu}}} \right| \leqslant C_4 \left| \sqrt{i^4 - \frac{i^2}{\mu}} - \sqrt{j^4 - \frac{j^2}{\mu}} \right|$$

$$\leqslant C_4|\langle l, \Lambda(\mu)\rangle|, \quad |l| = 2, \ i \neq j,$$

这只需要取 $\varrho_2 := \max\{C_3, C_4\}$. 　　　　　　　　　　　　　　　　□

为了估计 (6.4.81) 中 P 的向量场范数, 我们记

$$P(\theta, z, \bar{z}, \rho, \bar{\rho}, \mu) = P^1(z, \bar{z}, \rho, \bar{\rho}, \mu) - P^2(\theta, z, \bar{z}, \rho, \bar{\rho}, \mu), \tag{6.4.83}$$

其中

$$P^1(z, \bar{z}, \rho, \bar{\rho}, \mu) = \sum_{\pm i \pm j \pm m = n} \frac{\varepsilon a_{ijmn} ijmn}{16\sqrt{\lambda_i \lambda_j \lambda_m \lambda_n}} (b_i + \bar{b}_i)(b_j + \bar{b}_j)(b_m + \bar{b}_m)(b_n + \bar{b}_n),$$

$$P^2(\theta, z, \bar{z}, \rho, \bar{\rho}, \mu) = \sum_{j \geqslant 1} \frac{\varepsilon^{\frac{1}{2}} f_j(\theta) j (b_j + \bar{b}_j)}{\sqrt{2\lambda_j}},$$

这里

$$b_j = \begin{cases} z_j, & j \in \mathcal{J}_1, \\ \rho_j, & j \in \mathcal{J}_2, \end{cases} \qquad \bar{b}_j = \begin{cases} \bar{z}_j, & j \in \mathcal{J}_1, \\ \bar{\rho}_j, & j \in \mathcal{J}_2. \end{cases}$$

对于向量场

$$X_P = (P_I, -P_\theta, \mathrm{i}P_{\bar{z}}, -\mathrm{i}P_z, P_{\bar{\rho}}, -P_\rho),$$

我们给出下列引理.

引理 6.4.9 设 $1 > r, s > 0, 1 \gg \varepsilon > 0$ 并且 μ 是在 P 中取的常数, 则存在一个依赖于 $r, s, \mathcal{O}, f$ 的正常数 $\widetilde{C}$ 使得在区域 $D(r, s) := \{(\theta, z, \bar{z}, \rho, \bar{\rho}) : |\mathrm{Im}\theta| \leqslant r, |z|, |\bar{z}| < s, \|\rho\|_{a,p}, \|\bar{\rho}\|_{a,p} < s\}$ 上 (6.4.83) 中的扰动 P 满足

$$\|X_P\|_{s, D(r,s) \times \mathcal{O}} \leqslant \widetilde{C}\varepsilon^{\frac{1}{2}}. \tag{6.4.84}$$

证明 首先估计 X_{P^1}. 用 (6.4.72) 中的定义, 可得 $\sqrt{\lambda_j} = \mathcal{O}(j)$. 与 (6.4.76) 一起, 对于一个只依赖于 $\mathcal{O}$ 而不依赖于 i, j, m, n 的常数 $C := C(\mu)$, 可得

$$\left| \frac{\varepsilon a_{ijmn} ijmn}{16\sqrt{\lambda_i \lambda_j \lambda_m \lambda_n}} \right|_{\mathcal{O}} \leqslant C\varepsilon.$$

于是, 由附录中的引理 6.4.11, 可得

$$\|X_{P^1}\|_{s, D(r,s) \times \mathcal{O}} = \frac{1}{s} \Big\{ \|\partial_z P^1\|_{D(s,r) \times \mathcal{O}} + \|\partial_{\bar{z}} P^1\|_{D(s,r) \times \mathcal{O}}$$

$$+ \|\partial_\rho P^1\|_{a,p, D(s,r) \times \mathcal{O}} + \|\partial_{\bar{\rho}} P^1\|_{a,p, D(s,r) \times \mathcal{O}} \Big\}$$

$$\leqslant C\varepsilon s^2.$$

现在考虑 X_{P^2}. 因为 f 有形式 (6.4.74) 并赋予有限范数

$$\|f(\theta,x)\|_{2a,p,D(2r)} := \sum_{j\geqslant 1} \|f_j(\theta)\|_{2r} e^{2a|j|}|j|^p < \infty,$$

可得

$$\|f_j(\theta)\|_{2r} \leqslant \|f(\theta,x)\|_{2a,p,D(2r)} e^{-2a|j|}|j|^{-p} =: \|f\| e^{-2a|j|}|j|^{-p}.$$

因此,

$$\|\partial_\theta P^2\|_{D(r,s)\times\mathcal{O}} \leqslant \varepsilon^{\frac{1}{2}} C\|f\| r^{-1}s.$$

类似地,

$$\|\partial_z P^2\|_{D(r,s)\times\mathcal{O}} \leqslant \varepsilon^{\frac{1}{2}} C \sum_{j\in\mathscr{J}_2} \|f_j(\theta)\|_r e^{a|j|}|j|^p \leqslant \varepsilon^{\frac{1}{2}} C\|f\|.$$

这就给出

$$\|X_{P^2}\|_{s,D(r,s)\times\mathcal{O}} \leqslant C\|f\| s^{-1}r^{-1}\varepsilon^{\frac{1}{2}}.$$

当取 $\widetilde{C} := 2C\|f\| s^{-1}r^{-1}$ 时, 不等式 (6.4.84) 成立.　　　　□

设 $r_* = \dfrac{r}{2}$. 用定理 6.4.2, 对 $\tau > 2$ 和充分小的 $\gamma > 0$, 存在依赖于 $r, s, \mathcal{O}, f, \gamma,$ τ, α 的 $\varepsilon_* := \dfrac{1}{\widetilde{C}^2}\varepsilon_0^2$, 其中 $\widetilde{C}$ 在引理 6.4.9 并且 ε_0 满足 (6.4.60), 使得如果 $\varepsilon < \varepsilon_*$ (即 $\|X_P\|_{s,D(r,s)\times\mathcal{O}} \leqslant \widetilde{C}\varepsilon^{\frac{1}{2}} < \varepsilon_0$), 则存在一个正 Lebesgue 测度集 $\mathcal{O}_\gamma \subseteq \mathcal{O}$ 和一个辛变换

$$\Phi_\mu^* : D\left(\frac{r}{2},\frac{s}{2}\right) \to D(r,s), \quad \mu \in \mathcal{O}_\gamma,$$

它变换 (6.4.81) 中的哈密顿函数 H 到

$$\begin{aligned}
H_* = H \circ \Phi^* = {} & e_*(\theta,\mu) + \langle\omega, I\rangle + \langle(\Omega(\mu) + B_*(\theta,\mu))z, \bar{z}\rangle \\
& - \langle(\Lambda(\mu) + W_*(\theta,\mu))\rho, \bar{\rho}\rangle + P_*(\theta, z, \bar{z}, \rho, \bar{\rho}, \mu),
\end{aligned}$$

其中

$$P_*(\theta, z, \bar{z}, \rho, \bar{\rho}, \mu) = \sum_{|a+b|+|p+q|\geqslant 3} P_{*,a,b,p,q}(\theta,\mu) z^a \bar{z}^b \rho^p \bar{\rho}^q.$$

即 (6.4.80) 被变为

$$
\begin{cases}
\dot{\theta} = \omega, \\
\dot{z} = \mathrm{i}(\Omega(\mu) + B_*(\theta, \mu))z + \mathrm{i}\partial_{\bar{z}}P_*(\theta, z, \bar{z}, \rho, \bar{\rho}, \mu), \\
\dot{\bar{z}} = -\mathrm{i}(\Omega(\mu) + B_*(\theta, \mu))\bar{z} - \mathrm{i}\partial_{z}P_*(\theta, z, \bar{z}, \rho, \bar{\rho}, \mu), \\
\dot{\rho} = -(\Lambda(\mu) + W_*(\theta, \mu))\rho + \partial_{\bar{\rho}}P_*(\theta, z, \bar{z}, \rho, \bar{\rho}, \mu), \\
\dot{\bar{\rho}} = (\Lambda(\mu) + W_*(\theta, \mu))\bar{\rho} - \partial_{\rho}P_*(\theta, z, \bar{z}, \rho, \bar{\rho}, \mu),
\end{cases}
$$

它有一个解 $(\theta(0) + \omega t, 0, 0, 0, 0)$. 设

$$
(\theta(t), z(t), \bar{z}(t), \rho(t), \bar{\rho}(t)) = \Phi^*_\mu(\theta(0) + \omega t, 0, 0, 0, 0).
$$

所以对解析函数 $Z_\mu, Y_\mu, \widetilde{Y}_\mu$, 有 $z(t) = Z_\mu(\theta(0) + \omega t)$, $\bar{z}(t) = \bar{Z}_\mu(\theta(0) + \omega t)$, $\rho(t) = Y_\mu(\theta(0) + \omega t)$, $\bar{\rho}(t) = \widetilde{Y}_\mu(\theta(0) + \omega t)$. 因此, 对 $\mu \in \mathcal{O}\gamma$,

$$
(\theta(t), z(t), \bar{z}(t), \rho(t), \bar{\rho}(t))
$$

$$
= \Big(\theta(0) + \omega t, \; Z_\mu(\theta(0) + \omega t), \; \bar{Z}_\mu(\theta(0) + \omega t), \; Y_\mu(\theta(0) + \omega t), \widetilde{Y}_\mu(\theta(0) + \omega t)\Big)
$$

是 (6.4.80) 的解析解. 从 (6.3.59) 和 (6.4.77) 可推出方程 (6.4.64) 有下列形式的解

$$
u(t, x) = -\sum_{j \in \mathcal{J}_1} \frac{j}{\sqrt{\lambda_j}} \frac{Z_\mu + \bar{Z}_\mu}{\sqrt{2}} \psi_j(x) - \sum_{j \in \mathcal{J}_2} \frac{j}{\sqrt{\lambda_j}} \frac{Y_\mu + \widetilde{Y}_\mu}{\sqrt{2}} \psi_j(x), \quad \mu \in \mathcal{O}\gamma.
$$

因此, 当 $\mu \in \mathcal{O}_\gamma$ 时, $y = \varepsilon^{\frac{1}{2}} u$ 是 (6.4.1) 的一个拟周期解.

6.4.10　附录

引理 6.4.10 ([57] 中的引理 7.3)　对定义在 $D(r, s)$ 上的向量场, 如果

$$
\|X_F\|_{s, D(r,s) \times \mathcal{O}} \leqslant \varepsilon', \quad \|X_G\|_{s, D(r,s) \times \mathcal{O}} \leqslant \varepsilon'',
$$

则存在一个常数 c 使得

$$
\|X_{\{F, G\}}\|_{\delta s, D(r-\sigma, \delta s) \times \mathcal{O}} \leqslant c\sigma^{-1}\delta^{-2}\varepsilon'\varepsilon''.
$$

引理 6.4.11 ([127] 中的引理 2.1)　设 $a > 0$ 和 $p > \dfrac{d}{2}$. 对 $w, z, q \in \ell_{a,p}$, 设 $F(w, z, q) = (F_n)_{n \in \mathbb{Z}^d}$ 是一个序列, 其中

$$
F_n = \sum_{i-j+l=n} w_i \bar{z}_j q_l.
$$

则对一个依赖于 a 和 p 的常数, 成立 $\|F(w, z, q)\|_{a,p} \leqslant c\|w\|_{a,p}\|z\|_{a,p}\|q\|_{a,p}$.

现在我们给出引理 6.4.3 的证明.

证明 引理 6.4.3 的证明类似于 [120] 中的引理 3.2. 然而, 为了读者的方便我们仍然给出详细的证明. 由于当 $|\langle k, \omega \rangle + \langle l, \Omega \rangle| > 1$ 时结果是显然的, 所以只需考虑情况 $|\langle k, \omega \rangle + \langle l, \Omega \rangle| \leqslant 1$.

情况 1. $\overline{Q}_n \leqslant Q_n^{\mathbb{A}}$. 在这种情况, 我们有 $\dfrac{\overline{Q}_n}{Q_n^\tau} \leqslant \overline{Q}_n^{\frac{3}{\mathbb{A}}} \leqslant Q_n^3$. 所以 $\widetilde{K} = \left[\overline{Q}_n^{\frac{3}{\mathbb{A}}} \right]$. 从 (6.4.10) 和 $|k| < \widetilde{K} \leqslant Q_n^3$ 可推出

$$|\langle k, \omega \rangle + \langle l, \Omega \rangle| \geqslant \frac{\gamma}{(|k| + |l|)^\tau} \geqslant \frac{c_2(\tau)\gamma}{Q_n^{3\tau}}.$$

情况 2. $\overline{Q}_n > Q_n^{\mathbb{A}} \geqslant 9 Q_n^{\tau+1}$. 在这种情况, 我们有 $\dfrac{\overline{Q}_n}{Q_n^\tau} > \overline{Q}_n^{\frac{3}{\mathbb{A}}}$. 因此 $\widetilde{K} = \left[\dfrac{\overline{Q}_n}{Q_n^\tau} \right]$. 对任意的 $|k| < \widetilde{K}$, 我们分解它为

$$k = (k_1, k_2) = (\tilde{k}_1, \tilde{k}_2) + m(P_n, -Q_n),$$

其中 $|\tilde{k}_2| < Q_n$. 因为

$$|mQ_n| - |\tilde{k}_2| \leqslant |\tilde{k}_2 - mQ_n| = |k_2| \leqslant |k| < \widetilde{K} = \left[\frac{\overline{Q}_n}{Q_n^\tau} \right],$$

所以可得

$$|mQ_n| < \frac{\overline{Q}_n}{Q_n^\tau} + Q_n,$$

它意指

$$|m| < \frac{\overline{Q}_n}{Q_n^{\tau+1}} + 1.$$

因此

$$1 \geqslant |\tilde{k}_1| - \alpha|\tilde{k}_2| - |m||P_n - Q_n\alpha| - |l||\Omega|.$$

这意味着

$$|\tilde{k}_1| \leqslant 1 + |\tilde{k}_2| + |m||(P_n - Q_n\alpha)| + 2|\Omega| \leqslant 7 + Q_n.$$

因此

$$|\tilde{k}| = |\tilde{k}_1| + |\tilde{k}_2| \leqslant 7 + 2Q_n \leqslant 9Q_n \leqslant \left[\frac{\overline{Q}_n}{Q_n^\tau}\right] = \widetilde{K}.$$

由此推出

$$\left|\langle \tilde{k}, \omega \rangle + \langle l, \Omega \rangle\right| \geqslant \frac{\gamma}{(|\tilde{k}| + |l|)^\tau} \geqslant \frac{\gamma}{(9Q_n + 2)^\tau} \geqslant \frac{\gamma}{11^\tau Q_n^\tau}.$$

总之, 我们得到

$$\left|\langle k, \omega \rangle + \langle l, \Omega \rangle\right| \geqslant c_2(\tau)\gamma Q_n^{-\tau}.$$

$\square$

第 7 章　二维完全共振薛定谔方程拟周期解的构造

这一章介绍作者最新的研究成果 [131]. 通过发展一个抽象的无穷维哈密顿系统的 KAM 定理, 在周期边界条件下获得一类具有一般非线性的二维完全共振薛定谔方程的小振幅 Whitney 光滑拟周期解.

7.1　主要结果的叙述

在这节我们致力于具有一般非线性项的二维完全共振薛定谔方程

$$iu_t - \Delta u + |u|^{2p}u = 0, \quad x \in \mathbb{T}^2 := \mathbb{R}^2/(2\pi\mathbb{Z})^2, \quad t \in \mathbb{R}, \quad p \in \mathbb{Z}^+ \tag{7.1.1}$$

在周期边界条件下

$$u(t, x_1, x_2) = u(t, x_1 + 2\pi, x_2) = u(t, x_1, x_2 + 2\pi) \tag{7.1.2}$$

下拟周期解的构造.

7.1.1　切向位置的可容许集

为了叙述主要结果, 我们需要量化切向位置所满足的条件. 为此, 我们给出下列定义:

定义 7.1.1　一个有限集 $S = \{i_1^* = (x_1, y_1), \cdots, i_b^* = (x_b, y_b)\} \subset \mathbb{Z}^2$ 被称为一个可容许集, 如果它满足:

(1) 给定 $1 \leqslant \hat{l} \leqslant p$, 对任意的 $\{i_1, i_2, \cdots, i_{2\hat{l}-1}, i_{2\hat{l}}, n, m\} \subset \mathbb{Z}^2$, 如果它们满足 $i_1 - i_2 + i_3 - i_4 + \cdots + i_{2\hat{l}-1} - i_{2\hat{l}} + n - m = 0$ 和 $|i_1|^2 - |i_2|^2 + |i_3|^2 - |i_4|^2 + \cdots + |i_{2\hat{l}-1}|^2 - |i_{2\hat{l}}|^2 + |n|^2 - |m|^2 = 0$ 或者满足 $i_1 + i_2 + i_3 - i_4 + \cdots + i_{2\hat{l}-1} - i_{2\hat{l}} - n - m = 0$ 和 $|i_1|^2 + |i_2|^2 + |i_3|^2 - |i_4|^2 + \cdots + |i_{2\hat{l}-1}|^2 - |i_{2\hat{l}}|^2 - |n|^2 - |m|^2 = 0$, 则 $\{i_1, i_2, \cdots, i_{2\hat{l}-1}, i_{2\hat{l}}, n, m\}$ 和 S 的交点最多包含 $2\hat{l}$ 个元素, 即

$$\#(\{i_1, i_2, \cdots, i_{2\hat{l}-1}, i_{2\hat{l}}, n, m\} \cap S) \leqslant 2\hat{l}.$$

(2) 给定 $1 \leqslant \hat{l} \leqslant p$, 对任意的 $n \in \mathbb{Z}^2 \setminus S$, 最多存在一个数组 $\{i_1, i_2, \cdots, i_{2\hat{l}-1}, i_{2\hat{l}}, m\}$, 其中 $i_1, i_2, \cdots, i_{2\hat{l}-1}, i_{2\hat{l}} \in S, m \in \mathbb{Z}^2 \setminus S$ 使得 $i_1 - i_2 + i_3 - i_4 + \cdots + i_{2\hat{l}-1} - i_{2\hat{l}} + n - m = 0$ 和 $|i_1|^2 - |i_2|^2 + |i_3|^2 - |i_4|^2 + \cdots + |i_{2\hat{l}-1}|^2 - |i_{2\hat{l}}|^2 + |n|^2 - |m|^2 = 0$.

如果这样的数组存在, 我们称 n, m 是 $2\hat{l}-1$ 型共振的. 由这个定义可知 n, m 互相唯一确定, 我们称 (n, m) 是一个 $2\hat{l}-1$ 型共振对并且所有的这种 n 可由 $\mathcal{L}_{2\hat{l}-1}$ 表示.

(3) 给定 $1 \leqslant \hat{l} \leqslant p$, 对任意的 $n \in \mathbb{Z}^2 \setminus S$, 最多存在一个数组 $\{i_1, i_2, \cdots, i_{2\hat{l}-1}, i_{2\hat{l}}, m\}$, 其中 $i_1, i_2, \cdots, i_{2\hat{l}-1}, i_{2\hat{l}} \in S, m \in \mathbb{Z}^2 \setminus S$ 使得 $i_1 + i_2 + i_3 - i_4 + \cdots + i_{2\hat{l}-1} - i_{2\hat{l}} - n - m = 0$ 和 $|i_1|^2 + |i_2|^2 + |i_3|^2 - |i_4|^2 + \cdots + |i_{2\hat{l}-1}|^2 - |i_{2\hat{l}}|^2 - |n|^2 - |m|^2 = 0$. 如果这样的数组存在, 我们称 n, m 是 $2\hat{l}$ 型共振的. 由这个定义可知 n, m 互相唯一确定. 我们称 (n, m) 是一个 $2\hat{l}$ 型共振对并且所有这样的 n 可由 $\mathcal{L}_{2\hat{l}}$ 表示.

(4) 任何 $n \in \mathbb{Z}^2 \setminus S$ 与上述 $2p$ 类中的任何两个都不共振. 从几何上看, 上面定义的任何两个图都不能在 $\mathbb{Z}^2 \setminus S$ 中共享顶点. 即当 $\hat{s}, \hat{t} = 1, 2, \cdots, 2p$ 并且 $\hat{s} \neq \hat{t}$ 时, 则有 $\mathcal{L}_{\hat{s}} \cap \mathcal{L}_{\hat{t}} = \varnothing$.

注 7.1.1 下面这个具体的例子表明可容许集 S 是非空的. 例如, 对任意的整数 $b \geqslant p^2$, 设 $x_1 > b^2, y_1 = x_1^5, x_2 = y_1^5, y_2 = x_2^5$ 并通过下列递推公式定义其他分量

$$x_{\hat{j}+1} = y_{\hat{j}}^5 \prod_{2 \leqslant \hat{m} \leqslant \hat{j}, 1 \leqslant \hat{l} < \hat{m}} \left((x_{\hat{m}} - x_{\hat{l}})^2 + (y_{\hat{m}} - y_{\hat{l}})^2 \right), \quad 2 \leqslant \hat{j} \leqslant b-1,$$

$$y_{\hat{j}+1} = x_{\hat{j}+1}^5, \quad 2 \leqslant \hat{j} \leqslant b-1.$$

这样取定的集合 $S = \{i_1^* = (x_1, y_1), \cdots, i_b^* = (x_b, y_b)\} \subset \mathbb{Z}^2$ 就是可容许的, 它的证明将在后面给出.

注 7.1.2 根据定义 7.1.1, 设 S 是一个可容许集, 则 $\{i_{2\hat{j}-1} | 1 \leqslant \hat{j} \leqslant \hat{l}\} \cap \{i_{2\hat{j}} | 1 \leqslant \hat{j} \leqslant \hat{l}\} = \varnothing$ 对任何 $n \in \mathcal{L}_{2\hat{l}-1}$ 都成立, 但是在集合 $\{i_{2\hat{j}-1} | 1 \leqslant \hat{j} \leqslant \hat{l}\}$ 中可能有重复的元素, 并且在集合 $\{i_{2\hat{j}} | 1 \leqslant \hat{j} \leqslant \hat{l}\}$ 中也可能有重复的元素; 对任何 $n \in \mathcal{L}_{2\hat{l}}$, 成立 $\{i_2, i_{2\hat{j}-1} | 1 \leqslant \hat{j} \leqslant \hat{l}\} \cap \{i_{2\hat{j}} | 2 \leqslant \hat{j} \leqslant \hat{l}\} = \varnothing$, 但在 $\{i_2, i_{2\hat{j}-1} | 1 \leqslant \hat{j} \leqslant \hat{l}\}$ 中可能有重复的元素, 并且在集合 $\{i_{2\hat{j}} | 2 \leqslant \hat{j} \leqslant \hat{l}\}$ 也可能有重复的元素.

注 7.1.3 在这章中, 由于连续求和运算和连续求积运算经常会使用, 所以我们统一下列规定: 如果 $\hat{t}_1 > \hat{t}_2$, 则 $\sum_{\hat{s}=\hat{t}_1}^{\hat{t}_2} (\cdot) = 0, \prod_{\hat{s}=\hat{t}_1}^{\hat{t}_2} (\cdot) = 1$.

设 Δ 是拉普拉斯算子, 则在周期边界条件下 $-\Delta$ 的特征值和特征函数分别表示如下:

$$\lambda_{j_*} = |j_*|^2 = j_{*,1}^2 + j_{*,2}^2 \quad \text{和} \quad \phi_{j_*}(x) = \sqrt{\frac{1}{4\pi^2}} e^{\mathrm{i}\langle j_*, x \rangle}, \quad j_* = (j_{*,1}, j_{*,2}) \in \mathbb{Z}^2.$$

7.1.2 主要结果

定理 7.1.1 假设 $S = \{(x_1, y_1), \cdots, (x_b, y_b)\} \subset \mathbb{Z}^2$ 是一个可容许集, 其中 $b \geqslant 2p$, 则存在一个具有正测度的 Cantor 集 $\mathcal{I}^*$, 使得对任意 $(\xi_1, \cdots, \xi_b) \in \mathcal{I}^*$, 具

有一般非线性项的二维完全共振薛定谔方程 (7.1.1)-(7.1.2) 有一个小振幅解析拟周期解

$$u(t,x) = \sum_{i \in S} \sqrt{\xi_i} e^{\mathrm{i}\omega_i t} \phi_i(x) + \mathcal{O}(|\xi|^{3/2}), \quad \omega_i = |i|^2 + \mathcal{O}(|\xi|^p).$$

这个定理的证明基于一个修改的无穷维 KAM 定理, 见下一节.

7.2　一个无穷维 KAM 定理

在本节中, 我们给出一个无穷维的 KAM 定理, 它允许正规形包含依赖于角变量 θ 的项. 这个 KAM 定理可以证明该方程 (7.1.1)-(7.1.2) 的拟周期解的存在性.

7.2.1　泛函知识的预备

设 $S = \{i_1^*, \cdots, i_b^*\}$, $\mathbb{Z}_1^2 = \mathbb{Z}^2 \setminus \{i_1^*, \cdots, i_b^*\}$, 其中 $i_1^*, \cdots, i_b^*$ 是 $\mathbb{Z}^2$ 中的 b 个向量. 设 l^ρ 是由所以复向量 $z = (\cdots, z_j, \cdots)_{j \in \mathbb{Z}_1^2}$ 构成的空间, 具有有限范数

$$\|z\|_\rho = \sum_{j \in \mathbb{Z}_1^2} |z_j| e^{\rho|j|} < \infty, \quad \rho > 0.$$

进一步, 设 $\theta = (\theta_j)_{j \in S}, I = (I_j)_{j \in S}, z = (z_j)_{j \in \mathbb{Z}_1^2}$ 以及 $\xi = (\xi_j)_{j \in S}$, 并且它们构成相空间

$$\Upsilon^\rho = \widehat{\mathbb{T}}^b \times \mathbb{C}^b \times l^\rho \times l^\rho \ni (\theta, I, z, \bar{z}),$$

其中 $\widehat{\mathbb{T}}^b$ 是 $\mathbb{T}^b$ 的复邻域. 令

$$D_\rho(r,s) := \{(\theta, I, z, \bar{z}) \in \Upsilon^\rho : |\mathrm{Im}\theta| < r, |I| < s^2, \|z\|_\rho < s, \|\bar{z}\|_\rho < s\},$$

其中当 $\chi = (\theta, I, z, \bar{z}) \in \Upsilon^\rho$ 时, 权相范数定义为

$$|\chi|_\rho = |\theta| + \frac{1}{s^2}|I| + \frac{1}{s}\|z\|_\rho + \frac{1}{s}\|\bar{z}\|_\rho.$$

用 $\mathcal{I}$ 表示参数集. 设 $\alpha \equiv (\cdots, \alpha_j, \cdots)_{j \in \mathbb{Z}_1^2}, \beta \equiv (\cdots, \beta_j, \cdots)_{j \in \mathbb{Z}_1^2}$, 其中 $\alpha_j \in \mathbb{N}$ 和 $\beta_j \in \mathbb{N}$ 都有正整数的有限非零分量. 乘积 $z^\alpha \bar{z}^\beta$ 表示 $\prod_j z_j^{\alpha_j} \bar{z}_j^{\beta_j}$. 设

$$\mathcal{P}(\theta, I, z, \bar{z}) = \sum_{\alpha, \beta} \mathcal{P}_{\alpha\beta}(\theta, I) z^\alpha \bar{z}^\beta,$$

其中 $\mathcal{P}_{\alpha\beta} = \sum_{k,h} \mathcal{P}_{kh\alpha\beta} I^h e^{\mathrm{i}\langle k, \theta \rangle}$ 关于参数 ξ 是 $4p$ 阶 Whitney 光滑的. 它的权范数

定义为

$$\|\mathcal{P}\|_{D_\rho(r,s),\mathcal{I}} \equiv \sup_{\|z\|_\rho<s,\|\bar{z}\|_\rho<s} \sum_{\alpha,\beta} \|\mathcal{P}_{\alpha\beta}\||z^\alpha||\bar{z}^\beta|,$$

其中如果 $\mathcal{P}_{\alpha\beta} = \sum_{k\in\mathbb{Z}^b, h\in\mathbb{N}^b} \mathcal{P}_{kh\alpha\beta}(\xi)I^h e^{i\langle k,\theta\rangle}$, 则 $\mathcal{P}_{\alpha\beta}$ 的范数定义为

$$\|\mathcal{P}_{\alpha\beta}\| \equiv \sum_{k,h} |\mathcal{P}_{kh\alpha\beta}|_{\mathcal{I}} s^{2|h|} e^{|k|r}, \quad |\mathcal{P}_{kh\alpha\beta}|_{\mathcal{I}} \equiv \sup_{\xi\in\mathcal{I}} \sum_{0\leqslant\hat{i}\leqslant 4p} |\partial^{\hat{i}}_\xi \mathcal{P}_{kh\alpha\beta}|.$$

这里关于 ξ 的导数是在 Whitney 意义下的.

对于辛结构 $d\theta\wedge dI + idz\wedge d\bar{z}$, 哈密顿函数 $\mathcal{P}$ 对应的向量场是

$$X_\mathcal{P} = (\partial_I\mathcal{P}, -\partial_\theta\mathcal{P}, i\nabla_{\bar{z}}\mathcal{P}, -i\nabla_z\mathcal{P}),$$

它的权范数是

$$\begin{aligned}
\|X_\mathcal{P}\|_{D_\rho(r,s),\mathcal{I}} &\equiv \|\mathcal{P}_I\|_{D_\rho(r,s),\mathcal{I}} + \frac{1}{s^2}\|\mathcal{P}_\theta\|_{D_\rho(r,s),\mathcal{I}} \\
&\quad + \frac{1}{s}\left(\sum_{j\in\mathbb{Z}^2_1}\|\mathcal{P}_{z_j}\|_{D_\rho(r,s),\mathcal{I}}e^{|j|\rho} + \sum_{j\in\mathbb{Z}^2_1}\|\mathcal{P}_{\bar{z}_j}\|_{D_\rho(r,s),\mathcal{I}}e^{|j|\rho}\right).
\end{aligned}$$

假设向量函数 $\check{\mathcal{P}} : D_\rho(r,s)\times\mathcal{I} \to \mathbb{C}^{\check{m}}(\check{m}<\infty)$ 关于 ξ 是一个 C_W^{4p} 函数 (在 Whitney 意义下), 它的范数定义为

$$\|\check{\mathcal{P}}\|_{D_\rho(r,s),\mathcal{I}} = \sum_{\hat{i}=1}^{\check{m}} \|\check{\mathcal{P}}_{\hat{i}}\|_{D_\rho(r,s),\mathcal{I}}.$$

假设向量函数 $\hat{\mathcal{P}} : D_\rho(r,s)\times\mathcal{I} \to l^{\bar{\rho}}$ 关于 ξ 是一个 C_W^{4p} 函数, 它的范数定义为

$$\|\hat{\mathcal{P}}\|_{\bar{\rho},D_\rho(r,s),\mathcal{I}} = \|(\|\hat{\mathcal{P}}_{\hat{i}}\|_{D_\rho(r,s),\mathcal{I}})_{\hat{i}}\|_{\bar{\rho}}.$$

对 $(\eta;\xi)\in D_\rho(r,s)\times\mathcal{I}$, 假设 $\mathcal{O}(\eta;\xi)$ 是一个从 $D_\rho(r,s)$ 到 $D_\rho(r,s)$ 的算子, 它的范数定义为

$$|\mathcal{O}(\eta;\xi)|_{\bar{\rho},\rho,D_\rho(r,s),\mathcal{I}} = \sup_{(\eta;\xi)\in D_\rho(r,s)\times\mathcal{I}} \sup_{\chi\neq 0} \frac{|\mathcal{O}(\eta;\xi)\chi|_{\bar{\rho}}}{|\chi|_\rho},$$

$$|\mathcal{O}(\eta;\xi)|^*_{\bar{\rho},\rho,D_\rho(r,s),\mathcal{I}} = \sum_{0\leqslant\hat{i}\leqslant 4p} |\partial^{\hat{i}}_\xi\mathcal{O}|_{\bar{\rho},\rho,D_\rho(r,s),\mathcal{I}}.$$

7.2.2　KAM 定理

设 (θ, I) 是 b 维的角-作用坐标, 并且 $(z, \bar{z})$ 是具有辛结构

$$\sum_{j \in S} d\theta_j \wedge dI_j + \mathrm{i} \sum_{n \in \mathbb{Z}_1^2} dz_n \wedge d\bar{z}_n$$

的无穷维坐标.

考虑哈密顿函数族

$$\widetilde{H} = N + \sum_{\hat{l}=1}^{p} (\mathcal{A}_{\hat{l}} + \mathcal{B}_{\hat{l}} + \overline{\mathcal{B}}_{\hat{l}}) \tag{7.2.1}$$

的扰动, 其中

$$N = \sum_{j \in S} \omega_j(\xi) I_j + \sum_{n \in \mathbb{Z}_1^2} \Omega_n(\xi) z_n \bar{z}_n,$$

$$\mathcal{A}_{\hat{l}} = \sum_{n \in \mathcal{L}_{2\hat{l}-1}} a_n(\xi) e^{\mathrm{i} \sum_{\hat{j}=1}^{\hat{l}} (\theta_{i_{2\hat{j}-1}} - \theta_{i_{2\hat{j}}})} z_n \bar{z}_m,$$

$$\mathcal{B}_{\hat{l}} = \sum_{n \in \mathcal{L}_{2\hat{l}}} a_n(\xi) e^{-\mathrm{i}[\theta_{i_1} + \theta_{i_2} + \sum_{\hat{j}=2}^{\hat{l}} (\theta_{i_{2\hat{j}-1}} - \theta_{i_{2\hat{j}}})]} z_n z_m,$$

$$\overline{\mathcal{B}}_{\hat{l}} = \sum_{n \in \mathcal{L}_{2\hat{l}}} \bar{a}_n(\xi) e^{\mathrm{i}[\theta_{i_1} + \theta_{i_2} + \sum_{\hat{j}=2}^{\hat{l}} (\theta_{i_{2\hat{j}-1}} - \theta_{i_{2\hat{j}}})]} \bar{z}_n \bar{z}_m.$$

切频率 $\omega = (\omega_j)_{j \in S}$ 和法频率 $\Omega = (\Omega_n)_{n \in \mathbb{Z}_1^2}$ 都依赖于参数

$$\xi = (\xi_j)_{j \in S} \in \mathcal{I} \subset \mathbb{R}^b,$$

其中 $\mathcal{I}$ 是一个具有正 Lebesgue 测度的闭有界集, 并且 $\forall \xi \in \mathcal{I}, \xi_i \neq 0$.

对任意的 $\xi \in \mathcal{I}$, 函数 (7.2.1) 对应的哈密顿系统有拟周期特解, 它对应于不变 b 维环 $\mathcal{T}_0^b = \mathbb{T}^b \times \{0, 0, 0\}$, 它具有频率 $\omega(\xi)$. 我们将证明: 对大多数的参数 $\xi \in \mathcal{I}$(在测度意义下), 相应于哈密顿函数 $H = \widetilde{H} + R$ 的哈密顿系统在扰动 $\|X_R\|_{D_\rho(r,s), \mathcal{I}}$ 足够小时仍有不变环. 为了这个证明, 我们需要下列诸条件.

(A1) (非退化性): 假设 $\forall \xi \in \mathcal{I}$,

$$\begin{cases} \mathrm{rank}\left\{ \dfrac{\partial \omega_{i_1^*}}{\partial \xi}, \cdots, \dfrac{\partial \omega_{i_b^*}}{\partial \xi} \right\} = \iota, \\[3mm] \mathrm{rank}\left\{ \dfrac{\partial^{\hat{\iota}} \omega}{\partial \xi^{\hat{\iota}}} \Big| \forall \hat{\iota}, 1 \leqslant |\hat{\iota}| \leqslant \min\{b - \iota + 1\} \right\} = b, \end{cases}$$

其中 ι 是一个满足 $1 \leqslant \iota \leqslant b$ 的给定整数, $\dfrac{\partial \omega_{i_1^*}}{\partial \xi}, \cdots, \dfrac{\partial \omega_{i_b^*}}{\partial \xi}$ 是所有关于 ξ 的偏导数组成的向量, 并且对固定的 $\hat{i}$, $\dfrac{\partial^{\hat{i}} \omega}{\partial \xi^{\hat{i}}} = \left(\dfrac{\partial^{\hat{i}} \omega_{i_1^*}}{\partial \xi^{\hat{i}}}, \cdots, \dfrac{\partial^{\hat{i}} \omega_{i_b^*}}{\partial \xi^{\hat{i}}} \right)$. 此外, $\omega(\xi)$ 在 $\mathcal{I}$ 上是 $4p$ 阶光滑的.

(A2) (法频的渐近性):

$$\Omega_n = \varepsilon^{-\varsigma} |n|^2 + \widetilde{\Omega}_n, \quad \varsigma \geqslant 0,$$

其中 $\widetilde{\Omega}_n$ 所有的分量都关于 ξ 是 C_W^{4p} 函数, 并且有一个上界为正常数 L 的有界 C_W^{4p} 范数.

(A3) (Melnikov 非退化性): 令 $\mathcal{C}_n = \Omega_n$, $n \in \mathbb{Z}_1^2 \setminus \left(\bigcup_{\hat{l}=1}^p \left(\mathcal{L}_{2\hat{l}-1} \cup \mathcal{L}_{2\hat{l}} \right) \right)$, 并且对任意的 $1 \leqslant \hat{l} \leqslant p$, 令

$$\mathcal{C}_n = \begin{pmatrix} \Omega_n + \displaystyle\sum_{\hat{r}=1}^{\hat{l}} \omega_{i_{2\hat{r}-1}} & a_n \\ a_m & \Omega_m + \displaystyle\sum_{\hat{r}=1}^{\hat{l}} \omega_{i_{2\hat{r}}} \end{pmatrix}, \quad n \in \mathcal{L}_{2\hat{l}-1},$$

$$\mathcal{C}_n = \begin{pmatrix} \Omega_n - \omega_{i_2} + \displaystyle\sum_{\hat{r}=2}^{\hat{l}} \omega_{i_{2\hat{r}}} & -a_n \\ \bar{a}_m & -\Omega_m + \displaystyle\sum_{\hat{r}=1}^{\hat{l}} \omega_{i_{2\hat{r}-1}} \end{pmatrix}, \quad n \in \mathcal{L}_{2\hat{l}},$$

其中 $\mathcal{C}_n$ 可能是它自己的转置, (n, m) 是共振对, $(i_1, i_2, i_3, i_4, \cdots, i_{2\hat{l}-1}, i_{2\hat{l}})$ 由 (n, m) 唯一确定. 另外 $\omega(\xi), \mathcal{C}_n(\xi) \in C_W^{4p}(\mathcal{I})$ 并且存在 $\gamma, \tau > 0$(这里 I 是单位矩阵) 使得

$$|\langle k, \omega \rangle| \geqslant \frac{\gamma}{|k|^\tau}, \quad k \neq 0,$$

$$|\det(\langle k, \omega \rangle I \pm \mathcal{C}_n)| \geqslant \frac{\gamma}{|k|^\tau},$$

$$|\det(\langle k, \omega \rangle I \pm \mathcal{C}_n \otimes I \pm I \otimes \mathcal{C}_{n'})| \geqslant \frac{\gamma}{|k|^\tau}, \quad |k| + |n - n'| \neq 0.$$

(A4) (正则性): $\sum_{\hat{l}=1}^p \left(\mathcal{A}_{\hat{l}} + \mathcal{B}_{\hat{l}} + \overline{\mathcal{B}}_{\hat{l}} \right) + R$ 关于 $\theta, I, z, \bar{z}$ 是实解析的, 关于 ξ 是 C_W^{4p} 的, 并且

$$\sum_{\hat{l}=1}^{p} \left(\|X_{\mathcal{A}_{\hat{l}}}\|_{D_\rho(r,s),\mathcal{I}} + \|X_{\mathcal{B}_{\hat{l}}}\|_{D_\rho(r,s),\mathcal{I}} \right) < 1,$$

$$\|X_R\|_{D_\rho(r,s),\mathcal{I}} < \varepsilon.$$

(A5) (形式特殊性): $\sum_{\hat{l}=1}^{p} \left(\mathcal{A}_{\hat{l}} + \mathcal{B}_{\hat{l}} + \overline{\mathcal{B}}_{\hat{l}} \right) + R$ 有下列特殊形式

$$\mathcal{V} = \left\{ \sum_{\hat{l}=1}^{p} \left(\mathcal{A}_{\hat{l}} + \mathcal{B}_{\hat{l}} + \overline{\mathcal{B}}_{\hat{l}} \right) + R : \sum_{\hat{l}=1}^{p} \left(\mathcal{A}_{\hat{l}} + \mathcal{B}_{\hat{l}} + \overline{\mathcal{B}}_{\hat{l}} \right) + R \right.$$

$$\left. = \sum_{k \in \mathbb{Z}^b, h \in \mathbb{N}^b, \alpha, \beta} \sum_{\hat{l}=1}^{p} \left((\mathcal{A}_{\hat{l}} + \mathcal{B}_{\hat{l}} + \overline{\mathcal{B}}_{\hat{l}}) + R \right)_{kh\alpha\beta}(\xi) I^h e^{\mathrm{i}\langle k,\theta\rangle} z^\alpha \bar{z}^\beta \right\},$$

其中 k, α, β 满足下列关系

$$\sum_{\hat{s}=1}^{b} k_{\hat{s}} i_{\hat{s}}^* + \sum_{n \in \mathbb{Z}_1^2} (\alpha_n - \beta_n) n = 0.$$

(A6) (Töplitz-Lipschitz 性质): 对任意给定的 $n, m \in \mathbb{Z}^2, \tilde{c} \in \mathbb{Z}^2 \setminus \{0\}$, 极限

$$\lim_{t\to\infty} \frac{\partial^2 \left(\sum_{\hat{l}=1}^{p} \mathcal{B}_{\hat{l}} + R \right)}{\partial z_{n+\tilde{c}t} \partial z_{m-\tilde{c}t}}, \quad \lim_{t\to\infty} \frac{\partial^2 \left(\sum_{j\in\mathbb{Z}_1^2} \widetilde{\Omega}_j z_j \bar{z}_j + \sum_{\hat{l}=1}^{p} \mathcal{A}_{\hat{l}} + R \right)}{\partial z_{n+\tilde{c}t} \partial \bar{z}_{m+\tilde{c}t}}, \quad \lim_{t\to\infty} \frac{\partial^2 \left(\sum_{\hat{l}=1}^{p} \overline{\mathcal{B}}_{\hat{l}} + R \right)}{\partial \bar{z}_{n+\tilde{c}t} \partial \bar{z}_{m-\tilde{c}t}}$$

都存在. 此外, 存在 $K > 0$ 使得如果 $t > K$, 则 $N + \sum_{\hat{l}=1}^{p} \left(\mathcal{A}_{\hat{l}} + \mathcal{B}_{\hat{l}} + \overline{\mathcal{B}}_{\hat{l}} \right) + R$ 满足下列条件

$$\left\| \frac{\partial^2 \left(\sum_{\hat{l}=1}^{p} \mathcal{B}_{\hat{l}} + R \right)}{\partial z_{n+\tilde{c}t} \partial z_{m-\tilde{c}t}} - \lim_{t\to\infty} \frac{\partial^2 \left(\sum_{\hat{l}=1}^{p} \mathcal{B}_{\hat{l}} + R \right)}{\partial z_{n+\tilde{c}t} \partial z_{m-\tilde{c}t}} \right\|_{D_\rho(r,s),\mathcal{I}} \leqslant \frac{\varepsilon}{t} e^{-|n+m|\rho},$$

$$\left\| \frac{\partial^2 \left(\sum_{j\in\mathbb{Z}_1^2} \widetilde{\Omega}_j z_j \bar{z}_j + \sum_{\hat{l}=1}^{p} \mathcal{A}_{\hat{l}} + R \right)}{\partial z_{n+\tilde{c}t} \partial \bar{z}_{m+\tilde{c}t}} - \lim_{t\to\infty} \frac{\partial^2 \left(\sum_{j\in\mathbb{Z}_1^2} \widetilde{\Omega}_j z_j \bar{z}_j + \sum_{\hat{l}=1}^{p} \mathcal{A}_{\hat{l}} + R \right)}{\partial z_{n+\tilde{c}t} \partial \bar{z}_{m+\tilde{c}t}} \right\|_{D_\rho(r,s),\mathcal{I}}$$

$$\leqslant \frac{\varepsilon}{t} e^{-|n-m|\rho},$$

$$\left\| \frac{\partial^2 \left(\sum\limits_{\hat{i}=1}^{p} \overline{\mathcal{B}}_{\hat{i}} + R \right)}{\partial \bar{z}_{n+\tilde{c}t} \partial \bar{z}_{m-\tilde{c}t}} - \lim_{t \to \infty} \frac{\partial^2 \left(\sum\limits_{\hat{i}=1}^{p} \overline{\mathcal{B}}_{\hat{i}} + R \right)}{\partial \bar{z}_{n+\tilde{c}t} \partial \bar{z}_{m-\tilde{c}t}} \right\|_{D_\rho(r,s),\mathcal{I}} \leqslant \frac{\varepsilon}{t} e^{-|n+m|\rho}.$$

在上面这些条件下就可得到下面的无穷维 KAM 定理:

定理 7.2.1 考虑哈密顿函数 $H = \widetilde{H} + R = N + \sum_{\hat{i}=1}^{p} \left(\mathcal{A}_{\hat{i}} + \mathcal{B}_{\hat{i}} + \overline{\mathcal{B}}_{\hat{i}} \right) + R$. 假设它满足条件 (A1)—(A6), 并且 $\gamma > 0$ 足够小, 存在一个依赖于 $b, L, K, \tau, \gamma, s, r, \rho$ 的正常数 ε 使得如果 $\|X_R\|_{D_\rho(r,s),\mathcal{I}} < \varepsilon$, 则下列结论成立: 存在一个具有测度 $\mathrm{meas}(\mathcal{I} \setminus \mathcal{I}_\gamma) = \mathcal{O}(\sqrt[4p]{\gamma})$ 的 Cantor 子集 $\mathcal{I}_\gamma \subset \mathcal{I}$ 和两个映射 (关于 θ 解析, 关于 ξ 是 C_W^{4p} 光滑)

$$\Psi : \mathbb{T}^b \times \mathcal{I}_\gamma \to D_\rho(r,s), \quad \tilde{\omega} : \mathcal{I}_\gamma \to \mathbb{R}^b,$$

其中 Ψ 是 $\frac{\varepsilon}{\gamma^{4p}}$-趋于平凡嵌入 $\Psi_0 : \mathbb{T}^b \times \mathcal{I} \to \mathbb{T}^b \times \{0,0,0\}$ 以及 $\tilde{\omega}$ 是 ε-趋于未扰频率 ω, 使得对任意的 $\xi \in \mathcal{I}_\gamma$ 和 $\theta \in \mathbb{T}^b$, 曲线 $t \to \Psi(\theta + \tilde{\omega}(\xi)t, \xi)$ 是对应于 $H = N + \sum_{\hat{i}=1}^{p} \left(\mathcal{A}_{\hat{i}} + \mathcal{B}_{\hat{i}} + \overline{\mathcal{B}}_{\hat{i}} \right) + R$ 的哈密顿方程的一个拟周期解.

7.3 定理 7.2.1 的证明

在一这节, 我们通过一个 KAM 迭代格式来给出定理 7.2.1 的证明, 为此我们引入数列: 对任意的 $s, r, \varepsilon, \gamma$ 以及对所有的 $\nu \geqslant 1$, 定义

$$r_\nu = r \left(1 - \sum_{i=2}^{\nu+1} 2^{-i} \right), \quad \varepsilon_\nu = c \left(\gamma^{-1} K_{\nu-1}^\tau \right)^{4p} \varepsilon_{\nu-1}^{\frac{4}{3}}, \quad \eta_\nu = \varepsilon_\nu^{\frac{1}{3}},$$

$$L_\nu = L_{\nu-1} + \varepsilon_{\nu-1}, \quad s_\nu = \frac{1}{4} \eta_{\nu-1} s_{\nu-1} = 2^{-2\nu} \left(\prod_{i=0}^{\nu-1} \varepsilon_i \right)^{\frac{1}{3}} s_0,$$

$$\rho_\nu = \rho \left(1 - \sum_{i=2}^{\nu+1} 2^{-i} \right), \quad K_\nu = c \left((\rho_{\nu-1} - \rho_\nu)^{-1} \ln \varepsilon_\nu^{-1} \right),$$

其中 c 是一个常数, 并且参数 $r_0, \varepsilon_0, L_0, s_0$ 和 K_0 分别由 r, ε, L, s 和 $\ln \varepsilon^{-1}$ 定义.

7.3.1　KAM 步

首先, 我们可迭代的构造 $\{H_{\widetilde{\nu}}\}$:

$$H_{\widetilde{\nu}} = N_{\widetilde{\nu}} + \sum_{\hat{l}=1}^{p} \left(\mathcal{A}_{\hat{l},\widetilde{\nu}} + \mathcal{B}_{\hat{l},\widetilde{\nu}} + \overline{\mathcal{B}}_{\hat{l},\widetilde{\nu}} \right) + R_{\widetilde{\nu}}, \quad \widetilde{\nu} = 0, 1, \cdots, \nu, \tag{7.3.1}$$

它定义在 $D_{\rho_{\widetilde{\nu}}}(r_{\widetilde{\nu}}, s_{\widetilde{\nu}}) \times \mathcal{I}_{\widetilde{\nu}}$ 上, 其中

$$N_{\widetilde{\nu}} = e_{\widetilde{\nu}} + \sum_{j \in S} \omega_j^{\widetilde{\nu}}(\xi) I_j + \sum_{n \in \mathbb{Z}_1^2} \Omega_n^{\widetilde{\nu}}(\xi) z_n \bar{z}_n, \tag{7.3.2}$$

$$\mathcal{A}_{\hat{l},\widetilde{\nu}} = \sum_{n \in \mathcal{L}_{2\hat{l}-1}} a_n^{\widetilde{\nu}}(\xi) e^{\mathrm{i} \cdot \sum_{\hat{j}=1}^{\hat{l}} (\theta_{i_{2\hat{j}-1}} - \theta_{i_{2\hat{j}}})} z_n \bar{z}_m, \tag{7.3.3}$$

$$\mathcal{B}_{\hat{l},\widetilde{\nu}} = \sum_{n \in \mathcal{L}_{2\hat{l}}} a_n^{\widetilde{\nu}}(\xi) e^{\mathrm{i}[-\theta_{i_1} - \theta_{i_2} + \sum_{\hat{j}=2}^{\hat{l}} (-\theta_{i_{2\hat{j}-1}} + \theta_{i_{2\hat{j}}})]} z_n z_m, \tag{7.3.4}$$

$$\overline{\mathcal{B}}_{\hat{l},\widetilde{\nu}} = \sum_{n \in \mathcal{L}_{2\hat{l}}} \bar{a}_n^{\widetilde{\nu}}(\xi) e^{\mathrm{i}[\theta_{i_1} + \theta_{i_2} + \sum_{\hat{j}=2}^{\hat{l}} (\theta_{i_{2\hat{j}-1}} - \theta_{i_{2\hat{j}}})]} \bar{z}_n \bar{z}_m, \tag{7.3.5}$$

$$R_{\widetilde{\nu}} = \sum_{k,h,\alpha,\beta} R_{kh\alpha\beta}^{\widetilde{\nu}}(\xi) e^{\mathrm{i}\langle k,\theta \rangle} I^h z^\alpha \bar{z}^\beta, \tag{7.3.6}$$

其中 $k \in \mathbb{Z}^b, h \in \mathbb{N}^b$ 并且 $\alpha \equiv (\cdots, \alpha_j, \cdots)_{j \in \mathbb{Z}_1^2}, \beta \equiv (\cdots, \beta_j, \cdots)_{j \in \mathbb{Z}_1^2}$, α_j 和 $\beta_j \in \mathbb{N}$ 表示具有有限多非零整数分量的无穷维向量.

$$\omega_j^0 = \omega_j, \quad \Omega_n^0 = \Omega_n,$$

$$\omega_j^{\widetilde{\nu}} = \omega_j^{\widetilde{\nu}-1} + R_{0e_j00}^{\widetilde{\nu}-1}, \tag{7.3.7}$$

$$\Omega_n^{\widetilde{\nu}} = \Omega_n^{\widetilde{\nu}-1} + R_{0,nn}^{\widetilde{\nu}-1,11}, \tag{7.3.8}$$

这里

$$R_{0e_j00}^{\widetilde{\nu}} = \int \frac{\partial R_{\widetilde{\nu}}}{\partial I_j} d\theta |_{z=\bar{z}=0, I=0}, \tag{7.3.9}$$

$$R_{0,nn}^{\widetilde{\nu},11} = R_{00e_ne_n}^{\widetilde{\nu}}, \tag{7.3.10}$$

其中 e_n 是一个第 n 个分量是 1 其他分量是 0 的向量.

7.3.1.1 变换的第 ν 步

当 $\tilde{\nu} = 0$, 显然有 $H_0 = H$. 根据下面的引理 7.3.1, 存在一列闭 Lebesgue 可测子集 $\mathcal{I}_{\tilde{\nu}}(\tilde{\nu} = 0, \cdots, \nu)$

$$\mathcal{I}_\nu \subset \cdots \subset \mathcal{I}_{\tilde{\nu}+1} \subset \mathcal{I}_{\tilde{\nu}} \subset \cdots \subset \mathcal{I}_0 \subset \mathcal{I}, \quad \text{meas}\mathcal{I}_{\tilde{\nu}} \geqslant 1 - \frac{\gamma^{\frac{1}{4p}}}{K_{\tilde{\nu}}}, \qquad (7.3.11)$$

使得, 对任意的 $\xi \in \mathcal{I}_{\tilde{\nu}}, |k| \leqslant K_{\tilde{\nu}}, n, n' \in \mathbb{Z}_1^2$, 有

$$\begin{cases} |\langle k, \omega^{\tilde{\nu}}(\xi) \rangle| \geqslant \dfrac{\gamma}{K_{\tilde{\nu}}^\tau}, \quad |k| \neq 0, \\[2mm] |\det(\langle k, \omega^{\tilde{\nu}} \rangle I_2 \pm \mathcal{C}_n^{\tilde{\nu}})| \geqslant \dfrac{\gamma}{K_{\tilde{\nu}}^\tau}, \\[2mm] |\det(\langle k, \omega^{\tilde{\nu}} \rangle I_4 \pm \mathcal{C}_n^{\tilde{\nu}} \otimes I_2 \pm I_2 \otimes \mathcal{C}_{n'}^{\tilde{\nu}})| \geqslant \dfrac{\gamma}{K_{\tilde{\nu}}^\tau}, \quad |k| + |n - n'| \neq 0, \end{cases} \qquad (7.3.12)$$

这里对任意的 $n \in \mathbb{Z}_1^2 \setminus \left(\bigcup_{\hat{l}=1}^p (\mathcal{L}_{2\hat{l}-1} \cup \mathcal{L}_{2\hat{l}}) \right)$, 有 $\mathcal{C}_n^{\tilde{\nu}} = \Omega_n^{\tilde{\nu}}$, 并且对任意的 $1 \leqslant \hat{l} \leqslant p$, 有

$$\mathcal{C}_n^{\tilde{\nu}} = \begin{pmatrix} \Omega_n^{\tilde{\nu}} + \displaystyle\sum_{\hat{r}=1}^{\hat{l}} \omega_{i_{2\hat{r}-1}}^{\tilde{\nu}} & a_n^{\tilde{\nu}} \\[4mm] a_m^{\tilde{\nu}} & \Omega_m^{\tilde{\nu}} + \displaystyle\sum_{\hat{r}=1}^{\hat{l}} \omega_{i_{2\hat{r}}}^{\tilde{\nu}} \end{pmatrix}, \quad n \in \mathcal{L}_{2\hat{l}-1},$$

$$\mathcal{C}_n^{\tilde{\nu}} = \begin{pmatrix} \Omega_n^{\tilde{\nu}} - \omega_{i_2}^{\tilde{\nu}} + \displaystyle\sum_{\hat{r}=2}^{\hat{l}} \omega_{i_{2\hat{r}}}^{\tilde{\nu}} & -a_n^{\tilde{\nu}} \\[4mm] \bar{a}_m^{\tilde{\nu}} & -\Omega_m^{\tilde{\nu}} + \displaystyle\sum_{\hat{r}=1}^{\hat{l}} \omega_{i_{2\hat{r}-1}}^{\tilde{\nu}} \end{pmatrix}, \quad n \in \mathcal{L}_{2\hat{l}},$$

其中 $\mathcal{C}_n^{\tilde{\nu}}$ 可能是自己的转置, (n, m) 是共振对, $(i_1, i_2, i_3, i_4, \cdots, i_{2\hat{l}-1}, i_{2\hat{l}})$ 可由 (n, m) 唯一确定.

令 $\mathcal{I}_\gamma = \bigcap_{\tilde{\nu}=1}^\infty \mathcal{I}_{\tilde{\nu}}$, 则 $\text{meas}\mathcal{I}_\gamma \geqslant 1 - \gamma^{\frac{1}{4p}}$ (这个证明在下面的引理 7.3.1 给出). 此外, 我们可以证明 $H_{\tilde{\nu}}$ 满足 (A4), (A5) 和 (A6).

用 $\mathcal{D}_\nu$ 表示 R_ν 的截断, 并由下列给出

$$\begin{aligned} \mathcal{D}_\nu(\theta, I, z, \bar{z}) &= \mathcal{D}_\nu^0 + \mathcal{D}_\nu^1 + \mathcal{D}_\nu^{10} + \mathcal{D}_\nu^{01} + \mathcal{D}_\nu^{20} + \mathcal{D}_\nu^{11} + \mathcal{D}_\nu^{02} \\ &= \mathcal{D}_\nu^0(\theta) + \langle \mathcal{D}_\nu^1(\theta), I \rangle + \langle \mathcal{D}_\nu^{10}(\theta), z \rangle + \langle \mathcal{D}_\nu^{01}(\theta), \bar{z} \rangle \end{aligned}$$

$$+\langle \mathcal{D}_\nu^{20}(\theta)z, z\rangle + \langle \mathcal{D}_\nu^{11}(\theta)z, \bar{z}\rangle + \langle \mathcal{D}_\nu^{02}(\theta)\bar{z}, \bar{z}\rangle$$

$$= \sum_{|k|\leqslant K_\nu} R_k^{\nu,0} e^{\mathrm{i}\langle k,\theta\rangle} + \sum_{|k|\leqslant K_\nu, j} R_{k,j}^{\nu,1} I_j e^{\mathrm{i}\langle k,\theta\rangle} + \sum_{|k|\leqslant K_\nu, n} R_{k,n}^{\nu,10} z_n e^{\mathrm{i}\langle k,\theta\rangle}$$

$$+ \sum_{|k|\leqslant K_\nu, n} R_{k,n}^{\nu,01} \bar{z}_n e^{\mathrm{i}\langle k,\theta\rangle} + \sum_{|k|\leqslant K_\nu, n, m} R_{k,nm}^{\nu,20} z_n z_m e^{\mathrm{i}\langle k,\theta\rangle}$$

$$+ \sum_{|k|\leqslant K_\nu, n, m} R_{k,nm}^{\nu,11} z_n \bar{z}_m e^{\mathrm{i}\langle k,\theta\rangle} + \sum_{|k|\leqslant K_\nu, n, m} R_{k,nm}^{\nu,02} \bar{z}_n \bar{z}_m e^{\mathrm{i}\langle k,\theta\rangle},$$

这里

$$R_k^{\nu,0} = R_{k000}^\nu, \quad R_{k,j}^{\nu,1} = R_{ke_j00}^\nu, \quad R_{k,n}^{\nu,10} = R_{k0e_n0}^\nu, \quad R_{k,n}^{\nu,01} = R_{k00e_n}^\nu,$$

$$R_{k,nm}^{\nu,20} = R_{k0(e_n+e_m)0}^\nu, \quad R_{k,nm}^{\nu,11} = R_{k0e_ne_m}^\nu, \quad R_{k,nm}^{\nu,02} = R_{k00(e_n+e_m)}^\nu.$$

重记 H_ν 为

$$H_\nu = N_\nu + \sum_{\hat{l}=1}^p \left(\mathcal{A}_{\hat{l},\nu} + \mathcal{B}_{\hat{l},\nu} + \overline{\mathcal{B}}_{\hat{l},\nu} \right) + \mathcal{D}_\nu + (R_\nu - \mathcal{D}_\nu).$$

从 $s_{\nu+1} = \dfrac{1}{4} s_\nu \varepsilon_\nu^{\frac{1}{3}}$ 和范数的定义可推出

$$\|X_{\mathcal{D}_\nu}\|_{D_{\rho_\nu}(r_\nu, s_\nu), \mathcal{I}_\nu} \leqslant \|X_{R_\nu}\|_{D_{\rho_\nu}(r_\nu, s_\nu), \mathcal{I}_\nu} \leqslant \varepsilon_\nu. \tag{7.3.13}$$

此外, 由于在区域 $D_{\rho_\nu}(r_\nu, s_{\nu+1})$ 中有 $s_{\nu+1} \ll s_\nu$, 所以

$$\|X_{(R_\nu - \mathcal{D}_\nu)}\|_{D_{\rho_\nu}(r_\nu, s_{\nu+1}), \mathcal{I}_\nu} \leqslant \varepsilon_{\nu+1}. \tag{7.3.14}$$

用 X_{T_ν} 表示对应于函数 T_ν 的哈密顿向量场:

$$T_\nu(\theta, I, z, \bar{z}) = T_\nu^0 + T_\nu^1 + T_\nu^{10} + T_\nu^{01} + T_\nu^{20} + T_\nu^{11} + T_\nu^{02}$$

$$= T_\nu^0(\theta) + \langle T_\nu^1(\theta), I\rangle + \langle T_\nu^{10}(\theta), z\rangle + \langle T_\nu^{01}(\theta), \bar{z}\rangle$$

$$+ \langle T_\nu^{20}(\theta)z, z\rangle + \langle T_\nu^{11}(\theta)z, \bar{z}\rangle + \langle T_\nu^{02}(\theta)\bar{z}, \bar{z}\rangle$$

$$= \sum_{|k|\leqslant K_\nu} T_k^{\nu,0} e^{\mathrm{i}\langle k,\theta\rangle} + \sum_{|k|\leqslant K_\nu, j} T_{k,j}^{\nu,1} I_j e^{\mathrm{i}\langle k,\theta\rangle} + \sum_{|k|\leqslant K_\nu, n} T_{k,n}^{\nu,10} z_n e^{\mathrm{i}\langle k,\theta\rangle}$$

$$+ \sum_{|k|\leqslant K_\nu, n} T_{k,n}^{\nu,01} \bar{z}_n e^{\mathrm{i}\langle k,\theta\rangle} + \sum_{|k|\leqslant K_\nu, n, m} T_{k,nm}^{\nu,20} z_n z_m e^{\mathrm{i}\langle k,\theta\rangle}$$

$$+ \sum_{|k|\leqslant K_\nu, n, m} T_{k,nm}^{\nu,11} z_n \bar{z}_m e^{\mathrm{i}\langle k,\theta\rangle} + \sum_{|k|\leqslant K_\nu, n, m} T_{k,nm}^{\nu,02} \bar{z}_n \bar{z}_m e^{\mathrm{i}\langle k,\theta\rangle},$$

并且 $\phi^t_{T_\nu}$ 是它的时间-t 映射.

设 $\mathcal{U}_\nu$ 是哈密顿向量场 X_{T_ν} 的时间-1 映射 $\phi^1_{T_\nu}$ 并且它的定义区域是 $D_{\rho_\nu}(r_{\nu+1}, s_{\nu+1})$, 则它变换系统 (7.3.1)($\tilde{\nu} = \nu$) 到 (7.3.1)($\tilde{\nu} = \nu+1$) 并且 $H_{\nu+1}$ 满足 (7.3.2)—(7.3.12)($\tilde{\nu} = \nu + 1$). 新的哈密顿函数 $H_{\nu+1}$ 可以写成:

$$H_{\nu+1} := H_\nu \circ \phi^1_{T_\nu}$$

$$= N_\nu + \sum_{\hat{l}=1}^{p} \left(\mathcal{A}_{\hat{l},\nu} + \mathcal{B}_{\hat{l},\nu} + \overline{\mathcal{B}}_{\hat{l},\nu} \right)$$

$$+ \left\{ N_\nu + \sum_{\hat{l}=1}^{p} \left(\mathcal{A}_{\hat{l},\nu} + \mathcal{B}_{\hat{l},\nu} + \overline{\mathcal{B}}_{\hat{l},\nu} \right), T_\nu \right\} + \mathcal{D}_\nu$$

$$+ \int_0^1 (1-t) \left\{ \left\{ N_\nu + \sum_{\hat{l}=1}^{p} \left(\mathcal{A}_{\hat{l},\nu} + \mathcal{B}_{\hat{l},\nu} + \overline{\mathcal{B}}_{\hat{l},\nu} \right), T_\nu \right\}, T_\nu \right\} \circ \phi^t_{T_\nu} dt$$

$$+ \int_0^1 \{\mathcal{D}_\nu, T_\nu\} \circ \phi^t_{T_\nu} dt + (R_\nu - \mathcal{D}_\nu) \circ \phi^1_{T_\nu}.$$

哈密顿 T_ν 可由下列同调方程确定

$$\left\{ N_\nu + \sum_{\hat{l}=1}^{p} \left(\mathcal{A}_{\hat{l},\nu} + \mathcal{B}_{\hat{l},\nu} + \overline{\mathcal{B}}_{\hat{l},\nu} \right), T_\nu \right\} + \mathcal{D}_\nu$$

$$= R^\nu_{0000} + \langle \widehat{\omega}^\nu, I \rangle + \sum_{n \in \mathbb{Z}_1^2} R^{\nu,11}_{0,nn} z_n \bar{z}_n + \sum_{\hat{l}=1}^{p} \left(\widehat{\mathcal{A}}_{\hat{l},\nu} + \widehat{\mathcal{B}}_{\hat{l},\nu} + \widehat{\overline{\mathcal{B}}}_{\hat{l},\nu} \right), \quad (7.3.15)$$

其中

$$\widehat{\omega}^\nu = \int \frac{\partial R_\nu}{\partial I} d\theta \big|_{z=\bar{z}=0, I=0},$$

$$\widehat{\mathcal{A}}_{\hat{l},\nu} = \sum_{n \in \mathcal{L}_{2\hat{l}-1}} R^{\nu,11}_{\sum_{\hat{j}=1}^{\hat{l}}(e_{i_{2\hat{j}-1}} - e_{i_{2\hat{j}}}),nm}(\xi) e^{\mathrm{i} \cdot \sum_{\hat{j}=1}^{\hat{l}}(\theta_{i_{2\hat{j}-1}} - \theta_{i_{2\hat{j}}})} z_n \bar{z}_m,$$

$$\widehat{\mathcal{B}}_{\hat{l},\nu} = \sum_{n \in \mathcal{L}_{2\hat{l}}} R^{\nu,20}_{-e_{i_1} - e_{i_2} + \sum_{\hat{j}=2}^{\hat{l}}(-e_{i_{2\hat{j}-1}} + e_{i_{2\hat{j}}}),nm}(\xi) e^{\mathrm{i}[-\theta_{i_1} - \theta_{i_2} + \sum_{\hat{j}=2}^{\hat{l}}(-\theta_{i_{2\hat{j}-1}} + \theta_{i_{2\hat{j}}})]} z_n z_m,$$

$$\widehat{\overline{\mathcal{B}}}_{\hat{l},\nu} = \sum_{n \in \mathcal{L}_{2\hat{l}}} R^{\nu,02}_{e_{i_1} + e_{i_2} + \sum_{\hat{j}=2}^{\hat{l}}(e_{i_{2\hat{j}-1}} - e_{i_{2\hat{j}}}),nm}(\xi) e^{\mathrm{i}[\theta_{i_1} + \theta_{i_2} + \sum_{\hat{j}=2}^{\hat{l}}(\theta_{i_{2\hat{j}-1}} - \theta_{i_{2\hat{j}}})]} \bar{z}_n \bar{z}_m,$$

$$N_{\nu+1} = N_\nu + R_{0000}^\nu + \langle \widehat{\omega}^\nu, I \rangle + \sum_{n \in \mathbb{Z}_1^2} R_{0,nn}^{\nu,11} z_n \bar{z}_n,$$

$$\mathcal{A}_{\hat{l},\nu+1} = \mathcal{A}_{\hat{l},\nu} + \widehat{\mathcal{A}}_{\hat{l},\nu}, \quad \mathcal{B}_{\hat{l},\nu+1} = \mathcal{B}_{\hat{l},\nu} + \widehat{\mathcal{B}}_{\hat{l},\nu},$$

$$\overline{\mathcal{B}}_{\hat{l},\nu+1} = \overline{\mathcal{B}}_{\hat{l},\nu} + \overline{\widehat{\mathcal{B}}}_{\hat{l},\nu} = \overline{\mathcal{B}}_{\hat{l},\nu} + \widehat{\overline{\mathcal{B}}}_{\hat{l},\nu},$$

$$R_{\nu+1} = \int_0^1 (1-t) \bigg\{ \bigg\{ N_\nu + \sum_{\hat{l}=1}^p \left(\mathcal{A}_{\hat{l},\nu} + \mathcal{B}_{\hat{l},\nu} + \overline{\mathcal{B}}_{\hat{l},\nu} \right), T_\nu \bigg\}, T_\nu \bigg\} \circ \phi_{T_\nu}^t \, dt$$

$$+ \int_0^1 \{ \mathcal{D}_\nu, T_\nu \} \circ \phi_{T_\nu}^t \, dt + (R_\nu - \mathcal{D}_\nu) \circ \phi_{T_\nu}^1. \tag{7.3.16}$$

$N_{\nu+1}, \mathcal{A}_{\hat{l},\nu+1}, \mathcal{B}_{\hat{l},\nu+1}, \overline{\mathcal{B}}_{\hat{l},\nu+1}$ 满足 (7.3.2)—(7.3.10)$(\nu+1)$. 哈密顿函数 $H_{\nu+1}$ 满足条件 (A1)—(A3).

同调方程 (7.3.15) 等价于

$$\{ N_\nu, T_\nu^0 + T_\nu^1 \} + \mathcal{D}_\nu^0 + \mathcal{D}_\nu^1 - R_{0000}^\nu - \langle \widehat{\omega}^\nu, I \rangle = 0, \tag{7.3.17}$$

$$\bigg\{ N_\nu + \sum_{\hat{l}=1}^p \left(\mathcal{A}_{\hat{l},\nu} + \mathcal{B}_{\hat{l},\nu} + \overline{\mathcal{B}}_{\hat{l},\nu} \right), T_\nu^{10} + T_\nu^{01} \bigg\} + \mathcal{D}_\nu^{10} + \mathcal{D}_\nu^{01} = 0, \tag{7.3.18}$$

$$\{ N_\nu, T_\nu^{20} + T_\nu^{11} + T_\nu^{02} \}$$

$$+ \bigg\{ \sum_{\hat{l}=1}^p \left(\mathcal{A}_{\hat{l},\nu} + \mathcal{B}_{\hat{l},\nu} + \overline{\mathcal{B}}_{\hat{l},\nu} \right), T_\nu^1 + T_\nu^{20} + T_\nu^{11} + T_\nu^{02} \bigg\}$$

$$+ \mathcal{D}_\nu^{20} + \mathcal{D}_\nu^{11} + \mathcal{D}_\nu^{02} = \sum_{n \in \mathbb{Z}_1^2} R_{0,nn}^{\nu,11} z_n \bar{z}_n + \sum_{\hat{l}=1}^p \left(\widehat{\mathcal{A}}_{\hat{l},\nu} + \widehat{\mathcal{B}}_{\hat{l},\nu} + \overline{\widehat{\mathcal{B}}}_{\hat{l},\nu} \right). \tag{7.3.19}$$

现在解方程 (7.3.17)—(7.3.19).

1. 解方程 (7.3.17)

$$T_\nu^0(\theta) = \sum_{0 < |k| \leqslant K_\nu} T_k^{\nu,0} e^{i\langle k, \theta \rangle}, \quad T_\nu^1(\theta) = \sum_{0 < |k| \leqslant K_\nu} T_k^{\nu,1} e^{i\langle k, \theta \rangle}$$

可通过

$$T_k^{\nu,\hat{s}} = \frac{1}{i\langle k, \omega^\nu \rangle} R_k^{\nu,\hat{s}}, \quad \hat{s} = 0, 1, \quad 0 < |k| \leqslant K_\nu$$

定义. 由 (7.3.12) 可推出

$$|T_k^{\nu,\hat{s}}|_{\mathcal{I}_\nu} \leqslant \gamma^{-4p} K_\nu^{4p\tau} |R_k^{\nu,\hat{s}}|_{\mathcal{I}_\nu} \leqslant \left(\frac{K_\nu^\tau}{\gamma}\right)^{4p} \varepsilon_\nu e^{-|k|r_\nu}, \quad 0 < |k| \leqslant K_\nu. \quad (7.3.20)$$

2. 解方程 (7.3.18)

通过比较 Fourier 系数, 方程 (7.3.18) 被分解成一组 1 阶或 2 阶的线性系统方程. 更准确地说, 我们可以得出以下结论:

情况 1. 假设 $n \in \mathbb{Z}_1^2 \setminus \left(\bigcup_{\hat{l}=1}^p (\mathcal{L}_{2\hat{l}-1} \cup \mathcal{L}_{2\hat{l}})\right)$, 则

$$(\langle k, \omega^\nu \rangle + \Omega_n^\nu) T_{k,n}^{\nu,10} = -\mathrm{i} R_{k,n}^{\nu,10},$$

$$(\langle k, \omega^\nu \rangle - \Omega_n^\nu) T_{k,n}^{\nu,01} = -\mathrm{i} R_{k,n}^{\nu,01}.$$

情况 2. 假设 $n \in \mathcal{L}_{2\hat{l}-1}, 1 \leqslant \hat{l} \leqslant p$, 则

$$(\langle k, \omega^\nu \rangle I_2 + \mathcal{C}_n^\nu) \begin{pmatrix} T_{k+\sum_{\hat{r}=1}^{\hat{l}} e_{i_{2\hat{r}-1}}, n}^{\nu,10} \\ T_{k+\sum_{\hat{r}=1}^{\hat{l}} e_{i_{2\hat{r}}}, m}^{\nu,10} \end{pmatrix} = -\mathrm{i} \begin{pmatrix} R_{k+\sum_{\hat{r}=1}^{\hat{l}} e_{i_{2\hat{r}-1}}, n}^{\nu,10} \\ R_{k+\sum_{\hat{r}=1}^{\hat{l}} e_{i_{2\hat{r}}}, m}^{\nu,10} \end{pmatrix},$$

$$(\langle k, \omega^\nu \rangle I_2 - \mathcal{C}_n^\nu) \begin{pmatrix} T_{k-\sum_{\hat{r}=1}^{\hat{l}} e_{i_{2\hat{r}-1}}, n}^{\nu,01} \\ T_{k-\sum_{\hat{r}=1}^{\hat{l}} e_{i_{2\hat{r}}}, m}^{\nu,01} \end{pmatrix} = -\mathrm{i} \begin{pmatrix} R_{k-\sum_{\hat{r}=1}^{\hat{l}} e_{i_{2\hat{r}-1}}, n}^{\nu,01} \\ R_{k-\sum_{\hat{r}=1}^{\hat{l}} e_{i_{2\hat{r}}}, m}^{\nu,01} \end{pmatrix}.$$

情况 3. 假设 $n \in \mathcal{L}_{2\hat{l}}, 1 \leqslant \hat{l} \leqslant p$, 则

$$(\langle k, \omega^\nu \rangle I_2 + \mathcal{C}_n^\nu) \begin{pmatrix} T_{k-e_{i_2}+\sum_{\hat{r}=2}^{\hat{l}} e_{i_{2\hat{r}}}, n}^{\nu,10} \\ T_{k+\sum_{\hat{r}=1}^{\hat{l}} e_{i_{2\hat{r}-1}}, m}^{\nu,01} \end{pmatrix} = -\mathrm{i} \begin{pmatrix} R_{k-e_{i_2}+\sum_{\hat{r}=2}^{\hat{l}} e_{i_{2\hat{r}}}, n}^{\nu,10} \\ R_{k+\sum_{\hat{r}=1}^{\hat{l}} e_{i_{2\hat{r}-1}}, m}^{\nu,01} \end{pmatrix}.$$

上面的线性系统有系数矩阵

$$\langle k, \omega^\nu \rangle I \pm \mathcal{C}_n^\nu.$$

根据 (7.3.12), 对 $0 < |k| \leqslant K_\nu$, 我们得到下列估计

$$|T_{k,n}^{\nu,10}|_{\mathcal{I}_\nu} \leqslant \left(\frac{K_\nu^\tau}{\gamma}\right)^{4p} \varepsilon_\nu e^{-|k|r_\nu} e^{-|n|\rho_\nu},$$

$$|T_{k,m}^{\nu,01}|_{\mathcal{I}_\nu} \leqslant \left(\frac{K_\nu^\tau}{\gamma}\right)^{4p} \varepsilon_\nu e^{-|k|r_\nu} e^{-|n|\rho_\nu}. \quad (7.3.21)$$

3. 解方程 (7.3.19)

类似地, 通过比较 Fourier 系数, 方程 (7.3.19) 被分解成一组 1, 2 或 4 阶的线性系统, 具有系数矩阵

$$\langle k,\omega^\nu\rangle I \pm \mathcal{C}_n^\nu \otimes I \pm I \otimes \mathcal{C}_{n'}^\nu, \quad n,n' \in \mathbb{Z}_1^2. \tag{7.3.22}$$

例如, 我们有下列结论.

情况 1. 假设 $n,n' \in \mathbb{Z}_1^2 \setminus \left(\bigcup_{\hat{l}=1}^p (\mathcal{L}_{2\hat{l}-1} \cup \mathcal{L}_{2\hat{l}}) \right)$, 则

$$(\langle k,\omega^\nu\rangle + \Omega_n^\nu + \Omega_{n'}^\nu)T_{k,nn'}^{\nu,20} = -\mathrm{i}R_{k,nn'}^{\nu,20},$$
$$(\langle k,\omega^\nu\rangle + \Omega_n^\nu - \Omega_{n'}^\nu)T_{k,nn'}^{\nu,11} = -\mathrm{i}R_{k,nn'}^{\nu,11},$$
$$(\langle k,\omega^\nu\rangle - \Omega_n^\nu - \Omega_{n'}^\nu)T_{k,nn'}^{\nu,02} = -\mathrm{i}R_{k,nn'}^{\nu,02}.$$

情况 2. 假设 $n \in \mathbb{Z}_1^2 \setminus \left(\bigcup_{\hat{l}=1}^p (\mathcal{L}_{2\hat{l}-1} \cup \mathcal{L}_{2\hat{l}}) \right)$ 和 $n' \in \mathcal{L}_{2\hat{l}-1}, 1 \leqslant \hat{l} \leqslant p$, 则

$$\left(\langle k,\omega^\nu\rangle I_2 + \mathcal{C}_n^\nu \otimes I_2 - \mathcal{C}_{n'}^\nu\right)
\begin{pmatrix} T_{k-\sum_{\hat{r}=1}^{\hat{l}} e_{i'_{2\hat{r}-1}},nn'}^{\nu,11} \\ T_{k-\sum_{\hat{r}=1}^{\hat{l}} e_{i'_{2\hat{r}}},nm'}^{\nu,11} \end{pmatrix}$$

$$= -\mathrm{i}\begin{pmatrix} R_{k-\sum_{\hat{r}=1}^{\hat{l}} e_{i'_{2\hat{r}-1}},nn'}^{\nu,11} \\ R_{k-\sum_{\hat{r}=1}^{\hat{l}} e_{i'_{2\hat{r}}},nm'}^{\nu,11} \end{pmatrix},$$

$$\left(\langle k,\omega^\nu\rangle I_2 + \mathcal{C}_{n'}^\nu - I_2 \otimes \mathcal{C}_n^\nu\right)
\begin{pmatrix} T_{k+\sum_{\hat{r}=1}^{\hat{l}} e_{i'_{2\hat{r}-1}},n'n}^{\nu,11} \\ T_{k+\sum_{\hat{r}=1}^{\hat{l}} e_{i'_{2\hat{r}}},m'n}^{\nu,11} \end{pmatrix}$$

$$= -\mathrm{i}\begin{pmatrix} R_{k+\sum_{\hat{r}=1}^{\hat{l}} e_{i'_{2\hat{r}-1}},n'n}^{\nu,11} \\ R_{k+\sum_{\hat{r}=1}^{\hat{l}} e_{i'_{2\hat{r}}},m'n}^{\nu,11} \end{pmatrix},$$

$$\left(\langle k,\omega^\nu\rangle I_2 + \mathcal{C}_n^\nu \otimes I_2 + \mathcal{C}_{n'}^\nu\right)
\begin{pmatrix} T_{k+\sum_{\hat{r}=1}^{\hat{l}} e_{i'_{2\hat{r}-1}},nn'}^{\nu,20} \\ T_{k+\sum_{\hat{r}=1}^{\hat{l}} e_{i'_{2\hat{r}}},nm'}^{\nu,20} \end{pmatrix}$$

$$= -\mathrm{i}\begin{pmatrix} R_{k+\sum_{\hat{r}=1}^{\hat{l}} e_{i'_{2\hat{r}-1}},nn'}^{\nu,20} \\ R_{k+\sum_{\hat{r}=1}^{\hat{l}} e_{i'_{2\hat{r}}},nm'}^{\nu,20} \end{pmatrix},$$

$$\left(\langle k,\omega^\nu\rangle I_2 - \mathcal{C}_n^\nu \otimes I_2 - \mathcal{C}_{n'}^\nu\right)
\begin{pmatrix} T_{k-\sum_{\hat{r}=1}^{\hat{l}} e_{i'_{2\hat{r}-1}},nn'}^{\nu,02} \\ T_{k-\sum_{\hat{r}=1}^{\hat{l}} e_{i'_{2\hat{r}}},m'n}^{\nu,02} \end{pmatrix}$$

$$
= -\mathrm{i} \begin{pmatrix} R^{\nu,02}_{k-\sum_{\hat{r}=1}^{\hat{l}} e_{i'_{2\hat{r}-1}},nn'} \\ R^{\nu,02}_{k-\sum_{\hat{r}=1}^{\hat{l}} e_{i'_{2\hat{r}}},m'n} \end{pmatrix}.
$$

情况 3. 假设 $n \in \mathbb{Z}_1^2 \setminus \left(\bigcup_{\hat{l}=1}^{p} (\mathcal{L}_{2\hat{l}-1} \cup \mathcal{L}_{2\hat{l}}) \right)$ 和 $n' \in \mathcal{L}_{2\hat{l}}, 1 \leqslant \hat{l} \leqslant p$, 则

$$
\left(\langle k, \omega^\nu \rangle I_2 + \mathcal{C}_n^\nu \otimes I_2 - \mathcal{C}_{n'}^\nu \right) \begin{pmatrix} T^{\nu,11}_{k+e_{i_2}-\sum_{\hat{r}=2}^{\hat{l}} e_{i'_{2\hat{r}}},nn'} \\ T^{\nu,20}_{k-\sum_{\hat{r}=1}^{\hat{l}} e_{i'_{2\hat{r}-1}},nm'} \end{pmatrix}
$$

$$
= -\mathrm{i} \begin{pmatrix} R^{\nu,11}_{k+e_{i'_2}-\sum_{\hat{r}=2}^{\hat{l}} e_{i'_{2\hat{r}}},nn'} \\ R^{\nu,20}_{k-\sum_{\hat{r}=1}^{\hat{l}} e_{i'_{2\hat{r}-1}},nm'} \end{pmatrix},
$$

$$
\left(\langle k, \omega^\nu \rangle I_2 + \mathcal{C}_{n'}^\nu - I_2 \otimes \mathcal{C}_n^\nu \right) \begin{pmatrix} T^{\nu,11}_{k-e_{i'_2}+\sum_{\hat{r}=2}^{\hat{l}} e_{i'_{2\hat{r}}},n'n} \\ T^{\nu,02}_{k+\sum_{\hat{r}=1}^{\hat{l}} e_{i'_{2\hat{r}-1}},m'n} \end{pmatrix}
$$

$$
= -\mathrm{i} \begin{pmatrix} R^{\nu,11}_{k-e_{i'_2}+\sum_{\hat{r}=2}^{\hat{l}} e_{i'_{2\hat{r}}},n'n} \\ R^{\nu,02}_{k+\sum_{\hat{r}=1}^{\hat{l}} e_{i'_{2\hat{r}-1}},m'n} \end{pmatrix}.
$$

情况 4. 假设 $n \in \mathcal{L}_{2\hat{l}_1-1}, 1 \leqslant \hat{l}_1 \leqslant p$ 和 $n' \in \mathcal{L}_{2\hat{l}_2-1}, 1 \leqslant \hat{l}_2 \leqslant p$, 则

$$
\left(\langle k, \omega^\nu \rangle I_4 + \mathcal{C}_n^\nu \otimes I_2 + I_2 \otimes \mathcal{C}_{n'}^\nu \right) \begin{pmatrix} T^{\nu,20}_{k+\sum_{\hat{r}=1}^{\hat{l}_1} e_{i_{2\hat{r}-1}}+\sum_{\hat{r}=1}^{\hat{l}_2} e_{i'_{2\hat{r}-1}},nn'} \\ T^{\nu,20}_{k+\sum_{\hat{r}=1}^{\hat{l}_1} e_{i_{2\hat{r}}}+\sum_{\hat{r}=1}^{\hat{l}_2} e_{i'_{2\hat{r}-1}},mn'} \\ T^{\nu,20}_{k+\sum_{\hat{r}=1}^{\hat{l}_1} e_{i_{2\hat{r}-1}}+\sum_{\hat{r}=1}^{\hat{l}_2} e_{i'_{2\hat{r}}},nm'} \\ T^{\nu,20}_{k+\sum_{\hat{r}=1}^{\hat{l}_1} e_{i_{2\hat{r}}}+\sum_{\hat{r}=1}^{\hat{l}_2} e_{i'_{2\hat{r}}},mm'} \end{pmatrix}
$$

$$
= -\mathrm{i} \begin{pmatrix} R^{\nu,20}_{k+\sum_{\hat{r}=1}^{\hat{l}_1} e_{i_{2\hat{r}-1}}+\sum_{\hat{r}=1}^{\hat{l}_2} e_{i'_{2\hat{r}-1}},nn'} \\ R^{\nu,20}_{k+\sum_{\hat{r}=1}^{\hat{l}_1} e_{i_{2\hat{r}}}+\sum_{\hat{r}=1}^{\hat{l}_2} e_{i'_{2\hat{r}-1}},mn'} \\ R^{\nu,20}_{k+\sum_{\hat{r}=1}^{\hat{l}_1} e_{i_{2\hat{r}-1}}+\sum_{\hat{r}=1}^{\hat{l}_2} e_{i'_{2\hat{r}}},nm'} \\ R^{\nu,20}_{k+\sum_{\hat{r}=1}^{\hat{l}_1} e_{i_{2\hat{r}}}+\sum_{\hat{r}=1}^{\hat{l}_2} e_{i'_{2\hat{r}}},mm'} \end{pmatrix},
$$

$$\left(\langle k, \omega^\nu\rangle I_4 - \mathcal{C}_n^\nu \otimes I_2 - I_2 \otimes \mathcal{C}_{n'}^\nu\right)\begin{pmatrix} T^{\nu,02}_{k-\sum_{\hat{r}=1}^{\hat{l}_1} e_{i_{2\hat{r}-1}}-\sum_{\hat{r}=1}^{\hat{l}_2} e_{i'_{2\hat{r}-1}},nn'} \\[4pt] T^{\nu,02}_{k-\sum_{\hat{r}=1}^{\hat{l}_1} e_{i_{2\hat{r}}}-\sum_{\hat{r}=1}^{\hat{l}_2} e_{i'_{2\hat{r}-1}},mn'} \\[4pt] T^{\nu,02}_{k-\sum_{\hat{r}=1}^{\hat{l}_1} e_{i_{2\hat{r}-1}}-\sum_{\hat{r}=1}^{\hat{l}_2} e_{i'_{2\hat{r}}},nm'} \\[4pt] T^{\nu,02}_{k-\sum_{\hat{r}=1}^{\hat{l}_1} e_{i_{2\hat{r}}}-\sum_{\hat{r}=1}^{\hat{l}_2} e_{i'_{2\hat{r}}},mm'} \end{pmatrix}$$

$$= -\mathrm{i}\begin{pmatrix} R^{\nu,02}_{k-\sum_{\hat{r}=1}^{\hat{l}_1} e_{i_{2\hat{r}-1}}-\sum_{\hat{r}=1}^{\hat{l}_2} e_{i'_{2\hat{r}-1}},nn'} \\[4pt] R^{\nu,02}_{k-\sum_{\hat{r}=1}^{\hat{l}_1} e_{i_{2\hat{r}}}-\sum_{\hat{r}=1}^{\hat{l}_2} e_{i'_{2\hat{r}-1}},mn'} \\[4pt] R^{\nu,02}_{k-\sum_{\hat{r}=1}^{\hat{l}_1} e_{i_{2\hat{r}-1}}-\sum_{\hat{r}=1}^{\hat{l}_2} e_{i'_{2\hat{r}}},nm'} \\[4pt] R^{\nu,02}_{k-\sum_{\hat{r}=1}^{\hat{l}_1} e_{i_{2\hat{r}}}-\sum_{\hat{r}=1}^{\hat{l}_2} e_{i'_{2\hat{r}}},mm'} \end{pmatrix}.$$

情况 4.1. 当 $\{n,m\} \neq \{n',m'\}$, 我们有

$$\left(\langle k, \omega^\nu\rangle I_4 + \mathcal{C}_n^\nu \otimes I_2 - I_2 \otimes \mathcal{C}_{n'}^\nu\right)\begin{pmatrix} T^{\nu,11}_{k+\sum_{\hat{r}=1}^{\hat{l}_1} e_{i_{2\hat{r}-1}}-\sum_{\hat{r}=1}^{\hat{l}_2} e_{i'_{2\hat{r}-1}},nn'} \\[4pt] T^{\nu,11}_{k+\sum_{\hat{r}=1}^{\hat{l}_1} e_{i_{2\hat{r}}}-\sum_{\hat{r}=1}^{\hat{l}_2} e_{i'_{2\hat{r}-1}},mn'} \\[4pt] T^{\nu,11}_{k+\sum_{\hat{r}=1}^{\hat{l}_1} e_{i_{2\hat{r}-1}}-\sum_{\hat{r}=1}^{\hat{l}_2} e_{i'_{2\hat{r}}},nm'} \\[4pt] T^{\nu,11}_{k+\sum_{\hat{r}=1}^{\hat{l}_1} e_{i_{2\hat{r}}}-\sum_{\hat{r}=1}^{\hat{l}_2} e_{i'_{2\hat{r}}},mm'} \end{pmatrix}$$

$$= -\mathrm{i}\begin{pmatrix} R^{\nu,11}_{k+\sum_{\hat{r}=1}^{\hat{l}_1} e_{i_{2\hat{r}-1}}-\sum_{\hat{r}=1}^{\hat{l}_2} e_{i'_{2\hat{r}-1}},nn'} \\[4pt] R^{\nu,11}_{k+\sum_{\hat{r}=1}^{\hat{l}_1} e_{i_{2\hat{r}}}-\sum_{\hat{r}=1}^{\hat{l}_2} e_{i'_{2\hat{r}-1}},mn'} \\[4pt] R^{\nu,11}_{k+\sum_{\hat{r}=1}^{\hat{l}_1} e_{i_{2\hat{r}-1}}-\sum_{\hat{r}=1}^{\hat{l}_2} e_{i'_{2\hat{r}}},nm'} \\[4pt] R^{\nu,11}_{k+\sum_{\hat{r}=1}^{\hat{l}_1} e_{i_{2\hat{r}}}-\sum_{\hat{r}=1}^{\hat{l}_2} e_{i'_{2\hat{r}}},mm'} \end{pmatrix}.$$

情况 4.2. 当 $\{n,m\} = \{n',m'\}$ 并且 $k \neq 0$, 则 $\hat{l}_1 = \hat{l}_2$, $\{i_{2\hat{r}-1}|1 \leqslant \hat{r} \leqslant \hat{l}_1\}$ $= \{i'_{2\hat{r}-1}|1 \leqslant \hat{r} \leqslant \hat{l}_2\}$ 并且 $\{i_{2\hat{r}}|1 \leqslant \hat{r} \leqslant \hat{l}_1\} = \{i'_{2\hat{r}}|1 \leqslant \hat{r} \leqslant \hat{l}_2\}$. 此外, 我们也有

$$\left(\langle k, \omega^\nu\rangle I_4 + \mathcal{C}_n^\nu \otimes I_2 - I_2 \otimes \mathcal{C}_n^\nu\right)\begin{pmatrix} T^{\nu,11}_{k,nn} \\[4pt] T^{\nu,11}_{k+\sum_{\hat{r}=1}^{\hat{l}_1}(e_{i_{2\hat{r}}}-e_{i_{2\hat{r}-1}}),mn} \\[4pt] T^{\nu,11}_{k+\sum_{\hat{r}=1}^{\hat{l}_1}(e_{i_{2\hat{r}-1}}-e_{i_{2\hat{r}}}),nm} \\[4pt] T^{\nu,11}_{k,mm} \end{pmatrix}$$

$$
= \begin{pmatrix}
-\mathrm{i}R^{\nu,11}_{k,nn} \\
-\mathrm{i}R^{\nu,11}_{k+\sum_{\hat{r}=1}^{l_1}(e_{i_{2\hat{r}}}-e_{i_{2\hat{r}-1}}),mn} + a^{\nu}_m(\xi)\sum_{\hat{r}=1}^{\hat{l}_1}(T^{\nu,1}_{k,i_{2\hat{r}}} - T^{\nu,1}_{k,i_{2\hat{r}-1}}) \\
-\mathrm{i}R^{\nu,11}_{k+\sum_{\hat{r}=1}^{l_1}(e_{i_{2\hat{r}-1}}-e_{i_{2\hat{r}}}),nm} + a^{\nu}_n(\xi)\sum_{\hat{r}=1}^{\hat{l}_1}(T^{\nu,1}_{k,i_{2\hat{r}-1}} - T^{\nu,1}_{k,i_{2\hat{r}}}) \\
-\mathrm{i}R^{\nu,11}_{k,mm}
\end{pmatrix}.
$$

情况 5. 假设 $n \in \mathcal{L}_{2\hat{l}_1-1}, 1 \leqslant \hat{l}_1 \leqslant p$ 并且 $n' \in \mathcal{L}_{2\hat{l}_2}, 1 \leqslant \hat{l}_2 \leqslant p$, 则

$$
(\langle k,\omega^{\nu}\rangle I_4 + \mathcal{C}^{\nu}_n \otimes I_2 + I_2 \otimes \mathcal{C}^{\nu}_{n'}) \begin{pmatrix}
T^{\nu,20}_{k+\sum_{\hat{r}=1}^{l_1}e_{i_{2\hat{r}-1}}-e_{i'_2}+\sum_{\hat{r}=2}^{l_2}e_{i'_{2\hat{r}}},nn'} \\
T^{\nu,20}_{k+\sum_{\hat{r}=1}^{l_1}e_{i_{2\hat{r}}}-e_{i'_2}+\sum_{\hat{r}=2}^{l_2}e_{i'_{2\hat{r}}},mn'} \\
T^{\nu,11}_{k+\sum_{\hat{r}=1}^{l_1}e_{i_{2\hat{r}-1}}+\sum_{\hat{r}=1}^{l_2}e_{i'_{2\hat{r}-1}},nm'} \\
T^{\nu,11}_{k+\sum_{\hat{r}=1}^{l_1}e_{i_{2\hat{r}}}+\sum_{\hat{r}=1}^{l_2}e_{i'_{2\hat{r}-1}},mm'}
\end{pmatrix}
$$

$$
= -\mathrm{i} \begin{pmatrix}
R^{\nu,20}_{k+\sum_{\hat{r}=1}^{l_1}e_{i_{2\hat{r}-1}}-e_{i'_2}+\sum_{\hat{r}=2}^{l_2}e_{i'_{2\hat{r}}},nn'} \\
R^{\nu,20}_{k+\sum_{\hat{r}=1}^{l_1}e_{i_{2\hat{r}}}-e_{i'_2}+\sum_{\hat{r}=2}^{l_2}e_{i'_{2\hat{r}}},mn'} \\
R^{\nu,11}_{k+\sum_{\hat{r}=1}^{l_1}e_{i_{2\hat{r}-1}}+\sum_{\hat{r}=1}^{l_2}e_{i'_{2\hat{r}-1}},nm'} \\
R^{\nu,11}_{k+\sum_{\hat{r}=1}^{l_1}e_{i_{2\hat{r}}}+\sum_{\hat{r}=1}^{l_2}e_{i'_{2\hat{r}-1}},mm'}
\end{pmatrix},
$$

$$
(\langle k,\omega^{\nu}\rangle I_4 - \mathcal{C}^{\nu}_n \otimes I_2 - I_2 \otimes \mathcal{C}^{\nu}_{n'}) \begin{pmatrix}
T^{\nu,02}_{k-\sum_{\hat{r}=1}^{l_1}e_{i_{2\hat{r}-1}}+e_{i'_2}-\sum_{\hat{r}=2}^{l_2}e_{i'_{2\hat{r}}},nn'} \\
T^{\nu,02}_{k-\sum_{\hat{r}=1}^{l_1}e_{i_{2\hat{r}}}+e_{i'_2}-\sum_{\hat{r}=2}^{l_2}e_{i'_{2\hat{r}}},mn'} \\
T^{\nu,11}_{k-\sum_{\hat{r}=1}^{l_1}e_{i_{2\hat{r}-1}}-\sum_{\hat{r}=1}^{l_2}e_{i'_{2\hat{r}-1}},m'n} \\
T^{\nu,11}_{k-\sum_{\hat{r}=1}^{l_1}e_{i_{2\hat{r}}}-\sum_{\hat{r}=1}^{l_2}e_{i'_{2\hat{r}-1}},m'm}
\end{pmatrix}
$$

$$
= -\mathrm{i} \begin{pmatrix}
R^{\nu,02}_{k-\sum_{\hat{r}=1}^{l_1}e_{i_{2\hat{r}-1}}+e_{i'_2}-\sum_{\hat{r}=2}^{l_2}e_{i'_{2\hat{r}}},nn'} \\
R^{\nu,02}_{k-\sum_{\hat{r}=1}^{l_1}e_{i_{2\hat{r}}}+e_{i'_2}-\sum_{\hat{r}=2}^{l_2}e_{i'_{2\hat{r}}},mn'} \\
R^{\nu,11}_{k-\sum_{\hat{r}=1}^{l_1}e_{i_{2\hat{r}-1}}-\sum_{\hat{r}=1}^{l_2}e_{i'_{2\hat{r}-1}},m'n} \\
R^{\nu,11}_{k-\sum_{\hat{r}=1}^{l_1}e_{i_{2\hat{r}}}-\sum_{\hat{r}=1}^{l_2}e_{i'_{2\hat{r}-1}},m'm}
\end{pmatrix}.
$$

情况 6. 假设 $n \in \mathcal{L}_{2\hat{l}_1}, 1 \leqslant \hat{l}_1 \leqslant p$ 并且 $n \in \mathcal{L}_{2\hat{l}_2}, 1 \leqslant \hat{l}_2 \leqslant p$.

情况 6.1. 当 $\{n,m\} \neq \{n',m'\}$, 我们有

$$
(\langle k, \omega^\nu \rangle I_4 + \mathcal{C}_n^\nu \otimes I_2 + I_2 \otimes \mathcal{C}_{n'}^\nu) \begin{pmatrix} T^{\nu,20}_{k-e_{i_2}+\sum_{\hat{r}=2}^{\hat{l}_1} e_{i_{2\hat{r}}} -e_{i'_2}+\sum_{\hat{r}=2}^{\hat{l}_2} e_{i'_{2\hat{r}}},nn'} \\ T^{\nu,11}_{k+\sum_{\hat{r}=1}^{\hat{l}_1} e_{i_{2\hat{r}-1}} -e_{i'_2}+\sum_{\hat{r}=2}^{\hat{l}_2} e_{i'_{2\hat{r}}},n'm} \\ T^{\nu,11}_{k-e_{i_2}+\sum_{\hat{r}=2}^{\hat{l}_1} e_{i_{2\hat{r}}} +\sum_{\hat{r}=1}^{\hat{l}_2} e_{i'_{2\hat{r}-1}},nm'} \\ T^{\nu,02}_{k+\sum_{\hat{r}=1}^{\hat{l}_1} e_{i_{2\hat{r}-1}} +\sum_{\hat{r}=1}^{\hat{l}_2} e_{i'_{2\hat{r}-1}},m'm} \end{pmatrix}
$$

$$
= -\mathrm{i} \begin{pmatrix} R^{\nu,20}_{k-e_{i_2}+\sum_{\hat{r}=2}^{\hat{l}_1} e_{i_{2\hat{r}}} -e_{i'_2}+\sum_{\hat{r}=2}^{\hat{l}_2} e_{i'_{2\hat{r}}},nn'} \\ R^{\nu,11}_{k+\sum_{\hat{r}=1}^{\hat{l}_1} e_{i_{2\hat{r}-1}} -e_{i'_2}+\sum_{\hat{r}=2}^{\hat{l}_2} e_{i'_{2\hat{r}}},n'm} \\ R^{\nu,11}_{k-e_{i_2}+\sum_{\hat{r}=2}^{\hat{l}_1} e_{i_{2\hat{r}}} +\sum_{\hat{r}=1}^{\hat{l}_2} e_{i'_{2\hat{r}-1}},nm'} \\ R^{\nu,02}_{k+\sum_{\hat{r}=1}^{\hat{l}_1} e_{i_{2\hat{r}-1}} +\sum_{\hat{r}=1}^{\hat{l}_2} e_{i'_{2\hat{r}-1}},m'm} \end{pmatrix}.
$$

情况 6.2. 当 $\{n,m\} = \{n',m'\}$ 并且 $k \neq 0$, 则 $\hat{l}_1 = \hat{l}_2$, $\{i_2, i_{2\hat{r}-1} | 1 \leqslant \hat{r} \leqslant \hat{l}_1\} = \{i'_2, i'_{2\hat{r}-1} | 1 \leqslant \hat{r} \leqslant \hat{l}_2\}$ 并且 $\{i_{2\hat{r}} | 2 \leqslant \hat{r} \leqslant \hat{l}_1\} = \{i'_{2\hat{r}} | 2 \leqslant \hat{r} \leqslant \hat{l}_2\}$. 此外, 我们有

$$
(\langle k, \omega^\nu \rangle I_4 + \mathcal{C}_n^\nu \otimes I_2 + I_2 \otimes \mathcal{C}_{n'}^\nu) \begin{pmatrix} T^{\nu,20}_{k-2e_{i_2}+2\sum_{\hat{r}=2}^{\hat{l}_1} e_{i_{2\hat{r}}},nm} \\ T^{\nu,11}_{k+\sum_{\hat{r}=1}^{\hat{l}_1} e_{i_{2\hat{r}-1}} -e_{i_2}+\sum_{\hat{r}=2}^{\hat{l}_1} e_{i_{2\hat{r}}},mm} \\ T^{\nu,11}_{k-e_{i_2}+\sum_{\hat{r}=2}^{\hat{l}_1} e_{i_{2\hat{r}}} +\sum_{\hat{r}=1}^{\hat{l}_1} e_{i_{2\hat{r}-1}},nn} \\ T^{\nu,02}_{k+2\sum_{\hat{r}=1}^{\hat{l}_1} e_{i_{2\hat{r}-1}},nm} \end{pmatrix}
$$

$$
= \Bigg(-\mathrm{i} R^{\nu,20}_{k-2e_{i_2}+2\sum_{\hat{r}=2}^{\hat{l}_1} e_{i_{2\hat{r}}},nm} - a_n^\nu(\xi)\big(T^{\nu,1}_{k-e_{i_2}+\sum_{\hat{r}=2}^{\hat{l}_1} e_{i_{2\hat{r}}} +\sum_{\hat{r}=1}^{\hat{l}_1} e_{i_{2\hat{r}-1}},i_2}
$$

$$
+ \sum_{\hat{s}=1}^{\hat{l}_1} T^{\nu,1}_{k-e_{i_2}+\sum_{\hat{r}=2}^{\hat{l}_1} e_{i_{2\hat{r}}} +\sum_{\hat{r}=1}^{\hat{l}_1} e_{i_{2\hat{r}-1}},i_{2\hat{s}-1}}
$$

$$
- \sum_{\hat{s}=2}^{\hat{l}_1} T^{\nu,1}_{k-e_{i_2}+\sum_{\hat{r}=2}^{\hat{l}_1} e_{i_{2\hat{r}}} +\sum_{\hat{r}=1}^{\hat{l}_1} e_{i_{2\hat{r}-1}},i_{2\hat{s}}} \big) \Bigg),
$$

$$
- \mathrm{i} R^{\nu,11}_{k+\sum_{\hat{r}=1}^{\hat{l}_1} e_{i_{2\hat{r}-1}} -e_{i_2}+\sum_{\hat{r}=2}^{\hat{l}_1} e_{i_{2\hat{r}}},mm},
$$

$$-\mathrm{i}R^{\nu,11}_{k-e_{i_2}+\sum_{\hat{r}=2}^{\hat{l}_1}e_{i_2\hat{r}}+\sum_{\hat{r}=1}^{\hat{l}_1}e_{i_2\hat{r}-1},nn},$$

$$-\mathrm{i}R^{\nu,02}_{k+2\sum_{\hat{r}=1}^{\hat{l}_1}e_{i_2\hat{r}-1},nm}+\bar{a}^\nu_n(\xi)\big(T^{\nu,1}_{k-e_{i_2}+\sum_{\hat{r}=2}^{\hat{l}_1}e_{i_2\hat{r}}+\sum_{\hat{r}=1}^{\hat{l}_1}e_{i_2\hat{r}-1},i_2}$$

$$+\sum_{\hat{s}=1}^{\hat{l}_1}T^{\nu,1}_{k-e_{i_2}+\sum_{\hat{r}=2}^{\hat{l}_1}e_{i_2\hat{r}}+\sum_{\hat{r}=1}^{\hat{l}_1}e_{i_2\hat{r}-1},i_{2\hat{s}-1}}$$

$$-\sum_{\hat{s}=2}^{\hat{l}_1}T^{\nu,1}_{k-e_{i_2}+\sum_{\hat{r}=2}^{\hat{l}_1}e_{i_2\hat{r}}+\sum_{\hat{r}=1}^{\hat{l}_1}e_{i_2\hat{r}-1},i_{2\hat{s}}}\big)\bigg)^{\mathrm{T}}.$$

上面的线性系统有系数矩阵 (7.3.22). 根据 (7.3.12), 对 $0<|k|\leqslant K_\nu$, 可得估计

$$|T^{\nu,11}_{k,nn'}|_{\mathcal{I}_\nu}\leqslant\Big(\frac{K^\tau_\nu}{\gamma}\Big)^{4p}\varepsilon_\nu e^{-|k|r_\nu}e^{-|n-n'|\rho_\nu},$$

$$|T^{\nu,20}_{k,nn'}|_{\mathcal{I}_\nu}+|T^{\nu,02}_{k,nn'}|_{\mathcal{I}_\nu}\leqslant\Big(\frac{K^\tau_\nu}{\gamma}\Big)^{4p}\varepsilon_\nu e^{-|k|r_\nu}e^{-|n+n'|\rho_\nu}.\qquad(7.3.23)$$

令

$$D^\nu_{\hat{i}}=D_{\rho_\nu}\Big(r_{\nu+1}+\frac{\hat{i}}{4}(r_\nu-r_{\nu+1}),\frac{\hat{i}}{4}s_\nu\Big),\quad 0<\hat{i}\leqslant 4.$$

根据 (7.3.20), (7.3.21), (7.3.23) 以及在 [39] 中的引理 4.1,

$$\|X_{T_\nu}\|_{D^\nu_3,\mathcal{I}_\nu}\leqslant c(\gamma^{-1}K^\tau_\nu)^{4p}\varepsilon_\nu.$$

设 Π_Υ,Π_ξ 分别表示投影

$$\Pi_\Upsilon:\Upsilon^\rho\times\mathcal{I}\longmapsto\Upsilon^\rho,\quad\Pi_\xi:\Upsilon^\rho\times\mathcal{I}\longmapsto\mathcal{I}.$$

令

$$D^\nu_{\hat{i}\eta_\nu}=D_{\rho_\nu}\Big(r_{\nu+1}+\frac{\hat{i}}{4}(r_\nu-r_{\nu+1}),\frac{\hat{i}}{4}\eta_\nu s_\nu\Big),\quad 0<\hat{i}\leqslant 4,$$

其中 $\eta_\nu=\varepsilon^{\frac{1}{3}}_\nu$. 设 $\varepsilon_\nu\ll\Big(\frac{1}{2}\gamma K^{-\tau}_\nu\Big)^{4p+2}$, 则根据 (7.3.20), (7.3.21), (7.3.23) 以及在 [39] 中的引理 4.2, 得

$$\phi_{T_\nu}^t : D_{2\eta_\nu}^\nu \times \mathcal{I}_\nu \mapsto D_{3\eta_\nu}^\nu, \quad -1 \leqslant t \leqslant 1$$

和

$$\|\phi_{T_\nu}^t - \Pi_\Upsilon\|_{D_{1\eta_\nu}^\nu, \mathcal{I}_\nu} \leqslant c(\gamma^{-1} K_\nu^\tau)^{4p} \varepsilon_\nu, \tag{7.3.24}$$

$$|D\phi_{T_\nu}^t - Id|_{\rho_\nu, \rho_{\nu+1}, D_{1\eta_\nu}^\nu, \mathcal{I}_\nu}^* \leqslant c(\gamma^{-1} K_\nu^\tau)^{4p} \varepsilon_\nu. \tag{7.3.25}$$

7.3.1.2　新误差项估计

重写 (7.3.16) 中 $R_{\nu+1}$ 为

$$R_{\nu+1} = \int_0^1 \{\mathcal{D}_\nu(t), T_\nu\} \circ \phi_{T_\nu}^t \, dt + (R_\nu - \mathcal{D}_\nu) \circ \phi_{T_\nu}^1,$$

这里

$$\mathcal{D}_\nu(t) = (1-t)\left(N_{\nu+1} + \sum_{\hat{l}=1}^p \left(\mathcal{A}_{\hat{l},\nu+1} + \mathcal{B}_{\hat{l},\nu+1} + \overline{\mathcal{B}}_{\hat{l},\nu+1}\right)\right)$$

$$- (1-t)\left(N_\nu + \sum_{\hat{l}=1}^p \left(\mathcal{A}_{\hat{l},\nu} + \mathcal{B}_{\hat{l},\nu} + \overline{\mathcal{B}}_{\hat{l},\nu}\right)\right) + t\mathcal{D}_\nu.$$

因此

$$X_{R_{\nu+1}} = \int_0^1 (\phi_{T_\nu}^t)^* X_{\{\mathcal{D}_\nu(t), T_\nu\}} \, dt + (\phi_{T_\nu}^1)^* X_{(R_\nu - \mathcal{D}_\nu)}. \tag{7.3.26}$$

由 (7.3.25), 可得

$$|D\phi_{T_\nu}^t|_{\rho_\nu, \rho_{\nu+1}, D_{1\eta_\nu}^\nu, \mathcal{I}_\nu}^* \leqslant 1 + |D\phi_{T_\nu}^t - Id|_{\rho_\nu, \rho_{\nu+1}, D_{1\eta_\nu}^\nu, \mathcal{I}_\nu}^* \leqslant 2, \quad -1 \leqslant t \leqslant 1.$$

根据 (7.3.20), (7.3.21), (7.3.23) 和 (7.3.13), 就有

$$\|X_{\{\mathcal{D}_\nu(t), T_\nu\}}\|_{D_{2\eta_\nu}^\nu, \mathcal{I}_\nu} \leqslant c(\gamma^{-1} K_\nu^\tau)^{4p} \eta_\nu^{-2} \varepsilon_\nu^2.$$

此外, 据 (7.3.14), 可得

$$\|X_{(R_\nu - \mathcal{D}_\nu)}\|_{D_{2\eta_\nu}^\nu, \mathcal{I}_\nu} \leqslant c\eta_\nu \varepsilon_\nu.$$

再从 (7.3.26), 可推出

$$\|X_{R_{\nu+1}}\|_{D_{\rho_{\nu+1}}(r_{\nu+1}, s_{\nu+1}), \mathcal{I}_\nu} \leqslant c\eta_\nu \varepsilon_\nu + c(\gamma^{-1} K_\nu^\tau)^{4p} \eta_\nu^{-2} \varepsilon_\nu^2 \leqslant \varepsilon_{\nu+1}.$$

即哈密顿函数 $H_{\nu+1}$ 满足条件 (A4).

根据 [38] 中的引理 4.4, 可知哈密顿函数 $H_{\nu+1}$ 满足 (A5).

现在我们证明新误差项 $R_{\nu+1}$ 满足具有 $K_{\nu+1}, \varepsilon_{\nu+1}, \rho_{\nu+1}$ 的 (A6).

重写 (7.3.16) 中的 $R_{\nu+1}$ 为

$$
\begin{aligned}
R_{\nu+1} = {} & R_\nu - \mathcal{D}_\nu + \{R_\nu, T_\nu\} \\
& + \frac{1}{2!}\left\{\left\{N_\nu + \sum_{\hat{l}=1}^{p}(\mathcal{A}_{\hat{l},\nu} + \mathcal{B}_{\hat{l},\nu} + \overline{\mathcal{B}}_{\hat{l},\nu}), T_\nu\right\}, T_\nu\right\} \\
& + \frac{1}{2!}\{\{R_\nu, T_\nu\}, T_\nu\} + \cdots \\
& + \frac{1}{n!}\left\{\cdots\left\{N_\nu + \sum_{\hat{l}=1}^{p}(\mathcal{A}_{\hat{l},\nu} + \mathcal{B}_{\hat{l},\nu} + \overline{\mathcal{B}}_{\hat{l},\nu}), T_\nu\right\}\cdots, T_\nu\right\} \\
& + \frac{1}{n!}\{\cdots\{R_\nu, T_\nu\}\cdots, T_\nu\} + \cdots .
\end{aligned}
\tag{7.3.27}
$$

显然, 对给定的 $n, m \in \mathbb{Z}^2, \tilde{c} \in \mathbb{Z}^2 \setminus \{0\}$ 和 $|n-m| > K_\nu$, 其中 $K_\nu \geqslant \dfrac{1}{\rho_\nu - \rho_{\nu+1}} \cdot \ln\left(\dfrac{\varepsilon_\nu}{\varepsilon_{\nu+1}}\right)$, 有

$$
\left\|\frac{\partial^2(R_\nu - \mathcal{D}_\nu)}{\partial z_{n+\tilde{c}t}\partial\bar{z}_{m+\tilde{c}t}} - \lim_{t\to\infty}\frac{\partial^2(R_\nu - \mathcal{D}_\nu)}{\partial z_{n+\tilde{c}t}\partial\bar{z}_{m+\tilde{c}t}}\right\|_{D_{\rho_\nu}(r_\nu, s_\nu), \mathcal{I}_\nu} \leqslant \frac{\varepsilon_\nu}{t}e^{-|n-m|\rho_\nu}
$$

$$
\leqslant \frac{\varepsilon_{\nu+1}}{t}e^{-|n-m|\rho_{\nu+1}}.
$$

所以 $R_\nu - \mathcal{D}_\nu$ 满足具有 $K_{\nu+1}, \varepsilon_{\nu+1}, \rho_{\nu+1}$ 的 (A.6). 从 [39] 中的引理 4.3, 可知 T_ν 满足具有 (A.6), 其中用 $\varepsilon_\nu^{\frac{2}{3}}$ 代替 ε_ν, 并且

$$
\frac{\partial^2 T_\nu}{\partial z_n \partial z_m} = 0 \quad (|n+m| > K_\nu), \qquad \frac{\partial^2 T_\nu}{\partial z_n \partial \bar{z}_m} = 0 \quad (|n-m| > K_\nu),
$$

$$
\frac{\partial^2 T_\nu}{\partial \bar{z}_n \partial \bar{z}_m} = 0 \quad (|n+m| > K_\nu).
$$

根据 $R_\nu, N_\nu + \sum_{\hat{l}=1}^{p}\left(\mathcal{A}_{\hat{l},\nu} + \mathcal{B}_{\hat{l},\nu} + \overline{\mathcal{B}}_{\hat{l},\nu}\right)$ 满足 (A.6), 其中 $K_\nu, \varepsilon_\nu, \rho_\nu$, 再由 [39] 中的引理 4.4, 我们有 $\{R_\nu, T_\nu\}, \{N_\nu + \sum_{\hat{l}=1}^{p}(\mathcal{A}_{\hat{l},\nu} + \mathcal{B}_{\hat{l},\nu} + \overline{\mathcal{B}}_{\hat{l},\nu}), T_\nu\}$ 满足 (A.6), 其中 $\varepsilon_{\nu+1}$. 类似地可以证明 (7.3.27) 的其他项也满足 (A.6). 即哈密顿函数 $H_{\nu+1}$ 满足 (A.6).

7.3.1.3　KAM 迭代的收敛性

显然,

$$D_{\rho_0}(r_0, s_0) \supset D_{\rho_1}(r_1, s_1) \supset \cdots \supset D_{\rho_\nu}(r_\nu, s_\nu) \supset \cdots \supset D_{\frac{\rho}{2}}\left(\frac{r}{2}, 0\right).$$

此外, 根据 (7.3.24) 和 (7.3.25), 我们表示

$$\mathcal{U}_\nu = \phi^1_{T_\nu} : D_{\rho_\nu}(r_{\nu+1}, s_{\nu+1}) \times \mathcal{I}_\nu \longmapsto D_{\rho_\nu}(r_\nu, s_\nu),$$

则

$$\|\mathcal{U}_\nu - \Pi_\Upsilon\|_{D_{\rho_\nu}(r_{\nu+1}, s_{\nu+1}), \mathcal{I}_\nu} \leqslant c(\gamma^{-1} K_\nu^\tau)^{4p} \varepsilon_\nu,$$

$$|D\mathcal{U}_\nu - Id|^*_{\rho_\nu, \rho_{\nu+1}, D_{\rho_{\nu+1}}(r_{\nu+1}, s_{\nu+1}), \mathcal{I}_{\nu+1}} \leqslant c(\gamma^{-1} K_\nu^\tau)^{4p} \varepsilon_\nu. \tag{7.3.28}$$

我们证明极限变换 $\mathcal{U}_0 \circ \mathcal{U}_1 \circ \cdots$ 收敛到变换 $\Psi = \Xi_\infty^0$. 对任意的 $\xi \in \mathcal{I}_\gamma$ 和 $0 \leqslant \hat{j} \leqslant \hat{N}$, 我们用 $\Xi_{\hat{N}}^{\hat{j}}$ 表示映射

$$\Xi_{\hat{N}}^{\hat{j}}(\cdot; \xi) = \mathcal{U}_{\hat{j}}(\cdot; \xi) \circ \cdots \circ \mathcal{U}_{\hat{N}-1}(\cdot; \xi) : D_{\rho_{\hat{N}}}(r_{\hat{N}}, s_{\hat{N}}) \longmapsto D_{\rho_{\hat{j}}}(r_{\hat{j}}, s_{\hat{j}}).$$

$\Xi_{\hat{j}}^{\hat{j}}$ 是恒等映射. 类似于 [53, pp.63,64] 中的引理 2.4, 引理 2.5, 我们有下列结论: 对 $\hat{j}, \hat{l} \geqslant 0$, 则

$$\Xi_{\hat{j}+\hat{l}}^{\hat{j}} - \Pi_\Upsilon = (\mathcal{U}_{\hat{j}} - \Pi_\Upsilon) \circ (\Xi_{\hat{j}+\hat{l}}^{\hat{j}+1} \times \Pi_\xi) + (\Xi_{\hat{j}+\hat{l}}^{\hat{j}+1} - \Pi_\Upsilon). \tag{7.3.29}$$

根据 (7.3.28), 可得

$$\left\|(\mathcal{U}_{\hat{j}} - \Pi_\Upsilon) \circ (\Xi_{\hat{j}+\hat{l}}^{\hat{j}+1} \times \Pi_\xi)\right\|_{D_{\rho_{\hat{j}+\hat{l}}}(r_{\hat{j}+\hat{l}}, s_{\hat{j}+\hat{l}}), \mathcal{I}_{\hat{j}+\hat{l}}}$$

$$= \|(\mathcal{U}_{\hat{j}} - \Pi_\Upsilon)(\Xi_{\hat{j}+\hat{l}}^{\hat{j}+1}; \xi) - (\mathcal{U}_{\hat{j}} - \Pi_\Upsilon) + (\mathcal{U}_{\hat{j}} - \Pi_\Upsilon)\|_{D_{\rho_{\hat{j}+\hat{l}}}(r_{\hat{j}+\hat{l}}, s_{\hat{j}+\hat{l}}), \mathcal{I}_{\hat{j}+\hat{l}}}$$

$$\leqslant \|(\mathcal{U}_{\hat{j}} - \Pi_\Upsilon)(\Xi_{\hat{j}+\hat{l}}^{\hat{j}+1}(\eta; \xi); \xi) - (\mathcal{U}_{\hat{j}} - \Pi_\Upsilon)(\eta; \xi)\|_{D_{\rho_{\hat{j}+\hat{l}}}(r_{\hat{j}+\hat{l}}, s_{\hat{j}+\hat{l}}), \mathcal{I}_{\hat{j}+\hat{l}}}$$

$$+ \|(\mathcal{U}_{\hat{j}} - \Pi_\Upsilon)(\eta; \xi)\|_{D_{\rho_{\hat{j}+\hat{l}}}(r_{\hat{j}+\hat{l}}, s_{\hat{j}+\hat{l}}), \mathcal{I}_{\hat{j}+\hat{l}}}$$

$$\leqslant \left(|D\mathcal{U}_{\hat{j}} - Id|^*_{\rho_{\hat{j}}, \rho_{\hat{j}+\hat{l}}, D_{\rho_{\hat{j}+\hat{l}}}(r_{\hat{j}+\hat{l}}, s_{\hat{j}+\hat{l}}), \mathcal{I}_{\hat{j}+\hat{l}}}\right)$$

$$\times \left(\|\Xi_{\hat{j}+\hat{l}}^{\hat{j}+1} - \Pi_\Upsilon\|_{D_{\rho_{\hat{j}+\hat{l}}}(r_{\hat{j}+\hat{l}}, s_{\hat{j}+\hat{l}}), \mathcal{I}_{\hat{j}+\hat{l}}}\right.$$

$$+ \|\mathcal{U}_{\hat{j}} - \Pi_{\Upsilon}\|_{D_{\rho_{\hat{j}+\hat{l}}}(r_{\hat{j}+\hat{l}}, s_{\hat{j}+\hat{l}}), \mathcal{I}_{\hat{j}+\hat{l}}}$$

$$\leqslant c(\gamma^{-1}K_{\hat{j}}^{\tau})^{4p}\varepsilon_{\hat{j}} \cdot \|\Xi_{\hat{j}+\hat{l}}^{\hat{j}+1} - \Pi_{\Upsilon}\|_{D_{\rho_{\hat{j}+\hat{l}}}(r_{\hat{j}+\hat{l}}, s_{\hat{j}+\hat{l}}), \mathcal{I}_{\hat{j}+\hat{l}}} + c(\gamma^{-1}K_{\hat{j}}^{\tau})^{4p}\varepsilon_{\hat{j}}. \qquad (7.3.30)$$

我们记

$$W_{\hat{j}+\hat{l}}^{\hat{j}} = \|\Xi_{\hat{j}+\hat{l}}^{\hat{j}} - \Pi_{\Upsilon}\|_{D_{\rho_{\hat{j}+\hat{l}}}(r_{\hat{j}+\hat{l}}, s_{\hat{j}+\hat{l}}), \mathcal{I}_{\hat{j}+\hat{l}}},$$

由 (7.3.29) 和 (7.3.30), 可得

$$W_{\hat{j}+\hat{l}}^{\hat{j}} \leqslant c(\gamma^{-1}K_{\hat{j}}^{\tau})^{4p}\varepsilon_{\hat{j}}(W_{\hat{j}+\hat{l}}^{\hat{j}+1} + 1) + W_{\hat{j}+\hat{l}}^{\hat{j}+1}.$$

此外, 用归纳法和 $W_{\hat{j}+\hat{l}}^{\hat{j}+\hat{l}} = 0$, 可得当 ε 足够小时成立

$$W_{\hat{j}+\hat{l}}^{\hat{j}} + 1 \leqslant (W_{\hat{j}+\hat{l}}^{\hat{j}+\hat{l}} + 1) \prod_{\hat{i}=\hat{j}}^{\hat{j}+\hat{l}-1} (c(\gamma^{-1}K_{\hat{j}}^{\tau})^{4p}\varepsilon_{\hat{j}} + 1)$$

$$= \prod_{\hat{i}=\hat{j}}^{\hat{j}+\hat{l}-1} (c(\gamma^{-1}K_{\hat{j}}^{\tau})^{4p}\varepsilon_{\hat{j}} + 1) \leqslant 1 + 3c(\gamma^{-1}K_{\hat{j}}^{\tau})^{4p}\varepsilon_{\hat{j}}.$$

因此, 我们有

$$\|\Xi_{\hat{j}+\hat{l}}^{\hat{j}} - \Pi_{\Upsilon}\|_{D_{\rho_{\hat{j}+\hat{l}}}(r_{\hat{j}+\hat{l}}, s_{\hat{j}+\hat{l}}), \mathcal{I}_{\hat{j}+\hat{l}}} \leqslant 3c(\gamma^{-1}K_{\hat{j}}^{\tau})^{4p}\varepsilon_{\hat{j}}. \qquad (7.3.31)$$

根据 $\mathcal{U}_{\nu}$ 的定义, 可推出

$$W\Xi_{\hat{j}+\hat{l}}^{\hat{j}} = \prod_{\hat{i}=\hat{j}}^{\hat{j}+\hat{l}-1} W\mathcal{U}_{\hat{i}}.$$

鉴于 (7.3.28), 可得

$$|W\Xi_{\hat{j}+\hat{l}}^{\hat{j}} - Id|^{*}_{\rho_{\hat{j}}, \rho_{\hat{j}+\hat{l}}, D_{\rho_{\hat{j}+\hat{l}}}(r_{\hat{j}+\hat{l}}, s_{\hat{j}+\hat{l}}) \times \mathcal{I}_{\hat{j}+\hat{l}}} \leqslant 3c(\gamma^{-1}K_{\hat{j}}^{\tau})^{4p}\varepsilon_{\hat{j}}. \qquad (7.3.32)$$

设 $\eta_0 \in D_{\frac{r}{2}}\left(\frac{r}{2}, 0\right)$ 并且对 $\hat{i} \geqslant 1$, 我们记 $\eta_{\hat{i}} = \Xi_{\hat{l}+\hat{i}}^{\hat{l}}(\eta_0; \xi)$. 然后根据 (7.3.28), (7.3.31) 和 (7.3.32), 可得

$$\text{dist}(\eta_{\hat{N}+1}, \eta_{\hat{N}}) = \text{dist}\left(\Xi_{\hat{l}+\hat{N}+1}^{\hat{l}}(\eta_0; \xi), \Xi_{\hat{l}+\hat{N}}^{\hat{l}}(\eta_0; \xi)\right)$$

$$= \left\| \Xi_{\hat{l}+\hat{N}+1}^{\hat{l}}(\eta_0; \xi) - \Xi_{\hat{l}+\hat{N}}^{\hat{l}}(\eta_0; \xi) \right\|_{D_{\frac{\varrho}{2}}(\frac{r}{2}, 0), \mathcal{I}_\gamma}$$

$$= \left\| \Xi_{\hat{l}+\hat{N}}^{\hat{l}}(\mathcal{U}_{\hat{l}+\hat{N}}; \xi) - \mathcal{U}_{\hat{l}+\hat{N}} + \mathcal{U}_{\hat{l}+\hat{N}} - \Xi_{\hat{l}+\hat{N}}^{\hat{l}} + \eta_0 - \eta_0 \right\|_{D_{\frac{\varrho}{2}}(\frac{r}{2}, 0), \mathcal{I}_\gamma}$$

$$\leqslant \left\| (\Xi_{\hat{l}+\hat{N}}^{\hat{l}} - \Pi_\Upsilon)(\mathcal{U}_{\hat{l}+\hat{N}}(\eta_0; \xi); \xi) - (\Xi_{\hat{l}+\hat{N}}^{\hat{l}} - \Pi_\Upsilon)(\eta_0; \xi) \right\|_{D_{\frac{\varrho}{2}}(\frac{r}{2}, 0), \mathcal{I}_\gamma} \qquad (7.3.33)$$

$$+ \left\| (\mathcal{U}_{\hat{l}+\hat{N}} - \Pi_\Upsilon)(\eta_0; \xi) \right\|_{D_{\frac{\varrho}{2}}(\frac{r}{2}, 0), \mathcal{I}_\gamma}$$

$$\leqslant \left| D\Xi_{\hat{l}+\hat{N}}^{\hat{l}} - Id \right|_{\rho_{\hat{l}}, \frac{\varrho}{2}, D_{\frac{\varrho}{2}}(\frac{r}{2}, 0), \mathcal{I}_\gamma}^* \cdot \left\| \mathcal{U}_{\hat{l}+\hat{N}} - \Pi_\Upsilon \right\|_{D_{\frac{\varrho}{2}}(\frac{r}{2}, 0), \mathcal{I}_\gamma}$$

$$+ \left\| \mathcal{U}_{\hat{l}+\hat{N}} - \Pi_\Upsilon \right\|_{D_{\frac{\varrho}{2}}(\frac{r}{2}, 0), \mathcal{I}_\gamma}$$

$$\leqslant [3c(\gamma^{-1}K_{\hat{l}}^\tau)^{4p}\varepsilon_{\hat{l}} + 1] \cdot c(\gamma^{-1}K_{\hat{l}+\hat{N}}^\tau)^{4p}\varepsilon_{\hat{l}+\hat{N}} \leqslant 2c(\gamma^{-1}K_{\hat{l}+\hat{N}}^\tau)^{4p}\varepsilon_{\hat{l}+\hat{N}}.$$

即是说, 点列 $\{\eta_{\hat{i}}\}$ 是基本列, 并且收敛到点 $\eta_\infty \in \Upsilon^\rho$. (7.3.33) 的右边不依赖于 η_0. 因此, 数列 $\{\Xi_{\hat{l}+\hat{N}}^{\hat{l}}(\cdot; \xi)\}$ 在 $D_{\frac{\varrho}{2}}\left(\frac{r}{2}, 0\right)$ 上一致收敛于一个解析映射

$$\Xi_\infty^{\hat{l}}(\cdot; \xi) : D_{\frac{\varrho}{2}}\left(\frac{r}{2}, 0\right) \longmapsto D_{\rho_{\hat{l}}}(r_{\hat{l}}, s_{\hat{l}}),$$

它映 η_0 到 η_∞. 显然, 对任意的 $\hat{l} \leqslant \hat{l}_1 < \infty$, 我们知道

$$\Xi_{\hat{l}_1}^{\hat{l}}(\cdot; \xi) \circ \Xi_\infty^{\hat{l}_1}(\cdot; \xi) = \Xi_\infty^{\hat{l}}(\cdot; \xi).$$

据 (7.3.31), 通过取极限, 可得估计

$$\left| \Xi_\infty^{\hat{l}} - \Pi_\Upsilon \right|_{\rho_{\hat{l}}, \frac{\varrho}{2}, D_{\frac{\varrho}{2}}(\frac{r}{2}, 0) \times \mathcal{I}_\gamma}^* \leqslant 3c(\gamma^{-1}K_{\hat{l}}^\tau)^{4p}\varepsilon_{\hat{l}}.$$

因为哈密顿函数 $H_0 = H$ 满足具有 $\nu = 0$ 的条件 (7.3.1)—(7.3.12), 上面的迭代程序可以重复运行. 因此, 我们证明了定理 7.2.1.

7.3.2　测度估计

现在我们给出下列引理, 它在定理 7.2.1 的证明中已被用到.

引理 7.3.1　对任意的 $k \in \mathbb{Z}^b, |k| \leqslant K_\nu, n, n' \in \mathbb{Z}_1^2, \nu \in \mathbb{N}$, 我们记

$$\mathcal{J}_k^\nu = \left\{ \xi \in \mathcal{I}_{\nu-1} : |\langle k, \omega^\nu(\xi) \rangle| < \frac{\gamma}{K_\nu^\tau} \right\}, \quad |k| \neq 0,$$

$$\mathcal{J}_{kn}^{\nu} = \left\{ \xi \in \mathcal{I}_{\nu-1} : |\det(\langle k, \omega^{\nu} \rangle I \pm \mathcal{C}_n^{\nu})| < \frac{\gamma}{K_{\nu}^{\tau}} \right\},$$

$$\mathcal{J}_{knn'}^{\nu} = \left\{ \xi \in \mathcal{I}_{\nu-1} : |\det(\langle k, \omega^{\nu} \rangle I \pm \mathcal{C}_n^{\nu} \otimes I \pm I \otimes \mathcal{C}_{n'}^{\nu})| < \frac{\gamma}{K_{\nu}^{\tau}} \right\},$$

这里 $|k| + |n - n'| > 0$, 并且

$$\mathcal{J}^{\nu} = \bigcup_{0 < |k| \leqslant K_{\nu}} \bigcup_{n,n' \in \mathbb{Z}_1^2} (\mathcal{J}_k^{\nu} \cup \mathcal{J}_{kn}^{\nu} \cup \mathcal{J}_{knn'}^{\nu}).$$

则集合 $\mathcal{J}^{\nu}$ 是可测的并且

$$\mathrm{meas}\mathcal{J}^{\nu} \leqslant \frac{\gamma^{\frac{1}{4p}}}{K_{\nu}}. \tag{7.3.34}$$

证明　为了方便, 我们记 $\mathcal{I}_{-1} = \mathcal{I}, K_{-1} = 0$. 我们只证明最复杂的情况:

$$\left\{ \xi \in \mathcal{I}_{\nu-1} : |\det(\langle k, \omega^{\nu} \rangle I + \mathcal{C}_n^{\nu} \otimes I - I \otimes \mathcal{C}_{n'}^{\nu})| < \frac{\gamma}{K_{\nu}^{\tau}} \right\}.$$

记 $A^{\nu} = \langle k, \omega^{\nu} \rangle I + \mathcal{C}_n^{\nu} \otimes I - I \otimes \mathcal{C}_{n'}^{\nu}$, 则当 $|k| \leqslant K_{\nu-1}$ 时, 我们有

$$\| (A^{\nu})^{-1} \| = \| [A^{\nu-1} + (A^{\nu} - A^{\nu-1})]^{-1} \|$$

$$= \| [I + (A^{\nu-1})^{-1}(A^{\nu} - A^{\nu-1})]^{-1} (A^{\nu-1})^{-1} \|$$

$$\leqslant 2 \| (A^{\nu-1})^{-1} \| \leqslant 2 \frac{K_{\nu-1}^{\tau}}{\gamma} \leqslant \frac{K_{\nu}^{\tau}}{\gamma}.$$

所以 $\| M^{\nu} \| \geqslant \dfrac{\gamma}{K_{\nu}^{\tau}}$ 成立, 它意指对 $|k| \leqslant K_{\nu-1}$, 集合 $\mathcal{R}_{knn'}$ 是空集. 因此

$$\bigcup_{0 < |k| \leqslant K_{\nu}} \bigcup_{n,n' \in \mathbb{Z}_1^2} \mathcal{J}_{knn'}^{\nu} = \bigcup_{K_{\nu-1} < |k| \leqslant K_{\nu}} \bigcup_{n,n' \in \mathbb{Z}_1^2} \mathcal{J}_{knn'}^{\nu}.$$

当 $K_{\nu-1} < |k| \leqslant K_{\nu}$ 时, 对 $1 \leqslant \hat{l}_1 \leqslant p, 1 \leqslant \hat{l}_2 \leqslant p$, 我们只考虑 $n \in \mathcal{L}_{2\hat{l}_1-1}, n' \in \mathcal{L}_{2\hat{l}_2}$, 其他情况的证明是类似的.

假设 (n, m) 和 (n', m') 都是共振对, 我们有

$$\langle k, \omega^{\nu} \rangle I_4 + \mathcal{C}_n^{\nu} \otimes I_2 - I_2 \otimes \mathcal{C}_{n'}^{\nu}$$

$$
\begin{aligned}
= \operatorname{diag} & \begin{pmatrix}
\langle k, \omega^\nu \rangle + \left(\Omega_n^\nu + \sum_{\hat{r}=1}^{\hat{l}_1} \omega_{i_{2\hat{r}-1}}^\nu \right) - \left(\Omega_{n'}^\nu - \omega_{i'_2}^\nu + \sum_{\hat{r}=2}^{\hat{l}_2} \omega_{i'_{2\hat{r}}}^\nu \right) \\
\langle k, \omega^\nu \rangle + \left(\Omega_m^\nu + \sum_{\hat{r}=1}^{\hat{l}_1} \omega_{i_{2\hat{r}}}^\nu \right) - \left(\Omega_{n'}^\nu - \omega_{i'_2}^\nu + \sum_{\hat{r}=2}^{\hat{l}_2} \omega_{i'_{2\hat{r}}}^\nu \right) \\
\langle k, \omega^\nu \rangle + \left(\Omega_n^\nu + \sum_{\hat{r}=1}^{\hat{l}_1} \omega_{i_{2\hat{r}-1}}^\nu \right) - \left(-\Omega_{m'}^\nu + \sum_{\hat{r}=1}^{\hat{l}_2} \omega_{i'_{2\hat{r}-1}}^\nu \right) \\
\langle k, \omega^\nu \rangle + \left(\Omega_m^\nu + \sum_{\hat{r}=1}^{\hat{l}_1} \omega_{i_{2\hat{r}}}^\nu \right) - \left(-\Omega_{m'}^\nu + \sum_{\hat{r}=1}^{\hat{l}_2} \omega_{i'_{2\hat{r}-1}}^\nu \right)
\end{pmatrix} \\
& + \begin{pmatrix} 0 & a_n^\nu(\xi) \\ a_m^\nu(\xi) & 0 \end{pmatrix} \otimes I_2 - I_2 \otimes \begin{pmatrix} 0 & -a_{n'}^\nu(\xi) \\ \bar{a}_{m'}^\nu(\xi) & 0 \end{pmatrix}.
\end{aligned}
\tag{7.3.35}
$$

它的特征值是

$$
\left\langle k + \sum_{\hat{r}=1}^{\hat{l}_1} e_{i_{2\hat{r}-1}} + e_{i'_2} - \sum_{\hat{r}=2}^{\hat{l}_2} e_{i'_{2\hat{r}}}, \omega^\nu \right\rangle + \varepsilon^{-\varsigma}(|n|^2 - |n'|^2) + \widetilde{f}(\xi) + \mathcal{O}(\varepsilon^{1-\varsigma}),
$$

这里 $\xi = (\xi_{i_1^*}, \xi_{i_2^*}, \cdots, \xi_{i_b^*})$, $\left| \widetilde{f}(\xi) \right|$ 足够小. 所以 (7.3.35) 的特征值在很大程度上依赖于

$$
\varepsilon^{-\varsigma}(|n|^2 - |n'|^2) = \varepsilon^{-\varsigma}(|n - n'|^2 + 2\langle n - n', n' \rangle).
$$

对任意的 $n, n' \in \mathbb{Z}_1^2$, 其中 $|n - n'| \leqslant K_\nu$. 假设 $|\langle n - n', n' \rangle| > K_\nu^2$, 我们有所有的特征值的绝对值都比 1 大, 于是

$$
|\det(\langle k, \omega^\nu \rangle I + \mathcal{C}_n^\nu \otimes I_2 - I_2 \otimes \mathcal{C}_{n'}^\nu)| > 1,
$$

它意指集合 $\mathcal{J}_{knn'}^\nu$ 是空集. 假设 $|\langle n - n', n' \rangle| \leqslant K_\nu^2$, 类似于 [39] 中的引理 4.6, 存在 n_0, n_0', c, 其中 $|n_0|, |n_0'|, |c| \leqslant 3K_\nu$ 并且 $t_0 \in \mathbb{Z}$, 使得 $n = n_0 + tc, n' = n_0' + tc$. 因此,

$$
\bigcup_{n, n' \in \mathbb{Z}_1^2} \mathcal{J}_{knn'}^\nu \subset \bigcup_{|n_0|, |n_0'|, |c| \leqslant 3K_\nu, t \in \mathbb{Z}} \mathcal{J}_{k, n_0+tc, n_0'+tc}^\nu.
$$

据 [39] 中的引理 4.9, 则

$$
\operatorname{meas} \left(\bigcup_{t \in \mathbb{Z}} \mathcal{J}_{k, n_0+tc, n_0'+tc}^\nu \right) < \frac{\gamma^{\frac{1}{4p}}}{K_\nu^{\frac{\tau}{4p(4p+1)}}}.
$$

于是

$$\text{meas}\left(\bigcup_{0<|k|\leqslant K_\nu}\bigcup_{n,n'\in\mathbb{Z}_1^2}\mathcal{J}_{knn'}^\nu\right)=\text{meas}\left(\bigcup_{K_{\nu-1}<|k|\leqslant K_\nu}\bigcup_{n,n'\in\mathbb{Z}_1^2}\mathcal{J}_{knn'}^\nu\right)$$

$$\leqslant\text{meas}\left(\bigcup_{K_{\nu-1}<|k|\leqslant K_\nu}\bigcup_{|n_0|,|n_0'|,|c|\leqslant 3K_\nu}\bigcup_{t\in\mathbb{Z}}\mathcal{J}_{k,n_0+tc,n_0'+tc}^\nu\right)\leqslant\frac{\gamma^{\frac{1}{4p}}}{K_\nu^{\frac{\tau}{4p(4p+1)}-b-6}}.$$

类似地

$$\text{meas}\left(\bigcup_{0<|k|\leqslant K_\nu}\mathcal{J}_k^\nu\right)\leqslant\frac{\gamma^{\frac{1}{4p}}}{K_\nu^{\frac{\tau}{4p(4p+1)}-b}},\quad\text{meas}\left(\bigcup_{|k|\leqslant K_\nu}\bigcup_{n\in\mathbb{Z}_1^2}\mathcal{J}_{kn}^\nu\right)\leqslant\frac{\gamma^{\frac{1}{4p}}}{K_\nu^{\frac{\tau}{4p(4p+1)}-b-4}}.$$

设 $\tau>4p(4p+1)(b+7)$, 我们有

$$\text{meas}(\mathcal{J}^\nu)=\text{meas}\left(\bigcup_{0<|k|\leqslant K_\nu}\bigcup_{n,n'\in\mathbb{Z}_1^2}\left(\mathcal{J}_k^\nu\bigcup\mathcal{J}_{kn}^\nu\bigcup\mathcal{J}_{knn'}^\nu\right)\right)\leqslant\frac{\gamma^{\frac{1}{4p}}}{K_\nu}. \qquad\square$$

记

$$\mathcal{I}_{\nu+1}=\mathcal{I}_\nu\setminus\mathcal{J}^{\nu+1},\quad\nu=0,1,\cdots,$$

$$\mathcal{I}_\gamma=\bigcap_{\nu=1}^\infty\mathcal{I}_\nu.$$

根据 (7.3.34), 有

$$\text{meas}\mathcal{I}_\gamma\geqslant 1-\gamma^{\frac{1}{4p}}.$$

7.4 哈密顿公式和部分 Birkhoff 正规形

7.4.1 哈密顿公式

重写薛定谔方程 (7.1.1) 为一个哈密顿系统

$$u_t=\mathrm{i}\frac{\partial H}{\partial\bar{u}},$$

其哈密顿函数为

$$H=\langle-\Delta u,u\rangle+\frac{1}{p+1}\int_{\mathbb{T}^2}|u|^{2p+2}dx,$$

这里 $\langle\cdot,\cdot\rangle$ 表示 L^2 中的内积.

　　为了把 (7.1.1) 写成一个具有无穷多个坐标的哈密顿, 我们引入坐标 $q = (\cdots, q_j, \cdots)_{j \in \mathbb{Z}^2}$ 并且它的复共轭为 $\bar{q} = (\cdots, \bar{q}_j, \cdots)_{j \in \mathbb{Z}^2}$, 使得

$$u(t, x) = \sum_{j \in \mathbb{Z}^2} q_j(t) \phi_j(x),$$

其中 $q, \bar{q} \in l^\rho$. 于是, 这个哈密顿函数可以写成

$$H = \Lambda + G, \tag{7.4.1}$$

其中

$$\Lambda = \sum_{n \in \mathbb{Z}^2} \lambda_n |q_n|^2$$

并且

$$G = \frac{1}{4^p \cdot (p+1) \cdot \pi^{2p}} \sum_{\sum_{\hat{r}=1}^{p+1}(j_{2\hat{r}-1} - j_{2\hat{r}}) = 0} q_{j_1} \bar{q}_{j_2} q_{j_3} \bar{q}_{j_4} \cdots q_{j_{2p+1}} \bar{q}_{j_{2p+2}}.$$

7.4.2　部分 Birkhoff 正规形

　　对切向位置的任意可容许集 S, 我们可以得到 H 的一个部分 Birkhoff 正规形.

　　命题 7.4.1　假设 S 是一个可容许集. 则通过一个坐标变换 X_F^1, 哈密顿函数 (7.4.1) 可变为

$$H \circ X_F^1 = N + \sum_{\hat{l}=1}^{p} (\mathcal{A}_{\hat{l}} + \mathcal{B}_{\hat{l}} + \overline{\mathcal{B}}_{\hat{l}}) + R, \tag{7.4.2}$$

其中

$$N = \langle \omega, I \rangle + \langle \Omega z, z \rangle = \sum_{i \in S} \omega_i(\xi) I_i + \sum_{n \in \mathbb{Z}_1^2} \Omega_n(\xi) z_n \bar{z}_n,$$

$$\omega_i(\xi) = \varepsilon^{-3p} \lambda_i + \frac{1}{4^p(p+1)\pi^{2p}} \Big\{ (p+1) \xi_i^p$$

$$+ \sum_{j \in S \setminus \{i\}} \Big[(p+1)^2 \xi_j^p + (p+1)^2 p \xi_i^{p-1} \xi_j \Big] + f_{\omega,i}(\xi_{i_1^*}, \cdots, \xi_{i_b^*}) \Big\},$$

$$\Omega_n(\xi) = \varepsilon^{-3p} \lambda_n + \frac{1}{4^p(p+1)\pi^{2p}} \Big\{ \sum_{j \in S} \Big[(p+1)^2 \xi_j^p \Big] + f_{\Omega,n}(\xi_{i_1^*}, \cdots, \xi_{i_b^*}) \Big\},$$

$$\mathcal{A}_{\hat{l}} = \frac{p+1}{4^p \cdot \pi^{2p}} \sum_{n \in \mathcal{L}_{2\hat{l}-1}} \Big\{ \Big\{ \Big[\sum_{j \in S} \big(\xi_j^{p-\hat{l}} + f_{\mathcal{A},\hat{l}}(\xi_{i_1^*}, \cdots, \xi_{i_b^*}) \big) \Big]$$

$$\cdot \frac{\prod_{\hat{v}=1}^{\hat{l}} (p+1-\hat{v})^2}{b_{11}^n! \cdots b_{1\hbar_1^n}^n! b_{21}^n! \cdots b_{2\hbar_2^n}^n!} \cdot \prod_{\hat{v}=1}^{\hat{l}} \left[\sqrt{\xi_{i_{2\hat{v}-1}} \xi_{i_{2\hat{v}}}} e^{i(\theta_{i_{2\hat{v}-1}} - \theta_{i_{2\hat{v}}})} \right] \Big\}$$

$$\cdot z_n \bar{z}_m \Big\}, \quad 1 \leqslant \hat{l} \leqslant p-1,$$

$$\mathcal{A}_p = \frac{(p+1)(p!)^2}{4^p \cdot \pi^{2p}} \sum_{n \in \mathcal{L}_{2p-1}} \left[\frac{\prod_{\hat{v}=1}^p \sqrt{\xi_{i_{2\hat{v}-1}} \xi_{i_{2\hat{v}}}} e^{i(\theta_{i_{2\hat{v}-1}} - \theta_{i_{2\hat{v}}})}}{b_{11}^n! \cdots b_{1\hbar_1^n}^n! b_{21}^n! \cdots b_{2\hbar_2^n}^n!} \right] z_n \bar{z}_m,$$

$$\mathcal{B}_{\hat{l}} = \frac{(p+1)p^2}{4^p \cdot \pi^{2p}} \sum_{n \in \mathcal{L}_{2\hat{l}}} \left\{ \left\{ \left[\sum_{j \in S} \left(\xi_j^{p-\hat{l}} + f_{\mathcal{B},\hat{l}}(\xi_{i_1^*}, \cdots, \xi_{i_b^*}) \right) \right] \right. \right.$$

$$\cdot \frac{\prod_{\hat{v}=2}^{\hat{l}} (p+1-\hat{v})^2}{b_{11}^n! \cdots b_{1\hbar_1^n}^n! b_{21}^n! \cdots b_{2\hbar_2^n}^n!} \cdot \prod_{\hat{v}=2}^{\hat{l}} \left[\sqrt{\xi_{i_{2\hat{v}-1}} \xi_{i_{2\hat{v}}}} e^{i(-\theta_{i_{2\hat{v}-1}} + \theta_{i_{2\hat{v}}})} \right] \Big\}$$

$$\cdot \sqrt{\xi_{i_1} \xi_{i_2}} e^{i(-\theta_{i_1} - \theta_{i_2})} z_n z_m \Big\}, \quad 1 \leqslant \hat{l} \leqslant p-1,$$

$$\mathcal{B}_p = \frac{(p+1)(p!)^2}{4^p \cdot \pi^{2p}} \sum_{n \in \mathcal{L}_{2p}} \left\{ \left[\frac{\prod_{\hat{v}=2}^p \sqrt{\xi_{i_{2\hat{v}-1}} \xi_{i_{2\hat{v}}}} e^{i(-\theta_{i_{2\hat{v}-1}} + \theta_{i_{2\hat{v}}})}}{b_{11}^n! \cdots b_{1\hbar_1^n}^n! b_{21}^n! \cdots b_{2\hbar_2^n}^n!} \right] \right.$$

$$\cdot \sqrt{\xi_{i_1} \xi_{i_2}} e^{i(-\theta_{i_1} - \theta_{i_2})} z_n z_m \Big\},$$

$$\overline{\mathcal{B}}_{\hat{l}} = \frac{(p+1)p^2}{4^p \cdot \pi^{2p}} \sum_{n \in \mathcal{L}_{2\hat{l}}} \left\{ \left\{ \left[\sum_{j \in S} \left(\xi_j^{p-\hat{l}} + f_{\mathcal{B},\hat{l}}(\xi_{i_1^*}, \cdots, \xi_{i_b^*}) \right) \right] \right. \right.$$

$$\cdot \frac{\prod_{\hat{v}=2}^{\hat{l}} (p+1-\hat{v})^2}{b_{11}^n! \cdots b_{1\hbar_1^n}^n! b_{21}^n! \cdots b_{2\hbar_2^n}^n!} \cdot \prod_{\hat{v}=2}^{\hat{l}} \left[\sqrt{\xi_{i_{2\hat{v}-1}} \xi_{i_{2\hat{v}}}} e^{i(\theta_{i_{2\hat{v}-1}} - \theta_{i_{2\hat{v}}})} \right] \Big\}$$

$$\cdot \sqrt{\xi_{i_1} \xi_{i_2}} e^{i(\theta_{i_1} + \theta_{i_2})} \bar{z}_n \bar{z}_m \Big\}, \quad 1 \leqslant \hat{l} \leqslant p-1,$$

$$\overline{\mathcal{B}}_p = \frac{(p+1)(p!)^2}{4^p \cdot \pi^{2p}} \sum_{n \in \mathcal{L}_{2p}} \left\{ \left[\frac{\prod_{\hat{v}=2}^p \sqrt{\xi_{i_{2\hat{v}-1}} \xi_{i_{2\hat{v}}}} e^{i(\theta_{i_{2\hat{v}-1}} - \theta_{i_{2\hat{v}}})}}{b_{11}^n! \cdots b_{1\hbar_1^n}^n! b_{21}^n! \cdots b_{2\hbar_2^n}^n!} \right] \right.$$

$$\cdot \sqrt{\xi_{i_1} \xi_{i_2}} e^{i(\theta_{i_1} + \theta_{i_2})} \bar{z}_n \bar{z}_m \Big\},$$

$$R = \mathcal{O}\left(\sum_{\hat{s}=2}^{p+1} \varepsilon^{2\hat{s}-2} |\xi|^{p+1-\hat{s}} |I|^{\hat{s}} + \sum_{\hat{s}=1}^{2p} \varepsilon^{\hat{s}} |\xi|^{p-\frac{\hat{s}}{2}} |I|^{\frac{\hat{s}}{2}} \|z\|_\rho^2 \right.$$

$$+ \sum_{\hat{r}=3}^{2p+2} \sum_{\hat{s}=0}^{p+1-\frac{\hat{r}}{2}} \varepsilon^{\hat{r}+2\hat{s}-2} |\xi|^{p+1-\frac{\hat{r}}{2}-\hat{s}} |I|^{\hat{s}} \|z\|_{\rho}^{\hat{r}} \Big). \tag{7.4.3}$$

齐次多项式 $f_{\omega,i}(\xi_{i_1^*}, \cdots, \xi_{i_b^*})$, $f_{\Omega,n}(\xi_{i_1^*}, \cdots, \xi_{i_b^*})$, $f_{\mathcal{A},\hat{l}}(\xi_{i_1^*}, \cdots, \xi_{i_b^*})$, $f_{\mathcal{B},\hat{l}}(\xi_{i_1^*}, \cdots, \xi_{i_b^*})$ 的定义, 以及正整数 $b_{11}^n, \cdots b_{1\hat{h}_1^n}^n, b_{21}^n, \cdots b_{2\hat{h}_2^n}^n$ 都将在下面的证明过程中详细地给出.

证明　记

$$F = \sum_{\substack{\sum_{\hat{r}=1}^{p+1}(j_{2\hat{r}-1} - j_{2\hat{r}}) = 0 \\ \sum_{\hat{r}=1}^{p+1}(|j_{2\hat{r}-1}|^2 - |j_{2\hat{r}}|^2) \neq 0 \\ \#(S \cap \{j_{2\hat{r}-1}, j_{2\hat{r}} | 1 \leqslant \hat{r} \leqslant p+1\}) \geqslant 2p}} \frac{\mathrm{i} \cdot q_{j_1} \bar{q}_{j_2} q_{j_3} \bar{q}_{j_4} \cdots q_{j_{2p+1}} \bar{q}_{j_{2p+2}}}{4^p \cdot (p+1) \cdot \pi^{2p} \cdot \sum_{\hat{r}=1}^{p+1}(\lambda_{j_{2\hat{r}-1}} - \lambda_{j_{2\hat{r}}})}, \tag{7.4.4}$$

并且 X_F^1 是 F 的哈密顿向量场的时间-1 映射. 记

$$q_j = \begin{cases} q_j, & j \in S, \\ z_j, & j \in \mathbb{Z}_1^2. \end{cases}$$

则辛坐标变换 X_F^1 把 H 变为

$$\widehat{H} = H \circ X_F^1$$

$$= \Lambda + G + \{\Lambda, F\} + \{G, F\} + \int_0^1 (1-t)\{\{H, F\}, F\} \circ X_F^t dt$$

$$= \sum_{i \in S} \lambda_i |q_i|^2 + \sum_{n \in \mathbb{Z}_1^2} \lambda_n |z_n|^2$$

$$+ \frac{1}{4^p \cdot (p+1) \cdot \pi^{2p}} \cdot \Bigg\{ \sum_{\hat{d}=1}^{p+1} \sum_{\substack{\hat{k}_0 = 0, \hat{a}_0 = 0, \\ 1 \leqslant \hat{k}_1 < \cdots < \hat{k}_{\hat{d}} \leqslant p+1 \\ 1 \leqslant \hat{a}_1 \leqslant \cdots \leqslant \hat{a}_{\hat{d}} \leqslant p+1 \\ \hat{a}_1 \hat{k}_1 + \cdots + \hat{a}_{\hat{d}} \hat{k}_{\hat{d}} = p+1}} \sum_{\substack{j_1, \cdots, j_{\sum_{\hat{t}=1}^{\hat{d}} \hat{a}_{\hat{t}}} \in S \\ j_{\hat{r}} \neq j_{\hat{s}}, \text{若} \hat{r} \neq \hat{s}}}$$

$$\Bigg[\prod_{\hat{s}=1}^{\hat{d}} \prod_{\hat{t}=1}^{\hat{a}_{\hat{s}}} \big(C_{p+1-(\hat{t}-1)\hat{k}_{\hat{s}} - \sum_{\hat{r}=0}^{\hat{s}-1} \hat{a}_{\hat{r}} \hat{k}_{\hat{r}}}^{\hat{k}_{\hat{s}}} \big)^2 |q_{j_{\hat{t}+\sum_{\hat{r}=0}^{\hat{s}-1} \hat{a}_{\hat{r}}}}|^{2\hat{k}_{\hat{s}}} \Bigg] \Bigg\}$$

$$+ \frac{p+1}{4^p \cdot \pi^{2p}} \cdot \Bigg\{ \sum_{n \in \mathbb{Z}_1^2} \Bigg\{ \sum_{\hat{d}=1}^{p} \sum_{\substack{\hat{k}_0 = 0, \hat{a}_0 = 0, \\ 1 \leqslant \hat{k}_1 < \cdots < \hat{k}_{\hat{d}} \leqslant p \\ 1 \leqslant \hat{a}_1 \leqslant \cdots \leqslant \hat{a}_{\hat{d}} \leqslant p \\ \hat{a}_1 \hat{k}_1 + \cdots + \hat{a}_{\hat{d}} \hat{k}_{\hat{d}} = p}} \sum_{\substack{j_1, \cdots, j_{\sum_{\hat{t}=1}^{\hat{d}} \hat{a}_{\hat{t}}} \in S \\ j_{\hat{r}} \neq j_{\hat{s}}, \text{若} \hat{r} \neq \hat{s}}}$$

$$\left[\prod_{\hat{s}=1}^{\hat{d}}\prod_{\hat{t}=1}^{\hat{a}_{\hat{s}}}\left(C^{\hat{k}_{\hat{s}}}_{p-(\hat{t}-1)\hat{k}_{\hat{s}}-\sum_{\hat{r}=0}^{\hat{s}-1}\hat{a}_{\hat{r}}\hat{k}_{\hat{r}}}\right)^2\left|q_{\hat{t}+\sum_{\hat{r}=0}^{\hat{s}-1}\hat{a}_{\hat{r}}}\right|^{2\hat{k}_{\hat{s}}}\right]\right\}\cdot|z_n|^2\right\}$$

$$+\frac{p+1}{4^p\cdot\pi^{2p}}\cdot\sum_{1\leqslant\hat{l}\leqslant p-1}\left\{\sum_{n\in\mathcal{L}_{2\hat{l}-1}}\left\{\sum_{\hat{d}=1}^{p-\hat{l}}\sum_{\substack{\hat{k}_0=0,\,\hat{a}_0=0,\\1\leqslant\hat{k}_1<\cdots<\hat{k}_{\hat{d}}\leqslant p-\hat{l}\\1\leqslant\hat{a}_1\leqslant\cdots\leqslant\hat{a}_{\hat{d}}\leqslant p-\hat{l}\\\hat{a}_1\hat{k}_1+\cdots+\hat{a}_{\hat{d}}\hat{k}_{\hat{d}}=p-\hat{l}}}\sum_{\substack{j_1,\cdots,j_{\sum_{\hat{t}=1}^{\hat{d}}\hat{a}_{\hat{t}}}\in S\\j_{\hat{r}}\neq j_{\hat{s}},\text{若}\hat{r}\neq\hat{s}}}\right.$$

$$\left[\prod_{\hat{s}=1}^{\hat{d}}\prod_{\hat{t}=1}^{\hat{a}_{\hat{s}}}\left(C^{\hat{k}_{\hat{s}}}_{p-\hat{l}-(\hat{t}-1)\hat{k}_{\hat{s}}-\sum_{\hat{r}=0}^{\hat{s}-1}\hat{a}_{\hat{r}}\hat{k}_{\hat{r}}}\right)^2\left|q_{\hat{t}+\sum_{\hat{r}=0}^{\hat{s}-1}\hat{a}_{\hat{r}}}\right|^{2\hat{k}_{\hat{s}}}\right]\right\}$$

$$\cdot\left[\frac{\prod_{\hat{v}=1}^{\hat{l}}(p+1-\hat{v})^2}{b^n_{11}!\cdots b^n_{1\hbar^n_1}!b^n_{21}!\cdots b^n_{2\hbar^n_2}!}\cdot\prod_{\hat{v}=1}^{\hat{l}}q_{i_{2\hat{v}-1}}\bar{q}_{i_{2\hat{v}}}\right]\cdot z_n\bar{z}_m\right\}$$

$$+\frac{(p+1)(p!)^2}{4^p\cdot\pi^{2p}}\cdot\sum_{n\in\mathcal{L}_{2p-1}}\left[\frac{1}{b^n_{11}!\cdots b^n_{1\hbar^n_1}!b^n_{21}!\cdots b^n_{2\hbar^n_2}!}\cdot\prod_{\hat{v}=1}^{p}q_{i_{2\hat{v}-1}}\bar{q}_{i_{2\hat{v}}}\right]\cdot z_n\bar{z}_m$$

$$+\frac{(p+1)p^2}{4^p\cdot\pi^{2p}}\sum_{1\leqslant\hat{l}\leqslant p-1}\left\{\sum_{n\in\mathcal{L}_{2\hat{l}}}\left\{\sum_{\hat{d}=1}^{p-\hat{l}}\sum_{\substack{\hat{k}_0=0,\,\hat{a}_0=0,\\1\leqslant\hat{k}_1<\cdots<\hat{k}_{\hat{d}}\leqslant p-\hat{l}\\1\leqslant\hat{a}_1\leqslant\cdots\leqslant\hat{a}_{\hat{d}}\leqslant p-\hat{l}\\\hat{a}_1\hat{k}_1+\cdots+\hat{a}_{\hat{d}}\hat{k}_{\hat{d}}=p-\hat{l}}}\sum_{\substack{j_1,\cdots,j_{\sum_{\hat{t}=1}^{\hat{d}}\hat{a}_{\hat{t}}}\in S\\j_{\hat{r}}\neq j_{\hat{s}},\text{若}\hat{r}\neq\hat{s}}}\right.$$

$$\left[\prod_{\hat{s}=1}^{\hat{d}}\prod_{\hat{t}=1}^{\hat{a}_{\hat{s}}}\left(C^{\hat{k}_{\hat{s}}}_{p-\hat{l}-(\hat{t}-1)\hat{k}_{\hat{s}}-\sum_{\hat{r}=0}^{\hat{s}-1}\hat{a}_{\hat{r}}\hat{k}_{\hat{r}}}\right)^2\left|q_{\hat{t}+\sum_{\hat{r}=0}^{\hat{s}-1}\hat{a}_{\hat{r}}}\right|^{2\hat{k}_{\hat{s}}}\right]\right\}$$

$$\cdot\left\{\left[\frac{\prod_{\hat{v}=2}^{\hat{l}}(p+1-\hat{v})^2\bar{q}_{i_{2\hat{v}-1}}q_{i_{2\hat{v}}}}{b^n_{11}!\cdots b^n_{1\hbar^n_1}!b^n_{21}!\cdots b^n_{2\hbar^n_2}!}\right]\cdot\bar{q}_{i_1}\bar{q}_{i_2}z_nz_m\right.$$

$$\left.+\left[\frac{\prod_{\hat{v}=2}^{\hat{l}}(p+1-\hat{v})^2q_{i_{2\hat{v}-1}}\bar{q}_{i_{2\hat{v}}}}{b^n_{11}!\cdots b^n_{1\hbar^n_1}!b^n_{21}!\cdots b^n_{2\hbar^n_2}!}\right]\cdot q_{i_1}q_{i_2}\bar{z}_n\bar{z}_m\right\}\right\}$$

$$+\frac{(p+1)(p!)^2}{4^p\cdot\pi^{2p}}\cdot\sum_{n\in\mathcal{L}_{2p}}\left[\frac{\prod_{\hat{v}=2}^{p}\bar{q}_{i_{2\hat{v}-1}}q_{i_{2\hat{v}}}}{b^n_{11}!\cdots b^n_{1\hbar^n_1}!b^n_{21}!\cdots b^n_{2\hbar^n_2}!}\cdot\bar{q}_{i_1}\bar{q}_{i_2}z_nz_m\right.$$

$$\left.+\frac{\prod_{\hat{v}=2}^{p}q_{i_{2\hat{v}-1}}\bar{q}_{i_{2\hat{v}}}}{b^n_{11}!\cdots b^n_{1\hbar^n_1}!b^n_{21}!\cdots b^n_{2\hbar^n_2}!}\cdot q_{i_1}q_{i_2}\bar{z}_n\bar{z}_m\right]$$

$$+\mathcal{O}\left(|q|^{4p+2}+|q|^{4p+1}\|z\|_\rho+|q|^{4p}\|z\|^2_\rho+\sum_{\hat{r}=3}^{2p+2}(|q|^{2p+2-\hat{r}}\|z\|^{\hat{r}}_\rho)\right).\qquad(7.4.5)$$

对任意的 $1 \leqslant \hat{v} \leqslant p+1$, 假设 $\{j_{2\hat{t}-1}, j_{2\hat{t}} | 1 \leqslant \hat{t} \leqslant \hat{v}\} \subset S$ 和 $\sum_{\hat{t}=1}^{\hat{v}}(j_{2\hat{t}-1} - j_{2\hat{t}}) = 0$, 则由 S 的定义知 $\{j_{2\hat{t}-1} | 1 \leqslant \hat{t} \leqslant \hat{v}\} = \{j_{2\hat{t}} | 1 \leqslant \hat{t} \leqslant \hat{v}\}$. 因此我们有 $\prod_{\hat{t}=1}^{\hat{v}} q_{j_{2\hat{t}-1}} \bar{q}_{j_{2\hat{t}}} = \prod_{\hat{t}=1}^{\hat{v}} |q_{j_{2\hat{t}-1}}|^2$. 在 (7.4.5) 中, $\hat{d}$ 是 $\prod_{\hat{t}=1}^{\hat{v}} q_{j_{2\hat{t}-1}}$ 的不同幂的个数. 此外 $\hat{k}_1, \cdots, \hat{k}_{\hat{d}}$ 表示所有不同的幂. 此外, $\hat{a}_1, \cdots, \hat{a}_{\hat{d}}$ 分别表示具有幂 $\hat{k}_1, \cdots, \hat{k}_{\hat{d}}$ 的项的个数. [①] 对于 $1 \leqslant \hat{l} \leqslant p$, 假设 $n \in \mathcal{L}_{2\hat{t}-1} (n \in \mathcal{L}_{2\hat{t}}$ 是类似的), 则 (n, m) 是共振对并且 (7.4.5) 中的 $(i_1, i_2, \cdots, i_{2\hat{t}-1}, i_{2\hat{t}})$ 被 (n, m) 唯一确定. 在这种情况, $\hbar_1^n$ 表示在集合 $\{i_{2\hat{t}-1} | 1 \leqslant \hat{t} \leqslant \hat{l}\}$ 中不同元素的个数, 并且 $b_{11}^n, \cdots b_{1\hbar_1^n}^n$ 是对应于不同元素的重数. $\hbar_2^n$ 表示集合 $\{i_{2\hat{t}} | 1 \leqslant \hat{t} \leqslant \hat{l}\}$ 中不同元素的个数, 并且 $b_{21}^n, \cdots b_{2\hbar_2^n}^n$ 是对应于不同元素的重数. 这里 $C_{\hat{t}}^{\hat{s}} = \dfrac{\hat{t}!}{\hat{s}! \cdot (\hat{r} - \hat{s})!}$ 并且 $b^n! = 1 \cdot 2 \cdots (b^n - 1) \cdot b^n$.

我们引入角变量-作用量:

$$q_j = \sqrt{I_j + \xi_j}\, e^{\mathrm{i}\theta_j}, \qquad \bar{q}_j = \sqrt{I_j + \xi_j}\, e^{-\mathrm{i}\theta_j}, \quad j \in S. \tag{7.4.6}$$

辛坐标变换 (7.4.6) 把哈密顿函数 $\widehat{H}$ 变为

$$\widehat{H} = \sum_{i \in S} \lambda_i(I_i + \xi_i) + \sum_{n \in \mathbb{Z}_1^2} \lambda_n |z_n|^2$$

$$+ \frac{1}{4^p \cdot (p+1) \cdot \pi^{2p}} \cdot \left\{ \sum_{\substack{\hat{d}=1}}^{p+1} \sum_{\substack{k_0 = 0,\, \hat{a}_0 = 0, \\ 1 \leqslant \hat{k}_1 < \cdots < \hat{k}_{\hat{d}} \leqslant p+1 \\ 1 \leqslant \hat{a}_1 \leqslant \cdots \leqslant \hat{a}_{\hat{d}} \leqslant p+1 \\ \hat{a}_1 \hat{k}_1 + \cdots + \hat{a}_{\hat{d}} \hat{k}_{\hat{d}} = p+1}} \sum_{\substack{j_1, \cdots, j_{\sum_{\hat{t}=1}^{\hat{d}} \hat{a}_{\hat{t}}} \in S \\ j_{\hat{r}} \neq j_{\hat{s}},\, \text{若}\, \hat{r} \neq \hat{s}}} \right.$$

$$\left. \left[\prod_{\hat{s}=1}^{\hat{d}} \prod_{\hat{t}=1}^{\hat{a}_{\hat{s}}} \left(C_{p+1-(\hat{t}-1)\hat{k}_{\hat{s}} - \sum_{\hat{r}=0}^{\hat{s}-1} \hat{a}_{\hat{r}} \hat{k}_{\hat{r}}}^{\hat{k}_{\hat{s}}} \right)^2 \left(I_{j_{\hat{t} + \sum_{\hat{r}=0}^{\hat{s}-1} \hat{a}_{\hat{r}}}} + \xi_{j_{\hat{t} + \sum_{\hat{r}=0}^{\hat{s}-1} \hat{a}_{\hat{r}}}} \right)^{\hat{k}_{\hat{s}}} \right] \right\}$$

$$+ \frac{p+1}{4^p \cdot \pi^{2p}} \cdot \left\{ \sum_{n \in \mathbb{Z}_1^2} \left\{ \sum_{\hat{d}=1}^{p} \sum_{\substack{k_0 = 0,\, \hat{a}_0 = 0, \\ 1 \leqslant \hat{k}_1 < \cdots < \hat{k}_{\hat{d}} \leqslant p \\ 1 \leqslant \hat{a}_1 \leqslant \cdots \leqslant \hat{a}_{\hat{d}} \leqslant p \\ \hat{a}_1 \hat{k}_1 + \cdots + \hat{a}_{\hat{d}} \hat{k}_{\hat{d}} = p}} \sum_{\substack{j_1, \cdots, j_{\sum_{\hat{t}=1}^{\hat{d}} \hat{a}_{\hat{t}}} \in S \\ j_{\hat{r}} \neq j_{\hat{s}},\, \text{若}\, \hat{r} \neq \hat{s}}} \right. \right.$$

$$\left. \left. \left[\prod_{\hat{s}=1}^{\hat{d}} \prod_{\hat{t}=1}^{\hat{a}_{\hat{s}}} \left(C_{p-(\hat{t}-1)\hat{k}_{\hat{s}} - \sum_{\hat{r}=0}^{\hat{s}-1} \hat{a}_{\hat{r}} \hat{k}_{\hat{r}}}^{\hat{k}_{\hat{s}}} \right)^2 \left(I_{j_{\hat{t} + \sum_{\hat{r}=0}^{\hat{s}-1} \hat{a}_{\hat{r}}}} + \xi_{j_{\hat{t} + \sum_{\hat{r}=0}^{\hat{s}-1} \hat{a}_{\hat{r}}}} \right)^{\hat{k}_{\hat{s}}} \right] \right\} |z_n|^2 \right\}$$

---

① 例如, 当 $p = 6$, 哈密顿函数 $\widehat{H}$ 包含一项

$$\sum_{\substack{j_1, j_2, j_3, j_4 \in S \\ j_{\hat{r}} \neq j_{\hat{s}},\, \text{若}\, \hat{r} \neq \hat{s}}} 420^2 \cdot |q_{j_1}|^2 \cdot |q_{j_2}|^2 \cdot |q_{j_3}|^4 \cdot |q_{j_4}|^6$$

对应于 $\hat{d} = 3, \hat{k}_1 = 1, \hat{k}_2 = 2, \hat{k}_3 = 3, \hat{a}_1 = 2, \hat{a}_2 = 1, \hat{a}_3 = 1$.

$$+\frac{p+1}{4^p\cdot\pi^{2p}}\cdot\sum_{1\leqslant\hat{l}\leqslant p-1}\left\{\sum_{n\in\mathcal{L}_{2\hat{l}-1}}\left\{\sum_{\hat{d}=1}^{p-\hat{l}}\sum_{\substack{\hat{k}_0=0,\,\hat{a}_0=0,\\1\leqslant\hat{k}_1<\cdots<\hat{k}_{\hat{d}}\leqslant p-\hat{l}\\1\leqslant\hat{a}_1\leqslant\cdots\leqslant\hat{a}_{\hat{d}}\leqslant p-\hat{l}\\\hat{a}_1\hat{k}_1+\cdots+\hat{a}_{\hat{d}}\hat{k}_{\hat{d}}=p-\hat{l}}}\sum_{\substack{j_1,\cdots,j_{\sum_{\hat{t}=1}^{\hat{d}}\hat{a}_{\hat{t}}}\in S\\j_{\hat{r}}\neq j_{\hat{s}},\text{若}\hat{r}\neq\hat{s}}}\right.\right.$$

$$\left[\prod_{\hat{s}=1}^{\hat{d}}\prod_{\hat{t}=1}^{\hat{a}_{\hat{s}}}(C_{p-\hat{l}-(\hat{t}-1)\hat{k}_{\hat{s}}-\sum_{\hat{r}=0}^{\hat{s}-1}\hat{a}_{\hat{r}}\hat{k}_{\hat{r}}}^{\hat{k}_{\hat{s}}})^2(I_{j_{\hat{t}+\sum_{\hat{r}=0}^{\hat{s}-1}\hat{a}_{\hat{r}}}}+\xi_{j_{\hat{t}+\sum_{\hat{r}=0}^{\hat{s}-1}\hat{a}_{\hat{r}}}})^{\hat{k}_{\hat{s}}}\right]\right\}$$

$$\cdot\left[\frac{\prod_{\hat{v}=1}^{\hat{l}}(p+1-\hat{v})^2}{b_{11}^n!\cdots b_{1\hbar_1^n}^n!b_{21}^n!\cdots b_{2\hbar_2^n}^n!}\right]$$

$$\cdot\left[\prod_{\hat{v}=1}^{\hat{l}}\sqrt{(I_{i_{2\hat{v}-1}}+\xi_{i_{2\hat{v}-1}})(I_{i_{2\hat{v}}}+\xi_{i_{2\hat{v}}})}\cdot e^{i(\theta_{i_{2\hat{v}-1}}-\theta_{i_{2\hat{v}}})}\right]\cdot z_n\bar{z}_m\right\}$$

$$+\frac{(p+1)(p!)^2}{4^p\cdot\pi^{2p}}\cdot\sum_{n\in\mathcal{L}_{2p-1}}\left[\frac{1}{b_{11}^n!\cdots b_{1\hbar_1^n}^n!b_{21}^n!\cdots b_{2\hbar_2^n}^n!}\right.$$

$$\left.\cdot\prod_{\hat{v}=1}^{p}\sqrt{(I_{i_{2\hat{v}-1}}+\xi_{i_{2\hat{v}-1}})(I_{i_{2\hat{v}}}+\xi_{i_{2\hat{v}}})}\cdot e^{i(\theta_{i_{2\hat{v}-1}}-\theta_{i_{2\hat{v}}})}\right]\cdot z_n\bar{z}_m$$

$$+\frac{(p+1)p^2}{4^p\cdot\pi^{2p}}\sum_{1\leqslant\hat{l}\leqslant p-1}\left\{\sum_{n\in\mathcal{L}_{2\hat{l}}}\left\{\sum_{\hat{d}=1}^{p-\hat{l}}\sum_{\substack{\hat{k}_0=0,\,\hat{a}_0=0,\\1\leqslant\hat{k}_1<\cdots<\hat{k}_{\hat{d}}\leqslant p-\hat{l}\\1\leqslant\hat{a}_1\leqslant\cdots\leqslant\hat{a}_{\hat{d}}\leqslant p-\hat{l}\\\hat{a}_1\hat{k}_1+\cdots+\hat{a}_{\hat{d}}\hat{k}_{\hat{d}}=p-\hat{l}}}\sum_{\substack{j_1,\cdots,j_{\sum_{\hat{t}=1}^{\hat{d}}\hat{a}_{\hat{t}}}\in S\\j_{\hat{r}}\neq j_{\hat{s}},\text{若}\hat{r}\neq\hat{s}}}\right.\right.$$

$$\left[\prod_{\hat{s}=1}^{\hat{d}}\prod_{\hat{t}=1}^{\hat{a}_{\hat{s}}}(C_{p-\hat{l}-(\hat{t}-1)\hat{k}_{\hat{s}}-\sum_{\hat{r}=0}^{\hat{s}-1}\hat{a}_{\hat{r}}\hat{k}_{\hat{r}}}^{\hat{k}_{\hat{s}}})^2(I_{j_{\hat{t}+\sum_{\hat{r}=0}^{\hat{s}-1}\hat{a}_{\hat{r}}}}+\xi_{j_{\hat{t}+\sum_{\hat{r}=0}^{\hat{s}-1}\hat{a}_{\hat{r}}}})^{\hat{k}_{\hat{s}}}\right]\right\}$$

$$\cdot\left\{\left[\frac{\prod_{\hat{v}=2}^{\hat{l}}(p+1-\hat{v})^2\sqrt{(I_{i_{2\hat{v}-1}}+\xi_{i_{2\hat{v}-1}})(I_{i_{2\hat{v}}}+\xi_{i_{2\hat{v}}})}\cdot e^{i(-\theta_{i_{2\hat{v}-1}}+\theta_{i_{2\hat{v}}})}}{b_{11}^n!\cdots b_{1\hbar_1^n}^n!b_{21}^n!\cdots b_{2\hbar_2^n}^n!}\right]\right.$$

$$\cdot\sqrt{(I_{i_1}+\xi_{i_1})(I_{i_2}+\xi_{i_2})}\cdot e^{i(-\theta_{i_1}-\theta_{i_2})}z_nz_m$$

$$+\left[\frac{\prod_{\hat{v}=2}^{\hat{l}}(p+1-\hat{v})^2\sqrt{(I_{i_{2\hat{v}-1}}+\xi_{i_{2\hat{v}-1}})(I_{i_{2\hat{v}}}+\xi_{i_{2\hat{v}}})}e^{i(\theta_{i_{2\hat{v}-1}}-\theta_{i_{2\hat{v}}})}}{b_{11}^n!\cdots b_{1\hbar_1^n}^n!b_{21}^n!\cdots b_{2\hbar_2^n}^n!}\right]$$

$$\left.\left.\cdot\sqrt{(I_{i_1}+\xi_{i_1})(I_{i_2}+\xi_{i_2})}\cdot e^{i(\theta_{i_1}+\theta_{i_2})}\bar{z}_n\bar{z}_m\right\}\right\}$$

$$+\frac{(p+1)(p!)^2}{4^p\pi^{2p}}\sum_{n\in\mathcal{L}_{2p}}\left[\frac{\prod_{\hat{v}=2}^{p}\sqrt{(I_{i_{2\hat{v}-1}}+\xi_{i_{2\hat{v}-1}})(I_{i_{2\hat{v}}}+\xi_{i_{2\hat{v}}})}e^{\mathrm{i}(-\theta_{i_{2\hat{v}-1}}+\theta_{i_{2\hat{v}}})}}{b_{11}^n!\cdots b_{1\hbar_1^n}^n!b_{21}^n!\cdots b_{2\hbar_2^n}^n!}\right.$$

$$\cdot\sqrt{(I_{i_1}+\xi_{i_1})(I_{i_2}+\xi_{i_2})}\cdot e^{\mathrm{i}(-\theta_{i_1}-\theta_{i_2})}z_n z_m$$

$$+\frac{\prod_{\hat{v}=2}^{p}\sqrt{(I_{i_{2\hat{v}-1}}+\xi_{i_{2\hat{v}-1}})(I_{i_{2\hat{v}}}+\xi_{i_{2\hat{v}}})}\cdot e^{\mathrm{i}(\theta_{i_{2\hat{v}-1}}-\theta_{i_{2\hat{v}}})}}{b_{11}^n!\cdots b_{1\hbar_1^n}^n!b_{21}^n!\cdots b_{2\hbar_2^n}^n!}$$

$$\left.\cdot\sqrt{(I_{i_1}+\xi_{i_1})(I_{i_2}+\xi_{i_2})}e^{\mathrm{i}(\theta_{i_1}+\theta_{i_2})}\bar{z}_n\bar{z}_m\right]$$

$$+\mathcal{O}\left(|I+\xi|^{2p+1}+|I+\xi|^{2p+\frac{1}{2}}\|z\|_\rho+|I+\xi|^{2p}\|z\|_\rho^2\right.$$

$$\left.+\sum_{\hat{r}=3}^{2p+2}(|I+\xi|^{p+1-\frac{\hat{r}}{2}}\|z\|_\rho^{\hat{r}})\right)$$

$$=\sum_{i\in S}\lambda_i I_i+\sum_{n\in\mathbb{Z}_1^2}\lambda_n|z_n|^2+\frac{1}{4^p(p+1)\pi^{2p}}\cdot$$

$$\left\{\sum_{i\in S}\left\{\sum_{\hat{d}=1}^{p+1}\sum_{\substack{\hat{k}_0=0,\,\hat{a}_0=0,\\1\leqslant\hat{k}_1<\cdots<\hat{k}_{\hat{d}}\leqslant p+1\\1\leqslant\hat{a}_1\leqslant\cdots\leqslant\hat{a}_{\hat{d}}\leqslant p+1\\\hat{a}_1\hat{k}_1+\cdots+\hat{a}_{\hat{d}}\hat{k}_{\hat{d}}=p+1}}\sum_{\substack{j_1,\cdots,j_{(\sum_{\hat{t}=1}^{\hat{d}}\hat{a}_{\hat{t}})-1}\in S\setminus\{i\}\\j_{\hat{r}}\neq j_{\hat{s}},\text{若}\hat{r}\neq\hat{s}}}\sum_{\hat{v}=1}^{\hat{d}}\right.\right.$$

$$\left[\left(\prod_{\substack{1\leqslant\hat{s}\leqslant\hat{d},\\\hat{s}\neq\hat{v}}}\prod_{\hat{t}=1}^{\hat{a}_{\hat{s}}}(C_{p+1-\hat{a}_{\hat{v}}\hat{k}_{\hat{v}}-(\hat{t}-1)\hat{k}_{\hat{s}}-\sum_{\substack{0\leqslant\hat{r}\leqslant\hat{s}-1,\\\hat{r}\neq\hat{v}}}\hat{a}_{\hat{r}}\hat{k}_{\hat{r}}}^{\hat{k}_{\hat{s}}}\xi_{j_{\hat{t}+\hat{a}_{\hat{v}}-1+\sum_{\hat{r}=0}^{\hat{s}-1}\hat{a}_{\hat{r}}}}^{\hat{k}_{\hat{s}}})^2\right.\right.$$

$$\left.\left.\cdot\left(\sum_{\hat{u}=1}^{\hat{a}_{\hat{v}}}C_{p+1-(\hat{u}-1)\hat{k}_{\hat{v}}}^{\hat{k}_{\hat{v}}}\right)^2\cdot\left(\prod_{\hat{u}=1}^{\hat{a}_{\hat{v}}-1}\xi_{j_{\hat{u}}}^{\hat{k}_{\hat{v}}}\right)\cdot\hat{k}_{\hat{v}}\cdot\xi_i^{\hat{k}_{\hat{v}}-1}\right]\right\}\cdot I_i\right\}$$

$$+\frac{p+1}{4^p\cdot\pi^{2p}}\cdot\left\{\sum_{n\in\mathbb{Z}_1^2}\left\{\sum_{\hat{d}=1}^{p}\sum_{\substack{\hat{k}_0=0,\,\hat{a}_0=0,\\1\leqslant\hat{k}_1<\cdots<\hat{k}_{\hat{d}}\leqslant p\\1\leqslant\hat{a}_1\leqslant\cdots\leqslant\hat{a}_{\hat{d}}\leqslant p\\\hat{a}_1\hat{k}_1+\cdots+\hat{a}_{\hat{d}}\hat{k}_{\hat{d}}=p}}\sum_{\substack{j_1,\cdots,j_{\sum_{\hat{t}=1}^{\hat{d}}\hat{a}_{\hat{t}}}\in S\\j_{\hat{r}}\neq j_{\hat{s}},\text{若}\hat{r}\neq\hat{s}}}\right.\right.$$

$$\left.\left.\left[\prod_{\hat{s}=1}^{\hat{d}}\prod_{\hat{t}=1}^{\hat{a}_{\hat{s}}}(C_{p-(\hat{t}-1)\hat{k}_{\hat{s}}-\sum_{\hat{r}=0}^{\hat{s}-1}\hat{a}_{\hat{r}}\hat{k}_{\hat{r}}}^{\hat{k}_{\hat{s}}})^2\xi_{j_{\hat{t}+\sum_{\hat{r}=0}^{\hat{s}-1}\hat{a}_{\hat{r}}}}^{\hat{k}_{\hat{s}}}\right]\right\}\cdot|z_n|^2\right\}$$

$$+\frac{p+1}{4^p\cdot\pi^{2p}}\cdot\sum_{1\leqslant\hat{l}\leqslant p-1}\left\{\sum_{n\in\mathcal{L}_{2\hat{l}-1}}\left\{\sum_{\hat{d}=1}^{p-\hat{l}}\sum_{\substack{\hat{k}_0=0,\ \hat{a}_0=0,\\1\leqslant\hat{k}_1<\cdots<\hat{k}_{\hat{d}}\leqslant p-\hat{l}\\1\leqslant\hat{a}_1\leqslant\cdots\leqslant\hat{a}_{\hat{d}}\leqslant p-\hat{l}\\\hat{a}_1\hat{k}_1+\cdots+\hat{a}_{\hat{d}}\hat{k}_{\hat{d}}=p-\hat{l}}}\sum_{\substack{j_1,\cdots,j_{\sum_{\hat{t}=1}^{\hat{d}}\hat{a}_{\hat{t}}}\in S\\j_{\hat{r}}\neq j_{\hat{s}},\text{若}\hat{r}\neq\hat{s}}}\right.\right.$$

$$\left.\left.\left[\prod_{\hat{s}=1}^{\hat{d}}\prod_{\hat{t}=1}^{\hat{a}_{\hat{s}}}\left(C_{p-\hat{l}-(\hat{t}-1)\hat{k}_{\hat{s}}-\sum_{\hat{r}=0}^{\hat{s}-1}\hat{a}_{\hat{r}}\hat{k}_{\hat{r}}}^{\hat{k}_{\hat{s}}}\right)^2\xi_{j_{\hat{t}+\sum_{\hat{r}=0}^{\hat{s}-1}\hat{a}_{\hat{r}}}}^{\hat{k}_{\hat{s}}}\right]\right\}\right.$$

$$\cdot\left[\frac{\prod_{\hat{v}=1}^{\hat{l}}(p+1-\hat{v})^2}{b_{11}^n!\cdots b_{1\hbar_1^n}^n!b_{21}^n!\cdots b_{2\hbar_2^n}^n!}\right]\cdot\left[\prod_{\hat{v}=1}^{\hat{l}}\sqrt{\xi_{i_{2\hat{v}-1}}\xi_{i_{2\hat{v}}}}\cdot e^{i(\theta_{i_{2\hat{v}-1}}-\theta_{i_{2\hat{v}}})}\right]\cdot z_n\bar{z}_m\right\}$$

$$+\frac{(p+1)(p!)^2}{4^p\cdot\pi^{2p}}\cdot\sum_{n\in\mathcal{L}_{2p-1}}\left[\frac{\prod_{\hat{v}=1}^p\sqrt{\xi_{i_{2\hat{v}-1}}\xi_{i_{2\hat{v}}}}\cdot e^{i(\theta_{i_{2\hat{v}-1}}-\theta_{i_{2\hat{v}}})}}{b_{11}^n!\cdots b_{1\hbar_1^n}^n!b_{21}^n!\cdots b_{2\hbar_2^n}^n!}\right]\cdot z_n\bar{z}_m$$

$$+\frac{(p+1)p^2}{4^p\cdot\pi^{2p}}\cdot\sum_{1\leqslant\hat{l}\leqslant p-1}\left\{\sum_{n\in\mathcal{L}_{2\hat{l}}}\left\{\sum_{\hat{d}=1}^{p-\hat{l}}\sum_{\substack{\hat{k}_0=0,\ \hat{a}_0=0,\\1\leqslant\hat{k}_1<\cdots<\hat{k}_{\hat{d}}\leqslant p-\hat{l}\\1\leqslant\hat{a}_1\leqslant\cdots\leqslant\hat{a}_{\hat{d}}\leqslant p-\hat{l}\\\hat{a}_1\hat{k}_1+\cdots+\hat{a}_{\hat{d}}\hat{k}_{\hat{d}}=p-\hat{l}}}\sum_{\substack{j_1,\cdots,j_{\sum_{\hat{t}=1}^{\hat{d}}\hat{a}_{\hat{t}}}\in S\\j_{\hat{r}}\neq j_{\hat{s}},\text{若}\hat{r}\neq\hat{s}}}\right.\right.$$

$$\left.\left.\left[\prod_{\hat{s}=1}^{\hat{d}}\prod_{\hat{t}=1}^{\hat{a}_{\hat{s}}}\left(C_{p-\hat{l}-(\hat{t}-1)\hat{k}_{\hat{s}}-\sum_{\hat{r}=0}^{\hat{s}-1}\hat{a}_{\hat{r}}\hat{k}_{\hat{r}}}^{\hat{k}_{\hat{s}}}\right)^2\xi_{j_{\hat{t}+\sum_{\hat{r}=0}^{\hat{s}-1}\hat{a}_{\hat{r}}}}^{\hat{k}_{\hat{s}}}\right]\right\}\right.$$

$$\cdot\left\{\left[\frac{\prod_{\hat{v}=2}^{\hat{l}}(p+1-\hat{v})^2\sqrt{\xi_{i_{2\hat{v}-1}}\xi_{i_{2\hat{v}}}}e^{i(\theta_{i_{2\hat{v}}}-\theta_{i_{2\hat{v}-1}})}}{b_{11}^n!\cdots b_{1\hbar_1^n}^n!b_{21}^n!\cdots b_{2\hbar_2^n}^n!}\right]\sqrt{\xi_{i_1}\xi_{i_2}}e^{i(-\theta_{i_1}-\theta_{i_2})}z_nz_m\right.$$

$$\left.\left.+\left[\frac{\prod_{\hat{v}=2}^{\hat{l}}(p+1-\hat{v})^2\sqrt{\xi_{i_{2\hat{v}-1}}\xi_{i_{2\hat{v}}}}e^{i(\theta_{i_{2\hat{v}-1}}-\theta_{i_{2\hat{v}}})}}{b_{11}^n!\cdots b_{1\hbar_1^n}^n!b_{21}^n!\cdots b_{2\hbar_2^n}^n!}\right]\sqrt{\xi_{i_1}\xi_{i_2}}e^{i(\theta_{i_1}+\theta_{i_2})}\bar{z}_n\bar{z}_m\right\}\right\}$$

$$+\frac{(p+1)(p!)^2}{4^p\pi^{2p}}\sum_{n\in\mathcal{L}_{2p}}\left[\frac{\prod_{\hat{v}=2}^p\sqrt{\xi_{i_{2\hat{v}-1}}\xi_{i_{2\hat{v}}}}e^{i(\theta_{i_{2\hat{v}}}-\theta_{i_{2\hat{v}-1}})}}{b_{11}^n!\cdots b_{1\hbar_1^n}^n!b_{21}^n!\cdots b_{2\hbar_2^n}^n!}\sqrt{\xi_{i_1}\xi_{i_2}}e^{i(-\theta_{i_1}-\theta_{i_2})}z_nz_m\right.$$

$$\left.+\frac{\prod_{\hat{v}=2}^p\sqrt{\xi_{i_{2\hat{v}-1}}\xi_{i_{2\hat{v}}}}e^{i(\theta_{i_{2\hat{v}-1}}-\theta_{i_{2\hat{v}}})}}{b_{11}^n!\cdots b_{1\hbar_1^n}^n!b_{21}^n!\cdots b_{2\hbar_2^n}^n!}\sqrt{\xi_{i_1}\xi_{i_2}}e^{i(\theta_{i_1}+\theta_{i_2})}\bar{z}_n\bar{z}_m\right]$$

$$+\mathcal{O}\left(\sum_{\hat{s}=2}^{p+1}|\xi|^{p+1-\hat{s}}|I|^{\hat{s}}+\sum_{\hat{s}=1}^{2p}|\xi|^{p-\frac{\hat{s}}{2}}|I|^{\frac{\hat{s}}{2}}\|z\|_\rho^2\right.$$

$$+ \sum_{\hat{r}=3}^{2p+2} \sum_{\hat{s}=0}^{p+1-\frac{\hat{r}}{2}} \left(|\xi|^{p+1-\frac{\hat{r}}{2}-\hat{s}} |I|^{\hat{s}} \|z\|_\rho^{\hat{r}} \right) \bigg).$$

进一步, 我们把 $\widehat{H}$ 写为

$$
\begin{aligned}
\widehat{H} = & \sum_{i \in S} \Bigg\{ \lambda_i + \frac{1}{4^p(p+1)\pi^{2p}} \bigg\{ (p+1)\xi_i^p \\
& + \sum_{j \in S\setminus\{i\}} \left[(p+1)^2 \xi_j^p + (p+1)^2 p \xi_i^{p-1}\xi_j \right] + f_{\omega,p,i}(\xi_{i_1^*}, \cdots, \xi_{i_b^*}) \bigg\} \Bigg\} \cdot I_i \\
& + \sum_{n \in \mathbb{Z}_1^2} \Bigg\{ \lambda_n + \frac{\left\{ \sum_{j \in S} \left[(p+1)^2 \xi_j^p \right] + f_{\Omega,p,n}(\xi_{i_1^*}, \cdots, \xi_{i_b^*}) \right\}}{4^p(p+1)\pi^{2p}} \Bigg\} \cdot |z_n|^2 \\
& + \frac{p+1}{4^p \cdot \pi^{2p}} \sum_{1 \leqslant \hat{l} \leqslant p-1} \Bigg\{ \sum_{n \in \mathcal{L}_{2\hat{l}-1}} \bigg\{ \bigg[\sum_{j \in S} \left(\xi_j^{p-\hat{l}} + f_{\mathcal{A},p,\hat{l},n}(\xi_{i_1^*}, \cdots, \xi_{i_b^*}) \right) \bigg] \\
& \cdot \frac{\prod_{\hat{v}=1}^{\hat{l}} (p+1-\hat{v})^2}{b_{11}^n! \cdots b_{1\hbar_1^n}^n! b_{21}^n! \cdots b_{2\hbar_2^n}^n!} \cdot \prod_{\hat{v}=1}^{\hat{l}} \left[\sqrt{\xi_{i_{2\hat{v}-1}}\xi_{i_{2\hat{v}}}} e^{\mathrm{i}(\theta_{i_{2\hat{v}-1}} - \theta_{i_{2\hat{v}}})} \right] \bigg\} z_n \bar{z}_m \Bigg\} \\
& + \frac{(p+1)(p!)^2}{4^p \cdot \pi^{2p}} \sum_{n \in \mathcal{L}_{2p-1}} \left[\frac{\prod_{\hat{v}=1}^{p} \sqrt{\xi_{i_{2\hat{v}-1}}\xi_{i_{2\hat{v}}}} e^{\mathrm{i}(\theta_{i_{2\hat{v}-1}} - \theta_{i_{2\hat{v}}})}}{b_{11}^n! \cdots b_{1\hbar_1^n}^n! b_{21}^n! \cdots b_{2\hbar_2^n}^n!} \right] z_n \bar{z}_m \\
& + \frac{(p+1)p^2}{4^p \cdot \pi^{2p}} \sum_{1 \leqslant \hat{l} \leqslant p-1} \Bigg\{ \sum_{n \in \mathcal{L}_{2\hat{l}}} \bigg\{ \bigg[\sum_{j \in S} \left(\xi_j^{p-\hat{l}} + f_{\mathcal{B},p,\hat{l},n}(\xi_{i_1^*}, \cdots, \xi_{i_b^*}) \right) \bigg] \\
& \cdot \frac{\prod_{\hat{v}=2}^{\hat{l}} (p+1-\hat{v})^2}{b_{11}^n! \cdots b_{1\hbar_1^n}^n! b_{21}^n! \cdots b_{2\hbar_2^n}^n!} \cdot \prod_{\hat{v}=2}^{\hat{l}} \left[\sqrt{\xi_{i_{2\hat{v}-1}}\xi_{i_{2\hat{v}}}} e^{\mathrm{i}(-\theta_{i_{2\hat{v}-1}} + \theta_{i_{2\hat{v}}})} \right] \bigg] \\
& \cdot \sqrt{\xi_{i_1}\xi_{i_2}} e^{\mathrm{i}(-\theta_{i_1} - \theta_{i_2})} z_n z_m \Bigg\} \\
& + \frac{(p+1)(p!)^2}{4^p \cdot \pi^{2p}} \sum_{n \in \mathcal{L}_{2p}} \left[\frac{\prod_{\hat{v}=2}^{p} \sqrt{\xi_{i_{2\hat{v}-1}}\xi_{i_{2\hat{v}}}} e^{\mathrm{i}(\theta_{i_{2\hat{v}}} - \theta_{i_{2\hat{v}-1}})}}{b_{11}^n! \cdots b_{1\hbar_1^n}^n! b_{21}^n! \cdots b_{2\hbar_2^n}^n!} \right] \sqrt{\xi_{i_1}\xi_{i_2}} e^{\mathrm{i}(-\theta_{i_1} - \theta_{i_2})} z_n z_m \\
& + \frac{(p+1)p^2}{4^p \cdot \pi^{2p}} \sum_{1 \leqslant \hat{l} \leqslant p-1} \Bigg\{ \sum_{n \in \mathcal{L}_{2\hat{l}}} \bigg\{ \bigg[\sum_{j \in S} \left(\xi_j^{p-\hat{l}} + f_{\mathcal{B},p,\hat{l},n}(\xi_{i_1^*}, \cdots, \xi_{i_b^*}) \right) \bigg]
\end{aligned}
$$

$$\cdot \frac{\prod_{\hat{v}=2}^{\hat{l}} (p+1-\hat{v})^2}{b_{11}^n! \cdots b_{1\hbar_1^n}^n! b_{21}^n! \cdots b_{2\hbar_2^n}^n!} \cdot \prod_{\hat{v}=2}^{\hat{l}} \left[\sqrt{\xi_{i_{2\hat{v}-1}} \xi_{i_{2\hat{v}}}} e^{i(\theta_{i_{2\hat{v}-1}} - \theta_{i_{2\hat{v}}})} \right] \Big\}$$

$$\cdot \sqrt{\xi_{i_1} \xi_{i_2}} e^{i(\theta_{i_1} + \theta_{i_2})} \bar{z}_n \bar{z}_m \Big\}$$

$$+ \frac{(p+1)(p!)^2}{4^p \cdot \pi^{2p}} \sum_{n \in \mathcal{L}_{2p}} \left[\frac{\prod_{\hat{v}=2}^{p} \sqrt{\xi_{i_{2\hat{v}-1}} \xi_{i_{2\hat{v}}}} e^{i(\theta_{i_{2\hat{v}-1}} - \theta_{i_{2\hat{v}}})}}{b_{11}^n! \cdots b_{1\hbar_1^n}^n! b_{21}^n! \cdots b_{2\hbar_2^n}^n!} \right] \sqrt{\xi_{i_1} \xi_{i_2}} e^{i(\theta_{i_1} + \theta_{i_2})} \bar{z}_n \bar{z}_m$$

$$+ \mathcal{O}\left(\sum_{\hat{s}=2}^{p+1} |\xi|^{p+1-\hat{s}} |I|^{\hat{s}} + \sum_{\hat{s}=1}^{2p} |\xi|^{p-\frac{\hat{s}}{2}} |I|^{\frac{\hat{s}}{2}} \|z\|_\rho^2 \right.$$

$$\left. + \sum_{\hat{r}=3}^{2p+2} \sum_{\hat{s}=0}^{p+1-\frac{\hat{r}}{2}} \left(|\xi|^{p+1-\frac{\hat{r}}{2}-\hat{s}} |I|^{\hat{s}} \|z\|_\rho^{\hat{r}} \right) \right).$$

记 $\xi = (\xi_{i_1^*}, \xi_{i_2^*}, \cdots, \xi_{i_b^*})$, $\hat{\alpha} = (\hat{\alpha}_{i_1^*}, \hat{\alpha}_{i_2^*}, \cdots, \hat{\alpha}_{i_b^*}) \in \mathbb{Z}^b$, 其中 $\hat{\alpha}_{i_{\hat{j}}^*} \in \mathbb{N}, \hat{j} = 1, \cdots, b$, $|\hat{\alpha}| = \sum_{\hat{j}=1}^b |\hat{\alpha}_{i_{\hat{j}}^*}|$. 乘积 $\xi^{\hat{\alpha}}$ 表示 $\prod_{\hat{j}=1}^b \xi_{i_{\hat{j}}^*}^{\hat{\alpha}_{i_{\hat{j}}^*}}$. 这里

$$f_{\omega,p,i}(\xi_{i_1^*}, \cdots, \xi_{i_b^*}) = \sum_{\substack{|\hat{\alpha}| = p \\ 0 \leqslant \hat{\alpha}_{i_{\hat{j}}^*} \leqslant p-1, \hat{j} = 1, \cdots, b \\ 0 \leqslant \hat{\alpha}_i \leqslant p-2}} f_{\omega,p,i,\hat{\alpha}} \cdot \xi^{\hat{\alpha}},$$

$$f_{\Omega,p,n}(\xi_{i_1^*}, \cdots, \xi_{i_b^*}) = \sum_{\substack{|\hat{\alpha}| = p \\ 0 \leqslant \hat{\alpha}_{i_{\hat{j}}^*} \leqslant p-1, \hat{j} = 1, \cdots, b}} f_{\Omega,p,n,\hat{\alpha}} \cdot \xi^{\hat{\alpha}},$$

$$f_{\mathcal{A},p,\hat{l},n}(\xi_{i_1^*}, \cdots, \xi_{i_b^*}) = \sum_{\substack{|\hat{\alpha}| = p - \hat{l} \\ 0 \leqslant \hat{\alpha}_{i_{\hat{j}}^*} \leqslant p-\hat{l}-1, \hat{j} = 1, \cdots, b}} f_{\mathcal{A},p,\hat{l},n,\hat{\alpha}} \cdot \xi^{\hat{\alpha}}, \quad 1 \leqslant \hat{l} \leqslant p-1,$$

$$f_{\mathcal{B},p,\hat{l},n}(\xi_{i_1^*}, \cdots, \xi_{i_b^*}) = \sum_{\substack{|\hat{\alpha}| = p - \hat{l} \\ 0 \leqslant \hat{\alpha}_{i_{\hat{j}}^*} \leqslant p-\hat{l}-1, \hat{j} = 1, \cdots, b}} f_{\mathcal{B},p,\hat{l},n,\hat{\alpha}} \cdot \xi^{\hat{\alpha}}, \quad 1 \leqslant \hat{l} \leqslant p-1,$$

其中 $f_{\omega,p,i,\hat{\alpha}}, f_{\Omega,p,n,\hat{\alpha}}, f_{\mathcal{A},p,\hat{l},n,\hat{\alpha}}, f_{\mathcal{B},p,\hat{l},n,\hat{\alpha}}$ 是对应的积分常数.

通过尺度化时间

$$\xi \to \varepsilon^3 \xi, \quad I \to \varepsilon^5 I, \quad \theta \to \theta, \quad z \to \varepsilon^{\frac{5}{2}} z, \quad \bar{z} \to \varepsilon^{\frac{5}{2}} \bar{z}.$$

最后, 我们得到了重新尺度化的哈密顿函数

$$H = \varepsilon^{-(3p+5)} \hat{H}(\varepsilon^3 \xi, \varepsilon^5 I, \theta, \varepsilon^{\frac{5}{2}} z, \varepsilon^{\frac{5}{2}} \bar{z}).$$

则 H 满足 (7.4.2) 和 (7.4.3), 其中 $\xi \in \mathcal{I}$. $\square$

7.5　定理 7.1.1 的证明

在这节中, 我们将证明上面哈密顿函数 (7.4.2) 满足条件 (A1)—(A6).

7.5.1　验证 (A1) 和 (A2)

记 $\omega(\xi) = (\omega_{i_1^*}(\xi), \cdots, \omega_{i_b^*}(\xi))^{\mathrm{T}}$, 则据 (7.4.3), 对 $\hat{l} = 1, \cdots, b$, 可得

$$\frac{\partial^p \omega_{i_{\hat{l}}^*}(\xi)}{\partial \xi_{i_{\hat{l}}^*}^p} = \frac{p!}{4^p \cdot \pi^{2p}}, \tag{7.5.1}$$

$$\frac{\partial^p \omega_{i_{\hat{l}}^*}(\xi)}{\partial \xi_{i_{\hat{l}}^*}^{p-1} \partial \xi_{i_{\hat{j}}^*}} = \frac{(p+1)!}{4^p \cdot \pi^{2p}}, \quad 1 \leqslant \hat{j} \leqslant b, \quad \hat{j} \neq \hat{l}. \tag{7.5.2}$$

记

$$\mathcal{V}_\omega^p = \begin{pmatrix} \dfrac{\partial^p \omega_{i_1^*}}{\partial \xi_{i_1^*}^p} & \dfrac{\partial^p \omega_{i_2^*}}{\partial \xi_{i_2^*}^{p-1} \partial \xi_{i_1^*}} & \cdots & \dfrac{\partial^p \omega_{i_b^*}}{\partial \xi_{i_b^*}^{p-1} \partial \xi_{i_1^*}} \\ \dfrac{\partial^p \omega_{i_1^*}}{\partial \xi_{i_1^*}^{p-1} \partial \xi_{i_2^*}} & \dfrac{\partial^p \omega_{i_2^*}}{\partial \xi_{i_2^*}^p} & \cdots & \dfrac{\partial^p \omega_{i_b^*}}{\partial \xi_{i_b^*}^{p-1} \partial \xi_{i_2^*}} \\ \vdots & \vdots & & \vdots \\ \dfrac{\partial^p \omega_{i_1^*}}{\partial \xi_{i_1^*}^{p-1} \partial \xi_{i_b^*}} & \dfrac{\partial^p \omega_{i_2^*}}{\partial \xi_{i_2^*}^{p-1} \partial \xi_{i_b^*}} & \cdots & \dfrac{\partial^p \omega_{i_b^*}}{\partial \xi_{i_b^*}^p} \end{pmatrix}_{b \times b},$$

则 $\mathcal{V}_\omega^p$ 是矩阵 $\left\{ \dfrac{\partial^p \omega}{\partial \xi^p} \right\}$ 的子矩阵. 根据 (7.5.1) 和 (7.5.2), 有

$$\mathcal{V}_\omega^p = \frac{p!}{4^p \cdot \pi^{2p}} \cdot \begin{pmatrix} 1 & p+1 & \cdots & p+1 \\ p+1 & 1 & \cdots & p+1 \\ \vdots & \vdots & & \vdots \\ p+1 & p+1 & \cdots & 1 \end{pmatrix}_{b \times b}.$$

由此可得

$$\det\left(\mathcal{V}_\omega^p\right) = \left(\frac{p!}{4^p \cdot \pi^{2p}}\right)^b \cdot \left[1 + (p+1)(b-1)\right] \cdot (-p)^{b-1} \neq 0.$$

即 $\mathrm{rank}(\mathcal{V}_\omega^p) = b$. 这就验证了 (A1) 是满足的.

取 $\varsigma = 3p$, 则条件 (A2) 显然满足.

7.5.2 验证 (A3)

根据 (7.4.2), 有

$$\mathcal{C}_n = \Omega_n, \quad n \in \mathbb{Z}_1^2 \setminus \left(\bigcup_{\hat{l}=1}^p (\mathcal{L}_{2\hat{l}-1} \cup \mathcal{L}_{2\hat{l}})\right),$$

并且对 $1 \leqslant \hat{l} \leqslant p$, 可设

$$\mathcal{C}_n = \begin{pmatrix} \Omega_n + \sum_{\hat{r}=1}^{\hat{l}} \omega_{i_{2\hat{r}-1}} & \dfrac{p+1}{4^p \pi^{2p}} f^*_{\mathcal{A},p,\hat{l},n}(\xi_{i_1^*}, \cdots, \xi_{i_b^*}) \\[3mm] \dfrac{p+1}{4^p \pi^{2p}} f^*_{\mathcal{A},p,\hat{l},n}(\xi_{i_1^*}, \cdots, \xi_{i_b^*}) & \Omega_m + \sum_{\hat{r}=1}^{\hat{l}} \omega_{i_{2\hat{r}}} \end{pmatrix}, \quad n \in \mathcal{L}_{2\hat{l}-1},$$

$$\mathcal{C}_n = \begin{pmatrix} \Omega_n - \omega_{i_2} + \sum_{\hat{r}=2}^{\hat{l}} \omega_{i_{2\hat{r}}} & -\dfrac{p+1}{4^p \pi^{2p}} f^*_{\mathcal{B},p,\hat{l},n}(\xi_{i_1^*}, \cdots, \xi_{i_b^*}) \\[3mm] \dfrac{p+1}{4^p \pi^{2p}} f^*_{\mathcal{B},p,\hat{l},n}(\xi_{i_1^*}, \cdots, \xi_{i_b^*}) & -\Omega_m + \sum_{\hat{r}=1}^{\hat{l}} \omega_{i_{2\hat{r}-1}} \end{pmatrix}, \quad n \in \mathcal{L}_{2\hat{l}},$$

其中 $\mathcal{C}_n$ 可能是它自身的转置, (n,m) 是共振对, $(i_1, i_2, i_3, i_4, \cdots, i_{2\hat{l}-1}, i_{2\hat{l}})$ 可由 (n,m) 唯一确定, 另外

$$f^*_{\mathcal{A},p,\hat{l},n}(\xi_{i_1^*}, \cdots, \xi_{i_b^*}) = \left\{\left[\sum_{j \in S}\left(\xi_j^{p-\hat{l}} + f_{\mathcal{A},p,\hat{l},n}(\xi_{i_1^*}, \cdots, \xi_{i_b^*})\right)\right]\right.$$
$$\left. \cdot \frac{\prod_{\hat{v}=1}^{\hat{l}}(p+1-\hat{v})^2}{b_{11}^n! \cdots b_{1\hbar_1^n}^n! b_{21}^n! \cdots b_{2\hbar_2^n}^n!} \cdot \prod_{\hat{v}=1}^{\hat{l}} \sqrt{\xi_{i_{2\hat{v}-1}} \xi_{i_{2\hat{v}}}}\right\}, \quad 1 \leqslant \hat{l} \leqslant p-1,$$

$$f^*_{\mathcal{A},p,p,n}(\xi_{i_1^*}, \cdots, \xi_{i_b^*}) = (p!)^2 \cdot \frac{\prod_{\hat{v}=1}^p \sqrt{\xi_{i_{2\hat{v}-1}} \xi_{i_{2\hat{v}}}}}{b_{11}^n! \cdots b_{1\hbar_1^n}^n! b_{21}^n! \cdots b_{2\hbar_2^n}^n!},$$

$$f^*_{\mathcal{B},p,\hat{l},n}(\xi_{i_1^*},\cdots,\xi_{i_b^*}) = \left\{\left[\sum_{j\in S}\left(\xi_j^{p-\hat{l}} + f_{\mathcal{B},p,\hat{l},n}(\xi_{i_1^*},\cdots,\xi_{i_b^*})\right)\right]\right.$$

$$\left.\cdot\frac{\prod_{\hat{v}=1}^{\hat{l}}(p+1-\hat{v})^2}{b_{11}^n!\cdots b_{1\hbar_1^n}^n!b_{21}^n!\cdots b_{2\hbar_2^n}^n!}\cdot\prod_{\hat{v}=1}^{\hat{l}}\sqrt{\xi_{i_{2\hat{v}-1}}\xi_{i_{2\hat{v}}}}\right\},\quad 1\leqslant\hat{l}\leqslant p-1,$$

$$f^*_{\mathcal{B},p,p,n}(\xi_{i_1^*},\cdots,\xi_{i_b^*}) = (p!)^2\cdot\frac{\prod_{\hat{v}=1}^{p}\sqrt{\xi_{i_{2\hat{v}-1}}\xi_{i_{2\hat{v}}}}}{b_{11}^n!\cdots b_{1\hbar_1^n}^n!b_{21}^n!\cdots b_{2\hbar_2^n}^n!}.$$

对 $\det[\langle k,\omega(\xi)\rangle I\pm A_n\otimes I_2\pm I_2\otimes A_{n'}]$, 我们只验证 (A3), 这是最复杂的情况.
记

$$\mathcal{M}(\xi) = \langle k,\omega(\xi)\rangle I_4\pm\mathcal{C}_n\otimes I_2\pm I_2\otimes\mathcal{C}_{n'}.$$

我们要证明 $|\det(\mathcal{M}(\xi))|\geqslant\dfrac{\gamma}{|k|^\tau}, k\neq 0$. 我们要分五种情况.

情况 1. $n,n'\in\mathcal{L}_{2\hat{l}_1-1}, 1\leqslant\hat{l}_1\leqslant p$.

$$\mathcal{M}(\xi) = \left\{\langle k,\omega(\xi)\rangle\pm\left[\varepsilon^{-3p}\cdot\left(|n|^2+\sum_{\hat{r}=1}^{\hat{l}_1}|i_{2\hat{r}-1}|^2\right)\right.\right.$$

$$\left.+\frac{1}{4^p\cdot\pi^{2p}}\cdot\left((\hat{l}_1+1)(p+1)\sum_{\hat{j}=1}^{b}\xi_{i_{\hat{j}}^*}^p + f_{p,\hat{l}_1,n,1}(\xi_{i_1^*},\cdots,\xi_{i_b^*})\right)\right]$$

$$\pm\left[\varepsilon^{-3p}\cdot\left(|n'|^2+\sum_{\hat{r}=1}^{\hat{l}_1}|i'_{2\hat{r}-1}|^2\right)\right.$$

$$\left.\left.+\frac{1}{4^p\cdot\pi^{2p}}\cdot\left((\hat{l}_1+1)(p+1)\sum_{\hat{j}=1}^{b}\xi_{i_{\hat{j}}^*}^p + f_{p,\hat{l}_1,n',1}(\xi_{i_1^*},\cdots,\xi_{i_b^*})\right)\right]\right\}\cdot I_4$$

$$\pm\frac{1}{4^p\pi^{2p}}\cdot\begin{pmatrix} -p\displaystyle\sum_{\hat{r}=1}^{\hat{l}_1}\xi_{i_{2\hat{r}-1}}^p + f_{p,\hat{l}_1,n,2} & (p+1)\cdot f^*_{\mathcal{A},p,\hat{l}_1,n} \\[2ex] (p+1)\cdot f^*_{\mathcal{A},p,\hat{l}_1,n} & -p\displaystyle\sum_{\hat{r}=1}^{\hat{l}_1}\xi_{i_{2\hat{r}}}^p + f_{p,\hat{l}_1,n,3} \end{pmatrix}\otimes I_2$$

$$\pm \frac{1}{4^p \pi^{2p}} I_2 \otimes \begin{pmatrix} -p \sum_{\hat{r}=1}^{\hat{l}_1} \xi_{i'2\hat{r}-1}^p + f_{p,\hat{l}_1,n',2} & (p+1) \cdot f_{\mathcal{A},p,\hat{l}_1,n'}^* \\ \\ (p+1) \cdot f_{\mathcal{A},p,\hat{l}_1,n'}^* & -p \sum_{\hat{r}=1}^{\hat{l}_1} \xi_{i'2\hat{r}}^p + f_{p,\hat{l}_1,n',3} \end{pmatrix},$$

其中 $\omega(\xi) = (\omega_{i_1^*}(\xi), \omega_{i_2^*}(\xi), \cdots, \omega_{i_b^*}(\xi))$ 并且

$$f_{p,\hat{l}_1,n,\hat{t}}(\xi_{i_1^*}, \cdots, \xi_{i_b^*}) = \sum_{\substack{|\hat{\alpha}|=p \\ 0 \leqslant \hat{\alpha}_{i_{\hat{j}}^*} \leqslant p-1, \hat{j}=1, \cdots, b}} f_{p,\hat{l}_1,n,\hat{t},\hat{\alpha}} \cdot \xi^{\hat{\alpha}}, \quad \hat{t} = 1, 2, 3.$$

进一步

$$\varepsilon^{-3p}\left(|n|^2 + \sum_{\hat{r}=1}^{\hat{l}_1} |i_{2\hat{r}-1}|^2\right)$$

$$+ \frac{1}{4^p \pi^{2p}}\left((\hat{l}_1+1)(p+1)\sum_{\hat{j}=1}^{b} \xi_{i_{\hat{j}}^*}^p + f_{p,\hat{l}_1,n,1}(\xi_{i_1^*}, \cdots, \xi_{i_b^*})\right)$$

是 $\Omega_n + \sum_{\hat{r}=1}^{\hat{l}} \omega_{i_{2\hat{r}-1}}$, $\Omega_m + \sum_{\hat{r}=1}^{\hat{l}} \omega_{i_{2\hat{r}}}$ 的所有公共项，并且

$$\Omega_n + \sum_{\hat{r}=1}^{\hat{l}} \omega_{i_{2\hat{r}-1}} = \frac{1}{4^p \pi^{2p}}\left(-p \sum_{\hat{r}=1}^{\hat{l}_1} \xi_{i_{2\hat{r}-1}}^p + f_{p,\hat{l}_1,n,2}(\xi_{i_1^*}, \cdots, \xi_{i_b^*})\right)$$

$$+ \varepsilon^{-3p}\left(|n|^2 + \sum_{\hat{r}=1}^{\hat{l}_1} |i_{2\hat{r}-1}|^2\right) + \frac{1}{4^p \pi^{2p}}\left((\hat{l}_1+1)(p+1)\sum_{\hat{j}=1}^{b} \xi_{i_{\hat{j}}^*}^p\right.$$

$$\left. + f_{p,\hat{l}_1,n,1}(\xi_{i_1^*}, \cdots, \xi_{i_b^*})\right),$$

$$\Omega_m + \sum_{\hat{r}=1}^{\hat{l}} \omega_{i_{2\hat{r}}} = \frac{1}{4^p \pi^{2p}}\left(-p \sum_{\hat{r}=1}^{\hat{l}_1} \xi_{i_{2\hat{r}}}^p + f_{p,\hat{l}_1,n,3}(\xi_{i_1^*}, \cdots, \xi_{i_b^*})\right)$$

$$+ \varepsilon^{-3p}\left(|n|^2 + \sum_{\hat{r}=1}^{\hat{l}_1} |i_{2\hat{r}-1}|^2\right) + \frac{1}{4^p \pi^{2p}}\left((\hat{l}_1+1)(p+1)\sum_{\hat{j}=1}^{b} \xi_{i_{\hat{j}}^*}^p\right.$$

$$\left. + f_{p,\hat{l}_1,n,1}(\xi_{i_1^*}, \cdots, \xi_{i_b^*})\right).$$

$\mathcal{M}(\xi)$ 的特征值是

$$\langle k, \alpha^* \rangle - \frac{p}{4^p \cdot \pi^{2p}} \langle k, \xi^p \rangle + \frac{p+1}{4^p \cdot \pi^{2p}} \cdot \left(\sum_{d^* \in S} k_{d^*} \right) \cdot \left(\sum_{\hat{j}=1}^{b} \xi_{i_{\hat{j}}^*}^p \right)$$

$$+ \frac{1}{4^p \cdot (p+1) \cdot \pi^{2p}} \langle k, f_{\omega}^*(\xi_{i_1^*}, \cdots, \xi_{i_b^*}) \rangle \pm \left[\varepsilon^{-3p} \cdot \left(|n|^2 + \sum_{\hat{r}=1}^{\hat{l}_1} |i_{2\hat{r}-1}|^2 \right) \right.$$

$$\left. + \frac{1}{4^p \cdot \pi^{2p}} \cdot \left((\hat{l}_1 + 1)(p+1) \sum_{\hat{j}=1}^{b} \xi_{i_{\hat{j}}^*}^p + f_{p,\hat{l}_1,n,1}(\xi_{i_1^*}, \cdots, \xi_{i_b^*}) \right) \right]$$

$$\pm \left[\varepsilon^{-3p} \cdot \left(|n'|^2 + \sum_{\hat{r}=1}^{\hat{l}_1} |i'_{2\hat{r}-1}|^2 \right) \right.$$

$$\left. + \frac{1}{4^p \cdot \pi^{2p}} \cdot \left((\hat{l}_1 + 1)(p+1) \sum_{\hat{j}=1}^{b} \xi_{i_{\hat{j}}^*}^p + f_{p,\hat{l}_1,n',1}(\xi_{i_1^*}, \cdots, \xi_{i_b^*}) \right) \right]$$

$$\pm \frac{1}{2^{2p+1}\pi^{2p}} \left\{ -p \sum_{\hat{r}=1}^{\hat{l}_1} (\xi_{i_{2\hat{r}-1}}^p + \xi_{i_{2\hat{r}}}^p) + f_{p,\hat{l}_1,n,2} + f_{p,\hat{l}_1,n,3} \right.$$

$$\left. \pm \sqrt{\left[p \sum_{\hat{r}=1}^{\hat{l}_1} (\xi_{i_{2\hat{r}}}^p - \xi_{i_{2\hat{r}-1}}^p) + f_{p,\hat{l}_1,n,2} - f_{p,\hat{l}_1,n,3} \right]^2 + 4(p+1)^2 \left(f_{A,p,\hat{l}_1,n}^* \right)^2} \right\}$$

$$\pm \frac{1}{2^{2p+1}\pi^{2p}} \left\{ -p \sum_{\hat{r}=1}^{\hat{l}_1} (\xi_{i'_{2\hat{r}-1}}^p + \xi_{i'_{2\hat{r}}}^p) + f_{p,\hat{l}_1,n',2} + f_{p,\hat{l}_1,n',3} \right.$$

$$\left. \pm \sqrt{\left[p \sum_{\hat{r}=1}^{\hat{l}_1} (\xi_{i'_{2\hat{r}}}^p - \xi_{i'_{2\hat{r}-1}}^p) + f_{p,\hat{l}_1,n',2} - f_{p,\hat{l}_1,n',3} \right]^2 + 4(p+1)^2 \left(f_{A,p,\hat{l}_1,n'}^* \right)^2} \right\},$$

其中 $\alpha^* = \varepsilon^{-3p}(|i_1^*|^2, |i_2^*|^2, \cdots, |i_b^*|^2)$, $\xi^p = (\xi_{i_1^*}^p, \xi_{i_2^*}^p, \cdots, \xi_{i_b^*}^p)$ 以及 $f_{\omega}^* = (f_{\omega,i_1^*}^*, \cdots, f_{\omega,i_b^*}^*)$, 其中

$$f_{\omega,i}^*(\xi_{i_1^*}, \cdots, \xi_{i_b^*}) = \sum_{j \in S \setminus \{i\}} (p+1)^2 p \xi_i^{p-1} \xi_j + f_{\omega,p,i}(\xi_{i_1^*}, \cdots, \xi_{i_b^*}), \quad \forall i \in S.$$

情况 1.1. 假设 $\{i_{2\hat{j}-1} | 1 \leqslant \hat{j} \leqslant \hat{l}_1\} \neq \{i'_{2\hat{j}-1} | 1 \leqslant \hat{j} \leqslant \hat{l}_1\}$ 或者 $\{i_{2\hat{j}} | 1 \leqslant \hat{j} \leqslant \hat{l}_1\} \neq \{i'_{2\hat{j}} | 1 \leqslant \hat{j} \leqslant \hat{l}_1\}$. 则由于平方根项的存在, 所有的特征值都不恒为零.

情况 1.2. 假设 $\{i_{2\hat{j}-1}|1 \leqslant \hat{j} \leqslant \hat{l}_1\} = \{i'_{2\hat{j}-1}|1 \leqslant \hat{j} \leqslant \hat{l}_1\}$ 和 $\{i_{2\hat{j}}|1 \leqslant \hat{j} \leqslant \hat{l}_1\} = \{i'_{2\hat{j}}|1 \leqslant \hat{j} \leqslant \hat{l}_1\}$. 显然, 对任意的 $\hat{t} = 1, 2, 3$, 有 $f_{\Omega,\omega,p,\hat{l}_1,n,\hat{t}}(\xi_{i_1^*}, \cdots, \xi_{i_b^*}) = f_{\Omega,\omega,p,\hat{l}_1,n',\hat{t}}(\xi_{i_1^*}, \cdots, \xi_{i_b^*})$.

情况 1.2.1. 假设特征值是

$$\langle k, \alpha^* \rangle - \frac{p}{4^p \cdot \pi^{2p}} \langle k, \xi^p \rangle + \frac{p+1}{4^p \cdot \pi^{2p}} \cdot \left(\sum_{d^* \in S} k_{d^*} \right) \cdot \left(\sum_{\hat{j}=1}^{b} \xi_{i_{\hat{j}}^*}^p \right)$$

$$+ \frac{1}{4^p \cdot (p+1) \cdot \pi^{2p}} \langle k, f_\omega^*(\xi_{i_1^*}, \cdots, \xi_{i_b^*}) \rangle + \varepsilon^{-3p}(|n|^2 - |n'|^2), \tag{7.5.3}$$

则在 (7.5.3) 中的 $\xi_{j^*}^p (\forall j^* \in S)$ 的系数是 $\dfrac{1}{(2\pi)^{2p}} \left[-pk_{j^*} + (p+1) \displaystyle\sum_{d^* \in S} k_{d^*} \right]$. 记

$$\begin{cases} \dfrac{1}{(2\pi)^{2p}} \left[-pk_{i_1^*} + (p+1) \displaystyle\sum_{d^* \in S} k_{d^*} \right] = 0, \\ \qquad\cdots\cdots \\ \dfrac{1}{(2\pi)^{2p}} \left[-pk_{i_b^*} + (p+1) \displaystyle\sum_{d^* \in S} k_{d^*} \right] = 0, \end{cases} \tag{7.5.4}$$

则对 $k \neq 0$, 方程 (7.5.4) 没有整数解.

情况 1.2.2. 假设特征值是

$$\langle k, \alpha^* \rangle - \frac{p}{4^p \cdot \pi^{2p}} \langle k, \xi^p \rangle + \frac{p+1}{4^p \cdot \pi^{2p}} \cdot \left(\sum_{d^* \in S} k_{d^*} \right) \cdot \left(\sum_{\hat{j}=1}^{b} \xi_{i_{\hat{j}}^*}^p \right)$$

$$+ \frac{1}{4^p \cdot (p+1) \cdot \pi^{2p}} \langle k, f_\omega^*(\xi_{i_1^*}, \cdots, \xi_{i_b^*}) \rangle + \left[\varepsilon^{-3p} \cdot \left(|n|^2 + \sum_{\hat{r}=1}^{\hat{l}_1} |i_{2\hat{r}-1}|^2 \right) \right.$$

$$\left. + \frac{1}{4^p \cdot \pi^{2p}} \cdot \left((\hat{l}_1+1)(p+1) \sum_{\hat{j}=1}^{b} \xi_{i_{\hat{j}}^*}^p + f_{p,\hat{l}_1,n,1}(\xi_{i_1^*}, \cdots, \xi_{i_b^*}) \right) \right]$$

$$+ \left[\varepsilon^{-3p} \cdot \left(|n'|^2 + \sum_{\hat{r}=1}^{\hat{l}_1} |i_{2\hat{r}-1}|^2 \right) \right.$$

$$\left. + \frac{1}{4^p \cdot \pi^{2p}} \cdot \left((\hat{l}_1+1)(p+1) \sum_{\hat{j}=1}^{b} \xi_{i_{\hat{j}}^*}^p + f_{p,\hat{l}_1,n',1}(\xi_{i_1^*}, \cdots, \xi_{i_b^*}) \right) \right]$$

$$+ \frac{1}{2^{2p}\pi^{2p}} \left[-p \sum_{\hat{r}=1}^{\hat{l}_1} (\xi_{i_{2\hat{r}-1}}^p + \xi_{i_{2\hat{r}}}^p) + f_{p,\hat{l}_1,n,2} + f_{p,\hat{l}_1,n,3} \right], \tag{7.5.5}$$

则 $\xi_{i_{\hat{j}}}^p(\hat{j}=1,2,\cdots,2\hat{l}_1)$ 和 (7.5.5) 中的 $\xi_{j^*}^p(\forall j^* \in S, j^* \neq i_1,\cdots,i_{2\hat{l}_1})$ 的系数分别是

$$\frac{1}{(2\pi)^{2p}}\Big[-pk_{i_{\hat{j}}} + (p+1)\sum_{d^* \in S} k_{d^*} + 2(\hat{l}_1+1)(p+1) - p \Big]$$

和

$$\frac{1}{(2\pi)^{2p}}\Big[-pk_{j^*} + (p+1)\sum_{d^* \in S} k_{d^*} + 2(\hat{l}_1+1)(p+1) \Big].$$

令 $\xi_{i_{\hat{j}}}^p(\hat{j}=1,2,\cdots,2\hat{l}_1)$ 和 $\xi_{j^*}^p(\forall j^* \in S, j^* \neq i_1,\cdots i_{2\hat{l}_1})$ 的系数是零, 则

$$\begin{cases} [b(p+1)-p]k_{i_1} + [b(p+1)-p+2(p+1)] = 0, \\ k_{i_1} = k_{i_2} = \cdots = k_{i_{2\hat{l}_1-1}} = k_{i_{2\hat{l}_1}} = k_{j^*} - 1. \end{cases} \tag{7.5.6}$$

方程 (7.5.6) 显然没有整数解. 于是所有的特征值都不恒为零.

情况 1.2.3. 假设特征值是

$$\langle k, \alpha^* \rangle - \frac{p}{4^p \cdot \pi^{2p}}\langle k, \xi^p \rangle + \frac{p+1}{4^p \cdot \pi^{2p}} \cdot \Big(\sum_{d^* \in S} k_{d^*} \Big) \cdot \Big(\sum_{\hat{j}=1}^{b} \xi_{i_{\hat{j}}^*}^p \Big)$$

$$+ \frac{1}{4^p \cdot (p+1) \cdot \pi^{2p}}\langle k, f_\omega^*(\xi_{i_1^*},\cdots,\xi_{i_b^*}) \rangle - \Big[\varepsilon^{-3p} \cdot \Big(|n|^2 + \sum_{\hat{r}=1}^{\hat{l}_1} |i_{2\hat{r}-1}|^2 \Big)$$

$$+ \frac{1}{4^p \cdot \pi^{2p}} \cdot \Big((\hat{l}_1+1)(p+1)\sum_{\hat{j}=1}^{b} \xi_{i_{\hat{j}}^*}^p + f_{p,\hat{l}_1,n,1}(\xi_{i_1^*},\cdots,\xi_{i_b^*}) \Big) \Big]$$

$$- \Big[\varepsilon^{-3p} \cdot \Big(|n'|^2 + \sum_{\hat{r}=1}^{\hat{l}_1} |i_{2\hat{r}-1}|^2 \Big)$$

$$+ \frac{1}{4^p \cdot \pi^{2p}} \cdot \Big((\hat{l}_1+1)(p+1)\sum_{\hat{j}=1}^{b} \xi_{i_{\hat{j}}^*}^p + f_{p,\hat{l}_1,n',1}(\xi_{i_1^*},\cdots,\xi_{i_b^*}) \Big) \Big]$$

$$- \frac{1}{2^{2p}\pi^{2p}}\Big[-p\sum_{\hat{r}=1}^{\hat{l}_1}(\xi_{i_{2\hat{r}-1}}^p + \xi_{i_{2\hat{r}}}^p) + f_{p,\hat{l}_1,n,2} + f_{p,\hat{l}_1,n,3} \Big], \tag{7.5.7}$$

则 $\xi_{i_{\hat{j}}}^p(\hat{j}=1,2,\cdots,2\hat{l}_1)$ 和在 (7.5.7) 中的 $\xi_{j^*}^p(\forall j^* \in S, j^* \neq i_1,\cdots i_{2\hat{l}_1})$ 的系数分别是

$$\frac{1}{(2\pi)^{2p}}\Big[-pk_{i_{\hat{j}}} + (p+1)\sum_{d^* \in S} k_{d^*} - 2(\hat{l}_1+1)(p+1) + p \Big]$$

和

$$\frac{1}{(2\pi)^{2p}} \Big[-pk_{j^*} + (p+1)\sum_{d^*\in S} k_{d^*} - 2(\hat{l}_1+1)(p+1) \Big].$$

令 $\xi_{i_{\hat{j}}}^p (\hat{j}=1,2,\cdots,2\hat{l}_1)$ 和 $\xi_{j^*}^p (\forall j^*\in S, j^*\neq i_1,\cdots i_{2\hat{l}_1})$ 的系数是零，则

$$\begin{cases} \big[b(p+1)-p\big]k_{i_1} - \big[b(p+1)-p+2(p+1)\big]=0, \\ k_{i_1}=k_{i_2}=\cdots=k_{i_{2\hat{l}_1-1}}=k_{i_{2\hat{l}_1}}=k_{j^*}+1. \end{cases} \tag{7.5.8}$$

方程 (7.5.8) 显然没有整数解. 于是所有特征值都不恒为零.

情况 2. $n\in\mathcal{L}_{2\hat{l}_1-1}, n'\in\mathcal{L}_{2\hat{l}_2-1}, 1\leqslant\hat{l}_1\leqslant p, 1\leqslant\hat{l}_2\leqslant p, \hat{l}_1\neq\hat{l}_2$.

$\mathcal{M}(\xi)$ 的特征值是

$$\langle k,\alpha^*\rangle - \frac{p}{4^p\cdot\pi^{2p}}\langle k,\xi^p\rangle + \frac{p+1}{4^p\cdot\pi^{2p}}\cdot\Big(\sum_{d^*\in S}k_{d^*}\Big)\cdot\Big(\sum_{\hat{j}=1}^b \xi_{i_{\hat{j}}}^p\Big)$$

$$+\frac{1}{4^p\cdot(p+1)\cdot\pi^{2p}}\langle k, f_\omega^*(\xi_{i_1^*},\cdots,\xi_{i_b^*})\rangle \pm \Big[\varepsilon^{-3p}\cdot\Big(|n|^2+\sum_{\hat{r}=1}^{\hat{l}_1}|i_{2\hat{r}-1}|^2\Big)$$

$$+\frac{1}{4^p\cdot\pi^{2p}}\cdot\Big((\hat{l}_1+1)(p+1)\sum_{\hat{j}=1}^b \xi_{i_{\hat{j}}}^p + f_{p,\hat{l}_1,n,1}(\xi_{i_1^*},\cdots,\xi_{i_b^*})\Big)\Big]$$

$$\pm\Big[\varepsilon^{-3p}\cdot\Big(|n'|^2+\sum_{\hat{r}=1}^{\hat{l}_2}|i'_{2\hat{r}-1}|^2\Big)$$

$$+\frac{1}{4^p\cdot\pi^{2p}}\cdot\Big((\hat{l}_2+1)(p+1)\sum_{\hat{j}=1}^b \xi_{i_{\hat{j}}}^p + f_{p,\hat{l}_2,n',1}(\xi_{i_1^*},\cdots,\xi_{i_b^*})\Big)\Big]$$

$$\pm\frac{1}{2^{2p+1}\pi^{2p}}\Bigg\{-p\sum_{\hat{r}=1}^{\hat{l}_1}(\xi_{i_{2\hat{r}-1}}^p+\xi_{i_{2\hat{r}}}^p) + f_{p,\hat{l}_1,n,2}+f_{p,\hat{l}_1,n,3}$$

$$\pm\sqrt{\Big[p\sum_{\hat{r}=1}^{\hat{l}_1}(\xi_{i_{2\hat{r}}}^p-\xi_{i_{2\hat{r}-1}}^p)+f_{p,\hat{l}_1,n,2}-f_{p,\hat{l}_1,n,3}\Big]^2 + 4(p+1)^2\big(f_{\mathcal{A},p,\hat{l}_1,n}^*\big)^2}\Bigg\}$$

$$\pm\frac{1}{2^{2p+1}\pi^{2p}}\Bigg\{-p\sum_{\hat{r}=1}^{\hat{l}_2}(\xi_{i'_{2\hat{r}-1}}^p+\xi_{i'_{2\hat{r}}}^p)+f_{p,\hat{l}_2,n',2}+f_{p,\hat{l}_2,n',3}$$

$$\pm\sqrt{\left[p\sum_{\hat{r}=1}^{\hat{l}_2}(\xi_{i'_{2\hat{r}}}^p-\xi_{i'_{2\hat{r}-1}}^p)+f_{p,\hat{l}_2,n',2}-f_{p,\hat{l}_2,n',3}\right]^2+4(p+1)^2\big(f_{A,p,\hat{l}_2,n'}^*\big)^2}\Bigg\}$$

于是, 由于平方根项的出现, 所有特征值都不恒为零.

情况 3. $n,n'\in\mathcal{L}_{2\hat{l}_1},1\leqslant\hat{l}_1\leqslant p$.

$\mathcal{M}(\xi)$ 的特征值是

$$\langle k,\alpha^*\rangle-\frac{p}{4^p\cdot\pi^{2p}}\langle k,\xi^p\rangle+\frac{p+1}{4^p\cdot\pi^{2p}}\cdot\bigg(\sum_{d^*\in S}k_{d^*}\bigg)\cdot\bigg(\sum_{\hat{j}=1}^{b}\xi_{i_{\hat{j}}^*}^p\bigg)$$

$$+\frac{1}{4^p(p+1)\pi^{2p}}\langle k,f_\omega^*(\xi_{i_1^*},\cdots,\xi_{i_b^*})\rangle\pm\bigg[\varepsilon^{-3p}\Big(|n|^2-|i_2|^2+\sum_{\hat{r}=2}^{\hat{l}_1}|i_{2\hat{r}}|^2\Big)$$

$$+\frac{1}{4^p\cdot\pi^{2p}}\cdot\Big((\hat{l}_1-1)(p+1)\sum_{\hat{j}=1}^{b}\xi_{i_{\hat{j}}^*}^p+f_{p,\hat{l}_1,n,1}(\xi_{i_1^*},\cdots,\xi_{i_b^*})\Big)\bigg]$$

$$\pm\bigg[\varepsilon^{-3p}\cdot\Big(|n'|^2-|i'_2|^2+\sum_{\hat{r}=2}^{\hat{l}_1}|i'_{2\hat{r}}|^2\Big)$$

$$+\frac{1}{4^p\cdot\pi^{2p}}\cdot\Big((\hat{l}_1-1)(p+1)\sum_{\hat{j}=1}^{b}\xi_{i_{\hat{j}}^*}^p+f_{p,\hat{l}_1,n',1}(\xi_{i_1^*},\cdots,\xi_{i_b^*})\Big)\bigg]$$

$$\pm\frac{1}{2^{2p+1}\pi^{2p}}\bigg\{p\bigg[\xi_{i_2}^p-\xi_{i_1}^p-\sum_{\hat{r}=2}^{\hat{l}_1}(\xi_{i_{2\hat{r}-1}}^p+\xi_{i_{2\hat{r}}}^p)\bigg]+f_{p,\hat{l}_1,n,2}(\xi_{i_1^*},\cdots,\xi_{i_b^*})$$

$$+f_{p,\hat{l}_1,n,3}(\xi_{i_1^*},\cdots,\xi_{i_b^*})\pm\sqrt{f_{\Lambda,3,p,\hat{l}_1,n}(\xi_{i_1^*},\cdots,\xi_{i_b^*})}\bigg\}$$

$$\pm\frac{1}{2^{2p+1}\pi^{2p}}\bigg\{p\bigg[\xi_{i'_2}^p-\xi_{i'_1}^p-\sum_{\hat{r}=2}^{\hat{l}_1}(\xi_{i'_{2\hat{r}-1}}^p+\xi_{i'_{2\hat{r}}}^p)\bigg]+f_{p,\hat{l}_1,n',2}(\xi_{i_1^*},\cdots,\xi_{i_b^*})$$

$$+f_{p,\hat{l}_1,n',3}(\xi_{i_1^*},\cdots,\xi_{i_b^*})\pm\sqrt{f_{\Lambda,3,p,\hat{l}_1,n'}(\xi_{i_1^*},\cdots,\xi_{i_b^*})}\bigg\},$$

其中

$$f_{\Lambda,3,p,\hat{l}_1,n}(\xi_{i_1^*},\cdots,\xi_{i_b^*})=\bigg\{p\bigg[\xi_{i_2}^p+\xi_{i_1}^p+\sum_{\hat{r}=2}^{\hat{l}_1}(\xi_{i_{2\hat{r}-1}}^p-\xi_{i_{2\hat{r}}}^p)\bigg]+f_{p,\hat{l}_1,n,2}$$

$$-f_{p,\hat{l}_1,n,3}\Big\}^2 - 4(p+1)^2\big[f^*_{\mathcal{B},p,\hat{l}_1,n}(\xi_{i_1^*},\cdots,\xi_{i_b^*})\big]^2,$$

并且

$$f_{\Lambda,3,p,\hat{l}_1,n'}(\xi_{i_1^*},\cdots,\xi_{i_b^*}) = \Big\{ p\Big[\xi^p_{i'_2} + \xi^p_{i'_1} + \sum_{\hat{r}=2}^{\hat{l}_1}(\xi^p_{i'_{2\hat{r}-1}} - \xi^p_{i'_{2\hat{r}}})\Big] + f_{p,\hat{l}_1,n',2}$$

$$-f_{p,\hat{l}_1,n',3}\Big\}^2 - 4(p+1)^2\big[f^*_{\mathcal{B},p,\hat{l}_1,n'}(\xi_{i_1^*},\cdots,\xi_{i_b^*})\big]^2.$$

情况 3.1. 假设 $\{i_2,i_{2\hat{j}-1}|1\leqslant\hat{j}\leqslant\hat{l}_1\} \neq \{i'_2,i'_{2\hat{j}-1}|1\leqslant\hat{j}\leqslant\hat{l}_1\}$ 或者 $\{i_{2\hat{j}}|2\leqslant\hat{j}\leqslant\hat{l}_1\} \neq \{i'_{2\hat{j}}|2\leqslant\hat{j}\leqslant\hat{l}_1\}$, 则由于平方根项的存在, 所有的特征值都不恒为零.

情况 3.2. 假设 $\{i_2,i_{2\hat{j}-1}|1\leqslant\hat{j}\leqslant\hat{l}_1\} = \{i'_2,i'_{2\hat{j}-1}|1\leqslant\hat{j}\leqslant\hat{l}_1\}$ 和 $\{i_{2\hat{j}}|2\leqslant\hat{j}\leqslant\hat{l}_1\} = \{i'_{2\hat{j}}|2\leqslant\hat{j}\leqslant\hat{l}_1\}$. 显然, 对任意的 $\hat{t}=1,2,3$, 有 $f_{p,\hat{l}_1,n,\hat{t}}(\xi_{i_1^*},\cdots,\xi_{i_b^*}) = f_{p,\hat{l}_1,n',\hat{t}}(\xi_{i_1^*},\cdots,\xi_{i_b^*})$.

情况 3.2.1. 假设特征值是

$$\langle k,\alpha^*\rangle - \frac{p}{4^p\cdot\pi^{2p}}\langle k,\xi^p\rangle + \frac{p+1}{4^p\cdot\pi^{2p}}\cdot\Big(\sum_{d^*\in S}k_{d^*}\Big)\cdot\Big(\sum_{\hat{j}=1}^b\xi^p_{i_{\hat{j}}^*}\Big)$$

$$+ \frac{1}{4^p\cdot(p+1)\cdot\pi^{2p}}\langle k,f^*_\omega(\xi_{i_1^*},\cdots,\xi_{i_b^*})\rangle + \varepsilon^{-3p}(|n|^2 - |n'|^2),$$

则对 $k\neq 0$, 方程 (7.5.4) 没有整数解, 上面的特征值都不恒等于零.

情况 3.2.2. 假设特征值是

$$\langle k,\alpha^*\rangle - \frac{p}{4^p\cdot\pi^{2p}}\langle k,\xi^p\rangle + \frac{p+1}{4^p\cdot\pi^{2p}}\cdot\Big(\sum_{d^*\in S}k_{d^*}\Big)\cdot\Big(\sum_{\hat{j}=1}^b\xi^p_{i_{\hat{j}}^*}\Big)$$

$$+ \frac{1}{4^p(p+1)\pi^{2p}}\langle k,f^*_\omega(\xi_{i_1^*},\cdots,\xi_{i_b^*})\rangle + \Bigg[\varepsilon^{-3p}\Big(|n|^2 - |i_2|^2 + \sum_{\hat{r}=2}^{\hat{l}_1}|i_{2\hat{r}}|^2\Big)$$

$$+ \frac{1}{4^p\cdot\pi^{2p}}\cdot\Big((\hat{l}_1-1)(p+1)\sum_{\hat{j}=1}^b\xi^p_{i_{\hat{j}}^*} + f_{p,\hat{l}_1,n,1}(\xi_{i_1^*},\cdots,\xi_{i_b^*})\Big)\Bigg]$$

$$+ \Bigg[\varepsilon^{-3p}\cdot\Big(|n'|^2 - |i_2|^2 + \sum_{\hat{r}=2}^{\hat{l}_1}|i_{2\hat{r}}|^2\Big)$$

$$+ \frac{1}{4^p\cdot\pi^{2p}}\cdot\Big((\hat{l}_1-1)(p+1)\sum_{\hat{j}=1}^b\xi^p_{i_{\hat{j}}^*} + f_{p,\hat{l}_1,n',1}(\xi_{i_1^*},\cdots,\xi_{i_b^*})\Big)\Bigg]$$

$$+ \frac{1}{2^{2p}\pi^{2p}}\left\{ p\Big[\xi_{i_2}^p - \xi_{i_1}^p - \sum_{\hat{r}=2}^{\hat{l}_1}(\xi_{i_{2\hat{r}-1}}^p + \xi_{i_{2\hat{r}}}^p)\Big] + f_{p,\hat{l}_1,n,2} + f_{p,\hat{l}_1,n,3}\right\}, \qquad (7.5.9)$$

则 $\xi_{i_2}^p, \xi_{i_{\hat{j}}}^p (\hat{j} = 1,3,4,\cdots,2\hat{l}_1)$ 和 (7.5.9) 中的 $\xi_{j^*}^p (\forall j^* \in S, j^* \neq i_1,\cdots,i_{2\hat{l}_1})$ 的系数分别是

$$\frac{1}{(2\pi)^{2p}}\Big[-pk_{i_2} + (p+1)\sum_{d^* \in S} k_{d^*} + 2(\hat{l}_1 - 1)(p+1) + p\Big],$$

$$\frac{1}{(2\pi)^{2p}}\Big[-pk_{i_{\hat{j}}} + (p+1)\sum_{d^* \in S} k_{d^*} + 2(\hat{l}_1 - 1)(p+1) - p\Big]$$

和

$$\frac{1}{(2\pi)^{2p}}\Big[-pk_{j^*} + (p+1)\sum_{d^* \in S} k_{d^*} + 2(\hat{l}_1 - 1)(p+1)\Big].$$

令 $\xi_{i_2}^p, \xi_{i_{\hat{j}}}^p (\hat{j} = 1,3,4,\cdots,2\hat{l}_1)$ 和 $\xi_{j^*}^p (\forall j^* \in S, j^* \neq i_1,\cdots,i_{2\hat{l}_1})$ 的系数是零, 则有

$$k_{i_2} = 1, \quad k_{i_{\hat{j}}} = -1 \quad (\hat{j} = 1,3,4,\cdots,2\hat{l}_1), \quad k_{j^*} = 0 \quad (\forall j^* \in S, j^* \neq i_1,\cdots,i_{2\hat{l}_1}),$$

即 $k = e_{i_2} - e_{i_1} - \sum_{\hat{r}=2}^{\hat{l}_1}(e_{i_{2\hat{r}-1}} + e_{i_{2\hat{r}}})$. 当 $|n| \neq |m'|$, (7.5.9) 特征值是

$$\varepsilon^{-3p} \cdot (|n|^2 - |m'|^2)$$

$$+ \frac{1}{4^p \cdot (p+1) \cdot \pi^{2p}} \cdot \left\langle e_{i_2} - e_{i_1} - \sum_{\hat{r}=2}^{\hat{l}_1}(e_{i_{2\hat{r}-1}} + e_{i_{2\hat{r}}}), f_\omega^*(\xi_{i_1^*},\cdots,\xi_{i_b^*})\right\rangle$$

$$+ \frac{1}{(2\pi)^{2p}} \cdot [2f_{p,\hat{l}_1,n,1} + f_{p,\hat{l}_1,n,2} + f_{p,\hat{l}_1,n,3}].$$

记

$$f_{p,\hat{l}_1,322}^*(\xi_{i_1^*},\cdots,\xi_{i_b^*})$$

$$= \frac{1}{4^p \cdot (p+1) \cdot \pi^{2p}} \cdot \left\langle e_{i_2} - e_{i_1} - \sum_{\hat{r}=2}^{\hat{l}_1}(e_{i_{2\hat{r}-1}} + e_{i_{2\hat{r}}}), f_\omega^*(\xi_{i_1^*},\cdots,\xi_{i_b^*})\right\rangle$$

$$+ \frac{1}{(2\pi)^{2p}} \cdot [2f_{p,\hat{l}_1,n,1} + f_{p,\hat{l}_1,n,2} + f_{p,\hat{l}_1,n,3}],$$

则 $f^*_{p,\hat{l}_1,322}(\xi_{i_1^*},\cdots,\xi_{i_b^*})$ 是零或者是一个 p 次齐次多项式. 由于 $|n|^2 - |m'|^2 \neq 0$, 所有特征值都不恒为零.

情况 3.2.3. 假设特征值是

$$
\langle k, \alpha^* \rangle - \frac{p}{4^p \cdot \pi^{2p}} \langle k, \xi^p \rangle + \frac{p+1}{4^p \cdot \pi^{2p}} \cdot \left(\sum_{d^* \in S} k_{d^*} \right) \cdot \left(\sum_{\hat{j}=1}^{b} \xi_{i_{\hat{j}}^*}^p \right)
$$

$$
+ \frac{1}{4^p \cdot (p+1) \cdot \pi^{2p}} \langle k, f_\omega^*(\xi_{i_1^*},\cdots,\xi_{i_b^*}) \rangle - \left[\varepsilon^{-3p} \cdot \left(|n|^2 - |i_2|^2 + \sum_{\hat{r}=2}^{\hat{l}_1} |i_{2\hat{r}}|^2 \right) \right.
$$

$$
+ \frac{1}{4^p \cdot \pi^{2p}} \cdot \left((\hat{l}_1 - 1)(p+1) \sum_{\hat{j}=1}^{b} \xi_{i_{\hat{j}}^*}^p + f_{p,\hat{l}_1,n,1}(\xi_{i_1^*},\cdots,\xi_{i_b^*}) \right) \Bigg]
$$

$$
- \left[\varepsilon^{-3p} \cdot \left(|n'|^2 - |i_2|^2 + \sum_{\hat{r}=2}^{\hat{l}_1} |i_{2\hat{r}}|^2 \right) \right.
$$

$$
+ \frac{1}{4^p \cdot \pi^{2p}} \cdot \left((\hat{l}_1 - 1)(p+1) \sum_{\hat{j}=1}^{b} \xi_{i_{\hat{j}}^*}^p + f_{p,\hat{l}_1,n',1}(\xi_{i_1^*},\cdots,\xi_{i_b^*}) \right) \Bigg]
$$

$$
- \frac{1}{2^{2p}\pi^{2p}} \left\{ p \left[\xi_{i_2}^p - \xi_{i_1}^p - \sum_{\hat{r}=2}^{\hat{l}_1} \left(\xi_{i_{2\hat{r}-1}}^p + \xi_{i_{2\hat{r}}}^p \right) \right] + f_{p,\hat{l}_1,n,2} + f_{p,\hat{l}_1,n,3} \right\}, \qquad (7.5.10)
$$

则 $\xi_{i_2}^p, \xi_{i_{\hat{j}}}^p (\hat{j}=1,3,4,\cdots,2\hat{l}_1)$ 和 (7.5.10) 中的 $\xi_{j^*}^p (\forall j^* \in S, j^* \neq i_1,\cdots,i_{2\hat{l}_1})$ 的系数分别是

$$
\frac{1}{(2\pi)^{2p}} \left[-pk_{i_2} + (p+1) \sum_{d^* \in S} k_{d^*} - 2(\hat{l}_1 - 1)(p+1) - p \right],
$$

$$
\frac{1}{(2\pi)^{2p}} \left[-pk_{i_{\hat{j}}} + (p+1) \sum_{d^* \in S} k_{d^*} - 2(\hat{l}_1 - 1)(p+1) + p \right]
$$

和

$$
\frac{1}{(2\pi)^{2p}} \left[-pk_{j^*} + (p+1) \sum_{d^* \in S} k_{d^*} - 2(\hat{l}_1 - 1)(p+1) \right].
$$

令 $\xi_{i_2}^p, \xi_{i_{\hat{j}}}^p (\hat{j}=1,3,4,\cdots,2\hat{l}_1)$ 和 $\xi_{j^*}^p (\forall j^* \in S, j^* \neq i_1,\cdots,i_{2\hat{l}_1})$ 的系数是零, 则有

$$
k_{i_2} = -1, \quad k_{i_{\hat{j}}} = 1 \ (\hat{j}=1,3,4,\cdots,2\hat{l}_1), \quad k_{j^*} = 0 \ (\forall j^* \in S, j^* \neq i_1,\cdots,i_{2\hat{l}_1}).
$$

即 $k = e_{i_1} - e_{i_2} + \sum_{\hat{r}=2}^{\hat{l}_1}(e_{i_{2\hat{r}-1}} + e_{i_{2\hat{r}}})$. 当 $|n| \neq |m'|$, (7.5.10) 的特征值是

$$-\varepsilon^{-3p} \cdot (|n|^2 - |m'|^2)$$

$$+ \frac{1}{4^p \cdot (p+1) \cdot \pi^{2p}} \left\langle e_{i_1} - e_{i_2} + \sum_{\hat{r}=2}^{\hat{l}_1}(e_{i_{2\hat{r}-1}} + e_{i_{2\hat{r}}}), f_\omega^*(\xi_{i_1^*}, \cdots, \xi_{i_b^*}) \right\rangle$$

$$- \frac{1}{(2\pi)^{2p}} \cdot [2f_{p,\hat{l}_1,n,1} + f_{p,\hat{l}_1,n,2} + f_{p,\hat{l}_1,n,3}].$$

记

$$f_{p,\hat{l}_1,323}^*(\xi_{i_1^*}, \cdots, \xi_{i_b^*})$$

$$= \frac{1}{4^p \cdot (p+1) \cdot \pi^{2p}} \left\langle e_{i_1} - e_{i_2} + \sum_{\hat{r}=2}^{\hat{l}_1}(e_{i_{2\hat{r}-1}} + e_{i_{2\hat{r}}}), f_\omega^*(\xi_{i_1^*}, \cdots, \xi_{i_b^*}) \right\rangle$$

$$- \frac{1}{(2\pi)^{2p}} \cdot [2f_{p,\hat{l}_1,n,1} + f_{p,\hat{l}_1,n,2} + f_{p,\hat{l}_1,n,3}],$$

则 $f_{p,\hat{l}_1,323}^*(\xi_{i_1^*}, \cdots, \xi_{i_b^*})$ 是零或者是一个 p 次齐次多项式. 由 $|n|^2 - |m'|^2 \neq 0$, 有所有的特征值不恒等于零.

情况 4. $n \in \mathcal{L}_{2\hat{l}_1}, n' \in \mathcal{L}_{2\hat{l}_2}, 1 \leqslant \hat{l}_1 \leqslant p, 1 \leqslant \hat{l}_2 \leqslant p, \hat{l}_1 \neq \hat{l}_2$.

类似于情况 2, 可推出 $\mathcal{M}(\xi)$ 的所有特征值都不恒等于零.

情况 5. $n \in \mathcal{L}_{2\hat{l}_1-1}, n' \in \mathcal{L}_{2\hat{l}_2}, 1 \leqslant \hat{l}_1 \leqslant p, 1 \leqslant \hat{l}_2 \leqslant p$.

类似于情况 2, 可推出 $\mathcal{M}(\xi)$ 的所有特征值都不恒等于零.

根据 $\mathcal{C}_n$ 的定义, 可知 $\det(\langle k, \omega(\xi) \rangle I_2 \pm \mathcal{C}_n)$ 和 $\det(\mathcal{C}_n)$ 是 $\xi^{\hat{\alpha}}$ 的两个线性组合, 其中 $|\hat{\alpha}| \leqslant 2p$. 此外, $\operatorname{tr}(\langle k, \omega(\xi) \rangle I_2 \pm \mathcal{C}_n)$ 和 $\operatorname{tr}(\mathcal{C}_n)$ 是 $\xi^{\hat{\alpha}}$ 的两个线性组合, 其中 $|\hat{\alpha}| \leqslant p$. 从 [39] 中的引理 3.1, 可得

$$\det(\mathcal{M}(\xi)) = \det\big((\langle k, \omega(\xi) \rangle I_2 \pm \mathcal{C}_n) \otimes I_2 \pm I_2 \otimes \mathcal{C}_{n'}\big)$$

$$= \big(\det(\langle k, \omega(\xi) \rangle I_2 \pm \mathcal{C}_n) - \det(\mathcal{C}_{n'})\big)^2$$

$$+ \det(\langle k, \omega(\xi) \rangle I_2 \pm \mathcal{C}_n) \cdot \big(\operatorname{tr}(\mathcal{C}_{n'})\big)^2$$

$$+ \det(\mathcal{C}_{n'}) \cdot \big(\operatorname{tr}(\langle k, \omega(\xi) \rangle I_2 \pm \mathcal{C}_n)\big)^2$$

$$\pm \big(\det(\langle k, \omega(\xi) \rangle I_2 \pm \mathcal{C}_n) + \det(\mathcal{C}_{n'})\big)\operatorname{tr}(\langle k, \omega(\xi) \rangle I_2 \pm \mathcal{C}_n)\operatorname{tr}(\mathcal{C}_{n'}).$$

于是 $\det(\mathcal{M}(\xi))$ 是 $\xi^{\hat{\alpha}}$ 的线性组合, 其中 $|\hat{\alpha}| \leqslant 4p$. 即在 ξ 的分量中, $\det(\mathcal{M}(\xi))$ 是一个多项式函数, 它的次数最多是 $4p$. 因此

$$|\partial_\xi^{4p}(\det(\mathcal{M}(\xi)))| \geqslant \frac{1}{2(p+1)(2\pi)^{2p}}|k| \neq 0.$$

从 [39] 中的引理 4.8, 通过排除一些具有测度 $\mathcal{O}(\gamma^{\frac{1}{4p}})$ 的参数集, 则有 $|\det(\mathcal{M}(\xi))| \geqslant \dfrac{\gamma}{|k|^{\tau}}(k \neq 0)$. 至此 (A3) 被验证.

7.5.3 验证 (A4),(A5) 和 (A6)

验证 (A4) 和 (A5) 分别与 [38] 的引理 7.3 和 [38] 的引理 4.4 类似, 我们省略它们.

验证 (A6): 我们只需验证 P 满足 (A6). 根据 (7.4.4), 在 F 中包含 $z_n \bar{z}_m$ 的项是

$$
\sum_{\substack{n - m + \sum_{\hat{r}=1}^{p}(j_{2\hat{r}-1} - j_{2\hat{r}}) = 0 \\ |n|^2 - |m|^2 + \sum_{\hat{r}=1}^{p}(|j_{2\hat{r}-1}|^2 - |j_{2\hat{r}}|^2) \neq 0 \\ \#(S \cap \{n, m, j_{2\hat{r}-1}, j_{2\hat{r}} | 1 \leqslant \hat{r} \leqslant p\}) \geqslant 2p}} \frac{\mathrm{i} \cdot \left[\prod_{\hat{r}=1}^{p} q_{j_{2\hat{r}-1}} \bar{q}_{j_{2\hat{r}}} \right] \cdot z_n \bar{z}_m}{(4\pi^2)^p (p+1) \left[\lambda_n - \lambda_m + \sum_{\hat{r}=1}^{p}(\lambda_{j_{2\hat{r}-1}} - \lambda_{j_{2\hat{r}}}) \right]}.
$$

对充分大的 t 以及 $\forall \tilde{c} \in \mathbb{Z}^2 \setminus \{0\}$, 可得在 F 中包含 $z_{n+t\tilde{c}} \bar{z}_{m+t\tilde{c}}$ 的项是

$$
\sum_{\substack{n - m + \sum_{\hat{r}=1}^{p}(j_{2\hat{r}-1} - j_{2\hat{r}}) = 0 \\ |n|^2 - |m|^2 + \sum_{\hat{r}=1}^{p}(|j_{2\hat{r}-1}|^2 - |j_{2\hat{r}}|^2) \neq 0 \\ \#(S \cap \{n, m, j_{2\hat{r}-1}, j_{2\hat{r}} | 1 \leqslant \hat{r} \leqslant p\}) \geqslant 2p}} \left\{ \frac{1}{4^p (p+1)\pi^{2p}} \right.
$$

$$
\left. \cdot \frac{\mathrm{i} \cdot \left[\prod_{\hat{r}=1}^{p} q_{j_{2\hat{r}-1}} \bar{q}_{j_{2\hat{r}}} \right] \cdot z_{n+t\tilde{c}} \bar{z}_{m+t\tilde{c}}}{\left[\lambda_{n+t\tilde{c}} - \lambda_{m+t\tilde{c}} + \sum_{\hat{r}=1}^{p}(\lambda_{j_{2\hat{r}-1}} - \lambda_{j_{2\hat{r}}}) \right]} \right\}
$$

$$
= \sum_{\substack{n - m + \sum_{\hat{r}=1}^{p}(j_{2\hat{r}-1} - j_{2\hat{r}}) = 0 \\ |n|^2 - |m|^2 + \sum_{\hat{r}=1}^{p}(|j_{2\hat{r}-1}|^2 - |j_{2\hat{r}}|^2) \neq 0 \\ \#(S \cap \{n, m, j_{2\hat{r}-1}, j_{2\hat{r}} | 1 \leqslant \hat{r} \leqslant p\}) \geqslant 2p}} \left\{ \frac{1}{4^p (p+1)\pi^{2p}} \right.
$$

$$
\left. \cdot \frac{\mathrm{i} \cdot \left[\prod_{\hat{r}=1}^{p} q_{j_{2\hat{r}-1}} \bar{q}_{j_{2\hat{r}}} \right] \cdot z_{n+t\tilde{c}} \bar{z}_{m+t\tilde{c}}}{\left[|n|^2 - |m|^2 + 2t \langle n - m, \tilde{c} \rangle + \sum_{\hat{r}=1}^{p}(\lambda_{j_{2\hat{r}-1}} - \lambda_{j_{2\hat{r}}}) \right]} \right\}.
$$

由此, 假设 $\langle n - m, \tilde{c} \rangle = 0$, 可得

$$
\frac{\partial^2 F}{\partial z_{n+\tilde{c}t} \partial \bar{z}_{m+\tilde{c}t}} = \frac{\partial^2 F}{\partial z_n \partial \bar{z}_m},
$$

并且假设 $\langle n - m, \tilde{c} \rangle \neq 0$, 也可到

$$\left\| \frac{\partial^2 F}{\partial z_{n+\tilde{c}t}\partial \bar{z}_{m+\tilde{c}t}} - 0 \right\|_{D_\rho(r,s),\mathcal{I}} \leqslant \frac{\varepsilon}{t} e^{-|n-m|\rho}.$$

类似地, 我们有

$$\left\| \frac{\partial^2 F}{\partial z_{n+\tilde{c}t}\partial z_{m-\tilde{c}t}} - \lim_{t\to\infty} \frac{\partial^2 F}{\partial z_{n+\tilde{c}t}\partial z_{m-\tilde{c}t}} \right\|_{D_\rho(r,s),\mathcal{I}} \leqslant \frac{\varepsilon}{t} e^{-|n+m|\rho},$$

和

$$\left\| \frac{\partial^2 F}{\partial \bar{z}_{n+\tilde{c}t}\partial \bar{z}_{m-\tilde{c}t}} - \lim_{t\to\infty} \frac{\partial^2 F}{\partial \bar{z}_{n+\tilde{c}t}\partial \bar{z}_{m-\tilde{c}t}} \right\|_{D_\rho(r,s),\mathcal{I}} \leqslant \frac{\varepsilon}{t} e^{-|n+m|\rho}.$$

即 F 满足 Töplitz-Lipschitz. 根据哈密顿函数 (7.4.1) 的结构, 我们只需验证 $\{G, F\}$ 也满足这个 Töplitz-Lipschitz. 另外, 由 [39] 中的引理 4.4 可知泊松括号保持 Töplitz-Lipschitz 性质. 于是, $N + \sum_{\hat{l}=1}^{p}(\mathcal{A}_{\hat{l}} + \mathcal{B}_{\hat{l}} + \overline{\mathcal{B}}_{\hat{l}}) + R$ 满足 (A6).

　　应用定理 7.2.1, 可知定理 7.1.1.

7.6　可容许集 S 的非空性

　　对任意的整数 $b \geqslant p^2$, 以下是构造可容许切向位置 $S = \{i_1^* = (x_1, y_1), \cdots, i_b^* = (x_b, y_b)\} \subset \mathbb{Z}^2$ 的精确方法. 首先, 我们取 x_1, y_1, x_2, y_2 使得 $x_1 > b^2, y_1 = x_1^5, x_2 = y_1^5, y_2 = x_2^5$, 其他可由下列递推公式归纳得到

$$x_{\hat{j}+1} = y_{\hat{j}}^5 \prod_{2\leqslant\hat{m}\leqslant\hat{j},1\leqslant\hat{l}<\hat{m}} \left((x_{\hat{m}} - x_{\hat{l}})^2 + (y_{\hat{m}} - y_{\hat{l}})^2\right), \quad 2 \leqslant \hat{j} \leqslant b-1,$$

$$y_{\hat{j}+1} = x_{\hat{j}+1}^5, \quad 2 \leqslant \hat{j} \leqslant b-1.$$

　　引理 7.6.1　S 是上面给定的切向位置, 对任意正整数 $\hat{r}, \hat{s}, \tilde{r}, \tilde{s}$, 以及对任意非负整数 $\hat{k}_1, \cdots, \hat{k}_{\hat{r}}, \hat{l}_1, \cdots, \hat{l}_{\hat{s}}, \tilde{k}_1, \cdots, \tilde{k}_{\tilde{r}}, \tilde{l}_1, \cdots, \tilde{l}_{\tilde{s}}$, 设 $\{j_{\hat{t}} | 1 \leqslant \hat{t} \leqslant \hat{r}\} \subset S$, $\{d_{\hat{t}} | 1 \leqslant \hat{t} \leqslant \hat{s}\} \subset S$, $\{j_{\hat{t}}^* | 1 \leqslant \hat{t} \leqslant \tilde{r}\} \subset S$, $\{d_{\hat{t}}^* | 1 \leqslant \hat{t} \leqslant \tilde{s}\} \subset S$, 则下列叙述成立:

　　(i) $\sum_{\hat{t}=1}^{\hat{r}} \hat{k}_{\hat{t}} \cdot j_{\hat{t}} - \sum_{\hat{t}=1}^{\hat{s}} \hat{l}_{\hat{t}} \cdot d_{\hat{t}} = 0$, 当且仅当 $\sum_{\hat{t}=1}^{\hat{r}} \hat{k}_{\hat{t}} = \sum_{\hat{t}=1}^{\hat{s}} \hat{l}_{\hat{t}}$ 并且

$$\Big\{\underbrace{j_1, \cdots, j_1}_{\hat{k}_1}, \cdots, \underbrace{j_{\hat{r}}, \cdots, j_{\hat{r}}}_{\hat{k}_{\hat{r}}}\Big\} = \Big\{\underbrace{d_1, \cdots, d_1}_{\hat{l}_1}, \cdots, \underbrace{d_{\hat{s}}, \cdots, d_{\hat{s}}}_{\hat{l}_{\hat{s}}}\Big\}$$

当且仅当 $\sum_{\hat{t}=1}^{\hat{r}} \hat{k}_{\hat{t}} = \sum_{\hat{t}=1}^{\hat{s}} \hat{l}_{\hat{t}}$ 并且

$$\Big\{ \underbrace{|j_1|, \cdots, |j_1|}_{\hat{k}_1}, \cdots, \underbrace{|j_{\hat{r}}|, \cdots, |j_{\hat{r}}|}_{\hat{k}_{\hat{r}}} \Big\} = \Big\{ \underbrace{|d_1|, \cdots, |d_1|}_{\hat{l}_1}, \cdots, \underbrace{|d_{\hat{s}}|, \cdots, |d_{\hat{s}}|}_{\hat{l}_{\hat{s}}} \Big\}.$$

(ii) $\Big\langle \sum_{\hat{t}=1}^{\hat{r}} \hat{k}_{\hat{t}} \cdot j_{\hat{t}}, \sum_{\hat{t}=1}^{\hat{s}} \hat{l}_{\hat{t}} \cdot d_{\hat{t}} \Big\rangle = \Big\langle \sum_{\hat{t}=1}^{\tilde{r}} \tilde{k}_{\hat{t}} \cdot j_{\hat{t}}^*, \sum_{\hat{t}=1}^{\tilde{s}} \tilde{l}_{\hat{t}} \cdot d_{\hat{t}}^* \Big\rangle$ 当且仅当 $\Big\{ \sum_{\hat{t}=1}^{\hat{r}} \hat{k}_{\hat{t}} \cdot j_{\hat{t}}, \sum_{\hat{t}=1}^{\hat{s}} \hat{l}_{\hat{t}} \cdot d_{\hat{t}} \Big\} = \Big\{ \sum_{\hat{t}=1}^{\tilde{r}} \tilde{k}_{\hat{t}} \cdot j_{\hat{t}}^*, \sum_{\hat{t}=1}^{\tilde{s}} \tilde{l}_{\hat{t}} \cdot d_{\hat{t}}^* \Big\}.$

(iii) $\Big\langle \sum_{\hat{t}=1}^{\hat{r}} \hat{k}_{\hat{t}} \cdot j_{\hat{t}} - \sum_{\hat{t}=1}^{\tilde{r}} \tilde{k}_{\hat{t}} \cdot j_{\hat{t}}^*, \sum_{\hat{t}=1}^{\hat{s}} \hat{l}_{\hat{t}} \cdot d_{\hat{t}} - \sum_{\hat{t}=1}^{\tilde{s}} \tilde{l}_{\hat{t}} \cdot d_{\hat{t}}^* \Big\rangle = 0$ 当且仅当 $\sum_{\hat{t}=1}^{\hat{r}} \hat{k}_{\hat{t}} \cdot j_{\hat{t}} - \sum_{\hat{t}=1}^{\tilde{r}} \tilde{k}_{\hat{t}} \cdot j_{\hat{t}}^* = 0$ 或者 $\sum_{\hat{t}=1}^{\hat{s}} \hat{l}_{\hat{t}} \cdot d_{\hat{t}} - \sum_{\hat{t}=1}^{\tilde{s}} \tilde{l}_{\hat{t}} \cdot d_{\hat{t}}^* = 0.$

由 S 的定义, 这个证明是简单的, 所以在此省略.

引理 7.6.2 上面给定的切向位置 S 是可容许的.

这个引理的证明是基本的, 但很冗长, 限于篇幅我们省略它. 详细的证明可在 [131] 中找到.

参 考 文 献

[1] Arnold V I. Small divisors. I. On the mapping of a circle into itself. Izv. Akad. Nauk SSSR, Ser. Mat., 1961, 25(1): 21-86.

[2] Arnold V I. Proof of a theorem of A. N. Kolmogorov on the persistence of quasi-periodic motions under small perturbations of the Hamiltonian. Usp. Mat. Nauk, 1963, 18(5): 13-40; English transl.: Russ. Math. Surv., 1963, 18(5): 9-36.

[3] Arnold V I. Small denominators I: mapping the circle onto itself. Izv. Akad. Nauk. SSSR Ser. Mat., 1961, 25: 21-86; English translation in Amer. Math. Soc. Transl. Set. 1965, 46(2): 213-284.

[4] Arik M, Coon D. Hilbert spaces of analytic functions and generalized coherent states. J. Math. Phys., 1976, 17: 524-527.

[5] Avila A, Fayad B, Krikorian R. A KAM scheme for $SL(2, \mathbb{R})$ cocycles with Liouvillean frequencies. Geom. Funct. Anal., 2011, 21: 1001-1019.

[6] Beardon A F. Iteration of Rational Functions. New York: Springer-Verlag, 1991.

[7] Bibikov Y N. Stability of zero solutions of essentially nonlinear one-degree-of freedom Hamiltonian and reversible systems. Differential Equations, 2002, 38: 609-614.

[8] Bogoljubov N N, Mitropolskii Y A, Samoilenko A M. Methods of Accelerated Convergence in Nonlinear Mechanics. New York: Springer, 1976 (Russian original: Naukova Dumka, Kiev, 1969).

[9] Bolyai P G. Selected Works. Izd-vo Latv. Akad. Nauk, Riga., 1961.

[10] Bourgain J. Quasi-periodic solutions of Hamiltonian perturbations of 2D linear Schrödinger equations. Ann. Math., 1998, 148: 363-439.

[11] de Branges L. A proof of the Bieberbach conjecture. Acta Math., 1985, 154: 137-152.

[12] Brjuno A D. Analytical form of differential equations I. Trudy Moskov. Mat. Obshch., 1971, 25: 119-262; Trans. Moscow Math. Soc.,1973, 25: 131-288.

[13] Baker A. A Conise Introduction to the Theory of Numbers. Cambridge: Cambridge University Press, 1984.

[14] Brjuno A D. Analytical form of differential equations II. Trudy Moskov. Mat. Obshch., 1972, 26: 199-239; Trans. Moscow Math. Soc., 1974, 26: 199-239.

[15] Carlesin L, Gamelin T W. Complex Dynamics. New York: Springer-Verlag, 1993.

[16] Carletti T. Exponentially long time stability for non-linearizable analytic germs of $(\mathbb{C}^n, 0)$. Annales de l'Institut Fourier (Grenoble), 2004, 54(4): 989-1004.

[17] Carletti T, Marmi S. Linearization of analytic and non-analytic germs of diffeomorphisms of $(C, 0)$. Bull. Soc. Math. France, 2000, 128: 69-85.

[18] Cheng H. Linearization of quasi-periodically forced circle flows beyond multi-dimensional brjuno frequency. J. Dynam. Differ. Equ., 2022, 34: 1877-1894.

[19] Cheng H, de la Llave R, Wang F. Response solutions to the quasi-periodically forced systems with degenerate equilibrium: a simple proof of a result of W. Si and J. Si. and extensions. Nonlinearity, 2021, 34(1): 372-393.

[20] Cheng H, Si W, Si J. Whiskered tori for forced beam equations with multi-dimensional Liouvillean frequency. J. Dynam. Differential Equations, 2020, 32: 705-739.

[21] Conway J B. Functions of One Complex Variable II. New York, Heidelberg, Berlin: Springer-Verlag, 1995.

[22] Craig W, Wayne C E. Newton's method and periodic solutions of nonlinear wave equations. Comm. Pure Appl. Math., 1993, 46: 1409-1498.

[23] Cremer H. Über die häufigkeit der nichtzentren. Math. Ann., 1938, 115: 573-580.

[24] Cuccagna S, Kirr E, Pelinovsky D. Parametric resonance of ground states in the nonlinear Schrödinger solition. J. Differential Equations, 2006, 220: 85-120.

[25] Cuccagna S. On scattering of small energy solutions of non-autonomous Hamiltonian nonlinear Schrödinger solition. J. Differential Equations, 2006, 250: 2347-2371.

[26] Davie A M. The critical function for the semistandard map. Nonlinearity, 1990, 7: 21-37.

[27] Degasperis A, Shabat A. Construction of reflectionless potentials with infinite discrete spectrum. Theoret. and Math. Phys., 1994, 100: 970-984.

[28] de la Llave R. A tutorial on KAM theory. Smooth Ergodic Theory and Its Applications, Seattle, WA, 1999; Proc. Sympos. Pure Math., Vol. 69. Providence, RI: Amer. Math. Soc., 2001: 175-292.

[29] Denjoy A. Sur les courbes définies ls équations différentielle á la surface du tore. J. Math. Pures Appl., 1932, 11(9): 333-375.

[30] Dias J L, Gaivão J P. Linearization of Gevrey flows on $\mathbb{T}^d$ with a Brjuno type arithmetical condition. J. Differential Equations, 2019, 267: 7167-7212.

[31] Ecalle J. Les fonctions résurgentes et leurs applications. I, II, III. Publications mathématiques d'Orsay Vol.1, 1981; Vol.2, 1981; Vol.3, 1985.

[32] Eliasson L H, Kuksin S B, Marmi S, et al. Dynamical systems and small divisors. Lecture Notes in Mathematics(1784). Berlin, Heidelberg, New York: Springer, 1998.

[33] Falconer K. Fractal Geometry. Chichester: John Wiley & Sons, Ltd., 2014.

[34] Fine N J. Solution to problem 5407. Amer. Math. Monthly, 1967, 74: 740-743.

[35] Gallavotti G. Classical mechanics and renormalization group. Lectures Notes, 1983 Erice summer school, Ed. A. Wightman, G. Velo, N.Y.:Plenum, 1985.

[36] Gelfand I M, Fairlie D B. The algebra of Weyl symmetrized polynomials and its quantum extensions. Comm. Math. Phys., 1991, 136: 487-499.

[37] Geng J, You J. A KAM theorem for one dimensional Schrödinger equation with periodic boundary conditions. J. Differential Equations, 2005, 209: 1-56.

[38] Geng J, You J. A KAM theorem for Hamiltonian partial diferential eguations in higher dimensional spaces. Comnun. Math. Phys., 2006, 262: 343-372.

[39] Geng J, Xu X, You J. An infinite dimensional KAM theorem and its application to the two dimensional cubic Schrödinger equation. Adv. Math., 2011, 226: 5361-5402.

[40] Giorgilli A, Marmi S. Convergence radius in the Poincaré-Siegel problem. Discrete Contin. Dyn. Syst. Ser. S, 2010, 3: 601-621.

[41] Golomb S W. Problem 5407. Amer. Math. Monthly, 1967, 73: 674.

[42] Gray A. A fixed point theorem for small divisors problems. J. Diff. Eq., 1975, 18: 346-365.

[43] Guan X, Si J, Si W. Parabolic invariant tori in quasi-periodically forced skew-product maps. J. Differential Equations, 2021, 277: 234-274.

[44] Hardy G H, Wright E M. An Introduction to the Theory of Numbers. 5th ed. New York: Oxford University Press, 1954.

[45] Hanßmann H, Si J G. Quasi-periodic solutions and stability of the equilibrium for quasi-periodically forced planar reversible and Hamiltonian systems under the Bruno condition. Nonlinearity, 2010, 23: 555-577.

[46] Herman M. Sur la conjugaison difféntiable des difféomorphismes du cercle á des rotations. Publ. Math. Inst. Hautes Etudes Sci., 1979, 49: 5-233.

[47] Herman M. Une méthode pour minorer les exposants de Lyapunov et quelques exemples montrant le caractére local d'un théorème d'Arnold et de Moser sur le tore de dimension 2. Comment. Math. Helv., 1983, 58(3): 453-502.

[48] Hou X, Wang J, Zhou Q. Absolutely continuous spectrum of multifrequency quasiperiodic Schrödinger operator. J. Functional Anal., 2020, 279: 108632.

[49] Khinchin A Y. Continued Fractions. Moscow: The State Publishing House of Physical-Mathematical Literature, 1961.

[50] Kolmogorov A N. On conservation of conditionally periodic motions for a change in Hamiltonian's function. Dokl. Akad. Nauk SSSR, 1954, 98(4): 527-530.

[51] Krikorian R, Wang J, You J, et al. Linearization of quasiperiodically forced circle flows beyond Brjuno condition. Comm. Math. Phys., 2018, 358: 81-100.

[52] Kuksin S B. Hamiltonian perturbations of infinite-dimensional linear systems with an imaginary spectrum. Funct. Anal. Appl., 1987, 21: 192-205.

[53] Kuksin S B. Nearly integrable infinite-dimensional Hamiltonian systems. Lecture Notes in Math. Vol. 1556. New York: Springer, 1993.

[54] Kuksin S B, Pöschel J. Invariant Cantor manifolds of quasiperiodic oscillations for a nonlinear Schrödinger equation. Ann. of Math., 1996, 143: 149-179.

[55] Lee E F. The structure and geometry of the Brjuno numbers. Ph.D. Thesis, Department of Math., Boston University, 1998.

[56] de Ville R E L. Brjuno numbers and the sysbolic dynamics of the complex exponential. Qualitative Theory of Dynamical Systems, 1999, 1: 71-82.

[57] Liang Z, You J. Quasi-periodic solutions for 1D Schrödinger equations with higher order nonlinearity. SIAM J. Math. Anal., 2005, 36(6): 1965-1990.

[58] Liu Y. Regular solutions of the Shabat equation. J. Differential Equations, 1999, 154: 1-41.

[59] Louis N. Topics in nonlinear functional analysis. Courant Lecture Notes in Mathematics, 6. New York University, Curant Institute of Mathematical Sciences, New York: American Mathematical Society, 2001.

[60] Macfarlane A J. On q-analogues of the quantum harmonic oscillator and the quantum group $SU(2)_q$. J. Phys. A, 1989, 22: 4581-4588.

[61] Mai J, Liu X. Existence, uniqueness and stability of C^m solutions of iterative functional equations. Science in Math.(Series A), 2000, 43: 898-913.

[62] Marcus D. Solution to problem 5407. Amer. Math. Monthly, 1967, 74: 740.

[63] Mckiernan M A. The functional differential equation $Df = 1/ff$. Proc. Amer. Math. Soc., 1957, 8: 230-233.

[64] Marmi S, Moussa P, Yoccoz J C. The Brjuno functions and their regularity properties. Commun. Math. Phys., 1997, 186: 265-293.

[65] Marmi S, Moussa P, Yoccoz J C. Complex Brjuno Functions. Preprint SPhT Saclay, France, 1999: 71.

[66] Marmi S. An introduction to small divisors problems. arXiv:math/0009232vl [math. DS], 2000.

[67] Mitropoliskii J A, Samoilenko A M. The structure of trajectories on a toroidal manifold. Dokl. Akad. Nauk USSR, 1964, 8: 984-985.

[68] Moser J. The analytical invariants of an area-preserving mapping near hyperbolic point. Commun. Math. Phys., 1956, 9(4): 673-692.

[69] Moser J. On invariant curves of area-preserving mappings of an annulus. Nachr. Akad. Wiss. Göttingen Math. Phys. Kl. II, 1962: 1-20.

[70] Moser J. A rapidly convergent iteration method and nonlinear differential equations, II. Ann. Scoula Norm. Sup. Pisa, 1966, 20(3): 499-536.

[71] Moser J. Convergent series expansions for quasi-periodic motions. Math. Ann., 1967, 169: 136-176.

[72] Ng C T, Zhang W. Invariant Curves For Planar Mappings. J. Difference Equations and Applications, 1997, 3: 147-168.

[73] Pérez-Marco R. Solution compléte probléme de Siegel de linéarisation d'une application holomorphe au voisinage d'une point fixe. Asterisque, 1992, 206: 273-310.

[74] Pérez-García V M, Torres P J, Konotop V V. Similarity transformations for nonlinear Schrödinger equations with time-dependent coefficients. Physica D, 2006, 221: 31-36.

[75] Pétermann Y F S. On Golomb's self describing sequences II. Arch. Math., 1996, 67: 473-477.

[76] Pétermann Y F S, Rémy J L. Golomb's self-described sequence and functional differential equations. Illinois J. Math., 1998, 42: 420-440.

[77] Pétermann Y F S, Rémy J L, Vardi I. On a functional-differential equation related to Golomb's selfdescribed sequence. J. Théor. Nombres Bordeaux, 1999, 11: 211-230.

[78] Pétermann Y F S, Rémy J L, Vardi I. Discrete derivative of sequences. Adv. in Appl. Math., 2001, 27: 562-584.

[79] Pfeiffer G A. On the conformal mapping of curvilinear angles. The functional equation $\phi[f(x)] = a_1\phi(x)$. Trans. Amer. Math. Ann., 1917, 18: 185-198.

[80] Poincaré H. Mémoire sur les courbes définies par une équation différentielle. J. Math. Pures Appl., IV Sér. 1885, 1: 167-244.

[81] Pöschel J. On elliptic lower-dimensional tori in Hamiltonian systems. Math. Z., 1989, 202(4): 559-608.

[82] Pöschel J. On invariant manifolds of complex analytic mapping near fixed points. Exp. Math., 1989, 4: 97-109.

[83] Pöschel J. A KAM-theorem for some nonlinear PDEs. Ann. Sc. Norm. Super. Pisa Cl. Sci., IV Ser., 1996, 23(15): 119-148.

[84] Pöschel J. Quasi-periodic solutions for a nonlinear wave equation. Comment. Math. Helv., 1996, 71: 269-296.

[85] Pöschel J. KAM à la R. Regul. Chaotic Dyn., 2011, 16: 17-23.

[86] Raissy J. Linearization of holomorphic germs with quasi-Brjuno fixed points. Math. Z., 2010, 264: 881-900.

[87] Raissy J. Geometrical methods in the normalization of germs of biholomorphisms. Universitá Di Pisa Scuola Di Dottorato In Mathematica XXII CICLO, Academic Year 2009/2010.

[88] Rabinowitz P. Periodic solutions of nonlinear hyperbolic partial differential equations. Comm. Pure Appl. Math., 1967, 20: 145-205.

[89] Rabinowitz P. Time periodic solutions of nonlinear wave equations. Manuscripta Math., 1971, 5: 165-194.

[90] Riu J, Si J. Quasi-periodic solutions for quasi-periodically forced nonlinear Schrödinger equations with quasi-periodic inhomogeneous terms. Physica D, 2014, 286-287: 1-31.

[91] Rüssmann H. On the convergence of power series transformations of analytic mappings near a fixed point into a normal form. Preprint I.H.E.S. M/77/178, 1977.

[92] Rüssmann H. Invariant tori in non-degenerate nearly integrable Hamiltonian systems. Regul. Chaotic Dyn., 2001, 6: 119-204.

[93] Rüssmann H. Stability of elliptic fixed points of analytic area-preserving mappings under the Brjuno condition. Ergodic Theory Dynam. Systems, 2002, 22: 1551-1573.

[94] Rüssmann H. Note on sums containing small divisors. Comm. Pure Appl. Math., 1979, 29(6): 755-758.

[95] Rüssmann H. KAM iteration with nearly infinitely small steps in dynamical systems of polynomial character. Discrete Contin. Dyn. Syst. Ser. S, 2010, 3: 683-718.

[96] Samoilenko A M. The problem of the perturbation theory of trajectories on the torus. Ukr. Mat. Zh., 1964, 16(6): 769-782.

[97] Sakaguchi H, Malomed B A. Resonant nonlinearity management for nonlinear Schrödinger solitions. Phys. Rev. Lett. E, 2004, 70: 066613.

[98] Shabat A. The infinite dimensional dressing dynamical system. Inverse Problems, 1992, 8: 303-308.

[99] Si J. Quasi-periodic solutions of a non-autonomous wave equations with quasi-periodic forcing. J. Differential Equations, 2012, 252: 5274-5360.

[100] Si J, Discussion on the C^r-solutions of the iterated equation $\lambda_1 f(x) + f^2(x) = F(x)$. Acta Math. Sci., 1994, 14(supp): 53-63.

[101] Si J, Li X. Small divisors problem in dynamical systems and analytic solutions of the Shabat equation. J. Math. Anal. Appl., 2010, 367: 287-295.

[102] Si J, Wang X. Analytic solutions of a polynomial-like iterative functional equation. Demonstratio Math., 1999, 32: 95-103.

[103] Si J, Zhang W. Analytic solutions of a functional equation for invariant curves. J. Math. Anal. Appl., 2001, 259: 83-93.

[104] Si J, Zhao H. Local invertible analytic solutions for an iterative differential equation related to a discrete derivatives sequence. J. Math. Anal. Appl., 2007, 335: 428-442.

[105] Si W, Si J. Linearization of a quasi-periodically forced flow on $\mathbb{T}^m$ under Brjuno-Rüssmann non-resonant condition. Appl. Anal., 2018, 97: 2001-2024.

[106] Si W, Si J. Response solutions and quasi-periodic degenerate bifurcations for quasi-periodically forced systems. Nonlinearity, 2018, 31(6): 2361-2418.

[107] Siegel C L. Iteration of analytic functions. Ann. of Math., 1942, 43: 807-812.

[108] Skorik S, Spiridonov V. Self-similar potentials and the q-oscillator algebra at roots of unity. Lett. Math. Phys., 1993, 28: 59-74.

[109] Spiridonov V. Nonlinear algebras and spectral problems //Le Tourneux J, Vinet L. Quantum Groups, Integral Models and Statistical Systems. Singapore: World Scientific, 1992: 246-256.

[110] Spiridonov V. Exactly solvable potentials and quantum algebras. Phys. Rev. Lett., 1992, 69: 398-401.

[111] Spiridonov V. Universal superpositions of coherent states and self-similar potentials. Phys. Rev. A, 1995, 52: 1909-1935.

[112] Spiridonov V. Coherent states of the q-Weyl algebra. Lett. Math. Phys., 1995, 35: 179-185.

[113] Spiridonov V, Zhedanov A. Symmetry preserving quantization and self-similar potentials. J. Phys. A. 1995, 28: 589-595.

[114] Sternberg S. Infinite Lie groups and the formal aspects of dynamical systems. J. Math. Mech., 1961, 10: 451-474.

[115] Kappeler T, Pöschel J. KdV & KAM, volume 45 of Ergebnisse der Mathematik und ihrer Grenzgebiete. 3. Folge. A Series of Modern Surveys in Mathematics [Results in Mathematics and Related Areas. 3rd Series. A Series of Modern Surveys in Mathematics]. Berlin: Springer-Verlag, 2003.

[116] Thompson J M T, Stewart H B. Nonlinear Dynamics and Chaos. New York: John Wiley & Sons, Ltd., 1986.

[117] Veselov A P, Shabat A B. The dressing dynamical system and spectra theory of Schrödinger operator. Funct. Anal. Appl., 1993, 27: 81-96.

[118] Voronin S M. Classification analytique des germes d'applications conformes $(\mathbb{C}, 0) \rightarrow (\mathbb{C}, 0)$ tangentes ál'identité. Functional Analysis, 1981, 15/1: 1-17.

[119] Wang F, Cheng H, Si J. Response solution to ill-posed Boussinesq equation with quasi-periodic forcing of Liouvillean frequency. J. Nonlinear Sci., 2020, 30: 657-710.

[120] Wang J, You J, Zhou Q. Response solutions for quasi-periodically forced harmonic oscillators. Trans. Amer. Math. Soc., 2017, 369(6): 4251-4274.

[121] Wayne C E. Periodic and quasi-periodic solutions of nonlinear wave equations via KAM theory. Comm. Math. Phys., 1990, 127: 479-528.

[122] Xu J, You J, Qiu Q. Invariant tori of nearly integrable Hamiltonian system with degeneracy. Math. Z., 1997, 226: 375-386.

[123] Yoccoz J C. Conjugaison differentielle des diffeomorphismes du cercle dont Ie nombre de rotation verifie une condition Diophantienne. Ann. Sci. Ec. Norm. Sup., 1984, 17: 333-361.

[124] Yoccoz J C. An introduction to small divisors Problems// Waldschmidt M, Moussa P, Luck J M, et al. From Number Theory to Physics. New York, Berlin, Heidelberg: Springer-Verlag, 1992: 659-679.

[125] Yoccoz J C. Théoreme de Siegel, polynomes quadratiques et nombres de Brjuno. Asterisque, 1995, 231: 3-88.

[126] Yoccoz J C. Analytic linearization of circle diffeomorphisms// Dynamical Systems and Small Divisors (Cetraro, 1998). Lecture Notes in Mathematics. New York: Springer, 2002, 1784: 125-173.

[127] Yuan X. Quasi-periodic solutions of nonlinear Schrödinger equations of higher dimension. J. Differential Equations, 2003, 195(1): 230-242.

[128] Yuan X. Quasi-periodic solutions of completely resonant nonlinear wave equations. J. Differential Equations, 2005, 230: 213-274.

[129] Zehnder E. Lectures on dynamical systems. EMS Textbooks in Mathematics. European Mathematical Society (EMS), Zürich, 2010.

[130] Zhang M, Si J. Construction of quasi-periodic solutions for the quintic Schrödinger equation on the two-dimensional torus $\mathbb{T}^2$. Trans. Amer. Math. Soc., 2021, 374: 4711-4780.

[131] Zhang M, Si J. KAM tori for the two-dimensional completely resonant Schrödinger equation with the general nonlinearity. J. Math. Pures Appl., 2023, 170: 150-230.

[132] Zhang W. Discussion on the existence of solutions of the iterated equation $\sum_{i=1}^{n} \lambda_i f^i(x) = F(x)$. Chin. Sci. Bull., 1987, 32: 1444.

[133] Zhang W. Discussion on the differentiable solutions of the iterated equation $\sum_{i=1}^{n} \lambda_i f^i(x) = F(x)$. Nonlinear Anal. TMA, 1990, 15: 387-398.

[134] 司建国. 关于迭代方程 $\sum_{i=1}^{n} \lambda_i f^i(x) = F(x)$ 的 C^2 类解. 数学学报, 1993, 36: 348-357.

[135] 司建国. 一类迭代方程 C^1 类解的讨论. 数学学报, 1996, 39: 247-256.

[136] 司建国. 关于迭代方程 $\sum_{i=1}^{n} \lambda_i f^i(z) = F(z)$ 的局部解析解的存在性. 数学学报, 1994, 37: 590-600.

[137] 司建国, 张伟年. 一个函数方程的 C^2 解. 数学学报, 1998, 41: 1061-1064.

[138] 张景中, 杨路, 张伟年. 迭代方程与嵌入流. 上海: 上海科技教育出版社, 1998.

[139] Kuczma M. Functional Equations in a single Variable. Warszawa: Polish Scientific Publishers, 1968.

"现代数学基础丛书"已出版书目

(按出版时间排序)